十一五国家重点图书出版规划
现代化学基础丛书 31

高分子凝聚态物理学

Condensed Matter Physics of Polymers

吴其晔 编著

科学出版社
北京

内 容 简 介

本书为国内首部系统介绍高分子凝聚态物理学的专著，构建了高分子凝聚态物理学的基本理论框架，详细论述了学科的基本概念、理论、模型和研究方法，详细讲解了大分子链发生凝聚的过程细节和本质，以及高分子材料发生相变的复杂性和特殊规律；提出了探究和总结高分子凝聚态物理学理论范式(paradigm)这一重要而迫切的任务。

本书主要用作高分子科学方向研究生教学用书，也可供相关专业的科学工作者和高年级本科生参考。

图书在版编目 CIP 数据

高分子凝聚态物理学/吴其晔编著. —北京：科学出版社，2012
（现代化学基础丛书：31）
ISBN 978-7-03-035022-0

Ⅰ. 高…　Ⅱ. 吴…　Ⅲ. 凝聚态-高聚物物理学　Ⅳ. O631.2

中国版本图书馆 CIP 数据核字（2012）第 133239 号

责任编辑：周巧龙　韩　赞　刘志巧 / 责任校对：陈玉凤
责任印制：徐晓晨　封面设计：陈　敬

科学出版社出版
北京东黄城根北街 16 号
邮政编码：100717
http://www.sciencep.com

北京凌奇印刷有限责任公司印刷
科学出版社发行　各地新华书店经销
*
2012年6月第　一　版　开本：B5（720×1000）
2017年1月第三次印刷　印张：31 1/2
字数：615 000

POD定价：　160.00元
（如有印装质量问题，我社负责调换）

《现代化学基础丛书》编委会

《现代化学基础丛书》序

如果把牛顿发表“自然哲学的数学原理”的 1687 年作为近代科学的诞生日，仅 300 多年中，知识以正反馈效应快速增长：知识产生更多的知识，力量导致更大的力量。特别是 20 世纪的科学技术对自然界的改造特别强劲，发展的速度空前迅速。

在科学技术的各个领域中，化学与人类的日常生活关系最为密切，对人类社会的发展产生的影响也特别巨大。从合成 DDT 开始的化学农药和从合成氨开始的化学肥料，把农业生产推到了前所未有的高度，以致人们把 20 世纪称为“化学农业时代”。不断发明出的种类繁多的化学材料极大地改善了人类的生活，使材料科学成为了 20 世纪的一个主流科技领域。化学家们对在分子层次上的物质结构和“态-态化学”、单分子化学等基元化学过程的认识也随着可利用的技术工具的迅速增多而快速深入。

也应看到，化学虽然创造了大量人类需要的新物质，但是在许多场合中却未有效地利用资源，而且产生了大量排放物造成严重的环境污染。以至于目前有不少人把化学化工与环境污染联系在一起。

在 21 世纪开始之时，化学正在两个方向上迅速发展。一是在 20 世纪迅速发展的惯性驱动下继续沿各个有强大生命力的方向发展；二是全方位的“绿色化”，即使整个化学从“粗放型”向“集约型”转变，既满足人们的需求，又维持生态平衡和保护环境。

为了在一定程度上帮助读者熟悉现代化学一些重要领域的现状，科学出版社组织编辑出版了这套《现代化学基础丛书》。丛书以无机化学、分析化学、物理化学、有机化学和高分子化学五个二级学科为主，介绍这些学科领域目前发展的重点和热点，并兼顾学科覆盖的全面性。丛书计划为有关的科技人员、教育工作者和高等院校研究生、高年级学生提供一套较高水平的读物，希望能为化学在 21 世纪的发展起积极的推动作用。

朱清时

序　言

高分子凝聚态物理学无疑是当代高分子科学最活跃的研究领域之一。高分子凝聚态物理将经典凝聚态物理学与现代高分子科学交叉融会，对于促进高分子科学的概念更新，加深对高分子物理若干基础问题的理解，乃至推进新型高分子材料研究开发均具有重要指导作用。我们高兴地看到，近十几年来，我国高分子科学工作者在该学科的各个领域做出了出色的工作，取得了可喜的成果，一批中青年优秀人才迅速崛起，各大学和有关研究院所相继招收和培养了高分子凝聚态物理方向的研究生，科研和教学工作蓬勃开展。在这种形势下，撰写和出版内容新颖、概念清晰、论述深刻系统的专著显然十分必要。

青岛科技大学吴其晔教授多年来致力于高分子凝聚态物理学的教学与研究，收集整理了大量资料，梳理成章，撰写了这本新版《高分子凝聚态物理学》。我阅读书稿后，对书稿内容和吴老师的学术作风留下深刻印象。一个印象是这是一项浩繁的工作。要从海量的研究资料中整理出一门学科的基本线索和主要内容，需要耗费大量时间和精力。这在当前一些学者心态浮躁、急功近利的环境中显得难能可贵。其次，这是一项很有深度的理论工作。没有扎实的数理根底，没有对近年来高分子科学中不断出现的新思想、新概念、新理论的充分理解和把握，是很难写出有这样水平的专著的。恰好吴其晔教授同时具备了这两个条件。吴老师是从理论物理专业转到高分子物理学科的，他坚实的物理和数学基础使其能准确、深刻地将经典凝聚态物理的知识与高分子科学知识相结合，整理出高分子凝聚态物理学的基本理论框架和知识系统，这正是该书的一大特点。书中明确提出要理解大分子链的凝聚态特点和本质，需要从高分子溶液出发，高分子溶液从稀到亚浓、浓溶液的演变过程，实质上就是从孤立分子链演变到多链聚集体的“溶致凝聚”过程，这是一个新颖的观点。另外书中在详细介绍了大分子链的凝聚过程和高分子相变特点后，向我们大家提出探究和总结高分子凝聚态物理学的理论范式这一重要而迫切的任务，也是非常有意义的。我个人认为，完成这一具有重大科学价值的工作尚需我们全体高分子科学工作者长期艰苦卓绝的努力和集中众人的智慧，我衷心希望有更多杰出的中青年科学家能投身于这一具有历史意义的工作。

书中当然还有其他一些出彩之处(特点)，恕不一一列举。我受青岛科技大学和科学出版社委托，有幸为该书作序，非常高兴。我愿意向国内从事高分子科学研究的中青年学者郑重推荐此书，并希望大家认真研读，举一反三，开拓创新，不断攀登科学高峰，推进我国高分子科学事业再上新台阶。

顾德岳

中国科学院院士

2012 年 3 月

前　言

自我们最早收集资料草成讲义，为研究生开设高分子凝聚态物理课程以来已经十余年过去了。十多年来高分子科学飞速发展，在科研、教学实践中，大家对高分子凝聚态物理的理解逐日加深。2006 年，我们曾出版《高分子凝聚态物理及其进展》作为材料科学与工程专业研究生教材。尽管当时也曾付出努力，搭建高分子凝聚态物理学的理论框架，梳理该领域的新概念、新理论、新思想、新成果，并且此书也曾赢得海内外读者尤其是青年读者的青睐，在帮助研究生学习方面起到抛砖引玉的作用，然而平心而论书中缺陷还是不少，有些概念不够准确，论述不够系统深刻，书稿付梓之时已有重新拾笔的念头。

多年来萦绕于心头念念不忘的一个心愿是竭个人菲薄之能，根据重新学习、思考和研究的心得，严格审慎地论述高分子凝聚态物理学的基本概念和理论，构思学科的基本框架，重新编撰新稿以弥补疏漏。为此，学术界诸多友人，如复旦大学江明院士、上海交通大学颜德岳院士、中国科学院理化技术研究所吴世康教授、厦门大学许元泽教授、中国科学院长春应用化学研究所殷敬华教授、中国科学院化学研究所何稼松教授等在不同场合给予作者热心鼓舞，使拙著得以面世，作者谨致真挚谢意。

与旧稿相比，本书的一个特点是明确提出在凝聚态物理学中，需要首先明悉两个根本问题：一是分子是如何凝聚的，二是相变是如何发生的。两个问题紧密相关。而在高分子凝聚态物理学中，就需要阐明大分子从孤立分子链凝聚成多链聚集体的过程细节和本质，以及因分子结构和分子运动的特殊性而造成的高分子相变的复杂性和特殊规律。

由于高分子无气态，因此研究分子链的凝聚从溶液考虑比较适宜。高分子溶液从稀溶液到亚浓溶液、浓溶液的转变实质就是大分子从孤链态凝聚成多链聚集态的过程，我们称此为“溶致凝聚过程”(lyotropic condensation)。研究该过程中分子链构象的变化、结构单元的相互作用和复杂关联效应，以及溶液性质随浓度的变化，对阐明和理解分子链的凝聚本质是有利的。书中一方面对溶致凝聚中的概念、模型及其物理意义尽可能准确论述，另一方面在可能条件下多采用数学公式来表达物理规律。作者深信，此举除有助于使论述更加清晰和严密外，还将有利于读者加深理解。这一特点集中体现在本书第 2 章和第 3 章中。同时，为方便非高分子专业人士学习，书中还补充介绍大分子链的化学结构及高分子材料的典型力学状态特征，以体现知识的完整性。

此外，本书再次强调，探究和总结高分子凝聚态物理学的理论范式(paradigm)已是当前摆在高分子物理界面前重要而迫切的任务。由于科学的传承，高分子凝聚态物理学是经典凝聚态物理学的组成部分和最新发展，因此经典凝聚态物理学的范式“多体效应”、“对称破缺”在高分子凝聚态物理学中仍应体现。但高分子凝聚态物理学又有自身的现象、规律、特点，是经典理论不能涵盖的，需要用新的范式予以概括。关于高分子凝聚态及其相变的独特现象和规律，书中特别重视以下几点：高分子的软物质特性，在高分子相变中复杂关联效应和熵致相变占据重要地位；分子链具有自相似性和分形性，因而遵循独特的标度律，标度律不仅是一种数学工具，还具有方法论和认识论方面的重要意义；高分子有特殊的液-固相变形式——含成键反应的相变(如缩聚、固化、硫化等)，在相变临界区许多行为是平均场方法无法描述的；分子链有特殊的运动学规律——孤立链的运动不同于质点运动，缠结链的运动采用管模型和蠕动模型处理；高分子激发态有特殊载流子——孤子和极化子等。对于上述内容，书中均以较大篇幅展开论述，以体现高分子凝聚态物理学的特色。然而更重要的是通过论述，理清在这些特殊的凝聚态特征和相转变规律中哪些概念和理论是最本质、最核心和最具概括性的。一言以蔽之，即用简明的语言完整表达高分子凝聚态物理学的理论范式，这项工作尚待国内外同仁共同努力，以求突破。

在撰写过程中，作者对于各章节内容尽个人所能精心筛选、反复斟酌、细致推敲，力求新著以缜密、系统的面目问世。但鉴于作者水平所限，书中疏漏和不妥之处在所难免，敬请各位师长学友不吝斧正。需要声明的是，论述中选取了部分国内外学者专著及论文中的数据图表，未曾一一面询允肯，敬请海涵。本书第7章由王存国博士主笔，其余章节由吴其晔教授撰写，全书由吴其晔教授统稿。本书撰写过程中得到国内许多高分子物理学界前辈和同行的支持，得到国家自然科学基金委员会①、科学出版社及青岛科技大学教务处和高分子科学与工程学院的关心与帮助，作者一并表示衷心感谢。

吴其晔

2011年12月于青岛高科园石老人国家旅游度假区科大花园

E-mail：wuqiye@qust.edu.cn

Web：http://polymer.qust.edu.cn

① 作者承担的国家自然科学基金项目有：59373116、59973010、50273016、50573037、50973050、50390090。

目　　录

序言

前言

第 1 章　绪论 ······ 1

1.1　凝聚态物理学基本概念 ······ 1

1.2　高分子凝聚态及其特点 ······ 5

参考文献 ······ 13

第 2 章　单链构象和单链凝聚态 ······ 15

2.1　大分子链的化学结构和拓扑构造 ······ 15

2.1.1　结构单元的化学组成 ······ 15

2.1.2　结构单元的键接异构 ······ 16

2.1.3　构型和高分子立体异构 ······ 17

2.1.4　分子链的拓扑构造 ······ 19

2.2　理想单分子链的构象 ······ 21

2.2.1　分子链柔性的本质 ······ 21

2.2.2　理想链的构象和理想链模型 ······ 24

2.2.3　分子链构象的分形本质 ······ 34

2.2.4　理想链的自由能 ······ 38

2.2.5　链拉伸的标度理论 ······ 40

2.2.6　理想链的对偶关联函数 ······ 44

2.2.7　理想链性质小结 ······ 46

2.3　真实单分子链的构象 ······ 47

2.3.1　单元间的相互作用和排除体积 ······ 48

2.3.2　聚合物良(稀)溶液经典理论 ······ 53

2.3.3　真实链的标度模型 ······ 55

2.3.4　温度对构象的影响 ······ 57

2.3.5　溶胀链的对偶关联函数 ······ 57

2.3.6　真实链性质小结 ······ 58

2.4　高分子极稀溶液和单链凝聚态 ······ 59

2.4.1　高分子极稀溶液 ······ 59

2.4.2　单链凝聚态——单链高分子试样的制备 ······ 61

2.4.3 大分子单链单晶 …… 66
2.4.4 单链玻璃态颗粒和单链高分子的高弹拉伸行为 …… 73
2.5 单分子链运动学——孤立分子链的黏弹性理论 …… 77
2.5.1 涨落-耗散定理 …… 78
2.5.2 Debey 珠-链模型讨论孤立分子链的黏性流动 …… 81
2.5.3 Rouse-Zimm 模型讨论孤立分子链的黏弹运动 …… 83
2.5.4 Rouse-Zimm 模型的显式本构方程 …… 87
2.5.5 流体动力学相互作用和 Zimm 修正 …… 89
物理量符号一览表 …… 91
参考文献 …… 93
第 3 章 高分子浓厚体系和多链凝聚态 …… 95
3.1 大分子链的溶致凝聚过程 …… 95
3.2 高分子亚浓溶液 …… 99
3.2.1 亚浓溶液的渗透压 …… 100
3.2.2 亚浓溶液中的关联效应 …… 106
3.2.3 亚浓溶液的对偶关联函数 …… 113
3.2.4 亚浓溶液中的屏蔽效应 …… 115
3.3 高分子浓溶液和极浓溶液 …… 116
3.3.1 缠结浓度 c_e 和全高斯链浓度 c^{**} …… 116
3.3.2 浓厚体系中分子链的相互穿越交叠 …… 119
3.3.3 浓厚体系中的屏蔽效应 …… 121
3.3.4 全高斯链浓度 c^{**} 的意义 …… 121
3.3.5 分子链聚集状态随溶液浓度的变化 …… 125
3.4 非晶(无定形)聚合物 …… 127
3.4.1 非晶聚合物的力学状态及转变 …… 127
3.4.2 经典的非晶聚合物结构模型及关于分子链缠结的讨论 …… 131
3.4.3 分子链串滴模型和长程缠结的概念 …… 134
3.5 结晶(半晶)聚合物 …… 135
3.5.1 高分子结晶的特点 …… 136
3.5.2 高分子晶体形态和结构模型 …… 138
3.5.3 结晶与熔融动力学 …… 142
3.5.4 晶体厚度与结晶温度和熔点的关系 …… 148
3.6 交联聚合物(网络) …… 150
3.6.1 交联网络结构及高弹性的特点 …… 150
3.6.2 平衡态高弹形变的热力学分析 …… 152

3.6.3　高弹形变的分子理论 …… 155

3.6.4　高弹形变的唯象理论 …… 160

3.6.5　交联聚合物的平衡溶胀 …… 162

3.7　缠结分子链的运动学 …… 165

3.7.1　浓厚体系的流变性 …… 165

3.7.2　管模型和蠕动模型 …… 167

3.7.3　熔体中分子链的缠结 …… 170

3.7.4　熔体中分子链的蠕动 …… 171

3.7.5　Doi-Edwards 模型 …… 173

物理量符号一览表 …… 178

参考文献 …… 180

第 4 章　相态、相变及聚合物相变的特征 …… 182

4.1　物质状态的描述 …… 182

4.1.1　物质状态的微观描述与宏观描述 …… 182

4.1.2　微观描述与宏观描述的联系 …… 185

4.1.3　对称性及对称操作 …… 186

4.1.4　对称群 …… 190

4.1.5　物质结构函数及其 Fourier 变换 …… 190

4.2　相变的定义 …… 192

4.2.1　相变的热力学分类 …… 192

4.2.2　对称破缺及序参量 …… 194

4.2.3　二级相变理论 …… 198

4.2.4　平均场方法及其局限性 …… 201

4.3　软物质概念和软物质中的相变 …… 204

4.3.1　软物质概念 …… 204

4.3.2　熵致相变 …… 207

4.3.3　玻璃化转变 …… 211

4.3.4　溶胶-凝胶转变，Flory-Stockmayer 硫化理论 …… 215

4.4　相变中的亚稳定态 …… 226

4.4.1　亚稳定性与亚稳定态 …… 226

4.4.2　高分子相变中亚稳定态的复杂性 …… 229

4.5　高分子结晶中的亚稳定态现象 …… 231

4.5.1　晶体生长的动力学控制 …… 231

4.5.2　整数折叠链和非整数折叠链 …… 236

4.5.3　晶体尺寸对晶体稳定性的影响 …… 240

4.6　共混聚合物相分离中的亚稳定态现象 …… 241
4.6.1　聚合物共混热力学 …… 242
4.6.2　关于吸热共混过程中相容性的讨论 …… 245
4.6.3　相图与相分离 …… 249
物理量符号一览表 …… 255
参考文献 …… 257
第5章　分子间相互作用和超分子组装 …… 259
5.1　分子间相互作用 …… 259
5.1.1　分子间相互作用的重要性 …… 259
5.1.2　常见的分子间相互作用 …… 261
5.1.3　内聚能密度和溶解度参数 …… 268
5.2　超分子化学及超分子组装 …… 272
5.2.1　超分子化学概念 …… 272
5.2.2　主客体化学和高分子包含化合物 …… 274
5.2.3　两亲化合物及其有序聚集体 …… 282
5.2.4　分子组装和超分子组装 …… 285
5.2.5　分子器件和超分子器件 …… 291
5.2.6　超分子热力学 …… 296
5.3　大分子自组装 …… 298
5.3.1　嵌段共聚物的自组装 …… 299
5.3.2　非嵌段共聚物的胶束化 …… 304
5.3.3　含纳米粒子的高分子组装体系 …… 306
5.4　关于高分子凝聚态物理学理论范式的讨论 …… 308
5.4.1　理论范式的重要性 …… 308
5.4.2　关于高分子凝聚态物理学理论范式的思考 …… 309
物理量符号一览表 …… 312
参考文献 …… 312
第6章　高分子液晶态 …… 314
6.1　液晶的分类与凝聚态性质 …… 315
6.1.1　液晶的分类 …… 315
6.1.2　液晶的凝聚态特征 …… 321
6.2　高分子液晶的结构及性能特点 …… 326
6.2.1　高分子液晶的主要类型 …… 326
6.2.2　高分子液晶的化学结构及其与性能的关系 …… 334
6.2.3　高分子液晶的织态结构 …… 344

6.3 高分子液晶的主要性能及应用 …… 350
6.3.1 高分子液晶的主要特性 …… 350
6.3.2 高分子液晶的主要应用 …… 353
6.3.3 生物高分子液晶 …… 357
物理量符号一览表 …… 359
参考文献 …… 360
第7章 有机高分子的激发态——导电高分子 …… 361
7.1 引言 …… 361
7.2 导电高分子的基本特征 …… 362
7.2.1 电导率 …… 362
7.2.2 电导率与掺杂的关系 …… 362
7.2.3 聚乙炔的本征态 …… 365
7.2.4 固体中电子运动的基本性质 …… 366
7.2.5 Peierls 相变 …… 372
7.2.6 电荷密度波与自旋密度波 …… 375
7.3 导电高分子的激发态 …… 376
7.3.1 高分子的基态和简并态 …… 376
7.3.2 一维固体的元激发——孤子态 …… 379
7.3.3 反式聚乙炔的孤子态 …… 381
7.3.4 导电高分子的极化子态 …… 383
7.3.5 导电高分子的双极化子态 …… 388
7.3.6 掺杂对能带结构的影响 …… 390
7.4 高分子链间导电机理 …… 392
7.4.1 孤子间跃迁机理 …… 392
7.4.2 掺杂剂振动辅助孤子间的电子跃迁模型 …… 393
7.4.3 可变范围跳跃机理 …… 393
7.4.4 掺杂高分子的双向导电机理 …… 394
7.5 导电聚苯胺薄膜及其应用 …… 397
7.5.1 聚苯胺的合成及掺杂机理 …… 397
7.5.2 聚苯胺水基分散胶体的制备 …… 399
7.5.3 原位沉积聚合法制备导电聚苯胺膜制品 …… 401
7.6 导电聚合物在二次电池中的应用 …… 409
7.6.1 电池的定义及构造 …… 409
7.6.2 锂离子电池的概念及特点 …… 410
7.6.3 锂离子电池的充放电原理 …… 412

7.6.4　聚合物热解碳电极材料 …… 413
7.6.5　锂硫电池与硫/聚合物裂解碳复合电极材料 …… 418
物理量符号一览表 …… 420
参考文献 …… 421
第 8 章　凝聚态物质的非均质性 …… 423
8.1　高分子材料的非均质结构 …… 423
8.1.1　共聚物的非均质性 …… 424
8.1.2　高分子共混物的非均质性 …… 428
8.1.3　高分子填充材料的非均质性 …… 429
8.1.4　非均质材料微结构特征的描述 …… 432
8.2　逾渗模型,基本物理量和主要逾渗函数 …… 435
8.2.1　典型例子 …… 435
8.2.2　基本概念和主要物理量 …… 438
8.2.3　主要逾渗函数 …… 445
8.2.4　逾渗模型应用举例——溶胶-凝胶转变 …… 448
8.3　逾渗阈值的邻域——临界区的性质 …… 450
8.3.1　临界指数 …… 450
8.3.2　分形维数和标度指数方程 …… 452
8.3.3　凝胶化的临界逾渗模型 …… 456
8.3.4　凝胶的弹性模量 …… 459
8.4　无规密堆积及连续区上的逾渗过程 …… 460
8.4.1　临界键数和临界体积分数 …… 460
8.4.2　无规密堆积结构上的逾渗过程 …… 461
8.4.3　逾渗阈值与微观连接性的关系 …… 463
8.4.4　无规则连续区上的逾渗过程 …… 464
8.5　逾渗过程的几种推广 …… 467
8.5.1　座-键逾渗过程 …… 467
8.5.2　多色逾渗过程和扩程逾渗过程 …… 468
8.6　逾渗模型在高分子研究中的应用举例 …… 471
8.6.1　橡胶增韧塑料中的逾渗现象 …… 471
8.6.2　复合型导电高分子的逾渗现象 …… 475
物理量符号一览表 …… 479
参考文献 …… 480
重要物理常数 …… 482
索引 …… 484

第 1 章　绪　　论

1.1　凝聚态物理学基本概念

2006 年国务院颁布的《国家中长期科学和技术发展规划纲要》中，列出“生命过程的定量研究和系统整合”、“凝聚态物质与新效应”、“新物质创造与转化的化学过程”等 8 方面科学前沿问题。在介绍“凝聚态物质与新效应”的主要研究内容中，列举了“强关联体系”、“软凝聚态物质”、“新量子特性凝聚态物质与新效应”、“自相似协同生长”、“巨开放系统和复杂系统问题”、“玻色-爱因斯坦凝聚”、“超流超导机制”、“极端条件下凝聚态物质的结构相变”、“电子结构和多种原激发过程”等研究方向。可以看出，关于凝聚态物质的研究，特别是关于强关联体系、软凝聚态物质，自相似协同生长等问题的研究已成为国家重点关注和长期支持的研究方向。

看起来上述有些名词似乎比较陌生，但如果指出高分子材料、液晶、生物大分子等属于软凝聚态物质，高分子浓厚体系属于强关联体系，纳米材料具有新量子特性，大分子链具有自相似特性，导电、发光高分子中存在多种原激发过程，等等，我们就知道上述研究内容实际与当今迅速发展的材料科学，特别是高分子材料科学紧密相关。

凝聚态是人们熟悉的概念，其更广义的名称是“相态”。所谓物质的相态，是指由大量原子或分子以某种方式（强或弱结合力）聚集在一起，能够在自然界相对稳定存在的物质形态，如常见的固、液、气三态及等离子态、中子态等。而凝聚态物质主要指液态和固态物质，它们是由大量原子、分子、离子通过强内聚力凝聚在一起，具有确定的密度、微观结构、微观运动状态和宏观物理性质的物质体系。然而当代凝聚态物理学涉及的范畴远比人们的常识要复杂和深刻得多，除常规的小分子固体（晶体）和液体外，还有非晶固体、稠密气体、液晶、准晶、复杂氧化物（如陶瓷）、掺杂体、胶体、有机高分子材料、生命物质等，以及物质在低温下的超流态、超导态、玻色-爱因斯坦凝聚态、磁介质中的铁磁态、反铁磁态、关联电子态等。

从某种意义上来说，凝聚态物质就是材料，凝聚态物理学就是材料物理学。凝聚态物理学的前身为固体物理学，因为固体是人类最先使用的材料。固体物理学产生于 20 世纪 30 年代，到 1940 年前后，固体物理学的主要理论体系已经建立。其主要内容包括：基于 X 射线衍射与电子衍射研究而建立的结构晶体学；基于用统计物理和量子论研究固体热性质而建立的晶格动力学；基于用量子力学与统计物理研究固体导电性质而建立的固体能带理论；基于用量子力学处理交换相互作用而建立的固体磁性理论。

20 世纪 40～60 年代，固体物理学得到蓬勃发展。相应地，材料科学的研究领域也有了很大扩展，从晶态固体扩展到非晶态固体（如玻璃体、复杂氧化物、有机大分子聚合物），又扩展到与非晶固体结构相似的液体、稠密气体，还有液态晶体（液晶）、氦超流体等。此时，固体物理学这一名称已不能涵盖材料科学的研究领域，研究对象已非仅限于古典的“固体”范畴。20 世纪 70～80 年代之后，“凝聚态物理学”这一名词被越来越多地采用。因此“凝聚态物理学”是从“固体物理学”发展出来，但所包含的内容和研究方法已不同于固体物理学的一门新型科学。

用凝聚态物理学来涵盖和取代固体物理学，原因是多方面的。一是科学技术的发展，特别是大规模材料工业（除金属材料外，还包括大规模的无机非金属材料和有机合成材料工业）的迅速发展，使人们注重研究的材料对象大大扩展，许多复杂物质（非晶结构材料、非均质结构材料、无序结构材料、纳米结构材料等），如合金、液晶、复杂氧化物、聚合物、生物大分子、超导体、超流体等强关联系统和软凝聚态物质进入物理学家、化学家和材料科学家的视野。二是在材料的制备和应用实践中，呈现出更多、更有趣的物质相变过程及现象，如固体中的相变（晶相固-固转变、无序-有序转变、顺电-铁电转变、无公度-公度转变）、软物质中的相变（熵致相变、溶胶-凝胶转变、聚合物中的玻璃化转变、橡胶的硫化、液晶的相转变等）及各种形式的临界现象、关联现象，以及大量出现的中介相和远离平衡态的亚稳定态现象已经超出了固体物理学的研究范围，需要人们以新的实验手段和理论体系对其进行深入研究。三是科学技术的积累和进步，为凝聚态物理学的孕育、诞生创造了条件。20 世纪下半叶，非线性科学取得巨大进步，为处理复杂体系和复杂现象提供了新的理论工具；材料科学与技术的发展为制备和表征复杂物质提供了众多手段；化学家为合成、组装、剪裁新材料设计了新的途径和方案，所有这些的综合促成了凝聚态物理学的诞生和发展。

凝聚态物理学涵盖的范围很广，按材料种类来分，有金属物理学、半导体物理学、电介质物理学、稀土物理学、有机固体和高分子物理学、晶体学、液晶学、矿物物理学等；按外场和物理性质来分，有低温物理学、高压物理学、磁学、发光学、红外线物理学、缺陷与相变物理学等；按物质结构的空间尺度来分，有纳米材料和准晶、薄膜物理学、表面与界面物理学、微结构物理学等。凝聚态物理学研究对象的尺寸分布如图 1-1 所示。

这个尺度介于大宇宙和小宇宙之间。从长度范围看，介于几纳米到几米（10^{-9}～10^{0}m）；从时间尺度看，介于几飞秒到几年（10^{-12}～10^{6}s）；从能量尺度看，介于几纳开到几千开（以绝对温度计算，10^{-9}～10^{3}K）；从研究体系包含的粒子数看，介于 10^{21}～10^{27}，接近于热力学统计的极限，特殊情况下也会遇到很少粒子（10^{1}～10^{3}）

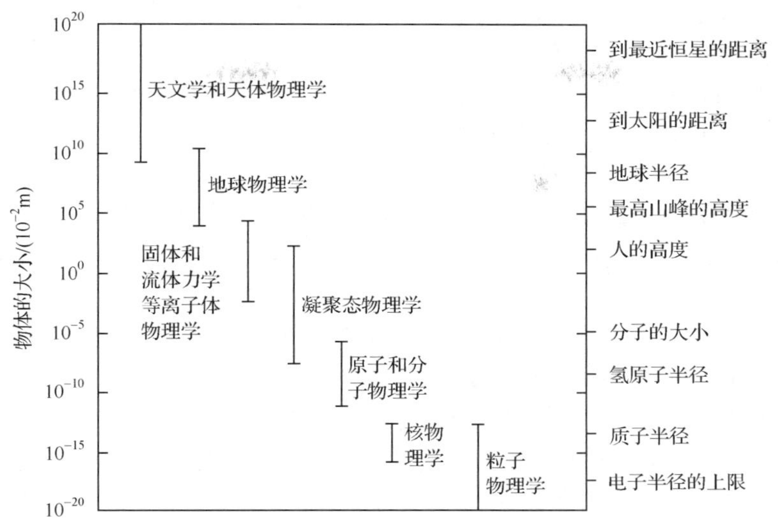

图 1-1　物质结构层次及凝聚态物理学的研究范围

的情形。这一物质世界层次正处于与人们生产、生活实践密切相关的材料科学的研究范围内,因此凝聚态物理学与材料科学密不可分。

虽然凝聚态物理学延承于固体物理学,但仅靠固体物理理论(主要是量子力学和量子统计)已不足以研究复杂的宏观凝聚态物质。凝聚态物理学在发展过程中,提出了许多新概念和新理论,形成其特有的理论范式。这些概念和理论有多体效应、对称破缺和序参量、二级相变理论、强关联效应、软物质理论、自相似和分形理论、标度律和普适性、临界区性质、熵致有序化过程、分子组装、层展现象、重正化群等。同时也发现了许多新现象,开拓出许多新的非常有价值的研究领域,如高温超导体,介观系统中的量子输送,光子晶体,液晶,C_{60}分子与固体,碳纳米管,石墨烯,准晶,分子组装与超分子组装体,DNA 和 RNA,生物膜,巨磁电阻和庞磁电阻,导电、发光和磁性高分子等。可以说凝聚态物理学和材料科学是当今世界人们最关注、最活跃、最富有魅力和挑战的研究领域,其中尚有巨大的宝库等待人们探索和发掘。

在凝聚态物理学的发展过程中,有两位科学家 Landau 和 Anderson(1977 年诺贝尔物理学奖得主)作出了重要贡献。这些贡献不仅在于其创造性的理论与实验工作,还包括提炼和澄清了若干基本概念,提出凝聚态物理学新的理论范式,奠定了凝聚态物理学的基础。该理论范式强调“多体效应”(many-body effect)和“对称破缺”(symmetry breaking)。Landau 在他的二级相变理论中表述了对称破缺的概念并将序参量普遍化,在^{4}He 超流和费米液体理论中引入元激发的普遍概念。Anderson 在《固体的概念》一书中强调了对称破缺与元激发的重要性;在《凝聚态物理的基本概念》一书中对许多基本概念(如对称破缺、元激发、广义刚度、拓扑缺陷、绝热连续性、重正化群等)给予了系统且富有洞见的论述,形成了凝聚态物理学新的理论框架,从而大大促进了凝聚态物理学的发展。多体效应、对称破缺和序参量等重要概念将在第 4 章讨论。凝聚态物理的理论范式将在第 5 章 5.4 节给予介绍。

在涉及凝聚态物质的本质时,有一个问题萦绕于人们脑海中挥之不去,即大量(巨量)分子、原子是如何聚集和结合在一起,并形成大千世界形形色色的凝聚态物质的?

以往科学家在探索自然界构架时,习惯于还原论(reductionism)的思维方法,即从大到小,一分再分,将复杂万物还原为简单、再简单的基元,如复杂生物体还原为简单的细胞、染色体、基因,宇宙万物分解为分子、原子、基本粒子等。然后在构建宇宙时,又简单地认为将各种基元集合在一起就可重建复杂宇宙。但实践证明从简单基元构筑复杂万物的方法和理论并不像还原论者设想的那样简单。当人们借助于牛顿力学、量子力学和相对论可以自由翱翔于基本粒子小宇宙和超银河系大宇宙时,却对眼前形形色色的材料和物质的微观、亚微观、介观和宏观的结构与性能之间的联系知之甚少,这个世界(中宇宙世界)实在太丰富、太熟悉又太陌生了,简单的基元集合根本无法得到关于复杂的材料世界的真实规律的描述。Anderson 曾对还原论方法提出质疑:"将万事万物还原成简单的基本规律的能力,并不蕴涵着从这些规律重建宇宙的能力……当面对尺度与复杂性的双重困难时,重建论的假设就崩溃了。其结果是大量基本粒子的复杂聚集体的行为,并不能依据少数粒子的性质作简单外推就能得到理解。取而代之的是在每一复杂性的发展层次中呈现了全新的性质,因此我认为要理解这些新行为所需做的研究,就其基础性而言,与其他相比毫不逊色。"

这种在不同的聚集层次和聚集尺度上物质会展现全新性质和规律的现象称为层展现象(emergent phenomena),这种性质称为层展性。正因为如此,在研究不同层次的物质凝聚过程时,决不能简单地采用外推、叠加或归纳方法。物质从小尺度(微观、亚微观粒子)逐步聚集成大尺度(宏观物质)过程中所呈现的规律性,完全不同于从大尺度层层分解成小尺度所呈现的规律性。在不同的聚集层次,不仅物性和特征参数不同,研究方法和基本理论也不相同。对小分子物质是如此,对大分子物质同样是如此。这正是凝聚态物理学所要研究和解决的最基本问题之一。认识这一点非常重要。因为在当今材料科学(包括高分子材料科学)研究中,追求材料在宏观、介观、亚微观、微观间多尺度、多层次的关联、衔接和贯通十分热门,而对于层展性的认识不够。由于层展性,一个尺度上材料的性质不可能由另一个尺度上的性质简单地演绎或归纳出来,不同层次间物质结构与物性的关联还需要大量出色的基础性研究和积累才能得以理解。

1.2 高分子凝聚态及其特点

自从20世纪20年代Staudinger提出“大分子”(macromolecule)概念以来,高分子科学和高分子材料工业取得突飞猛进的发展。高分子材料作为材料领域的后起之秀,早已在国民经济、国防建设和尖端技术各个领域得到广泛应用,成为现代社会生活不可或缺的重要资源。同时,经过近一个世纪的努力,高分子科学也在高分子化学、高分子物理学、聚合物工程学等领域取得丰硕成果,高分子科学的框架已经基本确定。

高分子物理学是高分子科学最重要的组成部分,它的发展几乎与高分子科学同步。20世纪30～60年代,高分子物理学的主要原理和基本概念初步建立。这一时期杰出的基础性研究包括:Kuhn关于大分子尺寸的研究;Flory关于良溶剂中单链溶胀理论的研究;Huggins和Flory关于溶液热力学的研究;Flory和Stockmayer关于凝胶化和硫化理论的研究;Kuhn、James和Guth关于橡胶熵弹性理论的研究;以及Rouse和Zimm关于孤立分子链模型及其黏弹性的研究。

20世纪60～80年代,高分子物理学的主要理论进一步得到发展。研究的焦点从理想分子链发展到真实分子链,从稀溶液发展到亚浓溶液及浓厚体系。突出的成就包括:des Cloizeaux和de Gennes建立的现代稀溶液理论;Edwards建立的分子链约束管模型;de Gennes建立的链扩散爬行理论(蠕动模型),以及在此基础上由Doi-Edwards发展的聚合物熔体流变本构理论。

近20年是现代高分子物理学蓬勃发展的时期,在这一时期高分子科学在各个领域又取得许多新成就,呈现出一个新发展高峰。其显著特点是高分子科学与其他自然科学交叉、渗透和融合,由此开拓了高分子科学家的视野,启发了新的研究方向和学科分支,提升了高分子科学研究的学术水平,产生了若干具有重大科学和实践意义的研究成果。高分子凝聚态物理学为其中之一。顾名思义,高分子凝聚态物理学就是以现代凝聚态物理学的新概念、新理论、新实验方法与高分子科学和高分子材料科学的特点相结合,用以揭示、理解高分子材料复杂的结构、形态、大分子特有的运动形式和规律、各种特殊的聚集状态及其相态转变,以及它们与材料性质关系的科学。

de Gennes指出:“在高分子物理学发展的第三阶段,发现了高分子统计学与相变问题的一种相互关系。这一发现使高分子科学可以得益于临界现象已经积累的大量知识,以及已经出现的大量相当简单的标度性质。”经过二三十年的发展,高分子凝聚态物理学已取得十分丰富的研究成果,成为现代高分子物理学新的研究亮点和前沿。代表性的研究成果有:软物质理论及高分子材料的软物质特征;大分子链的自相似结构、分形性及由此发展的标度律理论;不同尺度上结构单元的关联效应；大分子单链凝聚态及单链单晶；聚合物亚浓溶液和浓厚体系的凝聚态特性；聚合物相变理论、熵致相变及相变中的亚稳态现象和临界现象；超分子组装和大分子自组装；液晶高分子；生物膜和微泡；生物大分子；有机导电、磁性或发光高分子材料；高分子材料的非均质性及逾渗模型在高分子科学的应用等。Rubinstein 在论及当代高分子物理学研究热点时提出以下四方面内容：大分子的侧基键接成链；大分子结晶的本质；液晶高分子；带电荷聚合物。此外，他还指出开展这些问题的原理性研究对人们了解重要的生物高分子（如 DNA、RNA、蛋白质、多糖）有十分密切的关系。显然这些研究均与高分子凝聚态物理学的发展密切相关。

更重要的是，de Gennes 根据高分子链具有自相似结构和分形性所提出的标度理论和标度律方法，是高分子物理学发展中一种基本概念和方法论的突破。de Gennes 提出，由于大分子链具有自相似结构和分形性，因而高分子具有其他凝聚态物质所没有的标度性。换言之，表征高分子特性的函数可以写成一个系数因子乘以一个标度形式，其中由单体所决定的化学性质出现在前面的系数因子中，而由长链所决定的统计物理性质出现在标度律（幂次律）中。例如，大分子链的均方根末端距可记为 $h=b\cdot N^{\nu}$，其中，系数 b 为分子链 Kuhn 结构单元的长度，由链的化学性质决定；N 为结构单元数目，N 上的幂指数 ν 仅由长链性质决定。不同化学结构的分子链遵循相同的幂律，具有普适性。这一发现使高分子凝聚态物理学的研究超越了经典凝聚态物理学的对称破缺概念和平均场理论，使研究领域大大扩展，从稀溶液扩展到亚浓溶液和极浓溶液（熔体），从线性理论扩展到非线性理论。由于标度指数一般不等于 1，因此标度律本质上是研究非线性现象的方法与工具。采用标度理论，不仅更加清晰地描述了真实分子链的构象和在良、劣、Θ 溶剂中的形态，描述了从稀溶液到亚浓溶液和浓厚体系的凝聚过程中结构单元间的关联效应、屏蔽效应和分子链的聚集状态随溶液浓度的变化，描述了网络和凝胶化，以及单链和缠结分子链的运动学，更重要的是标度理论是一种方法论的突破，它突破了由 Flory 建立的在高分子物理学中占统治地位几十年的统计理论和平均场方法，突破了经典凝聚态物理的范式，采用一种新的简单理论和方法深刻描述长链大分子和高分子材料所表现的普适的统计规律和物理性质，是了不起的突破。从哲学观点来说，标度理论的出现还具有认识论方面的意义。

在讨论和总结高分子凝聚态性质时，同样有这样的问题引人关注：一条条分子单链究竟是如何聚集和结合在一起，形成高分子材料丰富多彩的凝聚态结构的？大分子链的凝聚与小分子凝聚有何异同？高分子材料的相变与小分子材料相变有何异同？

这里首先要澄清几个概念。①单链分子，即高分子化合物（macromolecular compound），是指由大量原子彼此以共价键结合形成的相对分子质量特别大、具有重复结构单元的有机化合物，又称聚合物（polymer）或大分子（macromolecule）。

按照国际纯粹与应用化学联合会(IUPAC)推荐的定义,认为其为同义词,定义为:由相对低分子质量的分子按实际上或概念上衍生的单元多重重复组成的相对高分子质量的分子。(原文为:A molecule of high relative molecular mass, the structure of which essentially comprises the multiple repetitions of units derived, actually or conceptually, from molecules of low relative molecular mass.)。这里含三层意义:一是相对分子质量很高,达 $10^4\sim10^7$;二是由少数几种重复结构单元组成,排列规律性强;三是结构单元间以共价键连接(对有机高分子而言)。②多链凝聚态,指由大量单链在一定环境温度、压力下聚集而成的物质状态,称为高分子凝聚态(condensed state of polymer),通常为固态或液态。③高分子材料(polymer materials),是以高分子化合物为基材的一大类材料的总称,迄今人们使用的高分子材料均为多链聚集的凝聚态物质。

已知单链分子是有着巨大长径比和不同柔顺性的长链线团,大量聚合物分子从逐个的单链态聚集成多链凝聚态,构成一种材料,其表现的性质发生很大变化。一般来说,分子链凝聚形成的状态主要有两种:一种是分子链杂乱无章地穿插、交叠、缠结,构成无定形的非晶态,包括玻璃态、高弹态(它们均属于固化的液态)、黏流态;另一种是分子链局部或整体有序地排列,形成三维或低维点阵结构,构成高分子晶体或液晶。不同状态之间会发生相变。问题在于,大量单链分子是如何聚集在一起的? 一些原本或卷缩或舒展的分子链线团是如何变成高度贯穿、缠结,末端距分布符合 Gauss 分布的 Gauss 链的? 它们又是如何排列结晶的,结晶过程的细节如何? 或者说在凝聚过程中这些特殊形状的分子——链式分子相互穿透、排列的本质究竟如何? 其中经历了何种热力学和动力学过程? 分子链在不同的聚集阶段所表现的行为及其演变规律如何? 迄今人们对这些基本问题的了解并不十分清晰。

从热力学角度看,大量小分子从气态到液态和固态的凝聚大致是在降温或(和)高压条件下实现的。处于气态的分子相距甚远,做高速无规热运动,内能高。在降温或(和)施压时分子动能减弱,间距缩小,相互接近,当近到分子或原子引力起作用的范围(图 1-2),分子或原子通过化学键或范德华力结合,凝聚为液体或固体。这种凝聚过程可称为冷致凝聚(cooling condensation)。虽然小分子凝聚时体系熵值也有变化,但由于小分子物质结构简单,熵值小,由熵减引起的自由能上升远抵不上内能下降对自由能的贡献,因此是内能变化决定了小分子物质的相变,这类相变也称为能致相变(energy induced phase transition)。

大分子链的凝聚过程与小分子不同。大分子链结构复杂,相对分子质量巨大,不可能像小分子一样做剧烈热运动,因此高分子材料无气态,只有液态和固态,不存在从气态向液态、固态的冷致凝聚过程。这使得研究大分子链的凝聚从溶液考虑较为合适。大分子链可溶于恰当的溶剂,在极稀溶液中分子链为相互分离的单

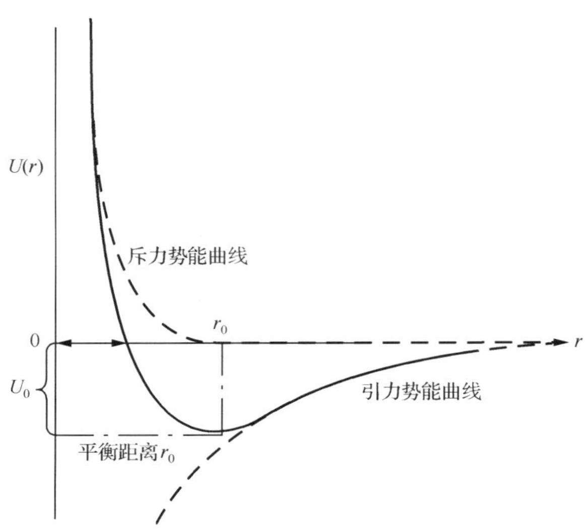

图 1-2 分子势能曲线

链线团。随着浓度的增大，溶液从极稀溶液、稀溶液向亚浓溶液、浓溶液转变的过程，微观上就是分子链从孤立的单链状态向大量分子链相互穿透、关联、缠结、凝聚，形成多链聚集体的过程，这一过程可称为溶致凝聚(lyotropic condensation)过程，见图 1-3。它与溶致液晶的形成有些相似。研究该过程中分子链的构象演变、链间相互作用和关联作用的变化，以及分子链聚集状态的变化与溶液性质的关系，对了解大分子凝聚的本质很有帮助。本书第 2 章、第 3 章将沿着从稀溶液到亚浓溶液、浓溶液的路线，介绍分子链的构象和聚集状态随溶液浓度的变化以及高分子材料不同凝聚态的基本性质。

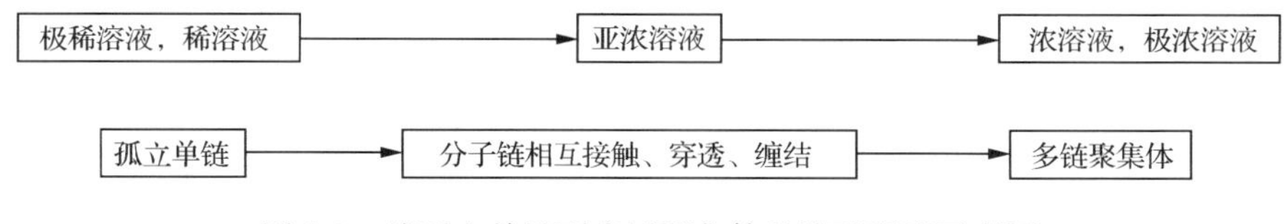

图 1-3 从孤立单链到多链聚集体的溶致凝聚示意图

从热力学考虑，大分子链凝聚和相变同样遵循 Gibbs 自由能原理。但由于凝聚时分子链间的相互作用属于次价键力，键能低，因此内能变化对相变的贡献不大。此外，大分子独特的结构特点：相对分子质量巨大，分子链具有巨大的长径比和不同的柔顺性，构象熵值高；大量分子链聚集时，既有单链构象熵变化，又有大量分子链的混合熵变化。因此，在凝聚态形成和变化过程中，熵变的贡献十分突出，常超过内能的贡献，发生所谓“熵致相变”(entropy induced phase transition)。熵致相变是软凝聚态物质相变的主要特征之一，掌握熵致相变的规律和特点对理解大分子凝聚和高分子材料的相变本质也具有十分重要的意义，在第4章4.3.2节将介绍相关内容。

由于无气态，高分子材料的相变主要是液-固相变。这种液-固相变可分为两大类：一类是高分子结晶和熔融，包括高分子液体-液晶-晶体间的转变，属于热力学一级相变；另一类是连接性转变(connectivity transition)，即凝胶化转变，包括橡胶的硫化和热固性树脂的固化。这是一类特殊的有化学反应参与的液-固相变，对此类相变人们更关注在临界点附近的逾渗转变(percolation transition)。

已知小分子结晶的主要驱动力为化学键力，如离子晶体(如NaCl)是通过离子键结合形成的晶体；原子晶体(如金刚石)是相邻原子以共价键结合形成晶体；金属晶体(包括金属单质及合金)是由金属键结合形成的晶体，见图1-4。而长链高分子不同，长链分子规则排列形成三维长程有序结构的驱动力为次价键，这一类晶体称为分子晶体。有些有机小分子晶体也为分子晶体，如一些外层电子已饱和的分子(如I_2、HCl、CO)或原子(如惰性气体)，通过范德华力形成晶体。大分子晶体的特点，一是沿不同晶轴方向的结合力不同，其中一个晶轴平行于分子主链，沿该轴的原子结合力为主价键(如C—C键)，通常规定该晶轴为c轴；而沿另外a、b两轴分子间的结合力为次价键，因此高分子晶体本征地呈现与小分子晶体不同的特殊的各向异性。二是大分子相对分子质量巨大，分子链很长，相对分子质量分布宽，规则排列时既可能形成折叠链晶体，也可能形成伸直链晶体；一根分子链可能穿越几个晶胞，也可能一个晶胞内含多根分子链的结构单元，存在大量自由的链末端，因此大分子结晶时缺陷较多，晶区与非晶区并存，结晶温度和熔融温度往往占据一个较宽的温度范围。

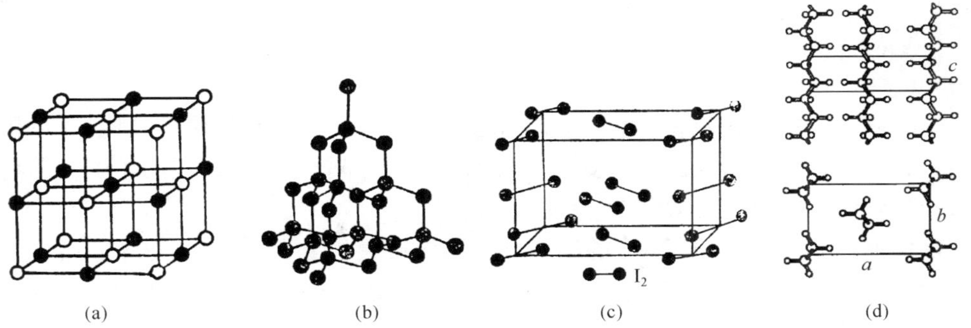

图1-4　几种结晶物质的点阵结构示意图

(a)离子晶体-NaCl；(b)原子晶体-金刚石；(c)分子晶体-I_2；(d)大分子晶体-PE

凝胶化转变是高分子材料另一类重要的液-固相变，也称溶胶-凝胶转变(sol-gel transition)，属于一种连接性转变。它是指由相对分子质量有限大的粒子组成的可自由流动的液体溶胶，通过分子间的逐步反应、凝聚成相对分子质量“无限大”的网络和固体凝胶的过程。溶胶-凝胶转变的临界点称为凝胶化转变点，简称凝胶点。典型例子有多官能度单体的缩聚合和无定形橡胶的硫化。缩聚合属于小分子的凝胶化转变，可视为零维粒子连接成三维网状结构的转变。橡胶硫化是大分子的凝胶化转变，是由一维线形长链分子反应，生成支化聚合物，然后由支化发展到超支化，而后形成三维分子链网络的过程。最早定量描述溶胶-凝胶转变的理论是 Flory-Stockmayer 平均场理论。该理论指出，具有 z 官能度的前体分子的凝胶化转变点的反应程度为：$p_c = 1/(z-1)$。平均场理论对于描述远离凝胶点的凝胶化过程，特别对于描述大分子的硫化是有效的，但它不适于描述非常接近凝胶点（临界点）区域的情形，后者用临界逾渗理论描述更合理。相关内容将在第 4 章、第 8 章给予介绍。

虽然只有液态和固态，但是与小分子材料相比，高分子材料具体呈现的凝聚态形式要丰富得多。高分子液体包括不同浓度的溶液及熔体（黏流态），不同浓度溶液中分子链的构象和聚集方式不尽相同。高分子固态形式有结晶态（不同的晶型）、非晶玻璃态、非晶高弹态、黏弹态和取向态。从热力学角度看，非晶玻璃态、非晶高弹态和黏弹态均属于力学性质不同的液态，高分子物理学中称其为不同的力学状态。此外，高分子材料还有液晶态、交联高分子的凝胶态、复杂高分子体系（如支化高分子、共聚高分子、高分子共混体系）的织态（非均质态），以及外场作用下的多种激发态（光、电、磁、热等）。普遍的情形是一种高分子材料中往往几种凝聚态同时并存，如结晶态与非晶态并存（半晶高分子），热力学稳定态与亚稳定态并存，基态和激发态并存，而且并存寿命很长。因此，研究高分子材料凝聚态及不同凝聚态之间的转变（相变），除研究热力学性质外，不同相态间的相互作用以及相态转变过程中所呈现的动力学特征也十分重要。不仅要关注体系在热力学平衡态的性质，更要关注转变过程和转变速率，关注远离平衡态、处于亚稳定状态时体系的行为和性质。这些问题将在第 4 章介绍。

高分子材料丰富多彩的凝聚态结构源自于大分子链特殊的化学结构、立体构型、拓扑形态和分子链形成过程中产生的多分散性和非均一性。凝聚态结构的特点和差异都可追溯到链结构的特点和差异上来。

大分子链（高分子化合物）的第一重要结构特点是分子巨大，相对分子质量往往达到几万、几十万甚至几百万，这是讨论高分子结构和性能时必须时刻关注的要点。在化学组成上大分子链与小分子单体并无很大差别，但由于相对分子质量不同，凝聚态性能有巨大差异。相对分子质量除十分庞大外，还具有多分散性。也就是说一种高分子材料内的大分子虽然化学结构相同，但多数情况下分子链长度不等。高分子材料实际是由相对分子质量不等的同系高分子化合物组成的混合物，存在一定的相对分子质量分布。

大分子链另一结构特点是具有各向异性的几何形状，主要形状为线形链(linear chain)、支化链(branched chain)或体形交联网络(crosslinked network)。这些特殊的分子几何形状使分子间有很强的相互作用(缠结或交联)和各向异性，呈现复杂的拓扑结构、形态结构及相界面。这些也是高分子材料具有许多特殊状态和性能的结构根据。

高分子的多分散性和非均一性还表现在其他方面，如同种高分子化合物的结构单元的键接方式(键合顺序)和立体构型可能不同，从而产生不同的顺序异构体、对映异构体、几何异构体。支化分子链有不同的支化度。交联网络有不同的交联度。共聚物分子因共聚组成比例不同及序列结构差异，分出无规共聚分子、嵌段共聚分子、交替共聚分子、接枝共聚分子等。因化学组成不同和周围环境的差异，分子链的柔顺性和结构单元在空间的排布(空间构象)更是千差万别。

高分子结构及分子运动还有一个重要特点是具有多层次性，或称多尺度性(multi-scale)。不同尺度的结构和分子运动特点都会对材料性能产生影响。多尺度可从空间和时间两方面考虑。在空间上不同结构层次的空间尺度差异很大，从结构单元(尺度在 10^{-10}m 数量级)到链段、分子链，再到凝聚态相区($10^{-6}\sim10^{-3}$m)，空间尺度跨越 7～8 个数量级。在时间上不同层次结构单元具有不同的特征运动形式和松弛时间。从化学键的特征运动时间 10^{-12}s 到链段松弛时间 $10^{0}\sim10^{1}$s，到整链或材料的松弛时间(几天甚至几年)，时间尺度跨越十几个数量级，形成非常宽的松弛时间谱。这种大跨度的松弛时间变化决定着高分子材料对不同外场的响应特征。

正是大分子链这些奇特的结构特征，使高分子材料的凝聚态结构和性能与小分子材料相比有巨大差异。小分子化合物结构单一，相对分子质量确定，因此与结构及相对分子质量相关的诸多性质，如结晶温度、晶体结构、熔点、溶解度都是唯一确定的。而高分子材料不同，由于结构复杂、多分散和非均一，高分子材料的凝聚态结构、形态和性质不仅变得十分丰富和复杂，而且结构与性能强关联，结构的变化对性能有强烈影响，体现出典型软物质特性。本书第 2 章将以简要篇幅介绍分子链化学结构和拓扑结构的特点，第 4 章介绍软物质概念，全书中将时刻关注凝聚态结构与分子链化学结构的相互联系和影响。

还需要着重强调的是，凝聚态结构对高分子材料和制品的物理力学性能常具有决定性的影响。换言之，高分子制品的性能不仅与分子链结构、成分配比有关，很大程度上还取决于制品最终凝聚态结构的演变和定型。化学结构一定的材料可以由于具有不同的凝聚态结构而显示不同的性质。化学结构是在聚合反应中形成的，而凝聚态结构(超分子结构和织态结构)主要是在后续加工过程中形成的。加工成型过程中力场、温度场、时间场(速度场)的合理安排对制品最终凝聚态结构的发展、演化及形成起决定性影响，是决定高分子制品最终结构和性能的重要环节。

由于绝大多数高分子制品是在熔融或溶液状态下加工成型，而在固体状态下使用，因此开展液-固相变和高分子液体流变性的研究对改善加工工艺和开发新的加工方法具有重要的意义，在第 2 章、第 3 章将简要介绍单分子链运动学和缠结分子链运动学。另外，高分子制品的性能与使用环境和使用历史密切相关，使用环境和使用历史会影响分子链化学结构和聚集态结构，从而使材料老化、破坏、断裂、疲劳，影响材料的使用寿命。

近代研究工作还表明，即使化学结构和凝聚态结构确定的高分子材料还可以由于它们处于不同的激发态而显示出全新的性能，如某些共轭高分子材料在电子极化度很大时会呈现非线性光学性能；因掺杂物质和掺杂方法不同某些高分子材料会成为有机半导体、导体甚至超导体。另外，由于分子组装、超分子组装技术的进步和超分子化学理论的发展，更高级、更复杂的大分子材料的结构和新的高分子材料种类不断涌现，如超分子液晶高分子材料、大分子组装材料、各类智能高分子材料、分子器件、分子导线、仿生物组织高分子材料等。所有这些都表明，通过控制和改造高分子材料的凝聚态结构，可以使材料的性能和功能发生巨大转变。从无功能变化到有功能甚至有智能，从普通大分子材料演变为功能大分子材料直至生物大分子材料。高分子材料早已突破传统意义上只是工程材料的概念，而在越来越广阔领域显示出奇特的优异的功能而造福于人类。第 5 章、第 6 章、第 7 章将分别选题介绍相关内容。

按现代凝聚态物理学的观点，高分子材料属于软物质(soft matter)或复杂流体(complex fluid)。所谓软物质，是指触摸起来感觉柔软的那类凝聚态物质。按照 de Gennes 的演讲，软物质有两大特点：一是结构复杂；二是相对较“软”。所谓结构复杂，指软物质在其柔软的外观下存在着复杂的相对有序的结构，其结构常介于固体与液体之间。从微观尺度看，它没有像晶体那样的周期性结构，在原子、分子尺度上结构可能是完全无序的；而在介观尺度下，它又存在一些规则的受约束结构，如局部结晶、局部有序、有序链状结构等。简单液体不会是软物质，而复杂的液晶材料、高分子材料及生物有机材料等都具有典型的软物质特性。所谓“软”，不仅指模量低，更重要的是指相对于弱的外界影响。例如，施加给物质瞬间的或微弱的刺激，材料能作出相当显著的响应和变化，使性能发生巨变。在胶乳的橡胶长链分子之间，每 200 个碳原子只要有一个与临近分子链的碳原子发生交联(硫化)，流动的胶乳就会凝结成强韧的橡胶，力学性能发生巨大变化。电流变物质往往因外界电场的微弱变化而使黏度发生显著变化。液晶材料会因温度或浓度的变化使光学性能发生巨变。用较为简洁的话来讲，软物质具有结构与性能强关联和材料对外场刺激强响应的特征。从这个观点出发，人们可以通过化学改性(改变分子链结构)和物理改性(改变凝聚态结构)来改进材料，使之适合特殊的需求。这种改变往往非常灵敏和显著，因此需要人们在正确理论指导下进行精心设计和实施。

当前高分子凝聚态物理学的研究和进展已引起国际上理论和实验物理学家的浓厚兴趣，常将高分子材料作为对现代凝聚态物理学理论验证的重要实验体系。由于聚合物体系属于软物质，因此它具有许多不同于其他物质的特性：平衡态由熵效应决定而不是如其他物质由能效应决定，多自由度、复杂的拓扑结构、标度性、非晶态固体结构，以及聚合物所特有的黏弹性等，是典型的具有多尺度特性的材料代表，也是最具有实际应用意义的材料体系。在一定范围内，高分子材料具有平均场的特性，因此很多物理学理论得以最先在高分子体系中得到验证。另外，高分子材料的弛豫时间长，特征温度范围非常宽，因而在实验上可以精确测量。对高分子凝聚态物理的研究还是当前平衡态与非平衡态统计物理发展的重要推动力之一。从高分子凝聚态结构出发，阐明和预报体系的平衡态与非平衡态的物理性质，最后达到能够定量描述材料的复杂结构与性能，目前该项研究仍在发展中。此外，现代凝聚态物理学的发展又大大促进了高分子科学的概念更新。现代凝聚态物理学与高分子物理学的交叉融合对解决高分子物理学基础问题意义重大，而关于高分子物理学基础问题的理解对高分子材料的研究开发有重要指导作用。

参考文献①

[1] Landou L D, Lifshitz E M. Statistical Physics I. Oxford: Pergomon Press, 1980

[2] Anderson P W. Concepts in Solids. New York: Benjamin, 1963

[3] Anderson P W. Basic Notions of Condensed Matter Physics. Menlo Park: Benjamin, 1984

[4] de Gennes P E. Scaling Concepts in Polymer Physics. New York: Cornell University Press, 1985；中译本，高分子物理学中的标度概念．吴大诚，刘杰，朱谱新，等译．北京：化学工业出版社，2002

[5] Rubinstein M, Colby R H. Polymer Physics. Oxford: Oxford University Press, 2003；中译本，高分子物理．励杭泉译．北京：化学工业出版社，2007

[6] Flory P J. Principles of Polymer Chemistry. Ithaca, New York: Connell University Press, 1971

[7] Jones R A L. Soft Condensed Matter. Oxford: Oxford University Press, 2002；中文注释本，北京：科学出版社，2008

[8] Strobl G. The Physics of Polymers. Berlin Heidelberg: Springer-Verlag, 2007；中译本，高分子物理学．胡文兵，蒋世春，门永锋，等译．北京：科学出版社，2009

[9] Bower D I. An Introduction to Polymer Physics. New York: Cambridge University Press, 2002

[10] Sperling L H. Introduction to Physical Polymer Science. 4th ed. Hoboken, New Jersey: John Wiley & Sons, Inc. Publication, 2006

[11] Chaikin P M, Lubensky T C. Principles of Condensed Matter Physics. Cambridge: Cambridge University Press, 1995

[12] Marder M P. Condensed Matter Physics. New York: John Wiley, 2000

[13] 冯端，金国钧．凝聚态物理学（上卷）．北京：高等教育出版社，2003

① 本书引用的参考文献，多为历史上与书中内容对应的权威著作。由于常有一本著作多次多处引用，或一处内容引用多本著作的情形，故采用只在章末给出相应的综合性基本参考文献的方式，敬请谅解。

[14] 黄昆,韩汝琦．固体物理学.第二版．北京:高等教育出版社,2002
[15] 方俊鑫,陆栋．固体物理学(上、下册)．上海:上海科学技术出版社,2000
[16] 德热纳 P G,巴杜 J. 软物质与硬科学．卢定伟,唐玉立,孙大坤,等译,长沙:湖南教育出版社,2000
[17] Daoud M,Williams C E. Soft Matter Physics. Berlin:Springer-Verlag,1999
[18] Klemen M,Lavrentovitch O D. Introduction to Soft Matter Physics. Berlin:Springer -Verlag,2003
[19] Doi M,Edwards S F. The Theory of Polymer Dynamics. Oxford:Clarendon Press,1986
[20] Ferry J D. Viscoelastic Properties of Polymer. 3rd ed. New York:John Wiley & Sons,1983
[21] Lehn J M. Supramolecular Chemistry, Concepts and Perspectives. Weinheim:Wiley-VCH,1995;中译本,沈兴海,徐同宽,姜健准,等译. 超分子化学——概念与展望. 北京:北京大学出版社,2002
[22] Zallen R. The Physics of Amorphous Solids. New York:Wiley-Interscience,1983;中译本,非晶态固体物理学. 黄昀,戴道生,林宗涵,等译. 北京:北京大学出版社,1988
[23] 吴其晔,张萍,杨文君,等. 高分子物理学. 北京:高等教育出版社,2011
[24] 殷敬华,莫志深. 现代高分子物理学(上、下册)．北京:科学出版社,2001
[25] 何平笙. 新编高聚物的结构与性能. 北京:科学出版社,2009
[26] 何天白,胡汉杰. 海外高分子科学的新进展. 北京:化学工业出版社,1998
[27] 杨玉良,胡汉杰. 跨世纪的高分子科学,高分子物理. 北京:化学工业出版社,2001

第 2 章　单链构象和单链凝聚态

2.1　大分子链的化学结构和拓扑构造

由单体通过聚合反应形成的链状大分子称为高分子化合物。大分子链的化学结构是指与结构单元相关的近程结构，包括结构单元的构造(structure)与构型(configuration)。构造是指结构单元的化学组成、键接方式及各种结构异构体；构型则指分子链中由化学键所确定的近邻原子相对空间位置的关系。未经化学反应，化学结构不会发生变化。

2.1.1　结构单元的化学组成

分子链结构单元的化学组成，由参与聚合反应的单体的化学组成和聚合方式决定，分为碳链高分子、杂链高分子、元素有机高分子、无机高分子等几种类型。

碳链(carbon chain)高分子：主链全部由碳原子以共价键连接构成，主要由加聚反应制得。按主链化学键的饱和程度它进而分为：饱和(saturated)碳链高分子，主链化学键全部为饱和的 σ 键，常见的如聚乙烯(PE)、聚丙烯(PP)、聚苯乙烯(PS)、聚甲基丙烯酸甲酯(PMMA)等；不饱和(unsaturated)碳链高分子，主链上除饱和 σ 键外，还有不饱和的 π 键，如聚异戊二烯(PI)、聚丁二烯(PB)、苯乙烯-丁二烯共聚物(SB-copolymer)等；共轭(conjugated)碳链高分子，主链含大量共轭 π 键或芳环，如聚乙炔(polyacetylene，PA)、聚对苯(polyparaphenylene，PPP)等。

杂链(heterogeneous chain)高分子：主链上除碳原子外，还有氧、氮、硫等其他原子存在，原子间以共价键相连。主要品种有聚酯、聚醚、聚酰胺、聚脲、聚砜、聚氨酯橡胶、聚硫橡胶、酚醛树脂等。杂链高分子多通过缩聚反应或开环聚合反应制得。

元素有机高分子(elementorganic polymer)：主链不含 C 原子，仅由 Si、B、P、Al、Ti、As、O 等无机元素组成，而侧基为有机取代基团。它兼有无机物的热稳定性和有机物的弹塑性。主要品种有有机硅高分子、有机钛高分子、有机硅-金属高分子等。

无机高分子(inorganic polymer)：主链和侧基均不含碳原子，代表性例子有聚氯化磷腈(聚二氯氮化磷)、聚二硫化硅，结构单元式见图 2-1。

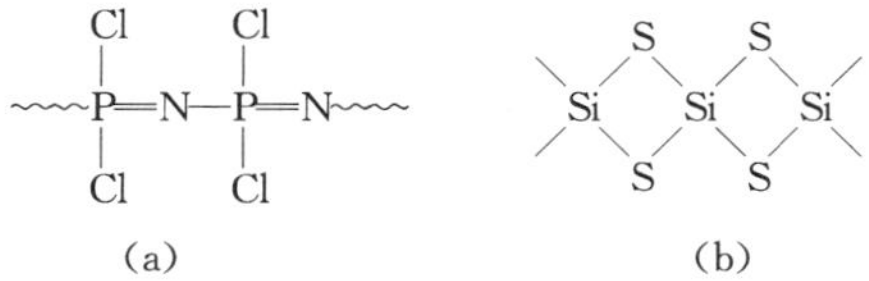

(a)　　(b)

图 2-1　聚氯化磷腈(a)和聚二硫化硅(b)的结构单元式

2.1.2　结构单元的键接异构

键接指结构单元在分子链上的连接形式。键接异构指结构单元因键接顺序或连接方式不同而形成的异构体,这是一种平面结构异构体。均聚高分子和共聚高分子的键接异构方式不同,后者也称共聚高分子的序列结构。

1. 均聚高分子的键接异构

单烯类单体聚合时的键接异构:带不对称取代基的单烯类单体($CH_2=CHR$)聚合时,由于结构单元可区分出头、尾,因而键接顺序可能有头-尾(head-tail)和头-头(head-to-head)两种不同方式,构成顺序异构体。若结构单元的构造对称,不能区分头、尾,如聚乙烯$\text{+}CH_2-CH_2\text{+}_n$,则只有一种键接顺序,无键接异构。键接异构体的含量和排布情况会影响分子链的结构规整性。

双烯类单体聚合时的键接异构:双烯类单体聚合时因双键打开位置不同有 1,4-加聚、1,2-加聚或 3,4-加聚等几种方式。异戊二烯聚合时可能形成的加聚方式如图 2-2 所示。其中每一种结构单元不对称的加聚产物,又有头-尾键接和头-头键接之分。因此,双烯类单体聚合时可能产生的顺序异构体比单烯类多。

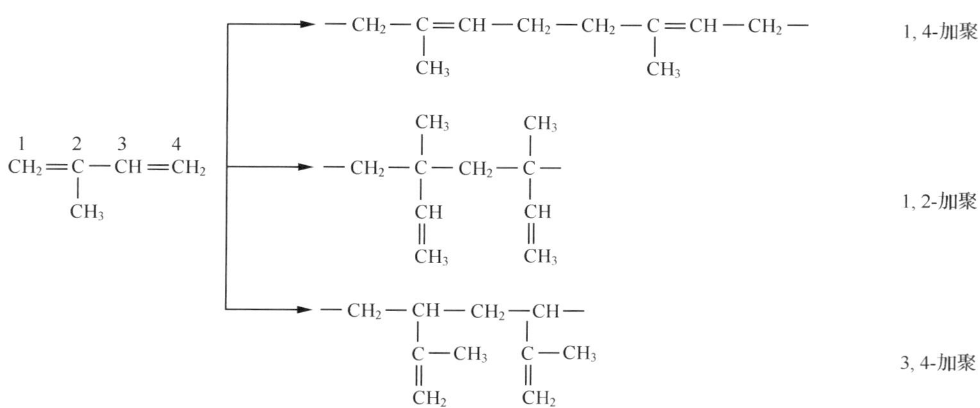

图 2-2　异戊二烯聚合时的三种加聚方式

2. 共聚高分子的键接异构

共聚高分子有两种或两种以上的结构单元，键接顺序除有均聚高分子的各种类型外，还因共聚方法和条件差异，使不同化学链节的序列排布方式不同，构成序列异构体。对于由两种单体生成的二元共聚高分子，可能存在的序列异构体有无规(random)共聚、交替(alternating)共聚、嵌段(block)共聚和接枝(graft)共聚等四种，见图 2-3。由多于两种单体生成的多元共聚高分子或杂化聚合物分子，序列结构更复杂。不同序列异构体会形成不同聚集态，具有不同的性能。尤其双亲性的嵌段共聚物或接枝共聚物因相互作用的多样性而构成形态各异的组装体和不同的凝聚态，更是当今超分子化学和大分子组装的研究热点。

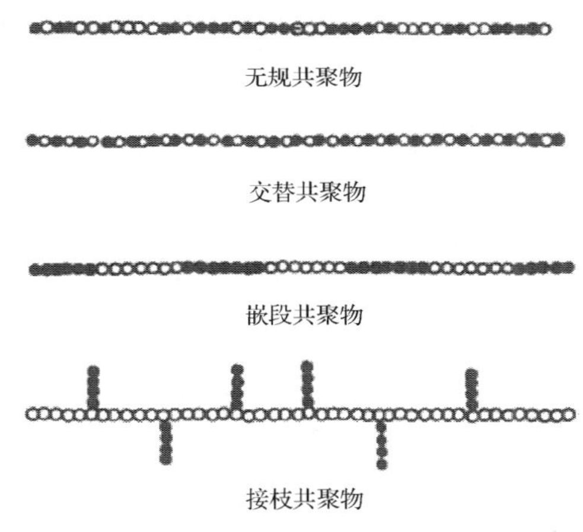

图 2-3　两元共聚高分子的序列异构方式

2.1.3　构型和高分子立体异构

构型(configuration)指分子链中由化学键所固定的原子在空间的几何排列方式。与前面讨论的平面结构异构体不同，因构型不同而形成的异构体为立体异构体，主要有两类：对映异构体和顺反异构体，前者又称旋光异构体，后者又称几何异构体。

1. 高分子对映异构体

对映(旋光)异构，指饱和碳氢化合物分子中因存在连有不同取代基的不对称碳原子 C^*(又称手性碳原子)，形成两种互为镜像关系的构型，表现出不同的旋光性。用 d 和 l 表示这两种互成镜像关系的构型。高分子对映异构体是指 d 和 l 异构单元在分子链中排列方式不同而构成的异构体。常见的有三种：①链上所有不对称碳原子 C* 均以相同的 *d*(或 *l*)构型键接,称为全同立构分子链(isotactic chain)。②不对称碳原子 C* 分别以 *d* 和 *l* 构型交替键接,称为间同立构分子链(syndiotactic chain)。③不对称碳原子 C* 以 *d* 和 *l* 构型杂乱键接,称为无规立构分子链(atactic chain)(图 2-4)。

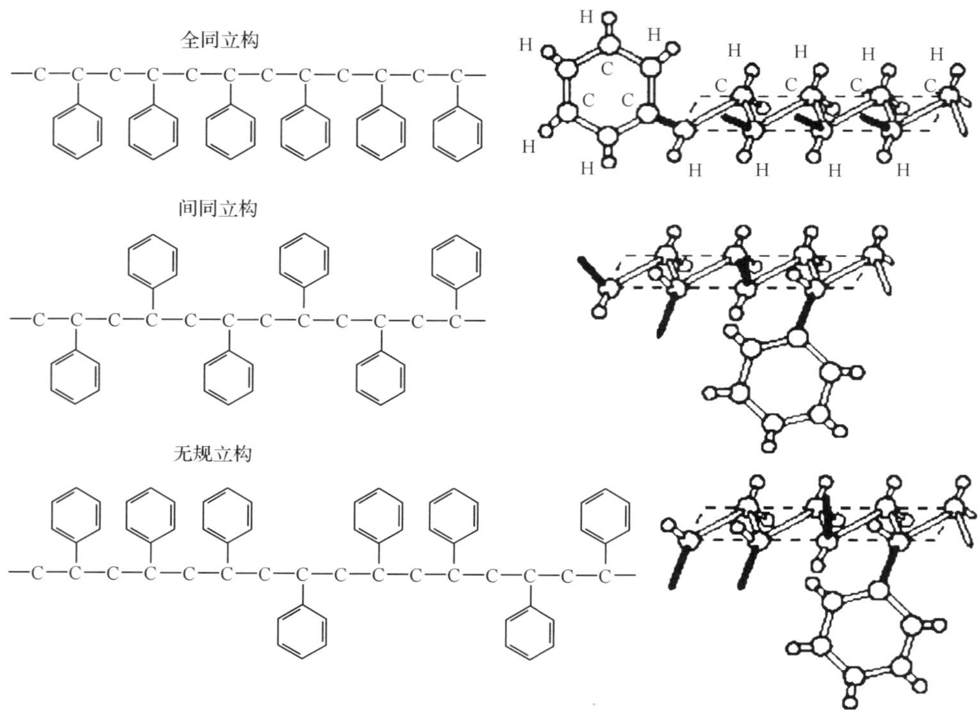

图 2-4 高分子链的旋光立体构型

右图中所有黑实心棒均为连接苯环侧基的 C—C 键

全同立构和间同立构高分子称为有规立构高分子,分子链结构规整性高,结晶能力强。无规立构高分子的结构规整性差,一般不能结晶。不同构型的高分子材料在力学性能、光学性能方面有很大差异(表 2-1)。

表 2-1 构型对高分子材料的熔点和玻璃化温度的影响

聚合物	熔点/℃	玻璃化温度/℃	密度/(g·cm^{-3})
全同立构聚丙烯	165～175	−10	0.92
间同立构聚丙烯	200	−10	
无规立构聚丙烯	～80	−20	0.85
全同立构聚苯乙烯	240	100	1.127
间同立构聚苯乙烯	270	100	

续表

聚合物	熔点/℃	玻璃化温度/℃	密度/$(g \cdot cm^{-3})$
无规立构聚苯乙烯	—	90～100	1.052
顺式-1,4-聚丁二烯	11.5	−108	1.01(晶相)
反式-1,4-聚丁二烯	142	−83	1.04(晶相)
顺式-1,4-聚异戊二烯	28	−73	1.02(晶相)
反式-1,4-聚异戊二烯	56～74	−60	1.05(晶相)

2. 高分子顺反异构体

双烯类单体 1,4-加成聚合时,因主链存在不能旋转的内双键,可按双键上连接基团在键两侧的排列方式分顺式(*cis*-)和反式(*trans*-)两种立体异构体,称为顺反异构体,也称几何异构体。每个内双键连接的两个碳原子上键接的基团位于 π 平面同侧时,称为顺式构型;位于 π 平面两侧时,称为反式构型。图 2-5 给出 1,4-聚丁二烯的顺、反式构型示意图。顺反构型不同的材料性能不同,见表 2-1。

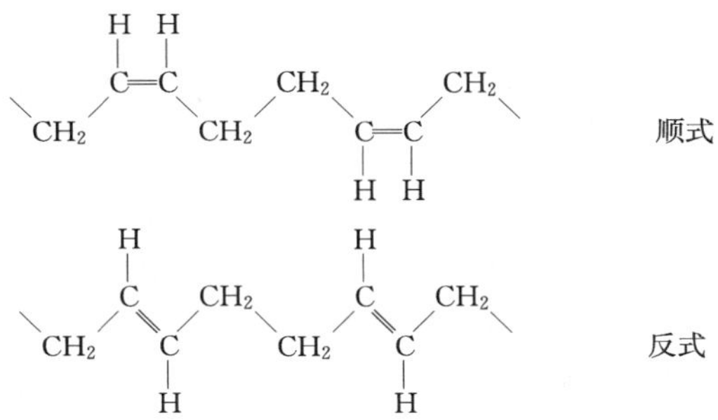

图 2-5　1,4-加聚聚丁二烯的顺、反式构型示意图

2.1.4　分子链的拓扑构造

通常条件下高分子为线形长链大分子,但高分子还有多种其他拓扑结构(topological architecture),如支化结构(星形支化、梳形支化、无规支化、H 形支化)、梯形结构、环形结构、树枝状结构、交联网状结构和互穿网络结构等。图 2-6 给出几种分子链拓扑结构示意图。复杂的拓扑结构是由于聚合过程中发生链转移反应,双烯类单体第二双键活化,或缩聚过程有三官能度以上的单体存在引起,也可能在线形聚合物加工时发生交联、老化或其他力化学反应形成。

支化(branched)是高分子常见的拓扑形式,主要在合成过程中形成。支化与接枝不同,支化高分子为均聚物,而接枝产物一般为共聚物。接枝的支链化学成分通常与主链不同,类似树木的嫁接,而支化高分子的支链化学成分与主链相同。与

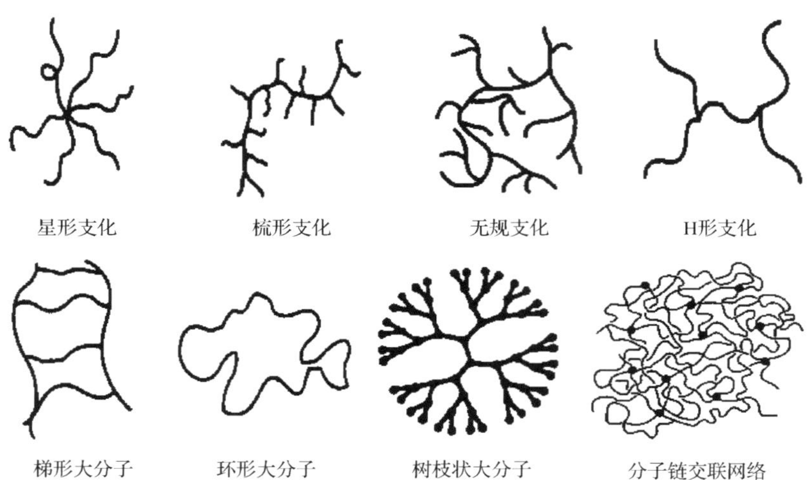

图 2-6　不同分子链拓扑结构示意图

化学成分相同的线形高分子相比，支化高分子虽然化学性质相同，但物理、力学性能差别较大，尤其是长支链大分子。表征支化结构的参数有支化度、支链长度、支化点密度等。这些参数测定较困难，目前采用凝胶色谱-激光光散射-自动黏度计三检测器联机效果较好。

交联高分子网络(crosslinked network)的典型例子是硫化橡胶、大分子凝胶和热固性塑料。它们是由多个大分子链通过支链或化学键相键接，形成相对分子质量无限大的三维网状结构。交联聚合物的特点是既不能溶解也不能熔融。胶乳中大分子链经硫化交联后，变成具有高强度、高弹性的硫化橡胶，性能发生巨大变化。表征交联结构的参数有交联点密度、网链平均相对分子质量等，可用平衡溶胀法、橡胶弹性模量法、核磁共振法测定。

表 2-2 给出研究分子链化学结构常用的实验方法，供读者参考。

表 2-2　高分子链近程结构实验研究方法一览表

研究内容	实验研究方法
链结构单元的化学组成与端基的化学组成	元素分析；X 射线荧光光谱；红外光谱；激光拉曼光谱；核磁共振
链结构单元的键接方式	化学分析；裂解色谱；X 射线衍射；红外光谱；核磁共振
空间对映异构(旋光立构)	红外光谱；核磁共振
支化结构	光散射法；特性黏数比较法；GPC/光散射法/自动黏度联用法；红外光谱

续表

研究内容	实验研究方法
交联结构	橡胶弹性模量法;溶胀法;红外光谱;固体核磁共振法
共聚物序列结构	红外光谱;核磁共振

注:摘自吴其晔,张萍,杨文君等. 高分子物理学. 北京:高等教育出版社,2011

2.2　理想单分子链的构象

除化学结构外,高分子物理学家更关心分子链的物理形态及相互作用。大分子链长度达 $10^2 \sim 10^3$ nm,而直径不足 1nm,巨大长径比使之在通常无扰状态下不呈简单伸直状态,而呈现或伸展或紧缩的无规卷曲状、折叠状或螺旋状,构象千变万化。所谓分子链构象(conformation),指分子链中由 σ 单键内旋转所形成的原子(或基团)在空间的几何排列图像。分子链构象主要由三个因素决定:分子链柔顺性,结构单元间的相互作用,结构单元与环境(溶剂)的相互作用。本节首先讨论理想单分子链的构象,所谓理想链(ideal chain)是假定沿分子链相隔较远的结构单元间的相互作用忽略不计,尽管这些单元有时在空间距离上因分子链弯曲靠得很近,同时假定无环境影响。因此理想链的构象仅由链的柔顺性决定。另外,理想链不考虑分子链本身的占有体积,它们运动时可简单地互相穿越或穿越自身,有“幻影链”之称,于是它们可取到柔顺性允许范围内的一切构象。

理想分子链只是为研究方便提出的简化模型,如同物理学中的理想气体模型、氢原子模型或谐振子模型。真实分子链既有单元间相互作用,也有与溶剂的相互作用,这些作用的综合决定了单元间是相互吸引还是相互排斥。如在不良溶剂或低温溶剂中单元间的相互吸引力大于排斥力,分子链则呈卷缩构象;而在良溶剂或高温溶剂中排斥力大于吸引力,分子链则呈舒展构象。虽然真实分子链的行为比理想链复杂,但在某些特定条件下也有真实链近似处于理想状态的情形。例如,在 Θ 条件(Θ 溶剂、Θ 温度)下单元间吸引力与排斥力抵消;或在聚合物本体和极浓溶液中单元间的相互作用被周围其他分子链所屏蔽,在这些情形中真实链构象可以近似按理想链构象处理。

2.2.1　分子链柔性的本质

理想分子链呈现不同构象与其柔性(flexibility)有关,而柔性的根源在于分子链上 σ 单键的内旋转。

1. 小分子的内旋转构象

小分子化合物中 C—C、C—N、C—O、Si—O 等 σ 键的电子云呈轴对称分布，分子运动时与 σ 键相连的两个原子可以相对旋转而不影响 σ 键电子云分布，这种运动称为 σ 键的内旋转。已知一个 C—C 键长为 0.154nm，两个相邻 C—C 键间有固定键角 109°28′，设碳原子上不带任何其他原子或基团，则图 2-7 中的 C_2—C_3 单键可以在键角不变的情况下，绕 C_1—C_2 单键自由旋转，轨迹是一个圆锥面。同理，C_3—C_4 单键绕 C_2—C_3 单键旋转的轨迹也是圆锥面，依此类推。

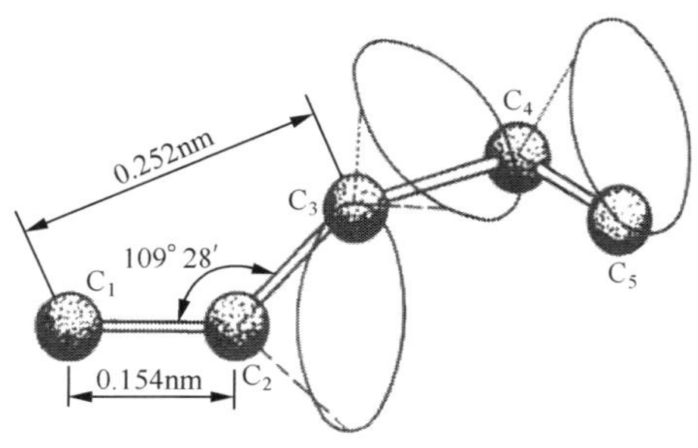

图 2-7　单键的内旋转示意图

然而实际化合物中碳原子总带有其他原子或基团，因此 σ 单键内旋转并非完全自由。这些非键合原子或基团相互靠近时，外层电子云之间将产生斥力，使单键内旋转受阻。以丁烷分子 CH_3CH_2—CH_2CH_3 为例，中间 C—C 键上每个 C 带两个氢原子和一个甲基。该 C—C 键旋转时的势能变化曲线（U-φ 曲线）如图 2-8 所示。设两个 C 上的甲基处于交叉对位时的旋转角为 $\varphi=0°$，此处两甲基相距最远，势能最小，形成势能谷，对应构象比较稳定，称为反式构象（*trans-*）。而 $\varphi=180°$处两甲基同相位，势能最高，形成势能峰，称为顺式构象（*cis-*），构象不稳定。φ 旋转 360°，根据甲基与非键合氢原子的相对位置，势能曲线还出现两处势能谷（$\varphi=120°,240°$）和两处势能峰（$\varphi=60°,300°$）。两处势能谷的势能虽大于 $\varphi=0°$的势能，对应的构象仍为稳定构象，分别称右旁式构象、左旁式构象（*gauche-*）。而两处势能峰对应的构象不稳定，分别称右偏式、左偏式构象。通常把内旋转势能曲线上对应于不同势能谷的相对稳定构象称为内旋转异构体（rotational isomeric states），因此丁烷具有反式、左旁式、右旁式三种内旋转异构体，分别记为 t、g^+、g^-。势能峰高度 ΔE 称内旋转势垒，也称内旋转活化能，其大小控制不同构象间转换的速率或难易程度。内旋转异构体之间的势能差 ΔU 称为内旋转势能差，其大小决定了热平衡时旁式构象出现的概率。表 2-3 中列出部分有机分子的单键内旋转势垒。

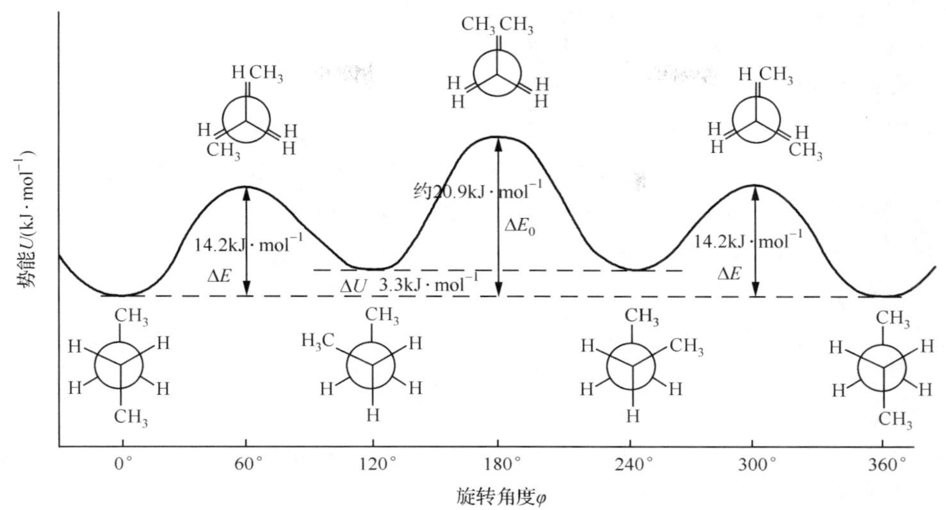

图 2-8　丁烷分子的内旋转势能曲线

表 2-3　部分有机分子的单键内旋转势垒 ΔE

分子式	键型	内旋转势垒 /(kJ·mol⁻¹)	分子式	键型	内旋转势垒 /(kJ·mol⁻¹)
$CH_3—CH_3$	C—C	11.7	$CH_3—CF_3$	C—C	15.4
$CH_3—CH_2CH_3$	C—C	13.8	$CF_3—CF_3$	C—C	<15.4
$CH_3—CH(CH_3)_2$	C—C	16.3	$CH_3—OH$	C—O	4.2
$CH_3—C(CH_3)_3$	C—C	20.1	$CH_3—SH$	C—S	5.4
$CH_3—CH═CH_2$	C—C═	8.4	$CH_3—NH_2$	C—N	7.95
$CH_3—C≡C—CH_3$	C—C≡	<8.2	$CH_3—SiH_3$	C—Si	7.1

2. 大分子链的内旋转构象与柔顺性

对于有成百上千个碳原子和 σ 单键的大分子链而言，其稳定的构象数应是各单键构象数的组合。设分子链含 n 个单键，每单键的稳定构象数为 m，则分子链的总稳定构象数(状态数)Ω 等于

$$\Omega = m^{n-1} \tag{2-1}$$

例如，一种线形聚乙烯聚合度为 100，有近 200 个单键，每个单键的稳定构象数为 3，按式(2-1)可求得理论上有约 10^{94} 个链的稳定构象。尽管有各种阻碍单键内旋转的因素存在，实际出现的构象数不可能这么多，但仍是相当可观的天文数字。这导致在多数情况下分子链上的构象排布(反式、旁式构象分布)杂乱无章，分

子链呈无规线团状。遵循能量最低原则，一般分子链上总有一些长度不等的取连续反式构象的反式段，段间以旁式构象分界。反式段呈平面锯齿状，有一定的刚性，而旁式构象增加了分子链的多变性和柔性。一般情况下，分子链上反式段的长度不超过 10 个主链键，因此从大尺度看，大多数高分子链是非常柔顺的。

特殊情况下，一段分子链构象的排布可能很有规则。例如，在聚乙烯晶区内，一段折叠链具有连续的平面锯齿状反式构象；在聚丙烯晶区内，链上化学键呈连续的反式-旁式交替的螺旋状构象。分子链取这些构象，也是遵循能量最低原则，保证体系能量最低也最稳定。

此外，对于多数高分子来说，常态下内旋转势能差 ΔU 与分子热运动能量 kT 处于同一数量级（如室温下聚乙烯的 $\Delta U \approx 0.8kT$），因此温度较高时，反式、旁式构象间可以迅速地相互转化，使大分子链不断地从一种构象转化为另一种构象。这种分子链构象不断变化的性质，称为分子链的柔顺性（flexibility）。柔顺性的根源基于大量 σ 单键的内旋转。

按玻耳兹曼（Bolzmann）公式，体系的熵 S 可由构象数 Ω 求得

$$S = k\ln\Omega \tag{2-2}$$

式中，k 为 Bolzmann 常量。由此可见大分子链的构象熵值很高。根据熵增原理，在无扰状态下分子链有自发地取混乱卷曲状态的倾向。这是大分子链柔顺性的热力学本质。

另外，有一些聚合物分子链具有其他不同性质的柔性机理，如双螺旋结构的 RNA 分子链的柔性与单键的内旋转无关，它的整链柔性是均匀的，关于这类分子链的柔顺性将在蠕虫状分子链（wormlike chain）模型讨论。

柔顺性是大分子链特有的本征性质，对高分子凝聚态的形成起着重要作用。正是由于分子链非常柔顺，它们之间才能相互穿插、渗透，凝聚成分子链呈无规线团状的玻璃态。也是因为具有柔顺性，分子链才能方便、规则地折叠排列，形成高分子晶体。柔顺性是分子链得以凝聚在一起的结构保障。

2.2.2 理想链的构象和理想链模型

按理想链定义，沿分子链相隔较远的结构单元间无相互作用，因此理想链几乎可取到一切可能的构象，构象数十分巨大，描述此类分子链的形态或尺寸只有计算统计平均值才有意义。例如，采用分子链末端距 h 或分子链旋转半径 R 来表示分子链尺寸，必须使该物理量对分子链的所有构象取统计平均才有意义。高分子物理中常用均方末端距 $\langle h^2 \rangle$ 和均方旋转半径 $\langle R^2 \rangle$ 描述分子链的空间尺寸和状态。“$\langle \quad \rangle$”代表系综平均符号，表示对体系中所有可能的状态（构象）取统计平均，而具体的统计计算结果与假定的分子链模型有关。

1. 自由连接链模型和等效自由连接链模型

1）自由连接链模型

自由连接链(free jointed chain)是一种最简单的假想的理想分子链模型。假定分子链含 n 个化学键($n \gg 1$)，键长等于 l，键与键之间自由连接，键角无限制。该模型的特点是统计规律可按三维空间无规行走线团(random walk coil)模型来处理。

假定分子链一端固定在坐标系原点(0,0,0)，按无规行走线团模型，分子链另一端随机地出现在三维空间任意位置(x,y,z)附近体积元内的概率等于[图 2-9(a)]

$$W(x,y,z)\mathrm{d}x\mathrm{d}y\mathrm{d}z = \left(\frac{\beta}{\sqrt{\pi}}\right)^3 \mathrm{e}^{-\beta^2(x^2+y^2+z^2)}\mathrm{d}x\mathrm{d}y\mathrm{d}z = \left(\frac{\beta}{\sqrt{\pi}}\right)^3 \mathrm{e}^{-\beta^2 h^2}\mathrm{d}x\mathrm{d}y\mathrm{d}z \tag{2-3}$$

式中，$W(x, y, z)$为末端距分布的概率密度函数，是正态 Gauss 分布函数形式，见图 2-10(a)；$\beta^2 = \frac{3}{2}\frac{1}{nl^2}$；$x$、$y$、$z$ 为末端距矢量 $\boldsymbol{h}$ 在三个坐标轴上的投影，$h^2 = x^2 + y^2 + z^2$。

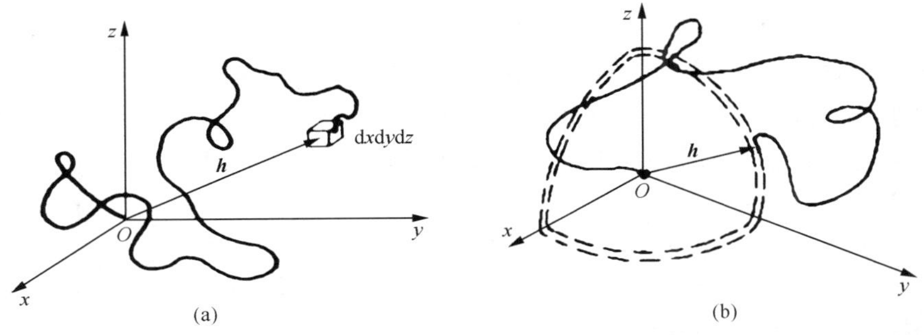

图 2-9　按三维无规行走线团模型处理分子链末端距分布示意图

当不关心末端距方向，仅考虑构象按末端距长度 h 的分布时，就应该计算分子链一端固定在坐标原点，另一端随机地出现在半径为 $h \rightarrow h + \mathrm{d}h$ 球壳体积元内的概率，见图 2-9(b)。由式(2-3)得到该概率为

$$W(h)\mathrm{d}h = \left(\frac{\beta}{\sqrt{\pi}}\right)^3 \mathrm{e}^{-\beta^2 h^2} 4\pi h^2 \mathrm{d}h \tag{2-4}$$

式中，$W(h)$为分子链末端距按 h 长度分布的概率密度函数，也称 Gauss 径向分布概率密度函数，分布曲线见图 2-10(b)。该分布规律较好地符合分子链末端距分布的实际情况。图中 h^* 为最可几末端距；$(\overline{h}^2)^{1/2}$ 为均方根末端距。

根据径向 Gauss 分布，可方便地求得自由连接链模型的各种统计平均值，其中均方末端距(mean square end to end distance) $\langle h_{\mathrm{f,j}}^2 \rangle$ 为

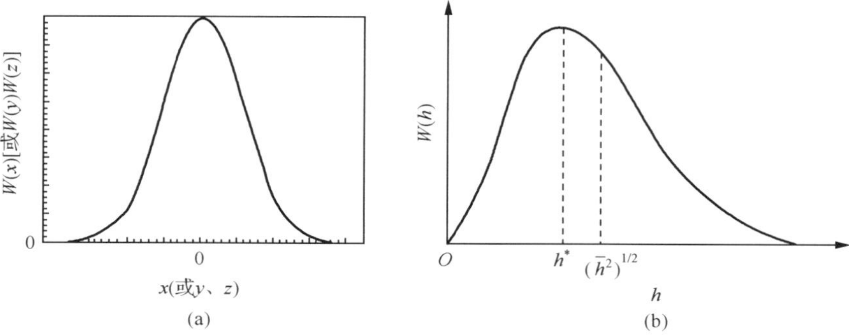

图 2-10　正态 Gauss 分布函数(a)与径向 Gauss 分布函数(b)曲线示意图

$$\langle h_{\mathrm{f,j}}^2 \rangle = \int_0^\infty h^2 W(h)\,\mathrm{d}h = \frac{3}{2\beta^2} = nl^2 \tag{2-5}$$

h 的下标 f、j 表示自由连接链。

2) Kuhn 链段和等效自由连接链模型

自由连接链是一种简单的理想链模型,统计计算十分方便,然而实际分子链却没有一种是单键自由连接的。一般分子链上化学键之间都有键角限制,单键内旋转也会因非键合原子的相互作用而受阻。不过由于自由连接链模型十分简明,因此可借助于该模型,设计一种等效的自由连接链模型来描述实际分子链。为此我们人为地将一条分子链上若干个相邻的单键合并,视其为一些相对独立的段落,只要每段中单键数目足够多,那么这些段落之间可设想为自由连接的。这样划分的段落称为 Kuhn 链段(Kuhn segment)。于是一条实际分子链可视为以 Kuhn 链段为结构单元的自由连接链,这样的分子链模型称为等效自由连接链模型。从统计的角度看,只要 Kuhn 链段数足够多,符合“无规行走”模型的要求,那么以 Kuhn 链段为统计单元的分子链的构象分布也应符合 Gauss 分布,这样的分子链模型也称为 Gauss 链模型。

为清晰起见,将等效自由连接链模型,即 Gauss 链模型的基本假定概述如下:

(1) 分子链由 N 个统计单元(Kuhn 链段)组成,要求 $N \gg 1$;

(2) 每个统计单元均视为长度为 b 的刚性小棒;

(3) 统计单元 b 之间自由连接,在空间自由取向;

(4) 分子链为幻影链。

符合上述假定的分子链的末端距分布符合 Gauss 分布式(2-5),其中 $\beta^2 = \frac{3}{2}\frac{1}{Nb^2}$,由此求出等效自由连接链的均方末端距为

$$\langle h_{\mathrm{e}}^2 \rangle = Nb^2 \tag{2-6}$$

式(2-5)和式(2-6)虽形式相同,但意义不同。式(2-5)仅有理论意义,虽然公式中 n 和 l 的数值可由化学结构和聚合度确定,但由于真实分子链的单键并非自由连接,因此计算的 $\langle h_{f,j}^2 \rangle$ 无实际意义。式(2-6)则不同,式中 $\langle h_e^2 \rangle$ 可视为分子链处于理想状态的均方末端距 $\langle h_{real}^2 \rangle$,该物理量可用实验测量,如采用光散射法测量分子链在 Θ 溶液中的无扰尺寸 $\langle h_\theta^2 \rangle$。只要假定 $\langle h_\theta^2 \rangle = \langle h_{real}^2 \rangle = \langle h_e^2 \rangle$,就可方便地求出该分子链的 Kuhn 链段长度 b 和链段数 N,公式如下:

$$N = \frac{L_{max}^2}{\langle h_\theta^2 \rangle} \tag{2-7}$$

$$b = \frac{\langle h_\theta^2 \rangle}{L_{max}} \tag{2-8}$$

式中,L_{max}为等效链的轮廓长度(contour length),即

$$L_{max} = N \cdot b \tag{2-9}$$

实际计算时 L_{max}可取为链的最大伸直长度,即保持分子链的键长、键角不变,将链拉至最大伸直状态,该链在分子主链方向的投影长即为 L_{max}。例如,一段具有连续反式构象的锯齿链,设单键长为 l,键数为 n,键角为 α,键角补角为 $\theta = \pi - \alpha$,将链拉至最大伸直状态,有 $L_{max} = nl\cos\dfrac{\theta}{2}$。

Kuhn 链段和等效自由连接链是两个十分重要的概念。重要性在于,当采用 Kuhn 链段作为运动结构单元时,所有理想分子链的热力学统计特征和标度性完全相同。de Gennes 指出,理想柔性分子链有许多与局部化学结构无关的共性,其中之一是所有分子链的柔顺性和构象统计都可用等效自由连接链模型处理。当采用式(2-6)描述分子链构象时,不同链的化学特征的差异已不重要,所有化学特征细节全都被包含在模型定义的统计单元——Kuhn 链段内了,不同化学特征的链的差异只是 Kuhn 链段的长度 b 不同,而其热力学统计性质和所遵循的标度规律完全相同,体现出模型和统计规律的普适性。基于此我们规定,下文中凡讨论分子链构象及其统计规律时,涉及的结构单元都指自由连接的 Kuhn 单元,特殊地若讨论化学结构单元(如化学键)将另加说明。

另外需指出,标度论方法的核心思想之一是对分子链进行尺度划分,分子链在不同尺度范围所取的构象不同。Kuhn 链段 b 是我们对分子链进行尺度划分而引入的比化学键长 l 大的第一个尺度。

3) Flory 特征比(characteristic ratio)C_n

一种分子链的无扰尺寸 $\langle h_\theta^2 \rangle$ 与按单键自由连接链模型计算的均方末端距 $\langle h_{f,j}^2 \rangle$ 之比称为该分子链的 Flory 特征比 C_n。

$$C_n = \langle h_\theta^2 \rangle / \langle h_{f,j}^2 \rangle = \langle h_\theta^2 \rangle / nl^2 \tag{2-10}$$

由于无扰尺寸 $\langle h_\theta^2 \rangle$ 是实验测得的分子链处于“理想”舒展状态下的实际尺寸(等效自由连接链的尺寸)，因此 C_n 的值反映了化学键偏离自由连接键的程度，即反映了内旋转键角和内旋转受阻情况对柔顺性的影响。C_n 越小，说明分子链越接近单键自由连接的情况，柔顺性越好。若 $C_n=1$，$\langle h_\theta^2 \rangle = nl^2$，则分子链为理想自由连接链(化学键自由连接链)。$C_n$ 无量纲。

C_n 又可理解为实际链的柔顺性(无扰状态下)相对于单键自由连接链模型所加的修正因子。实验表明所有实际分子链的 C_n 值均大于 1($C_n>1$)。在一定范围内 C_n 随相对分子质量增加而增大，但由于理想链模型不考虑相隔多键的单元间的空间位阻，因此对于所有高分子，当主链键数很大($n\to\infty$)时，Flory 特征比均趋于一个有限值 C_∞，见图 2-11。许多柔性分子链的 C_∞ 为 7～9，几种常见大分子链的特征比值见表 2-4。于是一个实际“长链”大分子的均方末端距可近似表示为

$$\langle h^2 \rangle \approx C_\infty nl^2 \tag{2-11}$$

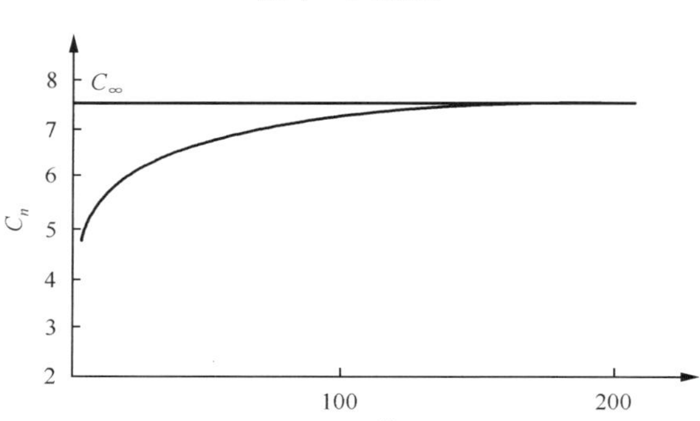

图 2-11　Flory 特征比随分子链长变化示意图

表 2-4　部分聚合物分子链的特征比 C_∞、Kuhn 单元长度 b 及 Kuhn 单元摩尔质量 M_0

聚合物	C_∞	b/nm	ρ/(g·cm^{-3})	M_0/(g·mol^{-3})
聚乙烯(PE)	7.4	1.4	0.784	150
聚丙烯(PP)	5.9	1.1	0.791	180
无规聚苯乙烯(PS)	9.5	1.8	0.969	720
1,4-聚异戊二烯(PI)	4.6	0.82	0.830	113
1,4-聚丁二烯(PB)	5.3	0.96	0.826	105
聚氧化乙烯(PEO)	6.7	1.1	1.064	137
聚二甲基硅氧烷(PDMS)	6.8	1.3	0.895	381
聚甲基丙烯酸甲酯(PMMA)	9.0	1.7	1.13	655

2. 自由旋转链模型和受阻旋转链模型

1）自由旋转链模型

自由旋转链是另一种假想的理想链模型。该模型考虑了键角对分子链构象的影响，假定化学键只能在键角允许的方向旋转（内旋转），如图 2-7 所示。同时假定这种旋转不受链上非键合原子相互作用的影响，因此旋转是自由的。

设化学键键长为 l，键数为 n，键角为 α，键角补角为 $\theta=\pi-\alpha$，单键只能在以 θ 为半锥顶角的锥面上自由旋转，求得该模型分子链的 Flory 特征比等于 $\dfrac{1+\cos\theta}{1-\cos\theta}$，均方末端距 $\langle h_{\mathrm{f,r}}^2\rangle$ 等于

$$\langle h_{\mathrm{f,r}}^2\rangle = nl^2\,\frac{1+\cos\theta}{1-\cos\theta} \tag{2-12}$$

式中，h 的下标（f，r）表示自由旋转链模型。对于 C—C 链高分子，由于键角 $\alpha=109°28'$，$\theta=70°32'$，$\cos\theta\approx 1/3$，因此

$$\langle h_{\mathrm{f,r}}^2\rangle = 2nl^2 \tag{2-13}$$

自由旋转链模型的尺寸（均方末端距）比自由连接链模型大，说明其柔顺性较差，这是由于考虑了键角限制造成的对分子链构象的影响而带来的结果。实际上也没有一种真实分子链符合自由旋转链模型的特征。

2）受阻旋转链模型

除受键角的限制外，实际分子链的 σ 键内旋转还受相邻链节上非键合原子或基团相互作用的影响，影响程度取决于分子链内旋转势能分布函数 $U(\varphi)$，见图 2-8。设旋转角为 φ_i 出现的概率与 Boltzmann 因子 $\exp[-U(\varphi_i)/kT]$ 成正比，则势能低的反式构象和旁式构象出现的概率大，势能高的顺式构象和偏式构象出现的概率小，统计得到该分子链模型的 Flory 特征比等于 $\left(\dfrac{1+\cos\theta}{1-\cos\theta}\right)\left(\dfrac{1+\langle\cos\varphi\rangle}{1-\langle\cos\varphi\rangle}\right)$，其中 $\langle\cos\varphi\rangle$ 为统计平均值，概率服从 Boltzmann 因子。

$$\langle\cos\varphi\rangle = \frac{\displaystyle\int_0^{2\pi}\cos\varphi\exp[-U(\varphi)/kT]\mathrm{d}\varphi}{\displaystyle\int_0^{2\pi}\exp[-U(\varphi)/kT]\mathrm{d}\varphi} \tag{2-14}$$

这样的分子链模型称为受阻旋转链模型。受阻旋转链模型、自由旋转链模型、自由连接链模型都是前提假设不同因而柔顺性不同的理想链模型。

3. 粗粒化模型，Gauss 链段

如前所述，统计链段的概念十分重要，与链段紧密联系的等效自由连接链模型也十分重要，任何一条单键内旋转受阻分子链的柔顺性和构象统计都可用等效自

由连接链模型处理。然而链段只是一种模型，是人为地将分子链上若干相邻单键合并，视为一些相对独立的段落，具体每个链段包含多少化学键并无严格规定。按照 Kuhn 链段的定义，链段中的化学键数至少应多到能保证链段之间的运动相对独立，链段与链段自由连接，分子链可视为以链段为统计单元的等效自由连接链。在此基础上，如果每个链段的化学键数再多一些，只要总化学键数 n 很大，以至于划分得到的链段数 N 也很大($N \gg 1$)，满足三维无规行走统计模型的要求，这样的分子链当然也应是等效自由连接链。

图 2-12 给出同一分子链以不同大小链段划分的示意图。图 2-12 中(a)模型的链段长，(b)模型的链段短，只要链段数 N_a、N_b 都足够大($N_a \gg 1, N_b \gg 1$)，两者均可视为等效自由连接链。两相比较，其末端距大小相等，$\langle h_{e,a}^2 \rangle = \langle h_{e,b}^2 \rangle$，即分子链大尺度整体行为的统计特征相同。但(b)模型分子链由于轮廓线复杂，分子链伸直长度(即轮廓长度)较(a)模型大，$L_{max,b} > L_{max,a}$。由于(a)分子链的链段较长，链段数较少，称(a)模型为粗粒化(coarse granular)模型。

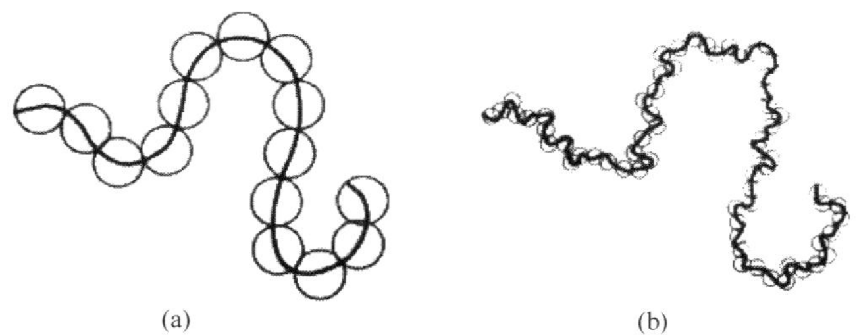

图 2-12　同一分子链划分为大小不同链段的示意图

现在我们使分子链的粗粒化达到这样的程度：一方面要保证模型的粗粒化链段数 N_a足够多($N_a \gg 1$)，满足无规行走统计的要求；另一方面又要求每一个粗粒化链段内含的 Kuhn 单元数也足够多，$(N/N_a) \gg 1$(N 为分子链总的 Kuhn 单元数)，多到足以保证每个粗粒化链段的构象分布函数也都符合 Gauss 分布函数。这样得到的粗粒化统计链段称为 Gauss 链段(Gauss segment)。Gauss 链段是我们对分子链进行尺度划分引入的又一个尺度。图 2-13 中给出这样一个分子链模型示意图。

以 Gauss 链段为结构单元的分子链模型具有更普遍的意义。根据 Gauss 链段的定义，该分子链的最大特点是链上任意两个链段之间的构象分布均满足 Gauss 分布函数，使分子链在不同尺度上具有自相似(self similarity)特性，即分子整链与局部链符合相同的统计规律。这样的分子链具有分形(fractal)性质和标度(scaling)性质，遵循相同的标度律，是 de Gennes 提出高分子标度理论的基本出发

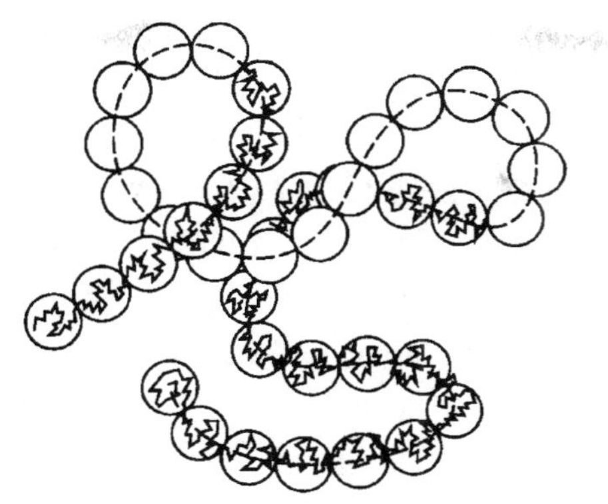

图 2-13　以 Gauss 链段为结构单元的等效自由连接链模型示意图
每个小球为一个 Gauss 链段，内含若干 Kuhn 单元

点之一。粗粒化模型也引入了关于分子链具有一定粗细的讨论和真实分子链占有体积的讨论（放弃幻影链假定），这些都将在第 3 章引入 de Gennes 的链滴概念和分子链蠕动模型时予以介绍。以 Gauss 链段为结构单元的分子链模型称为完全连续化的 Gauss 链模型。

Gauss 链段与 Kuhn 链段不同。最大的不同在于两者含有的化学键数不等，与 Gauss 链段相比，Kuhn 链段内的化学键数要少得多。按 Kuhn 链段的定义，其中包含的化学键数只要达到使划分出来的链段之间可视为自由连接（在三维空间任意取向）以至于整条分子链可视为等效自由连接链即可。而 Gauss 链段既要求链段之间自由连接，又要求链段自身的构象分布（如链段自身的末端距分布）也符合 Gauss 分布，其中含有的化学键数当然要多得多。两者同是统计链段的概念，但区别明显。可以认为，它们分别对应着统计链段在尺寸意义上的上、下限。在本书后面的讨论中若不特殊说明，凡链段均指 Gauss 链段，而 Kuhn 链段是等效自由连接链中自由连接的结构单元，称为 Kuhn 单元。而且将看到，Gauss 链段才是高分子物理中讨论聚合物本体的各种与链段相关的性质时（如高弹性、黏弹性、流变性、玻璃化转变、黏流转变等）恰当的运动单元。

4. 蠕虫状链模型

前已讨论，理想分子链的构象取决于分子链的柔顺性，由于高分子结构十分复杂，分子链柔顺性的高低只是一个相对概念。纯粹的理想柔性链（化学键自由连接链）是不存在的，实际分子链由于化学键类型、键角限制或单键内旋转受阻情况不同，柔顺性都有或多或少地降低（$C_n>1$）。其中降低较少的称为柔性链，降低较多的称为刚性链，介乎其间的称为半刚性链。大多数通用高分子材料属于柔性链材料；典型半刚性链和刚性链材料有各种纤维素衍生物，主链由共轭双键组成的高分子(如聚乙炔、聚苯等),双螺旋脱氧核糖核酸(DNA),聚异氰酸酯等。双螺旋脱氧核糖核酸(DNA)的柔性很有特点,其分子链不呈无规线团状,而像一段柔性的弹簧或蠕虫。它的柔性在整链上是均匀分布的,柔性的来源不是单键内旋转,而是来自直线链基础上的轮廓涨落,这种分子链及其柔顺性可用蠕虫状分子链(wormlike chain)模型描写。蠕虫状分子链模型是一种可描述不同柔顺性,主要是刚性和半刚性理想分子链的模型,由 Porod 和 Kratky 提出,也称 Kratky-Porod 模型。

具体来说,蠕虫状分子链是一种连续空间曲线模型,相当于自由旋转链在键角 α 很大情况下的特例。我们首先讨论键角很大的自由旋转链的情形,设键角 α 很大,接近 π,键角的补角为 $\theta=\pi-\alpha$ 很小,分子链轮廓长度 $L_{\max}\approx nl$(n、l 分别为化学键数和键长;为方便计,以下将轮廓长度记为 L)。假定分子链的第一个键固定在 z 轴方向,下面求该分子链在 z 轴上投影的平均值。

分子链的总投影由所有化学键的投影之"和"决定。将每个键视为一个键矢量 $\boldsymbol{l}_i=l\cdot\boldsymbol{e}_i$,$\boldsymbol{e}_i$ 为单位矢量。那么第二个键在 z 轴的投影等于 $l\cdot(\boldsymbol{e}_1\cdot\boldsymbol{e}_2)=l\cos\theta$,第三个键在 z 轴的投影等于 $l\cdot(\boldsymbol{e}_1\cdot\boldsymbol{e}_3)=l\cos^2\theta$,依此类推,第 n 个键的投影等于 $l\cdot(\boldsymbol{e}_1\cdot\boldsymbol{e}_n)=l\cos^{n-1}\theta$。于是整个分子链在 z 轴上投影的平均值等于

$$\langle z\rangle=\langle\sum_{i=1}^{n}l(\boldsymbol{e}_1\cdot\boldsymbol{e}_i)\rangle=l\sum_{i=1}^{n}\cos^{i-1}\theta=l\,\frac{1-\cos^n\theta}{1-\cos\theta}\tag{2-15}$$

对于无限长分子链,$n\to\infty$,$\cos^n\theta\to 0$,则 $\langle z\rangle$ 存在极限值 a:

$$a=\lim_{n\to\infty}\langle z\rangle=\frac{l}{1-\cos\theta}\tag{2-16}$$

a 称为持续长度(persistence length),它等于无限长自由旋转链在第一化学键方向上投影的平均值。a 值的大小与键长 l、键角 α 有关,键长或键角增大,a 值也增大。a 值可以视为分子链保持在某个给定方向的能力,故称持续长度,可用于描写分子链的刚性。a 值越大,链的刚性越强。由式(2-15)、式(2-16)得

$$\langle z\rangle=a(1-\cos^n\theta)\tag{2-17}$$

现将一条键长为 l、键角为 α 的无规折线状的自由旋转链,推广到一条连续的空间曲线状分子链的情形。推广的方法是:将键长无限分割(缩短),键角由 α 趋于 π,键角的补角 $\theta\to 0$,总键数 $n\to\infty$。保持分子链总长 L 和持续长度 a 不变,这样的分子链模型称为蠕虫状分子链模型,也称持续链(persistent chain)模型。图 2-14给出该模型示意图。

根据级数展开式:$e^{-x}=1-x+\frac{x^2}{2!}-\frac{x^3}{3!}+\cdots$,得知:$e^{-(1-\cos\theta)}\cong\cos\theta$,式中因 $(1-\cos\theta)\to 0$,所以高次项忽略。由此得到

$$\cos^n\theta=e^{-n(1-\cos\theta)}=e^{-L/a}\tag{2-18}$$

代入式(2-17),得

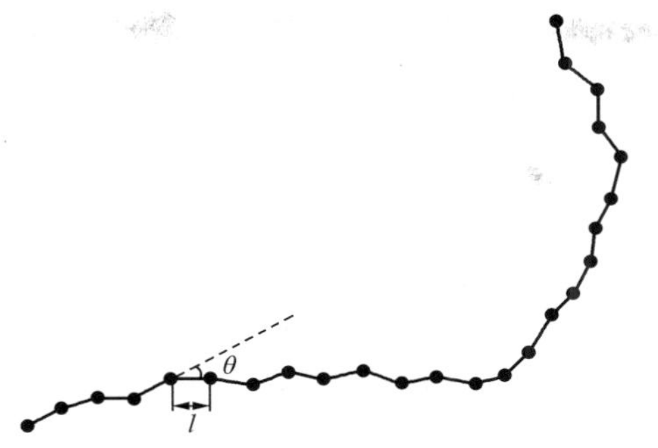

图 2-14　蠕虫状分子链模型示意图

$$\langle z \rangle = a(1 - \mathrm{e}^{-L/a}) \tag{2-19}$$

再假定分子链的末端距矢量方向与 z 轴方向一致，则末端距的长度 h 可视为分子链在 z 轴的投影之"和"，即 $h \approx \langle z \rangle$。当链的刚性较强时，要求分子链第一个无限小键的方向与末端距矢量方向一致是没有大问题的，见图 2-14。而 $|\mathrm{d}h| = \mathrm{d}L$，所以有 $2h\mathrm{d}h = 2\langle z \rangle \mathrm{d}L$，结合式(2-19)，得

$$\mathrm{d}\langle h^2 \rangle = 2a(1 - \mathrm{e}^{-L/a})\mathrm{d}L$$

积分可得

$$\langle h^2 \rangle = 2a\int_0^L (1 - \mathrm{e}^{-L/a})\mathrm{d}L = 2aL\left[1 - \frac{a}{L}(1 - \mathrm{e}^{-L/a})\right] \tag{2-20}$$

式(2-20)为采用蠕虫状分子链模型得到的刚性较大分子链的均方末端距公式，将其记为 $\langle h_{\mathrm{w}}^2 \rangle$。类似的方法可得到蠕虫状分子链的均方旋转半径 $\langle R_{\mathrm{w}}^2 \rangle$：

$$\langle R_{\mathrm{w}}^2 \rangle = a^2\left[\frac{2a^2}{L^2}\left(\frac{L}{a} - 1 + \mathrm{e}^{-L/a}\right) - 1 + \frac{L}{3a}\right] \tag{2-21}$$

蠕虫状分子链模型的优点是既可描述刚性很大的分子链，直至完全伸直的刚性棒，也可描述非常柔顺的分子链。由于柔性链的构象分布采用 Gauss 分布函数描述更加简捷，因此蠕虫状分子链模型更多地用于描述刚性或半刚性分子链，如 DNA 双螺旋链的柔性用蠕虫状链模型描述较为直观。

对于柔性链的情形，a 值很小，$L \gg a$，故式(2-20)中圆括号内 e 指数项趋于零，均方末端距变为

$$\langle h^2 \rangle = 2aL = 2anl \tag{2-22}$$

均方旋转半径为

$$\langle R^2 \rangle = \frac{aL}{3}\left(1 - \frac{3a}{L} + \frac{6a^2}{L^2} - \frac{6a^3}{L^3} + \cdots\right) = \frac{al}{3} \tag{2-23}$$

两者对比：

$$\langle R^2 \rangle = \langle h^2 \rangle / 6 \tag{2-24}$$

这是众所周知的柔性链均方旋转半径与均方末端距的关系。

对于完全刚性链的情形，按式(2-16)$a\to\infty$，$L\ll a$，将式(2-20)展开，得

$$\langle h^2\rangle = L^2\left[1-\frac{1}{3}\left(\frac{L}{a}\right)+\frac{1}{12}\left(\frac{L}{a}\right)^2-\cdots\right]\approx L^2 \tag{2-25}$$

均方旋转半径为

$$\langle R^2\rangle = \frac{L^2}{12}\left(1-\frac{L}{5a}+\frac{L^2}{30a^2}-\cdots\right)\approx\frac{L^2}{12} \tag{2-26}$$

两相比较：

$$\langle R^2\rangle = \langle h^2\rangle/12 \tag{2-27}$$

式(2-24)与式(2-27)的差别是柔性链与完全刚性链的重要差别之一。

2.2.3 分子链构象的分形本质

在讨论等效自由连接链时已指出，理想柔性分子链有许多与局部化学结构无关的共性，其中之一是所有分子链的构象统计规律都可用等效自由连接链模型处理。按照完全连续化的 Gauss 链模型，不仅分子整链具有上述共性，链上任意两链段之间(局部分子链)的构象分布函数也遵循相同的统计规律。分子链构象的这种性质称为自相似性，或说符合分形规律。

1. 分形与分形维数

分形(fractal)原是一个几何概念，用于描述一些奇特的物形分割。后来被用于描述自然界中的物质分布，在凝聚态物理中得到应用。

对于常规实体物质，其三维体积 V、二维面积 S 与一维长度 l(或 r)之间存在简单的比例关系：$V\propto l^3$ 和 $S\propto l^2$，式中，$\propto$ 表示两个物理量成比例。可以看到，两公式中长度 l 的幂指数(3 或 2)与体积或面积的空间维数($d=3$，$d=2$)相等。

然而对于一些奇特的物形，其体积(面积或质量)与长度的关系就复杂了，下面举例说明。在此我们约定，以下公式中除等号外，符号“$\cong$”表示两个量数值近似相等；符号“$\approx$”表示两个量的量级相等，量纲也相同；符号“$\propto$”表示两个量成正比，量纲可能相同也可能不同。

1) Cantor 棒和 Sierpinski 毯

考察图 2-15(a)中的一根棒，将其均分三段，舍去中间段。再对剩下的两段做同样处理。如此无穷尽地分割下去，这种棒称为 Cantor 棒。同样图 2-15(b)中的一块毯，将其均分为九块，舍弃中间一块。然后对剩下的八块做同样处理。无穷尽地分割下去，这种毯称为 Sierpinski 毯。这一类图形结构称为分形结构。

这类图形既具有无序性、支离破碎、变化多样，明显不连续的特点；但又是有序的，具有特殊的对称性，这种对称性称为自相似性或标度不变性。在缩小或放大时，图像保持不变。这一类自相似结构，在讨论逾渗阈值附近无穷大集团的结构问

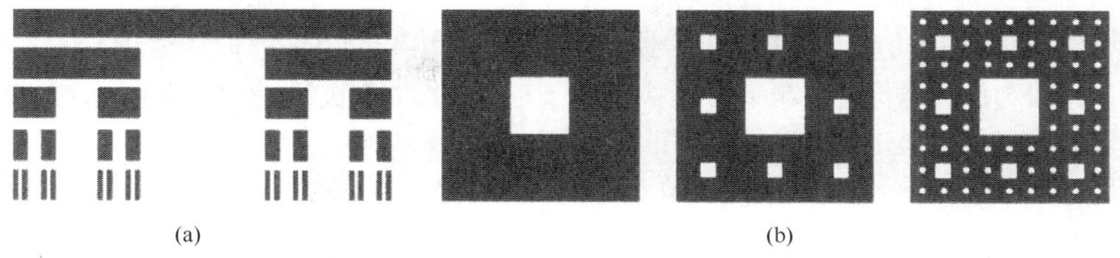

(a)　　(b)

图 2-15　具有自相似性的分形结构示例
(a) Cantor 棒；(b) Sierpinski 毯

题、聚合物分子链的构象问题以及在相变临界现象中出现的畴结构问题中都有表现。

描述这类自相似的分形结构可以从空间维数的观点出发。空间或图像都具有维数，按照 Euclid 几何学，在实空间内，直线为一维，平面为二维，空间为三维，这种维数称为 Euclid 维数，用 d 表示。按照拓扑理论，任何一个图形在变形时只要不破裂，其拓扑性质不变。因此一条线，无论如何弯曲或曲折，只要不断裂，仍是一维的线。这种维数称为拓扑(topological)维数，用 d_T 表示。一条任意曲线的拓扑维数 $d_T=1$；一个任意曲面的拓扑维数 $d_T=2$。

还有一种维数，由图形的自相似性来定义。设一个图形在线度上放大 L 倍，能得到 Y 个原来的图形，Y 与 L 满足如下关系式：

$$Y = L^{d_f} \tag{2-28}$$

$$d_f = \frac{\lg Y}{\lg L} \tag{2-29}$$

式中，d_f 相当于一种空间维数，称为分形维数(fractal dimension)，也称 Hausdorff 维数。

对于内容充实的 Euclid 图形，分形维数等于 Euclid 维数，如正方形，当边长扩大 3 倍，$L=3$，能得到 9 个原样大的正方形，$Y=9$，所以 $d_f=2$，它等于平面的 Euclid 维数，$d=2$。对于立方体，当 $L=3$，$Y=27$，则 $d_f=d=3$。但是对于如图 2-15 中的奇特疏散图形，分形维数将不等于 Euclid 维数，如对于一维的 Cantor 棒，长度增大 3 倍，图形数只增大 2 倍，其分形维数为

$$d_f = \frac{\ln 2}{\ln 3} \cong 0.6309 < 1 \tag{2-30}$$

对于二维的 Sierpinski 毯，尺度增大 3 倍，图形数增大 8 倍，其分形维数为

$$d_f = \frac{\ln 8}{\ln 3} \cong 1.8628 < 2 \tag{2-31}$$

可见，具有离散的自相似结构图形的分形维数总小于同一图形的 Euclid 维数，即 $d_f<d$。d_f 的值反映出自相似结构图形的离散程度。

2）举例求取 Koch 曲线的分形维数

图 2-16 中给出一条 Koch 曲线的规则分形。取一段直线三等分[图 2-16(a)]，以中段为底边作等边三角形，再取掉底边，变成等长的四段线[图 2-16(b)]。在四段线的每一段上重复上述操作，分别得到第二代[图 2-16(c)]、第三代[图 2-16(d)] Koch 曲线。该操作可一直继续做下去。很显然，Koch 曲线具有自相似性。

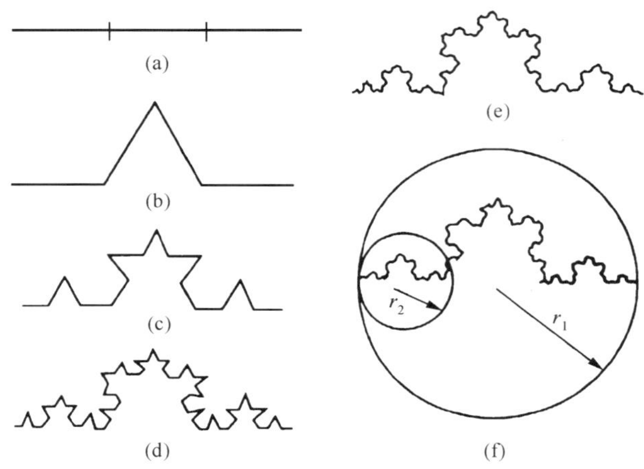

图 2-16　Koch 曲线的规则分形

现在考虑 Koch 曲线的质量 m(线的总长度)与其所占的空间尺寸的关系。围绕每一代曲线均可作一个半径为 r_i 的圆，以 r_i 表示其空间尺寸。设第一代曲线的质量和尺寸分别为 m_1、r_1，第二代曲线为 m_2、r_2。容易看出 $m_1=4m_2$，而 $r_1=3r_2$。仿照式(2-28)可以将 m 和 r 之间关系写成如下形式：

$$m = C \cdot r^{d_f} \tag{2-32}$$

式中，C 为指前系数；d_f 为幂指数。于是

$$m_1 = C \cdot r_1{}^{d_f} = C \cdot (3r_2)^{d_f}$$

$$m_1 = 4m_2 = 4C \cdot r_2{}^{d_f}$$

由此得到：$(3r_2)^{d_f} = 4r_2{}^{d_f}$

解得

$$d_f = \lg 4/\lg 3 \simeq 1.26 \tag{2-33}$$

即 Koch 曲线的分形维数等于 1.26，它小于 Koch 曲线所在平面的 Euclid 维数$d=2$。

2. 分子链构象的无规分形

按照完全连续化的 Gauss 链模型，链上任意两点之间的构象分布与整链的构象分布遵循相同的统计规律，分子链构象具有自相似性，因此也应该符合分形规

律。图 2-17 给出一种计算机模拟的理想链自相似结构示意图，可以看出局部分子链的构象分布与整链相似，两者均符合 Gauss 分布。

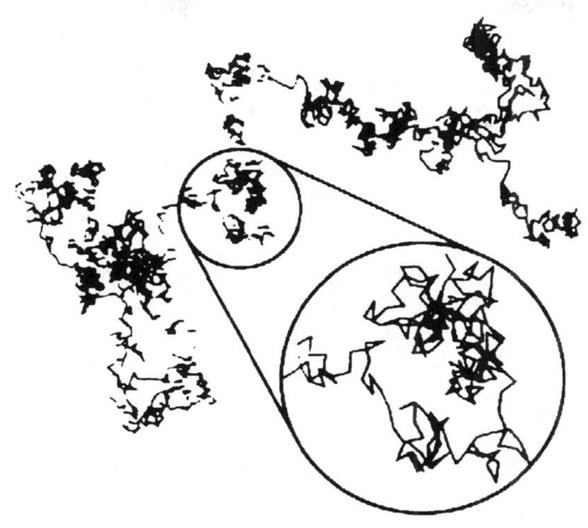

图 2-17　计算机模拟的理想链自相似结构示意图

计算分子链构象的分形维数。已知一条理想"无扰"分子链的均方末端距和总结构单元数 n 之间符合式(2-11)，$\langle h^2 \rangle \cong C_\infty nl^2$，其中总结构单元数 n 相当于聚合度 P 或相对分子质量 M，因此若不考虑指前系数，P 或 M 与分子链的尺寸——末端距之间符合如下比例关系：

$$P \propto \langle h^2 \rangle \qquad \text{或} \qquad M \propto \langle h^2 \rangle \tag{2-34}$$

对比式(2-32)，可以得知理想链构象的分形维数 $d_f = 2$，该维数小于三维空间的 Euclid 维数 $d = 3$。注意式(2-34)与式 (2-32)的区别，式(2-32)对任一个具体的 Koch 曲线均成立，而式(2-34)是一个统计平均值的公式，它对分子链构象分布的平均值是成立的，而对一个具体的构象可能不成立。

换句话说，分子链构象的分形与 Koch 曲线等图形的分形有所不同。Koch 曲线、Cantor 棒和 Sierpinski 毯的分形是一种规则分形，而分子链构象的分形是不规则的。将一小段理想链放大，其外形与整链不能完全相同，分子链只有平均意义上的相似，即具有相同的统计平均性质。此外，Koch 曲线等图形的自相似性不受尺度限制，图形可以一直放大或缩小，无论大小都是相似的。而分子链的自相似性只在一定尺度范围内成立，在小于 Gauss 链段长度或大于整链长度时，自相似失效。

分子链构象的分形维数还与分子链所处的环境条件(溶剂、温度、空间维数等)及其拓扑构造(线形、支化、网络)有关。当考虑了分子链结构单元间的相互作用以及分子链与溶剂的相互作用，分子链构象偏离理想链构象时，分形维数会发生变化。一般地，分子链的分形维数定义式写成以下形式，设分子整链或一段链上的结

构单元数为 g,该段链的均方根末端距为 $\sqrt{\langle h^2\rangle}$(记为 h),则 g 与 h 间有如下关系:

$$g \propto \left(\sqrt{\langle h^2\rangle}\right)^{d_f} = h^{d_f} \tag{2-35}$$

式中,d_f 为分形维数。如在 Θ 溶液中,"理想"分子链构象的分形维数 $d_f=2$;在良溶剂中,分子链结构单元间存在近程推斥作用,分子链尺寸增大,在三维空间的分形维数 $d_f=5/3$。几种不同条件不同空间维数下分子链的分形维数见表 2-5,其中有些将在后面章节讨论。

表 2-5 几种条件下分子链的分形维数

拓扑构造	相互作用	空间维数	分形维数	拓扑构造	相互作用	空间维数	分形维数
线形链	无(理想)	不计	$d_f=2$	无规支化	近程推斥	$d=2$	$d_f=8/5$
线形链	近程推斥	$d=2$	$d_f=4/3$	无规支化	近程推斥	$d=3$	$d_f=2$
线形链	近程推斥	$d=3$	$d_f=5/3$	轻度凝胶	部分屏蔽推斥	$d=2$	$d_f=91/48$
无规支化	无(理想)	不计	$d_f=4$	轻度凝胶	部分屏蔽推斥	$d=3$	$d_f=2.5$

2.2.4 理想链的自由能

1. 自由能的计算

根据对分子链构象的讨论,可以进而讨论相关的热力学性质,本节首先讨论理想分子链的自由能。由热力学原理得知,含 N 个 Kuhn 单元,末端距矢量为 $\boldsymbol{h}$ 的分子链的 Helmholtz 自由能 $F(N,\boldsymbol{h})$ 等于

$$F(N,\boldsymbol{h}) = U(N,\boldsymbol{h}) - TS(N,\boldsymbol{h}) \tag{2-36}$$

根据式(2-3),分子链构象分布在末端距等于 0 处有最大值[图 2-10(a)]。以此为参考点,末端距矢量达到 $\boldsymbol{h}$ 时分子链自由能的变化等于

$$F(N,\boldsymbol{h}) - F(N,0) = -TS(N,\boldsymbol{h}) + TS(N,0) \tag{2-37}$$

式中,未出现内能项 $U(N,\boldsymbol{h})$,是因为假定理想链的单元间无相互作用能,所以内能 $U(N,\boldsymbol{h})$ 与末端距变化无关。分子链的熵可按式(2-2)求得。现在要求末端距矢量为 $\boldsymbol{h}$ 时的熵 $S(N,\boldsymbol{h})$,需先求出末端距矢量处于 $\boldsymbol{h}$ 到 $\boldsymbol{h}+\mathrm{d}\boldsymbol{h}$ 之间分子链的状态数 $\Omega(N,\boldsymbol{h})$。由于末端距矢量分布的概率密度函数 $W(N,\boldsymbol{h})$ 等于末端距矢量处于 $\boldsymbol{h}$ 到 $\boldsymbol{h}+\mathrm{d}\boldsymbol{h}$ 之间分子链构象数占总构象数的分数:

$$W(N,\boldsymbol{h}) = \Omega(N,\boldsymbol{h}) \Big/ \int \Omega(N,\boldsymbol{h})\,\mathrm{d}\boldsymbol{h} \tag{2-38}$$

由此根据 Bolzmann 公式求得末端距矢量为 $\boldsymbol{h}$ 的理想链的熵 $S(N,\boldsymbol{h})$ 等于

$$S(N,\boldsymbol{h}) = k\ln\Omega(N,\boldsymbol{h}) = k\ln W(N,\boldsymbol{h}) + k\ln\left[\int \Omega(N,\boldsymbol{h})\,\mathrm{d}\boldsymbol{h}\right] \tag{2-39}$$

式中，概率密度函数 $W(N,\boldsymbol{h})$ 取式(2-3)给出的理想链末端距分布概率密度函数 $W(x,\ y,\ z)$，代入式(2-39)，得

$$S(N,\boldsymbol{h})=-\frac{3}{2}k\frac{\boldsymbol{h}^2}{Nb^2}+\frac{3}{2}k\ln\left(\frac{3}{2\pi Nb^2}\right)+k\ln\left[\int\Omega(N,\boldsymbol{h})\mathrm{d}\boldsymbol{h}\right] \tag{2-40}$$

式中最后两项与末端距矢量 $\boldsymbol{h}$ 无关，仅是单元数 N 的函数，记为 $S(N,0)$。于是

$$S(N,\boldsymbol{h})=-\frac{3}{2}k\frac{\boldsymbol{h}^2}{Nb^2}+S(N,0) \tag{2-41}$$

其中：$\boldsymbol{h}^2=h_x^2+h_y^2+h_z^2=h^2$，将式(2-41)代入式(2-37)得到自由能公式：

$$F(N,\boldsymbol{h})=\frac{3}{2}kT\frac{h^2}{Nb^2}+F(N,0) \tag{2-42}$$

式中，$F(N,0)$ 为末端距 $\boldsymbol{h}=0$ 时的自由能，而 $F(N,\boldsymbol{h})-F(N,0)=\frac{3}{2}kT\frac{h^2}{Nb^2}$ 等于因 $\boldsymbol{h}$ 变化引起的理想链自由能的变化。

由公式得知，理想链的熵在末端距等于零时最大，随末端距矢量(模)增大而减少；而理想链的自由能随末端距的增大而增大，且按平方律增加。

2. 拉伸时理想链上的力

如果末端距的变化由拉伸引起，那么式(2-42)给出的自由能增量为拉伸能。据此不难求出拉伸一条分子链时所需的作用力。

设在链的两端沿 x 轴方向施加大小相等、方向相反的力，那么将链两端拉伸至距离等于 h_x 时所需的力 f_x 等于

$$f_x=\frac{\partial F(N,\boldsymbol{h})}{\partial h_x}=\frac{3kT}{Nb^2}h_x \tag{2-43}$$

写成三维矢量式，有

$$\boldsymbol{f}(N,\boldsymbol{h})=\frac{\partial F(N,\boldsymbol{h})}{\partial\boldsymbol{h}}=\frac{3kT}{Nb^2}\boldsymbol{h} \tag{2-44}$$

这表明，将分子链末端距拉伸至等于 $\boldsymbol{h}$ 所需的力与 $\boldsymbol{h}$ 成正比，符合 Hooke 定律，比例系数 $3kT/Nb^2$ 为理想链的弹性系数。分子链的弹性是由拉伸时分子链的熵发生变化引起的，所以称为熵弹性。温度升高，弹性系数增大，这是熵弹性的特点之一，也是熵弹性与普通能弹性的主要区别之一。单元数 N 越大，单元长度 b 越长，弹性系数越小，分子链越容易拉伸。该结论对于讨论橡胶的高弹性及分子链运动学理论十分重要。

需要指出的是，式(2-44)必须是在分子链末端距分布符合近 Gauss 分布，也即末端距远小于分子链伸直长度 $L_{\max}$ 时才成立。如果分子链的末端距已伸展到接近最大伸长，则力与伸长不再成正比，当 $|\boldsymbol{h}|\to L_{\max}$ 时，拉力趋于无穷大。

2.2.5 链拉伸的标度理论

1. 分子链构象的标度性质

自从 de Gennes 出版《高分子物理中的标度概念》以来，关于标度、标度性、标度律（scaling laws）的讨论日益广泛，已深入到高分子科学的各个领域，成为当代高分子科学最重要最热门的概念和理论工具。前文中已陆续介绍了关于标度论的基本概念和重要意义，本节进一步介绍标度律的理论渊源和实际应用。

标度律作为一种简单的数学方程最早在不同的领域得到应用，包括工程学中的相似理论、几何学中的分形理论、相变的临界区性质描述等。在早期的高分子科学中也曾得到一些指数律公式用于描写分子链和高分子材料的性质，但是真正发现大分子链的标度性质，并将其升华为一种具有普适意义的理论工具和思想方法，在高分子科学中推广应用的是法国科学家 de Gennes 的贡献。

在 2.2.2 节中曾介绍，理想柔性分子链有许多与局部化学结构无关的共性，其中之一是通过引入 Kuhn 结构单元和 Gauss 等效链段，所有分子链均可视为整体和局部构象都符合 Gauss 分布的完全连续化的 Gauss 链，具有自相似（self similarity）特性。描述这种自相似性的最简单数学形式就是标度律方程，通常记为一个前置系数与一个物理量的幂级数的乘积形式。例如

$$y = k \cdot x^{\alpha} \tag{2-45}$$

式中，α 称标度指数。采用标度律讨论物理现象时，人们更关心的是标度指数间的关系，而对前置系数 k 不太重视，因此标度公式很多情况下写成比例等式，式(2-45)改写为

$$y \propto x^{\alpha} \tag{2-46}$$

在高分子科学中，前置系数通常由单体的化学性质决定，而由长链所决定的物理性质出现在标度律（幂次律）中。高分子科学中这一类标度关系是很多的。例如，高分子稀溶液中分子链的均方根末端距 h 与相对分子质量之间存在如下标度关系：

$$h = b \cdot N^{\nu} \quad 或 \quad h \propto N^{\nu} \tag{2-47}$$

式中，b、N 分别为分子链上 Kuhn 结构单元的长度和数量。单元长度 b 由单体的化学结构确定；N 正比于相对分子质量 M；而幂指数 ν 对不同聚合物具有普适性：在 Θ 状态 $\nu=0.5$，见式(2-6)，在良溶剂中 $\nu=0.6$，见式(2-81)。

高分子熔体的零剪切黏度 $\eta_0(T,M)$ 与相对分子质量之间存在如下标度律，见式(3-40)：

$$\eta_0(T,M) \propto M^{3.1\sim3.4} \tag{2-48}$$

分子链扩散系数 D 与相对分子质量之间存在如下标度律，见式(3-149)：

$$D \propto M^{-2.3} \tag{2-49}$$

这些标度关系已被大量实验结果证实。

在 2.2.3 节介绍分子链的分形性质时同样看到大分子链在统计意义上的自相似性，描写这类分形性质的最简单数学公式也是标度律，见式(2-35)。对比可知，式中的分形维数正是相似关系中标度指数的倒数，如高分子稀溶液中相对分子质量与分子链的尺寸(均方根末端距 h)之间有如下分形关系：

$$N \propto h^{1/\nu} = h^{d_f} \tag{2-50}$$

在三维空间，Θ 状态下 Gauss 链的分形维数 $d_f=2$，而标度指数 $\nu=1/d_f=0.5$，；良溶剂中膨胀链的分形维数 $d_f=5/3$，而 $\nu=1/d_f=0.6$。

标度律还大量用于描写相变的临界区附近一些物理量之间的关系。在 4.3.4 节中讨论溶胶-凝胶转变时，在凝胶点附近的临界区内出现大量的标度律公式；在第 8 章中讨论逾渗转变过程时，在逾渗阈值附近的临界区内也出现大量标度公式。de Gennes 指出："在高分子物理发展的第三阶段，发现了高分子统计学与相变问题的一种相互关系。这一发现使高分子科学可以得益于临界现象已经积累的大量知识，以及已经出现的大量相当简单的标度性质。"de Gennes 不仅发现了这些标度关系，而且总结归纳了标度指数、标度律、标度理论和方法的意义和内涵，将其应用于高分子科学，特别高分子统计学，用以揭示大分子链及高分子材料所遵循的本征的普适性质，开创了高分子科学发展的新时代。

标度理论的建立拓宽了高分子物理学的研究领域和深度，使研究领域从稀溶液推广到亚浓溶液、浓溶液和极浓溶液(熔体)，从线性理论推广到非线性理论。由于标度指数一般不等于 1，因此标度律本质上就是研究非线性现象的方法与工具。而大分子链和高分子体系的物理性质原本就是非线性的，因此标度律首先在高分子科学发现和应用是顺理成章的事。采用标度理论，不仅更加清晰地描述了真实分子链的构象和在良溶剂、不良溶剂、Θ 溶剂中的形态，描述了亚浓体系和浓厚体系中分子链的关联效应、屏蔽效应和分子链聚集状态随溶液浓度的变化，描述了网络和凝胶化，以及单链和缠结分子链的运动学，更重要的是标度理论是一种方法论的突破，它突破了由 Flory 建立的在高分子物理学中占统治地位几十年的统计理论和平均场方法，采用一种崭新的简单理论和方法深刻描述长链大分子和高分子材料所表现的普适的统计规律和物理性质，是了不起的突破。

推而广之，标度理论的应用领域除高分子外，还适用于包括液晶、表面活性剂、胶体和多孔介质等现在称为"软物质"或"复杂流体"的一大类复杂体系，深刻、系统地描述这类体系从有序到无序的转变的一般特点和遵循的规律。这是物理学史上具有划时代意义的大事。古典物理学虽然可以揭示微观量子世界和宏观大宇宙的物质运动规律，却无法深刻描述与人类关系最密切的介观世界(材料领域)的行为和性质。多体问题、关联效应、复杂结构以及非线性行为，尤其是理论工具的缺乏使人们在此领域步履艰难。标度理论的出现是物理学的新的飞跃，它为人们提供了形式极其简单的理论工具(标度律)，用以研究结构与行为都极其复杂的软物质世界(涵盖广泛的材料种类)的规律性，是现代物理学的一大进步。众所周知，物理学追求的最高目标就是以尽可能简单的理论工具，说明尽可能多样化的物质世界。牛顿定律($F=ma$)、爱因斯坦公式($E=mc^2$)和普朗克公式($E=h\nu$)都十分简明，标度理论也具有这个特征($y \propto x^a$)。标度理论的出现还具有认识论方面的意义，对此不展开讨论。总之，对 de Gennes 及其标度理论的价值无论如何评价也不过分。

2. 链拉伸自由能的标度计算

2.2.4 节从热力学观点介绍了分子链拉伸时自由能的变化，现在用标度理论来讨论这一问题。设分子链为完全连续化的 Gauss 链，总结构单元数为 N，单元长度为 b，每个 Gauss 链段的尺寸为 ξ，内含 g 个结构单元，因此整链共有 N/g 个链段。根据定义，每个 Gauss 链段的末端距都遵从理想链分布，则有

$$\xi^2 \approx g \cdot b^2 \tag{2-51}$$

设拉伸方向为 x 方向，由于 Gauss 链段自由连接，因此拉伸后所有链段沿拉伸方向顺序排列，见图 2-18，分子链的末端距等于

$$h_x \approx \xi \cdot (N/g) \approx Nb^2/\xi \tag{2-52}$$

由此解出 Gauss 链段的尺寸 ξ 和其中的单元数 g：

$$\xi \approx Nb^2/h_x \tag{2-53}$$

$$g \approx N^2b^2/h_x^2 \tag{2-54}$$

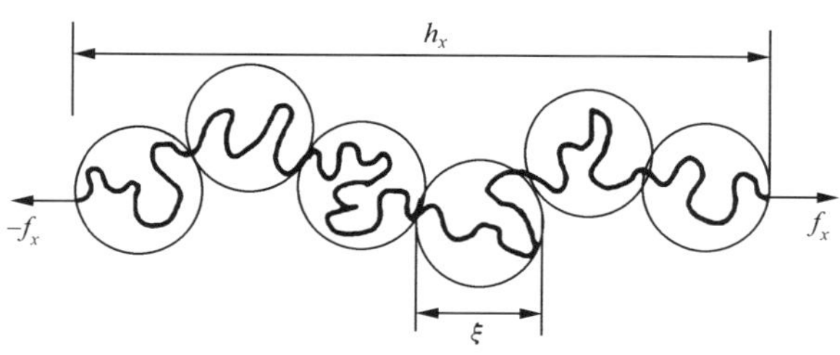

图 2-18 一条 Gauss 链沿 x 方向拉伸示意图

这种拉伸的特点是，外力不大时拉力只改变了链段的排列(发生定向排列)，或者说分子链的构象只是在尺寸大于链段尺寸 ξ 的范围内发生了变化，而在链段内的构象却未受拉伸的影响。于是产生两个问题，一是为何拉伸时链段内的构象不变？二是每个链段承受的拉伸能为多大？

标度理论认为，分子链的大部分构象熵源自于最小尺度结构单元的局部构象自由度，在平衡态下，这种微构象和构象变化是由布朗热运动引起的，与热运动相

关的相互作用能的大小在 kT 数量级。当分子链受外场力作用变形时，构象究竟在多大尺度上发生变化是与外场能大小有关的。假若外场力不是足够大，平均作用到每个小结构单元的外场能很小，小于由热运动产生的内相互作用势，它就不足以改变结构单元的微构象。如果扩大范围，将几个结构单元合并，其所受的外场能累加，但只要合并的长度还较小，累加的外场能仍小于 kT，仍不足以改变局部链的构象。只有合并的一段链的长度足够长，使累积的外场能等于或大于 kT，外力才能在该尺度和大于该尺度以上范围改变分子链的构象，使分子链在大尺度范围定向排列。

因此标度理论认为，自由能在一个 kT 数量级的一段链可视为分子链的一个单元，此单元内的构象是基于分子热运动的无规线团构象，此段链即 Gauss 链段。Gauss 链段的尺度 ξ 就是根据其自由能与 kT 能量相当来确定的，关于这一点还将在 2.3 节详细介绍。于是可以得知在外力作用下只有在观察尺度大于链段尺寸 ξ 范围内才能观察到构象的变化，分子链的拉伸实际上只是链段的定向排列。而在链段内部外场能小于 kT 数量级，微构象基本不受外场影响，仍由热运动决定。拉伸时链段内的微构象仍然是十分丰富的。

举例来说，设分子链受到拉伸时的总自由能增量为 ΔF，平均到每个结构单元的自由能增量为 $\Delta F/N$，在小于 ξ 的链段内（单元数 $=g'<g$），由于累加的拉伸变形能（$g'\cdot\Delta F/N$）$<kT$，因此拉伸不能改变 ξ 内的构象，小尺度内构象仍取决于布朗热运动，保持无扰构象。而在尺寸大于 ξ 范围内看，由于累加的拉伸能之和大于 kT，因此拉伸将改变分子链构象，但只是改变了链段的排列，理想链在链段以上的尺度被“拉直”了，分子链局部细节的构象仍相当丰富。

由于每个链段可承受的拉伸能为 kT，因此整个分子链由于“拉直”引起末端距变化而带来自由能的增量就容易计算，等于链段数乘以 kT：

$$F(N,h_x)\approx kT\frac{N}{g}\approx kT\frac{h_x^2}{Nb^2} \tag{2-55}$$

将此结果与式(2-42)比较，可以看出除指前因子外，两式的标度律完全相同。这正是标度方法的特点，标度理论主要关心物理量间的幂次关系，而不严格确定数值系数。这个结论说明，通过标度法也可很方便地得到关于理想链自由能的正确结论。

下面对几个问题再进一步说明。

(1) 标度方法的核心思想之一是对尺度的划分，在不同尺度上分子链构象有不同的行为。分子链的构象在 ξ 这个尺度上发生变化的结论，是基于一个链段只能存储一份 kT 数量级的自由能的认识。链段的尺度 ξ 是与 kT 能量相对应的。该结论具有普遍意义，在以后讨论真实链构象时还将用到。

(2) 理想链拉伸时的自由能公式和弹性力公式[式(2-42)、式(2-44)]只有在末端距远小于分子链伸直长度 L_{max} 时才成立，或者说只有在外场力较小的情况下才成立。如果外力很大，链的形变较大，以至于分配在每个链段的拉伸能大于 kT，分子链除“拉直”外，链段内构象也将变化，此时力与伸长之间将呈现非线性关系。

对于自由连接链，接近“拉直”时，平均末端距与外力的关系为

$$\langle h\rangle = Nb\left[\coth\left(\frac{f\cdot b}{kT}\right)-\frac{kT}{f\cdot b}\right] \tag{2-56}$$

式中，方括号内的函数称为 Langevin 函数。

对于蠕虫状分子链，Kuhn 单元长度 b 是持续长度 a 的 2 倍，平均末端距与外力的关系为

$$\frac{f\cdot b}{kT}\approx\frac{2\langle h\rangle}{L_{max}}+\frac{1}{2}\left(\frac{L_{max}}{L_{max}-\langle h\rangle}\right)^2-\frac{1}{2} \tag{2-57}$$

(3) 一个链段存储一份 kT 数量级自由能的观点也可以这样理解：在外力作用下，分子链沿特定的 x 方向“拉直”，Gauss 链段被迫沿 x 方向排列，限制了独立运动的自由度，由三维减至二维。按照统计力学的等配分原理，每个自由度的热运动自由能为 $kT/2$，因此一个运动受限的链段存储的自由能等于 kT。

2.2.6 理想链的对偶关联函数

对偶关联函数(pair correlation function)的定义是，对于任一指定结构单元(将其置于坐标原点)，在距离 r 处发现其他单元的概率。另一定义为与指定单元相距 $r\to r+\mathrm{d}r$ 内的其他单元(与指定单元发生关联的单元)的数均密度。对偶关联函数用 $g(r)$ 表示。该函数对讨论分子链的形状函数和散射实验数据有用。

按照定义，对单链而言，将 $g(r)$ 按 r 求体积分，应该正等于一条链的单元总数 N。

$$\int g(r)\mathrm{d}^3r = N \tag{2-58}$$

以理想分子链上任一单元 A 为中心，作半径为 r 的球体。由于理想链符合无规行走统计，因此，r 球体内存在的单元数 $m(r)$ 可由式(2-59)求得

$$m(r)\propto\left(\frac{r}{b}\right)^2 \tag{2-59}$$

式中，b 为结构单元长度。由于球体体积与 r^3 成比例，因此在该球体内发现其他单元的概率为

$$g(r)\propto\frac{m(r)}{r^3}\propto\frac{1}{rb^2} \tag{2-60}$$

函数 $g(r)$ 即为理想单链对偶关联函数，它相当于球体 r^3 内的平均密度。式(2-60)是一个标度式，若求理想链对偶关联函数的准确值还要乘以系数 $3/\pi$，等于

$$g(r)=\frac{3}{\pi b^2 r} \tag{2-61}$$

理想高斯链的 $g(r)$ 表达式首先由 Debye 得到，故称 Debye 函数，记为 $g_D(r)=\frac{3}{\pi b^2 r}$。函数的变化趋势见图 2-19。

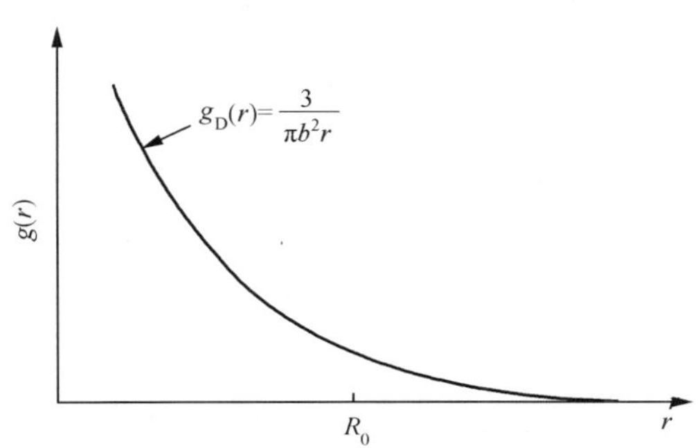

图 2-19　理想 Gauss 链中所有链节对的关联函数

由图 2-19 可见，当距离 r 小于链尺寸 R_0 时，$g_D(r)$ 按 $1/r$ 形式减小；当 $r>R_0$ 时，关联函数逐步下降为零。意即越远处找到属于同一条分子链的单元概率越小。从另一角度看，半径 r 越大，球体内的平均密度越低，表明在包围分子链的球体范围内大部分都是空的，这反映了分子链线团的疏散性。

$g(r)$ 虽然不能用实验直接测量，但 $g(r)$ 的 Fourier 变换

$$g(\boldsymbol{q})=\int g(r)\mathrm{d}^3 r e^{i\boldsymbol{q}\cdot\boldsymbol{r}} \tag{2-62}$$

在许多散射实验（如光散射、X 射线散射、中子散射等）中可以直接测量。$g(\boldsymbol{q})$ 称为散射函数，其中 $\boldsymbol{q}$ 是散射波矢（定义为入射波矢与散射波矢之矢量差），用波长 λ 和散射角 θ 表示。

$$\boldsymbol{q}=\frac{4\pi}{\lambda}\sin\frac{\theta}{2} \tag{2-63}$$

例如，$g(r)=1/r$ 的 Fourier 变换等于

$$g(\boldsymbol{q})=\int\frac{1}{r}\mathrm{d}^3 r e^{i\boldsymbol{q}\cdot\boldsymbol{r}}=\frac{4\pi}{\boldsymbol{q}^2} \tag{2-64}$$

而理想链（无规行走线团，random walk coil）的散射函数（关联函数的 Fourier 变换）等于

$$g_D(\boldsymbol{q})=12/b^2\boldsymbol{q}^2 \qquad (\boldsymbol{q}\cdot R_0\gg 1) \tag{2-65}$$

对于稀溶液中一条 Gauss 链，直接测量 $g_D(\boldsymbol{q})$ 比较困难。因为光散射中散射波矢 $\boldsymbol{q}$ 太小，而在 X 射线或中子散射实验中，稀溶液体系的信号太弱。但式(2-65)对于而后讨论更复杂体系具有参照价值。

对偶关联函数 $g(r)$ 与距离 r 之间符合幂律关系同样是分子链具有自相似性（分形特性和标度性）的表现。这种关系可以推广到具有任意分形维数 d_f 的线形

分子链。由于理想线形链的分形维数 $d_f=2$，因此式(2-59)可写成 $m(r)\propto r^{d_f}$，代入式(2-60)得到

$$g(r)\propto\frac{m(r)}{r^3}\propto r^{(d_f-3)} \tag{2-66}$$

对于理想线形链，$d_f=2$，对偶关联函数即为式(2-60)。对于棒状分子链，$d_f=1$，对偶关联函数为

$$g(r)\propto\frac{m(r)}{r^3}\propto r^{-2} \tag{2-67}$$

2.2.7 理想链性质小结

理想链(ideal chain)是为研究方便提出的简化模型，理想链的构象仅由链的柔顺性决定。柔顺性的根源主要基于大量 σ 单键的内旋转。柔顺性是分子链得以凝聚在一起的结构基础。虽然真实链的行为比理想链复杂，但也有在一些特定条件下真实链接近理想状态的情形。

对于含 n 个单键、键长为 l 的理想链，均方末端距可记为 $\langle h^2\rangle=C_n nl^2$，$C_n$ 称为 Flory 特征比。$C_n=1$ 为理想自由连接链模型，$C_n=\dfrac{1+\cos\theta}{1-\cos\theta}$ 为理想自由旋转链模型。对 $n\to\infty$ 的长链大分子，$C_n\to$有限值 C_∞，因此长链大分子的均方末端距可近似表示为 $\langle h^2\rangle\cong C_\infty nl^2$。

理想链可以视为由 N 个自由连接的 Kuhn 链段组成，链段长 b，该模型称等效自由连接链。等效链的均方末端距等于 $\langle h_e^2\rangle=Nb^2$。链段划分有一定随机性。Kuhn 链段定义为分子链上自由连接的最小结构单元，称为 Kuhn 单元。Gauss 链段既要求链段自由连接，又要求链段本身的构象符合 Gauss 分布。Kuhn 链段中含的化学键数比 Gauss 链段少很多。由 Gauss 链段构成的分子链模型称完全连续化的 Gauss 链模型，具有自相似特性和标度不变性，可采用十分简单的标度律描述其构象统计规律和物理性质。

蠕虫状分子链是一种连续空间曲线模型，相当于键角很大的自由旋转链，适合于描述刚性和半刚性理想分子链。蠕虫状分子链的柔顺性来自于直线链基础上的轮廓涨落。

分子链具有一种统计平均意义上的无规则分形性质，该性质同样可用标度律和分形维数 d_f 来描写。对于同一种分子链构象，分形维数与标度指数互成倒数关系。分形维数 d_f 总是小于对应的实空间维数。

由理想链的构象讨论可进一步讨论其热力学性质。理想链的自由能只与熵有关，末端距矢量变化引起的自由能变化等于 $\dfrac{3}{2}kT\,\dfrac{h^2}{Nb^2}$。由此求得拉伸力为

$\boldsymbol{f}(n,\boldsymbol{h})=\dfrac{3kT}{Nb^2}\boldsymbol{h}$，符合 Hooke 定律，该弹性为熵弹性。这些规律也可通过标度方法十分简单地得到。按标度理论，每个链段存储一份 kT 数量级的自由能，当链段内累积的拉伸变形能小于 kT 时，外力只能改变链段的排列，不能影响链段内的构象。

距离指定链节 r 处发现其他链节的概率称对偶关联函数，理想单链的关联函数为 Debye 函数，见式(2-61)。理想链的散射符合 $\boldsymbol{q}^{-2}$ 类型散射定律。

2.3　真实单分子链的构象

相对于理想分子链，真实单分子链的构象复杂得多。所谓真实单分子链(real chain)的构象专指分子链在稀溶液(dilute solution)中的构象，此时影响单链构象的因素除有单键内旋转决定的柔顺性外，还要考虑分子链上距离较远的结构单元间的远程相互作用及分子链与环境(溶剂)的相互作用。这些作用使分子链构象偏离理想单链的构象，使之处于更舒展或更紧缩的状态。在特殊条件下(如 Θ 条件下)真实单链的构象与理想单链相似。

由于分子链非常柔软，因此一对在链上相距较远的单元，实际的空间距离可能很近，相互接触的概率很大，会发生吸引或排斥(图 2-20)。同时由于真实链处于一定环境中，单元与环境也会发生作用。一对单元间的实际有效相互作用(吸引或排斥)取决于单元间相互作用与单元和环境相互作用的综合。若实际有效相互作用为吸引，则单元间倾向于相互靠近，分子链卷缩；反之若实际有效相互作用为排斥，单元间倾向于相互远离，则分子链舒展。当各种相互作用彼此抵消，实际有效作用等于零，单元相互接触无能量变化，则分子链的构象近乎是理想的。

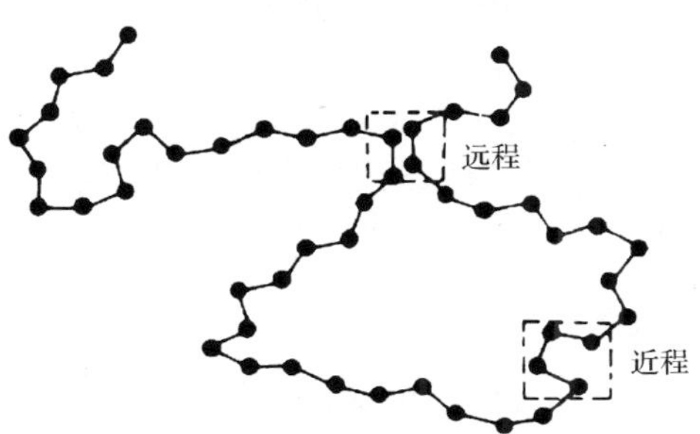

图 2-20　链段之间的远程相互作用示意图

另外，由于真实链的实体性，它占有一定体积，当分子链相遇或链的一部分与另一部分相遇时，只要链不断，是不能随便切割和穿越的。这种体积效应也必然影响分子链的构象。最直接的影响是当某一单元占据一定体积时，其他单元就不能再占有该体积，这相当于一种排斥作用。因此，在讨论真实单链构象时，必须抛弃在讨论理想链时引入的“幻影链”假定和三维无规行走的统计模型，而采用三维空间“自回避”无规行走模型来讨论更合适。注意讨论单链分子的构象都是在高分子稀溶液中进行的。

2.3.1 单元间的相互作用和排除体积

1. 占有体积和扩张体积

占有体积(occupied volume) v_0 是指结构单元实际占有的空间体积。若结构单元为球形，v_0 与球直径的三次方成比例。若结构单元为圆柱形(设长度为 b，底面直径为 d)，则 $v_0 \propto b \cdot d^2$。分子链若有 N 个结构单元，其占有体积为 Nv_0。

分子链的扩张体积(pervaded volume) V 是指包容分子链的溶液体积。$V \propto R^3$ [R 为分子链的均方根旋转半径，也可用均方根末端距 h 表示分子链的尺寸，R 和 h 之间有简单的对应关系，见式(2-24)。在下面的讨论中，分子链尺寸均为统计平均值，为简单计，均方根旋转半径和均方根末端距简记为 R 和 h]。由于分子链的分形维数一般小于 3，因此，V 比分子链的实际占有体积 Nv_0 大得多。大部分扩张体积被溶剂或其他分子链所占有。

一根分子链的占有体积与扩张体积之比称接触体积分数 φ^* (接触二字来源于图 2-26 中的接触浓度 c^*，该状态下一个分子链扩张体积内只有一条分子链)。

$$\phi^* = \frac{Nv_0}{V} \tag{2-68}$$

式中，ϕ^* 等于扩张体积中一个指定单元与同一分子链的其他单元发生“接触”和产生相互作用的概率。若分子链为理想 Gauss 链，$R \propto h \propto N^{1/2} \cdot b$，由此求得扩张体积中单元间相互“接触”、发生相互作用的概率：

$$N\phi^* \propto N \cdot \left[\frac{Nv_0}{(N^{1/2} \cdot b)^3}\right] \propto N^{1/2} \gg 1 \tag{2-69}$$

这个概率是很高的，说明单元间的相互作用引起能量变化对真实链的构象有相当大的影响，这些影响将通过引入一个物理量——“排除体积”来定量描述。

2. Mayer f-函数和排除体积

在溶剂中两个 Kuhn 单元从相隔无穷远相互移近时，其相互作用能 $U(r)$ 随间距 r 发生变化。图 2-21(a)给出 $U(r)$ 随 r 变化的一般情形。由图 2-21 可见，r 很大时，$U(r) \to 0$。相互移近后，若单元间的引力大于单元-溶剂分子的引力，将出现一个负势能阱。在 r 很小处，当两单元空间位置重叠时，则出现很高的正的刚性排斥势垒。

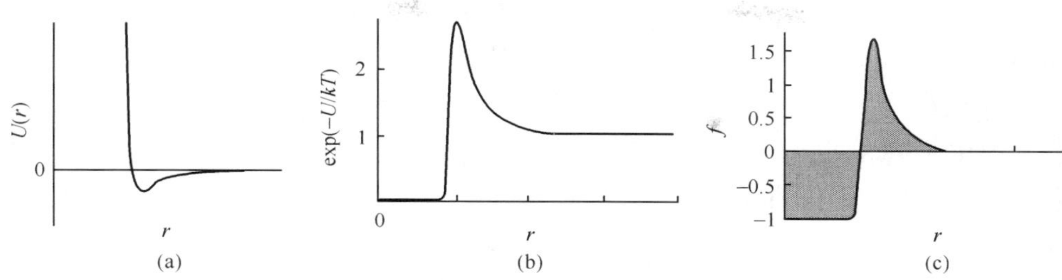

图 2-21 两单元间的相互作用势能(a)、Boltzmann 因子(b)和 Mayer f-函数(c)

该势能曲线的形状还与溶剂性质有关。若溶剂的化学组成与单元相同，单元-单元、单元-溶剂的相互作用能相等，则不会出现负势能阱，势能曲线上只有一个刚性排斥势垒，这种溶剂称无热溶剂(athermal solvent)。若单元间的引力小于单元-溶剂分子的引力，势能曲线上不仅不出现负势能阱，还会出现附加的推斥势能，该溶剂为良溶剂(good solvent)。

单元间的势能函数决定了单元的接近程度。在一定溶剂温度(T)下，两单元相互接近到距离为 r 的概率正比于 Boltzmann 因子 $\exp[-U(r)/kT]$。Boltzmann 因子与 r 的关系曲线见图 2-21(b)。距离很近时概率为 0，表明单元因占有体积，互相排斥，不可能相互重叠。在引力阱范围，由于单元间引力作用明显，相互接近的概率很高。r 很大时，若无远程相互作用，Boltzmann 因子→1。

定义两单元相距 r 与相距无穷远时的 Boltzmann 因子之差为 Mayer f-函数：

$$f(r) = \exp[-U(r)/kT] - 1 \tag{2-70}$$

Mayer f-函数随 r 的变化曲线见图 2-21(c)。由图 2-21 中可见，在刚性排斥区，函数为负值；在引力阱区，函数为正值；r 很大时，函数等于零。利用 Mayer f-函数来定义排除体积。

排除体积(excluded volume)u 定义为 Mayer f-函数对 r 的空间积分，取负值：

$$\begin{aligned} u(r) &= -\int f(r)\mathrm{d}^3 r = \int \{1 - \exp[-U(r)/kT]\}\ \mathrm{d}^3 r \\ &= -4\pi\int_0^{\infty} f(r) r^2 \mathrm{d}r \end{aligned} \tag{2-71}$$

式中，最后一个等号是将空间积分转化为对球体的积分。排除体积这一参数反映了两单元间相互作用的净值，即单元间的实际有效相互作用。

根据图 2-21(c)中的 Mayer f-函数曲线可知，在刚性排斥区有正的排除体积，在引力阱区有负的排除体积。两区之和为净排除体积，它决定着真实分子单链的构象。若净排除体积为正，表示单元间排斥作用大于吸引作用，分子链较舒展，此时的溶剂为良溶剂；净排除体积为负，表示吸引大于排斥，分子链较紧缩，溶剂为不良溶剂(poor solvent)。

若净排除体积等于零，即刚性排斥势垒对排除体积的正贡献与引力阱的负贡献相抵消，单元靠近无相互作用能变化，这时分子链处于近似理想链状态，称 Θ 状态。此时溶剂称 Θ 溶剂，温度称 Θ 温度。

对于无热溶剂，由于不存在引力阱，只有刚性排斥区对排除体积的正贡献，因此分子链较舒展。无热溶液中单元的排除体积 u 与占有体积 v_0 相当。无热溶剂属于良溶剂。

3. 柱形结构单元的排除体积

上文中计算排除体积的式(2-71)是在假定结构单元为球形时得出的。实际分子链的 Kuhn 结构单元很少为球形，较多的情形更像是一个细长圆柱，见图 2-22(b)。设柱状 Kuhn 单元长度为 b，直径为 d，大部分柔性链的 Kuhn 单元的长径比 $b/d\approx2\sim3$，刚性链的长径比 b/d 更大一些。直径 d 的大小与链结构有关，不含大侧基的聚合物，如聚乙烯、聚环氧乙烷 $d\approx0.5\text{nm}$；含大侧基的聚合物，如聚苯乙烯 $d\approx0.8\text{nm}$。

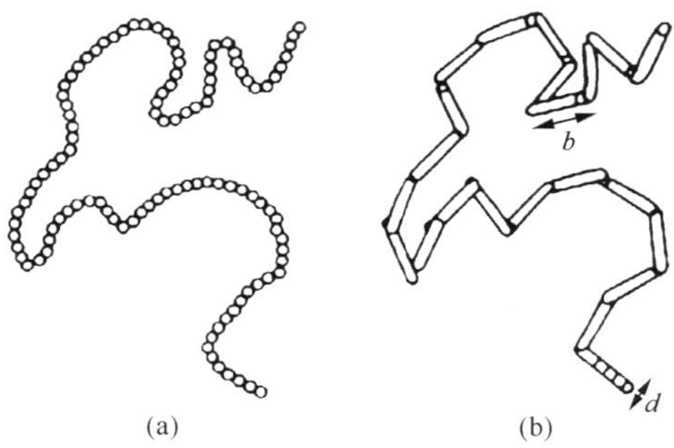

图 2-22 分子链划分为球形结构单元(a)或柱形结构单元(b)示意图

结构单元的形状不同对排除体积的计算有影响。设聚合物稀溶液的自由能密度为 F/V(仅计算自由能中的相互作用能部分)，单位体积内结构单元的数量密度为 c_n(相当于浓度)，$c_n\approx N/R^3$(N 为结构单元数量，R 为均方根旋转半径)，由于溶液浓度很稀，自由能密度可按位力(virial)级数展开写成 c_n 的幂级数形式。这种展开如渗透压的位力级数展开是一样的。

$$\frac{F}{V}=\frac{kT}{2}(uc_n^2+wc_n^3+\cdots)\approx kT\left(u\frac{N^2}{R^6}+w\frac{N^3}{R^9}+\cdots\right) \tag{2-72}$$

式中，u 为排除体积，描述单元的二元相互作用；w 为三元相互作用系数，描述三元相互作用。

设分子链处于无热溶液状态，此时若分子链定义为由 N_0 个球形结构单元组成，则单元排除体积与占有体积 v_0 相当，有 $u\approx d^3$，$w\approx d^6$。而若定义为由 N 个圆柱形结构单元组成，单元长度为 b，直径为 d，则其排除体积将发生变化。下面讨论柱形结构单元的排除体积。

由于分子链总长不变，因此有 $N=N_0 \cdot d/b$。注意虽然分子链结构单元可设定为不同形状，但结构单元间的实际相互作用能是不会改变的，即位力展开式中的各项不会改变。现记球形结构单元的排除体积为 u_s，柱形结构单元的排除体积为 u_c，根据式(2-72)，则有

$$u_s N_0^2 = u_c N^2, \qquad w_s N_0^3 = w_c N^3 \tag{2-73}$$

于是得到柱状结构单元的排除体积和三元相互作用系数：

$$u_c \approx u_s \left(\frac{N_0}{N}\right)^2 = u_s \left(\frac{b}{d}\right)^2 \approx b^2 d \tag{2-74}$$

$$w_c \approx w_s \left(\frac{N_0}{N}\right)^3 = w_s \left(\frac{b}{d}\right)^3 \approx b^3 d^3 \tag{2-75}$$

已知柱状结构单元的占有体积 $v_0 \approx bd^2$，于是求出其排除体积和占有体积之比为

$$u_c / v_0 = b/d > 1 \tag{2-76}$$

可见柱状结构单元的排除体积大于球状单元的排除体积，这与棒状分子的排除体积大于球状分子的排除体积道理是一样的。对整条分子链而言，若结构单元为球形，排除体积为 $N_0 u_s = N_0 v_0 \approx N_0 d^3$；若结构单元为柱形，排除体积为 $N u_c = N_0 \cdot d/b \cdot u_c \approx N_0 d^2 b > N_0 u_s$，可见长度相同时，刚性分子链的排除体积大于柔性分子链。在溶液中排除体积越大的分子(长径比越大)越容易定向排列而形成向列相液晶(见 4.3.2 节)。刚性聚合物结构单元(长径比 b/d 大)的排除体积较大，它也较容易定向排列形成向列相液晶。

注意后文中提到的排除体积 u 均指 Kuhn 结构单元的排除体积，可以是球形，也可以是柱形。球形结构单元可看成柱状结构单元的特例，上面公式中只要令 $b \approx d$，柱状单元就等同于球形单元。

4. 关于排除体积的讨论

排除体积反映了聚合物结构单元之间及单元与溶剂分子间的相互作用，是影响真实分子链构象的十分重要的因素。根据溶剂性质及其与聚合物分子的相互作用强弱，即根据排除体积的大小，可将溶剂分为以下几种类型。

(1) 无热溶剂：若溶剂的化学组成与单元相同，单元-单元、单元-溶剂的相互作用能相等，图 2-21(a)中的势能曲线上不出现负势能阱，只有一个刚性排斥势垒，这种溶剂称无热溶剂，如聚苯乙烯的乙苯溶液。此时排除体积为正，根据式(2-74)得知 $u \approx b^2 d$，分子链处于舒展、排斥状态，因此无热溶剂属于良溶剂。处于无热状态时，排除体积与温度无关。

(2) 良溶剂:可以分两种情形讨论。一种情形是单元-单元间有一定引力作用,势能曲线上有一个负势能阱,但势能阱对排除体积的负贡献小于刚性排斥势垒的正贡献,体系净排除体积仍大于零,$0<u<b^2d$。另一种情形是单元-溶剂间的引力作用大于单元-单元间的引力作用,溶剂吸附在分子链上,使分子链变粗,见图 2-23。这种情形相当于在势能曲线的刚性排斥势垒上又附加了一个软势垒,使排除体积更大,$u>b^2d$。第二种情形中多出的附加排除体积也称“外”排除体积。分子链在良溶剂中的构象舒展,如苯就是聚苯乙烯的良溶剂。

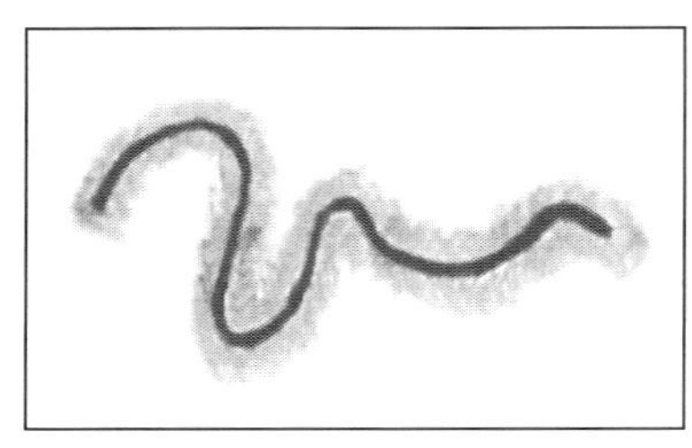

图 2-23 良溶剂吸附在分子链上使排除体积增大示意图

(3) 不良溶剂:若单元-溶剂间的引力作用小于单元-单元间的引力作用,势能曲线上的引力阱在相互作用中占主导地位。此时得到净排除体积小于零,$-bd^2<u<0$。分子链因单元间的吸引而紧密聚集,呈卷缩链构象,如乙醇是聚苯乙烯的不良溶剂。

(4) 非溶剂:不良溶剂的极端情形称为非溶剂,此时单元之间强吸引,分子链高度卷缩,几乎将所有溶剂排出分子链线团之外。$u\approx -bd^2$。水就是聚苯乙烯的一种非溶剂。

(5) Θ 溶剂:前面已作过介绍,在 Θ 溶剂、Θ 温度下,势能曲线上引力阱对排除体积的负贡献与刚性排斥势垒对排除体积的正贡献刚好抵消,体系净排除体积等于零,$u=0$,分子链处于近理想链构象,如 34.5℃时聚苯乙烯的环已烷溶液属于这种情形,这种溶液状态称为 Θ 状态,这时的分子链称无扰链,其均方根末端距记为 h_0, $h_0 = N^{1/2}\cdot b$。注意考察 Θ 状态必须同时考察溶剂性质和溶液温度,原本处于 Θ 状态的溶液,若变温使溶液温度高于或低于 Θ 温度,溶液状态将偏离 Θ 状态。温度高于 Θ 温度时,单元与溶剂相互作用增强,排除体积增大,分子链舒展,溶剂将变为良溶剂;温度低于 Θ 温度时,单元与溶剂相互作用减弱,排除体积减小,分子链紧缩,溶剂成为不良溶剂。因此,虽然 Θ 状态下分子链构象处于近理想无扰链状态,但 Θ 溶液不是理想溶液。

由于存在排除体积效应,溶剂中真实分子链的活动范围减少,运动受限,在一定温度下,它所可能采取的构象数变少。在良溶剂或无热溶剂中,一方面单元间的排斥作用能使分子链舒展、膨胀,另一方面膨胀又导致分子链变形而使构象熵下降。这两者之间的平衡决定了真实链的最终构象，Flory 以此为基础建立了聚合物良溶液经典理论。

2.3.2　聚合物良(稀)溶液经典理论

Flory 良(稀)溶液理论提出如下假定：

(1) 在分子链的扩张体积内结构单元均匀分布，单元之间无相互关联；

(2) 结构单元具有一定的排除体积 u，u 的大小取决于单元-单元、单元-溶剂分子间的相互作用；

(3) 真实分子链的构象取决于分子链膨胀能和膨胀熵变化的平衡。

设良溶剂中一条分子链(N,b)的扩张体积 $V \propto R^3$，由于膨胀，尺寸 R 大于理想无扰链尺寸 R_0($R_0 \propto N^{1/2} \cdot b$)。根据假定(1)，在一个指定单元的排除体积 u 内发现另一个单元的概率等于扩张体积内的单元数密度($\sim N/R^3$)与排除体积 u 之积。排除体积作用像刚性球排斥作用一样具有熵的本质，熵作用总与温度 T 成正比，将一个单元排斥出排除体积 u 所需的能量(排除体积作用能)定为 kT。那么对于指定单元而言，将另一个单元排斥出排除体积所需的能量正比于 $kTu\,N/R^3$。对整个分子链而言，则有

$$F_u \propto kTu\,\frac{N^2}{R^3} \tag{2-77}$$

式中，F_u 为考虑了排除体积和单元相互作用后所引起分子链自由能的增量。

分子链膨胀后，体系的熵发生变化。该变化所引起分子链自由能的变化 F_{ent} 等于将理想链末端距拉伸到 h 所需的能量。根据式(2-42)有

$$F_{\text{ent}} \propto \frac{kT}{Nb^2}R^2 \tag{2-78}$$

上述两项之和就等于考虑排除体积后真实链的总自由能的变化：

$$F = F_u + F_{\text{ent}} \approx kT\left(u\,\frac{N^2}{R^3} + \frac{R^2}{Nb^2}\right) \tag{2-79}$$

令自由能对 R 求导，导数等于零，求 F 的极小值：

$$\frac{\partial F}{\partial R} = kT\left(-3u\,\frac{N^2}{R^4} + 2\,\frac{R}{Nb^2}\right) = 0$$

$$R^5 \approx ub^2N^3$$

由此求出良溶剂中真实分子链的最适宜尺寸 R_{F}(能量最低)为

$$R_{\text{F}} \propto u^{1/5}b^{2/5}N^{3/5} \tag{2-80}$$

R_{F} 称 Flory 尺寸。由此可见，良溶剂中膨胀链的最适宜末端距与 N 的 0.6 次方成比例，而理想链的末端距与 N 的 0.5 次方成比例[式(2-6)]，因此得知在良溶剂中分子链的尺寸比理想分子链大，尺寸变化必然引起构象的变化。这种变化是由于考虑了真实链的占有体积和单元间的相互作用引起的。

写成标度律形式：

$$R \propto N^{\nu} \tag{2-81}$$

对于理想链，标度指数 $\nu=1/2$；对于良溶剂中的膨胀链：$\nu=3/5$。

由于排除体积的影响，对膨胀链进行构象统计分析时，采用无规行走模型已不适宜，而应采用自回避行走线团(self-avoiding-walk coil，SAW)模型。自回避行走模型也属于一种无规行走模型，但一个格子若已被占据，不允许多次重复占据，因此产生了额外的相互作用。一般地，对于 d 维自回避行走模型，末端距的分形维数(临界指数)满足如下的标度律：

$$d_f = (1/\nu_{SAW}) = (d+2)/3 \tag{2-82}$$

在三维空间($d=3$)，$d_f=5/3$，符合膨胀链的情况。

Flory 指出，在良溶剂中由于大分子结构单元与溶剂的相互作用较强，自排斥效应和排除体积效应的影响显著，因此采用自回避行走模型描述比采用无规行走模型好。这一结论在后来的计算机模拟及高分子溶液中子散射、激光散射实验中得到证实，见图 2-24。图 2-24 中曲线 a 是聚苯乙烯的环己烷溶液中分子链尺寸与相对分子质量的关系，环己烷是聚苯乙烯的 Θ 溶剂，分子链取近似理想无扰链构象，曲线斜率等于 0.5；曲线 b 是聚苯乙烯的苯溶液，苯是聚苯乙烯的良溶剂，分子链舒展，尺寸大，曲线斜率等于 0.59，与 Flory 理论吻合很好。

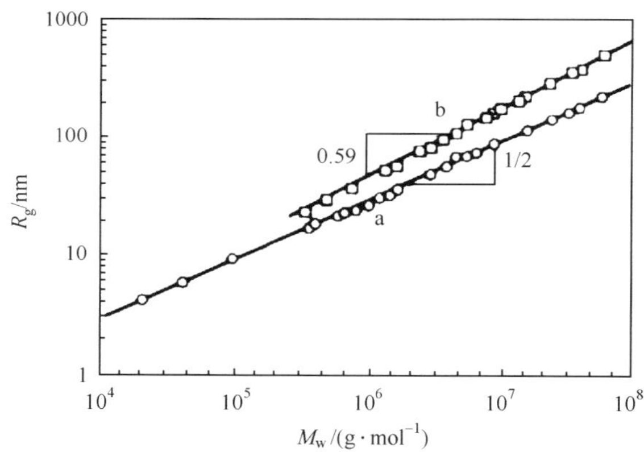

图 2-24 光散射法测量聚苯乙烯在不同溶剂中旋转半径与摩尔质量的关系

a. Θ 溶剂(环已烷，34.5℃)；b. 良溶剂(苯，25℃)

数据来自：Fetters L J et al. J Phys Chem Data，1994，23，619

Flory 理论与实验结果吻合良好有些令人吃惊，因为 Flory 采用的是平均场理论，假定分子链扩张体积内结构单元均匀分布，而实际上大家都知道这种分布是很不均匀的。经过分析表明，Flory 理论与实验结果的吻合是出于误差抵消的巧合。一方面，Flory 理论忽略了同一分子链上单元间的相关性[假定(1)]，因而高估了

相互作用能 F_u；另一方面，采用了理想链的构象熵，也高估了熵变化对自由能的贡献 F_{ent}。两相抵消，结论却基本正确。由于结果正确、方法简单，Flory 理论有很好的实用性。后人曾对 Flory 理论进行修正，发现仅对上述误差进行简单修正是行不通的。后来标度理论给出了讨论真实链构象的合理模型，更精确的计算得出线形膨胀链在三维空间的标度指数 $\nu \approx 0.588$，而不是 0.6，该指数更符合图 2-24 中的实验结果。

2.3.3　真实链的标度模型

本节将采用标度方法讨论排除体积及其作用。根据排除体积的定义得知它有两大特点：一是排除体积效应具有累加性。这是因为单元间相互作用能具有累加性，因此一段分子链的排除体积等于该段链上所有结构单元的排除体积之和。二是排除体积对分子链构象的影响取决于排除体积效应与分子布朗热运动能量 kT 的竞争。对于一段链而言，若排除体积能之和小于 kT，则该段链的构象不受排除体积影响，构象主要取决于分子布朗热运动；只有排除体积能之和大于 kT，排除体积才能改变该段链的构象。

为此，我们可以将分子链划分成一个个尺寸为 ξ_T 的段落，每个 ξ_T 段落的自由能规定在 kT 数量级。于是得知，当考察的某段链尺寸小于 ξ_T，累加的排除体积作用能小于 kT，排除体积效应不起作用，该段链内的构象保持理想(无扰)链构象。当某段链的尺寸大于 ξ_T，排除体积作用能大于 kT，排除体积效应将起作用，影响分子链构象。因此尺寸 ξ_T 就成为一个重要的分子链尺度，达到该尺度排除体积作用将变得十分重要，单元之间发生关联，影响分子链构象。由于这种链段以 kT 为尺度，称其为热链段。有些文献将 ξ_T 称为热关联长度(thermic correlation length)。

设热链段内含 g 个单元，单元长为 b，则

$$\xi_T \approx b \cdot g^{0.5} \tag{2-83}$$

再根据一个热链段的排除体积作用能[式(2-77)]最多等于 kT：

$$kTu\frac{g^2}{\xi_T^3} \approx kT \tag{2-84}$$

联立式(2-83)和式(2-84)求得热链段尺寸 ξ_T 和热链段内的单元数 g：

$$\xi_T \approx b^4/u \tag{2-85}$$

$$g \approx b^6/u^2 \tag{2-86}$$

注意 ξ_T 和 g 与浓度无关，它们仅是排除体积和结构单元长度的函数。从整个分子链或尺寸大于 ξ_T 的一段链来看，由于排除体积能累积到大于 kT，排除体积效应起作用。分子链(等效自由连接链)构象将根据由溶剂性质和结构单元相互作用所决定的排除体积效应而定。

在良溶剂和无热溶剂情况下，单元之间排斥力占上风，排除体积为正($u>0$)，排除体积推斥能大于 kT，排除体积效应使分子链成为由 N/g 个热链段组成的舒展链(膨胀链)，见图 2-25(a)。链的构象符合自回避行走模型的统计规律，旋转半径用标度律计算等于：

$$R \propto \xi_{\mathrm{T}}\left(\frac{N}{g}\right)^{\nu} \propto b\left(\frac{u}{b^{3}}\right)^{2\nu-1} N^{\nu} \tag{2-87}$$

此时真实链的末端距大小与标度指数 ν 有关。按 Flory 理论良溶剂和无热溶剂中 $\nu=3/5$，式(2-87)与式(2-80)等价，R 等于 Flory 尺寸 R_{F}。而按标度理论计算的结果 $\nu=0.588$，$R \approx b\left(\frac{u}{b^{3}}\right)^{0.18} N^{0.588}$。

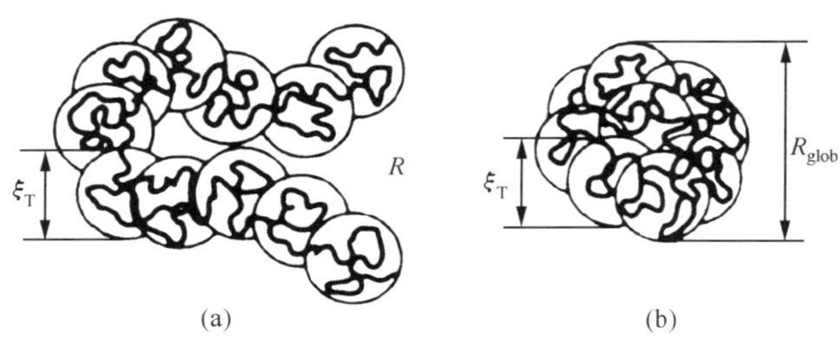

图 2-25　标度理论描述的良溶剂(a)和不良溶剂(b)中的单链构象

在不良溶剂中，单元之间吸引力占上风，引力对排除体积产生负贡献，$u<0$，当排除体积吸引能的绝对值大于 kT，排除体积效应使分子链紧缩，形成一个紧缩的链段团簇——分子链球，又称塌缩线团(collapsed coil)，见图 2-25(b)。假定热链段为密堆积状，也就是溶剂对分子链无溶解能力，可求出分子链球的尺寸：

$$R_{\mathrm{glob}} \propto \xi_{\mathrm{T}}\left(\frac{N}{g}\right)^{1/3} \propto \frac{b^{2}}{|u|^{1/3}} N^{1/3} \tag{2-88}$$

式中，因为排除体积 u 小于零，故取其绝对值来计算。此时标度指数 $\nu=1/3$，小于良溶剂时的 0.588，也小于 Θ 溶剂时的 0.5，分子链的尺寸很小。

在 Θ 状态下，分子链近似为理想链，按照标度理论来理解，Θ 状态下排除体积等于零，排除体积的影响可以忽略。由式(2-85)得知，若 $u \to 0$，$\xi_{\mathrm{T}} \to \infty$，热关联尺度很大。此时整个分子链由于排除体积引起的作用能小于 kT，因此整个分子链都是理想链，无热关联。或者说整个分子链可看成是一个热链段，构象保持理想无扰链构象。

简单说明一下热关联长度 ξ_{T} 与 Kuhn 链段 b、Gauss 链段 ξ 的关系。链段是讨论分子链柔顺性时引入的模型。为了避免单键内旋转对构象的影响，引入自由连接的 Kuhn 链段 b 作为结构单元，使分子链成为等效自由连接链，构象符合 Gauss 分布。在此基础上又引入 Gauss 链段 ξ，Gauss 链段除要求链段自由连接外，还要求链段本身的末端距也符合 Gauss 分布，即链段内的一段链也为理想链。以 Gauss 链段为结构单元的分子链模型称为完全连续化的 Gauss 链模型。热关联长度 ξ_T 是在讨论排除体积效应时引入的模型。排除体积效应反映了结构单元间的相互作用，取决于相互作用能 $U(r)$。$U(r)$具有累加性，当一段链的长度达到 ξ_T，其相互作用能达到 kT 时，排除体积开始起效应，会影响链的构象。而当一段链的长度小于 ξ_T，相互作用能低于 kT 时，排除体积效应不起作用，该段链的构象仍为理想链构象。热关联长度 ξ_T 是与能量 kT 对应的。从这个意义讲，热关联长度 ξ_T 应该等价于 Gauss 链段 ξ，因为在 ξ_T 内的一段链和在 ξ 内的一段链都规定为理想链。两者只是从不同角度观察而引入的不同模型而已。后文将证明，在聚合物浓厚体系中 Gauss 链段 ξ，热关联长度 ξ_T，以及后文要介绍的长程关联长度 ξ 其实是等价的，也就是我们通常所称的链段(或链滴)。

2.3.4　温度对构象的影响

这里主要讨论温度与排除体积的关系。返回排除体积的定义，考察 Mayer$f$-函数中 Boltzmann 因子 $\exp[-U(r)/kT]$内的相互作用能 $U(r)$。由图 2-21(a)得知，在刚性排斥区($r<b$)，刚性排斥能 $U(r)$很大，$U(r)\gg kT$，此时 Boltzmann 因子趋于 0，Mayer$f$-函数等于-1。

$$f(r)=\exp[-U(r)/kT]-1\approx -1\qquad (r<b) \tag{2-89}$$

在引力阱范围($r>b$)，相互作用能 $U(r)$为负，其绝对值小于 kT，Boltzmann 因子可以展开，得

$$f(r)=\exp[-U(r)/kT]-1\approx \frac{-U(r)}{kT}\qquad (r>b) \tag{2-90}$$

由此在全空间积分计算排除体积：

$$u=-4\pi\int_0^\infty f(r)r^2\,\mathrm{d}r\approx 4\pi\int_0^b r^2\,\mathrm{d}r+\frac{4\pi}{kT}\int_b^\infty U(r)r^2\,\mathrm{d}r\approx\left(1-\frac{\theta}{T}\right)b^3 \tag{2-91}$$

式中含两项，第一项为刚性排斥区提供的排除体积($\propto b^3$)，第二项为引力阱对排除体积的贡献，其中引入一个具有温度量纲的物理量 θ，称 Θ 温度。

$$\theta=-\frac{4\pi}{b^3k}\int_b^\infty U(r)r^2\,\mathrm{d}r \tag{2-92}$$

式(2-91)给出了排除体积与温度 T 的关系。当 $T=\theta$，净排除体积 $u=0$，分子链取近似理想链构象，该状态为 Θ 状态。温度 $T>\theta$ 时，$u>0$，正排除体积导致分子链膨胀，溶剂呈现良溶剂性质。温度 $T<\theta$ 时，$u<0$，负排除体积使分子链紧缩，溶剂呈现不良溶剂性质。当 $T\gg\theta$，排除体积效应与温度无关，$u\approx b^3$，此时的溶剂为无热溶剂。

2.3.5　溶胀链的对偶关联函数

在良溶剂中分子链因为排除体积效应而成为一个舒展的膨胀线团，现在考察

一个膨胀线团内结构单元间的对偶关联情形。

由 2.2.5 节得知,对偶关联函数 $g(r)$ 与距离 r 之间符合标度律:$g(r) \propto r^{(d_f-3)}$,见式(2-66)。对于三维空间中的膨胀链,分形维数 $d_f=5/3$(表 2-5),由此得到:

$$g(r) \propto \frac{1}{r^{4/3} b^{5/3}} \qquad (r < R_F, \quad d=3) \tag{2-93}$$

与理想链比较,膨胀线团的关联函数随 r 减少得更快[与式(2-60)比较],说明分子链因为舒展而使结构单元间的关联下降得多。式(2-93)首先由 Edwards 得到,式中的幂指数已经由稀溶液中分子链的 X 射线测定和亚浓溶液中的中子散射实验证明。膨胀线团关联函数的 Fourier 变换式为

$$g(\boldsymbol{q}) \propto b^{-5/3} \boldsymbol{q}^{-5/3} \quad (\boldsymbol{q} \cdot R \gg 1) \tag{2-94}$$

2.3.6 真实链性质小结

影响真实单链构象的因素除分子链柔顺性外,还有结构单元间的相互作用及分子链与周围环境的相互作用。相互作用的强弱由排除体积 u 描述。u 定义为 Mayer f-函数对 r 的空间积分,取负值。

排除体积大于零,表示排斥大于吸引,分子链较舒展,溶剂为良溶剂。无热溶剂属于良溶剂。排除体积小于零,表示吸引大于排斥,分子链较紧缩,溶剂为不良溶剂。排除体积等于零,表示刚性排斥作用与引力阱的贡献相抵消,分子链处于近理想链状态,称为 Θ 状态。

Flory 良溶液理论建立在"构象取决于分子链膨胀能和膨胀熵变化相平衡"概念之上。由此得到真实链末端距的标度律形式为 $h \propto N^{\nu}$,良溶剂中 $\nu=3/5$;不良溶剂中 $\nu=1/3$。由于排除体积的影响,对真实链构象统计时应采用自回避行走模型。

采用标度方法讨论排除体积的作用意义更加深刻。按标度理论,分子链构象因空间尺度不同而不同,对孤立分子链而言热关联长度 ξ_T 是一个重要的分界点。真实链的热关联长度 ξ_T 由分子热运动能量 kT 决定。尺寸小于 ξ_T 范围内,累加的排除体积作用能小于 kT,排除体积效应不起作用,构象保持理想链构象。尺寸大于 ξ_T,排除体积作用能远大于 kT,排除体积效应起作用,构象由排除体积的大小决定。这种以 kT 确定的链段称"热链段"。热链段尺寸 $\xi_T \approx b^4/u$,热链段内的单元数 $g \approx b^6/u^2$。

在良溶剂和无热溶剂中,分子链排除体积为正,推斥能使分子链成为构象符合自回避行走模型的膨胀链。旋转半径 $R \propto b\left(\frac{u}{b^3}\right)^{2\nu-1} N^{\nu}$,$\nu \approx 0.588$。在不良溶剂中,分子链排除体积为负,吸引能使分子链紧缩成一个塌缩线团。旋转半径等于

$R_{glob} \propto \frac{b^2}{|u|^{1/3}} N^{1/3}$。在 Θ 状态下，排除体积等于零，影响可以忽略，分子链近似为理想链。

排除体积与温度的关系为 $u \approx (1-\theta/T)b^3$。温度 $T>\theta, u>0$，正排除体积导致分子链膨胀，溶剂呈良溶剂性质。温度 $T<\theta, u<0$，负排除体积使分子链紧缩，溶剂呈不良溶剂性质。$T=\theta$，净排除体积 $u=0$，分子链取近似理想链构象，该状态为 Θ 状态。

膨胀线团的对偶关联函数见式(2-93)，其散射符合 $\boldsymbol{q}^{-5/3}$ 类型散射定律。

2.4　高分子极稀溶液和单链凝聚态

2.4.1　高分子极稀溶液

前面讨论单分子链的构象，是在高分子稀溶液中进行的，而要研究单链凝聚态，制备单分子链试样，需要配制高分子极稀溶液。按照现代高分子凝聚态物理的观点，高分子液体按浓度大小分为以下五种：高分子极稀溶液、稀溶液、亚浓溶液、浓溶液、极浓溶液和熔体。溶液浓度从稀到浓逐步变化的过程与分子链从孤立的单链状态转变成相互贯穿的多链状态的过程密切相关，这正是高分子凝聚态物理学最关心的分子链如何凝聚的问题。

高分子溶液分类及其分界浓度的名称如下：

高分子极稀溶液 → 稀溶液 → 亚浓溶液 → 浓溶液 → 极浓溶液和熔体

分界浓度：	c_s	c^*	c_e	c^{**}
名称：	动态接触浓度	接触浓度	缠结浓度	—
浓度范围：	$\sim 10^{-4}$	$\sim 10^{-3}$	~0.5%~10%	>10%

其中稀溶液分两个层次，浓溶液分三个层次。稀溶液和浓溶液的本质区别在于稀溶液中单分子链线团(包括其扩张体积)是孤立存在的，相互之间没有交叠；而在浓厚体系中，大分子链之间发生穿透、交叠、缠结和聚集。稀溶液的性质与单个分子链线团有关，所有物理量(如黏度、渗透压、沉降速率等)具有相对分子质量依赖性，而浓溶液的性质与相对分子质量无关，仅由溶液浓度决定。

稀溶液(dilute)和亚浓溶液(semidilute)的分界浓度称接触浓度 c^*，又称临界交叠浓度；亚浓溶液和浓溶液(concentrated)的分界浓度称为缠结浓度 c_e；极稀溶液与稀溶液的分界浓度称动态接触浓度 c_s；浓溶液与极浓溶液的分界浓度 c^{**} 目前尚无命名，是我们感兴趣的问题，下文中将讨论其意义并为其命名。

接触浓度 c^* (contact concentration)定义为稀溶液中随浓度增大,高分子链开始发生接触,继而相互交叠、覆盖的临界浓度。当溶液浓度小于接触浓度 c^* 时,按照 Flory 稀溶液理论,分子链相距较远,彼此独立,如同分散在溶剂中被溶剂化的大分子"链段云",见图 2-26(a)。达到接触浓度时,按定义单分子链线团(包括扩张体积)应一个挨一个充满溶液的整个空间,或者说单分子链线团在溶液中紧密堆砌,互相"接触",见图 2-26(b)。一般接触浓度的数量级为 10^{-3}(质量分数)。实际上在这个浓度附近单分子链线团并非完全以孤立的静止状态分散在溶液中,由于分子热运动,有些线团已开始发生部分交叠而形成少量多链聚集体。

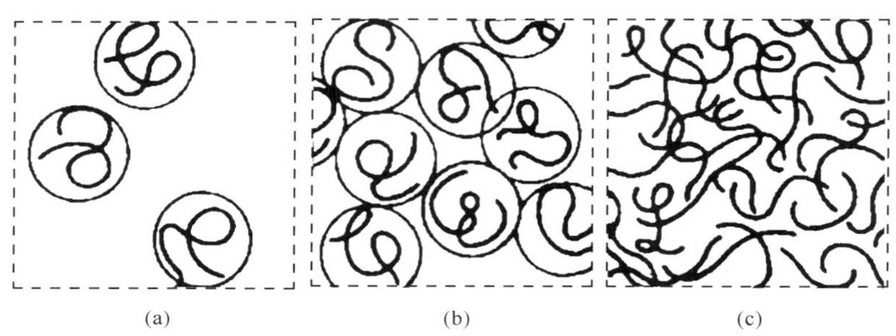

图 2-26 高分子稀溶液(a)、亚浓溶液(c)及分界浓度 c^* 处的溶液(b)示意图

(a) $c<c^*$;(b) $c=c^*$;(c) $c>c^*$

关于接触浓度 c^* 的估算

按照接触浓度的定义,达到接触浓度时包含大分子线团的扩张体积一个挨一个布满整个溶液,因此接触浓度在数值上就等于单个分子链质量在扩张体积中的密度。

$$c^* \propto \frac{M}{R^3} \tag{2-95}$$

式中,M 为相对分子质量;R 为分子链尺寸(旋转半径或末端距),根据式(2-81) $R \propto N^{\nu}$,而链段数 N 正比于相对分子质量 M,因此:

$$c^* \propto \frac{M}{M^{3\nu}} = M^{1-3\nu} \tag{2-96}$$

若溶剂为良溶剂,标度指数 $\nu=3/5$;若溶剂为 Θ 溶剂,$\nu=1/2$。因此在良溶剂情况下,接触浓度 $c^* \propto M^{-4/5}$;在 Θ 溶剂情况下 $c^* \propto M^{-1/2}$。高分子溶液的接触浓度 c^* 是很小的。例如,在良溶剂中 $M\approx10^4$ 时,$c^*\approx10^{-3}$;$M\approx10^5$ 时,$c^*\approx10^{-4}$。相对分子质量越大接触浓度越小,这是由于长分子链的扩张体积较大。相同相对分子质量的聚合物,在 Θ 溶剂中的接触浓度大于在良溶剂中的接触浓度,是因为 Θ 溶剂中扩张体积较小。

分子链在良溶剂中的几何尺寸与在无扰状态下的尺寸之比称扩张因子(expansion factor)或溶胀因子,用 a 表示:

$$a = \frac{R}{R_0} = \frac{h}{h_0} \tag{2-97}$$

a 的大小与溶剂性质、温度、相对分子质量及溶液浓度等有关。根据 Flory 理论有

$$a^5 - a^3 = 2C_m \psi_1 \left(1 - \frac{\theta}{T}\right) M^{1/2} \tag{2-98}$$

式中，ψ_1 为偏摩尔混合熵的一个系数；C_m 为一常数。当溶剂化作用很强时，$a \gg 1$，故 $a^5 \gg a^3$，忽略 a^3 得

$$a^5 \propto M^{1/2} \quad 或 \quad a \propto M^{0.1} \tag{2-99}$$

该结果通过对比分子链在良溶剂和 Θ 溶剂中的尺寸也可得到。

按接触浓度定义，大分子的临界交叠体积分数等于接触体积分数 $\phi^* = \frac{Nv_0}{V}$ [式(2-68)]。在良溶剂中，一般有 $\phi^* \approx 10^{-3} \sim 10^{-4}$。

如前所述，高分子稀溶液分为一般稀溶液和极稀溶液(extremely dilute solution)两类，两者间的分界浓度称动态接触浓度 c_s。当溶液为一般稀溶液时($c_s < c < c^*$)，虽然分子链已相互分离，但由于分子热运动(平动和转动)及溶剂化程度不同，仍有机会相互接触而形成多链聚集体。在溶液的任一微体积元中，聚集体随机地形成，又随机地拆散。在任一时刻，溶液中大小不等的多链聚集体和单分子链线团形成一个分布。

进一步稀释溶液，当浓度渐近于动态接触浓度 c_s 时，分子链线团的间距越来越大，单分子链线团的比例逐渐增加。直到浓度小于 c_s 成为极稀溶液时，分子线团才真正相互远离，难有接触机会，真正以孤立的单链线团分散在溶液中。这个浓度一般介于 $10^{-4} \sim 10^{-3}$(质量分数)。动态接触浓度的概念由我国高分子物理学家钱人元先生提出。根据这种认识，要得到孤立的大分子线团，制备单链分子试样，研究大分子单链凝聚态和单链单晶，必须使溶液浓度小于动态接触浓度，即必须先配制高分子极稀溶液，然后用适当的方法去除溶剂，并保持线团的分离状态，得到单链粒子。

2.4.2　单链凝聚态——单链高分子试样的制备

1. 研究高分子单链凝聚态的意义

关于高分子单链凝聚态的研究是近 20 年来发展起来的新研究领域。研究内容涉及大分子链以单链形式存在时的结晶行为、单链玻璃态和高弹态的形态及力学行为。大分子链以单链形式存在时具有许多有趣的前所未知的形态、结构和性质特点，研究大分子单链凝聚态的重要性在于认识高分子单链体系与相互穿透的多链体系在物理性质、线团弛豫时间、动态行为上的差异，对深入理解高分子凝聚态若干基本概念有重要意义。

单链凝聚态(single-chain condensed state)是大分子特有的一种现象。一个典型大分子链的相对分子质量高达 $10^5 \sim 10^6$,可以占有 $10^3 \sim 10^4 nm^3$ 的体积。而一个初级晶核的临界体积大约为 $10nm^3$,因此一个可结晶的大分子链,在条件适合的情况下,将能通过成核、生长(折叠排列)而形成一个纳米尺寸的小晶体,称为单链单晶(single-chain monocrystal)。这种尺寸的晶体是现代实验手段可观察的。如果分子链结晶能力差,可能因链段冻结而处于玻璃态或因链段运动而具有高弹拉伸行为,此时单分子链颗粒的尺寸要比单链单晶更大一些,也可由现代实验手段,如电子显微镜、原子力显微镜观察到。

单分子链凝聚态颗粒不存在分子间的缠结,可以认为是进行高分子研究的最小单位。研究单链凝聚态帮助我们从一种新角度深刻认识高分子材料的结构、形态及各种物理、力学性质;帮助我们从分子水平上理解大分子运动和大分子结晶机理,为进行分子设计,制备高性能及具有特殊功能的高分子材料提供理论和技术支持。在纳米尺度上对高分子链的性质进行研究,还将为未来制备纳米器件作技术储备。

例如,单链单晶的研究涉及高分子结晶的一些基本概念。经典的高分子结晶理论采用宏观热力学方法描述结晶过程,只考虑宏观状态的变化,而不涉及结晶过程的细节。事实上迄今为止人们对大分子结晶过程的细节并不十分清楚。人们知道一个初级晶核引发一个晶体的生长,一个次级晶核引发一个晶层的生长,但要完成一个晶体或一个晶层的生长都需要大量的分子链顺序排入晶体,它们是如何进入晶体的?

结晶的均相成核理论隐含着分子链是一个个分别进入晶体这样的推论,因此在聚合物单晶中应该有单分子的微区存在。但是这个推论的成立无疑需要以一个孤立分子链能够结晶为前提,没有单链单晶实验事实的支持,分子成核的概念是有疑问的。

关于晶体中大分子链的折叠方式也存在争论。分子链以折叠形式排入大分子晶体已得到公认,但折叠过程究竟是近邻规则折入还是无规则调整折叠却有不同看法。Keller 等认为由溶液结晶的晶体中存在近邻规则折叠,当部分分子链进入晶区后,立即反复折叠,陆续进入晶区,折叠时链的键长、键角不变。而 Flory 等认为熔体结晶时无规线团来不及规整折叠,只在原地对局部链段做必要调整后即进入晶格,分子链是无规折叠的。研究单链单晶或许能帮助澄清这一争论。

在结晶过程中还有一个重要问题是分子链“缠结”对结晶的影响。迄今,人们对分子链缠结对结晶的影响研究得很少,甚至没有考虑。但缠结是高分子“天生”的一个结构因素和最重要的结构特点,对结晶过程肯定有影响,应该予以考虑。一个单分子链是高分子材料最简单的体系,不存在分子间缠结。通过研究单链单晶,进而研究寡链、多链结晶可能提供缠结对结晶过程影响的信息。不过在纳米到微米的尺度上研究结晶动力学将是一个困难的课题。

历史上最先由 Boyer 等成功地实现非晶单分子链分离和观察实验(1945 年)。他们将相对分子质量为 400 000 的聚氯苯乙烯溶解于苯,溶液浓度为 1×10^{-7},加入沉淀剂,得到沉淀物。电镜观察看到直径为 1.5～50.0nm 的圆形粒子,计算分析表明,这样大小的粒子应由单根或几根分子链组成。当时实验的目的是估计相对分子质量,结果表明,用这种方法确实测得可靠的聚合物相对分子质量,与其他常规方法测得的结果相符。此后,关于聚合物单分子链的分离和观察以及关于制备单分子链的方法陆续得以报道。

对非晶聚合物单分子链分离、观察和由此发展起来的测定相对分子质量的方法应用到结晶聚合物中却行不通,原因在于虽处于稀溶液中,但聚合物的结晶倾向使许多分子链汇聚到同一个晶体中,分子链不能呈分离状态保持在溶液中。1949 年,Turnbull 和 Fisher 实现了微小晶体的生长和观察。为研究均相成核,他们将聚合物熔体分散成微米尺寸的微滴,悬浮在硅油中,其中小部分微滴含异相杂质,而大部分微滴为纯净熔体。然后以很慢的速度等速降温,含杂质的微滴通过异相成核首先结晶,而大部分微滴需经进一步降温后才通过均相成核而结晶。研究发现聚乙烯要达到 50～60K 的过冷度才能发生均相成核。这些微米尺寸的小滴还是包含了许多分子链,需进一步分散成单分子链的微滴,才能观察到单链单晶的生长。

第一个看到单链单晶的是 Bittiger 等。他们研究三醋酸纤维素的氯仿/甲醇溶液(0.01%,质量分数)的结晶。在观察到片晶和片状聚集体的同时,也发现了少量棒状小晶粒,长 50nm。由长度和直径估计,小晶体相当于一个分子链,因此提出单分子链单晶的概念。

需要指出的是,Bittiger 等研究的是刚性分子链聚合物,且具有分子内氢键,这是保持单分子链微区的理想结构。用柔性链聚合物研究单链单晶和其他单链凝聚态特征的工作是由我国高分子物理学家提出和进行的。

20 世纪 80 年代后期,国家自然科学基金会设立重大项目研究“高分子凝聚态物理”,其中一个子课题为研究单链凝聚态。中国科学院化学研究所、中国科学院长春应用化学研究所和复旦大学等单位都做了大量工作。他们主要研究了五个体系:等规聚苯乙烯、聚环氧乙烷、顺式 1,4-聚丁二烯、反式 1,4-聚异戊二烯、偏氟乙烯。作者的课题组也作过一些研究工作,主要体系为全反式聚异戊二烯(TPI)、茂金属催化聚乙烯(M-HDPE)和超高相对分子质量聚乙烯(UHMWPE)。

一根分子链处于真空中的构象(单链构象)与处于一定环境(熔体或溶液)中的构象(多链凝聚态中的构象)有何差别?图 2-27 是采用计算机模拟得到的室温下单根聚乙烯(PE)全反式伸直链在不同环境中的弛豫过程。图 2-27(b)是采用 Monte Carlo 模拟得到的 Θ 条件下的单链形态,这是一种典型的柔性链随机生成的 Gauss 链构象。图 2-27(a)则是采用分子动力学模拟(MD)得到的一根孤立分子链在无溶剂条件下(真空)演变成打圈链的形态。由于无溶剂化作用,链单元间

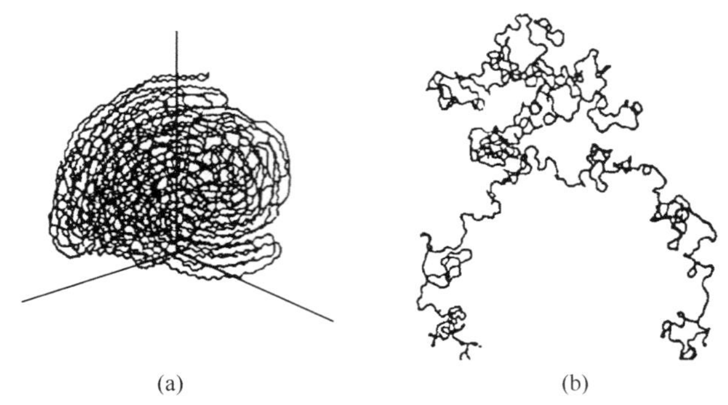

(a) (b)

图 2-27 Gauss 链和孤立打圈链的构象比较

(a)打圈链(PE,4000 个 CH_2,从完全伸直链在 300K 弛豫后的线团,分子动力学模拟);

(b)Gauss 链(PE,1000 个 CH_2,Monte Carlo 模拟)

的范德华吸引力显现,使分子链不再保持 Gauss 链形态,而围绕着自身盘绕,形成一条打圈链。单元间相互作用强时,打圈链最终会塌缩成旋转半径 R 很小的紧缩球粒(globule)。分子链从 Gauss 链形态演变成打圈链,必须使链上的部分内旋转构象从反式(t)转变成旁式($g^{\pm}$)。分子动力学模拟(MD)结果也表明,当链单元间存在自身相互吸引时,旁式/反式($g^{\pm}$ /t)的构象数比值明显增大。这是分子链单独存在与处于多链聚集体中状态的重要差异之一。从对真实链的构象讨论得知,处于不良溶剂中的分子链最终也会变成一个紧缩的链段团簇——分子链球(图 2-25(b)),与打圈链模型相仿。这种分子链球内的旁式/反式的构象数比值也较 Gauss 链高,分子链构象能较大。

2. 单链高分子试样的制备

最常用的制备高分子单链试样的方法是先配制极稀溶液,然后收集单链粒子。文献报道的方法有以下几种。

(1) LB 膜法:将高分子极稀溶液(通常浓度为 10^{-6}~10^{-4})滴在水面上,液滴迅速扩散,溶剂迅速挥发,孤立的单链粒子留在水面上。逐滴加入,直到水面上有足够数量的粒子。适当压缩表面,使粒子浓集,但避免聚集。用拉膜法将单链粒子转移到电子显微镜的载物铜网上观察。

(2) 生物展开技术:用一根针斜插入水中,将聚合物极稀溶液滴在针上,液滴沿针滑下水面,迅速扩散,待溶剂迅速蒸发后,也得到单链粒子。将针移向别处,再滴溶液,重复操作,直到溶液扩散变得不太迅速为止。将铜网的表面轻轻接触水面,使单链粒子转移到铜网上。

(3) 极稀溶液喷雾法:将聚合物极稀溶液直接喷雾到铜网上或滴到铜网上,也能得到单链粒子,只是这样得到的单链粒子数目较少,难以观察。

(4) 平板浇注成膜法：用挥发极快的溶剂制成浓度 $c<c_s$ 的高分子溶液，在平板上浇注成膜，有可能得到单链凝聚态的高分子膜。这种方法还刚开始实验，有待进一步完善。

(5) 漏斗富集法：漏斗由本实验室设计和制造，材料为聚四氟乙烯(THFE)。漏斗上下截面积(截面 1 和截面 2)之比为 10∶1 或 15∶1，高 H 为 7.5cm(图 2-28)。在漏斗底部(截面 2 处)，漏斗可分离，电镜铜网安置于截面 2 处。实验时先封住漏斗下方出水口，加满蒸馏水，用吸管吸 1 滴稀溶液滴在水面上，溶液迅速扩散，溶剂挥发；在不同水面共滴加 3～4 滴溶液。然后开启出水口，使水面缓慢下降，自由表面积减少，试样富集，最后落在铜网上。聚四氟乙烯材料表面光滑，不易黏附分子链，从而避免了试样损失。用此种方法可以得到较多粒子，消除了前面方法中铜网收集粒子少的问题。

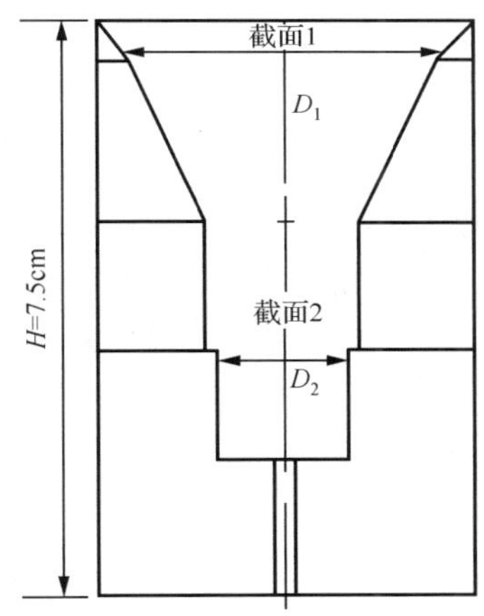

图 2-28　聚四氟乙烯漏斗结构示意图

另一种制备高分子单链粒子的方法是采用微乳液聚合法，可以方便地制得大量试样。其要点是选择适当的微乳液聚合条件，单体要纯，乳液滴尺寸要小(直径为 20～40nm)，液滴中只允许一个单体被引发，这样可以得到相对分子质量很大($M>10^6$)的单链微球。这种方法制得的单链分子形态不同于用极稀溶液喷雾所得的单链粒子形态，因为聚合时分子链的生长受限于液滴尺寸，因此分子链有别于无规行走的自由线团。

培养单链单晶：链规整度高的单链试样，如全同聚苯乙烯(i-PS)、聚氧乙烯(PEO)、全反式聚异戊二烯(TPI)、线形聚乙烯(m-PE)等，在一定的温度(等温炉)和气氛下恒温结晶，可以得到单链单晶样品。注意结晶应在一定的过冷度下充分进行，并加惰性气体(如氮气)保护。

举例：聚氧乙烯(PEO，$M=2.2\times10^6$)的苯溶液，浓度 2×10^{-6}，在 80℃水面上

扩展成单链膜片，用电镜铜网上碳膜增强的火棉胶膜捞起，经 80℃熔化，再在 52℃长时间结晶。

全同立构聚苯乙烯（i-PS，$M=1.7\times10^6$）的苯溶液，浓度 1×10^{-5}，在水面上扩展后，用电镜铜网捞起，或用 LB 法收集，经 175℃结晶。

顺丁橡胶（c-PBD，$M=2.3\times10^6$）和杜仲橡胶（GP，$M=3.7\times10^6$）级分，用极稀溶液喷雾到电镜铜网的经碳膜增强的 Formvar 膜上，在 180K 以下用电镜观察。

全反式聚异戊二烯（TPI，$\overline{M}_\eta=23.2\times10^4$）的甲苯溶液，浓度为 10^{-7}，在 30℃下放置 10h 左右令其中的分子链预结晶；含有单链预晶体的稀溶液再用 THFE 漏斗富集，可以有效避免溶液中大分子链的凝集，并得到多的粒子。

以上试样在透射电镜（TEM）观察和选区电子衍射（electron diffraction，ED）时，都看到单链单晶。

2.4.3 大分子单链单晶

1. 单链单晶的形态

图 2-29(a)是全同立构聚苯乙烯（i-PS）的非晶粒子在 443.2～453.2K（170～180℃）的温区内等温结晶 3h 后，观察到的多边形单链单晶和圆形单链单晶。结晶时间延长，单晶形貌更规则。规则外形显然是晶体的一个佐证，直线边界应与晶面有一定关联。此外，聚合物单晶只有沿 c 轴方向投影才能得到规则形貌的像，可见图中大部分晶体的 c 轴都在垂直于碳膜表面的方向上择优取向。

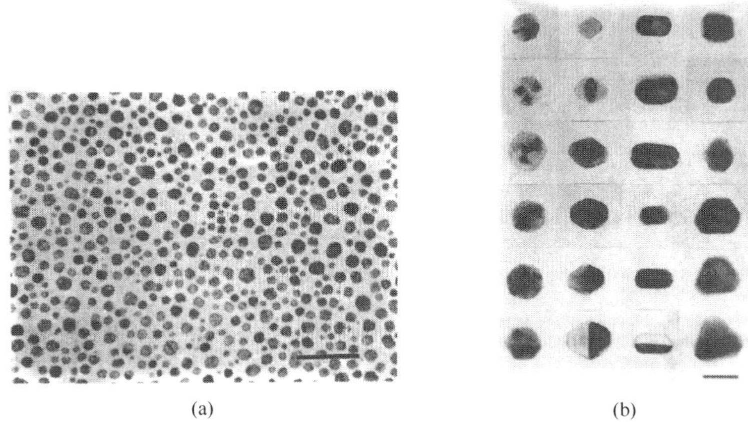

(a) (b)

图 2-29 i-PS 等温结晶的单链单晶照片（$T=448.2\text{K}$，$\overline{M}_n=1.34\times10^6$）

(a)等温结晶 3h，标尺代表 100nm；(b)典型结晶形态分类，标尺代表 20nm

将不同形貌单晶仔细分类，可得到一些代表性形态如图 2-29(b)所示。其中最左一列接近于通常 i-PS 多链晶体沿 c 轴看到的六角形态，其他三列都是单链晶体中新观察到的形态。尽管形状多样，不过都有 120°特征角。值得注意的是单链单晶的培养是在电镜铜网的碳膜上，单晶形成时并非如经典理论所说异相成核优先于均相成核。实验观察到单链单晶平躺在碳膜上，c 轴垂直于碳膜，说明结晶时链垂直于碳膜表面的均相成核优先于链平行于碳膜表面的异相成核。

i-PS 单链颗粒的结晶速度较慢，得到的单链单晶外形相当规整。相对而言，顺丁橡胶和杜仲橡胶的分子链结晶速度则快得多，顺丁橡胶雾滴在电镜试样台冷却到 143K 的过程中，大分子产生结晶，而杜仲橡胶则在溶液挥发过程中已经结晶。两者结晶速度快，但单链单晶的外形不规则，厚度也不均匀，存在极薄的区域，似乎颗粒中有空洞，见图 2-30。结晶快的单晶形貌，更能反映单分子在结晶初期的过程。所有以上观察的单链单晶从选区电子衍射图上都说明分子链是从基底膜上竖立起来形成的单晶。

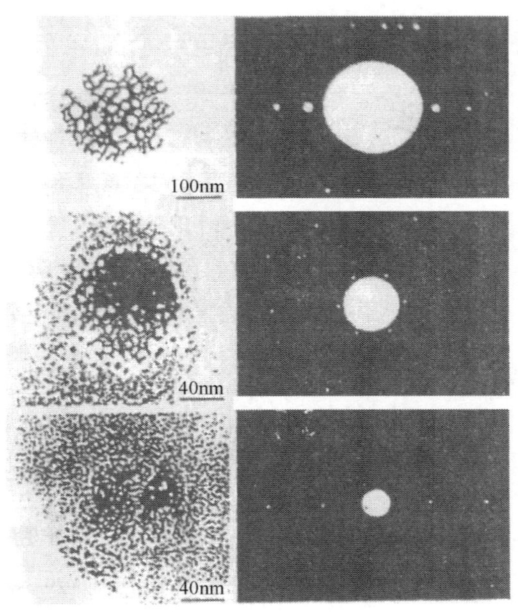

图 2-30　顺丁橡胶(cPBD)单链单晶及其选区衍射照片($M=2.3\times10^6$)

采用分子动力学模拟(MD)描绘单分子链在接近非晶态碳膜时形态的变化可以说明这一点。见图 2-31，当温度为 300K 时，一根打圈的 PE 链(聚合度为 490)，在接触非晶态碳膜后，形态逐渐发生变化，从一个各向同性的打圈线团变成从碳膜表面上竖立起来，形成许多平行取向链段的无规折叠的线团。说明单链单晶在形成时发生均相成核。

本书作者研究了全反式聚异戊二烯(TPI)、茂金属催化聚乙烯(M-HDPE)和

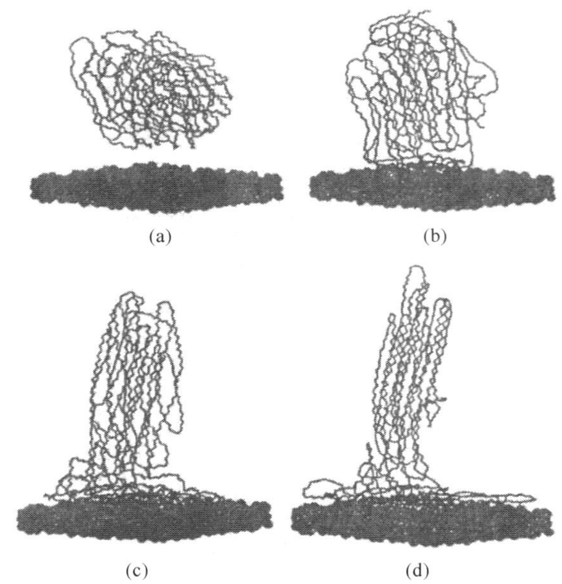

图 2-31　PE 链(980 个 CH_2)接近和接触碳膜表面(4nm×4nm)的过程(分子动力学模拟)

(a) 0ps; (b) 10ps; (c) 100ps; (d) 600ps

超高相对分子质量聚乙烯(UHMWPE)的单链单晶形貌。TPI 样品系负载钛本体沉淀聚合而得,反式的质量分数大于 98%,分子链柔顺,结构规整,易于结晶;但实测其本体结晶度只有 20%～30%,熔融温度在 60～70℃。配制 TPI 极稀甲苯溶液($c=10^{-4}\sim10^{-5}$),采用漏斗富集法收集单链样品,在恒温水浴中(30℃,30～40℃过冷度)、氮气气氛保护下等温结晶。

图 2-32(a)是 30℃下结晶 15h 得到的 TPI 单链粒子电镜照片,其中有大量尺寸在 10～20nm 的小粒子,有些形貌十分规则。按尺寸计算,应是单链粒子。从选区电子衍射图可知,电子衍射点和衍射环同在,说明它们有一定结晶,但结晶不完全,晶区和非晶区共存。恒温水浴为 40℃时,电镜视场中同样看到大量粒子,但无晶体衍射图样,只能是 TPI 非晶小粒子,见图 2-32(b)。这些粒子有的外形很规则,有的内部有很多细节,有清晰的网状有序结构,因此可将其视为局部有序的次晶体或玻璃体。

出现此类粒子的原因尚不清楚,可能的情形是:TPI 单链或寡链晶体在电子辐照下温度升高,开始熔融。TPI 晶体的熔点低,为 60～70℃,所以在常温下观察时,样品被电子束照射升温 20～40℃即达到熔点,晶区熔化而失去衍射图样。另一种可能是由于 TPI 结晶能力较低,粒子本身就是非晶区与晶区共存,内部结构为局部有序而未达到完全有序。在电镜下粒子虽无衍射花样,但有些粒子能观察到明显的形貌变化:先变为网状结构,而后逐渐消失。表明这些有规则外形的非晶

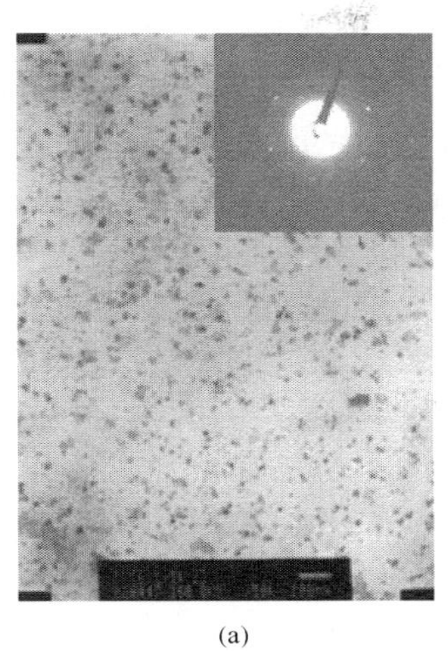

(a)

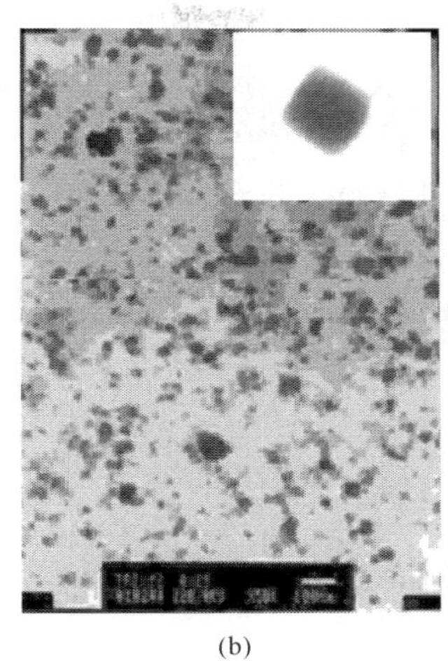

(b)

图 2-32　TPI 结晶小粒子和选区衍射照片(a)及非晶小粒子照片(b)

(a)结晶温度 30℃，t=15h，标尺=100nm；(b)温度 T=40℃，标尺=100nm

粒子所处的状态很可能是不完善结晶状态。

2. 影响大分子单链结晶的因素

(1) 温度的选择及影响。实验表明，结构规整单分子链的结晶过程与一般聚合物结晶过程类似，也包括晶核形成和晶粒生长两个步骤。结晶速度由成核速度和晶体生长速度共同决定。由于单分子链结晶发生于均相成核，因此温度过高(过冷度小)，分子运动强烈，晶核不易形成，或生成的晶核不稳定。同时无缠结的单分子链是通过分子链恰当运动排入晶格的，温度高虽有利于分子运动但不利于规则排列，因此单分子链结晶时希望温度略低或过冷度略大，用成核速度来控制结晶总速度，形成的晶体较为完善。

本实验室观测了 TPI 分子链在 20℃、25℃、30℃、35℃、40℃、45℃等温度下的结晶情况。发现虽然在不同的结晶温度下都生成微晶粒子、非晶粒子及片晶，但情况各不相同。相对而言，20℃、25℃视场中的晶粒较少，偶尔出现小尺寸的结晶粒子，个别片晶尺寸很大，同时存在大量的球形非晶粒子。40℃、45℃视场中的晶体同样很少，大量存在的是如图 2-27(b)所示的非晶粒子。而在 30℃、35℃结晶的视场中，晶粒与非晶粒子都大量存在，说明在该温度区容易获得 TPI 单链或寡链单晶。

(2) 溶液浓度的影响。为避免分子链间的纠缠，培养完善的单链单晶，溶液浓度必须足够稀(小于动态接触浓度)。但由于动态接触浓度难于测量，只能通过实验来讨论浓度的影响。本实验室配制了 10^{-4}、10^{-5}、10^{-6} 三个浓度级别的 TPI 极稀甲苯溶液，发现：浓度为 10^{-4} 时，比较容易出现结晶粒子与非晶区域共存的形貌，出现的片晶尺寸较大。浓度为 10^{-5} 时，能得到较多的小尺寸结晶粒子，得到的片晶尺寸也较小。浓度达到 10^{-6} 级别时，由于溶液浓度太稀，分子链已彼此分离，改变浓度对分子链的分离无明显的影响。浓度太稀，大分子链太少，不易得到适量的样品。

(3) 相对分子质量的影响。文献指出聚合物结晶过程存在一个临界相对分子质量，大于该值的绝大多数分子都进入了晶体，小于该值的绝大多数分子链处于非晶态。在研究 *i*-PS 单链单晶时发现，孤立分子链要形成晶体，相对分子质量必须大于形成晶核的临界相对分子质量。比较不同相对分子质量 TPI 或 PE 单链单晶得知，在同一条件、同一浓度下，相对分子质量较大、分布较窄的样品得到的微晶粒子多，非晶粒子少，而相对分子质量小的样品，得到的晶粒相对较少，这从一个侧面支持了临界相对分子质量的说法。但同样条件下相对分子质量低的样品结晶速度快，相对分子质量高的样品要求的结晶时间相对较长。

(4) 结晶环境的影响。结晶环境是指晶体生长、制备时的氛围。由于 TPI 分子含有双键，对氧非常敏感，一旦与氧发生反应，发生交联或老化降解，TPI 即失去结晶能力。这种影响在温度升高时更为显著。TPI 结晶时先将溶液升温到 70℃，充分溶解 2h 以上，然后在 20～40℃的较低温度下恒温结晶，为避免氧的影响，整个过程采用氮气保护。实验发现，虽然过程中并无剧烈的温度变化，但是有 N_2 和没有 N_2 保护的结晶情况有明显的差别。无 N_2 保护的情况下，视场中很难出现晶体，出现较多的是非晶粒子和少量片晶。

(5) 结晶时间的影响。孤立单分子链的结晶速度较慢，晶体生长需要较长时间(几小时至几十小时)。实验得知，结晶时间对晶粒数量的影响很难评估，但结晶时间延长，晶粒成长得更稳定、更完善，耐电子辐射能力增强，这在 TPI、PE 中都有发现。相对分子质量越大的样品，结晶时间的影响越显著。

3. 图像分析法测量单链单晶的粒径分布

单链单晶的制备和结构表征是一项困难的工作，需要十分细致和耐心。相对而言，结构表征似乎比样品制备还要困难。一是因为单链单晶的制备方法尚不成熟，得到的样品很难收集，影响因素较多；二是单链单晶尺寸极小，研究、表征手段很少。迄今除了用电子显微镜观察外，还采用图像分析、电子衍射、微束衍射和高分辨电子显微(HREM)技术等方法研究其结构和形态。

采用图像分析法可以测量单链单晶的粒径分布。如测量图 2-29(a)中等规聚苯乙烯单链单晶的粒径分布，结果见图 2-33(a)。由图 2-29 可见，*i*-PS 单链单晶的粒径分布在几纳米到 30nm 之间，太大或太小的粒子都较少，中间粒径(15～25nm)居多。采用投影法可估测小晶体的厚度，大多数晶体的厚度为 10～20nm，平均值为 14nm。

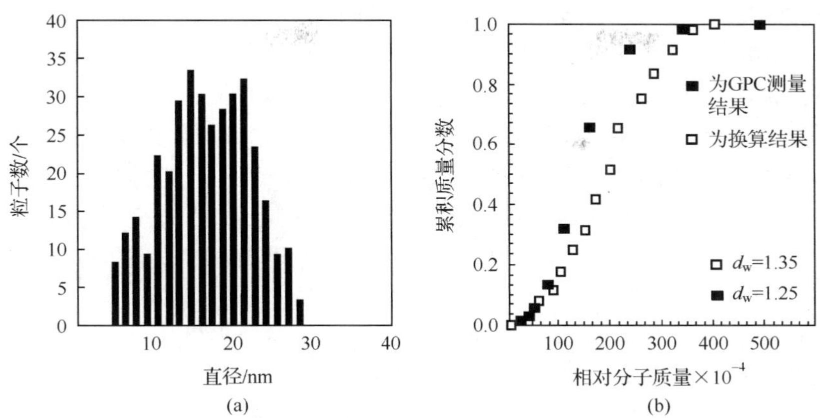

图 2-33　i-PS 单链单晶粒子的粒径分析[数据取自图 2-29(a)]

(a) 图像分析法得到的粒径分布；(b) 由粒径分布换算的相对分子质量分布与 GPC 结果比较

假定图中所有小晶体都是单分子链单晶，根据粒径分布、厚度和密度数据，可粗略得到这批样品的相对分子质量分布。前提是晶粒数目要足够多，且电镜照片选区有代表性。结果见图 2-33(b)，图中空心方格为由粒径分布换算得到的相对分子质量分布数据，求得数均相对分子质量等于 1.50×10^6，多分散性指数 $d_w=1.35$，而由 GPC 测得同一样品的数均相对分子质量等于 1.34×10^6，多分散性指数 $d_w=1.25$。两组数据基本一致，存在偏差可以理解。由此可以判断，图 2-29(a)中的小晶体差不多都是等规聚苯乙烯的单分子链单晶。

根据形态和电子衍射观察表明图 2-29(a)中小片晶是平铺在基底上的小柱晶，c 轴在垂直于基底方向上择优取向。片晶平均厚度为 14nm，比理论计算的平衡晶体厚度低。按热力学原理，一个大分子链形成一个平衡晶体时，其表面自由能应取极小值。小晶体为折叠链晶体，其折叠面(柱体上下底面)与侧表面的自由能差别很大。折叠面上由于分子链的弯折，表面自由能远大于侧面，文献报道折叠面的表面自由能为 $3.1\times10^{-2}\ J\cdot cm^{-2}$，而侧表面自由能通常认为等于折叠面的 1/5。由此，根据试样的数均相对分子质量(1.34×10^6)和密度($1.13g\cdot cm^{-3}$)，可算出晶体体积以及平衡晶体的厚度，结果等于 36.6nm。

单链单晶厚度远低于理论计算的平衡晶体厚度，表明单分子链结晶时不能达到平衡晶体的形态，而是得到一个能量较高、折叠长度较小的片晶，是一种亚稳态的晶体。这与大分子长链特征和单晶生长环境有关。

4. 单链单晶的耐电子辐照性能

用透射电子显微镜观察有机大分子晶体时，经常遇到的问题是在电子束强烈辐照下，小晶体会吸收能量，升温，甚至融化。原本有清晰选区电子衍射图样的粒子，在电子辐射下变成非晶粒子，衍射图样消失。特别对于熔点较低的样品，如TPI、顺丁橡胶等，这种现象更为明显。为减少辐射损伤，一个值得推荐的观察方法是直接在衍射模式下扫描试样，直到观察到单晶衍射图。

此外，对于熔点较高、结晶完善的单链单晶，如 *i*-PS 单链单晶，实验发现它们有较强的耐电子辐射能力，辐照剂量高达 6.1C · cm^{-2}时衍射图样保留完好，强度也无明显减弱。与 *i*-PS 多链片晶对比，多链片晶的衍射消失剂量（TEPD）仅为 0.018C · cm^{-2}。两相对比，单链单晶的耐辐射剂量比多链片晶至少增加了数百倍。

单链单晶异常的耐电子辐照性能可能与单链单晶的小尺寸有关。当电子束通过晶体内部时，入射电子与晶体分子中的电子发生非弹性碰撞，将能量部分转移给电子。当转移的能量足够大时，会产生次级电子。次级电子又发生碰撞，同时也引发一系列化学反应，最终导致辐照损伤。由于单链单晶的尺寸小（在纳米尺度范围），次级电子容易逸出晶体。结果真正被晶体吸收的能量大大减少，使耐电子辐照能力增强。

5. 单链单晶的高分辨电子显微图像

高分辨电子显微技术（HREM）是研究晶体结构的重要手段，与 X 射线衍射不同，高分辨电子显微技术可直接得到晶体的晶格条纹像，使晶体结构的直接观测成为现实。此外，高分辨电子显微技术能给出晶体中小到几纳米的局部结构，可以观察单个晶胞内的原子排列。其观测对象也不一定要求是周期性结构，如单个空位、位错、层错等晶体缺陷及晶界、畸变等界面形态都能清晰成像。

高分辨电子显微技术已广泛用于无机材料的凝聚态结构研究，而有机材料由于耐电子辐照能力较差（个别含芳香基团的聚合物除外），采用高分辨像研究时，存在着像衬度弱及易受辐照损伤等困难。目前由于低温技术和最小曝光计量技术的发展，这些困难已有克服。通过图像处理，增强衬度，降低噪声，提高分辨率，已具备进行聚合物材料研究的现实性。

对大分子单链单晶进行高分辨电子显微研究有特殊的优越条件。由于单链单晶的耐电子辐照能力较强，所以通常在室温条件和 200kV 加速电压下也能得到单链单晶的高分辨像。图 2-34(a)是 *i*-PS 单链单晶放大 40 万倍的高分辨像，图像中可以看到非常规则的晶格条纹，条纹间距为 0.234nm，对应于 *i*-PS 单链单晶的一类晶面。图 2-34(b)是经过 1137.6C · cm^{-2}大剂量的辐照之后，晶体熔融，晶格条纹基本消失。这个剂量比 *i*-PS 多链片晶的衍射消失剂量大 6 万多倍，再次证明单链单晶的强耐电子辐照能力。电子辐照使单链晶体熔融后，进一步辐照样品又发生重结晶，高分辨像中又重新出现晶格条纹，但条纹的位置、结构都发生了变化。

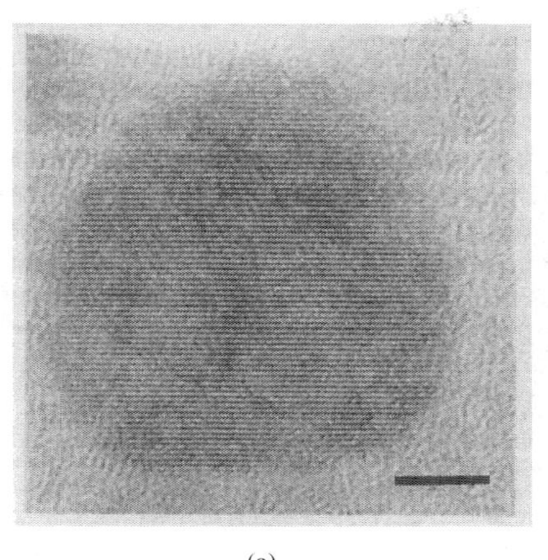

(a)

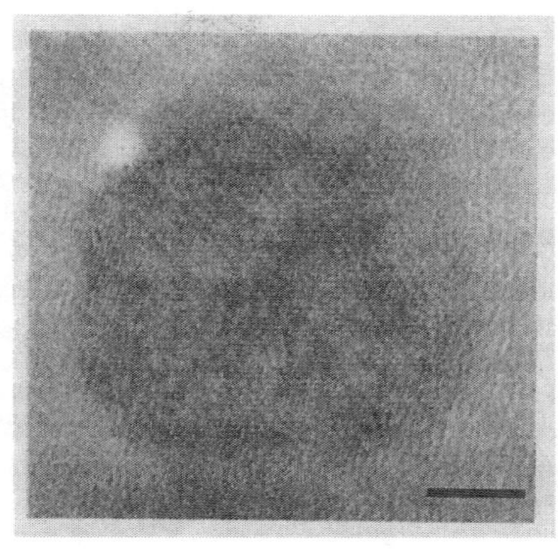

(b)

图 2-34　*i*-PS 单链单晶的高分辨像(标尺代表 4nm)
(a)辐照剂量=7.6 C · cm^{-2};(b)辐照剂量=1137.6 C · cm^{-2}

单链体系由于没有链间缠结,结晶时分子运动更充分,晶体结构比较完善。高分辨图像中的晶格条纹的规则性充分证明了这一点。单链单晶也会包含缺陷,高分辨像研究已观察到缺陷,但这方面的研究不多。由于单链单晶可以在室温下进行高分辨像研究,这为在分子水平上研究聚合物晶体结构开辟了新的途径。

2.4.4　单链玻璃态颗粒和单链高分子的高弹拉伸行为

1. 单链玻璃态颗粒

如前所述,在制备 TPI 单链单晶过程中,常同时获得尺寸极小(10nm 至几十纳米)的非晶粒子。这些粒子在电镜视场中无晶体衍射花样,不是小晶体,应当处于玻璃态,可称为单链玻璃态颗粒。这些小颗粒能够在电子辐照下稳定存在一段时间,随后粒子边缘很快变得模糊。也有尺寸较大的非晶颗粒(尺寸达 40～120nm),有的外形近似圆形,有的为规则的四边形,这样的粒子应由几根分子链形成。

图 2-35 给出一个放大的 TPI 非晶粒子,直径约为 150nm,无电子衍射花样。但仔细观察发现其内部有很多细节,在局部地区有清晰的网状有序结构,因此可将其视为结晶前期。由于 TPI 分子链结晶能力较低,结晶需要较长的诱导期,目前的结构为局部有序而未达到完全有序。继续观察,在高能电子辐照下粒子有明显的形貌变化:先变为网状结构,最后逐渐消失。

钱人元等采用原子力显微镜(AFM)研究了单链聚苯乙烯的玻璃态颗粒。将聚苯乙烯(M=1.6×10^5)的极稀苯溶液喷雾到劈裂的云母片上,一定时间后用针

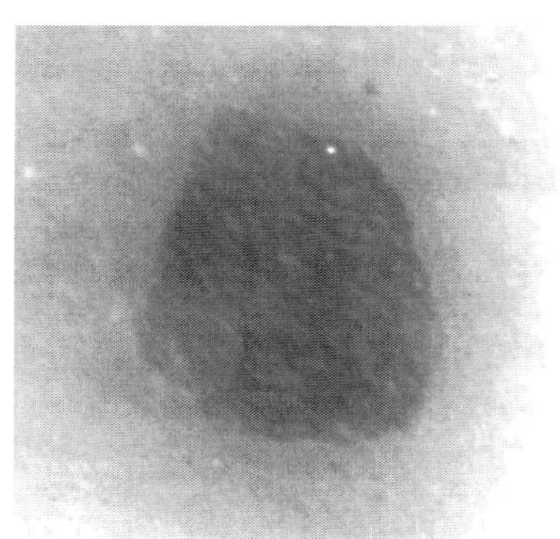

图 2-35 一个放大的、粒子直径约为 150nm 的 TPI 非晶粒子

尖振动模式原子力显微镜观察，得到 AFM 图像如图 2-36(a)所示。由于苯是聚苯乙烯的良溶剂，可以观察到单链 PS 颗粒的形貌比较舒展。这种形貌与颗粒的相对分子质量无关，而对所用溶剂的性质极为敏感。若使用的溶剂为不良溶剂，单链 PS 颗粒的形貌变得紧缩，接近球形。图 2-36(b)是聚苯乙烯的 CH_2Cl_2/MeOH(3/1.2，体积比)溶液喷雾到云母劈面 1h 后的 AFM 图像。可以看到其形貌与在良溶剂中大不相同。这种单分子链玻璃态颗粒的形貌差别从一个侧面反映了分子链与溶剂的相互作用。

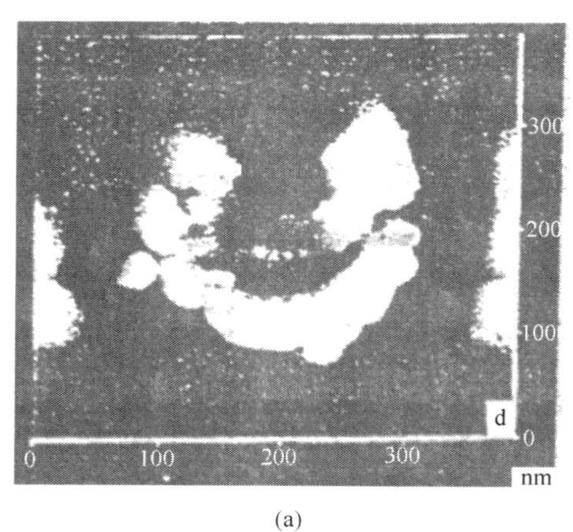

(a)

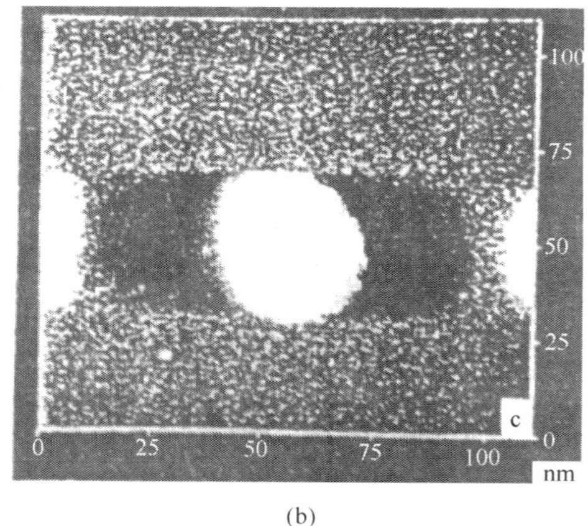

(b)

图 2-36 单链 PS 玻璃态形貌

(a)PS($M=1.6\times10^5$)从苯溶液喷雾到云母劈面 2h47min 后的 AFM 图像；

(b)PS 从 CH_2Cl_2/MeOH(3/1.2，体积比)溶液喷雾到云母劈面 1h 后的 AFM 图像

聚苯乙烯单链颗粒的形貌在溶剂挥发过程中也不断改变，溶剂挥发后在室温下长期储存，虽然储存温度低于玻璃化转变温度 T_g，但颗粒形貌仍在改变，变得越

来越接近球形。实验发现，单链聚甲基丙烯酸甲酯在云母片上形成的颗粒，无论是从良溶剂、不良溶剂或 Θ 溶剂的极稀溶液经喷雾所得的，在室温中经 6 个月存放，最后形貌均变成接近于球形。

用微乳液聚合法也能得到单分子链或几根分子链的样品。不过这样得到的单分子链形态和性质与从溶液得到的单链不同。从红外光谱推知此类分子链有较高的构象温度，采用 Monte Carlo 模拟也说明这种受限自避链有较高的构象能，因为在微乳滴中聚合生长的分子链达到球壁折回时，要取较高能量的构象。钱人元等采用 γ 辐照引发的微乳液聚合，得到相对分子质量 $M=4.0\times10^6$ 的单链 PS 玻璃态微球，微球平均直径为 26nm。与相对分子质量相同的 Gauss 链比较，这种单链玻璃态微球的尺寸要小得多，相同相对分子质量的 Gauss 链尺寸为 $2R_g=190$nm。虽然尺寸小，但是单链纳米球内分子链段的堆砌要比通常的多链玻璃体疏松，原因在于单链纳米球内没有相邻分子链的穿透，表观密度反而要小。用压汞法实测一个微乳液聚合的 PS 试样的密度，其纳米球内平均有 6 根分子链(不是每个纳米球都是单链纳米球)，结果表明，单链 PS 玻璃态纳米球的密度比通常的多链 PS 密度要小 9.5%。

图 2-37 给出用示差扫描量热仪得到的 PS 单链纳米球的升温 DSC 曲线。由图 2-37 可见，在第一次升温曲线上，在玻璃化转变温度 T_g(约为 105℃)附近出现一个放热峰。升温到 130℃停止，然后用空气自然冷却到室温，再进行第二次升温测试，发现放热峰不再出现，而只有玻璃化转变的吸热阶跃。这现象可解释为卷曲的单分子链的构象能较高，在第一次升温中单链态破坏，形成多分子链缠结的凝聚态，由于多链态构象能较低，因而放出热量。

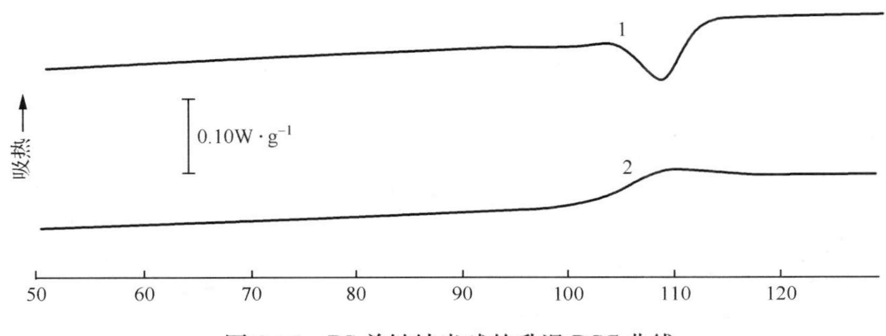

图 2-37　PS 单链纳米球的升温 DSC 曲线

曲线 1. PS 单链纳米球($M=4.0\times10^6$)的第一次升温 DSC 曲线；

曲线 2. 至 130℃后快速冷至室温，做第二次升温曲线；升温速率：10℃ · min^{-1}

2. 单链高分子的高弹拉伸行为

由理想链的拉力公式[式(2-43)]，若视 h_x/N 为一个链段的形变，得到链段的

弹性系数 $\mu = 3kT/b^2$，式中 b 为链段长度。则有

$$f_x = \frac{3kT}{Nb^2}h_x = \frac{3kT}{b^2} \cdot \frac{h_x}{N} = \mu \cdot \frac{h_x}{N} \tag{2-100}$$

分子链的弹性源于受力时分子链构象熵的变化，属于熵弹性。制得单分子链试样，可以用原子力扫描显微技术观察单链分子的高弹拉伸行为。

1997 年，Rief 等采用原子力扫描显微镜（AFM）实施了对右旋糖酐（dextran）分子链的拉伸。首先用化学修饰法在右旋糖酐分子链上无规地接上几个 Streptavidin 分子（一种抗生物素蛋白），同时将右旋糖酐链端经化学方法与 AFM 的金底板（gold）表面结合；另一方面在原子力扫描针尖上用生物素（biotin）加以修饰。利用抗生物素蛋白（streptavidin）与生物素（biotin）的专一结合能，当原子力扫描针尖接触右旋糖酐时，针尖上的生物素就会与糖酐链上的抗生物素蛋白结合，形成一个连接点（挂钩）。当提起针尖时可使一段糖酐链（从金底板表面到与针尖结合的一段糖酐链）拉直，如图 2-38(a)所示。

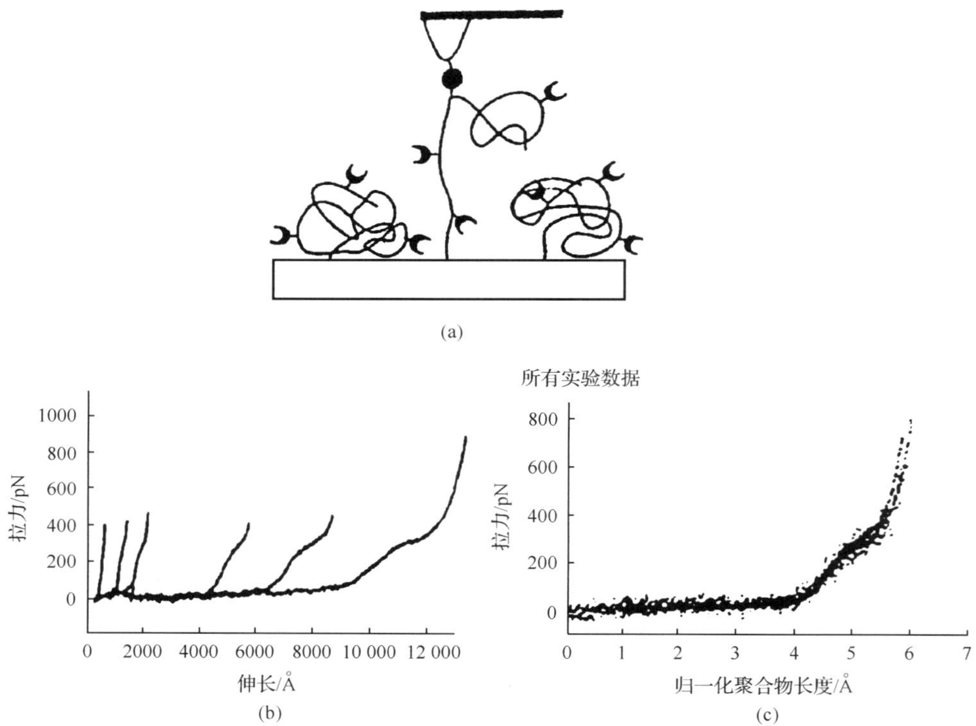

图 2-38　右旋糖酐分子链的拉伸及数据处理

(a) 右旋糖酐(M=5.0×10^5)单链拉伸示意图，●表示生物素，⟩-表示抗生物素蛋白；
(b) 多次拉力-伸长的实验曲线；(c)拉伸长度经完全拉直长度归一后的所有实验数据

针尖提起时，由针尖悬臂的弯曲可以测知拉力的大小，继续拉伸，直至抗生物素蛋白与生物素的结合脱开，这样就得到一段糖酐链的拉力-伸长曲线，拉伸距离可达 10^3nm 以上。由于每次针尖与分子链的结合处到金底板表面的一段糖酐链的长度未必相同，因此每次拉伸的距离不同，拉力-伸长曲线也不同，见图 2-38(b)。但如果将每次的拉伸距离以最大拉伸距离作归一化处理，结果所有的拉力-伸长曲线落到一条曲线上，如图 2-38(c)所示。由此可以推断这种拉伸为单分子链的拉伸。

实验表明，单分子链的拉力-伸长行为是完全可逆的弹性形变。当拉伸到接近最大距离时，这拉伸的一段糖酐链已经全部拉直，如果在脱开之前，使针尖反向移动，链长回缩。回缩到起点后再一次拉伸，拉伸曲线可以重复。

仔细分析图 2-38(c)的拉力-伸长数据可以看出，单分子链在低拉力区的拉伸行为基本符合橡胶链的熵弹性拉伸。在低拉伸区拉力很低，在小于最大伸长 70%的区域内拉力均小于 20pN，拉力随伸长的增加增长得很慢，曲线斜率很小。到高拉伸区曲线斜率突增，在最大伸长 70%～80%的范围内曲线斜率变为 670pN/Å，在最大伸长的 80%处拉力出现一个台阶，达到 300 pN。在更高伸长区，曲线斜率达 1700pN/Å，最大拉力可达 800 pN。这条曲线与普通橡胶材料的拉伸曲线非常相似。可以看出在低拉伸区，单分子链的大形变属于熵弹形变，单分子链的高弹性属于熵弹性。在高拉伸区，分子链几乎被拉直，此时的形变不再是熵弹形变，可能是糖酐链的两个六元环连接的扭转角发生转变，造成分子链伸长，使拉伸应力急剧上升。

单链凝聚态的研究还在起步阶段，积累的实验事实还很零星，有待于今后的发展。研究单链凝聚态的重要性在于认识高分子单链体系与相互穿透的多链体系在物理性质、线团弛豫时间、动态行为上的差异，这将对我们深入理解高分子的凝聚态有重要意义。

目前在单链凝聚态的研究方面最大的困难是样品太少，样品难以保存，难以分类，因此也难以准确地进行结构、性能的表征。

2.5　单分子链运动学——孤立分子链的黏弹性理论

质点运动学研究在外力作用下，质点的位移、速度、加速度与外力的关系。单分子链运动学则研究聚合物稀溶液在外力场作用下流动时，孤立分子链因结构单元位移、速度变化而引起的黏弹性响应。由于分子链结构复杂，结构单元与结构单元、结构单元与溶剂之间有相互作用，因此尽管是稀溶液和单分子链，黏弹响应也是复杂的，非线性的。单分子链运动学讨论的主要目的之一是给出聚合物稀溶液流动时的黏弹响应规律，得到流动本构方程，在理论和实践两方面均有重要意义。

2.5.1 涨落-耗散定理

高分子物理学的学习经验告诉我们,高分子材料的任何宏观性能都对应于一种确定的微观结构基础。这一认识的统计物理学背景是材料在一定条件下的热力学平衡态必然对应于系统微观状态的一种确定的概率分布——最可几分布,因此平衡态的各热力学量(宏观量)可按相应微观量的统计平均值进行计算。高分子物理学中关于橡胶高弹性的统计计算已经运用这一方法。

由于大分子链和溶剂分子均处于无规则热运动中,因此处于热力学平衡态的体系的宏观响应性能与该体系的微观结构动力学之间的关系还可以通过涨落-耗散定理(fluctuation-dissipation theorem)加以解释。涨落-耗散定理指出:在热力学平衡体系中,宏观扰动的弛豫与自发涨落的回归服从同样的规律。换句话说,对于一个接近平衡态的系统,我们不能区分由于自发涨落和由于外部条件造成的系统对平衡态的暂时偏离,两者的影响是等价的。因此对于一个系统而言,它的宏观响应函数,这些函数常表现为材料的某种宏观性能,与系统内部状态的自发的热力学驱动的涨落可以通过涨落-耗散定理联系在一起。该定理最早由 Onsager 根据一个假设提出,而后由 Callen 和 Welton 在 1951 年加以证明。

涨落是统计物理学中的概念,表明对最可几统计值的某种偏离。一个处于热力学平衡的真实系统不可能全部时间都处于与最可几统计平均值相应的微观状态中,经常会发生相对于平衡态的偏离,这就是涨落现象。这种涨落来自于系统自身大量分子的无规则热运动,因此称为自发的热力学驱动的涨落。

自然界中涨落现象十分普遍。例如,由于大气密度的涨落使太阳光发生散射,天空才呈现蓝色。液体中小固体粒子的布朗(Brown)运动是由于小粒子与大量液体分子无规则碰撞而造成净力涨落形成的。涨落通常用散差来表示,设某一物理量 M 的平均值为$\langle M\rangle$,该量在任一时刻的瞬时值 M 与平均值之差的平方平均称散差,由式(2-101)表示:

$$\langle(\Delta M)^2\rangle = \langle(M-\langle M\rangle)^2\rangle = \langle M^2\rangle - (\langle M\rangle)^2 \tag{2-101}$$

散差的平方根称为涨落(fluctuation)。

$$\text{涨落} = \langle(\Delta M)^2\rangle^{1/2} \tag{2-102}$$

耗散(dissipation)是指系统对外场的宏观响应性能随外场作用时间或频率的松弛能力。当外场作用力与系统的内相互作用能相比较相对较弱,外场不会改变系统的本征运动时间时,这种响应是线性响应,否则是非线性响应。涨落-耗散定理中讨论的响应为线性响应。

下面以极性高分子的偶极矩与样品在外电场中极化的关系为例来说明涨落-耗散定理。

选择样品中一个子系统，体积为 V。该子系统虽然小，但足以满足统计热力学的要求。该系统的总偶极矩 $\boldsymbol{p}_V$ 为 V 中所有单偶极矩 $\boldsymbol{p}_i$ 的矢量和：

$$\boldsymbol{p}_V = \sum_i \boldsymbol{p}_i \tag{2-103}$$

总偶极矩 $\boldsymbol{p}_V$ 因分子热运动而随时间的变化可以通过相关函数求得，最简单也是最重要的相关函数是二级时间相关函数，即涨落：

$$\langle \boldsymbol{p}_V(t') \cdot \boldsymbol{p}_V(t'+t) \rangle = \langle \boldsymbol{p}_V(0) \cdot \boldsymbol{p}_V(t) \rangle \tag{2-104}$$

等式右侧省略了时间 t'，是由于处于平衡态的系统在任何时间都是相同的，t' 为任意时间，包括初始时刻（$t'=0$）。将式(2-104)写成沿某个方向（坐标）的标量式，有

$$\langle p_V(0) \cdot p_V(t) \rangle = \frac{1}{3} \langle \boldsymbol{p}_V(0) \cdot \boldsymbol{p}_V(t) \rangle \tag{2-105}$$

将样品置于沿某方向的外电场 E_0 中，样品会发生极化。极化程度与极化时间 t_1 有关，极化程度用单位体积样品内的偶极矩 $P(t_1)$ 表示，等于

$$P(t_1) = \varepsilon_0 [\varepsilon(t_1) - 1] E_0$$

式中，ε_0 为真空介电常数；$\varepsilon(t_1)$ 为样品的介电函数。极化平衡后（极化时间 $t_1 \to \infty$），单位体积样品内的偶极矩记为

$$P(\infty) = \varepsilon_0 \Delta\varepsilon(\infty) E_0 \tag{2-106}$$

然后从某一时间（$t=0$）开始除去电场，偶极矩将随时间衰减，衰减到 t 时刻的偶极矩等于

$$P(t) = \varepsilon_0 [\Delta\varepsilon(\infty) - \Delta\varepsilon(t)] E_0 \tag{2-107}$$

根据涨落-耗散定理，样品偶极矩 $P(t)$ 的这种变化与微观的单偶极矩总和的涨落相关，于是得到极化衰减函数为

$$\langle p_V(0) \cdot p_V(t) \rangle = VkT\varepsilon_0 [\Delta\varepsilon(\infty) - \Delta\varepsilon(t)] \tag{2-108}$$

式(2-108)左侧是从分子动力学得到的热力学平衡的自发涨落，右侧是样品在施加外场后对外场响应的松弛。式中出现温度 T 是由于所有的涨落均与温度有关，一般温度升高涨落增大；出现体积 V 是由于偶极矩 P 定义为单位体积样品的偶极矩。

通过上例看出，运用涨落-耗散定理可以将高分子样品的微观性质[$p_V(t)$]与宏观性质[T、V、E_0、$\Delta\varepsilon(t)$]联系在一起，定理指导我们如何认识二者间的联系，以及如何处理这种联系。从微观角度看，热力学模型的理论分析能够计算得到所需性质的平衡相关函数（涨落），而涨落-耗散定理将这些相关函数与宏观测量的相应响应联系起来。

关于涨落和涨落-耗散定理本书不予详细讨论，读者可参看热学和统计物理

书籍。

下面再以布朗运动为例加以说明，并导出讨论分子链运动学有用的关系式。

设液体中一个布朗粒子做无规则扩散运动，在 0 时刻和 t 时刻的位置矢量分别为 $\boldsymbol{r}(0)$、$\boldsymbol{r}(t)$，它在这段时间的三维均方位移与时间间隔 t 成正比，比例系数称为扩散系数 D：

$$\langle [\boldsymbol{r}(t) - \boldsymbol{r}(0)]^2 \rangle = 6Dt \tag{2-109}$$

粒子在这段时间布朗运动的平均位移，即均方根位移，则与 t 的平方根成比例：

$$\langle [\boldsymbol{r}(t) - \boldsymbol{r}(0)]^2 \rangle^{1/2} = (6Dt)^{1/2} \tag{2-110}$$

该运动是由于粒子受到周围分子的无规撞击净力造成的。从另一角度考虑，液体中的粒子在恒外力作用下运动时将受到黏滞力(摩擦力)f 作用，力 f 的大小与摩擦系数 ζ 及粒子与液体的速度差 Δv 有关：

$$f = -\zeta \cdot \Delta v \tag{2-111}$$

速度差越大，摩擦力越大。因此速度差达到一定程度时，摩擦力(耗散力)与恒外力大小相等、方向相反，粒子将做恒速运动。

Nernst-Einstein 根据涨落-耗散定理，得出扩散系数 D 与摩擦系数 ζ 的关系：

$$D = kT/\zeta \tag{2-112}$$

根据式(2-109)，一个球形粒子移动到与其自身尺寸 R 相等距离所需的时间 λ 等于

$$\lambda \propto \frac{R^2}{D} = \frac{R^2\zeta}{kT} \tag{2-113}$$

表明粒子扩散运动的时间与摩擦力成正比，该式在讨论缠结分子链运动学中有用。

Stokes 从宏观流体力学角度讨论一个尺寸为 R 的球在黏度为 η_s 的 Newtonian 液体中移动时所受的摩擦力，按量纲分析，得到摩擦系数 ζ 与液体黏度 η_s 及尺寸 R 有关：

$$\zeta = 6\pi\eta_s R \tag{2-114}$$

代入式(2-112)，得到球形粒子在黏度为 η_s 液体中的扩散系数：

$$D = \frac{kT}{6\pi\eta_s R} \tag{2-115}$$

该公式称 Einstein-Stocks 公式。采用动态光散射或脉冲梯度核磁共振实验可求出分子链无规线团的扩散系数，代入式(2-115)求得的半径 R 称为无规线团的流体力学半径(hydrodynamic radius)R_h，

$$R_h = \frac{kT}{6\pi\eta_s D} \tag{2-116}$$

由流体力学半径进一步得到流体力学体积。

2.5.2　Debey 珠-链模型讨论孤立分子链的黏性流动

式(2-110)给出的布朗粒子扩散运动规律用于大分子链的结构单元并不完全适用，原因在于结构单元的运动不自由，它受到与其相邻结构单元的牵制。为此要讨论分子链的扩散运动首先要建立能够描述分子链长链特征的结构模型。前文中曾给出多种模型描述分子链的不同构象，其中以等效自由连接链最具代表性，但要正确描述孤立分子链线团在稀溶液中的运动规律和黏弹性响应，需要对模型进行改造。本节将采用基于等效自由连接链设计的珠-链模型（bend-chain model）和珠-簧模型（bend-spring model）展开讨论。

孤立分子链线团的黏弹性理论已发展得相当成熟，发展该理论的代表人物有 Debey、Kirkwood、Riseman、Bueche、Rouse 和 Zimm。Debey 最初研究的是孤立分子链的黏性理论，采用珠-链模型只考虑分子链在溶剂中运动受到的黏性阻力，而不考虑弹性应力作用。Rouse-Zimm 等将理论扩展为黏弹性理论，采用模型为无规线团的珠-簧模型。而基于 Rouse-Zimm 模型的稀溶液显式本构方程的推导由 Lodge 和 Wu 完成。后经人们继续不断发展完善，该理论已开始应用于对高分子稀溶液和亚浓溶液的非线性黏弹性的说明。

图 2-39 为一根珠-链模型分子链示意图，由 N 个长度为 b 的刚性细棒和 $N+1$ 个小球组成，棒-球之间为自由连接。棒长 b 代表结构单元(Kuhn 链段)的大小，小球无尺寸，小球在溶剂中运动受到的阻力代表结构单元所受的黏性阻力。分子链假定为等效自由连接的理想 Gauss 链，忽略排除体积效应。

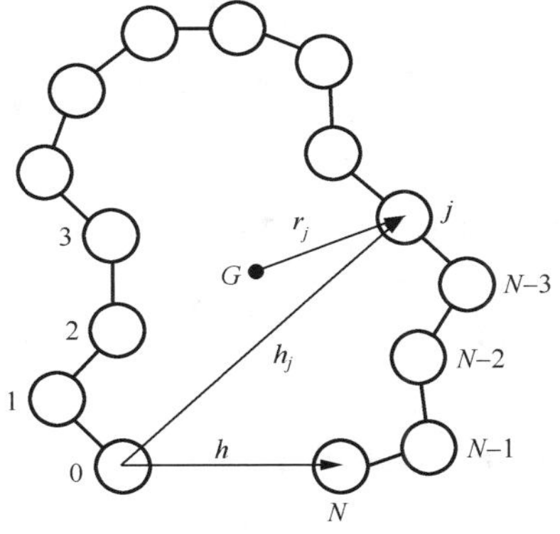

图 2-39　珠-链模型示意图

G 为分子链质心

珠-链模型的处理方法简介如下：

首先分析小球的受力状态。因为小球不计尺寸，所以小球在溶剂中运动所受的黏性阻力根据式(2-111)计算，在 x 方向的分量为

$$f_{xj}=\zeta(\dot{x}_j-v_{xj})\tag{2-117}$$

式中，$\dot{x}_j$ 为第 j 号小球在 x 方向的速度分量；v_{xj} 为 j 号小球处溶剂的速度的 x 分量；ζ 为小球与溶剂的摩擦系数。同样的摩擦阻力分量在 y、z 方向也存在。

对各小球列运动平衡方程。设单位体积溶液中有 n 个分子链(n 又称数量浓度)，对该单位体积，按 Gauss 链的构象求分子链的熵变及所受力矩的统计平均值，由此求得黏性液体在流动时所受的剪切应力 σ_{xy} 和黏度 η 分别为

$$\sigma_{xy}=\sigma_{xy}^{\mathrm{s}}+\frac{1}{36}nN^2b^2\zeta\dot{\gamma}\tag{2-118}$$

$$\eta=\frac{\sigma_{xy}}{\dot{\gamma}}=\eta_{\mathrm{s}}+\frac{1}{36}nN^2b^2\zeta\tag{2-119}$$

式中，σ_{xy}^{s}、η_{s} 分别为溶剂本身对剪切应力和黏度的贡献；$\eta-\eta_{\mathrm{s}}$ 则为溶剂中因加入聚合物而引起的黏度增量。$\dot{\gamma}$ 为剪切速率。数量浓度 n 可记为

$$n=cN_{\mathrm{A}}/M\tag{2-120}$$

式中，M 为相对分子质量；c 为质量浓度(g · mL^{-1})；N_{A} 为阿伏伽德罗常量。链段数 N 与相对分子质量 M 成正比。由式(2-119)可知，溶剂中因加入聚合物引起的黏度增量为

$$\eta-\eta_{\mathrm{s}}\propto c\frac{M^2}{M}=cM\tag{2-121}$$

而溶液的特性黏数 $[\eta]$ 为

$$[\eta]=\lim_{c\to 0}\frac{\eta-\eta_{\mathrm{s}}}{c\eta_{\mathrm{s}}}=KM\quad(K\text{ 为常系数})\tag{2-122}$$

该公式与 Staudinger 的黏度公式一致。

上述处理中，对 j 号小球附近溶剂的流速，隐含着一个简单化假定，即不曾考虑分布在分子内的其他小球对溶剂流动的干扰，认为溶剂可以自由地穿过分子链。实际上由于小球的存在和溶剂化作用，穿过分子链的流体流速要比流经分子链外部时缓慢，这种作用称为流体动力学相互作用(hydrodynamic interaction)。Kirkwood 和 Riseman 首先考虑了这种作用，并引入一个 Oseen 张量来描写它对 j 号小球附近溶剂流速的影响，定义一个流体动力学相互作用参数 h 来描写相互作用的强弱：

$$h=\zeta N^{1/2}/(12\pi^3)^{1/2}\cdot b\cdot\eta_{\mathrm{s}}\tag{2-123}$$

并认为 $h\to 0(N\to 0)$ 时为自由穿流的情况，流体可以自由地穿过分子链，此时 $[\eta]$

与 $M^{1.0}$ 成正比，见式(2-122)；而 $h\to\infty(N\to\infty)$ 时，相互作用极强，分子链内部流体速度几乎为零，整个分子链相当于一个大球，此时得出 $[\eta]\propto M^{1/2}$。一般情况下，高分子稀溶液的流动情况介乎于上述两种情况之间，即 $0<h<\infty$，相应地

$$[\eta]=KM^{\alpha}\qquad(1/2\leqslant\alpha\leqslant1)\tag{2-124}$$

该公式即人们熟悉的描写高分子稀溶液黏度的 Mark-Houwink 公式。

2.5.3　Rouse-Zimm 模型讨论孤立分子链的黏弹运动

1. Rouse-Zimm 模型的主要假定及处理方法

在 Debey 珠-链模型基础上，Rouse-Zimm 等将理论扩展为孤立分子链的黏弹性理论，采用的分子链模型为无规线团状的珠-簧模型(bend-spring model)。珠-簧模型的主要假定为：分子链的形状与珠-链模型相似，但它由 N 个完全柔性的虎克弹簧(弹簧松弛长度为 b，弹性系数为 μ)和 $N+1$ 个小球组成，弹簧与小球自由连接(图 2-40)；分子链足够长，为 Gauss 链，忽略排除体积效应。由于模型中既含有描写分子链黏性的小球(相当于黏壶)，又含有描写分子链弹性的弹簧，因此该模型可用来讨论线形高分子稀溶液的黏弹性。

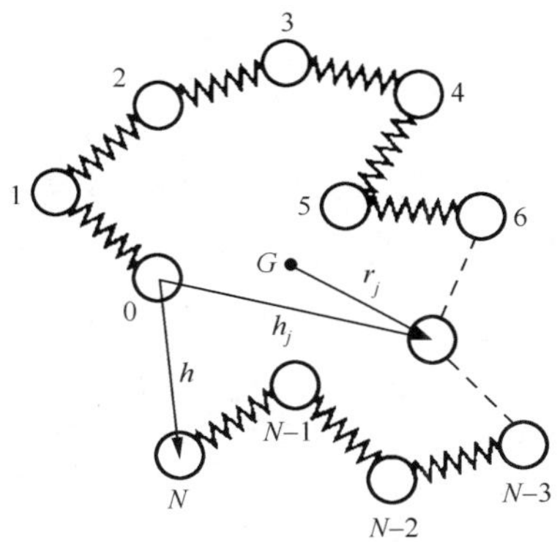

图 2-40　Rouse 珠-簧模型示意图

G 为分子链质心

设分子链末端距为 h，均方末端距为 $\langle h^2\rangle$，对于理想 Gauss 链，链上的弹性力由式(2-43)给出，等于

$$f_{\text{ela}}=\frac{3kT}{b^2}\cdot\frac{h}{N}\tag{2-125}$$

由于串联弹簧上弹性力处处相等，而 h/N 可视为一个虎克弹簧(链段)的平均弹性形变，由此可得到链段弹簧的弹性系数 μ 为

$$\mu=3kT/b^2\tag{2-126}$$

现在考察这样的分子链处于溶剂中时，链上第 j 号小球受到的作用力。首先是小球与溶剂之间的摩擦阻力，即黏性力，与珠链模型相同，可按式(2-117)计算。然后是弹性力，除分子链两个末端的小球外，第 j 号小球总是受到其邻近两个弹簧的作用力，力的大小与小球间距(形变)成正比。分子链两端的两个小球，则分别各受到一个弹簧的作用力。

考察 x 方向的弹性力，来自 $j-1$ 号小球的弹性力为

$$-\mu(x_j - x_{j-1})$$

来自 $j+1$ 号小球的弹性力为

$$-\mu(x_j - x_{j+1})$$

j 号小球所受的合力为

$$-\mu(-x_{j-1} + 2x_j - x_{j+1}) \tag{2-127}$$

式中，x_j 为第 j 号小球的位置矢量的 x 分量。

同样在 y、z 方向也存在着类似的弹性力。

此外，还要考虑因溶剂分子的布朗运动(热能 kT 引起的运动涨落)作用在 j 号小球的净力。该力与单个小球的情况不同，因为 j 号小球的扩散运动受临近小球的影响，因此该力与分子链的构象，即分子链各小球在空间的分布概率有关：

$$f_{bj} = -kT\frac{\partial \ln\psi}{\partial x_j} \tag{2-128}$$

式中，ψ 为概率密度，$\psi(t, x_0, y_0, z_0, x_1, \cdots, z_N)\mathrm{d}x_0\mathrm{d}y_0\mathrm{d}z_0\mathrm{d}x_1\cdots\mathrm{d}z_N$ 表示在 t 时刻，分子链的第 0 号小球在体积 $\mathrm{d}x_0\mathrm{d}y_0\mathrm{d}z_0$，1 号小球在体积 $\mathrm{d}x_1\mathrm{d}y_1\mathrm{d}z_1$，……$N$ 号小球在体积 $\mathrm{d}x_N\mathrm{d}y_N\mathrm{d}z_N$ 中出现的概率。

忽略惯性力，列出各小球在 x 方向的运动平衡方程：

0 号球 $\quad \zeta(\dot{x}_0 - v_{x0}) = -\mu(x_0 - x_1) - kT\dfrac{\partial \ln\psi}{\partial x_0}$

……

j 号球 $\quad \zeta(\dot{x}_j - v_{xj}) = -\mu(-x_{j-1} + 2x_j - x_{j+1}) - kT\dfrac{\partial \ln\psi}{\partial x_j}$

……

N 号球 $\quad \zeta(\dot{x}_N - v_{xN}) = -\mu(-x_{N-1} + x_N) - kT\dfrac{\partial \ln\psi}{\partial x_N}$

上面各式中等号左边的黏性力可视为黏性流动时，溶剂作用在分子链上的“外力”；而等式右边的力可视为由黏性流动而引起的“内应力”。把等式右边的力分别记为 $F_{x0}\cdots F_{xj}\cdots F_{xN}$。综合上述各式，写成张量公式为

$$\zeta(\dot{\boldsymbol{x}} - \boldsymbol{v}_x) + \mu\mathbf{A}\cdot\boldsymbol{x} + kT\frac{\partial \ln\psi}{\partial \boldsymbol{x}} = 0 \tag{2-129}$$

式中，

$$\dot{\boldsymbol{x}}=\begin{pmatrix}\dot{x}_0\\ \dot{x}_1\\ \vdots\\ \dot{x}_j\\ \vdots\\ \dot{x}_N\end{pmatrix};\quad \boldsymbol{v}_x=\begin{pmatrix}v_{x0}\\ v_{x1}\\ \vdots\\ v_{xj}\\ \vdots\\ v_{xN}\end{pmatrix};\quad \frac{\partial}{\partial \boldsymbol{x}}=\begin{pmatrix}\frac{\partial}{\partial x_0}\\ \frac{\partial}{\partial x_1}\\ \vdots\\ \frac{\partial}{\partial x_j}\\ \vdots\\ \frac{\partial}{\partial x_N}\end{pmatrix} \tag{2-130}$$

均为 $n+1$ 维矢量，分别称 $\dot{\boldsymbol{x}}$ 为分子链上全部小球的 x 速度分量组成的矢量，$\boldsymbol{v}_x$ 为分子链处的溶剂的 x 速度分量组成的矢量，$\frac{\partial}{\partial \boldsymbol{x}}$ 为 $N+1$ 维 x 空间的 Hamilton 算子。

$\mathbf{A}$ 称为 Rouse 张量，是一个 $N+1$ 维的二阶张量，具体形式为

$$\mathbf{A}=\begin{pmatrix}1 & -1 & 0 & 0 & \cdots & 0 & 0 & 0\\ -1 & 2 & -1 & 0 & \cdots & 0 & 0 & 0\\ 0 & -1 & 2 & -1 & \cdots & 0 & 0 & 0\\ 0 & 0 & -1 & 2 & \cdots & 0 & 0 & 0\\ \vdots & \vdots & \vdots & \vdots & & \vdots & \vdots & \vdots\\ 0 & 0 & 0 & 0 & \cdots & -1 & 2 & -1\\ 0 & 0 & 0 & 0 & \cdots & 0 & -1 & 1\end{pmatrix} \tag{2-131}$$

同样，在 y、z 方向也有类似的运动方程。

设单位体积溶液中含 n 个分子链（n 为数量浓度），对该单位体积溶液，按 Gauss 链构象求分子链的熵变及所受力矩的统计平均值，得应力张量公式为

$$\sigma_{\alpha\beta}-\sigma_{\alpha\beta}^{s}=-n\langle \boldsymbol{\alpha}^{T}\cdot \boldsymbol{F}_{\beta}\rangle \qquad (\alpha,\beta=x,y,z) \tag{2-132}$$

式中，$\sigma_{\alpha\beta}^{s}$ 为溶剂自身对应力张量的贡献；$\boldsymbol{F}_{\beta}$ 为内应力分量组成的矢量（$\beta=x,y,z$），按公式(2-129)，记为

$$\boldsymbol{F}_{\beta}=-\mu\mathbf{A}\cdot\boldsymbol{\beta}-kT\frac{\partial \ln\psi}{\partial \boldsymbol{\beta}} \tag{2-133}$$

尖括号〈〉代表对链段排列方式，即对 Gauss 链构象求统计平均值。

将式(2-133)代入式(2-132)，经演算得应力值为

$$\sigma_{\alpha\beta}-\sigma_{\alpha\beta}^{s}=\mu n\langle \boldsymbol{\alpha}^{T}\cdot\mathbf{A}\cdot\boldsymbol{\beta}\rangle+nkT\delta_{\alpha\beta} \quad (\alpha,\beta=x,y,z) \tag{2-134}$$

式中，$\delta_{\alpha\beta}$ 为 Kronecker δ，$\delta_{\alpha\beta}=\begin{cases}0 & \alpha\neq\beta\\ 1 & \alpha=\beta\end{cases}$。

式(2-131)表明，Rouse 张量 $\mathbf{A}$ 为一个具有三条非零主对角线的矩阵，这给应

力的求算带来了麻烦。Rouse 采用正则坐标变换法，将 $\boldsymbol{A}$ 矩阵化为对角矩阵 $\boldsymbol{B}$，从而使公式易于求解。

正则坐标变换为

$$\boldsymbol{x} = \boldsymbol{Q}\boldsymbol{x}',\ \boldsymbol{y} = \boldsymbol{Q}\boldsymbol{y}',\ \boldsymbol{z} = \boldsymbol{Q}\boldsymbol{z}' \tag{2-135}$$

式中，$\boldsymbol{Q}$ 为一个正交张量，即 $\boldsymbol{Q}^{\mathrm{T}} = \boldsymbol{Q}^{-1}$。$\boldsymbol{A}$ 矩阵经变换后化为对角矩阵 $\boldsymbol{B}$：

$$\boldsymbol{Q}^{-1} \cdot \boldsymbol{A} \cdot \boldsymbol{Q} = \boldsymbol{B} \tag{2-136}$$

$\boldsymbol{B}$ 的具体形式为

$$\boldsymbol{B} = \begin{pmatrix} \nu_0 & & & & & \\ & \nu_1 & & 0 & & \\ & & \ddots & & & \\ 0 & & & \nu_j & & \\ & & & & \ddots & \\ & & & & & \nu_N \end{pmatrix} \tag{2-137}$$

其中，主对角线元素 $\nu_0, \nu_1, \cdots, \nu_N$ 称矩阵 $\boldsymbol{B}$ 或 $\boldsymbol{A}$ 的本征值，可由本征方程求得

$$\boldsymbol{B} \cdot \boldsymbol{\beta}' = \nu \boldsymbol{\beta}' \tag{2-138}$$

$\boldsymbol{\beta}'$ 称为矩阵 $\boldsymbol{B}$ 或 $\boldsymbol{A}$ 的本征矢量（$\boldsymbol{\beta}' = \boldsymbol{x}', \boldsymbol{y}', \boldsymbol{z}'$）。经过演算，求得矩阵 $\boldsymbol{A}$ 的本征值为

$$\begin{cases} \nu_p = 4\sin^2 \dfrac{p\pi}{2(N+1)} \qquad (p = 1, 2, \cdots, N) \\ \nu_0 = 0 \end{cases} \tag{2-139}$$

于是应力方程改写为

$$\sigma_{\alpha'\beta'} - \sigma^{\mathrm{s}}_{\alpha'\beta'} = \mu n \langle \boldsymbol{\alpha}'^{\mathrm{T}} \cdot \boldsymbol{B} \cdot \boldsymbol{\beta}' \rangle + nkT\delta_{\alpha'\beta'} \qquad (\boldsymbol{\alpha}', \boldsymbol{\beta}' = \boldsymbol{x}', \boldsymbol{y}', \boldsymbol{z}') \tag{2-140}$$

这是一个求和形式的结果，其意义是高分子稀溶液的黏弹性取决于分子链与溶剂的黏性相互作用、分子链中各链段间的弹性相互作用及链段的微布朗运动。分子链总体对溶液黏弹性的贡献可归结为各链段（各种运动模式）贡献的一个级数和，各链段的运动模式分别具有特征的松弛时间，组成一个离散的松弛时间谱。由此决定了溶液的黏弹性。

按照 Rouse 的计算，各运动模式的松弛时间 λ_p 为

$$\lambda_p = \frac{6(\eta_0 - \eta_{\mathrm{s}})M}{\pi^2 p^2 cRT} = \frac{6(\eta_0 - \eta_{\mathrm{s}})}{\pi^2 p^2 nkT} \qquad (p = 1, 2, \cdots, N) \tag{2-141}$$

式中，η_0 为溶液的零剪切黏度；η_{s} 为溶剂黏度；M 为相对分子质量；c 为质量浓度（$\mathrm{g \cdot mL^{-1}}$）；n 为数量浓度（$\mathrm{mL^{-1}}$）；$R = 8.314\mathrm{J \cdot mol^{-1} \cdot K^{-1}}$；$k = 1.381 \times 10^{-23}\mathrm{J \cdot K^{-1}}$。

可以证明，该松弛时间也可记为

$$\lambda_p = \left(\frac{\zeta\langle h^2\rangle}{6kT}\right) \cdot \frac{1}{\nu_p} \qquad (p = 1, 2, \cdots, N) \tag{2-142}$$

式中，ζ 为小球与溶剂之间的摩擦系数，$\langle h^2 \rangle = Nb^2$ 为分子链均方末端距。

2. Rouse 松弛时间的意义

由于单个小球与溶剂的摩擦系数为 ζ，整个分子链与溶剂的摩擦系数 ζ_N 等于

$$\zeta_N = N \cdot \zeta \tag{2-143}$$

代入式(2-112)得到分子链的扩散系数 D_N 等于

$$D_N = kT/\zeta_N = kT/(N \cdot \zeta) \tag{2-144}$$

这样根据式(2-113)，分子链扩散的距离与其自身尺寸 $\langle h^2 \rangle = Nb^2$ 相等所需的时间 λ_N 等于

$$\lambda_N \propto \frac{\langle h^2 \rangle}{D_N} = \frac{\zeta \cdot b^2}{kT} N^2 \tag{2-145}$$

λ_N 称 Rouse 松弛时间。同样根据式(2-113)，单个小球扩散与其自身尺寸 b 相等距离所需的时间记为 λ_0，等于

$$\lambda_0 \propto \frac{b^2 \zeta}{kT} \tag{2-146}$$

该式的物理意义与式(2-142)等价。Rouse 松弛时间可记为

$$\lambda_N \propto \lambda_0 \cdot N^2 \tag{2-147}$$

按式(2-114)，$\zeta \propto \eta_s \cdot b$，代入式(2-145)、式(2-146)得

$$\lambda_N \propto \frac{\eta_s \cdot b^3}{kT} N^2 \tag{2-148}$$

$$\lambda_0 \propto \frac{\eta_s \cdot b^3}{kT} \tag{2-149}$$

考察 λ_0、λ_N 的物理意义。λ_0 是单个小球扩散与其自身尺寸 b 相等距离所需的时间，因此若在小于 λ_0 的时间尺度进行测量，不能发现小球(链段)和整链的明显运动，分子链表现出弹性响应。λ_N 是分子整链扩散与其自身尺寸 $\langle h^2 \rangle$ 相等距离所需的时间，因此若测量时间大于 λ_N，将看到整链的扩散运动，分子链与溶剂摩擦表现出黏性响应。而在中等时间尺度($\lambda_0 < t < \lambda_N$)观察，将有链段运动而整链不动，液体表现出黏弹性响应。

2.5.4　Rouse-Zimm 模型的显式本构方程

由 Rouse-Zimm 模型进一步导出适合于高分子稀溶液的显式本构方程的工作，由 Lodge -Wu 在 1971 年完成。所导出的本构方程形式为

$$\boldsymbol{T} = -p\boldsymbol{I} + 2\eta_s \boldsymbol{d} + \boldsymbol{\sigma}_{\text{polym}} \tag{2-150}$$

式中，$\boldsymbol{T}$ 为总应力张量；等号右边第一项为各向同性压力($-p$)对应力张量 $\boldsymbol{T}$ 的贡献，$\boldsymbol{I}$ 为单位张量；第二项是溶剂(黏度为 η_s)对应力张量的贡献，只有第三项 $\boldsymbol{\sigma}_{\text{polym}}$ 才是在溶剂中加入聚合物后引起的附加应力——偏应力张量。

根据前面的分析，该偏应力张量应为分子链各运动模式贡献之和，记为

$$\boldsymbol{\sigma}_{\text{polym}} = \sum_{p=1}^{N} \boldsymbol{\sigma}_p \tag{2-151}$$

Lodge-Wu 得出，其中每一运动模式的应力贡献 $\boldsymbol{\sigma}_p$ 满足如下微分型本构方程：

$$\boldsymbol{\sigma}_p + \lambda_p \frac{\delta}{\delta t}\boldsymbol{\sigma}_p = nkT\boldsymbol{I} \tag{2-152}$$

式中，λ_p 为松弛时间，由式(2-141)给出；n 为单位体积内的分子链数目(数量浓度)；等号左边的微商等于

$$\frac{\delta}{\delta t}\boldsymbol{\sigma}_p = \frac{D}{Dt}\boldsymbol{\sigma}_p - (\nabla \boldsymbol{v})^{\mathrm{T}} \cdot \boldsymbol{\sigma}_p - \boldsymbol{\sigma}_p \cdot \nabla \boldsymbol{v} \tag{2-153}$$

为偏应力张量 $\boldsymbol{\sigma}_p$ 的逆变随流微商。式(2-153)等号右边第 1 项为 $\boldsymbol{\sigma}_p$ 的物质微商，$\boldsymbol{v}$ 为速度矢量，∇为 Hamilton 算符。

与上述微分型本构方程等价的积分型本构方程为

$$\boldsymbol{\sigma}_p(\boldsymbol{x},t) = \int_{-\infty}^{t} m_p(t-t')[\boldsymbol{C}^{-1}(\boldsymbol{x},t,t') - \boldsymbol{I}]\mathrm{d}t' \tag{2-154}$$

式中，$m_p(t-t')$ 为记忆函数，形式为

$$m_p(t-t') = \frac{nkT}{\lambda_p}\mathrm{e}^{-\frac{t-t'}{\lambda_p}} \tag{2-155}$$

$\boldsymbol{C}^{-1}(\boldsymbol{x},t,t')$ 为 Finger 形变张量。以上若干物理量的定义参看作者的另一著作《高分子材料流变学》。

将上述本构方程分别应用于动态或稳态剪切流场(动态流场的振荡频率为 ω，稳态剪切流场的剪切速率为 $\dot{\gamma}$)，可得到高分子稀溶液流变函数形式如下：

动态剪切模量 $G'(\omega)$、$G''(\omega)$ 和动态黏度 $\eta'(\omega)$：

$$\eta'(\omega) = \frac{G''(\omega)}{\omega} = \eta_{\mathrm{s}} + nkT\sum_{p=1}^{N}\frac{\lambda_p}{1+\omega^2\lambda_p^2} \tag{2-156}$$

$$\eta''(\omega) = \frac{G'(\omega)}{\omega} = nkT\sum_{p=1}^{N}\frac{\omega\lambda_p^2}{1+\omega^2\lambda_p^2} \tag{2-157}$$

稳态剪切黏度 η 及第一、第二法向应力差系数 ψ_1、ψ_2：

$$\eta = \eta_{\mathrm{s}} + nkT\sum_{p=1}^{N}\lambda_p \tag{2-158}$$

$$\psi_1 = 2nkT\sum_{p=1}^{N}\lambda_p^2 \tag{2-159}$$

$$\psi_2 = 0 \tag{2-160}$$

该结果给出高分子稀溶液的动态黏度 $\eta'(\omega)$ 随频率 ω 单调下降，与实验事实一致。稳态剪切黏度由两部分组成：一是溶剂的贡献 η_{s}；二是分子链的贡献，后者与溶液浓度，分子链长度，松弛时间谱，分子链构象，分子链与溶剂相互作用及温度等因素有关。第一法向应力差系数 $\psi_1 \neq 0$，表明了高分子稀溶液具有弹性，为弹

性液体,因此模型描述了高分子稀溶液的黏弹性。而第二法向应力差系数 $\psi_2=0$ 比较符合实验结果,因为稀溶液的第二法向应力差的绝对值很小。但是模型得到的稳态剪切黏度和法向应力差系数均为常数与实验结果不符。实验事实是,即使高分子稀溶液,高剪切速率下也存在“剪切变稀”现象。Rouse 模型不能说明溶液黏度的剪切速率依赖性,反映了经典 Rouse 模型的局限性。后人在 Rouse 模型基础上对理论进行了各种修正和改进,取得很好的描述高分子稀溶液甚至亚浓溶液非线性黏弹性的结果,见《高分子材料流变学》一书。

2.5.5　流体动力学相互作用和 Zimm 修正

与 Kirkwood 和 Riseman 对 Debye 理论进行修正相似,Zimm 在 Rouse 理论中也引进了流体动力学相互作用,认为由于分子链的存在,任一个 j 号小球处的溶剂速度 v_{xj} 与小球不存在时的速度 v_{xj}^0 不相同,它受到来自 k 号小球的干扰。设 k 号小球处有摩擦作用力 f_k,它对 j 号小球处溶剂速度的影响可通过一个 Oseen 张量来描写:

$$v_{\alpha j}=v_{\alpha j}^0+\sum_{\beta k}(T_{\alpha\beta}^0)_{jk}f_{\beta k}\qquad(\alpha,\beta=x,y,z)\tag{2-161}$$

注意:式中 j 、k 不是张量下标,它只标示出任意两个小球的位置;α、β 为张量下标;$T_{\alpha\beta}^0$ 为 Oseen 张量,它的 $\alpha\beta$ 分量记为

$$\begin{aligned}(T_{\alpha\beta}^0)_{jj}&=0\qquad\qquad(j=k)\\(T_{\alpha\beta}^0)_{jk}&=\frac{1}{8\pi\eta_sR_{jk}}\left[\delta_{\alpha\beta}+\frac{(\alpha_j-\alpha_k)(\beta_j-\beta_k)}{R_{jk}^2}\right]\qquad(j\neq k)\end{aligned}\tag{2-162}$$

式中,R_{jk} 为 j 、k 两小球之间的距离。

由此,j 小球受到的摩擦阻力变为

$$\begin{aligned}f_{\alpha j}&=\zeta(\dot{\alpha}_j-\nu_{\alpha j})\\&=\zeta(\dot{\alpha}_j-\nu_{\alpha j}^0)-\zeta\sum_{\beta k}(T_{\alpha\beta}^0)_{jk}f_{\beta k}\end{aligned}\tag{2-163}$$

而后的处理方法及所得的材料函数形式均与 Rouse 理论相同,但与 Rouse 张量的本征值及松弛时间不同,后者均依赖于流体动力学相互作用参数 h[式(2-123)]。当 $h=0$,即溶剂可以自由穿流分子链时,Oseen 张量 $\boldsymbol{T}^0=0$,返回到 Rouse 讨论的情形。当 $h\to\infty$,溶剂完全不能穿过分子链,称此情况为 Zimm 情形。Rouse 情形相当于忽略流体力学相互作用力,小球仅通过连接的弹簧相互作用,该情形对于讨论极浓溶液和熔体是合理的。在稀溶液中,分子链上各单元间的流体力学相互作用相当强,在扩张体积内,单元与溶剂的流体力学相互作用也很强。当分子链运动时,它实际上拖带着扩张体积内的溶剂一起流动,因此用 Zimm 模型描述更佳。Rouse 情形($h=0$)和 Zimm 情形($h\to\infty$)是两种极端的情形,更多情形是 $0<h<\infty$,即分子链运动时溶剂能够部分穿过,但不能完全自由地穿过分子链。

在 Zimm 情形下，分子链像一个旋转半径为 $\langle R\rangle \propto N^{1/2}b$ 的实心球在黏度为 η_s 的溶剂中做扩散运动，按 Stokes 定律[式(2-114)]，摩擦系数为

$$\zeta_Z \propto \eta_s \langle R\rangle \tag{2-164}$$

代入式(2-112)得到扩散系数 D_Z：

$$D_Z = kT/\zeta_Z \propto \frac{kT}{\eta_s \langle R\rangle} \propto \frac{kT}{\eta_s b N^{1/2}} \tag{2-165}$$

该公式称稀溶液中分子链球的 Einstein-Stokes 公式。根据式(2-113)，分子链球扩散的距离与其自身尺寸 $\langle R\rangle \propto N^{1/2}b$ 相等所需的时间 λ_Z：

$$\lambda_Z \propto \frac{\langle R\rangle^2}{D_Z} \propto \frac{\eta_s}{kT}\langle R\rangle^3 = \frac{\eta_s \cdot b^3}{kT}N^{3/2} \propto \lambda_0 N^{3/2} \tag{2-166}$$

式中，λ_Z 为 Zimm 松弛时间，可以看到 λ_Z 与链的扩张体积成正比。与 Rouse 松弛时间 λ_N [式(2-147)]比较，稀溶液中的 Zimm 松弛时间更短些，说明在 Zimm 情形中分子链运动的摩擦阻力较小，运动得更快些。

两种情形下，溶液的动态流变函数有所不同，特别在高频区域内，见图 2-41。Rouse 情形时，$G' \sim \omega$，$G'' \sim \omega$ 曲线在高频区合二为一，斜率为 1/2。Zimm 情形时，高频区两条曲线发展成平行线，斜率为 2/3。松弛谱也有类似的变化。这是两种极限情况。在一般情形下，$0 < h < \infty$，所以经过流体动力学修正后，Zimm 理论比 Rouse 理论有更大的自由度去很好地符合聚合物稀溶液流变行为的实验数据。实验证实，当溶液浓度增加时，溶液的黏弹行为将由 Zimm 行为转化为 Rouse 行为。随着高分子材料相对分子质量的增高，也会发生由 Zimm 情形向 Rouse 情形的转化，参见图 3-38。

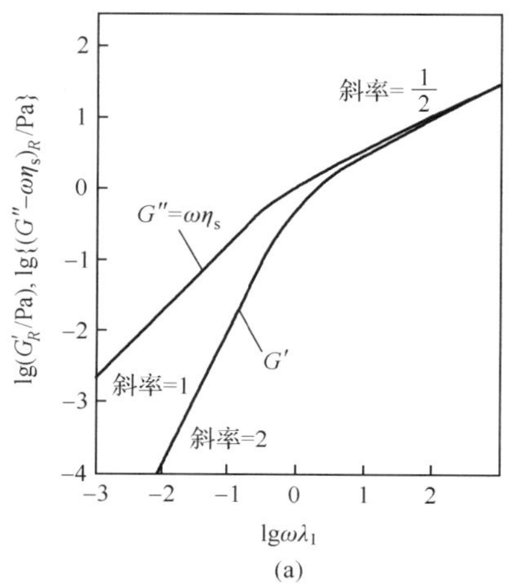

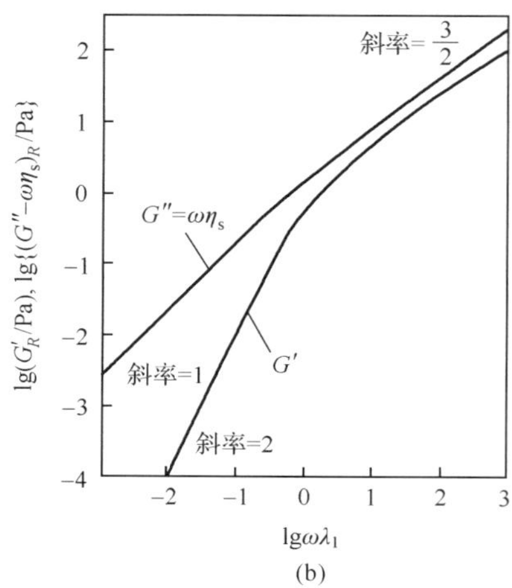

图 2-41　$\lg G'_R$ 和 $\lg(G''-\omega\eta_s)_R$ 随 $\lg\omega\lambda_1$ 的变化

(a) Rouse 情形($h=0$)；(b) Zimm 情形($h\to\infty$)

物理量符号一览表

a	持续长度(persistence length),扩张因子
$\boldsymbol{A}$	Rouse 张量
b	Kuhn 单元长度
c	质量浓度($g \cdot mL^{-1}$)
c_e	缠结浓度
c_s	动态接触浓度
c^*	接触浓度,又称临界交叠浓度
c^{**}	浓溶液与极浓溶液的分界浓度,全 Gauss 链浓度
C_n	Flory 特征比
C_∞	极限特征比
$\boldsymbol{C}^{-1}$	Finger 形变张量
d	Euclid 维数
d_f	分形维数,Hausdorff 维数
d_T	拓扑维数
$\boldsymbol{d}$	形变率张量
D	扩散系数
E_0	外电场
ΔE	内旋转势垒,内旋转活化能
$f(r)$	Mayer f-函数
f	力,摩擦力
F	Helmholtz 自由能
g	链段中的结构单元数
$g(r)$	对偶关联函数
$g_D(r)$	Debye 函数
$g(\boldsymbol{q})$	散射函数
G	Gibbs 自由能
$G'(\omega)$,$G''(\omega)$	动态剪切模量
h	分子链末端距,流体动力学相互作用参数
h_0	无扰链的尺寸(末端距)
$\langle h^2 \rangle$	分子链均方末端距
$\langle h_e^2 \rangle$	等效自由连接链的均方末端距
$\langle h_{f,j}^2 \rangle$	自由连接链的均方末端距
$\langle h_{f,r}^2 \rangle$	自由旋转链的均方末端距
$\langle h_w^2 \rangle$	蠕虫状分子链的均方末端距
$\langle h_\theta^2 \rangle$	分子链在 Θ 状态的无扰尺寸
H	热焓

$\boldsymbol{I}$	单位张量
k	Bolzmann 常量
l	化学键的键长
L_{max}	分子链最大伸展长度，轮廓长度
m	每单键的稳定构象数
$m_p(t-t')$	记忆函数
M	相对分子质量
$\langle(\Delta M)^2\rangle^{1/2}$	涨落
n	一条分子链的化学键数目
N	一条分子链的 Kuhn 单元数
N_A	阿伏伽德罗常量
$\boldsymbol{p}_i$	单偶极矩
$\boldsymbol{p}_V$	总偶极矩
$\boldsymbol{q}$	散射波矢
R	分子链旋转半径，均方根旋转半径
R_0	无扰链的尺寸(旋转半径)
R_F	Flory 尺寸，良溶液(稀)中真实链的尺寸
R_h	流体力学半径
$\langle R^2\rangle$	分子链均方旋转半径
$\langle R_w^2\rangle$	蠕虫状分子链均方旋转半径
S	熵
T	绝对温度
$\boldsymbol{T}$	应力张量
$T_{\alpha\beta}^0$	Oseen 张量
u	排除体积
U	内能
$U(r)$	相互作用能
ΔU	内旋转势能差
v_0	结构单元占有体积
V	分子链的扩张体积
w	三元相互作用参数
$W(h)$	分子链末端距按 h 长度分布的概率密度函数
$W(x, y, z)$	分子链末端距分布概率密度函数
α	键角
$\dot{\gamma}$	剪切速率
ζ	摩擦系数
η	剪切黏度
η_0	零剪切黏度
η_s	溶剂黏度
$\eta'(\omega)$	动态黏度函数

$[\eta]$	特性黏数
θ	键角的补角，$\theta=\pi-\alpha$
θ	散射角
λ	松弛时间，波长
λ_0	小球扩散时间
λ_N	Rouse 链扩散时间，Rouse 松弛时间
λ_p	Rouse 模型的松弛时间
λ_Z	Zimm 松弛时间
μ	链段的弹性系数
ν	标度指数
ξ	Gauss 链段尺寸，长程关联长度
ξ_T	热关联长度，热链段尺寸
ρ	密度
σ_{xy}	剪切应力分量
$\boldsymbol{\sigma}_{polym}$	偏应力张量
σ_p	分子链运动模式的应力贡献
ϕ^*	接触体积分数
ψ_1,ψ_2	第一、第二法向应力差系数
ω	动态流场的振荡频率
Ω	分子链总的稳定构象数
∇	Hamilton 算符

参考文献

[1] de Gennes P E. Scaling Concepts in Polymer Physics. New York: Cornell University Press, 1985; 中译本，高分子物理学中的标度概念. 吴大诚，刘杰，朱谱新，等译. 北京：化学工业出版社，2002
[2] Rubinstein M, Colby R H. Polymer Physics. Oxford: Oxford University Press, 2003; 中译本，高分子物理. 励杭泉译. 北京：化学工业出版社，2007
[3] Flory P J. Principles of Polymer Chemistry. Ithaca, New York: Connell University Press, 1971
[4] Birshtein T, Ptitsyn O. Conformations of Macromolecules. New York: John Wiley & Sons, 1996
[5] van Krevelen D W. Properties of Polymer. 3rd ed. Amsterdam: Elsevier Scientific, 1990
[6] Wundelich B. Macromol Physics, Crystal Nucleation, Growth, Annealing. New York: Academic Press, 1976
[7] 吴其晔，张萍，杨文君，等. 高分子物理学. 北京：高等教育出版社，2011
[8] 吴其晔，巫静安. 高分子材料流变学. 北京：高等教育出版社，2002
[9] 许元泽. 高分子结构流变学. 成都：四川教育出版社，1988
[10] 何曼君，陈维孝，章西佚. 高分子物理. 上海：复旦大学出版社，2002
[11] Qian R, Shen J, Bei N, et al. Morphological observation of single chain glassy polystyrene by means of tapping mode AFM. Macromol Chem Phys, 1996, 197: 2165
[12] Wu C, Chan K, Woo K, et al. Characterization of pauci-chain polystyrene micro latex particles prepared by chemical initiator. Macromolecules, 1995, 28: 1592

[13] Qian R, Wu L, Shen D, et al. Single-chain polystyrene glasses. Macromolecules, 1993, 26: 2950

[14] 钱人元，曹锑，陈尚贤，等. 用分子间激基缔合物荧光研究聚苯乙烯良溶剂溶液——从稀区到亚浓区和浓区的转变. 中国科学(B辑), 1983, 12: 1080

[15] 钱人元. 高分子单链凝聚态与线团相互穿透的多链聚集态. 高分子通报, 2000, (2): 1

[16] 钱人元，吴立衡. 柔性链高聚物的单分子链玻璃体和单晶. 化学进展, 1996, 8(3): 177-187

[17] 杨小震. 分子模拟法研究高分子链的结构与运动. 见：杨玉良，胡汉杰. 跨世纪的高分子科学，高分子物理. 北京：化学工业出版社, 2001

[18] 卜海山. 单链单晶. 见：江明，府寿宽. 高分子科学的近代论题. 上海：复旦大学出版社, 1998

[19] 卜海山. 高分子结晶理论. 见：Progress in Polymer Physics-Symposium of 99' International Workshop on Polymer Physics. 上海：复旦大学, 1999: 13-29

[20] Bu H, Shi S, Chen E, et al. Morphology of single chain single crystal of poly(ethylene Oxide) macromol. Rapid Commun, 1995, 16(1): 77

[21] Bu H, Pang Y W, Song D D, et al. Single molecule single crystal. J Polym Sci B: Polym Phys, 1991, 29: 139

[22] Bu H, Chen E, Yao J, et al. Scanning tunneling microscopy studies of single-molecule single crystals. Polymer Engineering and Science, 1992, 32 (17): 1209

[23] Bu H, Chen E, Xu S, et al. Single molecule single crystals of isotactic polystyrene. J Polym Sci B: Polym Phys, 1994, 32: 1351

[24] Wu Q. Light-scattering evidence of a "Critical Concentration" for polymer coil shrinking. J Polym Sci B: Polym Phys, 1994, 32: 1503

[25] 高均，吴奇，金熹高，等. 激光光散射表征寡链聚苯乙烯微胶乳粒子的方法. 化学通报, 1996, 8: 53

[26] Su F, Liu L, Zhou E, et al. High resolution electron microscopy study of single chain single crystal of GP. Polymer, 1998, 39(21): 5053-5057

[27] 施松华，曹杰，陈尔强，等. 聚环氧乙烷单链单晶的制备和形态. 自然科学进展, 1996, 6(3): 303

[28] 李宏斌，刘冰冰，张希，等. 聚丙烯酸的单分子应力-应变行为. 高分子学报, 1998, 4: 444

[29] 肖源，周丽玲，吴其晔，等. 高反式聚异戊二烯(TPI)单链或寡链晶体形貌. 青岛化工学院学报, 2002, 23(1): 10-14

[30] 熊忠，周丽玲，吴其晔，等. PE 单链寡链微晶粒子的制备与形貌. 青岛科技大学学报, 2003, 24(5): 426-430

[31] Wu Q Y, Schuemmer P. Prediction of the non-linear rheological properties of polymer solutions by means of the Rouse-Zimm model with slippage. Rheol Acta, 1990, 29: 23-30

[32] 吴其晔. 采用带滑动函数的 Rouse-Zimm 模型说明某些中等稀聚合物溶液的非线性黏弹性. 高分子学报, 1989, (2): 200-207

第 3 章　高分子浓厚体系和多链凝聚态

3.1　大分子链的溶致凝聚过程

绪论中指出，研究高分子凝聚态性质首先遇到的一个问题是：大量单分子链究竟是如何聚集和结合在一起形成丰富多彩的凝聚态的。

要阐明这个问题，首先看小分子是如何从气态聚集成液态和固态（晶态）的。按照热力学理论，在恒压条件下一个物质系统的 Gibbs 自由能等于

$$G = H - TS \tag{3-1}$$

式中，H 为系统的热焓，主要反映系统内能 U 的大小；S 为系统的熵，主要反映系统内微观粒子的混乱程度。物质体系从气态凝聚成液态和固态是一个自由能降低的过程。由公式知要降低自由能有两条途径：一是降低体系内能；二是增大体系的熵。

绪论中指出，小分子的凝聚，或者说小分子物质从气态向液态和固态的转变主要是通过降低体系内能实现的。已知气体中大量分子做无规则热运动，内能高。通过降温和（或）压缩体积，释放大量潜能，分子或原子相互接近。当接近到分子力或原子力（引力）起作用的范围，原子或分子通过化学键或范德华力结合在一起时，凝聚成液体或固体，参见图 1-2。此时分子、原子的平动能被约束，只有在平衡位置附近振动的能量。液体与固体的差别在于固体（晶体）具有三维长程有序结构，而液体的内能较高，可自由流动，具有短程有序的特点。液体像固体一样有确定的体积，大量分子密集在一起，分子间平均距离与固体比仅改变 3%左右，热运动形式和相互作用力的数量级则与固体相仿。

大分子链的凝聚过程同样遵循 Gibbs 自由能原理。但由于大分子独特的结构特点：相对分子质量巨大，分子链具有巨大的长径比和不同柔顺性，构象熵很高，分子间存在次价键作用，高分子晶体属于分子晶体，因此凝聚过程具有鲜明的特点。

（1）聚合物无气态，只有固态和液态，因此它不存在从气态向液、固态冷致凝聚（cooling condensation）的过程。研究大分子的凝聚从溶液考虑较为合适。聚合物溶液从稀溶液向浓溶液的转变过程，实际上就是分子链从孤立的单链状态向多分子链相互高度穿透、关联、缠结，大分子线团组合成凝聚体的过程，即溶致凝聚（lyotropic condensation）过程。因此，沿着从稀溶液到亚浓溶液，到浓溶液的路线

研究不同浓度溶液中大分子链的相互作用、构象变化、分子链聚集体的结构、性质差别和相互联系，应是研究分子链凝聚过程的恰当途径。

(2) 从内能角度考虑。大分子链相对分子质量巨大，不能做剧烈热运动，内能低。在凝聚过程中链与链之间的相互作用主要是次价键作用(交联、固化过程除外)，无论是形成无定形聚合物或结晶聚合物，链间相互作用均以次价键为主，键能远低于化学键能。在聚合物中，沿分子主链方向的共价键和分子链间的次价键并存是其凝聚态的主要特点之一，材料具有明显的各向异性。对于结晶聚合物而言，形成晶体的驱动力为次价键(范德华力或氢键)，属于分子晶体。熔融时只需供给次价键能量，因而熔点较低。对于无定形聚合物而言，长链大分子相互缠结，无论处于玻璃态、高弹态或黏流态，分子链间均以次价键作用为主。次价键具有累积效应，使其黏度增大，分子链相对运动困难。

(3) 从熵的角度考虑。大分子链化学结构复杂，长链分子具有柔顺性，构象熵巨大。大量分子链混合时，既有单链的构象熵变化，又有大量分子链的混合熵变化。在大分子凝聚和聚合物相变过程中，熵变与内能变化相互竞争，许多情形下熵变的贡献突出，常超过内能的贡献，发生所谓“熵致相变”，使材料具有软物质特征。熵变的形式有多种。一是阶跃式突变，由此引发体系对称性改变，发生熵致热力学相变，如大分子溶致液晶形成过程中，熵变与内能竞争占上风，体系由各向同性液相到向列相液晶的转变属于熵致一级相变，参看图 4-5 和 4.3.2 节。另一种是渐变式熵变，熵变会引起力学性能(力学状态)变化，但未引发相变，如高弹态分子链拉伸取向时构象熵降低，发生熵弹性，但取向态并非热力学稳定态。

在大分子结晶时体系的内能和熵均发生变化。首先无规线团的热运动能量较大，只有降低温度(过冷度)，放出相变潜热，减少内能，才能使分子链或链段规则排列和结晶。与此同时，分子链规则排列熵值减少，不利于自由能下降。焓变和熵变竞争，使大分子结晶过程变复杂，不仅有晶区和非晶区并存，也有多种晶型并存。但就结晶而言，内能变化占主导位置，因此大分子结晶是一种冷致凝聚过程，或称能致相变。大分子晶体不属于软物质。

(4) 动力学特征明显。除了从热力学角度讨论外，研究高分子凝聚态的形成及相变时，动力学因素的影响十分重要。热力学主要讨论始态和终态的关系，并不关心相态演变的过程和速度。实际上宏观的凝聚过程微观上是通过分子运动形式的转变实现的，描述这种转变需要引入时间尺度(时标)，这是动力学问题。小分子由于运动速度快，松弛时间短，动力学因素影响较弱。而大分子运动的特征时间长，凝聚过程慢，很多情况下大分子体系难以达到与环境相应的最终热力学稳定态，在较短时间内常先达到能量略高的亚稳定态，而且这种亚稳定态往往相当稳定，寿命长，因此研究大分子材料相变的动力学特征及丰富的亚稳定状态是非常重要和有趣的任务。

(5) 多体问题和复杂关联效应。高分子材料是凝聚态物质的一种，因此凝聚态物理中最重要的理论概念，如多体效应、对称破缺、序参量等，在高分子凝聚态物理中同样非常重要。然而高分子材料又是一类特殊的凝聚态物质——软凝聚态物质，它有自身特殊的性质和规律。例如，在从稀溶液向浓溶液转变的分子链溶致凝聚过程中，结构单元及分子整链之间发生复杂的关联效应，影响分子链构象和聚集形态的变化。这些关联包括因分子热运动和排除体积效应竞争而产生的热关联，也包括因远程屏蔽效应而产生的长程关联效应。de Gennes 将高分子浓厚体系视为具有长程关联的无序系统。由于这些关联，使分子链在不同浓度溶液和在不同尺度观察的构象状态不同。讨论这种变化，不能用平均场方法，取而代之是引入若干新概念(如自相似性、分形、逾渗、重征化、热关联长度、长程关联长度、串滴链模型等)和引入新方法(标度律方法)。新理论方法的出现不仅具有重大的科学意义，还带来哲学意义上的进步。它指出在高分子凝聚态物理中存在着一系列与化学结构无关的普适物理规律。普适的概念很重要，普适规律的发现使高分子物理学超出了经验总结和现象归纳的范畴，而融入经典物理学的理性科学框架之中。

由此可见，高分子凝聚态物理学的研究方法和理论范式与经典凝聚态物理学并不完全相同，总结和归纳高分子凝聚态物理学的理论范式是我们感兴趣的问题，在第 5 章 5.4 节将予以讨论。

第 2 章中我们介绍了单链的化学结构、构象和单链凝聚态，这是帮助理解大量分子链凝聚过程的基础。讨论大分子凝聚过程必须考虑其链式分子结构特点和软物质特性。长链分子的柔顺性是分子链相互穿透、聚集的结构保证，而柔顺性与单键内旋转及结构单元的相互作用有关。柔顺性越好，穿透能力越强，聚集的无规程度越高；分子链刚性大，穿透能力小，更倾向于规则排列形成分子晶体。根据结构单元与溶剂的相互作用，分子链在不同溶剂中具有不同的排除体积，影响到分子链的构象和聚集。从分形性看，分子链分形维数小于空间维数，说明扩张体积内空间十分疏松，为其他链的穿透提供了场所。从标度性看，长链分子具有若干与化学结构无关的标度规律，说明大分子凝聚过程有许多共性。

经多年研究，关于分子链的凝聚行为和规律已有很多清楚认识，如已经证实分子链在溶液中的形态尺寸随溶液浓度增大而减小。在稀(良)溶液中相互分离的单个溶胀线团的标度指数 $\nu=0.588$，分子链比较舒展；到极浓溶液分子链聚集后，变成 Gauss 线团，标度指数 $\nu=0.5$，尺寸变小。在浓溶液范围，已经求出分子链均方旋转半径与浓度 c 的关系为 $\langle R^2(c)\rangle \propto N \cdot c^{-1/4}$，表明浓度越高分子链尺寸越小。

关于熔体中分子链的聚集形式早年曾提出两种模型：一是穿透模型；二是分凝

模型，见图 3-1。Flory 最早认识到极浓体系中分子链应处于高度相互穿透状态，而不是分凝状态。每个分子链均取 Gauss 链构象。这一天才预见而后在无定形固体聚合物中用中子散射技术得以证明。实验将少量氘代聚苯乙烯混在普通聚苯乙烯中得到固态稀“溶液”。由于氘核与氢核的中子散射反差很大，中子散射实验数据可用稀溶液散射的方法处理。结果表明，非晶态聚苯乙烯固体中高分子链的均方旋转半径与在 Θ 溶剂中的均方旋转半径相同，处于 Gauss 线团状态。散射函数也与 Debye 的 Gauss 链理论式相符。

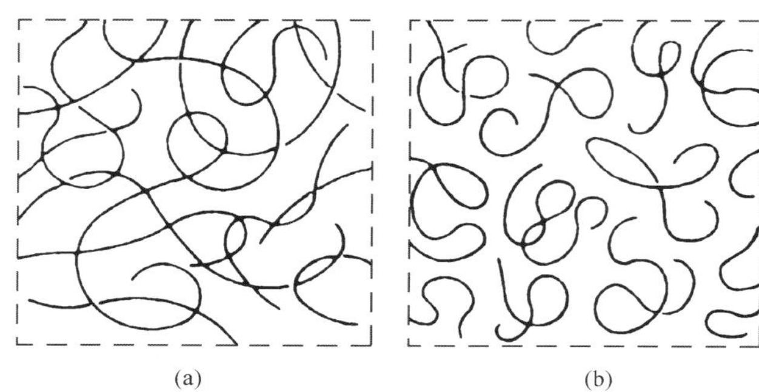

图 3-1　熔体中分子链的聚集模型

(a)穿透模型；(b)分凝模型

尽管如此，大分子凝聚过程中至今仍有许多问题并不完全清楚。一些原本孤立的分子链线团究竟是如何变成相互高度穿透的 Gauss 链的，或者说高分子链线团相互穿透过程的本质人们了解得并不透彻。此过程发生的驱动力也不十分清楚。穿透过程进行的速率，无论从线团扩散的速率或从线团弛豫时间的尺度来看是很快的，这一切尚需进一步探索、研究。

举例来说，由稀溶液制备的聚乙烯($M=4.0\times10^5$)单层单晶，用中子小角散射追踪其在熔点以上分子链线团尺寸的变化。发现在单晶中线团旋转半径 $R<10$nm，而在 145℃时(比 PE 的 T_g 高约 250℃)，4s 内就变成 $R\sim31$nm 的 Gauss 线团。稀溶液中得到的单晶，分子链穿透程度低，单晶由一根或少数几根链密集折叠形成，因此尺寸小。加热升温熔融后，试样变成分子链相互穿透的多链凝聚态，分子链尺寸增大，分子链质心在 4s 内移动约 20nm 的距离。熔融状态下分子链相互穿透进行得如此之快，是始料未及的。

同样的结果也出现在全同聚苯乙烯(i-PS)单链微粒的熔融过程中。由极稀溶液深度冷冻干燥得到的 i-PS($M=6.0\times10^5$)单链微粒，升温到 246℃时(高于 PS 的 T_g 约为 146℃)，15min 内变成分子链相互穿透的 Gauss 线团，分子链质心移动的距离也达 20nm。

关于大分子链线团相互穿透的本质目前了解得还很少。一个重要的结论是，分子链只有在流动状态时(溶液或熔体)，才会在实验观察的时间尺度内看到分子链的相互穿透。因此通过研究溶液性质的变化来研究大分子链的凝聚过程是合适的。本章将延续第 2 章的内容，按照从稀溶液到亚浓溶液到浓溶液(包括极浓溶液、熔体)的次序讨论分子链溶致凝聚过程的规律和特点。

3.2　高分子亚浓溶液

第 2 章中指出，高分子稀溶液之所以称为“稀”，是由于大分子链线团(包括扩张体积)彼此分离，相互之间无交叠，如同分散在溶剂中被溶剂化的“链段云”。链段在溶液中的分布很不均匀[图 2-26(a)]。当浓度增大，“链段云”彼此靠近，浓度增大到一定程度后，“链段云”相互接触[图 2-26(b)]。继之，大分子链开始相互穿插交叠，使溶液中链段的分布渐趋均匀，从单链状态转变到多链凝聚态[图 2-26(c)]。浓度大于接触浓度 c^* 而小于缠结浓度 c_e 的溶液称为亚浓溶液(semidilute solution)。

多链聚集体与单链体系比较，或者说高分子浓溶液与稀溶液比较，性质有很大差别。其中最重要的差别是稀溶液的性质有相对分子质量依赖性，测量相对分子质量都是在稀溶液进行的。而浓厚体系由于分子链聚集和缠结，单根分子链的作用已不明显，体系性质更多地依赖溶液浓度(一种平均性质)而非相对分子质量。从研究观点和方法来看，处理单链分子和多链聚集体也有本质性差别。与孤立分子链比较，由大量分子链聚集而成的高分子本体或熔体虽然体系复杂，但研究观点和方法相对来说却较简单。原因在于从整体看每个单体所处的环境差不多相同，整条链经历一个平均场，可以用发展完善的平均场方法处理。所谓平均场方法，是在复杂多链体系中任意指定一条链，而其他链组成一个整体形成一个统一的平均场，指定链与统一平均场发生作用，该作用可用一个积分形式表示。但是在稀溶液中，由于单体密度在溶液空间分布不均匀，即使在一条链内部也不均匀，因此就不能用一个平均值来替代随空间变化的相互作用能密度，平均场方法本质上是不适用的。Flory 稀溶液理论(属于平均场方法)之所以得到较好的结果可以说是一种巧合，在 2.3.2 节中已作介绍。这一矛盾后来由 des Cloizeaux 和 de Gennes 用标度理论加以解决。

第 2 章中曾介绍用标度方法处理稀溶液的情形，得到很好的结果。本章将把标度方法推广到分子链相互穿透的溶液——亚浓溶液、浓溶液、极浓溶液范围。亚浓溶液处于分子链开始凝聚的初始阶段，具有许多奇特性质，关于它的研究已成为高分子溶液和高分子凝聚态研究的重要内容。在浓溶液范围，体系表现出更强烈的非线性性质，采用标度方法可以深刻探究其规律和本质。

3.2.1 亚浓溶液的渗透压

1. 稀溶液的渗透压

讨论高分子溶液性质时，渗透压(osmotic pressure)具有特殊的代表性，它与温度和溶液浓度相关。测量稀溶液的渗透压是测量大分子数均相对分子质量的重要实验方法(图 3-2)。本节先讨论高分子稀溶液的渗透压，然后扩展到亚浓溶液。

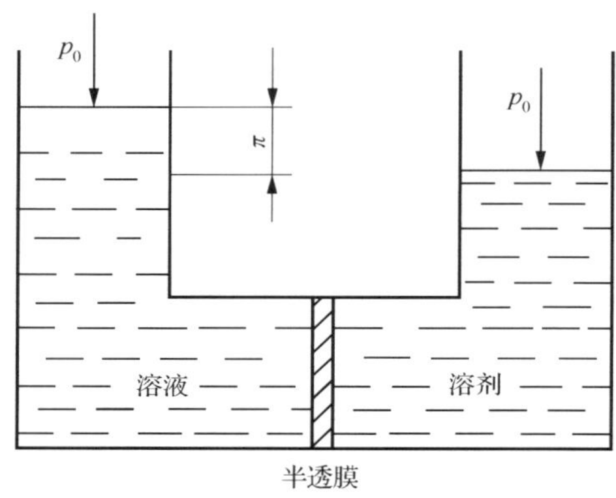

图 3-2 渗透压法测相对分子质量原理示意图

按照 Flory-Huggins 稀溶液理论，稀溶液的渗透压 π 在浓度极稀时($c\to 0$)符合 van't Hoff 方程：

$$\lim_{c\to 0}\frac{\pi}{c}=kT\frac{N_A}{M}=\frac{RT}{M} \tag{3-2}$$

据此可求大分子的相对分子质量 M。式中，$R=kN_A\approx 8.314\text{J}\cdot\text{mol}^{-1}\cdot\text{K}^{-1}$，为摩尔气体常量，注意与分子链旋转半径 R 的区别。本书中凡与温度 T 同时出现的 $R(RT)$ 均指摩尔气体常量，其余的 R 多指分子链尺寸，或另加说明。

浓度 c 增大后渗透压偏离直线规律，此时可用一种按浓度的指数序列展开的方法处理，即位力展开(virial expand)，渗透压公式变为

$$\frac{\pi}{c}=RT\left(\frac{1}{M}+A_2c+A_3c^2+\cdots\right) \tag{3-3}$$

式中，A_2、A_3 分别为第 2、第 3 位力(Virial)系数，它们分别表示高分子稀溶液与理想溶液的偏差。若溶剂为良溶剂，分子链相互排斥，渗透压升高，$A_2>0$。若溶剂为不良溶剂，分子链相互吸引，渗透压下降，$A_2<0$。分子链间的吸引非常强烈时会导致发生相分离(沉淀)。

稀溶液渗透压还有其他表示方式。根据溶剂的化学位 μ_1，求得渗透压的计算

公式为

$$\frac{\pi}{c}=-\frac{\Delta\mu_1}{c\widetilde{V}_1}=RT\left(\frac{1}{M}+\left(\frac{1}{2}-\chi_{12}\right)\frac{c}{\widetilde{V}_1\rho_2^2}+\frac{c^2}{3}\left(\frac{1}{\widetilde{V}_1\rho_2^3}\right)+\cdots\right) \quad (3\text{-}4)$$

式中，ρ_2 为聚合物密度；$\widetilde{V}_1$ 为溶剂摩尔体积；χ_{12} 为高分子-溶剂相互作用参数。对比式(3-3)和式(3-4)得知第 2、第 3 位力系数分别等于

$$A_2=\left(\frac{1}{2}-\chi_{12}\right)\frac{1}{\widetilde{V}_1\rho_2^2} \quad (3\text{-}5)$$

$$A_3=\frac{1}{3}\left(\frac{1}{\widetilde{V}_1\rho_2^3}\right) \quad (3\text{-}6)$$

若高分子-溶剂相互作用参数 $\chi_{12}<1/2$，$A_2>0$，溶剂为良溶剂。若 $\chi_{12}>1/2$，$A_2<0$，溶剂为不良溶剂。$\chi_{12}=1/2$，$A_2=0$，大分子处于自由伸展的无扰状态，称为 Θ 状态，溶液性质近似符合理想溶液的性质。A_3 是与三体相互作用相关的系数。

Flory- Krigbaum 对稀溶液理论做了进一步发展，分别考虑了分子链的排除体积、结构单元分布的不均匀性和单元-溶剂分子相互作用产生的影响，提出如下新的假定。

(1) 被溶剂化的大分子，如“云团”，彼此远离地分散于溶液中，使结构单元在溶液中呈非均匀分布[图 2-26(a)]。

(2) “大分子云”内部单元分布也不均匀。以质心为中心，假定结构单元的径向分布符合 Gauss 分布。

(3) 溶液中每个大分子都有一定的排除体积 u，一个大分子不能进入另一大分子的排除体积内。$u\propto h^3$（此处 h 为均方根末端距，为分子链尺寸）。

Flory-Krigbaum 认为排除体积的大小与分子链相互接近时体系自由能变化有关，等于

$$u=2\psi_1\left(1-\frac{\theta}{T}\right)\frac{\bar{v}^2}{V_1}m^2F(X) \quad (3\text{-}7)$$

式中，$\bar{v}$ 为高分子偏微比容；V_1 为溶剂分子体积；m 为一个高分子的质量；ψ_1 为偏摩尔混合熵的一个系数；函数 $F(X)$ 为一个复杂函数。其中变量 X 与 Θ 温度、温度 T、相对分子质量及均方末端距相关，温度升高 X 增大，温度降低 X 变小，$T=\theta$ 时，$X=0$，此时 $F(X)=1$。

根据排除体积假定，Flory-Krigbaum 得到与排除体积 u 相关的溶液混合自由能的表达式。以非极性高分子稀溶液为例，设在体积为 V 的溶液中有 N_2 个大分子，每个大分子均视为体积为 u 的刚性球；通过计算 N_2 个体积为 u 的刚性球在体积为 V 的溶液中的排列方式，得到溶液的混合熵。因为非极性高分子溶解时热效应小，$\Delta H_{\mathrm{m}}\approx 0$，于是得到该溶液的混合自由能

$$\Delta G_{\mathrm{m}} = -T\Delta S_{\mathrm{m}} = -kT\left[N_2 \ln V - \frac{N_2^2}{2}\frac{u}{V} + \cdots\right] + \text{常数}$$

$$= -N_2 kT\left[\ln V - \left(\frac{N_2}{2}\right)\left(\frac{u}{V}\right) + \cdots\right] + \text{常数} \tag{3-8}$$

式中，方括号内第 1 项相应于理想溶液的解，第 2 项表示与理想溶液的一级偏离。该偏离与排除体积 u 有关，当排除体积很小($u \to 0$)或溶液很稀($V \to \infty$)时，第 2 项趋于零，溶液性质接近理想溶液性质。

根据混合自由能，由溶剂化学位的变化得到稀溶液渗透压公式为

$$\pi = -\frac{\Delta\mu_1}{\widetilde{V}_1} = -\frac{1}{\widetilde{V}_1}\frac{\partial \Delta G_{\mathrm{m}}}{\partial n_1} = -\frac{1}{\widetilde{V}_1}\frac{\partial \Delta G_{\mathrm{m}}}{\partial V}\frac{\partial V}{\partial n_1} = -\frac{\partial \Delta G_{\mathrm{m}}}{\partial V} \tag{3-9}$$

式中，n_1 为溶剂的物质的量。将式(3-8)代入式(3-9)，作求导计算，得到渗透压公式为

$$\pi = kT\left[\frac{N_2}{V} + \frac{u}{2}\left(\frac{N_2}{V}\right)^2\right] = RT\left[\frac{c}{M} + \frac{N_{\mathrm{A}}u}{2}\left(\frac{c}{M}\right)^2 + \cdots\right] \tag{3-10}$$

式中，M 为大分子相对分子质量；N_{A} 为 Avogadro 常量。对比式(3-3)得到第 2 位力系数 A_2

$$A_2 = \frac{N_{\mathrm{A}}u}{2M^2} \tag{3-11}$$

由于分子链排除体积 $u \propto h^3$，而良溶剂中 $h \propto M^{0.6}$，因此由式(3-11)得到第 2 位力系数 A_2 与相对分子质量 M 的关系为

$$A_2 \propto h^3 \cdot M^{-2} \propto M^{-1/5} > 0 \qquad \text{(良溶剂中)} \tag{3-12}$$

第 2 位力系数 A_2 本质上是描述高分子-溶剂相互作用的参数，$A_2>0$ 说明良溶剂中高分子-溶剂间的相互作用强。

由式(3-10)可知，当浓度很小($c \to 0$)，浓度远小于接触浓度 c^* 为稀溶液时，方括号中第 2 项可以忽略，分子链排除体积忽略不计，得到渗透压与浓度的一次方成比例，与 van't Hoff 方程[式(3-2)]一致。浓度增大后，渗透压与浓度的关系偏离线性关系，必须考虑排除体积的影响。

以上关于渗透压的讨论得到实验数据验证。图 3-3(a)给出不同相对分子质量的聚 α-甲基苯乙烯样品在二甲苯溶液中的渗透压随溶液浓度的变化曲线。图中给出以下有价值的信息：①浓度 $c \to 0$ 时，各样品的渗透压曲线均趋于定值，该值与相对分子质量 M 相关。M 小者渗透压高，M 大者渗透压低，因此在稀溶液中可通过渗透压来测量 M。②随着浓度增大，渗透压也增大，表明二甲苯是聚 α-甲基苯乙烯的良溶剂，溶剂与分子链单元间存在引力相互作用，第 2 位力系数大于零，排除体积 $u>0$。③浓度继续增高，各样品曲线趋于一致，合并成一条曲线。这表明浓度足够高时渗透压不再有相对分子质量依赖性，溶液已属于浓溶液范畴。在浓溶液中分子链相互缠绕，单链的性质不再重要，渗透压仅为浓度的函数而与相对分子

质量 M 无关。

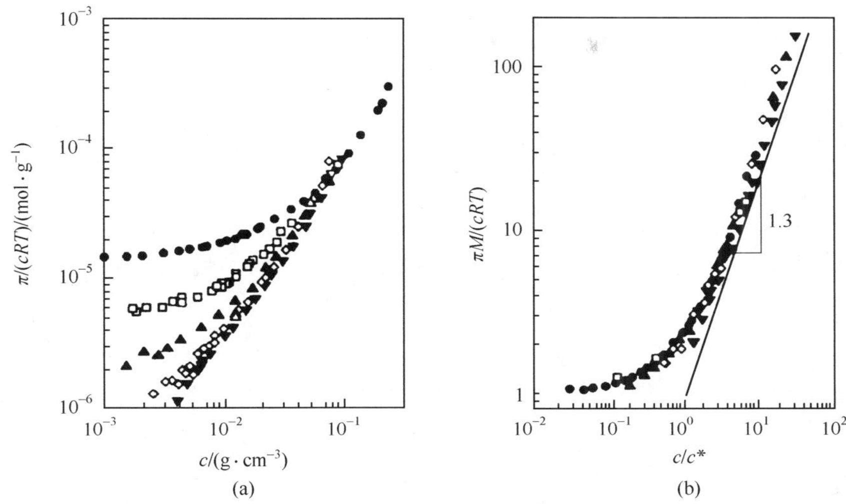

图 3-3　不同相对分子质量的聚 α-甲基苯乙烯样品在二甲苯溶液中的渗透压(a)及约化渗透压曲线(b)

(a) 中样品的相对分子质量范围:70 800～1 820 000g·mol^{-1}(自上而下)

图 3-3(b)是将图 3-3(a)的数据重新处理,以约化渗透压 $\frac{\pi M}{cRT}$ 为纵轴,约化浓度 c/c^* 为横轴作图,结果所有样品的曲线叠加成一条普适曲线。这一结果同样蕴含深刻的意义,说明在渗透压的浓度依赖性中所体现出的溶剂-高分子间的相互作用服从一个普遍的规律,并且对所有高分子和溶剂体系都适用,是高分子材料标度性的一个体现。

2. 亚浓溶液的情况

然而上述关于稀溶液的渗透压理论到了亚浓溶液出现了偏差。按照 Flory 排除体积理论,大分子以排除体积为 u 的刚性球分散在溶液中, $u \propto h^3$。代入式(3-10),渗透压公式可改写为

$$\frac{\pi}{RT} = \frac{c}{M} + C_1 h^3 \left(\frac{c}{M}\right)^2 + o\left(\frac{c}{M}\right)^3 \tag{3-13}$$

式中,C_1 为常系数,等号右方最后一项代表浓度 c 的三阶无穷小量,浓度小时可以忽略。参照式(2-95),接触浓度 $c^* \propto M/h^3$。于是对稀溶液来说,式(3-13)可写成函数形式:

$$\frac{\pi}{RT} \propto \frac{c}{M} f\left(\frac{c}{c^*}\right) \tag{3-14}$$

对比式(3-13)，函数 f 的形式为

$$f\left(\frac{c}{c^*}\right)=1+C_1\left(\frac{c}{c^*}\right) \tag{3-15}$$

它实际上是式(3-13)中的前两项，之所以可以如此展开，是因为 $c/c^*\ll1$。

假如 $c\rightarrow0$，溶液为极稀溶液，二阶小量也可以忽略，则有

$$\frac{\pi}{RT}\propto c \tag{3-16}$$

该式与 van't Hoff 方程等价。

但如果溶液浓度较大，到亚浓溶液范围，$(c/c^*)>1$，二阶小量不可忽略，从式(3-13)看出，此时影响渗透压的主项将是浓度 c 的平方项。然而这一推论与实验不符。从图 3-3(b)中可以看出，在较高浓度区曲线斜率为 1.3，这意味着渗透压与浓度的 2.3 次方成比例，而不是与浓度的平方成比例。更精确的实验表明，在亚浓区域聚合物溶液的渗透压与浓度的 2.25 次方成比例，见图 3-4。也就是说，在亚浓溶液范围，Flory 平均场理论的应用受到限制，原因在于亚浓溶液中，分子链间及分子链各部分间存在较强的关联作用，而平均场计算忽略了相邻(甚至更远距离)单元之间的关联。平均场计算采用一种确定的在空间均匀分布的自洽势代替单元-单元间的相互作用，这种自洽势不会导致分子链发生任何溶胀，因此对于描述理想链是合适的。但实际上在低浓度溶液中，因排除体积作用的存在分子链发生膨胀或卷缩，偏离理想链，因此平均场理论原则上就不再适用，这种偏差也不可能在平均场理论框架内进行修正。最后的出路是寻求新方法——标度理论，这是 de Gennes 引入标度理论的根据之一。

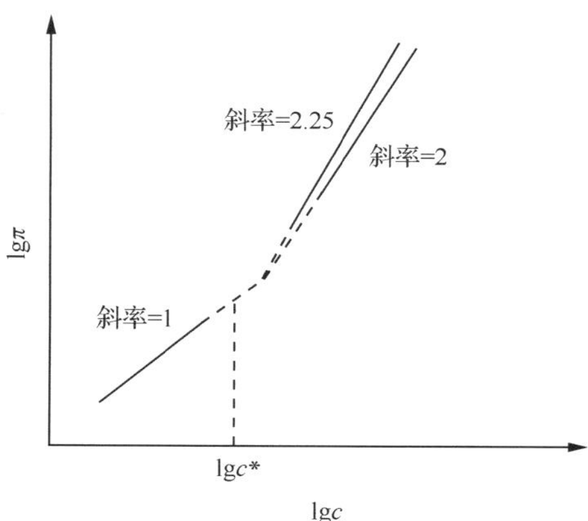

图 3-4　从稀溶液到亚浓溶液的渗透压-浓度关系示意图

3. 采用标度理论处理

考虑无热溶液（$\Delta H_{\mathrm{m}} \approx 0$，属于良溶液）的亚浓区域（$c \gg c^{*}$），大分子链开始相互穿透，大分子结构单元在溶液中分布趋于均匀。这时，如果对比由许多根相对分子质量为 M 的链组成的溶液和由一个相对分子质量为无穷大的单链均匀充满整个容器所形成的溶液，只要两者的浓度相等，其热力学性质应该基本没有差别。换句话说，在亚浓区域，溶液的所有热力学性质都必然达到某个极限值，该值与溶液浓度有关而与相对分子质量无关。基于这一认识，规定在亚浓区（$c \gg c^{*}$），式(3-14)中的求得的渗透压必须消除对相对分子质量 M 的依赖性。按照标度方法，即要求渗透压公式中有关 M 项的幂指数应等于零。

再考察式(3-15)中的函数 $f\left(\frac{c}{c^{*}}\right)$。在亚浓溶液区，由于 $c/c^{*} \gg 1$，因此函数 $f\left(\frac{c}{c^{*}}\right)$ 不能再简单地展开成一个级数的形式，另一种便捷的表示方法是将其写成简单幂函数形式：

$$\lim_{\frac{c}{c^{*}} \to \infty} f\left(\frac{c}{c^{*}}\right) = \text{常数} \cdot \left(\frac{c}{c^{*}}\right)^{m} \propto \text{常数} \cdot (c^{m} \cdot M^{4m/5}) \tag{3-17}$$

式中用到良溶剂中的接触浓度公式：$c^{*} \propto M^{-4/5}$［式(2-96)］。

代入式(3-14)，得到

$$\frac{\pi}{RT} \propto \frac{c}{M} \cdot c^{m} \cdot M^{4m/5} = c^{m+1} \cdot M^{\frac{4m}{5}-1} \tag{3-18}$$

要满足亚浓区渗透压与相对分子质量无关的要求，必要条件是 $m = 5/4$，于是得到

$$\frac{\pi}{RT} \propto c^{9/4} = c^{2.25} \tag{3-19}$$

该公式称为 des Cloiseaux 定律。该定律的正确性已得到渗透压和光散射实验证实，图 3-3(b)中亚浓区内的曲线斜率等于 1.3，即 $\frac{\pi M}{cRT} \propto \left(\frac{c}{c^{*}}\right)^{1.3}$，因此渗透压 π 与溶液浓度 c 的幂律指数等于 2.3，即 $\pi \propto c^{2.3}$，证明了式(3-19)的正确性。

前已指出，如果直接用 Flory 稀溶液理论（排除体积理论）来讨论亚浓溶液，在 $1/M \ll c \ll 1$ 范围内，即 $c/M \ll c^{2} \ll c$ 范围内有

$$\frac{\pi}{RT} \propto c^{2} \tag{3-20}$$

与式(3-19)比较，c 的幂指数相差 1/4。这个差别反映出亚浓溶液中大分子线团之间的关联效应（correlative effect），$c^{1/4}$ 称为关联因子（correlation factor）。关联效应是分子链从单链凝聚态转变为多链凝聚态过程中的重要特点之一。

$c^{1/4}$ 所描述的关联效果不容忽视，由于接触浓度很低（$c^{*} \sim 10^{-3}$），在如此低的

浓度下，关联因子的数量级已达到 1/10，可见关联效应的影响是很重要的。分子链间的关联还与相对分子质量有关，相对分子质量越大，分子链尺寸越大，接触浓度越低，分子链间越容易发生关联。表 3-1 给出不同相对分子质量的聚苯乙烯样品在苯溶液中的分子链均方旋转半径及接触浓度的值。由表 3-1 可见，相对分子质量为 3.8×10^6 的样品，只要浓度大于 $0.425\times10^{-2}\,g\cdot g^{-1}$，已经属于亚浓溶液。讨论这类溶液的性质就应当考虑关联效应的影响。

表 3-1 聚苯乙烯在苯溶液中的均方旋转半径及接触浓度参考值

$\overline{M}_W/(g\cdot mol^{-1})$	$R/\text{Å}$	$c^*/(g\cdot g^{-1})$
2.4×10^4	58.6	22.6×10^{-2}
1.71×10^5	188	4.85×10^{-2}
3.2×10^5	273	2.96×10^{-2}
6.1×10^5	401	1.79×10^{-2}
1.27×10^6	621	1.00×10^{-2}
3.8×10^6	1190	0.425×10^{-2}
8.4×10^6	1910	0.228×10^{-2}
2.4×10^7	3570	0.099×10^{-2}

需要说明的是，以上的讨论虽然是从渗透压上展开的，但实际上测量聚合物亚浓溶液的其他性质，如混合热、可见光谱中的减色性等都能感知局部关联的影响，都会产生相似的关联因子。

3.2.2 亚浓溶液中的关联效应

1. 亚浓良溶液

在 2.3.3 节介绍稀溶液中真实链的标度模型时，曾引入热关联长度 ξ_T（也称热链段尺寸）的概念。所谓“热关联”是考察结构单元间的相互作用（即排除体积效应）与分子布朗热运动能 kT 对分子链构象产生影响的竞争而引入的概念。按照标度理论，分子链可划分成一个个尺寸为 ξ_T 的热链段，每个热链段的自由能在 kT 数量级。稀溶液中一个真实链的构象以尺寸 ξ_T 为分界点，大于和小于 ξ_T 的构象不同。尺寸小于 ξ_T，结构单元累加的排除体积作用能之和小于 kT，构象由分子无规则热运动决定，不受排除体积的影响，为理想链构象。尺寸大于 ξ_T，累加的排除体积作用能大于 kT，排除体积开始起效应，影响分子链构象。根据排除体积效应的正负，分子链的构象可能是膨胀链或卷缩链或无扰链（图 2-25）。

因此，稀溶液中热关联长度 ξ_T 反映了分子链上结构单元间开始发生相互作用的临界尺度。在尺寸小于 ξ_T 时结构单元间不发生相互作用（或者说相互作用小，尚不足以影响链的构象)，构象保持为理想链构象，$\xi_T \approx b \cdot g^{0.5}$，式中，$b$ 为结构单元的长度，g 为 ξ_T 范围内的单元数。大于 ξ_T 时结构单元间发生关联，构象偏离理想链构象。若溶剂为良溶剂，$h \approx b \cdot g^{0.6}$，按标度理论 $h \approx b \cdot g^{0.588}$。根据式(2-85)、式(2-86)，热关联长度 ξ_T 的尺寸和 ξ_T 链段内的键数 g 等于

$$\xi_T \approx b^4/u \tag{3-21}$$

$$g \approx b^6/u^2 \tag{3-22}$$

注意式(3-21)和式(3-22)均与溶液浓度无关。

亚浓溶液的情况如何呢？在亚浓溶液中虽然浓度较稀溶液高，但总的来看浓度仍非常低($c^* < c \ll 1$)。在近距离看每个结构单元周围除了少数同链单元外，几乎全为溶剂，该结构单元只能与少数同链单元和溶剂发生相互作用，而与其他分子链的单元无关联。但是在远距离(大尺度)看，亚浓溶液中分子链已经相互穿透，一根分子链已能感知到周围其他分子链的存在，分子链在大尺度上也发生关联，产生屏蔽效应(见 3.2.4 节)，从而使同一链内相距较远的单元间的排除体积效应反而因其他链的屏蔽而失效。也就是说，在亚浓溶液中分子链上存在着另一个较大的尺度，超过该尺度排除体积效应失效，构象又恢复理想链构象。这种由远距离屏蔽效应而发生的关联称为长程关联(long-range correlation)。记长程关联长度为 ξ，那么可以说，ξ 是分子链上结构单元间排除体积效应起作用的尺度上限，而热关联长度 ξ_T 是分子链上开始发生排除体积效应(发生热关联)的尺度下限。在亚浓溶液中结构单元间的排除体积效应只发生在 $\xi_T <$ 尺度 $< \xi$ 范围内，分子链在三个不同尺度上具有不同的构象：尺度小于 ξ_T 为理想链构象；尺度在 ξ_T 和 ξ 之间构象受排除体积效应影响，在良溶剂中为膨胀链构象；尺度大于 ξ 又恢复理想链构象。

为说明长程关联长度 ξ 的意义，重新考察图 2-26(c)中亚浓溶液的图像。图中因浓度增大分子链开始相互穿透交叠，如果不讨论热力学性质，而是形象地描写大分子链在空间的排布情形，可以假设对亚浓溶液分子链的图像拍一系列“照片”。图 3-5 是其中某一确定时刻拍到的一张照片的一部分。该图看起来非常像一个有确定的平均网目尺寸 ξ 的网络。

下面来确定平均网目尺寸 ξ 与溶液浓度 c 之间的标度关系。为此考察聚合物良溶液(包括无热溶液)的两种情况：

(1) 如图 2-26(c)所示，溶液浓度大于接触浓度($c > c^*$)时为亚浓溶液，由于大分子链相互穿透，比较舒展，分子链的尺寸(旋转半径)比网目尺寸 ξ 大许多，因此 ξ 值与相对分子质量无关而只取决于溶液浓度。浓度 c 越大 ξ 值越小。

(2) 如图 2-26(b)所示，当溶液浓度与接触浓度相当($c \sim c^*$)时，由于大分子线团刚发生接触，尚未相互穿透，此时网目尺寸 ξ 应与分子链的旋转半径 R 相当。

要同时满足上述要求，网目尺寸可用式(3-23)表示：

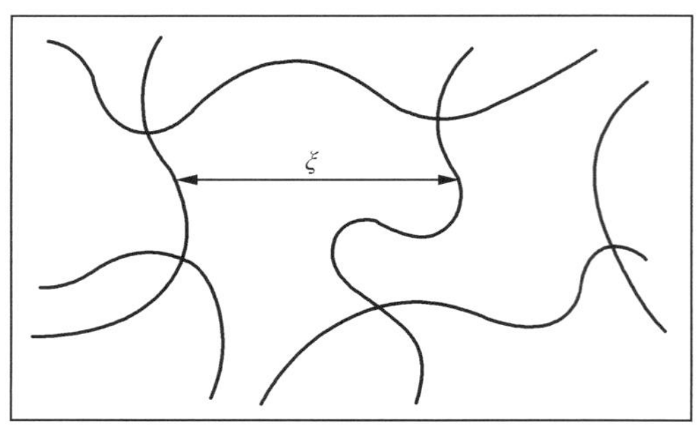

图 3-5　高分子亚浓溶液的网络模型(平均网目尺寸为 ξ)

$$\xi(c)=R\cdot\left(\frac{c^*}{c}\right)^n \quad (c>c^*) \tag{3-23}$$

该式显然满足第(2)种情况，为了同时满足第(1)种情况，达到 $\xi(c)$ 与相对分子质量 M 无关的要求，幂指数 n 应当选取成使 R 中所含的关于 M 的幂指数($R\sim M^{3/5}$)与接触浓度 c^* 中所含的关于 M 的幂指数($c^*\sim M^{-4/5}$)相互抵消。

$$\xi(c)\propto M^{3/5}\cdot M^{-4n/5}\cdot c^{-n} \tag{3-24}$$

因此必有 $n=3/4$，代入式(3-24)得

$$\xi(c)\propto c^{-3/4} \qquad (c^*<c\ll 1) \tag{3-25}$$

由此可见，网目尺寸 ξ 随溶液浓度的加大快速减小。现在考察网目尺寸 ξ 的意义。图 3-5 中网目平均尺寸代表了亚浓溶液中分子链间的平均横向间距。换句话说，亚浓溶液中尺寸为 ξ 的网目范围内是空的，没有其他分子链存在。这使人们联想到关于排除体积的意义。稀溶液中一段分子链的排除体积范围内，不容许(没有)其他分子链存在。于是可以认为在亚浓溶液中尺寸小于 ξ 的范围内(同时要大于 ξ_T)，排除体积效应在起作用，同链单元间的热关联仍存在。而在大于 ξ 的尺度上，由于分子链相互穿透、重叠，发生屏蔽作用和长程关联，使近程的排除体积效应失效，分子链的远程构象又成为符合无规行走模型的理想链构象。

长程关联是属于远程屏蔽类型的关联，而热关联是属于近程排除体积类型的关联。前已指出，长程关联长度 ξ 实际是分子链上排除体积效应发生作用的尺度上限，同时它也是开始发生长程关联效应的最小尺度。在大于 ξ 的尺度上，亚浓溶液可看成是由大量尺寸为 ξ 的球紧密堆砌而成的体系，有些像“ξ 球”组成的熔体，而每一条分子链均是由“ξ 球”自由连接而成的，其构象符合无规行走模型，如同聚合物熔体中的等效自由连接链，分子链构象取理想链构象。$\xi(c)$ 随溶液浓度增大而减小，说明浓度越大，长程关联效应越强烈。

关联长度 ξ 可以通过测量渗透压来测定，对照式(3-25)和式(3-18)可以得知，关联长度与渗透压之间的标度关系为

$$\frac{\pi}{RT} \propto c^{9/4} \propto \xi^{-3} \tag{3-26}$$

同样地，测量亚浓良溶液的其他性质，如混合热等，也能得出关联长度的影响。ξ也可以通过中子散射实验测量。

长程关联效应是聚合物溶液从稀溶液转变到亚浓和浓溶液时引入的一个重要概念。稀溶液中只考虑分子链结构单元间的相互作用，引入排除体积和热关联效应来描写，而未考虑分子链与分子链间的相互关联。进入亚浓溶液后每个分子链都感受到邻近分子链的影响(屏蔽效应)，开始发生长程关联。这种关联的影响之一是使亚浓溶液的渗透压与浓度的 9/4 次方成比例，而不是与浓度的平方成比例。上节中已指出，两者之差 $c^{1/4}$ 称为关联因子。在稀溶液中，分子链在整链尺度范围内均未感知其他链的存在，因此可以认为稀溶液中 $\xi \to R$。

图 3-6 给出实验测量的聚苯乙烯在二硫化碳溶液中关联长度 ξ 随浓度的变化。溶液浓度在亚浓溶液范围。实验采用三种不同相对分子质量的样品：实心圆 M=2 100 000；实心三角 M=650 000；空心圆 M=500 000；可以看到所有数据采用幂律拟合得到的斜率均为−0.76，与式(3-25)吻合良好。这表明式(3-25)反映的规律是聚合物的普适的标度性质，与相对分子质量无关。图 3-6 中同时给出分子链均方旋转半径 R 随浓度的变化，样品 M_n=1 140 000g · mol^{-1}，直线斜率为−0.12，这是亚浓溶液的另一个标度性质，后文中将与式(3-33)一起讨论。

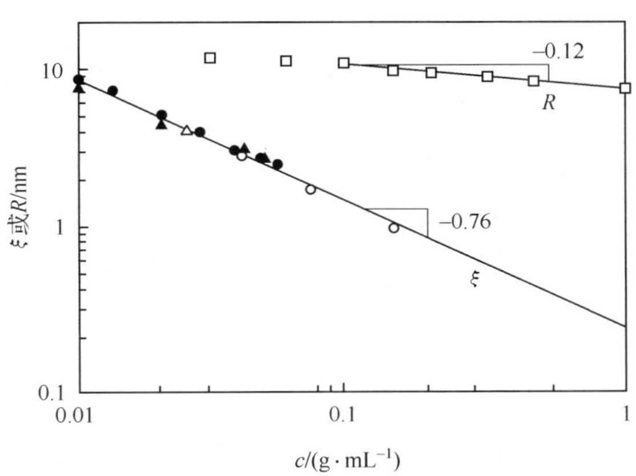

图 3-6　聚苯乙烯在二硫化碳溶液中关联尺度 ξ 和旋转半径随浓度的变化

数据来自：Daoud M et al. Macromolecules，1975，8：804

现在需要将亚浓溶液(良溶液)中分子链上决定构象的几个特征尺度整理一下。按大小顺序为：单键长度 l，Kuhn 单元长度 b，Gauss 链段，热关联长度 ξ_T，长程关联长度 ξ，分子整链长 L。

单键长度 l 是最基础尺寸，单键的连接受键角和内旋转限制。为避免讨论键角和内旋转位垒对构象影响的复杂性，引入 Kuhn 等效链段 b，Kuhn 链段自由连接，可视为等效自由连接链的基本结构单元。Gauss 链段是根据粗粒化模型提出的，Gauss 链段也自由连接，同时要求链段自身的构象符合理想链构象，体现出分子链的自相似性。

热关联长度 ξ_T 是在稀溶液中考虑了排除体积效应，按照排除体积作用能累加等于 kT 所对应的链段尺寸提出的。尺度小于 ξ_T，单元间累加的相互作用能小于 kT，排除体积不起作用，链段构象为理想链构象，标度指数为 0.5。从这一点来说，热关联长度与 Gauss 链段长度相当。尺度大于 ξ_T，结构单元间发生热关联，即发生排除体积效应类型的关联，链的构象成为膨胀链构象，标度指数等于 0.588(良溶剂中)。

长程关联长度 ξ 是在亚浓溶液中引入的，反映了相邻分子链间相互交叠、穿透的程度，也相当于相邻链间的平均距离。在小于 ξ 范围内，分子链并不感知其他链的存在，仍是排除体积效应起作用，为膨胀链构象。大于 ξ 后分子链相互穿透，发生屏蔽效应和长程关联，排除体积效应被屏蔽，又成为理想链构象，标度指数又等于 1/2。长程关联长度 ξ 是浓度的函数：$\xi(c)\propto c^{-3/4}$，浓度越大关联长度越短，关联效应越显著。

由此可见，在亚浓良溶液中分子链在不同尺度上具有不同的构象。

在 $r<\xi_T$ 范围内，排除体积效应不起作用，主要由分子的布朗热运动决定了构象为理想链构象，$\nu=0.5$；

在 $\xi_T<r<\xi$ 范围内，因为热关联，排除体积效应起作用，构象成为膨胀链构象，$\nu=0.588$；

在 $r>\xi$ 范围内，因为长程关联和屏蔽作用，排除体积效应失效，构象又为理想链构象，$\nu=0.5$。

图 3-7 给出亚浓良溶液中分子链在不同尺度上的构象示意图。

2. 亚浓 Θ 溶液

第 2 章曾作过介绍，在 Θ 稀溶液状态，由于势能曲线上引力阱对排除体积的负贡献与刚性排斥势垒对排除体积的正贡献刚好抵消，体系净排除体积等于零，$u=0$，分子链处于近理想链构象。均方根末端距记为 h_0，$h_0=N^{1/2}\cdot b$。由式(2-85)得知，若 $u\to 0$，$\xi_T\to\infty$，热关联长度很大。该结果的物理意义是此时整个分子链可看成是一个热链段，结构单元间相互作用能(排除体积作用能)很小，分子链构象主要由分子无规则布朗热运动决定，构象分布符合 Gauss 分布函数，因此整个分子链都是理想链。

在亚浓 Θ 溶液中，分子链相互穿透，一条链的结构单元在一定平均距离上能感知到其他链的单元的存在，因此同样可以定义该平均距离为长程关联长度 ξ。

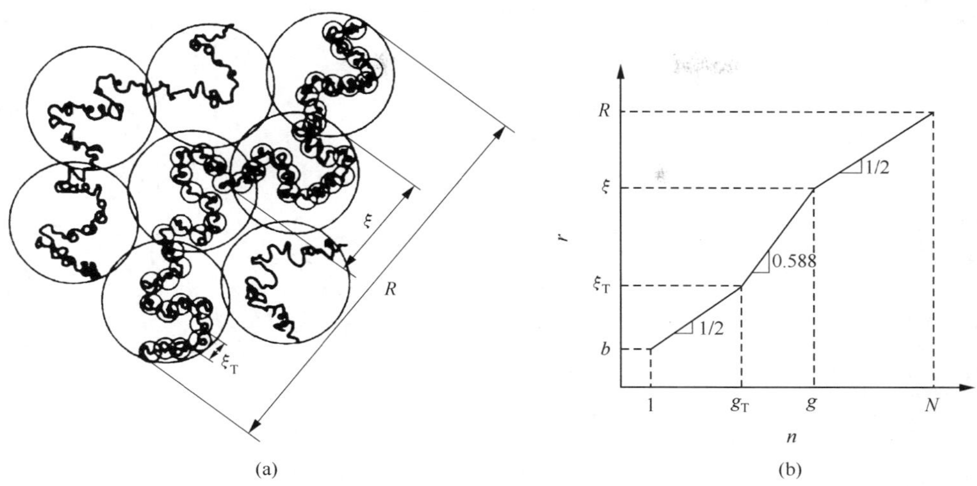

图 3-7　亚浓良溶液中分子链在不同尺度上的构象示意图

但是与亚浓良溶液不同，在亚浓 Θ 溶液中由于分子链在所有尺度上的构象统计都是近理想的，因此在关联长度 ξ 处并未发生链的构象改变。

下面采用与良溶液相同的标度方法来确定亚浓 Θ 溶液中关联长度 ξ 与浓度 c 之间的关系。为此借用式(3-23)：

$$\xi(c) = R \cdot \left(\frac{c^*}{c}\right)^n \qquad (c > c^*)$$

而此时分子链旋转半径 R 与相对分子质量 M 的标度指数为 0.5($R \sim M^{0.5}$)，接触浓度 c^* 与 M 的标度指数为 −0.5($c^* \sim M^{-0.5}$)，代入式得

$$\xi(c) \propto M^{1/2} \cdot M^{-n/2} \cdot c^{-n} \tag{3-27}$$

同样为了达到使 $\xi(c)$ 与相对分子质量 M 无关的要求，幂指数 n 应当等于 1，代入式(3-27)得

$$\xi(c) \propto c^{-1} \qquad (c^* < c \ll 1) \tag{3-28}$$

对比式(3-25)可知，亚浓 Θ 溶液中长程关联长度 $\xi(c)$ 对浓度的依赖性强于良溶液。

聚苯乙烯的全氘代环己烷溶液在 38℃时为一种 Θ 溶液，采用小角中子散射实验(SANS)测量分子链关联长度与浓度的关系，拟合得到的实验曲线如图 3-8 所示。由图 3-8 可见，在亚浓区域，曲线斜率等于−1，与式(3-28)吻合。

3. 链滴模型的提出

长程关联长度 ξ 的概念十分重要，根据它 de Gennes 提出高分子亚浓溶液的串滴链模型(blob model)。

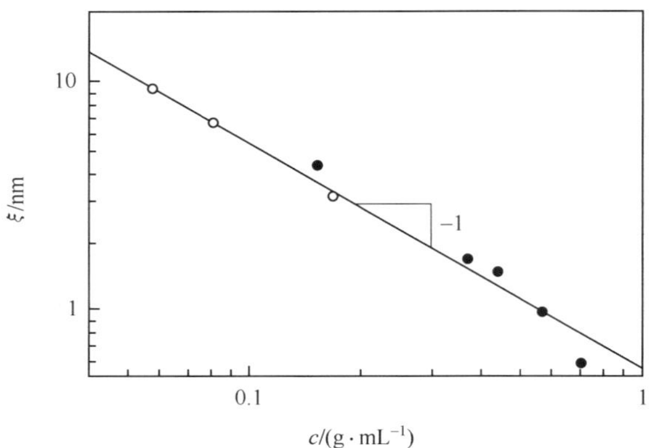

图 3-8　聚苯乙烯的全氘代环己烷溶液中的关联长度-浓度曲线(测试温度 38℃)
空心圆数据:J P Cotton et al. J Chem Phys, 1976, 65: 1101
实心圆数据:E Geissler et al. Macromolecules, 1990, 23: 5270

考虑良溶液(或无热溶液)的情形。由于长程关联长度 ξ 是一根分子链上的结构单元感知到其他链上单元存在的尺度,因此 ξ 相当于亚浓良溶液中两条分子链的平均间距,或者相当于分子链的横向尺寸。如果我们沿着一条指定的分子链看,可以将其想象成由一串相继串联的单元或一串自由连接的链滴(blob)组成,链滴的尺寸等于关联长度 ξ。根据前面的讨论,在链滴范围内,即 ξ 范围内排斥体积效应在起作用,因此滴内只有自身一条链,其构象为膨胀链构象。而在大于 ξ 的范围内,由于相互穿透分子链的屏蔽效应,排除体积作用失效,分子链取理想链构象。这样的分子链模型称为串滴链模型。

图 3-9 给出了这样一条分子链模型示意图,图中未画出热关联长度及分子链的细节。在图 3-7 的分子链模型中既画出了链滴(尺寸为 ξ),也画出了热链段(尺寸为 ξ_T),两个模型在大于 ξ 的尺度上是等价的。图 3-9 只将一条链画成串滴链,如果将所有分子链都画成串滴链,亚浓良溶液从整体看可视为大量链滴的紧密堆砌体系。这一点从图 3-7 也可以看出。随着溶液浓度增大,链滴尺寸减小。在后面讨论将看到,当浓度达到极浓溶液和本体时,ξ 将缩小到等于 ξ_T($\xi=\xi_T$)。

下面讨论一下串滴链的尺寸。设分子链含 N 个结构单元,每个链滴内含 g 个结构单元,链滴尺寸为 ξ,按照良溶剂中溶胀线团标度律,在 ξ 范围内 g 与 ξ 的关系为

$$\xi \approx b \cdot g^{3/5} \tag{3-29}$$

式中,b 为结构单元的步长。根据式(3-25),有

$$g \approx \left(\frac{\xi}{b}\right)^{5/3} \propto \left(\frac{c^{-3/4}}{b}\right)^{5/3} \propto c^{-5/4} \tag{3-30}$$

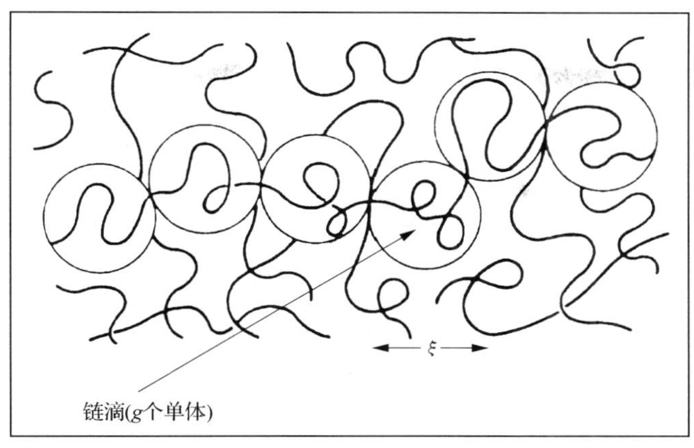

图 3-9　亚浓良溶液中的分子链串滴模型(每个链滴含 g 个结构单元)

或

$$g \propto c \cdot \xi^3 \tag{3-31}$$

由于链滴自由连接,在大于链滴的尺度上排除体积效应被屏蔽,因此每条串滴链都是构象分布符合 Gauss 分布的理想链。由于一条分子链的链滴数为 N/g,链滴尺寸为 ξ,因此分子链的均方旋转半径

$$\langle R^2(c)\rangle \propto \frac{N}{g} \cdot \xi^2 \propto \frac{N}{c \cdot \xi} \tag{3-32}$$

代入式(3-25)得

$$\langle R^2(c)\rangle \propto N \cdot c^{-1/4} \tag{3-33}$$

由此可见,在亚浓良溶液中大分子链的尺寸不仅与相对分子质量有关,还与溶液浓度有关。浓度增大时,分子链的均方旋转半径减小。这意味着在分子链从单链状态(稀溶液)向多链状态(亚浓溶液)的凝聚过程中,分子链的空间尺寸一直在收缩。

式(3-33)首先由 Daoud 导出,并且用聚苯乙烯溶液的中子散射实验非常精确地予以验证。实验是将氘化标记的聚苯乙烯分子链溶解在普通聚苯乙烯的二硫化碳溶液中,溶液浓度为 c。用中子小角散射法测定氘化聚苯乙烯分子链的均方旋转半径 $\langle R^2\rangle$,在双对数坐标图中作 $\langle R^2\rangle/\langle M_w\rangle$ -c 图。结果在亚浓范围内,得到的直线斜率为 $-1/4$,见图 3-10,验证了式(3-33),也支持了串滴模型的正确性。图 3-6给出同一实验结果的另一种作图,得到 R 与浓度 c 的标度指数为-0.12,相当于 R^2 与浓度 c 的标度指数为-0.24。

3.2.3　亚浓溶液的对偶关联函数

考察亚浓溶液中一条被标记的串滴链自身的对偶关联函数 $g_{\text{self}}(r)$。已知亚浓

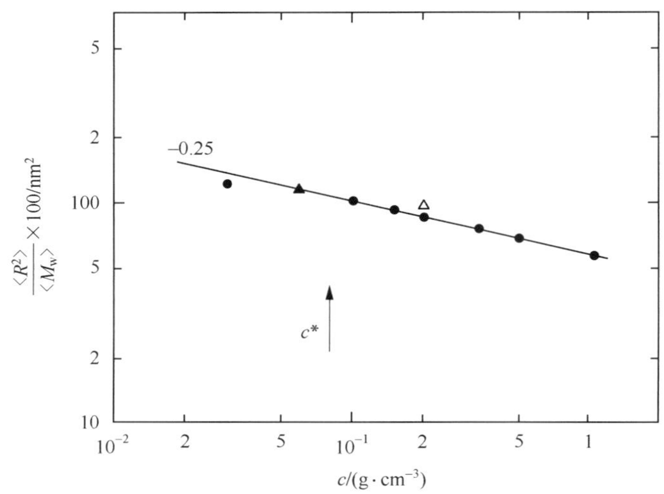

图 3-10　亚浓溶液中氘化 PS 分子链的均方旋转半径与浓度的关系

• $M=1.14\times10^5$；△ $M=5.0\times10^5$

数据来自：Daoud M et al. Macromolecules，1975，8：804

良溶液可视为大量链滴的紧密堆砌体系，溶液中串滴链相互接触、交叠、纠缠。在链滴范围内，即当距离 r 小于关联长度 ξ 时，由于排除体积效应起作用，链的构象符合膨胀链构象，因此关联函数 $g_{\text{self}}(r)$ 的形式应当与单个溶胀链的关联函数相同，具体见式(2-93)。但当 $r>\xi$ 后，标记链开始觉察出周围分子链的影响，排除体积效应被屏蔽，链的行为又趋向于理想链的行为，关联函数应当更接近于式(2-61)的形式，即 $g(r)\propto r^{-1}$，具体的函数形式为

$$g_{\text{self}}(r)=\frac{c\cdot\xi}{r}\qquad (r>\xi) \tag{3-34}$$

式中，c 为浓度。

这样一条标记链自身的关联函数 $g_{\text{self}}(r)$ 的总走势见图 3-11。图中 $r=\xi$ 处是一个分界点，该点两侧 $g_{\text{self}}(r)$ 函数形式不同，但在该点两个函数连续。当 r 大于分子链总尺寸 R 时，关联函数急速降为零。

上面是溶液中一条标记链内部的关联，现在将其他分子链也考虑在内，考察亚浓溶液中所有结构单元对之间的关联，得到的对偶关联函数 $g(r)$ 形式如下：

短距离内($r<\xi$)，$g(r)=g_{\text{self}}(r)$。因为在链滴范围内仍受同一条链内的关联支配。

距离较大处($r>\xi$)，$g(r)\ll g_{\text{self}}(r)$。因为亚浓溶液本质上是链滴的紧密堆砌体系，在大范围的密度涨落很小，散射也应当很小。具体的关联函数标度式为

$$g(r)\propto c\,\frac{\xi}{r}\exp(-r/\xi) \tag{3-35}$$

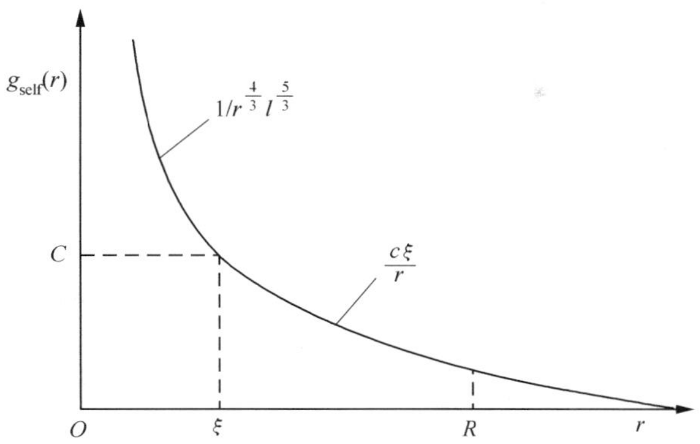

图 3-11 亚浓溶液中一条标记链内部的关联函数 $g_{self}(r)$

该式称 Ornstein-Zernike 公式。从式(3-35)可以看出，亚浓溶液中结构单元对之间的关联随距离 r 的增大而下降，下降速率远比单链情形快得多[与式(2-61)对比]。

相应的散射函数 $g(\boldsymbol{q})$ 通过 $g(r)$ 的 Fourier 变换得到

$$g(\boldsymbol{q}) \cong \frac{c \cdot \xi}{\boldsymbol{q}^2 + \xi^{-2}} \tag{3-36}$$

此公式已得到实验数据的很好证实(参见文献：Farnoux B. Annales de Phys，1976，I:73)。

3.2.4 亚浓溶液中的屏蔽效应

亚浓溶液中分子链间的关联作用快速衰减可以归结为一种屏蔽效应(screening effect)。屏蔽效应是指溶液中两个结构单元之间的相互作用因其他分子链的存在而衰减。屏蔽概念首先由 Edwards 引入高分子溶液理论。该概念的形成来自于一种静电类比。已知在静电场中，一个电荷的库仑电势 $U(r)$ 会因周围存在其他电荷而被屏蔽。库仑电势 $U(r)$ 的大小是以 $1/r$ 形式衰减的[$U(r)=k\frac{Q}{r}$，式中 Q 为电量，k 为系数]，若在 r 处存在另外的带电体，则库仑电势 $U(r)$ 将被屏蔽。我们将关联函数 $g(r)$ 与库仑电势类比，在 $r<\xi$ 范围内：$g_D(r)=\frac{3}{\pi l^2 r}$，可见两者有相似的函数形式，因此可以将溶液中的关联函数视为一种势函数。当 $r>\xi$ 时，$g(r)$ 迅速衰减，这就相当于由于其他分子链的存在，关联作用被屏蔽。关联长度 ξ 也可称为屏蔽长度。Edwards 得到亚浓溶液中关联函数的具体形式为

$$g(r)=\frac{3}{\pi b^2 r}\exp(-r/\xi_E) \tag{3-37}$$

其中：

$$\xi_E^2 = \frac{b^2}{12cu} \tag{3-38}$$

式中，ξ_E 为 Edwards 关联长度；u 为排除体积参数，具有体积的量纲，对于无热溶液，$u \propto b^3$。

式(3-37)与式(3-35)有相同的标度，曲线走势见图 3-12。由公式和图可见，关联函数 $g(r)$ 随 r 增大迅速衰减；浓度 c 增大，ξ_E 变小，关联函数衰减得快，说明浓度越大屏蔽效应越显著。为了对比起见，图 3-12 中同时给出亚浓溶液中分子链间的关联函数[式(3-37)]和稀溶液中单链的关联函数曲线[式(2-61)]。比较得知亚浓溶液中关联作用随距离 r 衰减得更快。

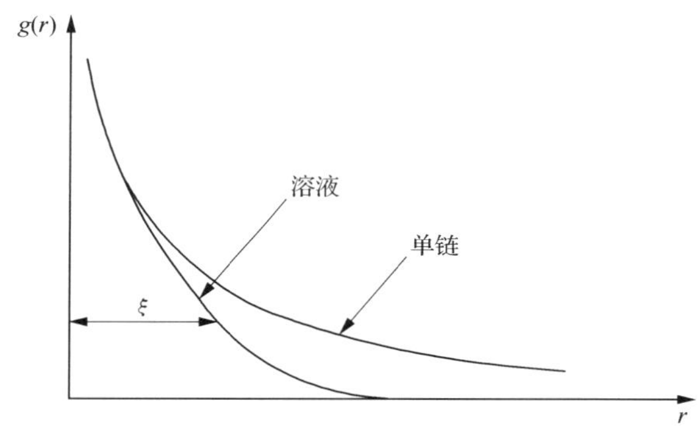

图 3-12　亚浓溶液中高分子关联函数与单链关联函数的比较

3.3　高分子浓溶液和极浓溶液

3.3.1　缠结浓度 c_e 和全高斯链浓度 c

1. 亚浓溶液和浓溶液的分界浓度——缠结浓度 c_e

在亚浓溶液中分子链之间已经发生相互接触、交叠、纠缠，随着浓度继续增大，交叠纠缠的程度越来越大，分子链开始相互缠绕，而后逐步形成各处链段分布大致均匀的缠结网(entanglement network)，规定此时的溶液为浓溶液(concentrated solution)。亚浓溶液和浓溶液之间的分界浓度称为缠结浓度(entanglement concentration)c_e，定义为高分子链间相互交叠缠绕，形成各处链段分布大致均匀的缠结网的临界浓度。

缠结浓度 c_e 的具体数值范围较宽，为 0.5%～10%，与体系有关。通常 c_e 受相对分子质量和溶剂性质影响最大，另外与分子链的柔顺性、支链和侧基的大小、分布等因素有关。实验表明，相对分子质量必须大于某一临界相对分子质量时才能发生分子链的缠结。溶剂良劣性质不一，分子链穿透交叠程度不同，也将影响缠结。达到缠结浓度时，大分子线团相互穿透，形成对称链的拓扑缠结，溶液的性质发生突变。最著名的是分子链缠结时，链间相互作用大大增加，使溶液黏度 η_0 突增，归纳的经验方程如下：

$$\eta_0 = K \cdot c^{\alpha} \cdot M^{\beta} \qquad (c > c_e, M > M_e) \tag{3-39}$$

式中，η_0 为零剪切黏度；c 为溶液浓度；M 为相对分子质量；K 为系数；c_e 为缠结浓度；M_e 为临界缠结相对分子质量。文献报道的指数大多为 $\alpha \approx 5.4, \beta \approx 3.4$，说明发生缠结时溶液黏度随浓度和相对分子质量的增大迅速增大。缠结浓度 c_e 可从测量溶液黏度与浓度的标度关系，根据标度指数的变化粗略地估计。

式(3-39)使人们联想到高分子流变学中关于熔体黏度的 Fox- Flory 关系式。

$$\eta_0 = \begin{cases} K_1 \langle M_w \rangle & \langle M_w \rangle < M_e \\ K_2 \langle M_w \rangle^{3.4} & \langle M_w \rangle > M_e \end{cases} \tag{3-40}$$

式(3-40)表示，当平均相对分子质量低于临界缠结相对分子质量 M_e，分子链未形成缠结网时，熔体黏度与相对分子质量的一次方成比例；当平均相对分子质量大于 M_e，熔体中分子链相互缠结形成缠结网时，黏度则随相对分子质量的 3.4 次方急剧增大。式中，系数 K_1、K_2 分别为与温度及分子结构相关的材料常数，一般柔性链材料的 K_1、K_2 值较小，刚性链材料的值较大。K_1、K_2 随温度的变化规律与零剪切黏度 η_0 随温度的变化相仿，符合 Arrhenius 方程。

比较式(3-39)、式(3-40)得知，无论是浓溶液还是极浓溶液(熔体)，只要体系中分子链形成三维均匀缠结网，体系黏度就会突增，黏度与相对分子质量的标度关系就发生突变，标度指数由 1.0 增至 3.4。这是浓溶液，包括极浓溶液的一个普遍性质。对比公式中的系数得知 $K_2 = K \cdot c^{\alpha}$，说明若将 Fox- Flory 关系式应用于浓溶液情形，系数 K_2 除与温度及分子结构相关外，还与溶液浓度 c 有关。

图 3-13 给出一组高分子材料的熔体黏度与相对分子质量的关系。可以看出，所有材料均很好地符合 Fox-Flory 关系式。这说明该性质属于聚合物分子链的标度性，与分子链化学结构无关。图中横坐标中 X_w 是与相对分子质量相关的参数。

一些典型高分子材料的临界缠结相对分子质量 M_e 的参考值列于表 3-2。由表 3-2 可见，不同结构分子的临界缠结相对分子质量差别很大，线形聚乙烯的临界缠结相对分子质量介于 3800～4000，而聚苯乙烯的则达到 38 000，相差约 10 倍。临界缠结相对分子质量的不同将影响到分子链的缠结程度，如缠结点密度、平均网链相对分子质量、网络完善性等，进而影响材料的高弹性、黏弹性及其他物理力学性质。M_e 是一个非常重要的材料本征物理量。

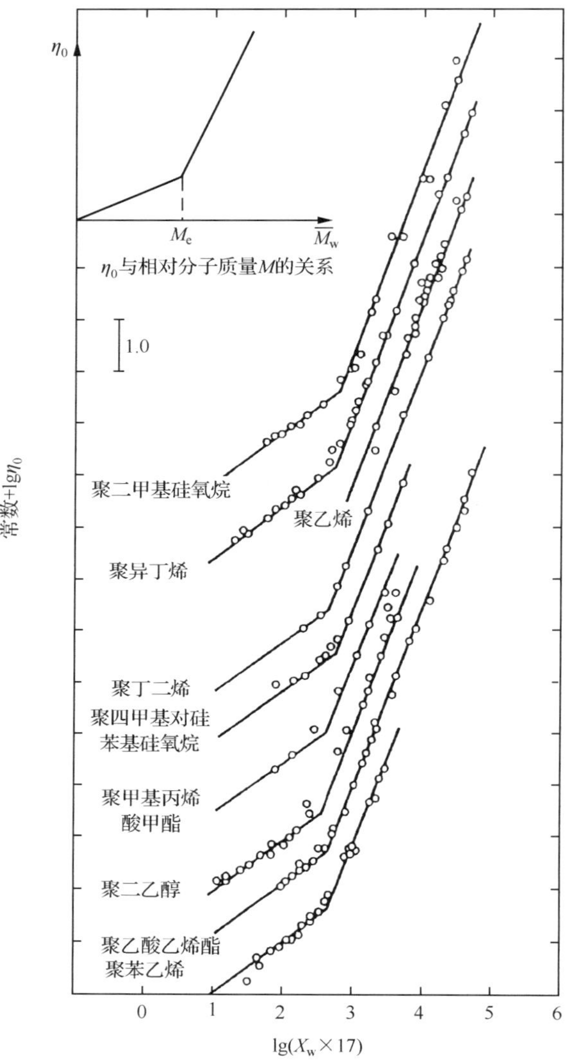

图 3-13 一组高分子材料的黏度与相对分子质量 M 的关系

表 3-2 典型高分子材料的临界缠结相对分子质量参考值

材料种类	M_e
线形聚乙烯	3 800～4 000
聚丙烯	7 000
聚苯乙烯	31 200～38 000
聚氯乙烯	11 000

续表

材料种类	M_e
聚氧乙烯	4 400
聚氧丙烯	5 800
聚甲基丙烯酸甲酯(一般有规)	27 500
聚乙酸乙烯酯	24 500～29 200
聚异丁烯	15 200～17 000
天然橡胶	5 000
1,4-聚丁二烯(50%顺式)	5 900
聚二甲基硅氧烷	24 000～35 000
聚酰胺 6	5 000
聚酰胺 66	7 000
聚乙烯醇	7 500

2. *浓溶液和极浓溶液的分界浓度——全高斯链浓度 c^{**}*

溶液浓度达到缠结浓度 c_e 成为浓溶液后，虽然分子链构成各处链段分布大致均匀的缠结网，但缠结点间的网链并非一定是 Gauss 链，由于周围溶剂的存在，排除体积效应仍起作用，网链的构象分布有程度不同的非高斯性。浓度继续增大，溶剂含量越来越少，缠结网更趋致密。当浓度达到和超过 c^{**} 时，体系内只有很少溶剂或无溶剂，排除体积效应失效，大分子线团达到充分穿透以至于整个分子链(整链或局部链)的构象分布均符合 Gauss 分布。规定此时的体系为极浓溶液(highly concentrated solution)、熔体(melt，无定形状态)或聚合物本体(无定形态或半结晶状态)。c^{**} 为浓溶液和极浓溶液的特征分界浓度。

关于 c^{**} 的物理意义后文将详细讨论。迄今 c^{**} 尚无正规名称，作者愿意称其为全高斯链浓度(full Gaussian concentration)。其意义是体系浓度达到和超过 c^{**} 时，整个大分子线团的构象，包括整链构象、局部链构象和所有网链构象都符合 Gauss 分布，大分子链具有自相似性和分形性。详细讨论见 3. 3. 4 节。

3. 3. 2　浓厚体系中分子链的相互穿越交叠

已知在浓厚体系中大量分子链发生相互穿越、交叠、缠结，但其穿越的程度如何？提出此问题是为了进一步理解分子链“缠结”的意义。

为此求算在聚合物熔体状态下，一根大分子链究竟与多少根其他分子链相互穿透。计算结果是：当相对分子质量等于临界缠结相对分子质量 M_e 时，一根分子链大约与 10 根其他链相互穿透。这一性质属于分子链的标度性，与分子链的化学结构无关。分子链越长，相对分子质量增大时，相互穿透的分子链数也增多。穿透的分子链数 $n_p \propto M^{1/2}$，一般有十几根到几十根链相互穿透。

估算相互穿透的分子链数 n_p 与相对分子质量 M 的关系：

设聚合物熔体中在一根分子链达到的空间内相互穿透的其他分子链数目为 n_p。由于分子链的形态为 Gauss 链，因此一根分子链达到的空间体积可记为 $\frac{4}{3}\pi R_0^3$，式中，R_0 为 Gauss 链的均方根旋转半径。假若该空间内只有自身这一根链存在，用链的质量 (M/N_A) 除以体积就得到一个虚拟的非晶态密度 ρ_1。

$$\rho_1 = M\Big/\left(\frac{4\pi}{3}R_0^3 N_A\right) \tag{3-41}$$

用该熔体实测的密度 ρ_a 与 ρ_1 比较，比值就应该是在一根链的空间内相互穿透的分子链数目 n_p：

$$n_p(M) = \rho_a/\rho_1 = \rho_a\left(\frac{4\pi}{3}\right)N_A R_0^3/M \tag{3-42}$$

式中，N_A 为 Avogadro 常量。

对于 Gauss 链，$R_0^2 \propto M$，所以 $n_p(M) \propto M^{1/2}$。由 Flory 特性黏数理论进一步求得

$$n_p(M) = \rho_a\left(\frac{4\pi}{3}\right)\left(\frac{N_A}{6^{3/2}\times 2.6\times 10^{23}}\right)K_\theta M^{1/2} \tag{3-43}$$

当相对分子质量 $M = M_e$ 时，按照 van Krevelen 经验公式：$K_\theta M_e^{1/2} = 13\text{cm}^3/\text{g}$，于是得到

$$n_p(M=M_e) = \rho_a\left(\frac{4\pi}{3}\right)\left(\frac{N_A}{6^{3/2}\times 2.6\times 10^{23}}\right)\times 13 \cong 8.6\rho_a \tag{3-44}$$

由于一般聚合物熔体的实际密度 ρ_a 均在 1g/cm^3 左右，所以近似地有

$$n_p(M=M_e) \approx 10 \tag{3-45}$$

举例：聚苯乙烯试样，$\rho_a = 1.05\text{g}\cdot\text{cm}^{-3}$，$M_e = 38\ 000$，求得

M	R_0 /nm	ρ_a / ρ_1
10^5	8.7	17
10^6	27.4	54

可见在一个分子链的平均半径球范围内，大约有十几根到几十根分子链存在。相对分子质量越大，分子链交叠的程度越高。这一物理图像有利于对分子链缠结行为的理解。

可以设想，处于如此密集穿透和纠缠状态下，一根分子链上相隔较远的单元间的相互作用会被邻近链的单元间的相互作用所屏蔽，使链内单元间无远程吸引或推拒作用，排除体积作用失效，每一根链都处于 Gauss 链型的无扰线团形态。

从另一种角度来看，一根分子链被十数根或数十根其他分子链交叉穿透，相当于活动空间被限制在由其他分子链所构成的一个随机的“管道”中。这样的观点是 de Gennes 和 Doi-Edwards 等建立蠕动模型和管道模型的基础，是当前讨论缠结分子链运动学和高分子浓厚体系流变性质的出发点(见 3.7 节)。

3.3.3　浓厚体系中的屏蔽效应

在讨论亚浓溶液性质时曾指出，由于浓度增大，分子链之间会发生关联效应，关联长度 $\xi(c)$ 随浓度增大而减小。于是产生一种联想：当溶液浓度继续增大，达到极浓溶液或本体($c > c^{**}$)，分子链充分穿越交叠，相互缠绕，各单元之间相互作用很强，关联情况可能会变得更加复杂。但实际情况并非如此，在极浓体系中，每一条分子链都取理想 Gauss 链构象，处于无扰状态。产生这一结果的原因来自于浓厚体系中分子链间的屏蔽效应。

这种屏蔽效应可用一种唯象方法说明。考察极浓溶液或本体中的一条分子链(图 3-14 中的一条白链)，该链上一个单元所受到的相互作用势 U 与单元的局部浓度 c 成正比。该浓度 c 由两部分组成：同一链(白链)的单元浓度的峰值位于白链分子的重心周围[图 3-14(b)]，在峰的斜边上存在着指向外部的力($-\partial U_{\text{white}}/\partial x$)，该力源自于同链单元的排除体积效应。在稀溶液中，正是该力导致了单链的溶胀和非理想化行为。此外，其他链(黑链)的浓度分布在同一位置上出现一个低谷，因为在熔体中，总单元浓度(或总密度)的涨落非常小。该浓度分布形成的势(U_{black})产生一个向内的力。两个力大小相等、方向相反，于是白链所受合力为零，处于理想的 Gauss 链状态。

这种由单元的相互作用势 U_{ij} 所形成的排斥作用与吸引作用完全抵消的效应，就是浓厚体系内的屏蔽效应。如果将白链视为溶质，其他链为溶剂，体系为白链的稀溶液。屏蔽效应也可理解为溶质分子内的排除体积效应被完全屏蔽，因此白链的稀溶液为理想溶液。以上结论虽然是从自洽场理论定性地推出的，其实从严格的热力学理论也能得到相同结果。

3.3.4　全高斯链浓度 c 的意义

c^{**} 定义为浓溶液和极浓溶液的分界浓度。浓度达到 c^{**} 时，分子整链都取理想链构象。除了屏蔽效应可以定性解释这一现象外，需要对分界浓度 c^{**} 的意义作进一步探讨。

3.2.2 节中曾指出，亚浓溶液中分子链在不同尺度的构象是不同的。在亚浓良溶液中，处于 $r < \xi_T$ 范围内(小尺度)，由于排除体积作用尚未有效，链的构象保持理想链构象($\nu=0.5$)；在 $\xi_T < r < \xi$ 范围内(中尺度)，因为单元间相互作用能的加和足够大，排除体积作用起效，链的构象成为膨胀链构象($\nu=0.588$)；在 $r > \xi$ 范

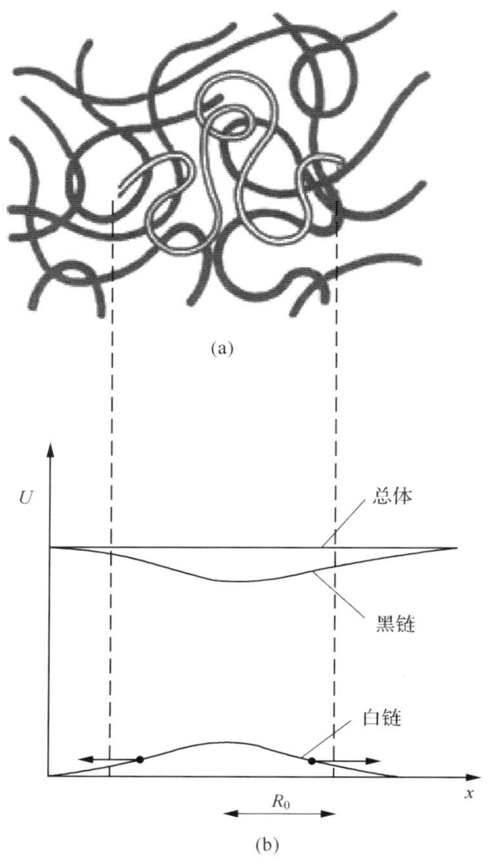

图 3-14　高分子熔体中屏蔽效应示意图

(a)熔体中的一条白链与黑链相互贯穿;(b)白链与黑链的单元浓度分布(水平箭头表示向外的力)

围内(大尺度),由于分子链的相互穿插,产生长程关联作用和屏蔽效应,排除体积效应又失效,构象又变为理想链构象($\nu=0.5$)。其中两个关联尺度 ξ_T、ξ 非常重要。

现在考虑极浓溶液的情形。已知在极浓体系中,分子整链都取理想链构象,而要达到这一状态,应该使分子链中取膨胀链构象的区间变小,直至等于零。换句话说,在溶液浓度从亚浓数量级增大到极浓数量级过程中,或者说在分子链不断聚集过程中,应该有 $\xi_T<r<\xi$ 这一中尺度区间范围越来越小直至完全消除的过程。中尺度区间是由两个关联长度 ξ_T、ξ 决定的,要消除中尺度,应当令 $\xi_T=\xi$。从关联长度的定义看,热关联长度 ξ_T 与浓度无关[见式(3-21)或式(2-85)],而长程关联长度 ξ 是浓度的函数,随浓度增大而减短[见式(3-25),$\xi(c)\propto c^{-3/4}$],因此可知当浓度增大到某一浓度时二者会变得相等。一旦达到该浓度,中尺度的膨胀链构象消

失，分子整链都成为理想链构象。按照定义该浓度就等于分界浓度 c^{**}：

$$\xi_T = \xi(c^{**}) \tag{3-46}$$

由此可见，将分界浓度 c^{**} 称为全高斯链浓度是合理的。下面采用标度方法进一步讨论分界浓度 c^{**} 的意义。

按式(2-68)，在接触浓度时分子链的接触体积分数 ϕ^*

$$\phi^* = \frac{Nv_0}{V} \propto \frac{Nb^3}{R^3} \tag{3-47}$$

ϕ^* 与接触浓度 c^* 相当，$\phi^* = c^*/\rho$，下面用体积分数 ϕ 替代浓度 c 进行讨论。

式(3-47)中 R 为稀溶液中分子链的尺寸，由式(2-87)得知，该尺寸

$$R \propto \xi_T \left(\frac{N}{g}\right)^{\nu} \propto b\left(\frac{u}{b^3}\right)^{2\nu-1} N^{\nu} \tag{3-48}$$

在良溶剂中，$\nu=3/5$，R 等于 Flory 尺寸，记为 R_F[式(2-80)]：

$$R_F \propto b\left(\frac{u}{b^3}\right)^{2\nu-1} N^{\nu} = u^{1/5} b^{2/5} N^{3/5} \tag{3-49}$$

将式(3-49)代入式(3-47)得到接触体积分数：

$$\phi^* \propto \left(\frac{b^3}{u}\right)^{6\nu-1} N^{1-3\nu} \tag{3-50}$$

现在讨论浓溶液的情形。从亚浓溶液开始。按标度理论一个物理量(如尺寸 R)可以写成另一物理量(如体积分数 ϕ)的幂次律关系，因此亚浓溶液中分子链尺寸 R 可写为亚浓溶液的浓度 ϕ 与 ϕ^* 比值的幂次律形式(ϕ^* 时的尺寸为 R_F)：

$$R \propto R_F \left(\frac{\phi}{\phi^*}\right)^{x} \propto b\left(\frac{u}{b^3}\right)^{2\nu-1+6\nu x-3x} N^{\nu+3\nu x-x}\phi^{x} \tag{3-51}$$

由于亚浓溶液中分子链在大于 ξ 的范围内取理想链构象，因此 $R \propto N^{1/2}$。对比式(3-51)中 N 的指数求得 $x = -\dfrac{\nu-1/2}{3\nu-1}$，再代入式(3-51)得

$$R \propto R_F \left(\frac{\phi}{\phi^*}\right)^{-(\nu-1/2)/(3\nu-1)} \propto b\left(\frac{b^3}{u\phi}\right)^{-(\nu-1/2)/(3\nu-1)} N^{1/2} \tag{3-52}$$

用同样的标度方法处理长程关联长度 ξ，得

$$\xi \propto R_F \left(\frac{\phi}{\phi^*}\right)^{y} \propto b\left(\frac{u}{b^3}\right)^{2\nu-1+6\nu y-3y} N^{\nu+3\nu y-y}\phi^{y} \tag{3-53}$$

由于亚浓溶液中，链滴尺寸(即关联长度)ξ 和链滴内的结构单元数 g 仅取决于溶液浓度 ϕ 和排除体积 u，与相对分子质量 N 无关[式(3-25)]，对比式(3-53)求得 $y=-\nu/(3\nu-1)$，再代入式(3-53)后求得

$$\xi \propto R_F \left(\frac{\phi}{\phi^*}\right)^{-\nu/(3\nu-1)} \propto b\left(\frac{b^3}{u}\right)^{(2\nu-1)/(3\nu-1)} \phi^{-\nu/(3\nu-1)} \tag{3-54}$$

若 $\nu=3/5$，则 $\xi \propto \phi^{-3/4}$ [与式(3-25)对比]。由此可见长程关联长度 ξ 随溶液浓度 ϕ 增大而减小，而热关联长度 ξ_T 与浓度无关[式(3-21)]，令两者相等，可求出

对应的浓度 φ^{**} ：

$$\xi \propto b\left(\frac{b^3}{u}\right)^{(2\nu-1)/(3\nu-1)}(\phi^{**})^{-\nu/(3\nu-1)} \propto \frac{b^4}{u} \propto \xi_T \tag{3-55}$$

可得

$$\phi^{**} \propto \frac{u}{b^3} \tag{3-56}$$

ϕ^{**} 的意义：由上述讨论得知，ϕ^{**} 就是溶液浓度增大时，长程关联长度 ξ 减小到等于热关联长度 ξ_T 所对应的临界溶液浓度。由式(3-56)可知 ϕ^{**} 的数量级→1，说明体系中溶剂的成分越来越少，体系属于极浓溶液。此时由于 $\xi(c)=\xi_T$，分子链在中尺度上的膨胀链构象区间消失，整个分子链在各个尺度上都取理想链构象(在 $r<\xi_T$ 范围内因排除体积作用能小于热能，为理想链构象；在 $r>\xi$ 范围内因排除体积相互作用被邻近的链屏蔽，也取理想链构象)，因此分子链成为全 Gauss 链，ϕ^{**} 可称为全 Gauss 链浓度。同样，在 $\phi>\phi^{**}$ 范围内，分子链也为全 Gauss 链。从上面分子链聚集过程中还可看出，随着溶液浓度增大，分子链的尺寸是逐步收缩的，从稀溶液中的 Flory 尺寸 R_F 逐步减少到极浓体系中的无扰尺寸 R_0：

$$R_0=\left(\frac{N}{g}\right)^{1/2}\xi \qquad (\phi \geqslant \phi^{**}) \tag{3-57}$$

减少的规律符合式(3-33)，$\langle R^2(c)\rangle \propto N\cdot c^{-1/4}$，这是分子链从单链向多链聚集过程的一个重要特点。

极浓体系中几个关键尺度的关系

下面再考察一下极浓体系中几个关键尺度的关系。已知热关联长度 ξ_T 与 Gauss 链段等价，其物理意义是在 ξ_T 范围内，链的构象为 Gauss 链构象，自由能处于 kT 数量级。长程关联长度 ξ 与链滴的概念等价，它们的物理意义是当尺寸大于 ξ 时，链间屏蔽作用使排除体积效应失效，大于 ξ 的链构象也为 Gauss 链构象。在极浓体系中由于 $\xi=\xi_T$，因此热关联长度、Gauss 链段、长程关联长度、链滴四个概念合而为一，可称之为链段或链滴。对比 2.2.2 节关于等效自由连接链模型的定义，我们得知，在极浓溶液和聚合物本体、熔体中，分子链可以视为由 Gauss 链段自由连接组成的完全连续化的 Gauss 链模型，具有自相似特性和分形性，其构象及许多物理性质可以采用标度律描述。

关于链滴有一点需要说明。链滴的概念最初是在亚浓溶液中根据排除体积效应和长程关联长度 ξ 提出的，到了极浓体系排除体积效应被屏蔽，尽管如此，de Gennes 仍然保留了链滴的概念。这是因为极浓体系中 ξ 与 ξ_T 及 Gauss 链段等价，因此链滴概念仍有意义，此时链滴尺寸可根据一个链滴的自由能在 kT 数量级来确定。

在极浓溶液范围内 ($\phi>\phi^{**}$)，关联长度 ξ 继续随 ϕ 的增大而减小，直至 ϕ 增大到 $\phi=1$，$\xi \to b$(Kuhn 链段长度)。证明如下：从式(3-54)可知，$\nu=3/5$ 时，有

$$\xi \propto b\left(\frac{b^3}{u}\right)^{\left(2\times\frac{3}{5}-1\right)/\left(3\times\frac{3}{5}-1\right)}\phi^{-3/4}=b^{7/4}u^{-1/4}\phi^{-3/4} \tag{3-58}$$

由于 ϕ 增大到 $\phi=1$，单元排除体积与其占有体积 v_0 相当，$u\approx b^3$，代入式(3-58)得

$$\xi \propto b \tag{3-59}$$

这意味着在极浓体系中($\phi=1$ 时)，Gauss 等效链段与 Kuhn 等效链段也等价，分子链就是由链段自由连接组成的完全连续化的 Gauss 链，链段视为自由连接的结构单元。

关于极浓体系中几个关键尺度的关系，见图 3-15。

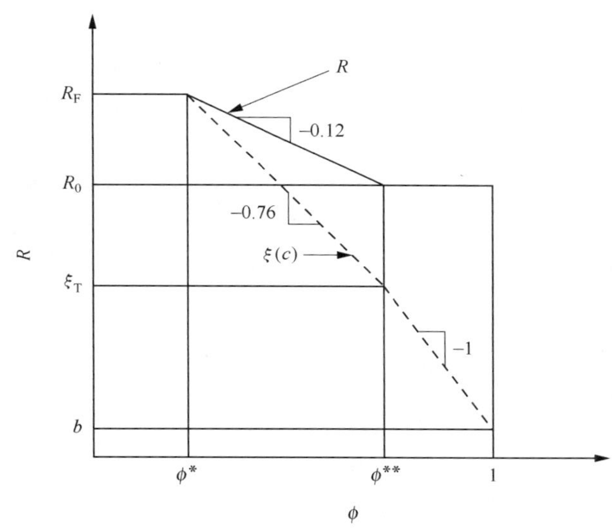

图 3-15　溶液浓度增大时分子链尺寸(实线)与关联长度(虚线)变化示意图(良溶剂中，对数坐标)

3.3.5　分子链聚集状态随溶液浓度的变化

现在对从极稀溶液到极浓溶液，分子链聚集状态随浓度变化的规律进行简单小结。

在稀溶液中大分子以无规线团状态孤立地存在于溶剂介质中。分子链构象取决于分子链柔顺性和排除体积，末端距的标度律形式为 $h\propto N^{\nu}$。在良溶剂(包括无热溶剂)中单元间排斥大于吸引，排除体积大于零，分子链较舒展，标度指数 $\nu=3/5$，膨胀链的尺寸 R_F 称为 Flory 尺寸。在不良溶剂中吸引大于排斥，排除体积小于零，分子链塌缩，$\nu=1/3$。在 Θ 状态，刚性排斥作用与引力阱的贡献相抵消，排除体积等于零，分子链取近理想链构象，也称无扰链，$\nu=1/2$。

分子链构象用标度理论描述更加精确。按标度理论分子链构象与空间尺度有

关,引入的第 1 个尺度称为热关联长度 ξ_T。ξ_T 的大小由每个热链段存储的自由能等于一个 kT 来确定,尺寸大于和小于 ξ_T 分子链取不同构象。由于单元的排除体积作用能具有累加性,因此在热链段内(尺寸小于 ξ_T),当累加的排除体积作用能小于 kT,排除体积不起作用,分子链保持理想链构象。尺寸大于 ξ_T,排除体积作用能大于 kT,排除体积效应起作用,链构象由排除体积的大小决定。在良溶剂中,标度理论得到的膨胀链在三维空间的标度指数 $\nu \approx 0.588$,而不是 3/5。实验表明,标度理论的结果更符合客观实际。

浓度增至接触浓度,分子链线团开始接触,继而相互穿透交叠,溶液从稀溶液变为亚浓溶液。接触浓度的估算公式为 $c^* \propto M/R_g^3 \propto M^{-0.8} = M^{-4/5}$。

在亚浓溶液中,分子链的穿透交叠使分子链间发生屏蔽和长程关联效应,关联长度为 ξ。长程关联长度的引入有助于链滴(尺寸等于 ξ)概念的提出和理解,亚浓溶液可视为链滴的紧密堆砌体系。在链滴内(严格来说在 $\xi_T < r < \xi$ 范围内),排斥体积效应起作用,链的构象由排除体积效应决定,链间的关联遵循 Edwards 公式。在链滴外(大于 ξ 的范围内),分子链相互穿透、交叠,感知到旁链的存在,排除体积效应被屏蔽,分子链又变为理想 Gauss 链构象。关联函数符合 Ornstein-Zernike 公式。

在亚浓溶液范围内,分子链均方旋转半径与浓度 c 的关系为 $\langle R_g^2(c)\rangle \propto N \cdot c^{-1/4}$,表明浓度越高分子链尺寸越小,分子链尺寸在收缩。关联长度 ξ 也随浓度增大而缩小,$\xi(c) \propto c^{-3/4}$,表明浓度越高长程关联效应越显著。实际上分子链线团的收缩在稀溶液中,当溶液浓度接近接触浓度时已经发生。因此,若考虑无规线团的尺寸收缩,前面计算的接触浓度值 c^* 还要更大一些。大分子线团接触之前线团尺寸已经开始收缩,该结论已从激基缔合物荧光实验中观察到:在分子质心距离大于 2 倍均方旋转半径时,旋转半径已明显减小。

浓度增大时,关联长度 ξ 缩小,分子链间距缩短。浓度增大到缠结浓度 c_e时,分子链分布趋于形成均匀缠结网,就成为浓溶液。缠结浓度受相对分子质量和溶剂性质等因素影响。均匀缠结网形成后分子链高度互穿、缠结,溶液性质发生突变,最典型的是溶液黏度剧增(Fox- Flory 关系式)。该性质属于链的标度性,与分子链化学结构无关。

浓度超过分界浓度 c^{**} 的溶液为极浓溶液和本体。在极浓溶液中,一根分子链大约与十几根到几十根链其他链相互穿透,所有分子链,包括分子链的不同尺度区间都取理想 Gauss 链构象,标度指数 $\nu = 1/2$。产生这一结果的原因来自于浓厚体系中分子链间的强屏蔽效应,也由于关联长度 ξ 随浓度增大而缩小。c^{**} 是长程关联长度 ξ 缩小到等于热关联长度 ξ_T[$\xi(c) = \xi_T$]时的临界浓度。达到这一状态,在$r < \xi_T$ 范围内因排除体积不起作用,链取理想链构象;在 $r > \xi$ 范围内因强屏蔽效应使排除体积效应失效,链同样取理想链构象,因此在极浓体系中分子链在所有尺度上都取理想链构象，分界浓度 c^{**} 可称为全高斯链浓度。Flory 最先理解到这一点，而后在无定形固体聚合物中用中子散射技术得以证明。

由此可见在分子链从极稀溶液（良溶剂）到极浓溶液的聚集过程中，链的拓扑尺寸（旋转半径）一直在减小，从稀溶液时的 Flory 尺寸 R_F 收缩到极浓体系中的无扰尺寸 R_0，这是分子链从单链到多链聚集体的凝聚过程中的重要特点。关于溶液浓度增大时分子链尺寸与关联长度的变化见图 3-15。

在此，再一次强调关联效应在大分子链构象演变和溶致凝聚过程中所起的重要作用。在软物质理论中，“关联”是最重要的概念之一。de Gennes 将高分子浓厚体系视为具有长程关联的无序系统。分子链在不同尺度具有不同的关联性。在小尺度下（小于链段）重点考察基于分子布朗热运动能量而定义的热关联长度 ξ_T，分子链在大于和小于 ξ_T 的不同尺度上，因排除体积效应而具有不同构象。此外，在大尺度范围内，重点考察基于远程屏蔽作用而定义的长程关联长度 ξ，尺度大于 ξ 时由于排除体积效应失效分子链又呈 Gauss 链构象。这些不同的关联效应在不同浓度的溶液中表现不同，从而直接影响从稀溶液到亚浓溶液到浓厚体系演变过程中大分子链凝聚的本质和特性。

3.4　非晶（无定形）聚合物

3.4.1　非晶聚合物的力学状态及转变

1. 非晶聚合物的力学状态

非晶聚合物，又称无定形聚合物（amorphous polymer），是由大量长链分子以无规线团状凝聚在一起的聚合物，自由状态下长链分子的构象为 Gauss 链构象。对几种典型无定形聚合物——无规立构聚苯乙烯、未拉伸天然橡胶和从熔融态淬火获得的聚对苯二甲酸乙二酯作广角 X 射线衍射实验，得到的衍射图样仅有单个弥散环，说明其中无三维远程有序的结晶结构，堆砌方式类似液体，仅具有近程有序的特点，因此非晶聚合物本质上是热力学状态类似液体的准固态聚合物。

非晶聚合物的宏观力学状态多种多样，主要有玻璃态、高弹态和黏流态。同种聚合物，温度低时分子整链和链段运动被冻结，呈硬而脆的固体，如同玻璃，称为玻璃态聚合物。温度升高链段运动活化而整链仍不动，外力作用下材料能发生百分之几十到几百的大形变和弹性形变恢复，称为高弹态聚合物。温度再升高，分子整链在外力作用下也发生相对运动，材料能发生大规模塑性形变及像液体一样流动，称为黏流态聚合物或熔体。虽然三种状态的宏观力学性能差别很大，但凝聚态本质相同，分子链均呈远程无序的无规线团状。它们之间的差别只是因运动单元不同引起力学性能差异,不符合热力学和物质结构理论关于相态及相变的定义,因此这些状态称为力学状态。

非晶聚合物包含的范围很广,即使结晶聚合物,由于结晶不完善性,也有非晶区与晶区并存。通常将晶态结构为主的聚合物,称为结晶聚合物;而以非晶态占绝对优势的聚合物称非晶聚合物。主要有以下几种情况。①任何条件下都不能结晶的聚合物,即纯粹的无定形聚合物;典型例子如自由基聚合得到的聚苯乙烯、聚甲基丙烯酸甲酯,后者又称为有机玻璃。②结晶速率非常慢,以至于在通常冷却速率下结晶度很低的聚合物,如聚碳酸酯。③低温下能够结晶,但常温下难以结晶的聚合物,如天然橡胶、顺丁橡胶等在常温下处于非晶高弹态。④熔融高分子处于非晶黏流态,这是真正的聚合物液态。大多数聚合物在黏流态下进行加工。⑤结晶聚合物内的非晶区域。另外,支化或交联程度较大,无规立构、无规共聚和带较大侧基以至于结晶困难的聚合物,非晶态结构的组分都很大。

非晶聚合物具有类似液体的物理力学性能。主要特点是各项宏观性能呈各向同性,如密度均匀、力学性能均一以及具有较好的光学透明性等。

2. 非晶聚合物的力学状态转变

非晶聚合物的力学状态会随环境条件(主要是温度)变化而变化。最典型的有玻璃化转变和黏流转变。

1) 玻璃化转变

玻璃化转变(glass transition)是指非晶聚合物力学状态在玻璃态与高弹态之间的转变。这种转变发生在一定的环境温度或外力作用频率下,对应的温度和频率称为玻璃化转变温度 T_g 和玻璃化转变频率 ω_g。玻璃化转变是非晶聚合物最重要的力学状态转变,转变温度 T_g 是最重要的特征温度之一。T_g 在很大程度上决定着非晶材料的使用性质和使用温度范围。发生转变时,材料的宏观性能(如体积、强度、模量、热力学性质、电学性质等)发生变化,跟踪这些变化可实验确定玻璃化转变温度。微观图像上玻璃化转变反映了链段运动被“冻结”或“解冻”的临界状态。在 T_g 以下,链段运动被“冻结”,只有比链段更小的结构单元如链节可以运动。T_g 以上,链段运动“解冻”,可以通过主链上单键内旋转比较容易地改变分子链构象,从而使宏观状态发生转变。自由体积理论(free volume theory)认为,玻璃化转变是由于材料内部自由体积随温度升高增大到一定程度,为链段运动提供了足够空间。

玻璃化温度的测量方法有膨胀计法、热机械分析法(TMA 法)、示差扫描量热法(DSC 法)、动态力学热分析法(DMA 法)等。需要说明的是,玻璃化温度的测量强烈地依赖测试方法和条件。方法和条件(如变温速率)不同,得到的 T_g 不尽相同。这是因为玻璃化转变并非热力学相变，而是链段运动的一种动力学松弛过程。真正的热力学相变应是热力学平衡态间的转变过程，相变温度与测试方法无关。而玻璃化转变反映了链段运动被“冻结”或“解冻”的状态变化，这种变化与测试速率和温度有关。

Williams、Landel 和 Ferry 根据自由体积理论，提出一个关于黏度与玻璃化转变时的自由体积分数及热膨胀系数的半经验关系式，称为 WLF 方程。该方程对研究聚合物黏弹性具有重要的意义。

2) WLF 方程的简单推导

根据液体黏度的 Doolittle 方程，材料黏度与分子运动及分子内摩擦相关，而分子运动又与自由体积有关，自由体积增大时，内摩擦减轻，体系黏度下降。据此非晶聚合物的本体黏度 η 与自由体积的关系可用式(3-60)表示：

$$\eta = A\exp(BV/V_f) \tag{3-60}$$

式中，V、V_f 分别为材料的总体积和自由体积；A、B 为常数。由式(3-60)知，自由体积 V_f 减小，黏度升高。

分别在 $T = T_g$ 和 $T > T_g$ 的某个温度处对式(3-60)取自然对数，得

$$\ln\eta(T) = \ln A + \frac{BV_r(T)}{V_f^r(T)} \qquad (T > T_g) \tag{3-61}$$

$$\ln\eta(T_g) = \ln A + \frac{BV(T_g)}{V_f(T_g)} \qquad (T = T_g) \tag{3-62}$$

两式相减得

$$\ln\frac{\eta(T)}{\eta(T_g)} = B\left[\frac{V_r(T)}{V_f^r(T)} - \frac{V(T_g)}{V_f(T_g)}\right] = B\left[\frac{1}{f_r} - \frac{1}{f_{T_g}}\right] \tag{3-63}$$

式中，f_{T_g}、f_r 分别为 T_g 和 T 温度处的自由体积分数。按照自由体积膨胀规律，设膨胀系数为 α_f，有

$$f_r = f_{T_g} + \alpha_f(T - T_g) \tag{3-64}$$

代入式(3-63)得

$$\ln\frac{\eta(T)}{\eta(T_g)} = B\left[\frac{1}{f_{T_g} + \alpha_f(T - T_g)} - \frac{1}{f_{T_g}}\right] \tag{3-65}$$

通过简化运算并改取常用对数，得

$$\lg\frac{\eta(T)}{\eta(T_g)} = -\frac{B}{2.303 f_{T_g}}\left[\frac{(T - T_g)}{\frac{f_{T_g}}{\alpha_f} + (T - T_g)}\right] \tag{3-66}$$

整理得

$$\lg\frac{\eta(T)}{\eta(T_g)} = -\frac{C_1(T - T_g)}{C_2 + (T - T_g)} \tag{3-67}$$

此即著名的 WLF 方程。式中,C_1、C_2 是与自由体积分数 f_{T_g} 有关的参数,分别为

$$C_1 = \frac{B}{2.303 f_{T_g}} \tag{3-68}$$

$$C_2 = \frac{f_{T_g}}{\alpha_f} \tag{3-69}$$

实验表明,许多非晶聚合物在玻璃化转变温度 T_g 附近的自由体积分数相差不大,接近 $f_{T_g} \approx 0.025$,见表 3-3;自由体积膨胀系数 $\alpha_f = 4.8 \times 10^{-4} K^{-1}$;$B \approx 1$,所以 C_1、C_2 是两个准普适常数:

$$C_1 = \frac{B}{2.303 f_{T_g}} \approx 17.44 \tag{3-70}$$

$$C_2 = \frac{f_{T_g}}{\alpha_f} \approx 51.6 \tag{3-71}$$

表 3-3 几种非晶聚合物在 T_g 时的自由体积分数

聚合物	f_{Tg}
聚苯乙烯	0.025
聚乙酸乙烯酯	0.028
聚甲基丙烯酸甲酯	0.025
聚甲基丙烯酸丁酯	0.026
聚异丁烯	0.026

将 C_1、C_2 代入式(3-67),就可以利用 WLF 方程,根据 T_g 时材料的黏度 $\eta(T_g)$ 求出在温度 T 的黏度 $\eta(T)$,公式的温度适用范围为 $T_g \sim T_g + 100K$。该理论又称玻璃化转变的等自由体积分数理论,亦即对很多非晶聚合物而言,降温时当自由体积降到约占总体积的 2.5%时,链段运动被冻结,材料就发生玻璃化转变。

需要说明的是,式(3-70)和式(3-71)给出的 C_1、C_2 值是在选择 T_g 为参考温度时得到的经验的“准普适”数值,对有些聚合物而言误差较大,只能作为在找不到与样品相应的 C_1、C_2 值时借鉴使用。换一个参考温度,C_1、C_2 值将改变。文献报道若选用 $T_S \approx (T_g + 50)K$ 作参考温度,得到 $C_1 = 8.86$、$C_2 = 101.6$,这组数据对许多非晶聚合物适用,适用温度范围为 $T = (T_S \pm 50)K$。

玻璃化转变的自由体积理论较直观和形象地描述了转变过程,已为人们普遍接受。但该理论也存在不足之处,主要问题在于理论提出的模型是一种静态的或准稳态的模型,没有考虑与分子运动有关的自由体积收缩或膨胀的时间依赖性,也没有考虑温度变化、分子运动、体积胀缩之间的非同步性。实际上由于大分子的长松弛时间和材料的高黏度,由温度变化引起的大分子运动和调整,乃至引起材料体

积的变化，包括自由体积变化和占有体积变化都是与时间有关的松弛过程。冷却速度不同，大分子运动和调整的程度不同，所得的自由体积分数就不相同。因此关于聚合物在玻璃化转变时为等自由体积分数状态的结论只能在一定的条件下成立。关于自由体积的概念和定义尚存在争论，也有的工作从热力学或动力学角度讨论玻璃化转变。关于这方面内容，读者可参看作者的《高分子物理学》(2011 年，北京，高等教育出版社)第 4 章。

黏流转变是指非晶聚合物力学状态在高弹态与黏流态之间的转变。这种转变发生在较高的环境温度下，对应的温度称黏流温度(flow temperature) T_f 。黏流温度同样是一个重要的特征温度，它是非晶聚合物热成型加工的下限温度。温度升至 T_f，材料在外力作用下形变迅速增加，弹性模量下降，宏观上出现塑性形变和黏性流动，容易加工成型。微观图像上，由于温度足够高，链段热运动进一步加剧。链段沿外力方向协同运动，不仅使分子链构象发生改变，而且导致分子链解缠结，分子整链质心发生相对位移。在黏流态下，整链运动是通过大量链段的分段协同运动完成的，如同蛇的蠕动。

由于分子整链参与运动，因此相对分子质量对黏流温度 T_f 有显著影响。对于同一聚合物，平均相对分子质量越大，松弛时间越长，黏流温度越高，在形变-温度曲线上表现为高弹区域展宽。由于相对分子质量具有多分散性，因此黏流转变区往往占据一个较宽的温度范围。相对分子质量分布越宽，黏流转变区域的温度范围越宽。

3.4.2　经典的非晶聚合物结构模型及关于分子链缠结的讨论

1. 无规线团模型

无规线团模型(random coil model)由 Flory 在 20 世纪 50 年代初提出。Flory 根据橡胶弹性的统计理论提出，在非晶聚合物本体中大分子链为构象符合 Gauss 分布的柔性链，大量分子链以无规线团状互相穿插、缠结在一起，无局部有序结构。分子链之间存在空隙(自由体积)。该模型称为无规线团模型，示意图见图 3-16。

无规线团模型得到一些实验支持。利用该模型可从热力学和统计力学说明橡胶的高弹性，在小形变时理论与实验符合良好。实验发现在橡胶中加入稀释剂对弹性模量和形变的应力-温度系数未产生“突变”式影响，说明材料内部并不存在局部有序结构，分子链排列是无规的。用辐射交联技术分别使非晶聚合物本体和相应的溶液交联，发现它们的分子内交联倾向无差别，也说明本体中分子链构象与在溶液中相似，并无其他有序结构。

无规线团模型遇到的挑战是它难以解释有些聚合物，如聚乙烯、聚丙烯等的极

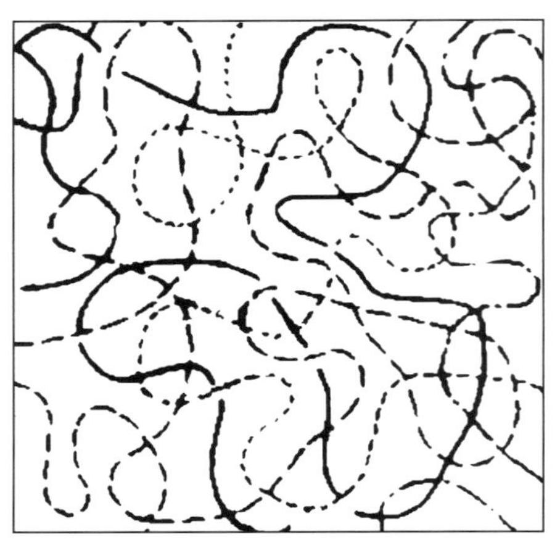

图 3-16 非晶聚合物的无规线团模型示意图

快结晶速度。人们很难设想原来处于熔融态的杂乱无序、无规缠结的分子链会在快速冷却过程中瞬间达到规则排列,形成结晶。Flory 为此提出分子链局部调整、无规折叠的结晶机理。另外,实验发现非晶聚合物内部并非完全均匀,X 射线小角散射和电子显微镜实验均观察到某些非晶聚合物内也存在尺度为几纳米的球粒,球粒内分子链表现出局部有序。实验测得多数聚合物非晶区与晶区的密度比 $\rho_a/\rho_c \approx 0.85 \sim 0.96$,而按无规线团模型得到该比值小于 0.65,说明无规线团模型估计的分子链无序程度偏高。根据无规线团模型计算得到的非晶聚合物的自由体积份数比实测值大。

2. 分子链缠结的经典图像

无规线团状分子链相互缠结是长链大分子间特有的相互作用,对聚合物的各种性能有重要影响。历史上对缠结的本质和微观图像有过多种看法,主要的有两种。一种观点认为,缠结是分子链内或分子链间的瞬态黏合或偶联。当分子链相互接近到足够近时,分子链间会发生强烈物理交换作用(范德华力或氢键)。另一种观点认为缠结不是分子链间的物理作用力造成的偶合点,而完全是一种拓扑性的或纯粹几何性的分子链之间的相互纠缠,见图 3-17。

两种观点分别能说明一些宏观现象,但同时也都遇到困难。第一种图像对说明有金属离子络合的瞬时交联网结构看来很合适。可以设想若链结构中有某种相互作用较强的链节或嵌段时。例如,有极性单元或者链的有规立构程度较高,缠结效应可能加剧。瞬态黏合或偶联型的缠结也似乎容易解缠结,从而说明为何在冷却结晶过程中,分子链缠结对结晶速度无大的负影响。第一种图像同时有很大局

(a)

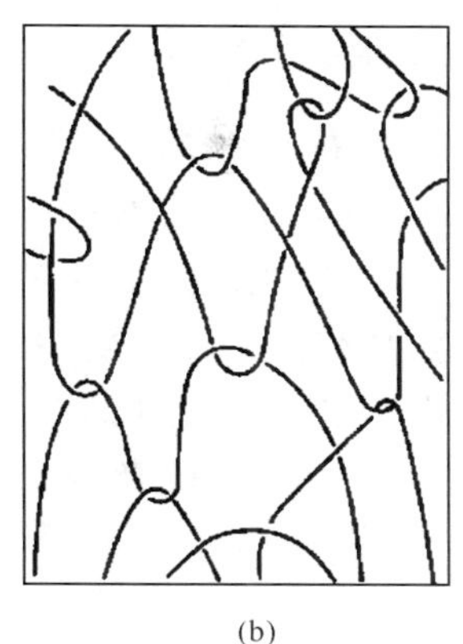
(b)

图 3-17　大分子链缠结的两种古典图像示意

(a)分子链间的瞬态“黏合或偶联”；(b)分子链相互缠绕，形成死结

限性。实验发现，缠结效应不仅发生在极性高分子中，无论何种化学结构的长链高分子，即使链节是完全非极性的，或结构无任何不均匀性，也都存在缠结。而当相对分子质量小于几万以下，无论何种链结构的高分子都不能发生缠结。这是第一种图像不能解释的。

第二种图像认为分子链缠结不是靠物理相互作用，而是完全拓扑性的或纯粹几何性的分子链纠缠。所谓拓扑性，指研究纯粹点、线、面在空间的次序关系而舍去其确切的物理特性。两条分子链发生缠结就如两条细绳相互缠绕、打结或套环，如图 3-17(b)所示。这种观点对于说明临界缠结相对分子质量的存在非常合适，实验表明分子链确实只有长到一定程度后才能发生缠结。由于在缠结点处两条分子链可以无限接近，因此这类结点称为短程几何缠结点。可以想象这种缠结在柔顺的线形分子链中会较多地发生，但实验表明增加柔性分子链的刚性程度，结果缠结特性反而表现更显著。此外，分子链上的大侧基对缠结也无多大影响，若按短程打结机理，带有支叉的链应该有多得多、牢得多的结点，实际上并非如此。从数学上可以计算出，两条分子链一旦形成短程死结，解开的概率很小，使得解缠结几乎不可能。因此短程几何缠结的图像也不具有普遍性。

经典缠结图像还有一个严重缺陷是，它过分强调了缠结点的作用，似乎除结点外，链上其他单元均未感受到邻近分子链的约束，从而淡化了分子链其他部分的相互作用。实际上在聚合物本体或熔体状态，分子链之间的相互作用不仅发生在结点处，链间的相互摩擦也非常重要，摩擦可以发生在整链的任何部位，尤其在分子链相对运动时。

3.4.3　分子链串滴模型和长程缠结的概念

3.2.2 节中根据对亚浓溶液性质的讨论，提出一种新的描述无规线团分子链的模型：链滴及串滴链模型，见图 3-9。模型认为分子链由一串自由连接的链滴组成，链滴的尺寸等于关联长度 ξ。在链滴范围内，排除体积效应起作用，因此滴内只有自身分子链的单元，其构象为膨胀链构象。而在大于 ξ 的范围内，由于屏蔽效应，排除体积作用失效，分子链取理想链构象。

现在将这一模型推广到极浓体系，即聚合物本体和熔体中。在极浓体系，同样认为分子链由一串自由连接的链滴组成，构成串滴链。链滴尺寸由累加的热运动自由能等于 kT 确定，因为在极浓体系中长程关联长度（链滴尺寸）等于热关联长度（$\xi=\xi_T$），而 ξ_T 的大小是由自由能等于 kT 确定的。同时认为在链滴范围内只有自身一条链段的单元存在，其他分子链或链段不能侵入。与亚浓溶液不同的是，在极浓体系中无论在链滴内或链滴外，分子链的构象均为理想链构象，整个链上各滴的分布服从 Gauss 分布，分子链是在所有尺度都符合 Gauss 构象分布的全 Gauss 链，具有自相似性。

图 2-13 给出这样一条串滴链模型图，而一个聚合物浓厚体系就是由大量串滴链相互穿插、紧密堆砌而成的聚集体，内部间或有空隙存在（自由体积）。一方面，如 3.3.2 节所述，分子链间的相互穿越程度是很大的，每条分子链范围内有十数条甚至几十条其他分子链相互穿插、缠结。另一方面，在滴中还相对保持着同一链段的结构单元，滴中的结构单元不与其他分子链发生相互作用，因此在小于链滴的层次看，一根分子链并没有渗透到另一根分子链的链滴的细节中去，不存在两根分子链短程缠结的结点。

de Gennes 认为，非晶聚合物中高分子链相互穿透形成的缠结网络，实际是由串滴链的相互拓扑穿绕形成的缠结结构，见图 3-18。图 3-18 中对于指定链①而言，分子链②、③、④分别与其缠绕。由于缠结点处两条分子链的最近距离不能小于 ξ，这种缠结称为长程缠结（long-range entanglement）或长程套环图像。

图 3-18 中还可见，虽然分子链相互缠绕，但与短程缠结点相比，这种缠结点不是一个死结点，更像一个套环。套环的位置可以随分子链的运动而改变，发生滑动，套环滑脱就等于解缠结。基于这种认识，就把分子链缠结的概念上升到一条分子链在其他分子链所形成的套环或管中的滑动。这种新的缠结作用即限制了分子链的运动，增强了分子链间的摩擦，又易于打开，解缠结，然后在新的平衡条件下形成新的缠结网络。若外力作用时间短，分子链来不及运动，缠结点来不及打开，分子链形成缠结网，网络具有一定的弹性。外力作用时间长，分子链运动范围大，相互摩擦，缠结点滑脱，材料发生塑性形变和流动，使聚合物和熔体呈现典型的黏弹性。这种关于分子链缠结的新的物理图像，澄清了人们对于缠结这种分子链相互

作用的理解：分子链的缠结作用不只发生在缠结点上，它同时发生在分子链的其他部分；它不是一个固定的死结点，而是一种随分子链运动时刻变化着的链间相互作用。这些观点对于理解熔体流动时分子链间的摩擦及黏弹性响应特别清晰，已经成为研究高分子浓厚体系流变本构关系的理论基础，将在本章 3.7 节讨论。

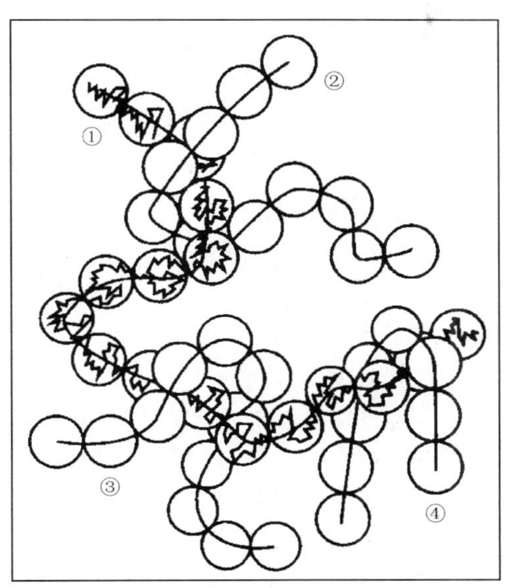

图 3-18　几根大分子链的长程套环图像(长程缠结)示意图

3.5　结晶(半晶)聚合物

结晶态是高分子材料最重要的凝聚态之一。大量分子链凝聚时，除了相互高度贯穿、交叠、缠结，分子链呈构象符合 Gauss 分布的无规线团外，在低温下经常有分子链或局部分子链规整排列，形成三维长程有序的点阵结构，生成结晶聚合物(crystalline polymer)。高分子材料的无定形态(原则上属于液态)与晶态之间的转变属于热力学一级相变。

高分子结晶可在溶液中发生，生成高分子单晶从溶液析出，也可在熔体冷却时原位发生液-固相变，生成复杂晶体。化学结构简单、规整性好的分子链结晶能力尤其强。分子链形成规则排列的驱动力为范德华力等次价键作用力，因此高分子晶体属于分子晶体。高分子晶体不属于软物质。

尽管对高分子结晶的热力学和动力学过程已作了大量研究，然而迄今为止人们对高分子结晶的细节并不十分清楚。研究高分子结晶的动力学本质为当今高分子物理学，尤其是高分子凝聚态物理学的热点课题。

3.5.1 高分子结晶的特点

1. 结晶过程复杂，晶体结构不完善，多为半晶聚合物

虽然高分子结晶及熔融属于热力学一级相变(液-固相变)，但是大分子结晶与小分子不同，与相对分子质量确定的齐聚物也不同，结晶过程复杂，晶体结构不完善，多形成半晶聚合物。造成半晶结构的原因是多方面的：一是无规线团状的大分子不可能直接进行有规排列，原本相互缠结的分子链进入晶区前必先解缠结，这一过程由于很高的熵活化位垒往往需要很长时间。不能解缠结的部分无法进入晶区。二是由于分子链很长且长短不一(相对分子质量分布很宽)，因此不可能完全规则排列形成完善晶层。很多情况下形成折叠链片晶，链末端游离在晶层外，形成晶界区。三是由于一个晶胞无法容纳整条分子链，一条分子链往往穿过几个晶胞或晶层，使晶层间存在着大量无规排列的分子链段落。因此，结晶聚合物通常都存在两相结构：晶相和非晶相，称为半晶聚合物(semi-crystalline polymer)。可以将结晶过程描述成一种两相结构的分离过程。相对较为伸展、容易规则排列的链序列形成晶相，而仍处于缠结的部分链，以及链末端、无规共聚单元、短支链、无规立构缺陷等被排出晶区，构成无定形非晶相。两相分离的驱动力遵从热力学最低自由能原则，晶区内分子链取内旋转势能最低的伸展链构象，而无规线团构象或弯折链或立构缺陷的能量较高，它们富集在能量较高的无定形区。

半晶聚合物的结晶度(crystallinity)定义为晶区部分在聚合物总量中所占的质量分数或体积分数，分别称为质量结晶度和体积结晶度。定义式为

质量结晶度

$$\chi_c^w = \frac{m_c}{m_c + m_a} \tag{3-72}$$

体积结晶度

$$\chi_c^v = \frac{V_c}{V_c + V_a} \tag{3-73}$$

式中，m_c、V_c 分别为晶区部分的质量和体积；m_a、V_a 分别为非晶部分的质量和体积。结晶度可用密度法、量热法、红外光谱法等测量。

2. 晶胞中分子链取能量最低的平行排列构象，链轴向为晶胞 c 轴

X 射线散射实验表明，大分子结晶时分子链以轴平行方式排入晶胞，通常规定分子链主链方向(轴向)沿晶胞 c 轴。由于 c 轴方向为主价键结合，而 a、b 轴方向为次价键结合(次价键作用范围为 0.25～0.5nm)，因此晶体具有明显各向异性。这种排列方式也造成结晶聚合物无立方晶系，其他六种晶系(六方、四方、菱形；正交、三斜、单斜)在聚合物晶体中都有存在。

虽然不同结构分子链在晶区内的排列方式不同，但遵照热力学基本原理，都采取能量最低、最稳定的平行排列密堆积构象。对于没有取代基或取代基较小的饱和碳链高分子(如聚乙烯)，晶胞中相邻碳原子连接取能量最低的反式构象，形成平面锯齿链。而对于分子链中有较大侧基的高分子(如聚丙烯)，由于空间位阻效应，取反式-旁式交错构象能量更低，晶胞中形成螺旋分子链，见图 3-19。不同分子链构象构成的晶胞参数不同，一个实际分子链的具体构象需通过实验测量晶胞参数来确定。不饱和碳链高分子因主链含不能旋转的内双键，有顺式构型和反式构型两种几何异构体。结晶时反式链节多取平面锯齿链构象，顺式链节取扭折链构象。反式结构的等同周期小于顺式结构，更容易结晶。不饱和碳链结晶时无螺旋链构象。

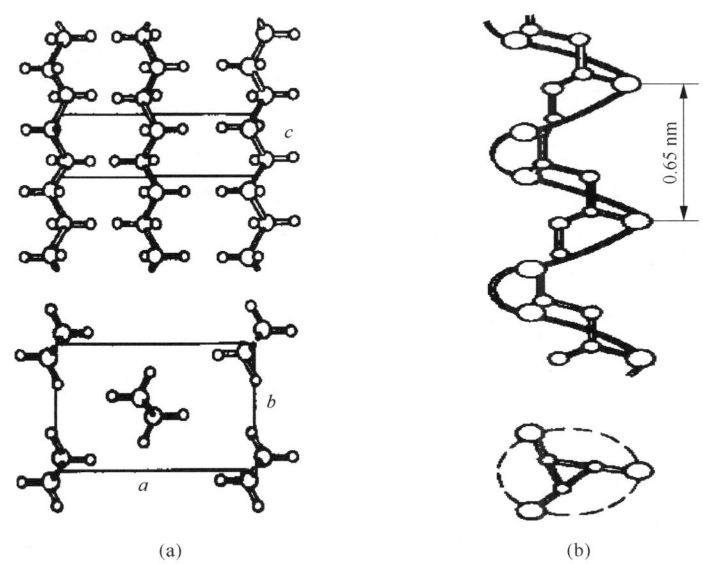

图 3-19　晶胞中聚乙烯(a)、聚丙烯(b)分子链构象示意图
上：侧视图；下：顶视图

3. 结晶过程更多地受动力学因素控制，存在同质多晶现象

尽管晶胞中分子链取何种排列方式遵从热力学的最低自由能原则，但在一定外部条件下晶体结构的形成却更多地受动力学因素控制。结晶属于一种热力学相变，任何相转变都涉及转变途径和转变速率问题。与小分子结晶过程相似，大分子结晶也分为成核(nucleation)和生长(growth)两个阶段，每个阶段都有一个最佳发展条件和最佳发展速率。最终决定晶体生长和晶体结构的是由各方面因素综合形成的最大发展速率，而不是最低自由能。例如，按照热力学考虑，完全伸直链晶体

的内能最低，也最稳定。但分子链完全伸直首先要求链缠结完全打开，而且要克服黏性，充分运动，顺序排列，这个过程通常很难实现。很多情况下，分子链来不及打开缠结，就地稍加调整就进入折叠链晶体。虽然折叠链片晶的厚度远不及伸直链晶体，稳定性也较差，但它的发展速率高，最先形成。

由于动力学原因，同种高分子因结晶条件不同会出现不同晶型，称为同质多晶现象。例如，全同立构聚丙烯的晶胞有三种类型，α 型属单斜晶系，β 型属假六方晶系，γ 型属三方晶系。全同聚 1-丁烯的晶胞也有三种类型，Ⅰ 型属三方晶系，Ⅱ 型属四方晶系，Ⅲ 型属正交晶系。不同晶型的晶胞参数不同，链构象也不同，见表 3-4。在一定条件下不同晶型之间会相互转化，发生固-固相变。如升温会使晶胞参数变大；在拉伸作用下，聚乙烯会从正交晶系转为三斜或单斜晶系。

表 3-4　全同立构聚丙烯和全同聚 1-丁烯的同质多晶参数

聚合物	晶型	链节数/晶胞	晶胞尺寸($a\times b\times c$)/nm	链构象	晶系
聚丙烯(全同)	α 型	12	0.665×2.096×0.650	$H3_1$	单斜
	β 型	27	1.908×1.908×0.649	$H3_1$	六方
	γ 型	3	0.638×0.638×0.633	$H3_1$	三方
聚 1-丁烯(全同)	Ⅰ 型	18	1.769×1.769×0.650	$H3_1$	三方
	Ⅱ 型	44	1.485×1.485×2.060	$H11_3$	四方
	Ⅲ 型		1.249×0.896×?		正交

3.5.2　高分子晶体形态和结构模型

1. 晶体形态

高分子晶体形态指与分子链堆砌方式有关的晶体亚微观形态，晶体形态的生成与结晶条件密切相关。在一般温度场中结晶，分子链多沿晶片厚度方向反复折叠排列，形成折叠链晶片(folded chain lamellae)；在应力场中结晶，分子链沿应力方向伸展排列，易形成伸直链晶片(extended chain lamellae)。前者有时称为热诱导结晶，而后者称为应力诱导结晶。折叠链晶片组成的晶体形态有单晶、球晶及其他形态的多晶聚集体，伸直链晶片组成的晶体形态有纤维状晶体和串晶等。

单晶(single crystal)和球晶(spherulite)为折叠链晶片。其中单晶是从聚合物稀溶液中培养(缓慢结晶)得到的规则折叠链片晶，图 3-20(a)是从聚乙烯的二甲苯稀溶液得到的单晶照片，具有典型的晶体规则外形。球晶是在无应力状态下从溶液或熔体结晶得到的晶体形态，是一种球形多晶聚集体，基本结构也是折叠链片晶。在正交偏光显微镜下，球晶呈现特有的马耳他十字(maltase cross)消光图。图 3-20(b)和(c)分别为等规聚苯乙烯和全同立构聚丙烯球晶的偏光显微照片，可看出晶体呈球形。黑十字消光图反映了球晶的对称性和双折射性。

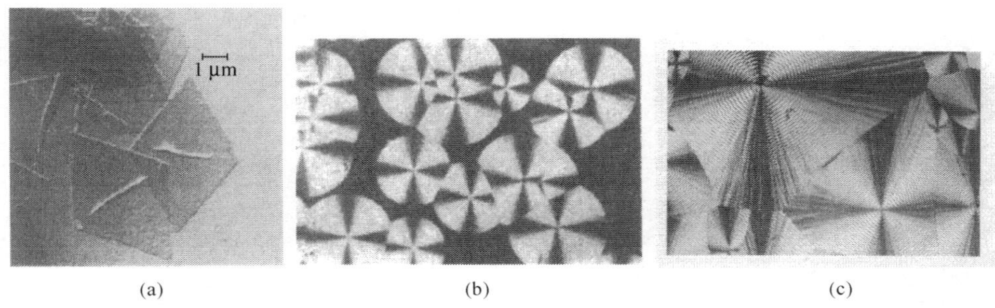

图 3-20　聚乙烯单晶照片(a)及聚苯乙烯(b)和全同立构聚丙烯(c)球晶的偏光显微照片

球晶生长初期并非为球形,初始晶核多为小晶片,也称微球晶,而后逐渐向外张开生长,发展成球状聚集体。尺寸小的球晶直径约为 0.1μm,大的达厘米数量级。图 3-21 给出一个球晶生长过程示意图:从小晶片[图 3-21(a)]长成捆束状多层晶片[图 3-21(b)、(c)],不断分叉长大[图 3-21(d)],最后才长成具有结晶学上等价晶轴的球晶[图 3-21(e)]。结晶时间越长,球晶生长得越完善。图 3-21(f)给出了球晶结构示意图,注意晶片均为折叠链片晶,晶片内分子链的方向(c 轴方向)基本与球晶半径方向垂直。

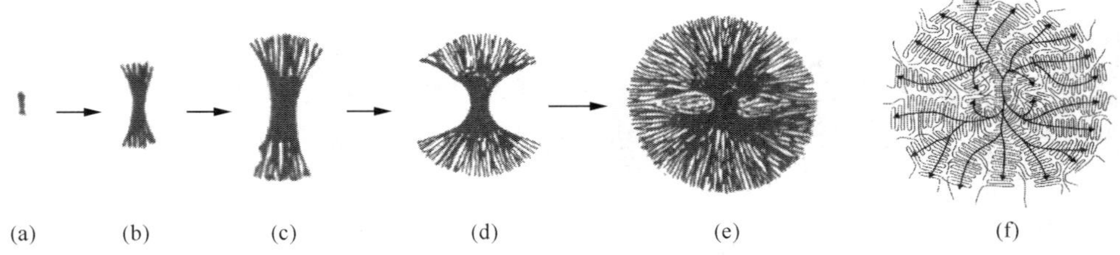

图 3-21　球晶生长过程示意图

伸直链晶体(extended chain crystal)是在特定应力环境中,如高温高压下缓慢结晶得到的伸直链片晶,晶片厚度大于或等于伸直的分子链长。Wunderlich 将线形聚乙烯在 500MPa 静压下于 230℃结晶 8h,得到 PE 伸直链晶片。片晶密度高达 0.9938g · cm^{-3},结晶度为 97%,熔点为 140℃,接近于理想 PE 晶体的数据。从热力学理论分析,伸直链晶体应是能量最低、最稳定的高分子晶态,其强度极大。

在聚合物实际加工成型中,虽有一定应力场,但强度远不足以形成伸直链片晶,结果常得到既有伸直链晶体又有折叠链片晶的纤维状晶、串晶和柱晶。所谓串晶,是以纤维晶为结晶中心,周围生长出许多折叠链晶片,与纤维晶一起构成串状结构。图 3-22 给出一种自增强聚乙烯注射样品的串晶照片及串晶结构示意图。

在串晶中心是直径约为 5～10nm 的伸直链骨架,称为 shishs。周围环状折叠链片晶称为 kebabs,合称 shish-kebab,即串晶。串晶的生成温度比纤维晶低。串晶与纤维晶一样具有增强功能,串晶还能提高制品的耐磨性。

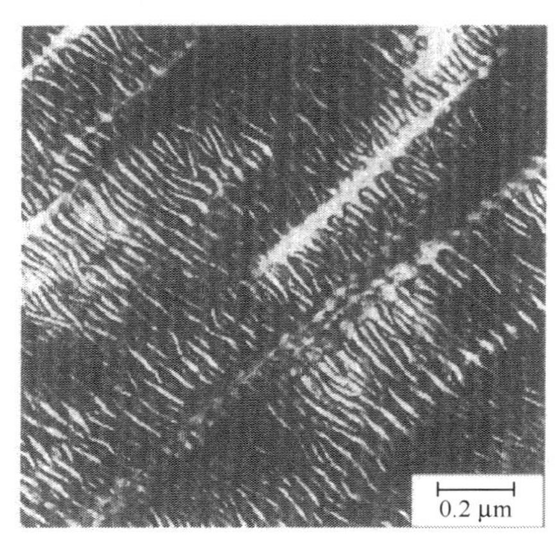

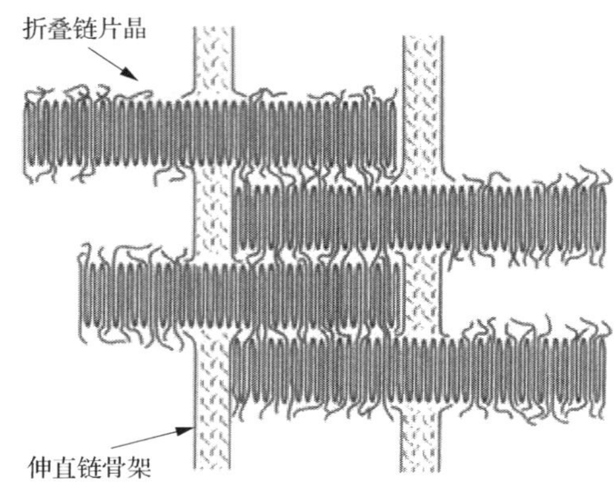

图 3-22 PE 注射样品的串晶照片(TEM)及串晶结构示意图

2. 结构模型

聚合物结晶时,大量分子链如何排入晶区是涉及成核机理、晶体生长细节和晶体结构的根本性问题,曾提出多种模型来说明大分子晶区的排列方式和排列过程。主要有两种:一是 Keller 为代表的分子链以"近邻折叠"方式结晶的折叠链模型,一是 Flory 为代表的分子链以"无规折叠"方式结晶的插线板模型。鉴于高分子结晶过程和晶体形态的复杂性,各种模型都只能说明部分结晶现象,有一定的局限性,有些问题尚在争论中。

折叠链模型(chain-folded model)由 Keller 提出(1957 年)。提出的依据是得到了聚合物单晶,单晶的电子衍射图有清晰、明亮的衍射点花样,说明为纯晶相结构。单晶厚度约为 10nm,分子链主链方向(c 轴)平行于晶片厚度方向,因此长数百至数千纳米的分子长链应该是以折叠链方式排入晶体的,见图 3-23(a)。排入方式为近邻规整折叠,当部分分子链进入晶区后,立即反复折叠,陆续进入晶区,折叠时链的键长、键角不变。

折叠链模型得到许多实验支持,为大多数人所公认。实验表明,球晶也是以折叠链小晶片组成的多晶聚集体,见图 3-21(f)。但模型也有不足之处,模型认为分子链规整折叠,弯折部分所占比例很小,结晶很完整,而实际上许多高分子单晶也存在晶体缺陷,有些单晶表面结构松散。实际测量的单晶密度也比理想晶体的密度小。

根据单晶存在晶体缺陷的事实,Fischer 提出松散折叠链模型。模型同样认为

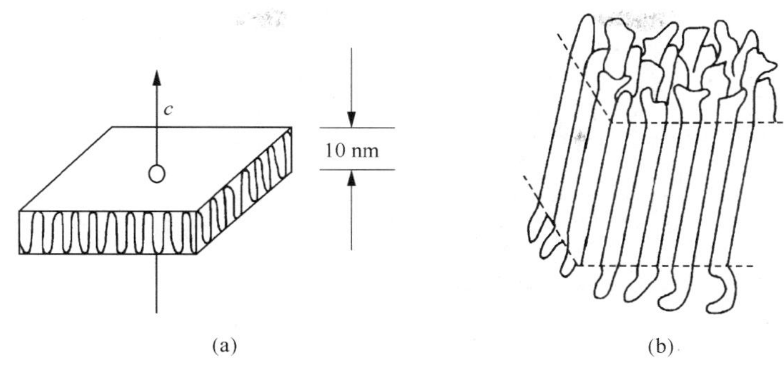

图 3-23　规则折叠链(a)和松散折叠链(b)模型示意图

晶区中分子链为近邻折叠,但弯折部分不是紧凑和规则的,而有松散和不规则的环圈,见图 3-23(b)。一条分子链可能贯穿几个晶片,它在一个晶片中折叠一部分,又伸出晶面到另一晶片参加折叠,使晶片间出现无规排列的连接链,晶片缺陷增多,晶区相界面模糊,晶区和非晶区并存。可以设想相对分子质量越大的链贯穿多个晶片的可能性越大,非晶区越多。

插线板模型(switchboard model)由 Flory 提出,它是一种非折叠链模型。Flory 认为,由于在溶液或熔体中分子链均呈无规线团状,结晶时作近邻规整折叠的可能性很小。聚合物结晶速度相对较快,而无规线团的松弛速度较慢,因此结晶时分子链来不及"长时间"调整,它们只是对局部链段做必要调整后即进入晶格,分子链是"无规折叠"的。

按照插线板模型,晶区内相邻排列的两段分子链未必属于同一分子链的相连链段,而可能是非相邻的链段或者是其他分子链的链段。一条分子链可先在一个晶片中排入部分链段,然后穿越非晶区,又进入另一晶片参与排列。它也可能再折回原晶片,但排列位置未必紧邻原链段,见图 3-24。该模型的晶片内部是排列整齐的链段,表面像插有许多"接线",类似旧式电话交换台的插线板,由此而得名。

插线板模型很好地解释了聚合物结晶速度快与分子链松弛运动慢的矛盾。中子小角散射实验研究结晶分子链均方旋转半径的结果也支持该模型。若按近邻折叠模型,结晶前后分子链的构象会有很大差别,结晶前为无规线团构象,结晶后分子链紧凑规整排列,均方旋转半径会有很大变化。但实验表明,结晶前后分子链均方旋转半径变化很小。插线板模型对此有合理的解释,因为结晶时分子链就地随机无规折叠,晶片厚度很小(约为 10nm),排入晶区的链段与整根分子链相比,所占比例小,因此结晶时分子链整体构象没有很大变化。表 3-5 给出用中子小角散射实验测量的部分结晶聚合物熔融态和结晶态的分子链均方旋转半径。可以看出即使结晶度很高的聚乙烯、聚丙烯,结晶态与熔融态中的分子链尺寸相差无几,说明结晶对分子链构象改变的影响很小,只是在排入晶格时做了局部调整。

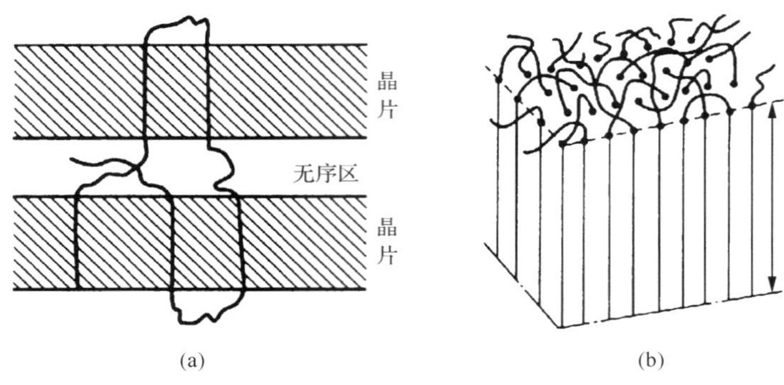

图 3-24　插线板模型示意图

表 3-5　中子小角散射实验测量的部分结晶聚合物的分子链尺寸

聚合物	结晶方法	$(\langle R^2\rangle/\langle M_w\rangle)^{1/2}$ /(nm · $mol^{1/2}$ · $g^{-1/2}$)	
		熔融态	结晶态
聚乙烯	从熔体快速淬火	0.046	0.046
聚丙烯	快速淬火	0.035	0.034
聚丙烯	139℃等温结晶	0.035	0.038
聚丙烯	从熔体快速淬火，而后在 137℃退火	0.035	0.036
聚氧乙烯	缓慢冷却	0.042	0.052
等规聚苯乙烯	140℃结晶 5h	0.026～0.028	0.024～0.027
等规聚苯乙烯	140℃结晶 5h 后，180℃结晶 50min	0.026～0.028	0.026
等规聚苯乙烯	200℃结晶 1h	0.022	0.024～0.029

3.5.3　结晶与熔融动力学

1. 结晶过程和结晶速率

小分子晶体的结晶温度是确定的，达到该温度后结晶立即发生，释放出潜热而温度恒定。聚合物熔体结晶与此不同，大分子结晶必须在一个较大的过冷度下才开始，且有一个较宽的结晶温度区间，在其中某一温度附近有最大结晶速率。

与小分子结晶相似的是，大分子结晶也包括成核和晶粒生长两个阶段。成核分为均相成核和非均相(异相)成核两种方式。均相成核是指由于热运动抑制而形成分子链局部有序，当有序区超过临界尺寸，就生成有一定体积且热力学稳定的晶核，晶核的化学组成与而后生长的晶体相同。异相成核是指以外来杂质，或特意加入的成核剂(nucleating agent)，或以容器壁作为晶体的生长点。外加成核剂能显著降低成核表面自由能，使开始结晶所要求的过冷度减少。晶核生成以后，分子链陆续向晶核扩散并规整堆砌使晶粒逐步长大。由于均相成核是在整个结晶过程中不断形成，因此晶粒生长时间不同，得到的晶粒尺寸不一。异相成核往往所有晶核同时生成，得到的晶粒比较均匀。

实验表明，晶体生长只在片晶的侧面发生，即沿二维生长，生长时片晶厚度保持不变(约为 10nm)。对于球晶而言，除沿侧面横向生长外，在片晶表面还会出现分叉过程，这是构建球晶的必要步骤。出现分叉的原因很复杂，可能与熔体黏度高和存在杂质有关，高黏介质中杂质难以及时扩散，造成片晶生长面不稳定，形成分叉。图 3-21(f)给出了片晶分叉，形成球晶示意图。由于分叉，片晶分为主片晶(dominant lamellae)和副片晶(subsidiary lamellae)。主片晶生长得快，先构成球晶框架，副片晶生长得慢，而后逐步填满球晶。主、副片晶厚度相同，但熔融时副片晶先熔化。

结晶的快慢用结晶速率来比较。根据结晶过程，结晶速率分为(均相)成核速率、晶体生长速率及两者共同组成的总结晶速率。成核速率和晶体生长速率多采用直接观察法测量。采用偏光显微镜或电子显微镜观察记录单位时间形成晶核的数目，计算晶核生成速率。采用偏光显微镜加摄像或用小角激光散射法测量球晶半径随时间增大的速率，计算晶体生长速率。总结晶速率用膨胀计法或小角 X 射线散射法测量。由于结晶时分子链规整排列，材料密度增大，因此也可用膨胀计跟踪测量材料比容的变化来求算结晶速率。总结晶速率常用半结晶时间的倒数 $(\tau_{1/2})^{-1}$ 表示。

2. Avrami 方程

聚合物结晶过程常用 Avrami 方程来描述：

$$\chi_{c,t}^{v} = \chi_{c,\infty}^{v}(1 - e^{-K \cdot t^{n}}) \tag{3-74}$$

式中，$\chi_{c,t}^{v}$ 为 t 时刻的体积结晶度；$\chi_{c,\infty}^{v}$ 为结晶完成($t \to \infty$)时的体积结晶度；t 为结晶时间；K 为结晶速率常数，与结晶方式有关，K 越大，结晶速度越快；n 为 Avrami 指数，与成核方式和晶粒生长方式有关。表 3-6 给出不同成核方式和不同晶粒生长方式时的 Avrami 指数。若实验求得 Avrami 指数 n，则能初步判断成核性质和结晶生长方式。

表 3-6　不同成核方式和不同结晶生长形式的 Avrami 指数

晶粒生长方式	均相成核	异相成核
三维生长(球状、块状晶体)	$n=4$	$n=3$
二维生长(片状、板状晶体)	$n=3$	$n=2$
一维生长(针状、纤维状晶体)	$n=2$	$n=1$
树枝状晶体	$\geqslant 6$	$\geqslant 5$

Avrami 方程也可写成以下形式：

$$\frac{v_t - v_\infty}{v_0 - v_\infty} = e^{-Kt^n} \tag{3-75}$$

式中，v_0、v_∞、v_t 分别为结晶起始、结晶终结和结晶过程 t 时刻样品的比容。可以证明式(3-75)与式(3-74)等价。$\frac{v_t - v_\infty}{v_0 - v_\infty} = 1/2$ 所需的时间即半结晶时间 $\tau_{1/2}$，倒数 $(\tau_{1/2})^{-1}$ 为结晶速率。

采用膨胀计测量结晶速率时，Avrami 方程改写成

$$\frac{h_t - h_\infty}{h_0 - h_\infty} = e^{-Kt^n} \tag{3-76}$$

式中，以膨胀计的水银柱高度代替比容，h_0、h_∞、h_t 分别为结晶起始、结晶终结和结晶过程中 t 时刻水银柱高度。对式(3-76)求两次对数，得

$$\lg\left(-\ln\frac{h_t - h_\infty}{h_0 - h_\infty}\right) = \lg K + n\lg t \tag{3-77}$$

这是一条直线方程。以不同时间 t 测得的膨胀计的水银柱高度 $\frac{h_t - h_\infty}{h_0 - h_\infty}$ 对时间 t 作图，得到直线的斜率为 Avrami 指数 n，截距为结晶速率常数 $\lg K$。图 3-25 为聚酰胺-1010 在不同温度下结晶得到的 Avrami 曲线，可以看出在主结晶区为很

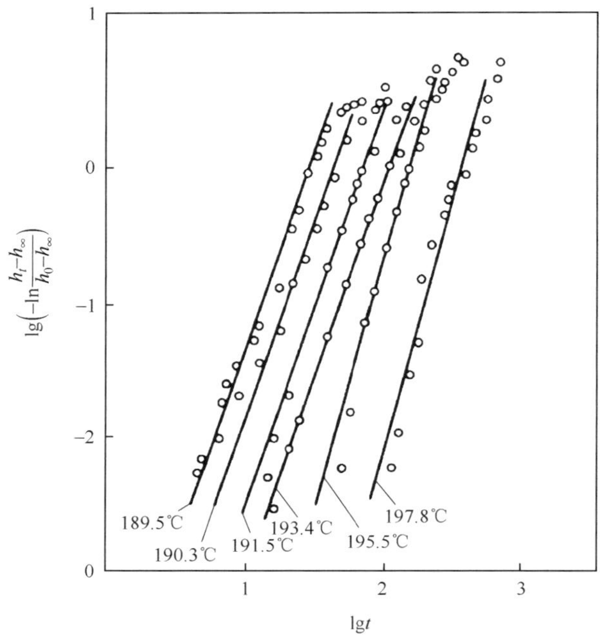

图 3-25　聚酰胺-1010 等温结晶的 Avrami 曲线

好的直线。在结晶后期数据偏离直线，称为次期结晶。次期结晶不遵循 Avrami 机理。

3. 影响结晶的因素

分子链结构的影响： 结晶时分子链通过链段运动排列到晶格中去，因此运动能力强的柔顺分子链较易结晶。结构单元简单、对称性和规整性好的分子链的链段运动能力强，容易结晶。此外，取代基的体积和空间位阻、支化和交联等也对结晶有影响。一般取代基空间位阻大，长支链或交联高分子的结晶性较差(表 3-7)。

表 3-7　一些聚合物的球晶生长速率(参考值)

聚合物	球晶生长速率/(μm · s^{-1})	聚合物	球晶生长速率/(μm · s^{-1})
聚乙烯	8.3×10^4	聚四氟乙烯	5.0×10^2
聚酰胺-66	2.0×10^4	等规聚丙烯	3.3×10^2
聚甲醛	6.7×10^3	聚对苯二甲酸乙二酯	1.7×10^2
聚酰胺-6	2.5×10^3	等规聚苯乙烯	3.8×10^0

分子间作用力大的聚合物较难结晶，但一旦开始结晶，则晶体结构较稳定，如聚酰胺分子中的 C═O 和 N—H 基团容易生成氢键，链段运动受氢键制约，结晶较困难，需在较高温度下才能结晶。但聚酰胺晶体的结构较稳定，熔点较高，聚酰胺-6 熔点为 270℃，聚酰胺-66 熔点达 280℃。

共聚物的结晶能力一般比均聚物差，因为第二单体或第三单体的加入往往破坏了分子链的对称性和规整性。共聚物结晶能力与各组分的序列长度有关。无规共聚物不能结晶。

环境因素的影响： 温度对聚合物的结晶方式和结晶速率影响很大，有时温度相差几度，结晶速率相差几倍至几十倍。聚合物结晶温度范围宽，原则上在玻璃化转变温度 T_g 和熔融温度 T_m 之间均可结晶。温度较低时，链段活动能力低，容易生成晶核，但晶粒生长慢，结晶速率不高。温度较高时，链段活动能力强，不易成核，生成晶核不稳定，结晶速率也不高。要获得高结晶速率必须兼顾成核速率和晶粒生长速率。按经验最大结晶速率的温度

$$T_{c,max} = (0.8 \sim 0.85) \cdot T_m \tag{3-78}$$

某些条件下溶剂有促进结晶的作用，这是由于溶剂渗入分子链间，使链段运动能力增大，易于排入晶格，称为溶剂诱导结晶。外应力通常能加速聚合物结晶，如天然橡胶在常温下结晶速率极慢，但拉应力下几秒钟内就能结晶，称为应力诱导结晶。外应力作用下还容易生成伸直链晶体。杂质对结晶过程有很大影响，但影响效果不同。有些杂质对结晶起促进作用，用作异相成核剂促进晶核形成，不仅使结晶速率提高，而且使生成的球晶尺寸变小，材料性能改善。有些杂质起阻碍作用，

主要是一些惰性稀释剂，加入后使结晶分子浓度降低，结晶速率减缓。

4. 结晶聚合物的熔融

加热结晶聚合物至一定温度，晶区发生熔融(melting)。晶体熔融是热力学一级相变过程，熔融时体系自由能的一阶导数，如热焓、熵、体积等发生不连续变化。与小分子晶体不同的是，小分子晶体的平衡熔点与结晶温度重合，熔融是结晶的逆过程。而聚合物晶体的熔融发生在一个较宽的温度范围，称为熔程或熔限，见图 3-26。文献中给出的所谓熔点 T_m 一般指晶区完全熔融的温度。熔点的高低是结晶聚合物耐热性的一种量度，可用示差扫描量热法(DSC 法)测量。

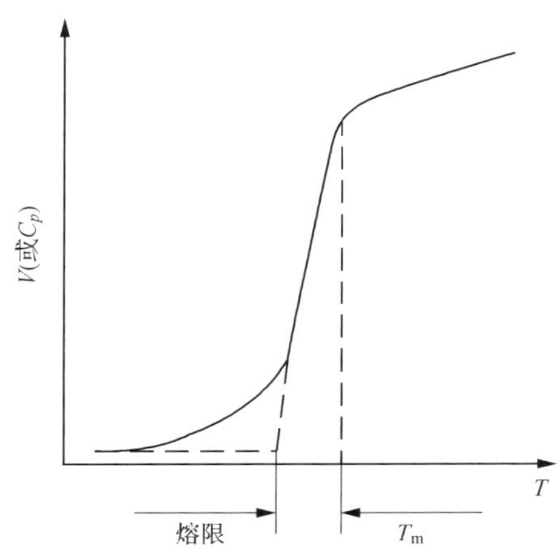

图 3-26 结晶聚合物熔融过程中体积(或比热)-温度曲线

聚合物熔融出现熔限与大分子结晶的不完善有关。高分子结晶形态复杂，晶片厚度不等，晶区与非晶区并存，非晶部分对结晶有干扰。即使晶区自身也存在各种各样缺陷，这些都影响熔限的宽度。实验表明，熔融温度与结晶条件有关，先生成的主片晶熔点较高，后生成的副片晶熔点较低，加热时副片晶首先熔化。较高温度下形成的结晶，熔点高、熔限较窄；而较低温度下形成的结晶，熔点低且熔限较宽。这是因为高温结晶时成核数量少，晶体长得大而完整，因此熔限较窄。低温结晶时成核数量多，晶粒尺寸小，晶体结构多处于初级阶段，所以熔点低而熔限宽。

1) 熔点与聚合物结构的关系

从热力学相变考虑，熔点应是结晶和熔融达到热力学平衡的温度，应有

$$\Delta G = \Delta H_m - T_m \Delta S_m = 0 \tag{3-79}$$

则

$$T_m = \Delta H_m / \Delta S_m \tag{3-80}$$

式中，ΔH_m 为熔融热，ΔS_m 为熔融熵。由此可知，提高熔点有两条途径：一是提高

熔融热 ΔH_m；二是降低熔融熵 ΔS_m。ΔH_m 的大小与分子间作用力相关，作用力大，ΔH_m 高；ΔS_m 的大小与分子链柔性有关，分子链刚性大，ΔS_m 小。由此得知，分子间作用力强、链刚性大的材料熔点高，耐热性好。例如，主链中含极性基团（如酰胺基、酰亚胺基、脲基、酯基或侧基含—OH、—NH_2、—CN、—NO_2、—CF_3 等极性基团）的材料，分子间作用力大，熔点高。分子链含能生成氢键基团）的材料，熔点也高。

此外，主链含共轭双键、叁键或环状结构，或侧链上含有庞大而刚性侧基的聚合物，分子链柔性差，熔融熵低，熔点也高。例如，分子链柔顺的聚乙烯熔点为137℃，而主链含苯环的聚对二甲苯撑分子链刚性大，熔点达 375℃；分子链刚性更大的聚苯熔点高达 530℃。

相对分子质量对熔点的影响是，相对分子质量较小时，熔点随相对分子质量增大而增高。达到某一临界相对分子质量后，熔点趋于平衡值，见图 3-27(a)。这种关系可用式(3-81)表示：

$$1/T_m - 1/T_m^{\infty} = (R/\Delta H_{mol}) \cdot 2/P_n \tag{3-81}$$

式中，T_m 为实际熔点；T_m^{∞} 为平衡熔点，是晶相、非晶相达到热力学平衡按式(3-80)求得的熔点，也可视为晶片厚度趋于无穷大的熔点；ΔH_{mol} 为每摩尔重复单元的熔融焓；P_n 为聚合度；R 为摩尔气体常量。用 $1/T_m$ 对 $1/P_n$ 或 $1/\overline{M}_n$ 作图，得到的直线截距即 $1/T_m^{\infty}$，见图 3-27(b)。

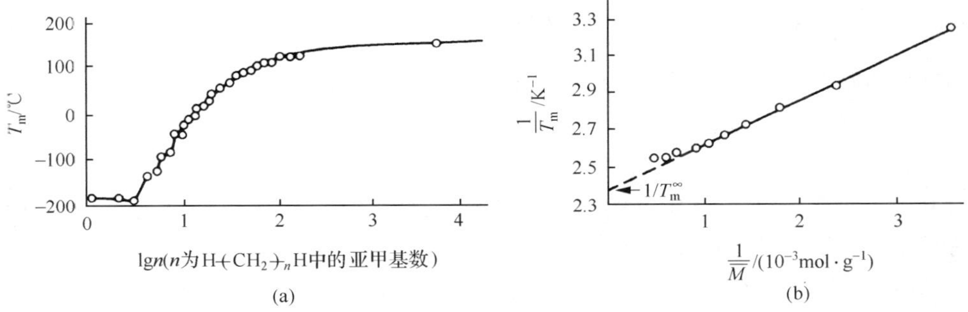

图 3-27　H$\leftarrow$CH$_2\rightarrow_n$H 的相对分子质量与熔点的关系

2）熔点与结晶条件的关系

结晶温度对熔点和熔限的影响见图 3-28。由图 3-28 可以看出结晶温度升高，熔点升高而熔限变窄。这种性质对提高聚合物材料耐热性有参考价值。

杂质对熔融行为影响大。聚合物中的低分子添加剂，分子链中无规共聚的单体单元及分子链末端等均可视为杂质，它们影响结晶也影响熔融，使熔点下降。各种低分子稀释剂（如增塑剂、残余单体、其他可溶性添加剂）对熔点的影响可用式(3-82)表示：

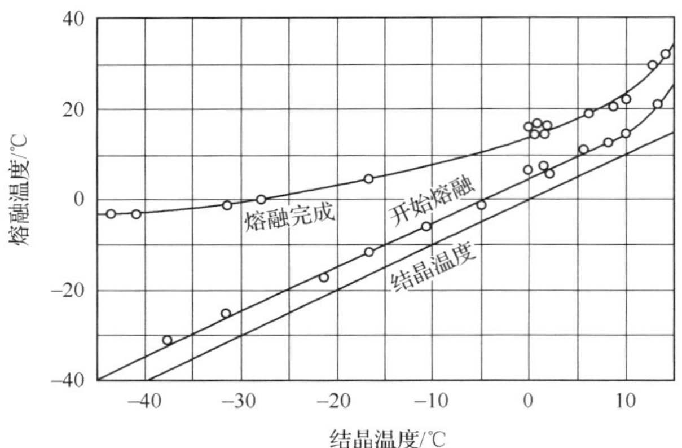

图 3-28 一种橡胶材料的熔点与结晶温度的关系

$$1/T_{\mathrm{m}}-1/T_{\mathrm{m}}^{\infty}=\frac{R}{\Delta H_{\mathrm{mol}}}\frac{V_{\mathrm{mol},2}}{V_{\mathrm{mol},1}}(v_1-\chi_{12}v_1^2) \tag{3-82}$$

式中，T_{m}^{∞} 和 T_{m} 分别为纯聚合物和含杂质聚合物的平衡熔点；ΔH_{mol} 为每摩尔重复单元的熔融焓；$V_{\mathrm{mol},2}$ 和 $V_{\mathrm{mol},1}$ 分别为高分子重复单元和低分子稀释剂的摩尔体积；v_1 为稀释剂的体积分数；χ_{12} 为高分子-稀释剂相互作用参数。由于良溶剂的 χ_{12} 比不良溶剂低，因此与高分子相容性好的稀释剂使熔点降低得更多。

3.5.4 晶体厚度与结晶温度和熔点的关系

晶体厚度对结晶温度和熔点的影响规律不尽相同。结晶温度 T_{c} 与晶体厚度为 d_{c} 间存在简单关系：

$$d_{\mathrm{c}}^{-1}=C_{\mathrm{c}}(T_{\mathrm{c}}^{\infty}-T_{\mathrm{c}}) \tag{3-83}$$

式中，T_{c}^{∞} 为形成厚度无限大的完善晶体的结晶温度；C_{c} 为常数。由式(3-83)知结晶温度 T_{c} 越高，片晶厚度越大。

熔点 T_{m} 与晶体厚度的关系比较复杂。设一个结构单元在完善的无限大晶体内的 Gibbs 自由能为 g_{c}，在熔融态的 gibbs 自由能为 g_{a}，在一定厚度晶体表面的表面能为 σ_{e}。又设晶体厚度为 d_{c} 时，沿厚度方向（c 轴）一段链共有 n_{c} 个结构单元，则结晶时排入一段链的自由能变化关系为

$$n_{\mathrm{c}}g_{\mathrm{c}}+2\sigma_{\mathrm{c}}=n_{\mathrm{c}}g_{\mathrm{a}} \tag{3-84}$$

由式(3-80)，设一个结构单元的熔融熵为 Δs_{m}，熔融焓为 Δh_{m}，根据结晶平衡条件有

$$\frac{\Delta h_{\mathrm{m}}}{T_{\mathrm{m}}^{\infty}}(T_{\mathrm{m}}^{\infty}-T)=\Delta s_{\mathrm{m}}(T_{\mathrm{m}}^{\infty}-T)\approx g_{\mathrm{a}}-g_{\mathrm{c}} \tag{3-85}$$

式中，最后一步为近似等式，意味着结晶时一个结构单元的焓变小于熵变。代入

式(3-84)，得到晶体厚度为 d_c 的熔点 T_m：

$$T_m = T_m^{\infty}\left(1 - \frac{2\sigma_e}{\Delta h_m} \cdot \frac{1}{n_c}\right) \tag{3-86}$$

该公式称 Thomson-Gibbs 方程(或 Hoffman-Weeks 方程)，反映了熔点与晶体厚度的关系。厚度越大，结晶越完善，熔点越高；$n_c \to \infty$，$T_m \to T_m^{\infty}$。公式经常写成更实用的形式：

$$T_m = T_m^{\infty}\left(1 - \frac{2\sigma_s}{d_c \Delta H_0}\right) \tag{3-87}$$

式中，d_c 为片晶厚度；ΔH_0 为单位体积晶体的熔融热；σ_s 为片晶底面(折叠面)单位面积的表面自由能。

图 3-29 给出一组间规聚丙烯及间规丙烯-辛烯共聚物(辛烯含量不同)样品的结晶温度、熔点与晶体厚度的关系。

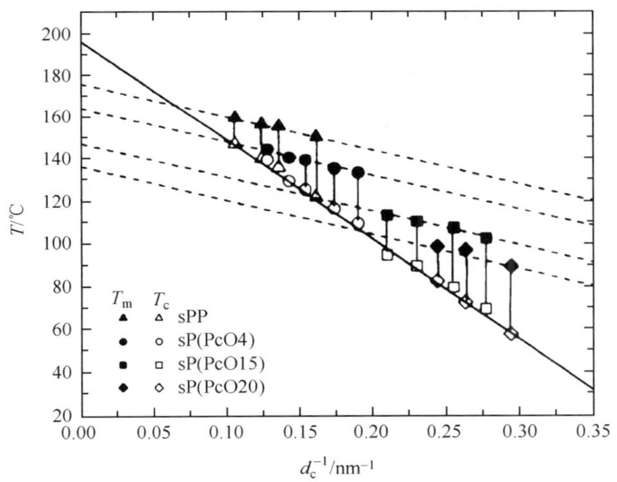

图 3-29　聚丙烯及丙烯-辛烯共聚物的结晶温度、熔点与晶体厚度的关系
空心符号为结晶温度；实心符号为熔点

由图 3-29 可见，各组样品的结晶温度与晶片厚度倒数 $1/d_c$ 之间均符合式(3-83)，图中实线称为结晶线。结晶温度越高，晶体厚度越大；各组样品的结晶线重合，常数 C_c 相等。结晶线外推到 $1/d_c=0$ 得到 $T_c^{\infty}=195$℃。

同样各组样品的熔点与晶片厚度倒数 $1/d_c$ 也呈线性关系，满足 Thomson-Gibbs 方程，图中虚线为熔融线。熔融线外推到 $1/d_c=0$ 得到每个样品的平衡熔点 T_m^{∞}。与均聚聚丙烯相比，共聚样品的熔融线较低，所有样品的 T_m^{∞} 均低于 T_c^{∞}，且共聚单元含量越高，熔点下降越多，反映出共聚使分子链规整性下降。从结晶温度 T_c 到熔点 T_m 的温度范围为熔限，可以看出结晶温度越高，结晶完善，熔限越窄。

3.6 交联聚合物(网络)

在聚合物的众多力学状态中,交联聚合物具有特殊的重要性。一是因为许多聚合物是在交联状态下使用的,如硫化橡胶、热固性树脂、聚合物凝胶及某些天然高分子;二是交联聚合物具有其他材料所没有的宝贵、奇特的性质,使之成为国民经济建设不可替代的重要战略物资。交联聚合物中大分子链通过化学键或物理键连接在一起,形成相对分子质量无穷大的三维交联网络(crosslinked network)结构。

交联聚合物具有独特的高弹性(high elasticity,当交联度低时)或很高的强度(high performance,当交联度高时)。所谓高弹性是指材料在小外力下就能发生100%～1000%的巨大弹性变形,形变可逆,使之具有极其优异的缓冲和密封功能。从微观上看,高弹性源自柔性大分子链因单键内旋转引起的构象熵的改变,所以称为熵弹性(entropy elasticity)。交联聚合物属于典型的软物质。

3.6.1 交联网络结构及高弹性的特点

交联网络结构指大分子链之间通过某种化学键或物理键相键接而形成的相对分子质量无限大的三维网状结构。两个交联点之间的一段分子链称为网链(network chain),单位体积内的交联点数目称为交联点密度。交联网络分两大类:一类是通过几何缠绕或弱物理键连接形成的物理网络,如高弹态中的分子链缠结网络,弱物理键包括氢键、嵌段共聚物胶束($T>T_g$)、离子聚集体等,见图 3-30。这种网络强度较弱,长时间外力作用下容易打开,分子链发生相对运动。

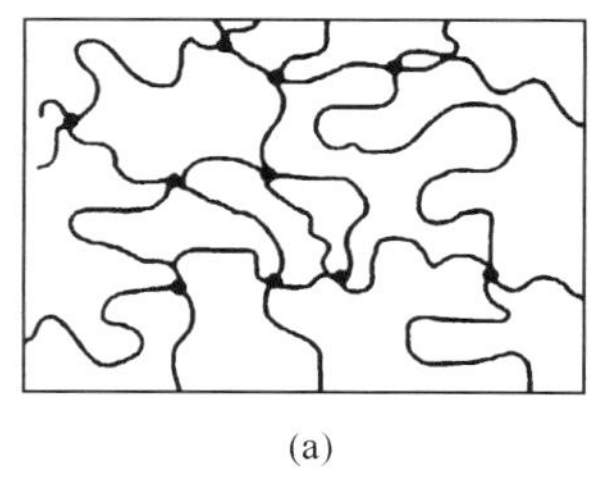

(a)

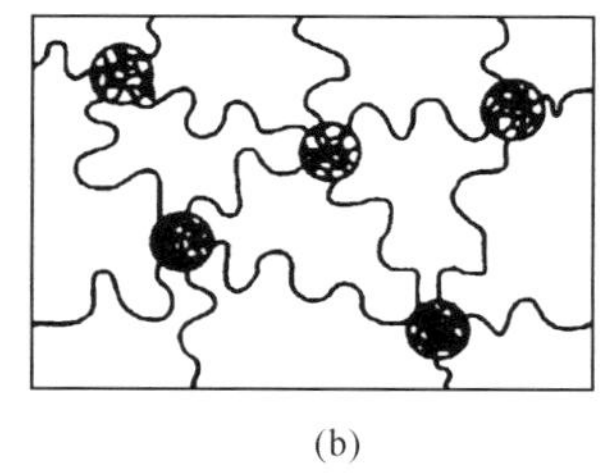

(b)

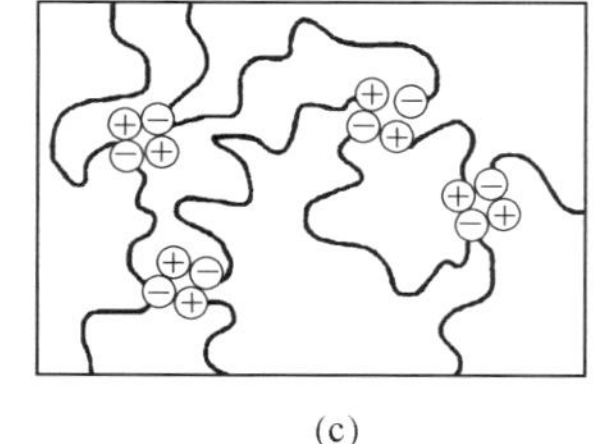

(c)

图 3-30 几种弱物理键键接的网络

(a) 氢键;(b) 嵌段共聚物胶束;(c) 离子聚集体

另一类是通过化学反应形成的化学交联网,这种网络结构稳定,只有破坏化学键才能打开。如硫化橡胶,是橡胶线形分子链通过与交联剂(硫磺)反应,以分子间建立硫桥形式形成轻度交联的网状结构,见图 3-31。交联后整块材料看成是一个大分子,不具溶解性也不能熔融流动,轻度化学交联聚合物在合适溶剂中只能发生一定程度的溶胀。网链较长的交联聚合物可发生玻璃化转变，根据网链上链段运动的冻结或释放，体系可处于玻璃态或高弹态。如深度寒冷中的汽车轮胎将失去宝贵的弹性。

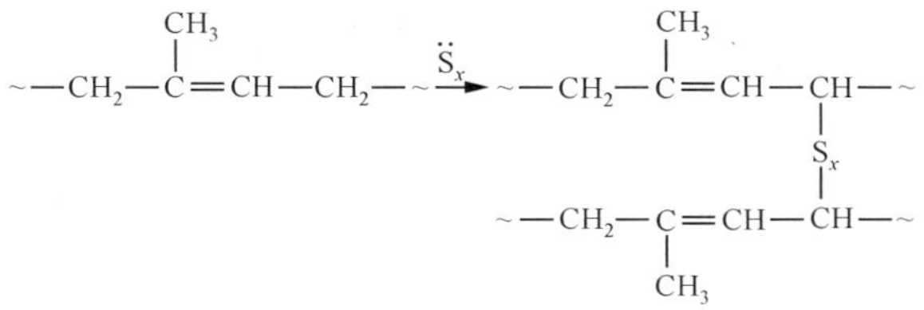

$$\sim\!-CH_2-\underset{\displaystyle |}{\overset{CH_3}{C}}=CH-CH_2-\!\sim \xrightarrow{\ddot{S}_x} \sim\!-CH_2-\overset{CH_3}{C}=CH-CH-\!\sim \;\; (S_x) \;\; \sim\!-CH_2-\underset{CH_3}{C}=CH-CH-\!\sim$$

(a)

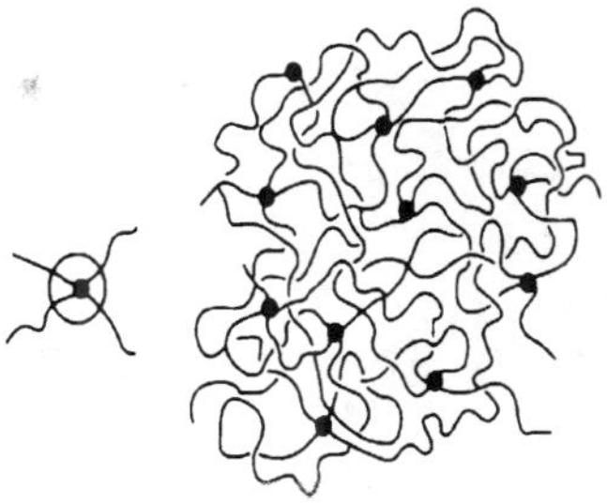

(b)

图 3-31 天然橡胶的硫化反应(a)及轻度交联弹性体(b)的结构示意图

两种交联网络有很大的不同，对于化学交联网而言，交联点是"固定"的，或只能在某个位置附近以一定幅度涨落，因此网络结构确定。而对物理缠结网来说，由于缠结点理解成分子链间的长程套环，用于描述对分子链运动的拓扑限制和链间摩擦，缠结点可打开(解缠结)，因此网络结构与缠结和解缠结的动态平衡有关，与材料所处的力学状态有关。在瞬间外力作用下，物理缠结网具有与化学交联网相似的高弹性；但在长时间外力作用下，由于缠结点会打开，网络性能随缠结点密度的变化而变化。

很多情况中化学网络与物理网络可能同时存在并相互影响，如轻度化学交联的网络。当网链较长时，链上单元能感知周围其他网链的存在和约束，从而影响网链的构象和网络性能。下面的讨论主要对化学交联网展开，对物理缠结网的影响只做简单的讨论。表征交联结构的参数有交联点密度、网链平均相对分子质量 M_c 等，可用平衡溶胀法、橡胶弹性模量法、核磁共振法测定。

高弹性是交联聚合物最宝贵的独特品质，与小分子材料的弹性有本质区别。小分子材料(金属、无机晶体等)的弹性形变范围小(～1%)，分子机理是外力迫使晶格尺寸(化学键长、键角)变化而导致内能变化，称为能弹性(energy elasticity)或普弹性。交联聚合物发生高弹性形变时，弹性形变量极大，形变时体系内能变化不大，而柔性长分子链在外力作用下的构象和构象熵发生很大变化，因此称为熵弹性或高弹性。主要特点如下：

(1) 弹性模量较低，小应力下弹性形变量很大，外力撤销后形变基本可以恢复，属于可逆弹性形变。橡胶弹性模量为 $10^{-1}\sim10$MPa，对比金属弹性模量为 $10^4\sim10^5$MPa；拉应力作用下橡胶试样很容易伸长 100%～1000%，对比金属弹性体的弹性形变不超过 1%。

(2) 高弹材料的弹性模量随温度升高而升高,呈熵弹性特征;而普弹材料的弹性模量随温度升高而下降。

(3) 绝热拉伸(快速拉伸)时,高弹材料会自身放热而使温度升高,金属材料则相反。

(4) 橡胶材料的高弹形变有力学松弛现象,而金属弹性体几乎无松弛现象。

高弹性的这些特点与交联聚合物的柔性长链结构、巨大相对分子质量及大分子运动特点有关。

3.6.2 平衡态高弹形变的热力学分析

设一轻度交联的橡胶条试样原长为 l_0,恒温条件下在两端施以恒力 f 缓慢拉伸至 $l_0+\mathrm{d}l$。所谓"缓慢拉伸"是指拉伸速率足够慢,使试样在拉伸中始终具有热力学平衡构象,形变为可逆形变,也称平衡态形变。

按照热力学第一定律,拉伸过程中体系内能的变化 $\mathrm{d}U$ 为

$$\mathrm{d}U = \mathrm{d}Q - \mathrm{d}W \tag{3-88}$$

式中,$\mathrm{d}Q$ 为体系与外界的热交换(以体系吸热为正),根据热力学第二定律,对恒温可逆过程有 $\mathrm{d}Q = T\mathrm{d}S$,$S$ 为体系的熵;$\mathrm{d}W$ 为体系与外界的功交换(以体系对外做功为正),它包括拉伸过程中体积变化的膨胀功 $P\mathrm{d}V$(正功,大于 0)和拉伸变形的伸长功 $f\,\mathrm{d}l$(负功,小于 0),$\mathrm{d}W = P\mathrm{d}V - f\mathrm{d}l$。将 $\mathrm{d}Q$、$\mathrm{d}W$ 两式代入式(3-88)得

$$\mathrm{d}U = T\mathrm{d}S - P\mathrm{d}V + f\mathrm{d}l \tag{3-89}$$

设拉伸过程中材料体积不变[①],$P\mathrm{d}V=0$,则

$$\mathrm{d}U = T\mathrm{d}S + f\mathrm{d}l \tag{3-90}$$

恒温恒容条件下,对 l 求偏微商得

$$\left(\frac{\partial U}{\partial l}\right)_{T,V} = T\left(\frac{\partial S}{\partial l}\right)_{T,V} + f \tag{3-91}$$

或

$$f = \left(\frac{\partial U}{\partial l}\right)_{T,V} - T\left(\frac{\partial S}{\partial l}\right)_{T,V} \tag{3-92}$$

式(3-92)称为橡胶等温拉伸的热力学方程。公式表明缓慢拉伸形变时,材料中的平衡张力 f 由两项组成,分别由材料的内能变化 ΔU 和熵变化 ΔS 提供。若橡胶为理想橡胶(ideal rubber),即假定材料内不存在分子内和分子间作用力的变化,弹性变形时体系的内能不变($\Delta U=0$),则有

① 实验通常是在恒温恒压条件下进行的,由于橡胶在拉伸形变中体积变化很小,作为一级近似,将其看成恒温恒容实验。

$$f = -T\left(\frac{\partial S}{\partial l}\right)_{T,V} \tag{3-93}$$

式(3-93)表明，理想橡胶在等温拉伸过程中，弹性回复力 f 由体系熵变所贡献，所以称为熵弹性。其微观图像如下：轻度交联橡胶内部的网链在自由状态呈无规卷曲状，发生拉伸形变时，网链由卷曲状态被迫变为伸展状态(取向)，使有序度增加，构象熵减少。而由于分子热运动，网链有自发回复到原来卷曲状态的趋势(解取向)，使熵增大，由此产生弹性回复力。这种构象熵的回复趋势，会由于材料温度的升高而更加强烈，因此温度升高回弹应力和弹性模量会随之升高。根据 $dQ = TdS$，构象熵减少，$dS<0$，dQ 为负值，表明拉伸过程中橡胶会放出热量。由于橡胶是热的不良导体，因此放热使自身温度升高。

理想橡胶只是一种简化模型，实际橡胶发生变形时，回弹应力中除有熵变贡献外，也有内能变化的贡献。这是由于网链在伸展变形时也会引起部分键长、键角及分子间相互作用的改变，引起体系内能变化，但大变形时内能变化对回弹应力的贡献较小。图 3-32 给出了一种天然橡胶在确定温度下的拉伸回弹应力 σ(标称应力，等于 f 除以试样初始截面积)随伸长率 ε 的变化图。试样由原长 l_0 缓慢拉伸到 l，标称伸长率 $\varepsilon = (l-l_0)/l_0 = \lambda-1$，$\lambda = l/l_0$ 称为拉伸比。图中同时给出熵变和内能变化对应力 σ 的贡献，可以看到大伸长率时(100%以上)熵贡献占主导地位；而小伸长率时(0～10%)内能的贡献也不可忽视。

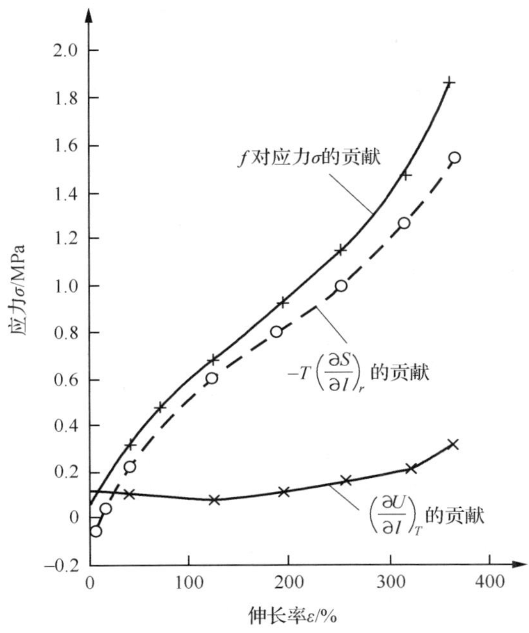

图 3-32　一种天然橡胶等温拉伸时，回弹应力随伸长率 ε 的变化(20℃)

按照热力学函数关系，体系 Gibbs 自由能 $G = H - TS = U + pV - TS$ 的全微分为

$$\begin{aligned} dG &= dU + pdV + Vdp - TdS - SdT \\ &= TdS - pdV + fdl + pdV + Vdp - TdS - SdT \\ &= fdl + Vdp - SdT \end{aligned} \tag{3-94}$$

在恒压(常压)拉伸过程中则有 $dG = fdl - SdT$，由此得到

$$f = \left(\frac{\partial G}{\partial l}\right)_{T,p}, \quad -S = \left(\frac{\partial G}{\partial T}\right)_{l,p} \tag{3-95}$$

通过代换，得到

$$-\left(\frac{\partial S}{\partial l}\right)_{T,V} = \left[\frac{\partial}{\partial l}\left(\frac{\partial G}{\partial T}\right)_{l,p}\right]_{T,V} = \left[\frac{\partial}{\partial T}\left(\frac{\partial G}{\partial l}\right)_{T,p}\right]_{l,V} = \left(\frac{\partial f}{\partial T}\right)_{l,V} \tag{3-96}$$

此式称 Maxwell 关系式。代入式(3-92)中，橡胶拉伸热力学方程写成

$$f = \left(\frac{\partial U}{\partial l}\right)_{T,V} + T\left(\frac{\partial f}{\partial T}\right)_{l,V} = f_E + f_S \tag{3-97}$$

式中，f_E、f_S 分别为内能和熵对弹性力的贡献。

设计实验来检验上述方程，将交联橡胶试样拉到一定长度 l(即一定伸长率 ε)，测量试样中回弹应力随实验温度 T 的变化。对一种天然橡胶试样在不同伸长率下的测量结果如图 3-33 所示。由图 3-33 可见，在每一个确定伸长率下，回弹应力随温度均呈线性变化。由式(3-97)得知，图中直线的斜率代表体系熵变对回弹应力的贡献(熵弹性)，直线的截距则为体系内能变化对回弹应力的贡献(能弹性)。由图 3-33 可见，伸长率越大，直线斜率越大，表明熵变的贡献增大；所有直线外推

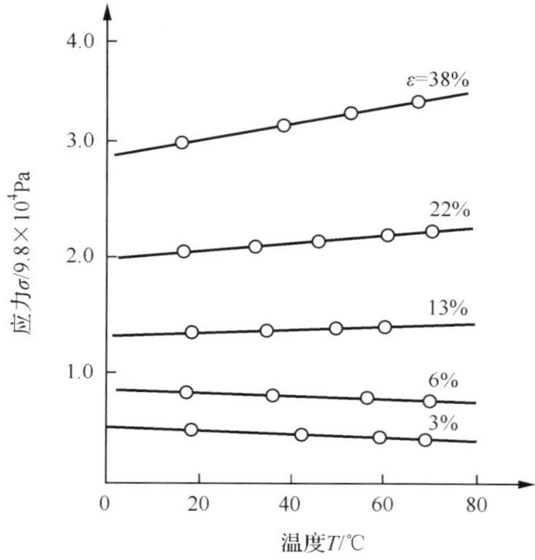

图 3-33　不同伸长率下，天然橡胶试样内的回弹应力与温度的关系

到 $T = 0\mathrm{K}$ 的截距都很小，几乎都等于零，说明橡胶拉伸过程中，能弹性的成分很小。注意图中在小伸长率时（3%～6%）拉应力-温度直线斜率变成负值的现象，该现象称为热弹转变现象。这是由橡胶试样在升温时的热膨胀效应引起的，橡胶拉伸时升温，热膨胀使试样长度增加，相当于为维持该伸长所需的拉力减小。在低伸长率时热膨胀的影响尤其显著。

3.6.3　高弹形变的分子理论

要理解熵变化对橡胶高弹性的贡献，应从材料变形时网链构象熵的变化谈起。设初始自由状态下，由于布朗热运动网链视为末端距分布符合 Gauss 分布的无规线团链，构象熵很大。受到外力发生变形时，每一网链及整个网络随之变形。所有网链同时变形的结果使网链的有序性提高，体系总的构象熵减少。

1. 孤立链上的弹性应力

先考察孤立分子链的情形。设孤立分子链为等效自由连接的 Gauss 链，含 N 个链段，链段长度为 b，一端固定在坐标系原点处，另一端落在坐标 (x, y, z) 附近小体积元内的概率由第 2 章式(2-3)描写。由于 $x^2 + y^2 + z^2 = h^2$，因此概率密度函数 $W(x, y, z)$ 可改写成 $\Omega(h)$

$$\Omega(h) = \left(\frac{\beta}{\sqrt{\pi}}\right)^3 \exp(-\beta^2 h^2) \tag{3-98}$$

式中，$\beta^2 = \frac{3}{2} \cdot \frac{1}{Nb^2}$。设体积元 $\mathrm{d}x\mathrm{d}y\mathrm{d}z$ 为单位体积元，按 Bolzmann 定律，求得构象熵等于

$$S(h) = k\ln\Omega(h) = \text{常数}\ C - k\beta^2 h^2 \tag{3-99}$$

$$\left(\frac{\partial S}{\partial h}\right)_{T,V} = -2k\beta^2 h \tag{3-100}$$

式中，k 为 Bolzmann 常量，末端距 h 相当于孤立链的尺寸。代入式(3-93)，得到

$$f = -T\left(\frac{\partial S}{\partial h}\right)_{T,V} = 2kT\beta^2 h = \frac{3kT}{Nb^2} \cdot h \tag{3-101}$$

式(3-101)表示孤立分子链上的弹性应力 f 与分子链尺寸 h 成正比，符合虎克定律。前面系数为弹性系数，与绝对温度 T 成正比，与相对分子质量 N 成反比。弹性系数随温度升高而增大，反映了孤立分子链的高弹性属于熵弹性。

2. 三维交联网络的弹性应力

Kuhn、Flory 首先提出描述橡胶弹性体的三维仿射交联网模型，模型的基本假定如下：

(1) 试样为理想橡胶；试样内各交联点自由地无规分布，每个交联点连接 4 条

网链;交联点间的网链为末端距符合 Gauss 分布的 Gauss 链。

(2) 仿射变形假定(affine deformation)。形变前和形变后,所有交联点均处于平衡位置。变形时,每个网链的相对形变都与整个网络的宏观相对形变一致。

(3) 形变前,交联网络为各向同性的理想网;交联网络的构象总数简单地等于各独立网链构象数的乘积。

(4) 变形时,试样体积不变。

根据仿射变形假定,若宏观试样在三维方向变形,拉伸比分别为 λ_1、λ_2、λ_3(图 3-34),则每一交联点的位置相应地由(x,y,z)变为(x',y',z'),其关系为

$$x' = \lambda_1 x, \quad y' = \lambda_2 y, \quad z' = \lambda_3 z \tag{3-102}$$

选择任一条网链(设第 i 条)讨论。由式(3-99)得到其在形变前、后的构象熵分别为

$$S_i(h) = C - k\beta_i^2(x^2 + y^2 + z^2)$$

$$S_i'(h') = C - k\beta_i^2(x'^2 + y'^2 + z'^2) = C - k\beta_i^2(\lambda_1^2 x^2 + \lambda_2^2 y^2 + \lambda_3^2 z^2)$$

形变前后的熵变等于

$$\Delta S_i = -k\beta_i^2[(\lambda_1^2 - 1)x^2 + (\lambda_2^2 - 1)y^2 + (\lambda_3^2 - 1)z^2] \tag{3-103}$$

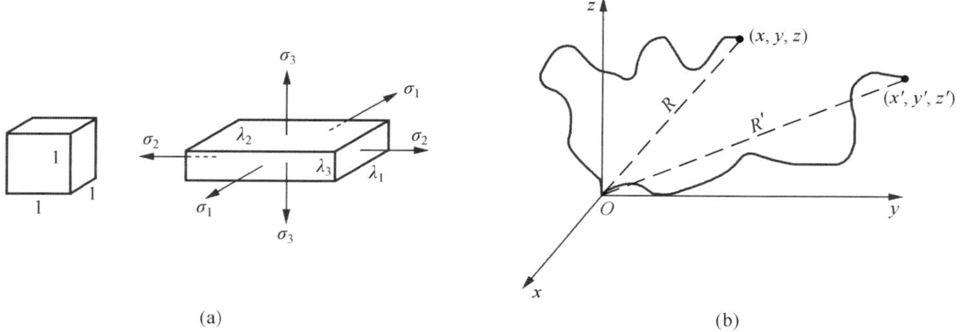

图 3-34 仿射变形假定示意图

(a) 宏观试样发生均匀应变;(b) 一根网链随之变形

讨论单位体积试样形变前后所有网链的总熵变。设单位体积内的网链数为 n_1,所有网链的 N_i、b_i 相等,记 $\beta_i=\beta$。根据假定(3),总熵变应等于 n_1 个网链熵变的平均加和:

$$\Delta S = -kn_1\beta^2[(\lambda_1^2 - 1)\overline{x}^2 + (\lambda_2^2 - 1)\overline{y}^2 + (\lambda_3^2 - 1)\overline{z}^2] \tag{3-104}$$

式中,$\overline{x}$、$\overline{y}$、$\overline{z}$ 分别为坐标 x、y、z 的平均值。由于交联网为各向同性网,所以有

$$\overline{x}^2 = \overline{y}^2 = \overline{z}^2 = \frac{1}{3}\overline{h}^2 = \frac{1}{2\beta^2}$$

$$\Delta S = -\frac{1}{2}n_1 k(\lambda_1^2 + \lambda_2^2 + \lambda_3^2 - 3) \tag{3-105}$$

由于理想橡胶形变时体系内能不变($\Delta U=0$)，于是体系弹性自由能的变化等于

$$\Delta G = -T\Delta S = \frac{1}{2}n_1 kT(\lambda_1^2+\lambda_2^2+\lambda_3^2-3) \tag{3-106}$$

考虑试样单轴拉伸情形。设在 x 轴方向的拉伸比为 $\lambda_1=\lambda=l/l_0$，由于拉伸时体积不变，因此 $\lambda_2=\lambda_3=1/\sqrt{\lambda}$，代入式(3-107)得

$$\Delta G = \frac{1}{2}n_1 kT\left(\lambda^2+\frac{2}{\lambda}-3\right) \tag{3-107}$$

ΔG 也称储能函数。在等温等容条件下，体系自由能的变化仅与外界的功交换相关，$\mathrm{d}G=f\mathrm{d}l$。因而外力 f 等于

$$f=\left(\frac{\partial \Delta G}{\partial l}\right)_{T,V}=\left(\frac{\partial \Delta G}{\partial \lambda}\right)_{T,V}\left(\frac{\partial \lambda}{\partial l}\right)_{T,V}=\frac{n_1 kT}{l_0}\left(\lambda-\frac{1}{\lambda^2}\right) \tag{3-108}$$

由于单位体积试样，$l_0=1$，于是有拉伸应力 $\sigma=f$：

$$\sigma = n_1 kT\left(\lambda-\frac{1}{\lambda^2}\right)=\frac{\rho RT}{\langle M_c\rangle}\left(\lambda-\frac{1}{\lambda^2}\right) \tag{3-109}$$

该式称为交联(硫化)橡胶的状态方程式。式中，n_1 为单位体积内的网链数；ρ 为交联橡胶样品密度；$\langle M_c\rangle$ 为网链平均相对分子质量；λ 为材料拉伸比；R 为摩尔气体常量。

式(3-109)表明交联橡胶发生高弹变形时，弹性应力与绝对温度成正比。试样温度增高，弹性应力变大。应力与网链平均相对分子质量成反比，交联密度越大，网链平均相对分子质量减小，弹性应力增大。熵弹形变是可逆的，外力撤除后，由于分子热运动网链会恢复无规线团状，构象熵自动增大，形变恢复。

由于 $\lambda=1+\varepsilon$，在拉伸比较小情形下，根据二项式展开有

$$\lambda^{-2}=(1+\varepsilon)^{-2}=1-2\varepsilon+3\varepsilon^2-4\varepsilon^3+\cdots\approx 1-2\varepsilon$$

代入式(3-109)，得

$$\sigma=\frac{3\rho RT}{\langle M_c\rangle}\cdot\varepsilon = 3n_1 kT\cdot\varepsilon = E\cdot\varepsilon \tag{3-110}$$

此式即为虎克定律公式，比例系数等于杨氏模量 E。可见理想橡胶在小变形时虎克定律成立，大变形下虎克定律失效，应力需按式(3-109)计算。硫化橡胶微小形变时的杨氏模量 E 和剪切模量有如下关系：$G=E/3$，所以 $G=n_1 kT$，该式意味着聚合物网络中任一网链的剪切模量都等于 kT。由于 E 或 G 可以通过实验求得，于是根据式(3-111)可求出网链平均相对分子质量 $\langle M_c\rangle$，进而求得单位体积的网链数目和硫化橡胶交联密度。

$$\langle M_c\rangle=\frac{\rho RT}{G}\quad 或\quad \langle M_c\rangle=\frac{3\rho RT}{E} \tag{3-111}$$

式(3-109)求得的应力为标称应力。若考虑拉伸时试样横截面积减小，求得的

真应力则等于

$$\sigma_{\text{true}} = \frac{\rho RT}{\langle M_c \rangle}\left(\lambda^2 - \frac{1}{\lambda}\right) \tag{3-112}$$

3. 分子理论的修正

以上讨论理想橡胶和理想网络的情形，实际橡胶试样与之有一定差距。实际交联网不可能是理想完整的网络，一则大部分分子链的末端并未加入网络，称之为自由末端而成为网络缺陷；另外实际网络中化学交联网和物理缠结网混杂在一起，其中物理缠结网的性能受温度和形变速率的影响较大。缠结点可能因分子链运动而滑脱(解缠结)，使交联点分布不均匀。交联点之间的网链可能因种种原因而不是典型的 Gauss 链。发生大变形时，仿射变形的假定也是十分可疑的，由于橡胶的高黏度和分子链的弛豫时间长，微观网络的变形很可能与宏观试样变形不同步。实际橡胶变形时体积也会发生变化，其泊松比 ν 接近 0.5 而并不等于 0.5。真实橡胶变形时体系弹性自由能的变化除考虑熵变的贡献外，也需考虑内能变化的贡献。所有这一切都使得交联橡胶的状态方程式[式(3-109)]与实际情况有一定偏差，见图 3-35。

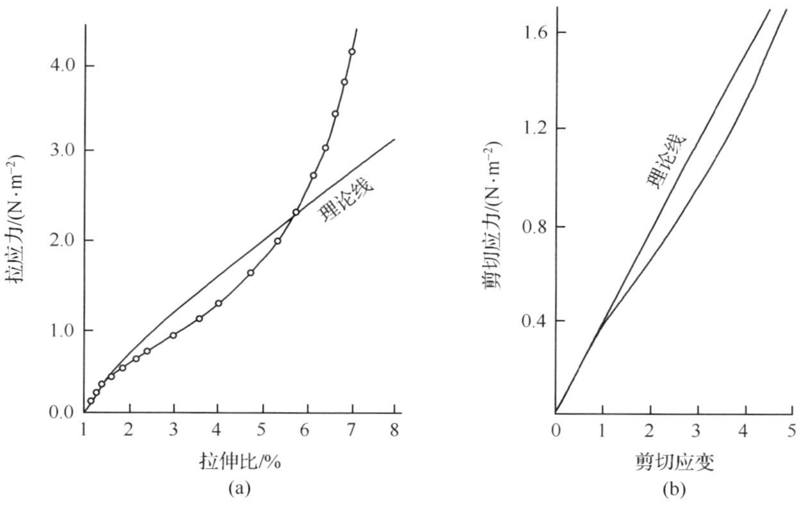

图 3-35 交联橡胶试样单轴拉伸(a)和简单剪切形变(b)时的应力-应变关系

为优化橡胶高弹性分子理论，后人对 Flory 模型作了不同的改进。比较典型且物理意义较明确的工作有幻影网络模型(phantom network model)、交联点受约束模型(constrained junction model)、非仿射变形假定(non-affine deformation)等。幻影网络模型修改了 Flory 仿射网络模型中固定缠结点的假定，认为缠结点不是在空间固定，而可以围绕其平衡位置发生涨落，因此缠结点的位移未必与整个网络变形相似，这一修正使得变形量及变形时体系自由能下降。

考虑到交联网中分子链的自由末端对弹性变形无贡献，而物理交联点（缠结点）对橡胶弹性有额外的贡献，同时考虑到实际网链与典型 Gauss 链的偏差，因此对储能函数式(3-106)进行修正，得到储能函数修正式为

$$\Delta G = \frac{1}{2}\left(\frac{\rho RT}{\langle M_c \rangle} + a\right)\left(1 - \frac{2\langle M_c \rangle}{\langle M \rangle}\right)\left(\frac{\langle h^2 \rangle}{\langle h_0^2 \rangle}\right)(\lambda_1^2 + \lambda_2^2 + \lambda_3^2 - 3) \qquad (3\text{-}113)$$

式中，a 为考虑了物理交联对弹性力的贡献而引入的校正因子，该贡献为正值；$\langle M \rangle$ 为样品交联前的平均相对分子质量，与其相关的一项为考虑了链的自由末端后引入的修正项，当 $\langle M \rangle$ 远大于 $\langle M_c \rangle$ 时，自由末端的影响可以忽略，该项等于 1；$\langle h^2 \rangle$ 和 $\langle h_0^2 \rangle$ 分别为实际网链和 Gauss 链的均方末端距，与其相关的项为考虑了实际网链与典型 Gauss 链的偏差后引入的修正项。当上述三项修正可以忽略时，储能函数回归到简单的式(3-109)。

从另一角度，若考虑实际橡胶样品在形变时体积也发生变化，储能函数的修正式为

$$\Delta G = \frac{1}{2}\frac{\rho RT}{\langle M_c \rangle}(\lambda_1^2 + \lambda_2^2 + \lambda_3^2 - 3) - \mu_1 kT\ln(V/V_0) \qquad (3\text{-}114)$$

式中，μ_1 为单位体积样品内的交联点数；V_0、V 分别为形变前后样品的体积。若形变中体积增大，相当于体系对外做正功，储能函数下降；体积减小，储能函数增大；体积不变，则修正项等于零。

物理缠结网的影响尤其重要。实验表明，交联橡胶的模量比根据化学交联网计算的模量要高，这归结为物理缠结网的贡献。设物理缠结的网链相对分子质量为 M_{ent}，该相对分子质量与化学交联网链相对分子质量 M_c 相比较，其中较低的相对分子质量更多地决定着网络的模量。已知物理缠结网链相对分子质量 M_{ent} 是决定聚合物熔体的橡胶平台模量 G_e 的主要参数：

$$G_e = \frac{\rho RT}{M_{ent}} \qquad (3\text{-}115)$$

因此当轻度交联橡胶的网链相对分子质量 M_c 远大于缠结网链相对分子质量 M_{ent} 时，橡胶试样的模量更多地由 M_{ent} 决定。有人提出交联聚合物网络的模量实际上受两个网络的控制，可近似写成一个加和的形式：

$$G \approx G_c + G_e \approx \rho RT\left(\frac{1}{M_c} + \frac{1}{M_{ent}}\right) \qquad (3\text{-}116)$$

当网链较短时，即 $M_c < M_{ent}$ 时，有 $G \approx G_c$；当网链较长时，即 $M_c > M_{ent}$ 时，有 $G \approx G_e$。实验证实了式(3-116)的正确性。

4. 有限伸展性

以上讨论是在假定网链为 Gauss 链且网链末端距 h 远小于最大伸展长度

$L_{max}=bN$ 条件成立的，也就是说，上述理论只适用于小变形，或者说有限伸展性。在大变形下，理论结果与实验偏差较大，见图 3-35。试样在大拉伸变形处发生应变硬化现象。

高拉伸比处的应变硬化可解释为高度变形的网链的非 Gauss 化统计性。在 2.2.5 节中曾指出，如果外力很大，链的形变较大，力与伸长之间将呈现非线性关系。这种关系可用 Langevin 函数[式(2-56)]描写：

$$h = Nb\left[\coth\left(\frac{f \cdot b}{kT}\right) - \frac{kT}{f \cdot b}\right] = Nb \cdot L\left(\frac{f \cdot b}{kT}\right) \tag{3-117}$$

式中，L 函数即 Langevin 函数的简写，利用 Langevin 反函数 L^{-1} 得到大变形下末端距等于 h 时的拉力 f：

$$f = \frac{kt}{b}L^{-1}\left(\frac{h}{Nb}\right) \tag{3-118}$$

该力远大于式(3-108)得到的结果。从微观看应变硬化的原因主要归结为分子链(网链)的有限伸展性，此外，在有些网络中应力诱导结晶也起重要作用。例如，硫化天然橡胶室温下非拉伸状态时不结晶，而拉伸比 $\lambda>3$ 时即迅速结晶，且结晶度随拉伸比增大而增大。由于晶区模量总高于无定形区模量，因此拉应力随拉伸比迅速增长，造成应变硬化。应力去除后天然橡胶又会完全恢复到无定形态。

3.6.4 高弹形变的唯象理论

高弹性形变的分子理论对于说明小变形下弹性应力与形变的响应关系是很好的，形变较大时，理论与实验出现偏差。这种偏差容易理解，因为从分子论的结果可以看到，理论给出的储能函数 ΔG 只含网链平均相对分子质量 $\langle M_c \rangle$ 一个微观结构参数[式(3-106)]，而实际橡胶大形变时还伴随着复杂的结构变化。如果引入其他分子结构参数来描述这些变化，理论将变得复杂，因此单从分子论来说明橡胶试样在大变形下的高弹性形变是相当困难的。

较好的出路是采用唯象方法，即不再涉及其他分子的结构参数，而是现象性地从宏观实验结果出发，根据一定要求修正储能函数的形式，使之能说明橡胶试样的高弹性形变。

下面介绍 Mooney-Rivlin 方法。方法关注的基本点为储能函数 ΔG，形变参数选三个方向的拉伸比 λ_1、λ_2、λ_3，它们均可由实验测定。假定储能函数 ΔG 仅是形变参数 λ_1、λ_2、λ_3 的函数：$\Delta G = \Delta G(\lambda_1, \lambda_2, \lambda_3)$。

考虑到以下三方面：

(1) 形变前，体系不储存弹性能：$\Delta G(1,1,1) = 0$。形变时橡胶试样的体积不变，因此 $\lambda_1 \cdot \lambda_2 \cdot \lambda_3 = 1$。

(2) 对于一个坐标系而言,实际形变具有对称性特点。例如,一条棒沿 x 轴正向拉伸与沿 x 轴负向拉伸,就形变本质来说是相同的。为避免改变 λ_i 的符号引起储能函数 ΔG 形式的改变,将储能函数改写成主拉伸比平方 λ_1^2、λ_2^2、λ_3^2 的函数: $\Delta G = \Delta G(\lambda_1^2, \lambda_2^2, \lambda_3^2)$。

(3) 储能函数 ΔG 是客观物理量,它的大小将不因坐标系统的变化而改变。此外,试样在形变前为各向同性试样,储能函数的形式对于三个坐标方向应是对称的。为保证实现这些要求,将储能函数 ΔG 写成是与 λ_1^2、λ_2^2、λ_3^2 相关的坐标变换不变量的函数是最好的选择。通常选以下两个坐标变换不变量 I_1、I_2:

$$I_1 = \lambda_1^2 + \lambda_2^2 + \lambda_3^2 \tag{3-119}$$

$$I_2 = \frac{1}{\lambda_1^2} + \frac{1}{\lambda_2^2} + \frac{1}{\lambda_3^2} \tag{3-120}$$

于是,储能函数写成: $\Delta G = \Delta G(I_1, I_2)$。

基于以上考虑,储能函数唯象地记为如下一般形式:

$$\Delta G(I_1, I_2) = \sum_{i=0,j=0}^{\infty} c_{ij}(I_1 - 3)^i (I_2 - 3)^j \tag{3-121}$$

式中, c_{ij} 为待定常数。

式(3-121)给出了许多可能性。当 $i=1, j=0$ 时:

$$\Delta G = c_{10}(I_1 - 3) = c_{10}(\lambda_1^2 + \lambda_2^2 + \lambda_3^2 - 3) \tag{3-122}$$

式(3-122)与分子论中得到的储能函数式(3-106)完全相同,常数 $c_{10} = \frac{1}{2}n_1 kT$。

当 $i=1, j=0$ 同时 $i=0, j=1$ 时,储能函数为

$$\Delta G = c_{10}(I_1 - 3) + c_{01}(I_2 - 3) \tag{3-123}$$

式(3-123)含两项,因此能在更大范围内描述交联聚合物高弹形变中的非线性项,成为说明高弹性大形变唯象理论中的主要关系式。该方程称为 Mooney-Rivlin 方程。

例如,对于单轴拉伸形变,设 $\lambda_1 = \lambda, \lambda_2 = \lambda_3 = 1/\sqrt{\lambda}$,根据式(3-119)、式(3-120)有

$$I_1 = \lambda^2 + \frac{2}{\lambda}, \quad I_2 = \frac{1}{\lambda^2} + 2\lambda$$

代入式(3-123)得到储能函数为

$$\Delta G = c_{10}\left(\lambda^2 + \frac{2}{\lambda} - 3\right) + c_{01}\left(\frac{1}{\lambda^2} + 2\lambda - 3\right)$$

由此求得弹性力公式为

$$f = \left(\frac{\partial \Delta G}{\partial l}\right)_{T,V} = \left(\frac{\partial \Delta G}{\partial \lambda}\right)_{T,V}\left(\frac{\partial \lambda}{\partial l}\right)_{T,V} = \frac{2c_{10}}{l_0}\left(\lambda - \frac{1}{\lambda^2}\right) + \frac{2c_{01}}{l_0}\left(1 - \frac{1}{\lambda^3}\right) \tag{3-124}$$

对于单位体积试样，则有

$$\sigma = 2c_{10}\left(\lambda - \frac{1}{\lambda^2}\right) + 2c_{01}\left(1 - \frac{1}{\lambda^3}\right) = \left(2c_{10} + \frac{2c_{01}}{\lambda}\right)\left(\lambda - \frac{1}{\lambda^2}\right)$$

式中，常数 c_{10}、c_{01} 可通过与实验数据的对比唯象地确定。

3.6.5 交联聚合物的平衡溶胀

交联聚合物网络另一重要特性是在合适溶剂中体积会发生巨大变化，发生有限溶胀(swelling)。溶胀的聚合物网络称为凝胶。由于交联聚合物分子链之间有化学键连接，形成三维网状结构，因此不能溶解。但因网链尺寸大，溶剂小分子也能渗透、扩散到网链之间，使网链间距增大，材料体积膨胀。当溶剂的渗入、扩张作用与膨胀交联网的弹性回缩作用相等时，达到溶胀平衡。根据最大平衡溶胀度，可以求出交联密度和网链平均相对分子质量。

按照交联聚合物吸收溶剂的质量或体积，定义质量溶胀度 Q_m 和体积溶胀度 Q_v 如下：

$$Q_m = \frac{m - m_0}{m_0} \quad 或 \quad Q_v = \frac{V - V_0}{V_0} \tag{3-125}$$

式中，m_0、V_0 为溶胀前试样的质量和体积；m、V 为溶胀过程中试样的质量和体积。定义溶胀比 q ：$q = \frac{V}{V_0}$，$Q_v = q - 1$。q 的倒数 $\phi = \frac{1}{q} = \frac{V_0}{V}$ 为溶胀体中聚合物的体积分数(浓度)。设溶胀为各向同性的均匀溶胀，则各方向上的线性形变 λ 等于

$$\lambda = \left(\frac{V}{V_0}\right)^{1/3} = q^{1/3} \tag{3-126}$$

恒温条件下测量溶胀度 Q 随溶胀时间的变化，得到溶胀曲线如图 3-36 所示。初始阶段 (OA 段)溶胀速度很快；一段时间后(进入 AB 段)速度减慢。AB 段近似为直线，但它与时间轴不平行，说明溶胀尚未平衡。延长 BA 交纵轴于 E，过 E 作线段平行于时间轴。可以看到在 D 时刻，溶胀度 $Q(DA)$ 分为两部分。一部分 $DC = OE$，该部分为最大物理溶胀值；另一部分 CA 为溶胀的附加增长，该部分是由于溶剂与聚合物的化学作用，如氧化作用引起网络破坏形成的化学溶胀。通常条件下化学溶胀很小，本节主要讨论物理溶胀，平衡溶胀度 Q_{equ} 即为最大物理溶胀度。

溶胀过程中，存在着两种作用力的相互竞争：一是溶剂与分子链的作用力，该力使分子链间相互作用减弱，溶剂渗透进入聚合物内部，使体积膨胀；另一种是交联网络膨胀后，网链向三维空间伸展，使构象熵减少，而分子热运动又使网链回缩，产生弹性回缩力，使体积减小。溶胀初期，第一种力(渗透力)占上风，聚合物体积不断膨胀；随着膨胀越大，弹性回缩力也增大。当两种竞争力的作用相互抵消、达

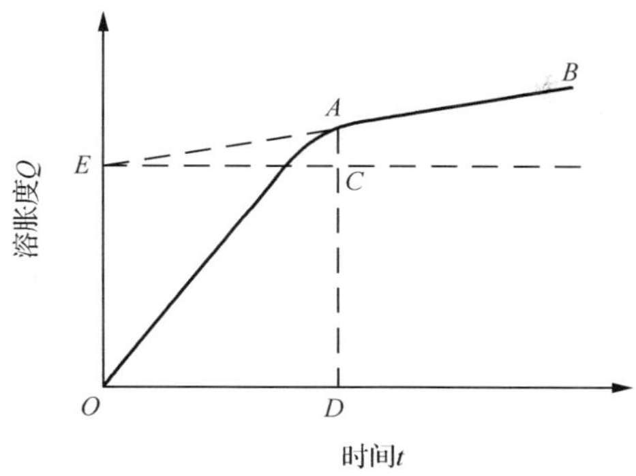

图 3-36　交联聚合物的溶胀曲线示意图

到平衡时溶胀结束，体积恒定，此时达到了溶胀平衡。

若一条网链为理想链（其中含单元数为 N，末端距为 h），按照 Flory，链伸展所需的弹性自由能与其末端距的平方成正比，见式(2-42)：

$$F_{\text{elas.}} \approx kT\frac{h^2}{Nb^2} \tag{3-127}$$

设溶胀前网链的均方末端距为 h_0^2，溶胀平衡时的均方末端距 $h^2=(\lambda h_0)^2$。对于实际橡胶，由于溶胀程度与溶剂性质有关，式(3-127)可以写成更一般的形式（Panyukov 公式）：

$$F_{\text{elas.}} \approx kT \cdot \frac{(\lambda h_0)^2}{h_{\text{ref}}^2} \tag{3-128}$$

式中，h_{ref}^2 是网链末端距的均方涨落，相当于与网链单元数相同的自由链在溶液中的均方末端距。当网链为理想链时，$h_{\text{ref}}^2=Nb^2$。当网络溶胀或溶剂性质改变时，h_{ref}^2 发生变化，网络弹性也随之变化。

溶胀（或部分溶胀）橡胶的模量可以用弹性能量密度来近似表示，它正比于一条网链的弹性自由能（Panyukov 公式）与网链数量密度 $n_1=\phi/(Nb^3)$ 的乘积：

$$G(\phi) \approx n_1 kT\frac{(\lambda h_0)^2}{h_{\text{ref}}^2} \approx \frac{\phi}{Nb^3} \cdot kT\frac{(\lambda h_0)^2}{h_{\text{ref}}^2} \tag{3-129}$$

处于溶胀平衡时，即达到平衡溶胀度 Q_{equ} 时，网络弹性与相同浓度下线形链的渗透压取得平衡：

$$G \approx \pi \tag{3-130}$$

式(3-130)中的渗透压是指与凝胶体积分数相同的线形链的亚浓溶液渗透压。由于在不同性质溶剂中，溶胀橡胶的模量和渗透压不相同，因此平衡溶胀的程度也不相同。

经求算，干态橡胶在Θ溶剂中溶胀，凝胶模量与聚合物体积分数 ϕ 符合如下标度律：

$$G(\phi)\approx\frac{kT}{Nb^3}\phi^{1/3} \tag{3-131}$$

凝胶模量随溶剂量增加而降低。

平衡溶胀度 Q_{equ} 与网链中的平均单元数 N 之间符合如下标度律：

$$N\approx Q_{equ}^{8/3} \tag{3-132}$$

干态橡胶在无热溶剂中溶胀，凝胶模量与聚合物体积分数 ϕ 符合如下标度律：

$$G(\phi)\approx\frac{kT}{Nb^3}\phi^{(9\nu-4)/[3(3\nu-1)]} \tag{3-133}$$

由于 $\nu=0.588$，因此 $G(\phi)\approx\frac{kT}{Nb^3}\phi^{0.56}$，说明凝胶模量比在Θ溶剂中具有更强的浓度依赖性。

平衡溶胀度 Q_{equ} 与网链中的平均单元数 N 之间符合如下标度律：

$$N\approx Q_{equ}^{1.75} \tag{3-134}$$

在良溶剂中溶胀的情况比较复杂，既与交联网络的制备条件有关，是在本体状态（干态）实施交联，还是在熔体或极浓溶液中进行交联；又与溶液浓度有关，因为当浓度小于全 Gauss 链浓度 ϕ^{**} 时，分子链构象为适度膨胀链构象，而大于或等于 ϕ^{**} 时，分子链为理想链构象。

若交联网络在本体状态制备，然后置于溶剂中充分溶胀，得到凝胶网络模量与平衡溶胀度间有如下标度律：

$$G(Q_{equ})\approx\frac{kT}{b^3}\begin{cases}Q_{equ}^{-1.75}(\phi^{**})^{0.69} & Q_{equ}>1/\phi^{**}\\ Q_{equ}^{-8/3} & Q_{equ}<1/\phi^{**}\end{cases} \tag{3-135}$$

若交联网络由熔体或极浓溶液（$\phi>\phi^{**}$）制备，完全溶胀平衡模量与平衡溶胀度间有如下标度律：

$$G(Q_{equ})\approx\frac{kT}{b^3}\begin{cases}Q_{equ}^{-2.3}(\phi^{**})^{0.69} & Q_{equ}>1/\phi^{**}\\ Q_{equ}^{-3} & Q_{equ}<1/\phi^{**}\end{cases} \tag{3-136}$$

根据式（3-135）和式（3-136），可以通过设计实验来确定一个溶解体系的全 Gauss 链浓度 ϕ^{**}。配置一系列不同平衡溶胀度的样品，作模量 G 与平衡溶胀度 Q_{equ} 的关系图，图中两段斜率不同直线的分界点对应的浓度就是全 Gauss 链浓度 ϕ^{**}。式（3-136）对于从平衡溶胀计算完全溶胀橡胶的模量具有特殊的重要性，其精度不亚于实际测量。图 3-37 是不同溶胀度的末端连接的聚二甲基苯（PDMS）网络在 25℃甲苯中溶胀至平衡的完全溶胀模量与溶胀度的关系曲线。可以看出按式（3-135）计算的曲线与实验结果（图中黑实心点）吻合良好，斜率等于－2.3。

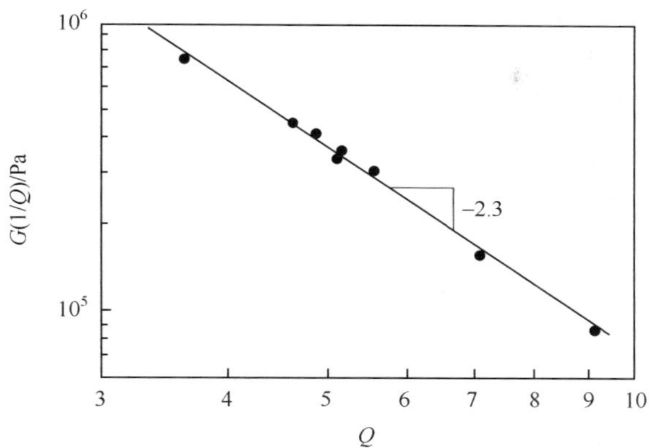

图 3-37 末端连接的 PDMS 网络在 25℃甲苯中溶胀至平衡的完全溶胀模量(双对数坐标)
起始遥爪链的 $M_n = 4400\text{g}\cdot\text{mol}^{-1}$,实验点为不同浓度溶液的交联网络,溶液浓度范围 0.3～1.0
数据来自:Urayama K et al. J Chem Phys, 1996, 105: 4833

3.7 缠结分子链的运动学

3.7.1 浓厚体系的流变性

绝大多数聚合物是在熔融和溶液状态下加工的,聚合物熔体和浓溶液是典型的非牛顿型流体,具有奇特的流变性,如非常数黏度、法向应力差效应、弹性记忆效应、非线性黏弹性等。微观上这些复杂行为均与大量分子链相互缠结和构象变化有关。

本章 3.3.1 节已经介绍,缠结对溶液黏度的影响非常显著。在图 3-13 中看到当试样相对分子质量达到和超过临界缠结相对分子质量 M_e 后,溶液黏度突增。同样溶液浓度对黏度也有类似的影响,当浓度达到和超过缠结浓度 c_e 后,溶液黏度也急剧增高,黏度与浓度间存在如下标度律:

$$\eta_0 = K\cdot c^{\alpha}\cdot M^{\beta} \qquad (c > c_e, M > M_e)$$

标度指数 $\alpha=5.4$,$\beta=3.4$。

浓度超过缠结浓度 c_e 后,溶液的动态黏弹性也发生显著变化。图 3-38 给出不同浓度聚氯乙烯的多氯联苯溶液的动态剪切模量-频率曲线,可以看出溶液浓度较稀($c=0.063\text{g}\cdot\text{cm}^{-3}$)时,动态流变函数(松弛时间谱)符合 Zimm 模式,参见图 2-41。浓度增大后,逐渐由 Zimm 模式转为 Rouse 模式($c=0.124\text{g}\cdot\text{cm}^{-3}$)。转变原因在于浓度增加使分子链间的屏蔽作用加强,流体动力学相互作用减弱。浓厚体系中分子链取近无扰链构象,因此动态力学行为趋向于 Rouse 模式。图 3-38 中还有一种很重要的转变,浓度进一步增大后($c\geqslant 0.281\text{g}\cdot\text{cm}^{-3}$),在高频区 G'、G''

曲线由相互平行转变为相互交叉，储能模量 G' 抬高，松弛谱向长时间（低频）方向展宽。这种变化是由高浓度溶液中分子链形成缠结网造成的。缠结点密度越大，弹性模量越高，分子链松弛时间也越长。

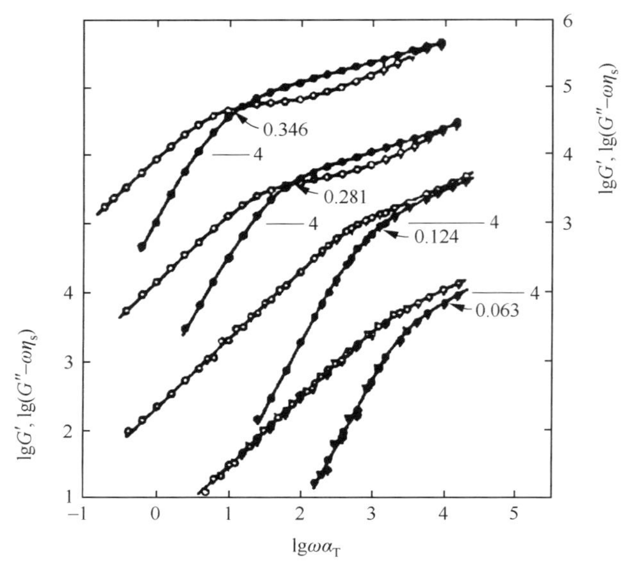

图 3-38　不同浓度聚氯乙烯的多氯联苯溶液的动态剪切模量-频率曲线

为清晰起见，不同浓度的曲线纵坐标作了位移，以曲线右旁的标尺为准

数据来自：Holmes L A, Kusamizu S, Osaki K and Ferry J D. J Polym Sci, 1971, A-2, 9: 2009

聚合物浓溶液和熔体最典型的流变现象是在外力或外力矩作用下流动时呈现奇异的非线性黏弹性，代表性现象有剪切变稀、法向应力差效应和拉伸流动。剪切变稀指聚合物液体的黏度具有剪切速率（或剪切应力）依赖性，低剪切速率下有常数的零剪切黏度，而在高剪切速率下黏度大幅度下降。法向应力差是一种液体弹性效应，指在剪切流场中熔体在三个正交独立方向上的法向应力不等，由此产生有趣的爬竿现象、无管虹吸、弯流压差及各种次级流动。拉伸流动也是聚合物液体具有弹性的表现，是聚合物可以成纤和吹膜的依据。从微观来看，这些现象都与无规线团状分子链相互缠结形成三维缠结网络有关。网络使聚合物液体黏度增高，而在外力作用下，网链沿外力方向取向，容易发生解缠结，使网络变形或破坏，缠结点密度下降，黏度降低。同时取向也改变了网链的构象熵，使液体呈现弹性，聚合物液体的弹性属于熵弹性。

由此可见，在聚合物浓厚体系中缠结的影响无处不在，不仅影响材料的线性行为，更影响在流动和大变形下发生的非线性行为。这些行为一般而言是十分复杂的，为理解这些行为首先应对分子链的缠结本质和缠结图像进行正确的描述。在本章3.4.2节和3.4.3节中曾对缠结做了一些讨论，下面继续深化这些讨论。

3.7.2　管模型和蠕动模型

在多链凝聚的浓厚体系中，分子链相互缠结是最基本的结构特征，缠结和摩擦是长链大分子间特有的相互作用。3.4.3节曾介绍串滴链模型和长程缠结的概念，这种新概念认为缠结是串滴链之间的相互拓扑穿绕，缠结套环的位置不是一个死结点，而是随分子链相对运动发生改变和滑动；缠结不是在小范围，而是在链滴以上的尺度(大于ξ)发生的；由于缠结点不断改变、滑动，因而缠结作用不能只理解成固定缠结点处的约束作用，还包括分子链相对运动时的摩擦作用。

这种图像对研究浓厚体系的流动性，即研究缠结分子链的运动学特别重要。为理解这种图像，先介绍Edwards的管模型(tube model)和de Gennes的蠕动模型(reptation model)。

"管道"和"蠕动"概念一定程度上是对传统的仿射网络模型和幻影网络模型中关于瞬时缠结网概念的检讨而形成的。仿射网络模型假定缠结点在空间固定，缠结点的位移与整个网络变形相似。幻影网络模型修改了固定缠结点假定，认为缠结点可以围绕其平衡位置发生涨落，导致变形量及变形时体系自由能下降。这一类缠结图像的缺陷是把缠结点设想成类似的交联点，认为除结点外，链上其他单元均未感受到别的链的约束，从而淡化了分子链其他部分的相互作用。另外，在这些模型中，分子链采用无规行走的理想链，各链的构象互不妨碍。这其中包括一个幻影链(phantom chain)假设，也就是说分子链可以像幻影一样不受影响地相互透过或透过自身。显然当真实分子链运动而发生交叉时，只要链不断，是不能简单地相互切割的。不过对于描写准静态的性质，上述假设并不造成严重问题。因为通过热运动，虽有其他分子存在，并不妨碍柔顺的分子链取到各种可能的构象，完成最可几的无规分布。但当处理动态问题，当分子链运动和形变较快时，就不能不考虑受到其他分子链的羁绊和限制，必须抛弃幻影链假设。

由于真实链不能相互切割，因此一条链的运动受到其他链的拓扑限制。Edwards首先提出用"管模型"来描述浓厚体系中分子链的受限情形，认为分子链被局限在一个管状空间中，管子由邻近的其他分子链构成，见图3-39(a)。Edwards认为，一条链周围所有其他链的综合约束作用可以处理为作用在链上每一单元的约束势能的平方，势能最小处在管子中轴线上，每个链被约束在沿该中轴线直径为ξ的管子内。ξ的大小这样确定：虽然分子链被约束，但其中的单元仍存在由热能kT引起的涨落，因此单元可以偏离中轴线。但偏离引起的自由能增量不能大于kT，与kT相应的横向偏离距离定义为管子的限制宽度，即管径ξ，见图3-39(b)。经过这样处理，一条复杂链的拓扑性质就与一条沿管子中心轴的简化链(primitive chain)完全相同，使问题的处理得以简化。

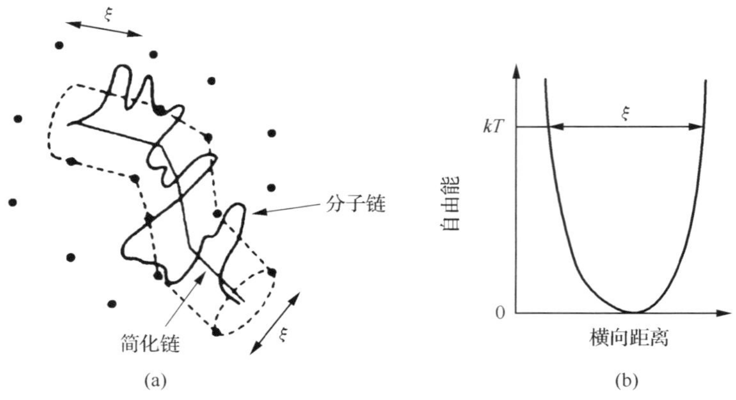

图 3-39 沿管道中心轴的等效简化链
符号 • 表示其他链构成的笼栅

由 kT 定义的管径 ξ 使我们联想到长程关联长度 ξ 和由 ξ 定义的串滴链(见 3.2.2 节和 3.4.3 节),而在极浓体系中长程关联长度 ξ=热关联长度 ξ_T,ξ_T 同样由 kT 确定。因此,一根 Edwards 管子恰好容得下一条串滴链,串滴链粗细与管径 ξ 相等。据此 de Gennes 提出描述浓厚体系缠结分子链运动的蠕动模型(reptation model),reptation 的名称来源于拉丁文“reptae”,即“creep”或“蠕动”的意思。蠕动模型认为:熔体是串滴链的密堆积体系(关于密堆积的理解可参见图 3-7 和图 3-9),串滴分子链不能切断,它在熔体内的运动为限制于 Edwards 管状区域的爬行,也可以看成是一种类似在笼栅间的蠕动或蛇行。管道或笼栅(像一个三维的笼子)由其他分子链构成,蠕动的分子链在笼栅间的游动是通过局部单元的布朗运动实现的,如同蛇绕过一些固定的障碍行走一样。图 3-40 给出陷入缠结网络中的一条分子链及分子链蛇行运动示意图,图中以简化链代替串滴链。

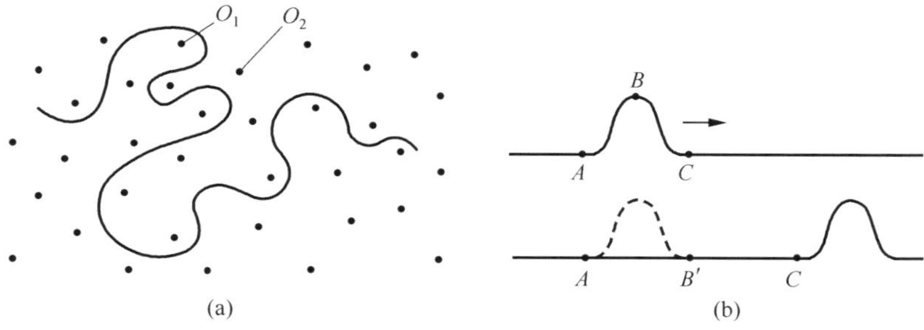

图 3-40 陷入缠结网络中的一条分子链(a)及分子链蛇行运动(b)示意图
符号 • 表示其他链构成的笼栅

注意这样的管道和笼栅是虚拟存在的,随着分子链的松弛运动,形状时时刻刻在发生变化。当分子链蛇行时，其伸出的部分“创造”出新的管道，同时它离开的部分管道随之消失。图 3-41 给出了管道随分子链运动而变化的示意图。图 3-41(a)为分子链初始位置，当分子链沿管道向右蠕动时[图 3-41(b)]，右方伸出一段新管道，而左方一段管道消失。若在另一时刻，分子链又向左运动，左方又会伸出一段新管道，而右方的管道消失[图 3-41(c)]。注意左方新生的管道已不是初始的管道，而是根据当前分子链的新位置而形成的新管道。分子链及管道的这种蠕动(创生和消失)就会造成分子链的解缠结和在新的条件下形成新的缠结。

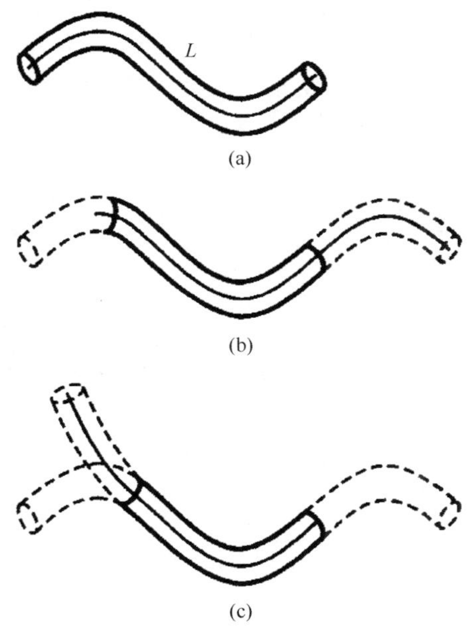

图 3-41　管道随分子链运动而变化的示意图

管道模型和蠕动模型的一大优点是将分子链间的相互作用和缠结普遍化，分子链相互作用不只发生在固定的缠结点处，而是发生在整个管壁上，分子链相对运动时管壁间的摩擦是一种广义的缠结作用。模型的另一优点是将复杂得多链缠结问题简单化，3.3.2 节中曾指出，浓厚体系中分子链相互穿透的程度是很高的，大量无规线团状分子链纠缠在一起，处理起来非常困难。通过管道模型和蠕动模型，de Gennes 巧妙地将多元问题简化为单根分子链在周围分子链形成的管道中的运动问题，使之易于讨论。

按照蠕动模型，管道中的分子链主要有两种运动。一种是沿管轴的纵向运动，即沿管子的滑动，这种运动不受拓扑作用阻碍，但摩擦力大，运动松弛时间长，运动后分子链质心发生相对位移，表现为长时力作用下的黏性流动。一种是垂直于管轴的横向运动，排开其他分子链，网络变形，这种运动所受阻力大，松弛时间短，表现为短时力作用下的弹性效应。通常条件下，黏弹性特征并存。因此，采用蠕动模型，可以很好地描述小变形下聚合物本体的线性黏弹性和流动时聚合物熔体的非线性黏弹性。

3.7.3 熔体中分子链的缠结

采用管模型和蠕动模型可以更好地理解 3.4.3 节中介绍的长程套环的新缠结概念。按照串滴模型，分子链缠结不是在小范围，而是在链滴以上的尺度（大于 ξ）发生的；缠结套环的位置可以改变、滑动，而不是一个死结点，见图 3-18。现在结合到管模型和蠕动模型，我们对分子链的缠结（entanglement）有了更清晰的认识：①缠结是分子链管道间的纠缠，缠结发生在大于管道直径 ξ 尺度上；②缠结包括分子链管道间的摩擦，管道滑脱相当于解缠结；③缠结网由管道（串滴链）的密堆积体系构成，两个相邻缠结点（缠结套环）的间距与管道直径相当，也等于 ξ（参见图 3-39）。因此两缠结点间的网链尺寸与管道直径相当，等于 ξ。换句话说，网链尺寸与链滴尺寸相等。下面讨论这种缠结网的特征。

设熔体中充满分子链管道，管中分子链由 N 个 Kuhn 单元自由连接而成，单元长度为 b。与管道直径 ξ 相当的一段链（网链）内含 g 个 Kuhn 单元，因此分子链上共有 N/g 段网链。由于熔体中排除体积效应被屏蔽，网链和分子整链均为理想 Gauss 链，因此网链尺寸

$$\xi \approx b \cdot g^{1/2} \tag{3-137}$$

分子链旋转半径 R（或末端距 h）

$$R \approx \xi \cdot \left(\frac{N}{g}\right)^{1/2} \approx b \cdot N^{1/2} \tag{3-138}$$

分子链的平均轮廓长度，即管道中轴线（简化链）的平均长度

$$\langle L \rangle \approx \xi \cdot \left(\frac{N}{g}\right) \approx \frac{b^2 N}{\xi} \approx \frac{bN}{g^{1/2}} \tag{3-139}$$

设熔体密度为 ρ，网链数均相对分子质量为 M_c，Kuhn 单元体积为 v_0，则一段网链占据的体积存在如下关系：

$$\frac{M_c}{\rho \cdot N_A} = v_0 \cdot g \approx v_0 \frac{\xi^2}{b^2} \tag{3-140}$$

式(3-140)中网链的数均相对分子质量 M_c 可根据应力松弛或动态力学性能实验中曲线平台区对应的模量（平台模量）求得。该平台区称为高弹态区，是聚合物中分子链存在缠结的主要证据。经典橡胶弹性理论给出，交联橡胶的平台剪切模量 $G_e = \dfrac{\rho RT}{M_c}$，将这一结论用于缠结网络，就可通过测量熔体的平台模量估算网链的数均相对分子质量 M_c。又根据标度理论，每个缠结网链（相当于一个链滴）对模量的贡献等于一个 kT，由于熔体中全部体积都由网链充满，网链体积的倒数

$[1/(v_0 \cdot g)]$ 就等于缠结网链的数量密度，于是熔体的缠结平台模量可写成以下简单形式：

$$G_e = \frac{\rho RT}{M_c} \approx \frac{kT}{v_0 \cdot g} \approx \frac{b^2 kT}{v_0 \xi^2} \tag{3-141}$$

而在一个有限体积 ξ^3 范围内的网链数量

$$P_e \approx \frac{\xi^3}{v_0 \cdot g} \approx \frac{b^3}{v_0} \cdot g^{1/2} \tag{3-142}$$

表 3-8 给出一些聚合物通过测量熔体平台模量求得的缠结参数。由表 3-8 可见，各种样品的熔体平台模量 G_e 自上而下是递减的，相应的网链相对分子质量 M_c 和每个网链含有的单元数 g 是递增的，说明分子链管道的缠结状态自上而下是递减的，以聚乙烯分子链的缠结程度最高。分子链缠结参数的差异显然与分子链化学结构有关，结构简单、规整性好的分子链更易缠结。这一点从缠结网链的尺寸 ξ 也可以看出，聚乙烯的网链最短，而聚乙烯环己烷的网链最长。Kuhn 单元体积 v_0 与单元长度 b 并不呈立方关系，说明 Kuhn 单元并非球形，而可能是柱形。尽管各样品的缠结参数差异很大，但在体积 ξ^3 范围内的重叠网链数 P_e 对不同聚合物大体相同，均在 20 左右，此即文献中所说的聚合物熔体缠结重叠判据。

表 3-8　一些柔性线形高分子熔体的缠结参数

聚合物	G_e /MPa	M_c /(g · mol^{-1})	g	b /nm	ξ /nm	v_0 /nm^3	P_e
聚乙烯(140℃)	2.60	1000	7	1.4	3.6	0.320	21
聚环氧乙烯(140℃)	1.80	2000	15	1.1	4.0	0.210	21
1,4-聚丁二烯(25℃)	1.15	1900	18	1.0	4.1	0.190	19
聚丙烯(140℃)	0.47	5800	32	1.1	6.2	0.380	20
1,4-聚异戊二烯(25℃)	0.35	6400	56	0.82	6.2	0.210	20
聚异丁烯(25℃)	0.32	7100	26	1.3	6.4	0.500	20
聚二甲基硅氧烷(25℃)	0.20	12000	32	1.3	7.4	0.650	20
聚苯乙烯(140℃)	0.20	17000	23	1.8	8.5	1.200	22
聚乙烯环己烷(160℃)	0.068	49000	81	1.4	13.0	1.100	22

3.7.4　熔体中分子链的蠕动

3.7.3 节给出分子链缠结的静态图像，根据蠕动模型和长程缠结图像，下面讨论分子链在缠结网内的运动。一条分子链在长时间外力作用下的松弛运动(蠕动)可视为分子链在其他分子链所形成的管道中的滑动，如同在一条管道中拉一根湿绳子。这种运动可按分子链沿管道轴向(简化链方向)的扩散来处理。

设结构单元与管道的摩擦系数为 ζ，网链与管道的摩擦系数则为 $g \cdot \zeta$，根据式(2-113)得到一条网链移动与其自身尺寸[式(3-137)]相等距离所需的时间

$$\lambda_e \propto \frac{\zeta \cdot b^2}{kT} g^2 \tag{3-143}$$

分子整链与管道的摩擦系数等于 $N \cdot \zeta$，根据式(2-144)得到整链的扩散系数

$$D_N = kT/(N \cdot \zeta) \tag{3-144}$$

而整链移动与其自身尺寸 $\langle L \rangle$[式(3-139)]相等距离所需的时间

$$\lambda_m \approx \frac{\langle L \rangle^2}{D_N} \propto \frac{\zeta \cdot b^2}{kT} \cdot \frac{N^3}{g} = \lambda_e \left(\frac{N}{g}\right)^3 \tag{3-145}$$

此处将分子链的扩散按 Rouse 情形处理，是因为由 2.5.5 节得知，由于熔体中不存在流体力学相互作用，链的扩散按 Rouse 情形处理更合理。

式(3-145)具有重要意义。根据 λ_m 的定义，它是分子整链扩散达到相当于整链管长 $\langle L \rangle$ 的时间，该时间应当等于与分子整链运动对应的松弛时间，即最大松弛时间。这时原来的管子消失了，分子链完全移动到一个新位置，分子链质心发生了相对位移，我们称此时熔体发生了永久流动。

公式可记为以下形式：

$$\lambda_m \propto \lambda_0 \cdot N^3 \tag{3-146}$$

式中，λ_0 相当于结构单元热运动的松弛时间，对于熔体而言，λ_0 约为 10^{-10}s。因此，当聚合度 $N \sim 10^4$ 时，分子链流动的特征松弛时间可以达到 10^2s，即分钟的数量级。

式(3-146)的结果令人鼓舞，我们看到只经过非常简单的标度计算，就得到一个有意义的基本结果，即分子链松弛时间与相对分子质量的 3 次幂成正比。已知松弛时间等于：$\lambda_m \cong \eta_0/E$。在熔体中模量 E 与单位体积的网链数有关，与链长无关，因此由式(3-146)得到体系零切黏度 η_0 与相对分子质量 M 有如下关系：

$$\eta_0 \propto N^3 \propto M^3 \tag{3-147}$$

迄今所得的有关熔体零切黏度 η_0 与相对分子质量 M 关系的实验值为 $\eta \propto M^{3.1 \sim 3.4}$，参见图 3-13。实验数据比较分散，与个人所做实验的种类与精确度有关。尽管式(3-147)的结果与实验值不尽符合，但是我们看到聚合物熔体黏度与相对分子质量的复杂关系在此得到了定量说明。

关于实验与理论上幂指数的偏差有多种解释。一是管长涨落效应。Doi 认为，分子链中部的蠕动与端部的蠕动不同，管两端的位移可能互不相关，从而使管长发生涨落。这种涨落引起的管长减小会产生部分应力松弛而影响幂指数的值。二是上述模型中均假定分子链在一个刚性的永久性的网栅(管道)中蠕动，实际上由于其他分子链也在运动，因此这种由分子链组成的管子也是变动的，这可能会影响松弛速率和幂指数。再者式(3-40)中的相对分子质量为重均相对分子质量，当

相对分子质量分布较宽时，小相对分子质量的链可能使网栅不完整，而高相对分子质量部分则会有较长的松弛时间，使幂指数分散。另外，少量长支链的存在也会大大压低蠕动，从而使材料特征松弛时间变长。

再考察整链扩散系数 D_N 与相对分子质量 M 的关系。根据式(2-113)得到

$$D_N \propto \frac{R^2}{\lambda_m} \tag{3-148}$$

式中，λ_m 用式(3-145)的结果代入，得到

$$D_N \propto \frac{R^2}{\lambda_m} \propto \frac{kT}{\zeta} \cdot \frac{g}{N^2} \tag{3-149}$$

式(3-149)表明整链扩散系数与相对分子质量的平方成反比，相对分子质量越大，扩散系数越小。图 3-42 给出实验测量的氢化聚丁二烯熔体分子链的扩散系数对分子质量的关系曲线，可以看到直线斜率等于−2.3。理论结果与实验数据也存在偏差，偏差出现的原因同上。

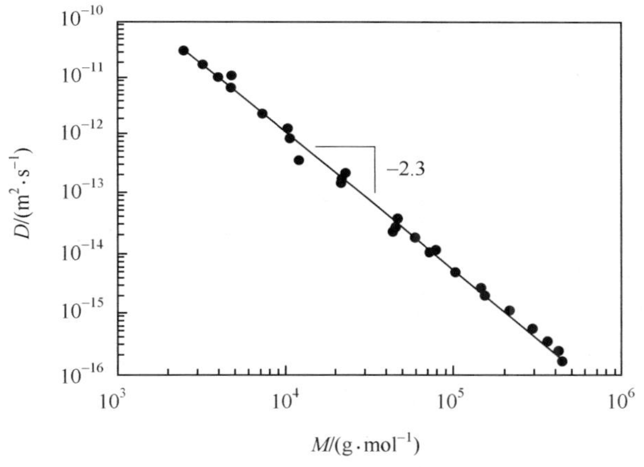

图 3-42　氢化聚丁二烯熔体分子链扩散系数与相对分子质量的关系曲线(175℃)

上述讨论表明，根据管道模型和蠕动模型并采用标度方法后，聚合物浓厚体系中复杂的分子链缠结和扩散问题得到正确理解和恰当的处理。在此基础上 Doi 得到了定量描述聚合物熔体和浓溶液流变性质的本构方程和物料函数。该模型称为 Doi-Edwards 模型。

3.7.5　Doi-Edwards 模型

模型的主要假设和处理方法如下。

假设 1：每个大分子链只能在其他链构成的网栅中独立地运动，其运动限于一个直径为 ξ 的管内，ξ 相当于链滴的长度，见图 3-39。由于熔体中分子链管道密堆积，因此两个缠结套环的间距，即网链长度也等于 ξ，见图 3-43。

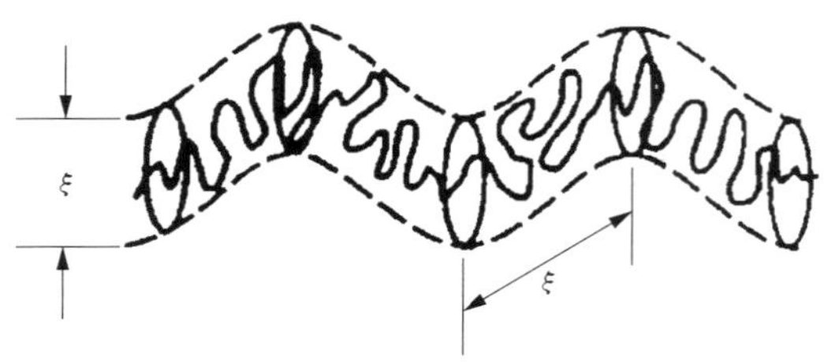

图 3-43　管状模型及其等价滑结环

根据尺寸不同，管道中分子链有两种运动形式：一是小于 ξ 的小范围运动，在链滴内网链不受其他链的影响，像 Gauss 链一样做无规则热运动；二是大范围的运动(大于 ξ)，此时缠结效应使得分子链运动所受的阻力变得高度各向异性。横向运动所受的阻力(因为要排开其他分子链)比纵向运动大得多，因此分子链的主要运动是沿管子的滑动。缠结套环的间距 ξ 可以理解为运动阻力发生各向异性的临界尺寸。

假设 2：真实分子链的运动可以用简化链表示(图 3-41)。简化链是等效自由连接链，总长为 L，每一步为一网链，步长为 ξ。简化链上的网链数

$$N_s = \frac{L}{\xi} = N\left(\frac{b}{\xi}\right)^2 \tag{3-150}$$

式中，b 为 Kuhn 单元长度；N 为一条分子链的 Kuhn 单元总数。

假设 3：管道中分子链的运动存在两种松弛过程：

(1) 链的熵弹形变。这种变形运动随缠结网发生形变在较短时间内完成，松弛时间称为卷曲运动的松弛时间 λ_a。图 3-44(a)为平衡态，图 3-44(b)为网络受到瞬时拉伸变形时缠结套环被同时拉伸。图 3-44(c)为分子链卷曲导致弹性回缩。这种变形运动并不改变缠结网的拓扑结构，松弛时间 $\lambda_a \propto M$，类同于 Rouse 链段的松弛性质[参见式(2-141)]。

(2) 简化链的塑性流动。简化链从已发生形变的缠结套环脱出，重新形成一根新的管道，从而改变了原来的拓扑结构，如图 3-44(d)所示。这种运动需要长的松弛时间 λ_d，根据前面的讨论得知 $\lambda_d = \lambda_m \propto M^3$。

假设 4：熔体发生宏观形变时，缠结套环仿射地变化位置。

基于上述假定，采用对网链所受的力矩按 Gauss 链构象统计求平均的方法，得到本构方程形式如下：

$$\boldsymbol{\sigma} = 3n_1 kT\left\langle \sum_{i=1}^{N_s} \boldsymbol{h}_i\boldsymbol{h}_i / g_i b^2 \right\rangle \tag{3-151}$$

式中，$\boldsymbol{\sigma}$ 为偏应力张量；n_1 为单位体积的缠结网链数(即网链数量浓度)；$\boldsymbol{h}_i$ 为第 i 个网链的末端距矢量，g_i 为第 i 个网链中的结构单元数。尖括号表示按网链构象

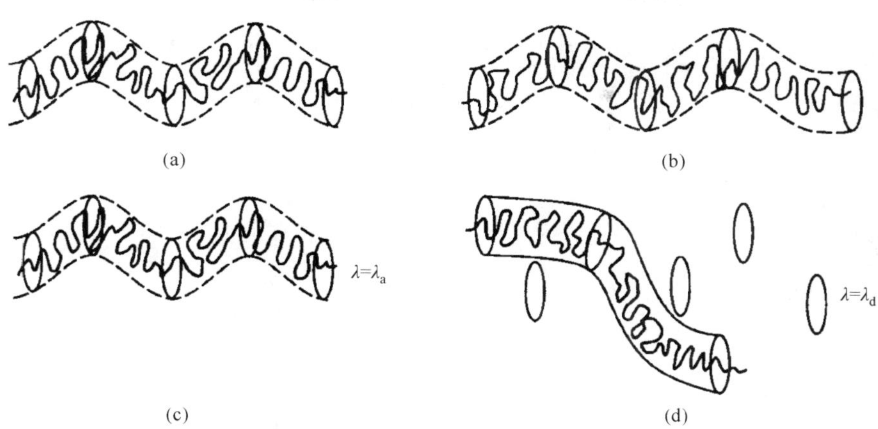

图 3-44　滑结环中分子链的两种松弛运动

求统计平均值。

式(3-151)为一个求和形式，经演算将求和变为积分，得到 Doi-Edwards 模型本构方程的积分形式为

$$\boldsymbol{\sigma}(t) = 3n_1kT\,\frac{L}{\xi}\int_{-\infty}^{t}\mu(t-t')\boldsymbol{Q}(t,t')\,\mathrm{d}t' \tag{3-152}$$

式中，L 为简化链的弧长；ξ 为步长，即统计网链的长度；$\mu(t-t')$ 为记忆函数，$\boldsymbol{Q}(t,t')$ 为形变历史张量。

记忆函数：

$$\mu(t-t') = \sum_{p=\text{奇数}}\frac{8}{\pi^2p^2\lambda_p}\exp\left(-\frac{(t-t')}{\lambda_p}\right) \tag{3-153}$$

式中，$\lambda_p=\lambda_d/p^2$ 为对应于第 p 个本征值的松弛时间；λ_d 为分子链脱出原管的松弛时间。

形变历史张量：

$$\boldsymbol{Q} = \frac{1}{4\pi}\int\left\{\frac{(\boldsymbol{Eu})(\boldsymbol{Eu})}{|\boldsymbol{Eu}|^2}-\frac{1}{3}\boldsymbol{I}\right\}\mathrm{d}\boldsymbol{u}\mathrm{d}\boldsymbol{u} \tag{3-154}$$

式中，$\boldsymbol{u}=\partial\boldsymbol{h}/\partial s$ 为单位矢量，$\boldsymbol{h}$ 为末端距矢量，s 为弧长；$\boldsymbol{I}$ 为单位张量；$\boldsymbol{E}$ 为形变梯度张量，即

$$\boldsymbol{E}(t,t') = \frac{\partial\boldsymbol{x}(t)}{\partial\boldsymbol{x}'(t')} \tag{3-155}$$

式中，$\partial\boldsymbol{x}(t)$、$\partial\boldsymbol{x}'(t')$ 分别为同一线元在现在时刻和过去时刻的位置矢量。

举例说明：若平面剪切流场中，只在 xy 平面有剪切形变 $(\dot{\gamma}\cdot\Delta t)$，形变方程为

$$x(t) = x'(t') + y'(t')\cdot\dot{\gamma}\cdot\Delta t$$
$$y(t) = y'(t')$$

$$z(t) = z'(t') \tag{3-156}$$

记 $\Delta t = t$，按式(3-155)，形变梯度张量

$$\boldsymbol{E} = \begin{pmatrix} 1 & \dot{\gamma} \cdot t & 0 \\ 0 & 1 & 0 \\ 0 & 0 & 1 \end{pmatrix} \tag{3-157}$$

由式(3-154)可以求出形变历史张量 $\boldsymbol{Q}$ 的各分量分别为

$$\begin{aligned} Q_{xy} &= \frac{1}{2\dot{\gamma} \cdot t}\int_0^1 \left(1 + \frac{x^2\dot{\gamma}^2 t^2 - 1}{\sqrt{x^4(\dot{\gamma}^4 t^4 + 4\dot{\gamma}^2 t^2) - 2\dot{\gamma}^2 t^2 x^2 + 1}}\right) \mathrm{d}x \\ Q_{xx} - Q_{yy} &= \dot{\gamma} \cdot t \cdot Q_{xy} \\ Q_{yy} - Q_{zz} &= -\frac{1}{2}\int_0^1 \left(1 - \frac{(6 + \dot{\gamma}^2 t^2)x^2 - 1}{\sqrt{x^4(\dot{\gamma}^4 t^4 + 4\dot{\gamma}^2 t^2) - 2\dot{\gamma}^2 t^2 x^2 + 1}}\right) \mathrm{d}x \end{aligned} \tag{3-158}$$

代入本构方程(3-152)，得到在稳态剪切流场中，熔体的稳态剪切黏度

$$\eta(\dot{\gamma}) = \frac{3n_1 kTL}{\xi\dot{\gamma}}\int_0^\infty Q_{xy}(\dot{\gamma} \cdot t)\mu(t)\mathrm{d}t \tag{3-159}$$

由此求得在较高剪切速率下 $\eta(\dot{\gamma}) \propto \dot{\gamma}^{-\frac{3}{2}}$，说明了熔体黏度的剪切变稀行为；而零剪切黏度

$$\eta_0 = \frac{3n_1 kTL}{5\xi}\int_0^\infty \mu(t)t\mathrm{d}t = \frac{\pi^2}{60} \cdot \frac{3n_1 kTL}{\xi} \cdot \lambda_\mathrm{d} \propto M^3 \tag{3-160}$$

η_0 与最大松弛时间 λ_d 有关，与相对分子质量的三次幂成比例。

法向应力差系数 $\psi_1(\dot{\gamma})$、$\psi_2(\dot{\gamma})$ 与剪切速率的关系为：$\psi_1(\dot{\gamma}) \propto \dot{\gamma}^{-2}$，$\psi_2(\dot{\gamma}) \propto \dot{\gamma}^{-2.5}$。当剪切速率趋于零时等于

$$\begin{aligned} \psi_1(0) &= \frac{1}{300} \cdot \frac{3n_1 kTL}{\xi} \cdot \lambda_\mathrm{d}^2 \propto M^6 \\ \psi_2(0) &= -\frac{2}{7}\psi_1(0) \end{aligned} \tag{3-161}$$

以上结果都与实验数据定性地吻合。

相对分子质量分布对流变性质的影响

Doi-Edwards 认为，在多分散体系本构方程中，总记忆函数应为各相对分子质量级分的记忆函数的质量加和。

$$\mu(t - t') = \sum_i w_i \mu_i(t - t') \tag{3-162}$$

式中，w_i 为相对分子质量为 M_i 级分的质量分数。于是零剪切黏度公式改写为

$$\eta_0 = \frac{3n_1 kTL}{\xi} \cdot \frac{\pi^2}{60}\sum_i w_i(\lambda_\mathrm{d})_i \propto \frac{\langle M^4 \rangle}{\langle M_\mathrm{n} \rangle} \tag{3-163}$$

式中，$\langle M^4 \rangle$ 为相对分子质量的 4 阶平均值。对于实际的多分散试样有

$$\eta_0 \propto \langle M_{Z+1} \rangle \cdot \langle M_Z \rangle \cdot \langle M_W \rangle \tag{3-164}$$

该数值比 $\langle M_W \rangle$ 的 3 次幂要高些，所以聚合物熔体的零剪切黏度与重均相对分子质量的 3.1～3.4 次幂成比例是有可能的。

支化链的蠕动

设在一主链上有一支链 D，支链包含 N_B 个结构单元，支叉点在空间 x_0 处，见图 3-45。当主链向右蠕动时支叉点要移动到空间 x 处，降低了支链的构象熵，因此会产生拉 x 回 x_0 的弹力。要完成支叉点从 x_0 转变到在 x 点的平衡构象需要经过许多中间步骤，即实现由图 3-45(a)到图 3-45(c)的转变需要较长的松弛时间。de Gennes 计算表明，一个侧支链引起的松弛时间变化与侧链长度的关系为

$$\lambda \propto \exp(\alpha \cdot N_B) \tag{3-165}$$

式中，α 为待定网络结构参数。该结果解释了短支链如果短于管的直径，即短于网链长度，并不影响链的蠕动。但当支链变长，松弛时间就呈指数式上升。也就是说分子链加长(相对分子质量加大)对松弛时间的影响，在主链上与侧链上是不同的。接在主链上，$\lambda \propto N^3$；接在侧链上，$\lambda \propto e^{\alpha \cdot N_B}$，后者比前者的影响强烈得多。如果一个链上有几个长支链，蠕动就几乎不能进行，虽然并未形成三维化学交联网。该机理定性地说明相对分子质量相当时，支化链的松弛时间大于线形链，支化聚合物熔体的弹性效应较强。

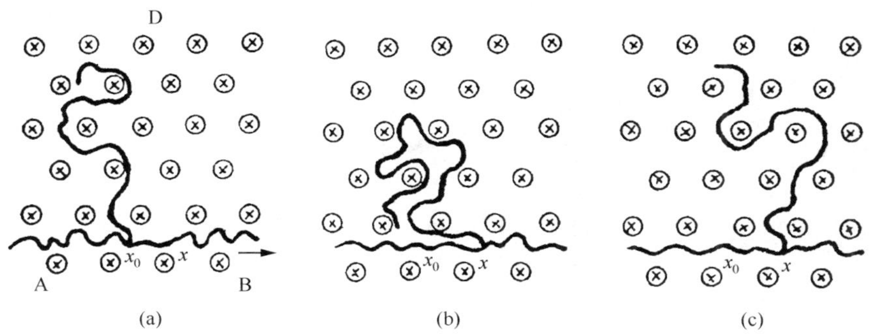

图 3-45　带长支链 D 的支化分子链 AB 的蠕动

Doi-Edwards 理论的初步评价

综上所述，我们看到按照管道模型和蠕动模型的物理图像建立起来的流变本构方程可以很好地说明高分子熔体的非线性流变性。这些性质包括：熔体的零剪切黏度与最大松弛时间 λ_d 均正比于相对分子质量的三次幂 M^3，与实验事实 $\eta \propto M^{3.1\sim3.4}$ 相接近；熔体剪切黏度和第一法向应力差系数有剪切变稀效应；第二法向应力差系数不为零，为较小负值；拉伸黏度 η_e 随拉伸速率增大而下降，η_e/η 的比值则随拉伸速率上升；松弛时间谱在长松弛时间端有一极大值以及材料的稳态柔量与相对分子质量无关等。更重要的是，模型抓住了高分子浓厚体系的结构特点，正

确地描述了分子链相互“缠结”这一特殊相互作用的特点和微观机理，提出“长程缠结”、“分子链各向异性蠕动”、“分子链滑动和解缠结”等新物理概念，从而正确地描述了高分子浓厚体系的奇异流变性质。

物理量符号一览表

符号	含义
A_2、A_3	第 2、第 3 位力系数
b	Kuhn 单元的长度
c	溶液浓度
c_e	缠结浓度
c^*	接触浓度，又称临界交叠浓度
c^{**}	全高斯链浓度，浓溶液与极浓溶液的分界浓度
d_c	晶体厚度
D_N	整链的扩散系数
E	弹性模量
$\boldsymbol{E}$	形变梯度张量
f	弹性力
f_r	自由体积分数
f_{T_g}	T_g 温度处的自由体积分数
g	链段（或网链）中的结构单元数
$g(r)$	对偶关联函数
$g_D(r)$	Debye 函数
$g_{self}(r)$	一条标记的串滴链自身的对偶关联函数
$g(\boldsymbol{q})$	散射函数
G	Gibbs 自由能，剪切模量
G_e	缠结网络（交联橡胶）平台模量
ΔG	储能函数
ΔG_m	混合自由能
h	分子链尺寸（末端距）
$\boldsymbol{h}_i$	第 i 个网链的末端距矢量
H	热焓
ΔH_0	单位体积晶体的熔融热
ΔH_m	熔融热，混合热
ΔH_{mol}	每摩尔重复单元的熔融焓
k	Bolzmann 常量
l	化学键的键长，拉伸试样长度
L	分子链整链长度，管道中轴线（简化链）长度
M	大分子相对分子质量

M_e	临界缠结相对分子质量
M_c,$\langle M_c \rangle$	网链平均相对分子质量
n	单位体积的分子链数(数量浓度);Avrami 指数
n_1	单位体积内的网链数
N	一条分子链的 Kuhn 单元数
N_A	阿伏伽德罗常量
N_s	简化链上的网链数
P	压力
P_e	ξ^3 范围内的网链数目
q	溶胀比
Q	热量
Q_{equ}	平衡溶胀度
Q_m	质量溶胀度
Q_v	体积溶胀度
$\boldsymbol{Q}(t,t')$	形变历史张量
R	摩尔气体常量;分子链尺寸(旋转半径)
R_0	Gauss 链旋转半径
R_F	Flory 尺寸
Δs_m	一个结构单元的熔融熵
S	熵
ΔS_m	熔融熵
T_c	结晶温度
T_c^{∞}	厚度无限大完善晶体的结晶温度
T_f	黏流温度
T_g	玻璃化转变温度
T_m	熔点
T_m^{∞}	平衡熔点
u	排除体积
U	内能
v_0	Kuhn 单元体积
V	体积
V_1	溶剂分子体积
$\widetilde{V}_1$	溶剂摩尔体积
V_f	自由体积
W	功
α_f	自由体积膨胀系数
ε	伸长率
ζ	结构单元与管道的摩擦系数

η_0	溶液黏度,熔体零切黏度
$\eta(\dot{\gamma})$	稳态剪切黏度
λ	拉伸比,线性形变
λ_0	结构单元热运动的松弛时间
λ_a	管模型卷曲运动的松弛时间
$\lambda_d = \lambda_m$	简化链从原管脱出所需的时间
λ_e	一条网链移动与自身尺寸相等距离所需的时间
λ_m	最大松弛时间,整链移动与自身尺寸相等距离所需的时间
μ_1	溶剂的化学位
$\mu(t-t')$	记忆函数
ν	标度指数
ξ	Gauss 链段尺寸,长程关联长度,Edwards 管径,网链尺寸
ξ_E	Edwards 关联长度
ξ_T	热关联长度,热链段尺寸
π	渗透压
ρ_2	聚合物密度
ρ_a	非晶态聚合物密度
ρ_c	晶态聚合物密度
σ	应力
σ_s	片晶折叠面单位面积的表面自由能
$\boldsymbol{\sigma}$	偏应力张量
$\tau_{1/2}$	半结晶时间
$(\tau_{1/2})^{-1}$	结晶速率
τ_{nuc}	成核周期
τ_{nuc}^{-1}	成核速率
ϕ	分子链体积分数
ϕ^*	接触体积分数
χ_{12}	高分子-溶剂相互作用参数
χ_c^v	体积结晶度
χ_c^w	质量结晶度
$\psi_1(\dot{\gamma}),\psi_2(\dot{\gamma})$	法向应力差系数
ω_g	玻璃化转变频率
$\Omega(h)$	概率密度函数

参考文献

[1] 钱人元. 高分子单链凝聚态与线团相互穿透的多链凝聚态. 见：Progress in Polymer Physics-Symposium of 99' International Workshop on Polymer Physics. 上海：复旦大学，1999：1-12

[2] de Gennes P E. Scaling Concepts in Polymer Physics. New York:Cornell University Press, 1985; 中译本,高分子物理学中的标度概念. 吴大诚,刘杰,朱谱新,等译. 北京: 化学工业出版社, 2002
[3] Rubinstein M,Colby R H. Polymer Physics. Oxford: Oxford University Press,2003;中译本,高分子物理. 励杭泉译. 北京:化学工业出版社,2007
[4] Strobl G. The Physics of Polymers. Berlin:Springer-Verlag,2007;中译本,高分子物理学. 胡文兵,蒋世春,门永锋,等译. 北京:科学出版社,2009
[5] Doi M, Edwards S F. The Theory of Polymer Dynamics. Oxford: Clarendon Press, 1986
[6] Flory P J. Principles of Polymer Chemistry. Ithaca, New York: Connell University Press, 1971
[7] 冯端, 金国钧. 凝聚态物理学(上卷). 北京:高等教育出版社,2003
[8] 吴大诚, Hsu S L. 高分子的标度和蛇行理论. 成都: 四川教育出版社, 1989
[9] 吴其晔,巫静安. 高分子材料流变学. 北京:高等教育出版社, 2002
[10] 吴其晔,张萍,杨文君,等. 高分子物理学. 北京:高等教育出版社,2011
[11] 何曼君, 陈维孝, 章西侠. 高分子物理. 上海: 复旦大学出版社, 2002
[12] 许元泽. 高分子结构流变学. 成都:四川教育出版社,1988
[13] Ferry J D. Viscoelastic Properties of Polymer. 3rd ed. New York: John Wiley & Sons, 1983
[14] Eisele U. Introduction to Polymer Physics. Berlin: Springer-Verlag, 1990
[15] Menges G. Werkstoffkunde Kunststoff. Muenchen: Carl Hanser Verlag, 1990
[16] Doi M, Ohta T. Dynamics and rheology of complex interfaces. I. J Chem Phys, 1991, 95: 1242-1248
[17] Daoud M, Williams C E. Soft Matter Physics. Berlin: Springer, 1999
[18] Daoud M, Cotton J D,Famoux B,et al. Solutions of Flexible Polymers. Neutron Experiments and Interpretation. Macromolecules, 1975, 8: 804
[19] Klemen M, Lavrentovitch O D. Introduction to Soft Matter Physics. Berlin: Springer, 2003
[20] 何平笙. 新编高聚物的结构与性能. 北京:科学出版社,2009
[21] 殷敬华,莫志深. 现代高分子物理学(上、下册) . 北京:科学出版社,2001
[22] 符若文,李谷,冯开才. 高分子物理. 北京:化学工业出版社,2005
[23] 方征平,宋义虎,沈烈. 高分子物理. 杭州:浙江大学出版社,2005
[24] 吴其晔. 高分子凝聚态物理及其进展. 上海:华东理工大学出版社,2006
[25] 何天白,胡汉杰. 海外高分子科学的新进展. 北京:化学工业出版社,1998
[26] 杨玉良, 胡汉杰. 跨世纪的高分子科学,高分子物理. 北京:化学工业出版社,2001
[27] Michler G H. Kunststoff-Mikromechanik. Muechen: Carl Hanser Verlag, 1992
[28] Brostow W, Corneliussen R D. Failure of Plastics. Muechen: Carl Hanser Verlag, 1986
[29] Li B C. Fundamentals of Polymer Physics. Beijing:Chemical Industry Press,1999
[30] 谢封超, 张青岭, 刘结平,等. 高分子的软物质特性. 高分子通报, 2002, 2: 50-56
[31] 吴其晔. 高分子流变学的标度概念. 2010 年全国高分子材料科学与工程研讨会学术论文集,南昌,2010:B-IL-06
[32] 吴其晔. 关于链段、排斥体积及标度律的讨论. 2009 年全国高分子学术论文报告会论文集,天津,2009:J-O-04
[33] 吴其晔. 大分子链的溶致凝聚过程. 高分子通报,2012,7:9-14

第 4 章 相态、相变及聚合物相变的特征

物质在自然界存在的相态和相态间的转变是凝聚态物理的核心研究内容。绪论中指出，所谓相态(phase or state)，是指由大量原子或分子以某种方式(结合力)聚集在一起，能够在自然界相对稳定存在的物质形态，如常见的固、液、气三态等。其中固态和液态又称凝聚态。相态也指物质系统中物理性质均匀的部分，它与其他部分之间有一定的分界面隔离开来。在不受外界条件影响时，宏观性质不随时间变化的状态称为平衡态，否则称为非平衡态。同一物质的两种相态可以同时存在，如冰水组成的系统。在一定条件下相态之间也可能发生转变，称为相变(phase transition)。相变是与多方面因素相联系的合作现象，当物质系统的某个参量(很多情况下是温度)发生连续变化时，系统的结构与物理性质发生整体变化，即发生相变。

4.1 物质状态的描述

4.1.1 物质状态的微观描述与宏观描述

经典凝聚态物理中如何定义“相态”是一个极为重要的问题。处于一定凝聚态下的物质状态可以从微观角度(经典力学和量子力学)描写，也可以从宏观角度(热力学)描写，两者通过统计物理和平均场方法联系在一起。

经典理论中，一个体系的微观描述与其结构对称性相关，同时与其组分的运动形式和相互作用有关。描述少数粒子运动规律和相互作用的科学称为力学。原则上微观粒子的运动规律服从量子力学，但在一定条件下也可用经典力学近似处理。描述由大量粒子组成系统的运动规律的科学称为统计力学。统计方法与经典力学相结合称为经典统计物理，与量子力学相结合称为量子统计物理。研究平衡态现象的统计方法称为平衡态统计物理，研究非平衡态现象的称为非平衡态统计物理(包括涨落现象理论)。

如果微观粒子(如原子、分子、离子等)的运动速度较慢，在任一时刻的位置和速度可精确测量，则可以用经典力学描述粒子的运动状态。设一个粒子有 r 个自由度，则粒子在某一时刻的运动状态可用 r 个广义坐标 $q_i(i=1,2,3,\cdots,r)$ 和 r 个广义动量 $p_i(i=1,2,3,\cdots,r)$ 在该时刻的值来描写。当坐标和动量确定后，其他力学量和粒子运动状态也随之确定。

例如，单原子分子组成的理想气体。每个分子有三个自由度，其状态需要用三个坐标和三个动量确定 (x, y, z, p_x, p_y, p_z)，Hamilton 量

$$H = \frac{1}{2m}(p_x^2 + p_y^2 + p_z^2) = E \tag{4-1}$$

式中，m 为分子质量；E 为分子动能。

又如，哑铃形的双原子分子绕质心的转动。该分子的轴需用空间的两个方位角 $(\theta、\phi)$ 确定，有两个自由度，其状态需要广义坐标 $\theta、\phi$ 及广义动量 $p_\theta、p_\phi$ 来确定，Hamilton 量

$$H = \frac{1}{2I}\left(p_\theta^2 + \frac{1}{\sin^2\theta}p_\phi^2\right) = E \tag{4-2}$$

式中，I 为转子的转动惯量。

假如微观粒子的运动速度较快（如电子），粒子的坐标和动量不可能同时确定（测不准关系），呈现波粒两象性，粒子处于某一状态的可能性只能用概率（波函数 ψ）表示，则粒子的运动状态需用量子力学描述。例如，描述无序固体中导带上的一个电子，其 Schrödinger（薛定谔）方程为

$$\left(-\frac{\hbar^2}{2m}\nabla^2 + U(\boldsymbol{r})\right)\psi(\boldsymbol{r}) = E\psi \tag{4-3}$$

式中，m 为电子质量；$\hbar$ 为 Planck 常量（$\hbar = h/2\pi$）；$U(\boldsymbol{r})$ 为势函数，即电子在外场中的势能，可以是周期势或分子内来自其他不同原子的势，也可以是由原子结构决定的中心势；ψ 为电子波函数；∇ 为微分算符，称为 Hamilton 算符，在直角坐标系的显式为

$$\nabla = \boldsymbol{i}\frac{\partial}{\partial x} + \boldsymbol{j}\frac{\partial}{\partial y} + \boldsymbol{k}\frac{\partial}{\partial z} \tag{4-4}$$

式中，$\boldsymbol{i}、\boldsymbol{j}、\boldsymbol{k}$ 为单位矢量。如果系统有多个电子，多粒子系统的 Schrödinger 方程为

$$i\hbar\frac{\partial}{\partial t}\Psi = H\Psi \tag{4-5}$$

式中，H 和 Ψ 分别为多粒子系统的 Hamilton 量和波函数。

多粒子系统中，若不考虑电子间的相互作用，系统的 Hamilton 量可写成简单加和形式：

$$H = \sum_i H_i = \sum_i \left[-\frac{\hbar^2}{2m}\nabla_i^2 + U(\boldsymbol{r}_i)\right] \tag{4-6}$$

式中，$U(\boldsymbol{r}_i)$ 为系统在外场中的势能；每一个 H_i 所对应的自由粒子的解（波函数）ψ_i 满足

$$\left(-\frac{\hbar^2}{2m}\nabla^2 + U(\boldsymbol{r}_i)\right)\psi_i(\boldsymbol{r}) = H_i\psi_i(\boldsymbol{r}_i) \tag{4-7}$$

所有波函数组合在一起，构成整个系统的波函数（wave function）。

实际上凝聚态物质中大量微观粒子间(原子核、电子)存在复杂的相互作用，每个粒子的运动都和其他粒子的运动相关联。考虑到粒子间的相互作用项，系统的 Hamilton 量可写成(经典式)：

$$H=\sum_i \frac{\boldsymbol{p}_i^2}{2m}+\sum_\alpha \frac{\boldsymbol{P}_\alpha^2}{2M_\alpha}+\frac{1}{8\pi\varepsilon_0}\sum_{i\neq j}\frac{e^2}{|\boldsymbol{r}_i-\boldsymbol{r}_j|}+\frac{1}{8\pi\varepsilon_0}\sum_{\alpha\neq\beta}\frac{Z_\alpha Z_\beta e^2}{|\boldsymbol{R}_\alpha-\boldsymbol{R}_\beta|}-\frac{1}{4\pi\varepsilon_0}\sum_{i\alpha}\frac{Z_\alpha e^2}{|\boldsymbol{r}_i-\boldsymbol{R}_\alpha|} \tag{4-8}$$

式中，$\boldsymbol{r}_i$、$\boldsymbol{p}_i$、m、$-e$ 分别为电子的坐标、动量、质量、电荷；$\boldsymbol{R}_\alpha$、$\boldsymbol{P}_\alpha$、M_α、$Z_\alpha e$ 分别为原子核的坐标、动量、质量、电荷；ε_0 为真空介电常数，$\varepsilon_0=8.854\times10^{-12}\mathrm{C}^2\cdot\mathrm{N}^{-1}\cdot\mathrm{m}^{-2}$。在坐标表象下进行量子力学处理时，通常令 $\boldsymbol{p}_i\rightarrow -i\hbar\nabla_i$，$\boldsymbol{P}_\alpha\rightarrow -i\hbar\nabla_\alpha$，$E\rightarrow i\hbar\frac{\partial}{\partial t}$。

原则上，一个凝聚体系的所有物理性质都已包括在式(4-8)中。但是要从与之相应的 Schrödinger 方程中将各种物理信息求解出来几乎是不可能的。原因在于一块凝聚态物质中包含大量具有相互作用的粒子，数目高达 10^{23} 数量级。这样庞大数目的粒子，每一个粒子的运动又都与所有其他粒子相关联，是一个典型的多体问题。原则上这样的方程组与变量群是不可能求解的。

物质的凝聚状态也可从宏观角度描写。这是基于当物质处于平衡态时，其宏观热力学参量，如自由能 F、内能 U、熵 S、体积 V、温度 T、压力 P 等都是确定的，因此可以用来描述物质状态。

热力学不研究单个粒子如何运动，而是研究大量微观粒子运动的总体所反映出来的系统的宏观物理性质和各种宏观物理过程。这种由大量粒子组成的宏观客体称为热力学系统，其特点是在时间和空间上具有宏观的尺度及包含极大数目的力学自由度。

描述系统状态的宏观参量称为状态参量，状态参量分为内参量与外参量两大类。内参量表示系统内部的状态，它决定于组成系统的大量微观粒子的热运动状态，属于系统本身的宏观物理性质，如密度、温度等。外参量表示系统周围环境的状况，或者说表示加在系统上的外界条件，如作用于系统的外场等。当系统的状态参量不再随时间变化，系统处于平衡态。

热力学以几个经验定律为基础。经典的热力学三定律为：能量守恒定律、熵定律(指明自然界不可逆宏观物理过程进行的方向和限度)、能斯特热定律(温度趋于绝对零度时，系统的熵趋于极限值——零)。通过测量、计算、比较物质在不同平衡态的热力学参数(如温度、压力、内能、焓、熵等)来区分、描写不同的物质状态，了解物质运动的规律。

热力学对体系宏观性质的描写和力学对体系微观运动的描写实际上是相辅相成的，热力学所描述的体系的宏观性质实际是微观的大量原子和分子运动性质的平均结果。连接宏观相态性质与微观结构运动的桥梁则是统计力学，主要方法为平均场近似方法。

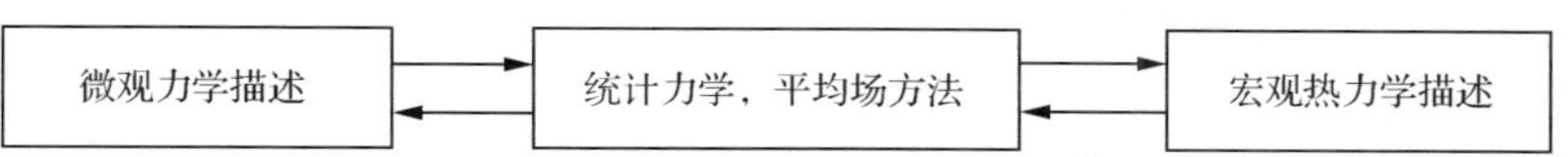

平均场近似(mean field approximation)方法，也称自恰场近似(self consistency field)方法，是量子力学计算中一种求解全同多粒子系的定态 Schrödinger 方程的近似方法。它近似地用一个平均场来代替其他粒子对某一个粒子的相互作用，该平均场又能用单粒子波函数来表示，从而将多粒子系的 Schrödinger 方程[式(4-6)、式(4-8)]简化成单粒子波函数所满足的非线性方程组来求解。这种解不能一步求出，要用迭代法逐次逼近，直到前后两次计算结果满足所要求的精度为止(达到前后自洽)，这时得到的平均场称自洽场。这种自洽计算是必要的，因为计算势场 $U(\boldsymbol{r})$ 必须知道状态本身的情形，反过来求解状态又需要知道相互作用势场的形式。具体方法是首先假设电子处在一组特殊的本征态，先计算有效势场；再利用该势场重新计算本征态；反复进行这个过程，直到状态与有效势场达到自洽。

4.1.2　微观描述与宏观描述的联系

按经典力学，如果在某一时刻，一个系统中所有粒子的坐标和动量(或波函数)都确定，则系统在该时刻的运动状态就确定，这种方法确定的系统状态称为微观态。而从宏观角度看，它并不关心具体是哪个粒子(a 或者 b)处在系统的哪个位置，而是关心粒子在系统内的分布，只要粒子的分布确定，系统的状态就确定，这种方法确定的状态称为宏观态。由此可以看出系统的微观态与宏观态之间的联系：每一个微观态都对应着一个宏观态，反之不然，一个宏观态实际对应于若干个微观态。

由于系统的粒子数目极大，因此一个宏观态对应的微观态数目是极大的，而且不同的宏观态对应的微观态数目不同。根据 Bolzmann 假设，系统某一宏观态出现的概率正比于该宏观态对应的微观态数目 Ω_N，Ω_N 称该宏观态的热力学概率。热力学概率最大的宏观态(最可几宏观态)就是热力学平衡态。

普遍来说，对于一个有 r 个自由度的体系来说，与某一微观量 u 相对应的宏观量应等于在一定宏观条件下所有可能的微观运动状态的平均值 $\langle u\rangle$。

设 $u=u(q_1,q_2,\cdots,q_r,p_1,p_2,\cdots,p_r)$，为了求平均必须引进微观状态的统计分布函数 $\rho=\rho(q_1,\cdots,q_r,p_1,\cdots,p_r,t)$，$u$ 的平均值

$$\langle u\rangle=\int u\rho\mathrm{d}\omega\Big/\int\rho\mathrm{d}\omega \tag{4-9}$$

式中，$\mathrm{d}\omega$ 为相空间体积元，积分是一个 $2r$ 重积分。若分布函数归一化：$\int\rho\mathrm{d}\omega=1$，

则方程形式简化为 $\langle u\rangle = \int u\rho \mathrm{d}\omega$。

对于一个处于平衡态的正则系综，分布函数 ρ 是一个按能量分布的函数：

$$\rho = e^{\frac{\Psi - H}{\Theta}} \tag{4-10}$$

式中，H 为 Hamilton 函数 $H(q_i, p_i)$（即能量）；Ψ、Θ 为常数，$\Theta = kT$，k 为 Bolzmann 常量，T 为热力学温度。于是 u 的平均值

$$\langle u\rangle(q_i, p_i) = \int u(q_i, p_i)\mathrm{e}^{\frac{\Psi - H}{kT}}\mathrm{d}\omega \tag{4-11}$$

需要指出，当系统处于统计平衡时，并非全部时间均处于热力学平衡态，只是热力学平衡态出现的概率最大，时间最长。另外，还有其他非热力学平衡态也对应一定数目的微观态，也有一定的热力学概率，只是比热力学平衡态的概率小得多。这意味着，处于统计平衡的系统也还存在着偏离热力学平衡的涨落现象。

根据系统微观态的分布，可以求出相应的宏观热力学参量。其中最有代表性的是从系统的热力学概率 Ω 求出系统的熵

$$S = k\ln\Omega \tag{4-12}$$

后来证明，式(4-12)不仅适用于描写平衡态，也适用于描写非平衡态，可以用非平衡态热力学概率来求非平衡态的熵。

式(4-12)揭示出熵的物理本质：系统由非平衡态向热力学平衡态的过渡，既可以看成是由热力学概率较小的态向热力学概率最大的态的过渡，也可以看成是由熵较小的态向熵最大的态的过渡。因为宏观态的热力学概率由其对应的微观态数目决定，因此熵越大，表示热力学概率越大，对应的微观态数目越多，所以熵是系统宏观状态的无序程度的定量描述。

在量子统计中，基本思想相似，但这时应考虑一些量子效应，包括由粒子能量的量子化带来的量子效应，以及由同种物质粒子的全同性带来的量子效应。由于量子效应，整个系统的微观态的定义与经典力学不同，一个宏观态对应的微观态数目 Ω 也发生改变。

4.1.3 对称性及对称操作

在物质结构理论中，相态是通过物质结构的对称性（如分子和原子的空间位置）来描述的。对称性及与其相关的“有序度”是凝聚态物理学最重要的概念。从物质结构看，不同的相态具有不同的对称性（symmetry）和有序度（degree of order）。例如，各向同性流体（液体和气体）由于其均一的结构和各向同性性质具有很高的空间对称性和很低的有序度。而具有空间规则点阵结构的晶体，由于只有参照个别平面和直线具有对称性，因此其对称性低而空间有序度高，晶体的物理性质因此具有各向异性。经典凝聚态物理通过对称性的变化来研究物质状态的变

化(相变),同时定义一个物理量——序参量(order parameter)来描述体系相态有序度的变化。序参量也是凝聚态物理学中非常重要的概念,它是一个物理量,可以是标量、矢量或张量。在高对称相中(如流体中)序参量很低,可以定义等于零,而在低对称相中(如晶体中)序参量增高。因此只要物质系统的相态发生变化,必有对称性或(和)序参量发生了变化。

对称性最初用于描述图形和花样的几何性质,在晶体学中有重要应用,而后对称性概念被推广深化。本书中,对称性定义为系统的各种物理性质、物理相互作用、物理定律在一定坐标变换操作下的不变性。最常见的坐标变换操作有空间平动、旋转和反演操作等。

设某物理量,如密度 $\rho(\boldsymbol{r})$ 为位置矢量 $\boldsymbol{r}$ 的函数。现在若有一个引起坐标变换的操作 $\boldsymbol{g}$,位置矢量 $\boldsymbol{r}$ 经此操作后变为 $\boldsymbol{r}'$:

$$\boldsymbol{r} \rightarrow \boldsymbol{gr} = \boldsymbol{r}' \tag{4-13}$$

假如经过这种操作变换,密度函数 $\rho(\boldsymbol{r})$ 保持不变,有

$$\rho(\boldsymbol{r}') = \rho(\boldsymbol{gr}) = \rho(\boldsymbol{r}) \tag{4-14}$$

则称 $\boldsymbol{g}$ 是物理量 $\rho(\boldsymbol{r})$ 的一个对称操作(symmetry operation)。其中对称的含义就是物理量 $\rho(\boldsymbol{r})$ 在经过 $\boldsymbol{g}$ 变换后保持不变。通常物质系统是由其 Hamilton 量来描述的,因此如果该系统具有某些对称性,那么系统的 Hamilton 量经过这些对称操作也是不变的。

在三维空间,坐标变换有如下几类:一是平移操作,包括周期平移操作(晶体中)和准周期平移操作(准晶体中),用矢量 $\boldsymbol{t}$ 表示,变换式为:$\boldsymbol{r}' = \boldsymbol{gr} = \boldsymbol{r} + \boldsymbol{t}$。二是非平移操作,包括定轴转动、镜面反射及中心反演,用矩阵 $\boldsymbol{M}$ 表示。一个通常的坐标变换(操作)一般是这些操作的加和,可写成如下形式:

$$\boldsymbol{r}' = \boldsymbol{gr} = \boldsymbol{Mr} + \boldsymbol{t} \tag{4-15}$$

式中,非平移操作 $\boldsymbol{M}$ 记成一个二阶矩阵形式:

$$\boldsymbol{M} = (a_{ij}) = \begin{bmatrix} a_{11} & a_{12} & a_{13} \\ a_{21} & a_{22} & a_{23} \\ a_{31} & a_{32} & a_{33} \end{bmatrix} \tag{4-16}$$

式(4-15)的分量式记为

$$x_i' = \sum_j a_{ij} x_j + t_i \quad (i,j = 1,2,3) \tag{4-17}$$

对于平移对称操作来说,密度函数经过 $\boldsymbol{t}$ 操作后保持不变:$\rho(\boldsymbol{r}') = \rho(\boldsymbol{r} + \boldsymbol{t}) = \rho(\boldsymbol{r})$。

对于非平移对称操作,又称点对称操作的情形(包括定轴转动、镜面反射及中心反演),矩阵 $\boldsymbol{M}$ 的行列式满足:

$$|\boldsymbol{M}| = |a_{ij}| = \pm 1 \tag{4-18}$$

这儿有两种情形，一是 $|\boldsymbol{M}|=+1$，一是 $|\boldsymbol{M}|=-1$，分别对应于不同的点对称操作。其中 $|\boldsymbol{M}|=+1$ 的对称操作可通过物体的实际运动来实现，而 $|\boldsymbol{M}|=-1$ 的对称操作则不能通过物体的实际运动来实现，后一种变换包括镜面反射和空间反演。

例 1　定轴转动

一个物体绕 z 轴的旋转操作属于一种点对称操作。设转角为 θ，变换矩阵

$$\boldsymbol{M}=\begin{bmatrix}\cos\theta & -\sin\theta & 0\\ \sin\theta & \cos\theta & 0\\ 0 & 0 & 1\end{bmatrix} \tag{4-19}$$

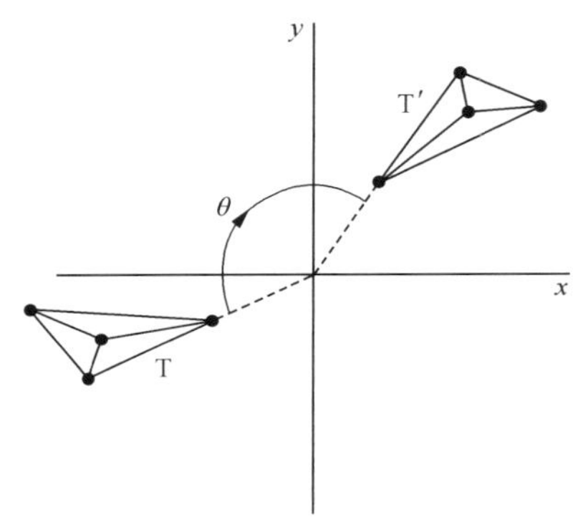

图 4-1　实体 T 绕 z 轴的旋转操作，转角为 θ

可以验证式(4-19)中矩阵 $\boldsymbol{M}$ 的行列式等于+1。图 4-1 给出一个物体 T 绕 z 轴的旋转操作示意图，物体绕 z 轴旋转 θ 转角后的影像为 T′。显然，这种对称变换可以通过物体的实际运动(定轴转动)而实现。

例 2　镜面反射

设以 xy 平面作为镜面进行镜面反演操作，变换矩阵

$$\boldsymbol{M}=\begin{bmatrix}1 & 0 & 0\\ 0 & 1 & 0\\ 0 & 0 & -1\end{bmatrix} \tag{4-20}$$

这种操作的变换矩阵的行列式 $|\boldsymbol{M}|=-1$。图 4-2 给出这种对称操作示意图。图 4-2(a)给出一只手的镜像，右手经镜像反演变成左手。注意这种变换与图 4-1 的变换不同，它不能由物体在实空间的转动来实现。一个右手螺旋的镜像是左手螺旋，但一个右手螺旋无论怎样转动也变不成左手螺旋。左手螺旋和右手螺旋都必须独立产生。图 4-2(b)中的手性分子也是如此。手性分子的这种特性使其溶液具有旋光性。分子的手性一直是生物大分子和药物分子的重要内容，大多数重要的生物分子都具有手征性。例如，蛋白质大多是左旋的，而 DNA 几乎都是右旋的。生物的产生与这些分子的手征性有密切关系。

例 3　中心反演操作

这是另一种点对称操作。它是一个物质体系相对于坐标原点的中心反演操作，其变换矩阵

$$\boldsymbol{M}=\begin{bmatrix}-1 & 0 & 0\\ 0 & -1 & 0\\ 0 & 0 & -1\end{bmatrix} \tag{4-21}$$

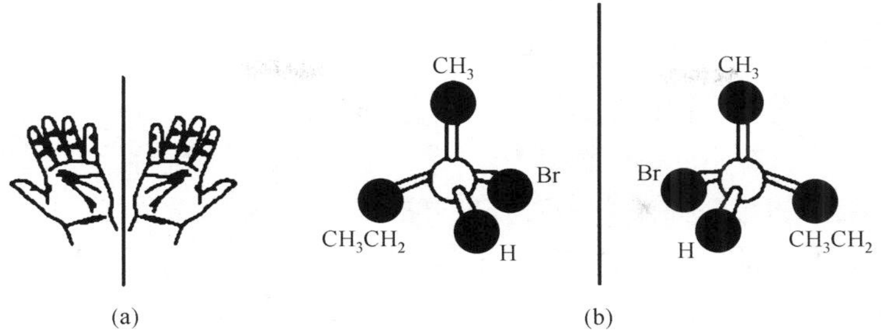

图 4-2　镜像反演操作

(a) 左手和右手；(b) 一个手性分子的镜像反演

显然该变换也有 $|\boldsymbol{M}|=-1$。图 4-3 给出两个相对于坐标原点的中心反演操作的例子，这种对称操作也不能通过物体的实际运动来实现。如图 4-3(a)中的左右手相对于坐标原点相互反演，但左手永远变不成右手。同样图 4-3(b)中第 1 象限中的实体 T 与第 7 象限的影像 T′相互反演，实体 T 上一点 P 的坐标 x、y、z 在其反演位置 P' 上都变成负值：$-x$、$-y$、$-z$，两者不可能通过实体运动而完全重叠。

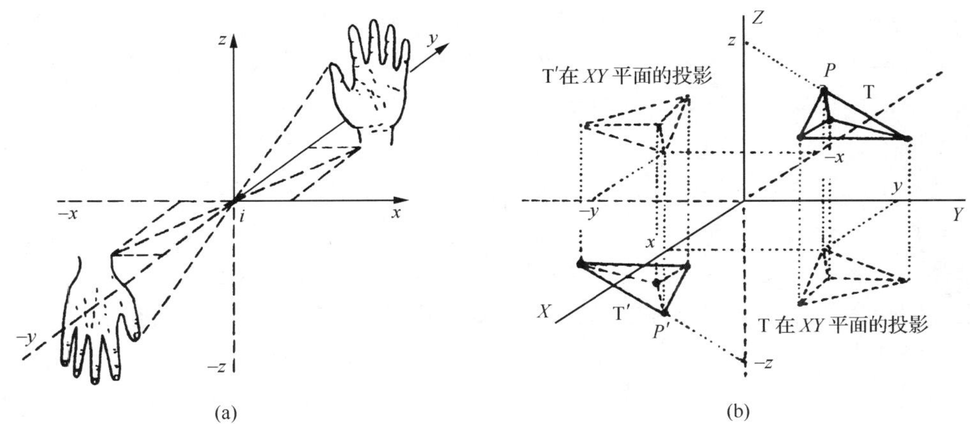

图 4-3　相对于坐标原点的中心反演操作

(a) 左手和右手的中心反演操作；(b) 实体 T 与 T′的中心反演操作

除空间平移、空间反演、旋转等操作外，更广泛的对称操作还包括时间中的平移操作(涉及绝对时间)、时间反演操作(涉及电荷的绝对符号)、粒子替换操作(涉及全同粒子的可区别性)及规范变换操作(涉及不同电荷态间的相对相位)等，本书对这些对称操作不作过多讨论。

4.1.4 对称群

一个物体根据其结构的复杂性和有序程度，可以满足不同类型的对称操作。一个确定物体的所有不同的对称操作构成一个封闭的集合，称为对称群(symmetry group)，其中的每一种操作称为对称群的一个元素，元素的数目称为群的阶。数学上已经证明，对称群满足群的公理①。若群中的一些元素构成的子集合也满足群的公理，称该子集合为属于原群的子群。子群的阶显然小于原群的阶。

数学上，一组能够任意地平动、旋转和反演的操作(空间群)定义为欧几里得群(Euclid group)。如果一个物体在经历各种空间变换操作后仍保持不变，它的对称群即为欧几里得群，它具有很高的对称度和很低的空间有序度。均匀流体(液体和气体)的特点就是如此，流体在经历所有上述空间变换操作后都不发生变化(即无变度)，因而流体的对称群为欧几里得群。换句话说，均匀流体具有的对称操作最多，它的对称度在所有的相态中也最高，而它的有序度最低。

对于其他的相态(如晶态)，由于内部有序结构的存在会引起空间对称度的下降。例如，结构中存在某些特定位置或(和)旋转的长程有序，使对称的操作度减少。它们仅在某些欧几里得子群下对称操作是不变的，与流体相比，它们具有较低的对称性和较高的有序度。对于结晶的固体，仅对某些独立的晶格平动和点群操作而言平均结构是不变的。对于介晶相(准晶和液晶)，其对称性和有序度介于均相的各向同性液体和结晶的各向异性固体之间。de Gennes 称这种新的物质凝聚态为“软有序”态，或称软物质(soft matter)。de Gennes 指出，自然界中除了存在着两种极端的物质有序形式外(一种是在任意的自由旋转和平移下都是无变度的，具有均一结构的各向同性液体；另一种是只在依照某种特定的抽象点阵平移和点群操作下才具有无变度特性的晶体)，还存在一大类“软有序”态的物质。这类物质就空间对称性和有序度而言居于其中，处在上述两种极端形式之间。换句话说，软物质既非液体，又非固体，“软有序”态是处于液态和固态之间的一种新的物质凝聚态形式。

4.1.5 物质结构函数及其 Fourier 变换

从结构学观点，物质的相态可由实验测得的能描述原子或分子平均相对位置的结构函数来确定。通俗些讲，若一种物质内部原子或分子在空间的分布状况被探知，即物质内部的微观周期结构或无周期结构被确定，该物质所处的相态就确定

---

① 群的公理包括四条：(1) 封闭性，即群中任意两元素的乘积(相继操作)仍属于该群(等于群中的另一元素)；(2) 结合律，即 A(BC)=(AB)C，A、B、C 均为群的元素；(3) 存在恒等对称元素；(4) 存在对称逆元素。

了。物质内部原子或分子在空间的分布及相关性经常用密度相关函数 $\rho(\boldsymbol{r})$（数字密度算符）来描述，如同 2.2.6 节介绍的理想链结构单元的对偶关联函数 $g(r)$。密度相关函数定义为不同空间位置的密度算符乘积的总平均。按此规定，三维空间中在 $\boldsymbol{r}\,(x,y,z)$ 处每单位体积的原子或分子数目为 $n(\boldsymbol{r})$，那么密度算符的总平均就是平均密度 $\langle n(\boldsymbol{r})\rangle$。

对于均相的各向同性流体，其平均密度就是粒子总数与体系的相应体积之比。因此，在这些物质中平均密度 $\langle n(\boldsymbol{r})\rangle=\rho(\boldsymbol{r})$，与 $\boldsymbol{r}$ 的大小和方向无关。密度相关函数不依赖于三维空间的位置差别，具有高度对称性，无论是旋转还是平动流体内部的结构都是不变的。

在介晶相和结晶固体中，这种高对称度不复存在。例如，在完整的结晶固体中，数字密度算符是周期性的，其原子或分子分布密度仅相对于平动晶格矢量是不变的。此时密度相关函数需靠实验方法精确测量。

然而密度相关函数是无法直接用实验测量的，可以测量的是密度相关函数的 Fourier 变换，变换得到的函数称为物质结构函数。该函数可以通过 X 射线、电子、中子和可见光波的散射、衍射实验，通过测量物质对 X 射线、电子、中子和可见光波的散射、衍射成像，确定散射振幅、衍射图案和强度分布来确定。然后通过物质结构函数的 Fourier 逆变换反求得知材料的密度相关函数，从而了解物质内部原子或分子的分布状况。

一个函数 $f(x)$ 的 Fourier 变换定义为

$$g(k)=\int f(x)\exp(ikx)\,\mathrm{d}x \tag{4-22}$$

据此在三维空间，一个物质密度函数 $\rho(\boldsymbol{r})$ 的 Fourier 变换等于

$$g(\boldsymbol{k})=\int\rho(\boldsymbol{r})\exp(i\boldsymbol{k}\cdot\boldsymbol{r})\,\mathrm{d}\boldsymbol{r} \tag{4-23}$$

式中，$g(\boldsymbol{k})$ 为物质结构函数，它可以认为是物质结构的映像，可通过实验测量该物质的散射振幅的分布而求得；$\boldsymbol{k}$ 为 Fourier 空间的任意矢量，称为倒矢量，其量纲为长度的倒数。在散射实验中 $\boldsymbol{k}$ 等于散射波矢，定义为入射波矢 $\boldsymbol{K}_0$ 与被散射波矢 $\boldsymbol{K}$ 之矢量差，$\boldsymbol{k}=\boldsymbol{K}-\boldsymbol{K}_0$，波矢的大小为波长的倒数($\lambda^{-1}$)，具有长度倒数的量纲。$\boldsymbol{k}\cdot\boldsymbol{r}$ 为 $\boldsymbol{k}$ 与矢量 $\boldsymbol{r}$ 的点乘，在直角坐标系内等于

$$\boldsymbol{k}\cdot\boldsymbol{r}=k_x x+k_y y+k_z z \tag{4-24}$$

通过逆向 Fourier 变换，又可以使 Fourier 函数还原为原函数：

$$g^{-1}[g(k)]=\frac{1}{2\pi}\int g(k)\exp(-ikx)\,\mathrm{d}k=f(x) \tag{4-25}$$

因此将散射振幅分布 $g(\boldsymbol{k})$ 作逆向 Fourier 变换，可以得到物质的密度分布 $\rho(\boldsymbol{r})$：

$$g^{-1}[g(\boldsymbol{k})]=\frac{1}{(2\pi)^3}\int g(\boldsymbol{k})\exp(-i\boldsymbol{k}\cdot\boldsymbol{r})\,\mathrm{d}\boldsymbol{k}=\rho(\boldsymbol{r}) \tag{4-26}$$

由此可知，每一种物质的结构都有自己的映像，即密度相关函数的 Fourier 变换，它是可以实验测定的。通过波的散射实验测得空间物质的散射振幅分布，它等于该物质密度函数的 Fourier 变换，然后通过逆变换就可以得到原结构的信息。原则上结构的 Fourier 变换包含了原结构的全部信息，如果某一结构的 Fourier 变换完全通晓，那么该物质结构已在掌握之中，其所处的相态也就明确了。

需要指出的是，某一结构的 Fourier 变换信息量与实验过程，特别是与辐射波的波长有关。不同波长射线探测到物质结构的精度是不同的，波长越短探测的精度越高。为了更准确探测 Fourier 空间，入射、散射方向以及入射波长还应有所调整和改变。但由于任何一种散射实验的波长范围总是有限的，因此探测到的结构的 Fourier 变换信息量也是有限的。另外，实验测量的主要是散射强度（振幅、散射振幅与结构的 Fourier 分量成正比），而不能测量散射波相位的变化，这是散射实验的一个缺点。

4.2 相变的定义

在一定环境条件下相态之间的转变称为相变。相变是一个与多方面因素相联系的合作现象，当物质（系统）的某个参量（如温度）发生连续变化时，系统的结构与物理性质发生整体变化，即发生相变。最早关于相变的研究采用热力学和平均场方法进行，虽然相变过程总伴有微观粒子间相互作用和聚集结构的变化，但用平均场方法得到的各种相变理论，如 van der Waals 提出的气-液相变理论、Weiss 提出的顺磁-铁磁相变理论、Bragg -Williams 提出的合金无序-有序相变理论、Bardeen-Cooper-Schrieffer 提出的超导理论都是相当成功的。Landau 基于热力学原理的唯象理论提出的二级相变理论是对多种平均场理论的统一描述。Landau 理论中有两个非常重要的概念："多体效应"、"对称破缺"，这两个概念在现代凝聚态物理学中占据十分重要的地位，成为凝聚态物理学的理论范式（paradigm）。

4.2.1 相变的热力学分类

以热力学为基础对相变进行分类最早是由 Ehrenfest 提出的。该分类法的基本思想基于考察相变时体系热能函数及其微商的连续性。热能函数有 Gibbs 自由能（G）和内能（E），它们的一阶导数有压力 P（或体积 V）、熵 S（或温度 T）和极化率等，二阶导数有压缩系数、膨胀系数、比热容和摩尔极化率等。按 Ehrenfest 分类，一级相转变定义为体系的 Gibbs 自由能在转变点具有连续性，而其一阶导数具有不连续性，即在转变温度下，除自由能外，其他热力学函数如熵 S 在恒压或恒容条件下呈现不连续的突变。二级相转变定义为体系的 Gibbs 自由能和一阶导数在转变点具有连续性，而二阶导数具有不连续性。

推而广之，一个 K 级相转变定义为 Gibbs 自由能的所有$(K-1)$阶导数具有连续性，而第 K 阶导数不具有连续性的转变。或者说，相变的级次就是在相变点出现不连续的自由能的最低级微商的级次。实际上除了理论预测的少数几个例子外，我们只观察到一级相变和二级相变，因而此种分类方法意义不大。为简便起见，可以把一级相变称为不连续相转变，二级相变或更高级相变综合称为连续相变。

实验上观测到的一级相变有结晶和熔融，汽化和冷凝，绝大多数的液晶转变，以及一些固体中的固-固相变(称同素异晶转变)；二级相变有高温下的铁磁-顺磁转变，低温下正常氦-超流氦的转变，无外磁场作用的超导转变等；而高于二级的转变，在多组分混合物的几个特殊的二维体系中被发现。一级相变有三大特征：一是相变时有体积变化；二是伴有相变潜热；三是相变时两相共存且界面清晰。例如，同素异晶转变，包括铁的体心结构 α 铁和面心结构 γ 铁的转变，碳的石墨-金刚石转变，硫的正交晶硫和单斜晶硫的转变，相变时都发生体积变化，使之成为热加工时产生内应力的原因。二级相变不同于一级相变，二级相变时不伴随体积变化和热量的释放或吸收，只是体系的比热容、热膨胀系数、等温压缩系数等在二级相变点不连续。二级相变还包含许多临界现象(critical phenomenon)，如在临界点附近的气-液相转变属于二级相变，因此二级相变点有时称为临界点。在临界点附近实验观察到许多有趣现象，如气相-液相状态差别消失，两相趋同而界面消失等。对于软物质(包括液晶、聚合物、胶体、乳胶、生物有机组织等)由于结构复杂、固-液两相难以区别，相变过程更加复杂，相变时出现许多中介相和亚稳定相，这些都是当前研究的热点。

在热力学理论中，相变过程常用相图来描述。图 4-4 给出一种典型物质的气-液相变图。在 P-V 图中，我们看到相变发生在恒温恒压条件下，图中黑实线为等温线。设系统最初处于低压高容积区，即等温线右侧状态，系统全部为气体。当压缩放热达到状态 1 时，开始发生相变，一部分气体变成液体(气-液共存)，而后体积不断变小而温度、压力不变，有潜热放出。直到状态 2 处系统全部变为液体。这种相变为一级相变。相变可在不同温度下发生，但当温度等于临界温度 T_c 时，我们看到有趣现象：气-液相变在临界点处突然发生，相变时气-液两相界面模糊，相变过程不涉及体积 V 和热焓 H 的变化。这种相变称二级相变或连续相变。在 P-T 相图中，更清晰地显示出物质所处的气相(g)、液相(l)、固相(s)区域，以及气-液共存的临界点和气-液-固三相共存的三相点。在相图中，人们关心其中的点、线、面等元素及其关系。最感兴趣的是线，因为线描绘了相行为热力学函数的不连续变化。点也很有意义，特别是临界点。有时相图做成三维图，第三维为组分。

根据热力学虽然可以从宏观上揭示相变过程的起始和终结，但却无法描述相态转变的细节以及相变过程的快慢。实际上宏观上的相转变微观上是由分子运动

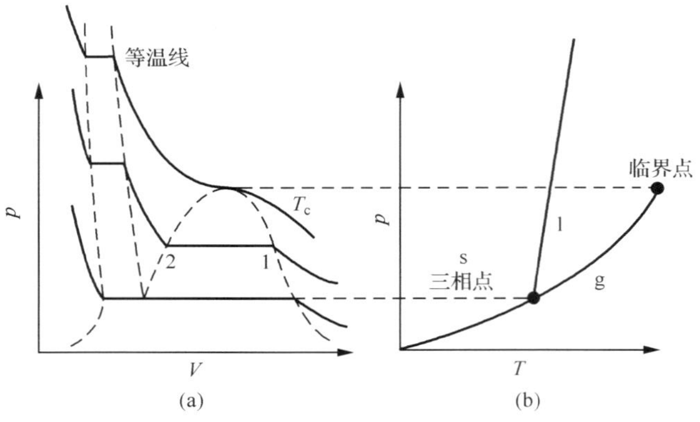

图 4-4 一种典型物质的相图
(a) P-V 图;(b)P-T 图

形式的转变决定的,描述这种转变需要引入时间尺度(时标),比较分子运动特征时间与实验观测时间的快慢,这是动力学问题。相变的动力学特征与热力学特征具有同等的重要性。研究动力学特征可以从实验上测量体系宏观结构或性能参数随时间的变化,并将其与相变动力学相关联。此外,描述相变也需要建立正确的微观分子模型,以解释宏观实验数据和每一个动力学过程的特征。例如,在结晶方面,微观分子模型应包括成核和晶体生长两部分,因为它们是对分子如何结晶成有序态的两种不同的描述。尤其对大分子材料,由于分子巨大,状态转变过程长,相变速度慢,因此对动力学问题的研究尤为重要。

4.2.2 对称破缺及序参量

如前所述,物质体系的相态可以按照对称性和有序度来描述。当物质发生从一相到另一相的转变时,在相变点体系的对称性和相应的有序度发生变化。一般来说,高温相通常有相对高的对称性和相对低的有序度,当条件发生变化如温度降低或压力增大时,体系的一种或多种对称元素可能消失,这种现象称为对称性破缺(symmetry breaking)。相应地体系宏观相态发生改变,有序度增大。对称破缺和序参量是相变理论中的两个非常重要概念,两个概念相互紧密联系。

1. 对称破缺

按照 Landau 的表述,在某特定的物态中,某一对称元素的存在与否是不容模棱两可的。在原对称相中某一对称元素的突然丧失将对应于发生相变,导致低对称性相的出现。对称破缺意味着出现有序相,使序参量增大,不等于零。序参量被用来定性地和定量地描述低对称相相对于原对称相的偏离。

微观上，对称破缺是由体系内微观粒子的相互作用和相互关联引起的。相变是具有大量粒子的系统的行为，多体相互作用或多体间的关联在相变中起重要作用。当温度降低或压力增大时，不同种类的相互作用通过对称破缺导致产生不同的有序相，这其中粒子间的相互作用是决定不同有序相产生的关键因素。不同的系统由于各自相互作用的不同会出现不同的有序相，见表 4-1。由表 4-1 可见，除流体外，每种有序相都对应一种或几种对称破缺。气体与液体由于各向同性的结构与性质具有最高的对称度。晶体与之相比，由于具有周期性的有序结构，使其欠缺了空间平移对称性和旋转对称性。液晶由于其准周期结构也欠缺了某些对称操作，向列相(nematic)液晶为旋转对称破缺，近晶相(smectic)液晶还附加一维平移对称破缺。顺电相与铁电相之间存在空间反演破缺；铁磁体与反铁磁体的转变中存在时间反演破缺。因此可以说，在凝聚态物质的各种相变中都体现了对称破缺。发生对称破缺时，描述系统的 Hamilton 量也发生了变化。

表 4-1　有序相及其破缺的对称性

相态	破缺的对称操作
流体(气体与液体)	对称度最高，无破缺
晶体	空间平移操作、旋转操作破缺
液晶(向列相)	旋转操作破缺
液晶(近晶相)	旋转操作，一维平移操作破缺
铁电相	空间反演操作破缺(绝对的左和右)
铁磁相	时间反演操作破缺(电荷的绝对符号)

Landau 非常强调对称破缺概念的重要性，认为它给出了理解凝聚态物质中发生重要事件的主要线索。当对称破缺发生时就会出现某种序。这儿还要强调两点：①具有不同对称性的相之间的转变是不能以连续方式进行的。也就是说，系统的对称性不可能逐渐改变，要么具有某种对称元素，要么不具有，两者只居其一。通常的一级相变多属于此类不连续相变。②有些相变可能不发生对称性的变化，如气-液相变、液体-玻璃态相变、金属-绝缘体相变等。气相和液相均为各向同性物质，相变时对称性没发生变化，因此无法通过对称性的改变来确定气-液相变，此时可以定义一个序参量来描写。气-液相变的一个特征是相变时两相发生分离，密度发生巨变，于是可以将密度差 $\rho_l - \rho_g$ 作为序参量来研究气-液相变的情形，ρ_l、ρ_g 分别为液相和气相的密度。这一类相变也可以采用一个更广泛的概念“遍历性破缺”(ergodicity)来描述，有兴趣的读者可阅读相关专著。

2. 序参量

序参量(order parameter，ϕ)是平均场理论中定义的一个广义有序度参数，用于定量描述系统的相变。通常在高温高对称相中，系统有序度很低，甚至是无序相，可定义该状态的序参量 ϕ 等于零；而在低温（低于转变温度）低对称相中，系统内粒子间发生某种关联，丧失某些对称元素，呈现有序性，序参量不再为零。根据序参量的变化可以描述系统对称性和有序度的变化，由此来描述相变。

序参量作为某一物理量的平均值，可以是标量，也可以是矢量或张量（因此可能是多分量的）。序参量作为宏观的热力学量，应该是一些微观变量 σ_i 的系综平均值，σ_i 是 i 格点附近的时空坐标的函数，因此无论是时间变化或空间分布变动都会对这些变量的平均产生影响。当温度高于临界温度 T_c 时，σ_i 常处在快速的随机运动中，因此在每个格点 σ_i 对时间求平均都等于零，$\langle\sigma_i\rangle_t = 0$，各个格点无差别，即与位置 i 无关，系统处于各向同性的无序态。当温度低于 T_c 时，有些变量彼此发生关联，出现一定的空间分布，系统变成有序相。有序化过程的物理根源通常是大量粒子之间的合作作用和相互关联。

物质的有序化过程（ordering process）与系统自由能的变化有关。按照热力学，物质处于某一凝聚态（平衡态），其自由能 $F = U - TS$ 或 Gibbs 自由能 $G = H - TS = U - TS + PV$ 处于极小值，在相图上占有一定的位置。式中，U 为内能，S 为熵，H 为热焓。发生相变时，体系自由能变化，这种变化往往是内能和熵竞争的结果。若体系中粒子相互作用强，内能高，相变时主要由内能变化导致有序度改变，称为能致有序化或能致相变。大部分低分子物质的相变属于此类。在另一种情形中，相变时系统的内能变化很小而熵变很大，熵的增大导致自由能下降也促进了有序化进程，称熵致有序化或熵致相变。这一机制在 1948 年由 Onsager 首先在液晶相变理论中提出的，近年来在软物质的相变、分子和大分子自组装等领域得到广泛的应用。

例　液晶相变中的序参量

能够结晶的材料从熔融态降温冷却结晶时，有可能先生成液晶相，再形成晶体。从各向同性的熔融态到液晶相的转变温度称为各向同性转变温度 T_i，从液晶相到晶相的转变温度称为结晶温度 T_c。反之在加热过程中，从晶相到液晶相的转变温度称为熔点 T_m，从液晶相到液相的转变温度称为清亮点，即各向同性转变温度 T_i。当液晶是由于溶液浓度变化而生成的（溶致性液晶），生成液晶的浓度称为临界浓度。

考察降温（或浓度增大）时从各向同性相到向列相液晶的转变。能够形成向列相液晶的分子多为刚性杆状分子，高温（或稀溶液）时杆状分子在空间杂乱无章地取向，系统表现出各向同性。降温（或浓度增大）时，杆状分子有沿长轴平行排列的趋势，转变为向列相液晶，体系出现各向异性，见图 4-5。

如何选择序参量来描述这一相变呢？首先考虑该相变是由于杆状分子沿空间某一方向 n 定向排列引起的。初看可以选择分子长轴与 n 方向夹角的余弦 $\cos\theta$，

即杆长沿 n 方向的投影作为序参量。但实际上行不通，因为序参量是大量分子的统计平均值，分子长轴与 n 方向的夹角有正有负，取统计平均值，有 $\langle\cos\theta\rangle = 0$。为此选择用 $\cos^2\theta$ 的平均值来描述分子的空间排布。若全部分子都完全沿 n 方向定向排布，有 $\langle\cos^2\theta\rangle = 1$；若分子杂乱无章排布，有 $\langle\cos^2\theta\rangle = 1/3$。据此设计序参量

$$\phi = \frac{1}{2}(3\langle\cos^2\theta\rangle - 1) \qquad (4\text{-}27)$$

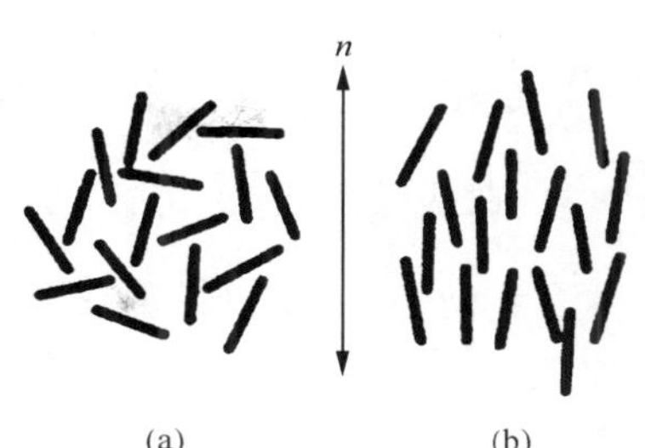

图 4-5　各向同性相液晶与向列相液晶的比较
(a) 各向同性相；(b) 向列相

当处于各向同性相时，分子杂乱无章，$\langle\cos^2\theta\rangle = 1/3$，$\phi=0$；处于向列相液晶时，$\langle\cos^2\theta\rangle \approx 1$，$\phi\approx 1$。序参量的任何非零值都描述了体系对称性的下降，从而描述了相变。这种相变发生时序参量突然变化 ($\phi = 0 \to 1$)，为一级相变。

物质的有序化过程有多样形式。由大量原子组成的经典粒子系统，有序化分为位置序和方向序两种。位置序是指不同原子的位置之间存在关联。若关联范围无限大，系统就具有长程序。例如，晶体及有序合金为具有周期性长程序的系统。若关联范围仅限于邻近原子，系统则具有短程序，液体和液态固体(玻璃)是具有短程序而无周期性的例子。若粒子间毫无关联，粒子完全无规分布，则为无序态，如气体。若粒子的形状具有几何各向异性，如棒状或盘状粒子，则方向序变得十分重要。方向序是指各向异性粒子在空间排列时，取向方向出现关联。显然当粒子浓度密集时，粒子自由移动受限，方向序则会在有序化过程中占主导地位。方向序对理解液晶的形成、软物质自组装和大分子取向态具有重要意义。

在量子行为占主导的粒子系统中，主要的有序化过程是考察动量空间的序，简称动量序或波序。动量序描写动量空间中能态被占据的情形。对于 Bose 子系统，完全有序态指所有粒子均占据基态或相同动量的状态，所谓 Bose-Einstein 凝聚态就是指这样一种状态。对于 Fermi 子系统，完全有序态指在 Fermi 面以下所有状态均被占据。对于处于中心势场或球形陷阱中的有限个 Fermi 子而言，还有一种动量序体现为壳层结构，这是构成化学元素周期表中的各种原子结构的依据。在简并的电子气体或液体中也可能出现位置序，如电荷密度波(CDW)、自旋密度波(SDW)就是电子在空间作周期排列，见第 7 章。

需要说明的是，序参量与对称破缺既有紧密联系，又有差别。在实际相变中，系统对称性的变化(对称破缺)往往是突变型的，而序参量的变化有两种方式。一种是相变时序参量发生不连续的阶跃变化，这种相变属于一级相变。如通常的气-液相变，选用密度为序参量，相变时密度发生突变，为一级相变，也称不连续相变。另一种在相变点附近序参量是逐渐变化的，这类相变称为二级相变，也称连续相

变。例如，在临界温度 T_c 处的气-液相变为二级相变。二级相变前后两相具有的对称群是相关的，低对称相的对称群一定是高对称相对称群的子群。

4.2.3 二级相变理论

二级相变(phase transition of second order)和临界现象涵盖了一大类非常重要和有趣的物理过程，如在临界点发生的气-液相变，正常氦-超流氦的转变，正常导体与超导体的转变，顺磁体与铁磁体的转变，合金的有序与无序的转变等。按 Ehrenfest 分类，二级相变定义为体系 Gibbs 自由能及其一阶导数在转变温度处具有连续性，而二阶导数在转变温度下发生突变。二级相变与一级相变不同之处还在于，相变时无体积变化，无相变潜热以及相变时两相无清晰界面。

在平均场方法基础上，Landau 建立起描述二级相变的唯象理论，利用该理论可以处理不同系统中不同性质的相变，都相当成功。下面以顺磁-铁磁转变为例简单介绍 Landau 的二级相变理论。

例　顺磁-铁磁二级相转变(paramagnetic-ferromagnetic change)

铁磁性物质在高温时具有顺磁性，低温时具有铁磁性，转变温度 T_c(临界温度)称为 Curie 温度。铁磁性的特征是外磁场为零时材料具有“自发磁化强度”，产生的原因是铁磁性物质原子中一些电子的自旋磁矩在无外场时能够有序排列($T<T_c$ 时)，表现出宏观磁化强度。铁磁态为有序态。而顺磁态是高温时($T>T_c$)自旋磁矩排列杂乱无章，相互抵消。顺磁态为无序态。在顺磁-铁磁相转变时无体积变化和无潜热发生，因此属于二级相变。

描述铁磁性物质状态通常采用的物理量有温度 T、外磁场强度 H 和自发磁化强度 M。其中自发磁化强度 M 是描述物质内部状态的内参量，反映了自旋磁矩排列的有序化程度，可将其作为序参量。

按 Landau 的二级相变理论，无外场时铁磁性物质的自由能是温度 T 和磁化强度 M 的函数：

$$G = G(T,M) \tag{4-28}$$

$T<T_c$ 时，M 随温度连续变化；$T>T_c$ 时，$M=0$。在 Curie 点附近($T<T_c$)很小范围内，M 可看成一个很小的参数，因此在 T_c 附近可将自由能 G 按磁化强度 M 展开成幂级数：

$$G = G_0(T,0) + \alpha(T)\frac{M^2}{2} + \beta(T)\frac{M^4}{4} + \cdots \tag{4-29}$$

式中，$\alpha(T)$、$\beta(T)$为展开项的前置系数，均为温度的函数。展开式中未出现 M 的奇次幂是出于对称性的考虑，认为自发磁化强度沿正反方向是无区别的，对自由能无影响。

对式(4-29)求导，令导数 $\partial G/\partial M = 0$，考察系统的平衡条件。

$$\frac{\partial G}{\partial M} = \alpha M + \beta M^3 = 0 \tag{4-30}$$

求解方程得到两个根：

$$M = 0 \quad （对应于顺磁态） \tag{4-31}$$

$$M_S = \pm\sqrt{\frac{-\alpha}{\beta}} \quad （对应于铁磁态） \tag{4-32}$$

再考察 G 的二阶导数：

$$\frac{\partial^2 G}{\partial M^2} = \alpha + 3\beta M^2 \tag{4-33}$$

对于顺磁态，$M=0$，有

$$\frac{\partial^2 G}{\partial M^2} = \alpha \tag{4-34}$$

对于铁磁态，$M^2 = -\alpha/\beta$，有

$$\frac{\partial^2 G}{\partial M^2} = -2\alpha \tag{4-35}$$

从以上结果得知，若 $\alpha<0$，则 $M=0$ 的状态不稳定，因为 G 的二阶导数小于零，G 有极大值。而 $M_S=\pm\sqrt{-\alpha/\beta}$ 的状态是稳定的，且当 $\beta>0$ 时，存在两个极小值。若 $\alpha>0$，则 $M=0$ 的状态对应着 G 的极小值，状态稳定。而 $M_S=\pm\sqrt{-\alpha/\beta}$ 的状态不稳定。由此得知，$\alpha(T)=0$ 处是临界状态，对应的温度为 Curie 温度 T_c。

于是在 Curie 点附近，α 可写成如下形式：

$$\alpha = \alpha'(T-T_c) + o(T-T_c) \tag{4-36}$$

式中，α' 为大于零的常数；$o(T-T_c)$ 为高阶小量。

然后近似地用 $\beta(T_c)$ 来替代 $\beta(T)$，就可得到 Curie 点附近（$T<T_c$）的自发磁化强度：

$$M_S = \sqrt{\frac{(T_c-T)\alpha'}{\beta}} = \left[\frac{\alpha' T_c}{\beta(T_c)}\right]^{1/2}\left(1-\frac{T}{T_c}\right)^{1/2} \tag{4-37}$$

以上讨论的结果示于图 4-6 中。由图 4-6 可见，$\alpha>0$ 时，G-M 曲线近似为抛物线，$M=0$ 的状态对应着 G 的极小值。当 $\alpha<0$ 时，G-M 曲线有两个极小值，$M=0$ 的状态处 G 有极大值。$\alpha=0$ 时为临界情形。在 α 由大于零转变到小于零过程中，在 $\alpha=0$ 处发生顺磁态

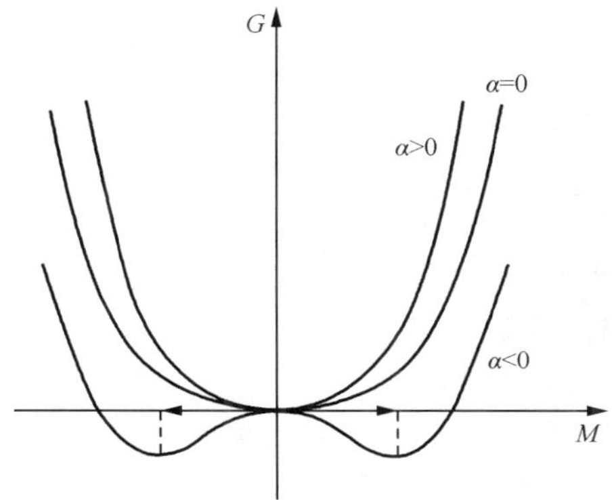

图 4-6　二级相变点附近自由能与序参量的函数关系

到铁磁态的相变;反之则发生铁磁态到顺磁态的相变。

由于在顺磁范围 $M_S=0$,因此有

$$G_{顺}=G_0 \tag{4-38}$$

在铁磁范围 $M_S=\pm\sqrt{-\alpha/\beta}$, 代入式(4-29)得

$$G_{铁}=G_0-\frac{\alpha^2}{4\beta} \tag{4-39}$$

而在临界点,$\alpha=0$,因此 $G_{顺}=G_{铁}$,表明在相变时 Gibbs 自由能连续。同样体系的熵在相变时也连续:

$$S_{顺}=-\frac{\partial G_{顺}}{\partial T}=-\frac{\partial G_0}{\partial T}=-\frac{\partial G_{铁}}{\partial T}=S_{铁} \tag{4-40}$$

再考察定压比热容 C_p 的情形:

$$C_{p顺}=-T\frac{\partial^2 G_{顺}}{\partial T^2}=-T\frac{\partial^2 G_0}{\partial T^2} \tag{4-41}$$

$$C_{p铁}=-T\frac{\partial^2 G_{铁}}{\partial T^2}=-T\frac{\partial^2 G_0}{\partial T^2}+\frac{T}{4}\cdot\frac{\partial^2(\alpha^2/\beta)}{\partial T^2}\neq C_{p顺} \tag{4-42}$$

两者不等,说明在相变点(Curie 点),系统的比热容发生突变:

$$\Delta C_p(T_c)=\frac{T_c}{4}\cdot\frac{\partial^2(\alpha^2/\beta)}{\partial T^2}=\frac{T_c}{2}\cdot\frac{\alpha'^2}{\beta(T_c)} \tag{4-43}$$

也就是说,相变时自由能的二阶导数不连续,因此顺磁-铁磁转变是二级相变。

下面将顺磁-铁磁相转变的特点总结一下:

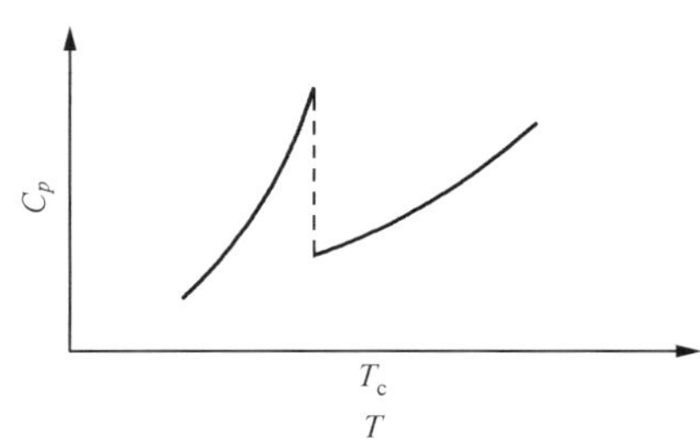

图 4-7　顺磁-铁磁相变点附近比热容的变化

(1) 在相变时,体系的自由能及自由能的一阶导数连续,二阶导数(如比热容 C_p)不连续,见图 4-7。

(2) 相变时没有两相共存的状态(而普通相变如冰点时有固-液两相共存),在相变点两相的差别消失,相变点 T_c 成为临界点。相变时系统体积无变化。

(3) 在 T_c 以上,顺磁态是稳定的。在 T_c 以下,铁磁态是稳定的。刚过临界点,原来所处的状态失稳,立即进入另一稳定态。很显然,这种转变只要在系统内稍有干扰(涨落)就能发生。

(4) 在顺磁态,电子自旋磁矩是无序的,系统对称性高。转变到铁磁态后,自旋排列有序,系统有序度增大,对称性下降,发生对称破缺。但序参量 M 在相变时是连续变化的,由 $M=0$ 逐渐变到 M 取有限值,因此这种相变属于连续相变。

以上关于顺磁-铁磁相变的讨论具有共性,适用于所有二级相变过程。Landau 的相变理论是针对二级相变提出的,但其基本概念也可推广到若干一级相变。

4.2.4　平均场方法及其局限性

1. 单体问题和多体问题

单体问题研究单个分子、原子、电子所遵循的运动规律和表现的性质。在经典力学和量子力学中这些规律如式(4-1)～式(4-3)所示，式(4-3)中 $U(\boldsymbol{r})$ 为电子在外场中的势能。固体物理学建立在单电子近似的能带理论，以及具有弱相互作用(弱关联)电子系统的低能激发理论基础上。该理论对区分绝缘体、半导体、金属以及理解它们物理性质的差别是成功的，但在遇到包含大量电子和原子核的固体系统时必须作大量的简化，如把系统简化为单电子在周期势场中的运动，然后进行处理。因此，这种理论只能描述一些相对简单体系，如晶体，而对具有复杂结构的多粒子系统则无能为力。

多体问题不研究单个分子、原子、电子的性质，而是研究它们作为一个集合体时(具有复杂结构的多粒子系统)整体展现出来的新现象和新规律。其中最受关注的是大量粒子集合时出现的各种合作现象、强关联、竞争序及自发对称破缺等，这些相互作用不再是微弱的修正，而是决定各种有序相出现的重要原因。这些现象不能通过单粒子物理规律的简单叠加，或作类似固体物理中的简化处理能够解决，而必须考虑多粒子系统的复杂性。复杂性是一个重要的概念。复杂性不仅表现在物质体系的千差万别，还表现在由于外界参量或某种相互作用的微小变化会导致体系性质的巨大差异，出现完全不能预期的合作现象和竞争序。例如，过渡金属化合物中由于存在电荷、自旋、轨道、晶格等多重自由度以及它们之间的复杂相互作用，不同的量子涨落互相竞争或合作，使这类材料表现出若干“非常规的”、“奇异的”的电子态行为，如超导电性，巨磁电阻、电荷或自旋密度波不稳定性，各种电荷有序或轨道有序，金属-绝缘体转变，量子相变，重费米子现象等。从单粒子体系到多粒子体系，规律和性质都出现巨大的差异，充分体现了我们在绪论中介绍的层展现象。

很显然采用常规力学方法处理具有复杂关联效应和合作现象的多体问题是十分困难和几乎不可能的，式(4-8)中包含着粒子间的各种相互作用项，粒子数量又是天文数字，不可能求得解析解，因此研究多体问题时，平均场近似的方法成为人们首选的方案。

如前所述，平均场近似(mean field approximation)方法是量子力学计算中一种求解全同多粒子系的定态 Schrödinger 方程的近似方法。用一个平均场代替其他粒子对某一粒子的相互作用，同时将平均场用单粒子波函数表示，从而将多粒子系的 Schrödinger 方程[见式(4-6)，式(4-8)]简化成单粒子波函数所满足的非线性方程组来求解。

相变就是典型的多粒子系统中与多方面因素相联系的复杂合作现象，历史上许多人采用平均场方法处理各种相变现象都取得了成功。Landau 集各种相变理论之大成，提出了如上文介绍的唯象的二级相变理论，包含了所有这些平均场理论的要素，具有充分的普适性。

2. 平均场方法的适用范围及局限性

平均场近似方法具有很强的实用性。在相变理论中既可描述一级相变，也可描述二级相变。在研究理想分子链构象及聚合物溶液性质时，Flory 的平均场理论取得很大成功。

对称破缺和序参量都是在平均场理论框架内提出的重要概念。在平均场理论中，对称破缺微观上是由体系内大量粒子的相互作用和相互关联引起的。当温度降低或压力增大时，不同种类的相互作用通过对称破缺导致产生不同的有序相。不同的系统由于各自相互作用的不同会出现不同的有序相。

同样序参量作为宏观的热力学量，也被理解为某一物理量的平均值，或者说是一些微观变量 σ_i 的系综平均值。σ_i 是 i 格点附近时空坐标的函数，无论是时间变化或空间分布变动都会对这些变量的平均产生影响，导致产生相变。

在平均场理论中(热力学理论)也可看到，相变与系统自由能的变化有关。处于对称破缺和有序态的系统能量较低，而处于高度对称和无序态的系统能量较高，见图 4-8。图 4-8 中将完全有序态视为一种基态，其有序度最高，对称性最低，能量(温度)也最低；其他高对称性、低有序度的相态能量(温度)高，视为激发态；完全无序态的能量最高。关于由基态向激发态的转变(相变)是一个复杂的问题，其中还存在一些有序度较低的中间态。Landau 提出“元激发”的概念，认为低能量的激发态是一些重要物理性质的根源，如比热容、磁化率、电导率等，这些激发态是由于系统受到元激发达到的。所谓元激发是指基本激发单元，也称准粒子，它们具有确定的能量和(或)确定的动量，如声子、磁振子、准电子、激子、孤子、极化子等都属于元激发。应用元激发概念，就可将低能激发态视为准粒子的集合，它们之间的相互作用忽略不计，于是就可用理想气体统计学来推导相关的物理性质，使问题简化。

关于能量更大一些的激发，Anderson 提出拓扑缺陷的概念，指的是一种拓扑型激发，是有序媒质中的奇异性场所，如晶体中的位错、液晶中的缺陷(向错)、磁性材料中的磁畴壁等，并认为拓扑型激发对相变的影响大于元激发。Anderson 提出有序相(对称破缺)与某种广义刚度有关。例如，晶体中因平移对称破缺，使原子锁定在特定的位置，获得一定的刚度。而一旦发生位错(拓扑缺陷)，有序相的广义刚度部分丧失，晶体则出现范性。元激发和拓扑缺陷都倾向于恢复破缺的对称性，因而对相变产生影响。

虽然平均场方法的适用范围很广，但是近年来对某些物质(主要是软物质体

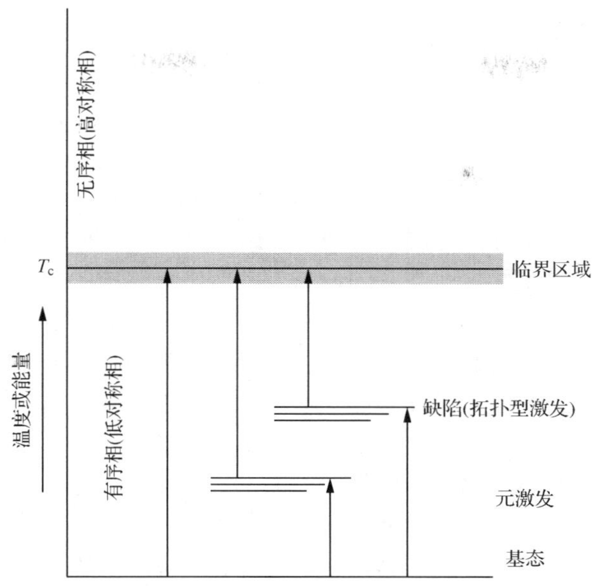

图 4-8　多粒子系统的凝聚相及能态示意图
注意对称度的改变和临界区域

系)的临界指数作精确实验测量时发现，Landau 理论在相变临界点 T_c 附近极小的临界区域内失效(图 4-8 中的阴影范围)。在该区域内 Flory 根据平均场理论计算的溶胶-凝胶转变的各项临界指数，以及橡胶硫化过程的各项临界指数都与严格的临界逾渗理论的计算值有差别。平均场方法失效的原因归结为这些体系(尤其软物质体系)在临界区域内涨落的关联长度相当大，趋于宏观尺度，以至于微观相互作用的细节不产生影响，使平均场理论失效。近代临界现象理论后来由 de Gennes、Edwards、Wilson 等建立，其基本概念和方法包含有标度律、相似性、分形、逾渗及重征化群技术等。新理论很好地解决了临界现象问题且极有成效，成为现代凝聚态物理学和软物质物理学(液晶物理学、高分子物理学)的重要组成部分。de Gennes 将高分子物理与临界现象理论联系在一起，认为在高分子物理发展的新阶段，发现了高分子统计学与相变问题的一种相互关系，从而使高分子科学可以得益于临界现象已经积累的大量知识，以及已经出现的大量相当简单的标度性质，使高分子科学的发展进入一个新历史时期。新理论的出现和发展还带来哲学概念上的进步，在人们熟知的固体材料(晶体)和液体材料之间，还存在一大类与人们生活息息相关的软物质，它们遵循完全不同于常规材料的新规律和新行为，从而大大开阔了科学家的视野，开拓和深化了材料科学的研究领域。

4.3 软物质概念和软物质中的相变

4.3.1 软物质概念

按现代凝聚态物理学的概念，高分子材料属于软物质(soft matter)或复杂流体(complex fluid)。软物质一词是法国科学家 de Gennes 在诺贝尔奖颁奖典礼上的讲演题目。下面我们引用一段 de Gennes 的演讲稿来阐明软物质概念。

何为我们所指的软物质？美国人宁可称为复杂流体，其实它有两个主要特征。

(1) 复杂性。从一定原始意义上，我们可以说现代生物学已经由简单模型体系(细菌)的研究进入到复杂的多细胞组织(植物、无脊椎动物、有脊椎动物……)的研究。类似地，从 20 世纪上半叶原子物理学的爆炸以来，一个自然的结果就是软物质，其基础是高分子、表面活性物质、液晶，同样还有胶体粒子。

(2) 柔性。我喜欢通过一个早期的高分子实验对此加以解释，它起源于亚马孙河流域的印第安人：他们从三叶胶树上收集树汁，然后涂到脚上，令其在短时间内干燥。他们便有了一双靴子！从微观的观点看来，起点是一组独立的柔性高分子链。空气中的氧在链间建立了一些“桥”，这就带来了惊人的变化：从液体变化为可以承受拉伸的网络结构——现在称之为橡胶。在此实验中令人吃惊的是这样的事实，即非常轻微的化学作用都会导致力学性能激烈的变化——这是软物质的典型特征。

根据 de Gennes 的说明，我们理解所谓软物质指的不是结构简单的物质，如纯净的晶体或液体，而是结构相当复杂的材料，包括液晶、高分子材料、两亲分子、生物有机材料和胶体等。软物质在其柔软的外观下存在着复杂的相对有序的结构，其结构常介于固体与液体之间。它不像小分子晶体那样有简单的长程周期性结构，也不像液体在原子、分子尺度上结构是完全无序的；在介观尺度下软物质中存在一些规则的受约束结构，如局部结晶、液晶、有序链状结构、组装体等。

此外，软物质有柔性。这种柔性不仅是指触摸起来感觉柔软，更重要的是指相对于微弱的结构变化和外界影响，材料性能会表现出相当显著的响应和变化，具有弱影响、强响应的特征。de Gennes 以天然橡胶树汁为例，当这些树汁暴露在空气中，少量的氧与树汁分子链发生化学反应，长链分子就交联成网，凝结成固体。印第安人的靴子很不耐用，由于氧原子的高度活性，它会继续在结点处与橡胶分子反应，使结点撕开，靴子成为碎片。后来，化学家 Goodyear 用硫代替氧制成硫化橡胶，使材料表现出更加优异的高弹性。分析表明，树汁分子链上，只要平均每 200 个碳原子中有一个与硫发生反应(硫化)，就会使流动的橡胶树汁变成高强度的固态橡胶。这种如此小的结构变化就引起体系性质的巨大变异，揭示了高分子材料典型的软物质特性。

由于软物质以新的凝聚态物理学思想深刻揭示了高分子材料与其他凝聚态物质的差别，帮助人们从一个全新角度深刻体会高分子材料的特性和内涵，从而对高分子材料结构与性能关系的认识上升到一个新的高度。

根据软物质理论，人们容易理解高分子材料具备丰富多变的性能和功能的原因。首先，高分子材料结构的复杂性导致其性能的多变性。高分子材料具有多级多层次结构，而且多种凝聚态结构并存，包括各种有序与无序结构并存。很多情况下其有序性的形成是熵诱导的结果，不仅能形成硬物质那样的三维有序相(结晶)，还因其对外场作用的敏感而产生有序相的畸变，形成其他一些层次的有序相，以及远离平衡态的亚稳定态。此外，软物质对外场作用非常敏感，外场的影响很容易导致产生新的微结构和相变，这为开发新品种高分子材料和进行高分子材料改性提供了依据。例如，通过分子设计可以对原有分子链进行结构微调而使材料获得新的功能。控制外场作用(温度场、力场或电场等)使具有传递热、电、光、磁等信息功能的分子链发生取向而形成结构各向异性，赋予高分子定向传输信息的能力。目前人们越来越多地关注高分子材料加工成型方法的改进，是因为人们认识到高分子制品的性能优劣与加工工艺，乃至加工设备关系十分密切。不同加工条件和工艺可以明显地改变高分子材料的凝聚态结构，直接影响着制品性能。

综上所述，高分子材料的软物质特性可以概括为两句话：①结构与性能紧密关联；②材料对外场刺激强烈响应。外场包括温度、压力、浓度、溶剂、界面，剪切和拉伸力场，光、电、磁效应，以及受限空间和环境气氛等。因此掌握高分子材料的软物质特性，有助于指导人们通过改变材料的结构(化学改性)和形态(物理改性)开发高性能和功能化高分子材料。

软物质相变与硬物质相变的差别

所谓硬物质，以小分子晶体和金属多晶为代表。而软物质以液晶、高分子材料、两亲分子、生物有机材料和胶体等为代表。两类物质的相变有很大差别，可以从以下几方面讨论。

(1) 能致相变和熵致相变。从热力学角度看，物质体系的 Helmholtz 自由能

$$F = U - TS \tag{4-44}$$

由式(4-44)得知，改变体系的自由能有两条途径：一是改变体系内能 U；二是改变体系的熵 S。硬物质多为小分子晶体，结构上属于简单的高度有序系。其晶体结构简单，微观粒子排列成简单有序晶格，由价键(离子键、共价键、金属键等)连接，体系内能高而熵值低。而软物质属于复杂的局部有序系。结构复杂，既有一些规则的受约束结构，如局部结晶、液晶、有序链状结构、组装体等；又存在无序结构，如流动的液态、无定形态等。软物质多是由大量分子通过分子间作用力(次价键)凝聚或组装而成，体系内能较低而熵值很高。

由于上述差别，硬物质相变时体系自由能的改变主要来自于内能的贡献，系统的平衡态结构主要由内能决定。在降温凝聚过程中，小分子物质体系自由能的下降主要源自于内能的下降。虽然在凝聚时体系因有序度增大会导致熵值下降，使自由能升高，但由于小分子物质结构简单，熵值小，因此由熵减引起的自由能上升远抵不上内能下降对自由能的贡献，这种相变称为能致相变。由于能量可以量子化处理，因此研究硬物质及其相变的理论——固体物理学建立在量子力学基础之上。例如，固体能带理论建立在量子力学与统计物理基础上，用以研究固体导电性质，由此促进了半导体与计算机技术的飞跃发展。

软物质的情况不同，软物质的内能低（次价键能）而熵值高（混乱程度大）。例如，聚合物分子链的构象以天文数字变化，构象熵值非常大。大量分子链凝聚时，既有单链的构象熵，又有大量分子链聚集的混合熵，使熵值更大。这样的体系在自由能变化时，有时熵值变化的贡献会大于内能变化的贡献。在相变时，体系自由能的降低可能不是由于内能减少，而是因熵值增大造成的。例如，图 8-3 中苯乙烯-丁二烯二嵌段共聚物（SB）的相态就是由于在熵取最大值和内能取最小值的竞争中熵值贡献占优形成的。此时微观无序度的增加反而有利于宏观有序性的出现。这一类由熵值变化起决定作用发生的相变称为熵致相变（entropy induced phase transition）。

对于熵值占优的体系，体系自由能虽然也可以抽象出宏观的"力势"（如液晶与生物大分子的弹性），但这种力势属于经典物理范畴，不可以量子化，且必然是温度的函数，也就不能采用传统的量子力学理论来研究软物质性质。de Gennes 等从现代凝聚态物理出发，发现如高分子体系及液晶、复杂胶体、生命体物质等物质，具有许多不同于其他常规凝聚态物质的特性：除结构复杂、多自由度、复杂的拓扑结构、熵致相变外，还具有结构和性质的自相似性、分形性，许多性质符合标度规律，因而可以利用凝聚态物理中关于相变和临界现象的研究方法进行研究，提出"软物质概念"和"标度理论"。第 2 章 2.2 节曾介绍自相似性、分形及标度概念等，更详细的介绍可参看 de Gennes 的名著《高分子物理学中的标度概念》和 Rubinstein、Colby 的著作《高分子物理》。在有些凝聚态物理学书中，提出将普朗克常量 $h=0$ 与 $h\neq0$ 作为划分"软"与"硬"凝聚态理论的特征值。

(2) 相变的动力学特征。前已指出根据热力学虽然可以从宏观上揭示相变过程的起始和终结，但却无法描述相态转变的细节以及相变过程的快慢，描述相变过程的细节需要引入时间尺度（时标），属于相变的动力学问题。在软物质相变过程中，由于结构复杂，弛豫时间长，固-液两相有时难以区别，能致相变和熵致相变并存且相互竞争，因此常出现许多中介相和远离平衡态的亚稳定相，使相变的动力学特征十分明显。另外，软物质相变受外场的影响也十分显著，外场强度和速率（频率）的变化对软物质相变的影响也很大。

(3) 软物质的力学状态转变。外场发生变化时，许多软物质可能在凝聚态结构未出现本质变化(按照热力学观点)的条件下，力学性能发生巨大变化。例如，无定形(非晶)聚合物在不同温度下可能呈现玻璃态、高弹态或黏流态，三种状态的宏观力学性能差别很大，但凝聚态本质相同，分子链均呈远程无序的无规线团状，它们之间的差别只是因运动单元不同引起力学性能差异。这些状态显然不符合热力学和物质结构理论关于相态及相变的定义，被称为力学状态。软物质的力学状态转变不属于热力学相变，它们受外场变化的影响也很大，而硬物质几乎不存在所谓力学状态转变。

4.3.2　熵致相变

软物质相变的一个重要特点是系统的能量和熵的变化都可能驱动相变发生。其中由熵变驱动完成的相变称为熵致相变。

在熵致相变时，系统自由能的变化中 TS 的贡献大于 U 的贡献。自由能的降低是由于熵的增加而不是由于内能减少完成的，体系的平衡态由熵值取最大值而不是内能取最小值来决定。如同势能存在着梯度导致产生重力一样，熵从平衡极大值偏离也产生所谓“熵力”，熵力将驱动系统朝有利于自由能极小的方向发展，产生熵致相变。

例 1　向列相液晶中的熵致相变

重新考察图 4-5 中从各向同性相到向列相液晶的转变。由于液晶分子为刚性杆状分子，因此分子热运动的熵有两种：一种是来自分子重心平移自由度的熵；另一种是杆状分子转动的取向熵。当溶液浓度很低时，杆状分子有足够的运动(平移和旋转)空间，可以取各种可能的方向，排列杂乱无章，液体呈各向同性。随着浓度增加，杆状分子运动空间减小，无规取向越来越困难，开始倾向于定向平行排列。

这种定向排列的驱动力来自于排除体积。由于刚性杆状分子的不可穿透性，每个分子占据一定排除体积是其他分子不能进入的。比较而言两个硬杆形成一定夹角时排除体积大，平行时排除体积小。显然平移熵倾向于分子的平行排列，因为这种排列给出的排除体积小，分子平移运动的自由空间大，平移熵大。但是平行排列意味着取向熵降低，于是就存在着平移熵最大化和取向熵最大化的竞争。当溶液浓度很低时，取向熵最大化的趋势总是占据上风，因而呈现杂乱无章排列。但当浓度增加到一定程度后，排除体积效应越来越重要，平移熵最大化的作用越来越大，最终导致从各向同性相向向列相液晶的转变。该理论称为液晶相变的 Onsager 理论。

例 2　熵变对高分子结晶复杂性的影响

虽然大分子结晶属于热力学一级相变(液-固相变)，结晶时体系自由能变化主要是内能的贡献，但由于大分子结构复杂，运动形式多样，体系熵值高，因此结晶时熵变的贡献不容忽略。从内能角度看，结晶时局部分子链规则排列，释放出部分热运动潜热，使体系自由能降低。但由于大分子晶体属于分子晶体，结晶时分子链主要靠次价键规则排列，因此内能变化对自由能的贡献相对较低。从熵变角度，表面上看局部分子链规则排列，熵值减少，不利于结晶。然而大分子结晶时体系的熵变复杂，柱状结构单元规则排列时同样存在着平动熵和转动熵的竞争。当从浓溶液或熔体结晶时，由于高浓度柱状结构单元几乎不能转动，转动熵很低；而柱状结构单元的平动却因单元的规则排列变得容易进行，也就是说在结晶过程中柱状结构单元的平动熵是增大的，对体系自由能降低有正贡献。这种情形对刚性链尤其如此。

因此，从热力学角度看，大分子结晶时体系的内能变化和熵变相互竞争，这是导致大分子结晶过程复杂，晶区不够完善，晶区与非晶区并存，结晶缺陷较多的一个原因。可以设想在分子链折叠排列形成结晶时，松散折叠或无规折叠更有利于柱状结构单元的平动，晶区表面上连接一些无规线团恰好为结构单元的平动提供了条件。或者反过来说，正是由于熵变和内能变化相互竞争使得松散折叠或无规折叠成为大分子结晶最优生成的结构形式，这是对 3.5.2 节中两种晶体结构模型的一种热力学解释。

例 3　关于排除体积的理解

在 2.3.1 节中曾给出建立在分子结构单元间相互作用和 Mayer f-函数基础上的排除体积 u 的定义[式(2-71)]。从宏观角度看，即从纯粹的物体占有体积和活动空间角度看，排除体积也可理解为具有一定尺寸的物体在空间占有的体积以及与周围环境作用产生的附带体积效应。其大小取决于两个相遇物体的相对尺寸和最终接近程度。

图 4-9 中有两个刚性球 P、Q，直径均为 ξ，其中一球(如 Q)的质心不仅不能进入另一球(如 P)的占据体积 $\left(\frac{1}{6}\pi\xi^3\right)$ 内，也不能进入 P 球周围直径为 2ξ 的范围内，该范围的体积等于 $\frac{4}{3}\pi\xi^3$，属于 P 球的排除体积。由于排除体积的存在，使刚性球的活动空间减小，运动受限，使由大量小球组成的系统的可实现分布状态数(熵值)减少。

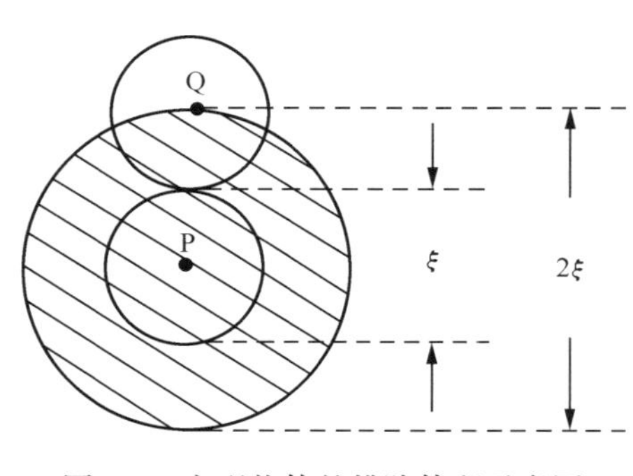

图 4-9　宏观物体的排除体积示意图

例4　同尺寸硬球系统的熵致相变

考察同一尺寸的硬球悬浮在液体中的系统。当硬球数很少时，硬球运动自由度大，系统如同理想气体。当硬球数增大，硬球运动自由度降低。达到密堆积时，硬球所有的运动都被限制。在浓度增大过程中系统的内能变化很小，硬球间的作用力和系统自由能几乎完全由熵决定，熵的大小由硬球占据的总体积分数ν决定。

有趣的是硬球的密堆积形式有两种。一是无规密堆积，相当于一种冻结的无规液态，此时硬球的填充体积分数$\nu_a=0.638$；二是六角密堆积，其有序度高，相当于一种有规晶态，填充体积分数$\nu_c=0.7405$，见图4-10(a)和(b)。由于$\nu_a<\nu_c$，因此如果硬球数相同，无规密堆积时的体积将大于六角密堆积时的体积。设想将六角密堆积系统的体积放大到硬球数相同的无规密堆积时的体积，由于体积放大、硬球间距离增加，每个球都获得了在其格点附近自由运动的能力，系统的熵值将增大，自由能减少。由此可见，在液体内不断增加小球体积分数的准平衡过程中，系统将优先形成有周期结构的晶体(六角密堆积，自由能低)，而不是保持无规液态结构(无规密堆积，自由能高)。这是一种熵驱动的一级液-固相变。

(a)

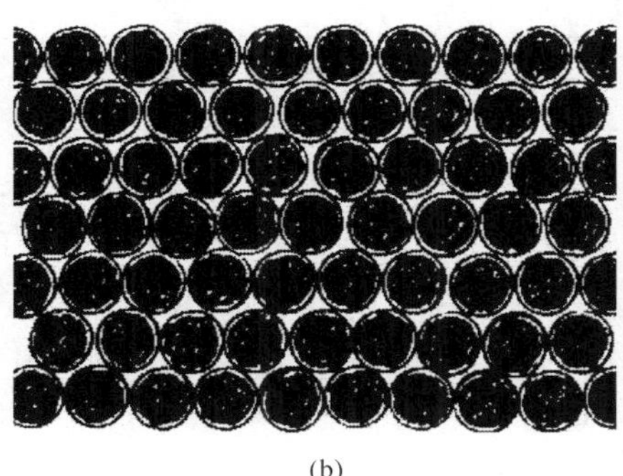

(b)

图4-10　硬球的无规密堆积和六角密堆积

(a) 无规密堆积；(b) 六角密堆积

例5　两种不同尺寸硬球混合物的相分离

考察由两种尺寸差别很大的球组成的弥散系统。由于球的直径差别很大，因此若体积分数相同，小球数目远大于大球数目，小球的熵将起主要作用。大球的行为受其影响，迫使大球构成的组态应有利于小球的熵达到极大。设大小球均为硬球，容器壁也为硬壁，因此对小球而言，大球和容器壁都占据一定的排除体积。图4-11中大球的占有体积用实线表示，阴影区表示其相关于小球的排除体积。容器壁处亦然，实线外框为容器壁，阴影区为相关于小球的排除体积。此处，排除体积的意义是，小球的质心不能进入到阴影区内，从而使小球的活动空间减少。那么大球会取何种组态才能使对小球的排除体积减小，从而使其熵值增大呢？答案是有两种方式：一是大球团聚在一起；二是大球靠近容器壁，如图4-11(b)所示。

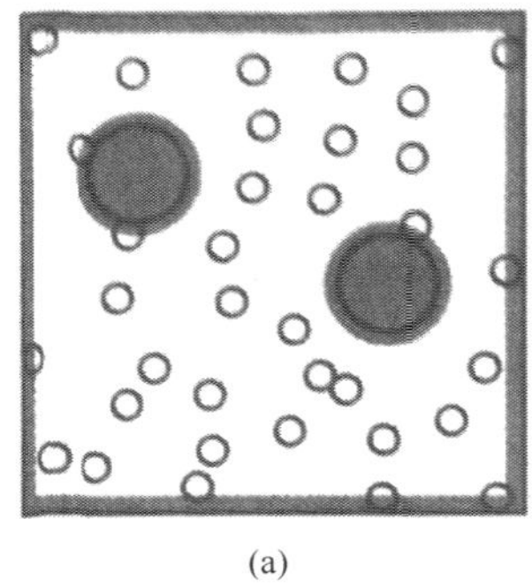
(a)

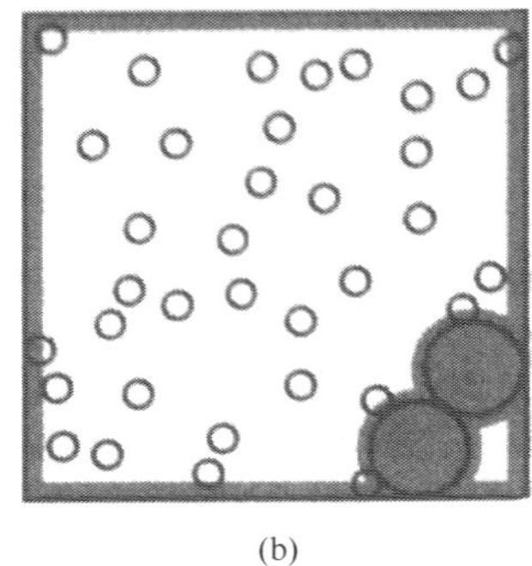
(b)

图 4-11 两种尺寸硬球与容器壁间的排除体积示意图

这就是说，大球之间存在着由于熵效应而产生的吸引力，称为耗尽力。容器壁对大球也提供一种熵吸引力。这两种力都促使大球从弥散系统中产生相分离。实验证实，若小球的体积分数较少，熵效应不显著，不会发生相分离。随着球的体积分数增加，由于熵效应而发生相分离的趋势增大，在足够浓度下将析出大球沉淀或晶体。耗尽力的概念在胶体、乳胶、生物物质系统中有重要意义。

图 4-12 给出直径分别为 0.825μm 和 0.069μm 的聚苯乙烯大、小球组成的胶体弥散液的相图。横轴与纵轴分别代表大小球的体积分数 f_L，f_S，图中符号："+"表示无相分离；"□"表示在容器壁处产生相分离；"△"表示壁面和液内都出现相分离；"•"表示只在液内出现液-固相分离。实线为理论计算的相界。图中可见，小球的体积分数小时(小于 10%)，一般未出现相分离；小球体积分数增大，就出现熵效应导致的相分离。在小球体积分数为 10%，大球体积分数为 15%时，在容器壁面和弥散液内部都出现相分离。另外，理论计算的相界与实验结果也符合良好。

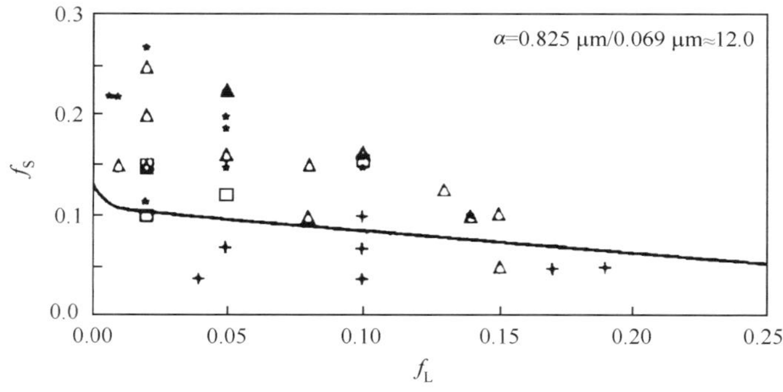

图 4-12 两种不同尺寸 PS 小球组成的胶体弥散液的相图

4.3.3 玻璃化转变

3.4.1 节中曾介绍，玻璃化转变是高分子材料最重要最典型的力学状态转变，被称为非晶高分子材料的主转变(primary transition)。玻璃化转变是一种复杂的物质状态变化过程。从表面看玻璃化转变像二级相变，在玻璃化转变温度附近系统的熵、体积等热力学函数连续变化；而它们的导数如压缩系数、膨胀系数、比热容等变化不连续。但是这种不连续性与真正的相变比显得不够尖锐，见图 4-13。从对称性来看，玻璃化转变前后不涉及系统对称性的改变，玻璃态、高弹态同为分子链无序堆积的无定形态，因此玻璃化转变不属于热力学相变。

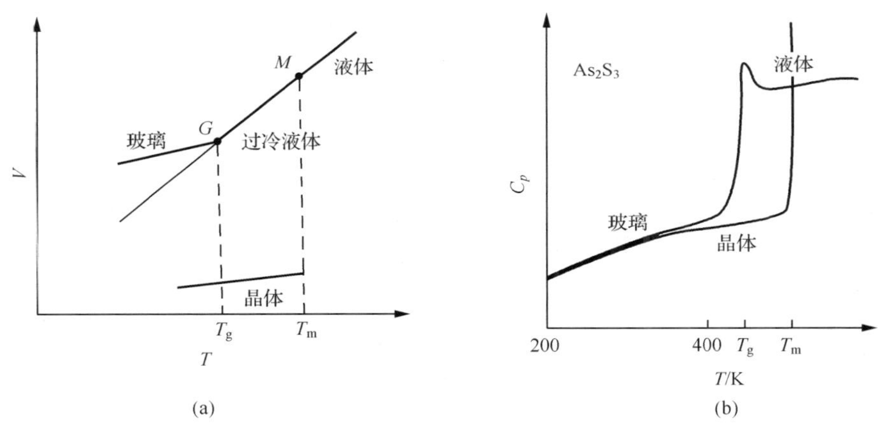

图 4-13　降温时，物质发生玻璃化转变和结晶时的体积变化和比热容变化

(a) 体积变化；(b) 比热容变化

玻璃化转变常用自由体积理论加以说明，理论涉及运动单元(分子或链段)的非定域-定域转变。影响玻璃化转变的更重要的机制是动力学机制，3.4.1 节中指出，玻璃化转变是一种松弛过程，实验测得的玻璃化转变温度 T_g 不是唯一的，与降温或升温的速度有关，或者说与实验观测所用的时标 λ 有关。当 λ 大于物质运动单元的特征松弛时间 λ_0 时，材料的行为表现为类液体；当 $\lambda<\lambda_0$，运动单元来不及松弛，材料就变成固化的液体——玻璃。相应于 $\lambda=\lambda_0$ 的温度即为玻璃化转变温度 T_g。由于 λ_0 随温度而变，因此 T_g 的测量与变温速度有关。

图 4-14 给出聚乙酸乙烯酯在不同冷却速度下得到的比容-温度曲线。实验方法如下，将样品从远高于玻璃化转变温度的状态($T\gg T_g$)快速冷却至图中横坐标温度范围的某一温度(如 25℃)测量其比容，得到一个实验点。测量分两种情形进行，一是冷却到该温度后 0.02h 测量，二是冷却到该温度后 100h 测量。得到一系列实验点后依照切线作图法给出玻璃化转变温度。由图 4-14 可见，短时冷却(快

速冷却)样品的玻璃化转变温度 T_g 高于长时冷却(慢速冷却)测到的转变温度 T_g'。T_g 的测量值与冷却速度(时间)相关,表明玻璃化转变是一种体积松弛过程。

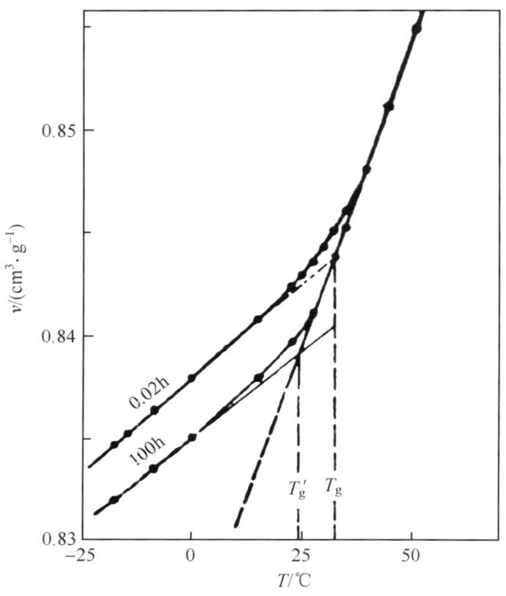

图 4-14　不同冷却速率下聚乙酸乙烯酯的比容-温度曲线

图中实验点是将样品从 $T \gg T_g$ 快速冷却至该点对应的温度后测得的比容;上方实验点为冷却 0.02h 后测得的;下方为冷却 100h 后测得的

自由体积理论虽然直观和形象地描述了玻璃化转变过程,但也存在不足之处。主要问题在于理论提出的模型是一种静态的或准稳态的模型,没有考虑与分子运动有关的自由体积收缩或膨胀的时间依赖性(动力学机制),也没有考虑温度变化、分子运动、体积胀缩之间的非同步性。实际上由于大分子的长链结构和材料的高黏度,由温度变化引起的大分子运动和调整,乃至材料体积的变化,包括自由体积变化和占有体积变化都是与时间有关的松弛过程。冷却速度不同,大分子运动和调整的程度不同,所得的自由体积分数就不相同。因此,关于聚合物在玻璃化转变时为等自由体积分数状态的结论只能在一定的条件下成立。

此外,Flory 自由体积理论认为高分子材料在玻璃态为等自由体积状态的观点,也仅在一定的条件下成立。实际上在 T_g 以下材料的自由体积也发生变化,只是变化速度慢而已。图 4-15 给出聚乙酸乙烯酯在一定温度下体积收缩与时间的关系。可以看到,将样品急速淬火后在恒温下长时间放置,即使在玻璃化转变温度以下(聚乙酸乙烯酯的 T_g =29℃),体积仍在不断减小,说明玻璃态下材料的自由体积并没有完全冻结,处于玻璃态的高分子材料仍处于一种非平衡状态。从微观看,虽然链段的运动被冻结,但比链段更小的运动单元以及链段局部的构象调整仍在进行,使分子链的凝聚堆砌密度改变,自由体积含量随时间缓慢减少。Boyer 总结了自由体积的冻结分数与高分子链柔顺性的关系,结论是分子链柔顺性越差,被冻结的自由体积越少。

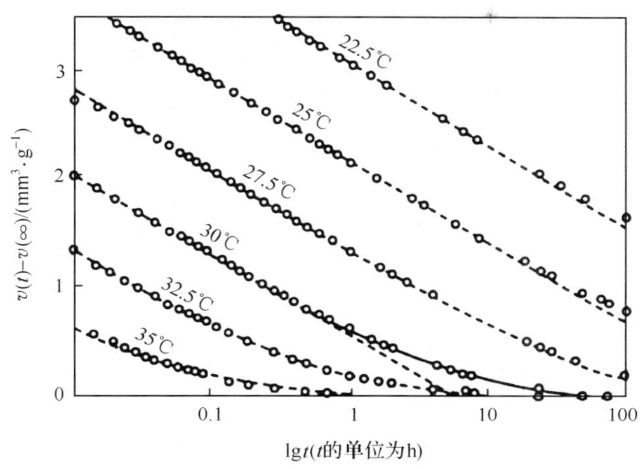

图 4-15　聚乙酸乙烯酯的体积收缩与对数时间的关系

试样从 $T>T_g$ 温度急冷至图中指示温度后,进行恒温测量

根据热力学原理,一个真正的热力学相变应是热力学平衡态之间的转变过程,热力学相转变温度应是对应的热力学平衡态的状态参数,测量结果与施加外场的速度(如变温速度)和测量方法无关。假如材料冷却到 T_2 时发生的玻璃化转变确实是二级相转变,那么在 T_2 下体系应处于新的热力学平衡态,它所对应的内能和构象熵将是一个确定值,不再随时间改变。

通过 WLF 方程可以简单估算一下 T_2 的数值。$T=T_2$ 时 WLF 方程为

$$\lg\frac{\eta(T_2)}{\eta(T_g)}=-\frac{C_1(T_2-T_g)}{C_2+(T_2-T_g)} \tag{4-45}$$

由于此时分子链构象达到新的平衡态分布,构象重排速度变为无限慢,即对应的体系黏度趋于无穷大,$\eta(T_2)\to\infty$。要满足这样的条件,WLF 方程等号右边的分母应等于零,即 $C_2+(T_2-T_g)=0$,于是得到

$$T_2=T_g-C_2\approx T_g-52 \tag{4-46}$$

也就是说,在一个无限慢的冷却过程中,预期可以在通常实验测量的玻璃化转变温度以下 50℃附近观察到真正的热力学二级相转变。

既然玻璃化转变并非热力学相变,玻璃化转变时体系始终处于非平衡态,链段一直处于松弛运动过程中,因此讨论玻璃化转变时动力学的问题显得十分重要。

Kovacs 认为,处于非平衡态的体系,其热力学参数与平衡态体系的参数有差

异。例如,在确定的温度和压力条件下,非平衡态体系的体积与平衡态的体积之间有偏差,该偏差与过程进行的时间(或速度)有关。因此,在玻璃化转变区体系的体积不再是温度和压力的确定性函数,而必须引入与时间(或速度)有关的参数 δ,表示为

$$V=V(T,P,\delta) \tag{4-47}$$

式中,δ 描述了处于非平衡态体系的实际体积与平衡态体积的偏差。

设试样在温度 T、压力 P 时的实际比容为 v,v 为温度、压力、时间的函数,即 $v=v(T,P,t)$,相应的平衡态比容为 v_∞,定义体积相对偏差

$$\delta=\frac{v-v_\infty}{v_\infty} \tag{4-48}$$

于是玻璃化转变时体系的体积 V 就成为与松弛过程或时间相联系的物理量。随着时间延长,体积偏差 δ 越来越小,v 逐渐趋近于 v_∞。一旦达到平衡态,$\delta=0$,体积 V 变为仅与温度和压力相关的确定函数。

关于相对偏差 δ 的变化规律,一般写成衰减函数的形式,设

$$-\frac{\mathrm{d}\delta}{\mathrm{d}t}=\frac{\delta}{\tau(\delta)} \tag{4-49}$$

由此求得

$$\delta(t)=\delta_0\exp\left(-\frac{t}{\tau(\delta)}\right) \tag{4-50}$$

式中,δ_0 为初始时刻的体积偏差量;$\tau(\delta)$为推迟时间。公式的意义是,体积偏差量 δ 随时间 t 而衰减;当 $t=\tau(\delta)$ 时,$\delta=\delta_0/\mathrm{e}$;$t\to\infty$时,$\delta\to 0$。$\delta$ 减少的快慢与推迟时间 τ 有关,τ 越大,趋向平衡态的过程就越长。由于高分子材料的推迟时间一般较长,因此玻璃化转变的非平衡态特征非常明显。

根据上述讨论,在自由体积理论中关于玻璃化转变温度附近的自由体积分数公式[式(3-64)]也应修正,应包含体积偏差量 δ,修正为

$$f_r=f_{T_g}+\alpha_f(T-T_g)+\delta(t) \tag{4-51}$$

式(4-51)可以理解为自由体积分数的更一般表达式,它既是温度的函数,也是时间的函数。将其推广到 WLF 方程的推导中,则式(3-65)应改写为

$$\ln\frac{\eta(T,\delta)}{\eta(T_g,\delta=0)}=B\left[\frac{1}{f_{T_g}+\alpha_f(T-T_g)+\delta}-\frac{1}{f_{T_g}}\right] \tag{4-52}$$

式中,$\eta(T_g,\delta=0)$ 为聚合物在温度为 T_g、体积松弛到平衡态体积时的黏度,$B\approx 1$。根据聚合物黏弹性理论,聚合物在两种状态下黏度的比值等于相应的推迟时间的比值:

$$\ln\frac{\eta(T,\delta)}{\eta(T_g,\delta=0)}=\ln\frac{\tau(T,\delta)}{\tau(T_g,\delta=0)} \tag{4-53}$$

于是若以温度为 T_g,体积松弛到平衡态 ($\delta\to 0$)时的推迟时间作为参考状态,

则温度为 T，体积偏差量为 δ 的推迟时间可表示为

$$\tau(T,\delta)=\tau(T_g,\delta=0)\exp\left(\frac{1}{f_{T_g}+\alpha_f(T-T_g)+\delta}-\frac{1}{f_{T_g}}\right) \tag{4-54}$$

式(4-54)给出 $\tau(\delta)$的具体形式，代入式(4-50)即得到体积偏差量 δ 与时间 t 的函数关系。

图 4-16 给出一种呈玻璃态的低相对分子质量葡萄糖在等温条件下的体积偏差量 δ 与时间 t 的函数曲线。葡萄糖虽为低分子化合物，但其玻璃态行为与线形非晶聚合物相似。图中∘为实验点，实线为按照式(4-54)、式(4-50)求得的理论曲线，计算参数取 $T_g=35℃(308K)$，$f_{T_g}=0.025$，$\alpha_f=3.6\times10^{-4}℃^{-1}$，$\tau(T_g,\delta=0)=0.015h$。可以看出，理论曲线与实验点吻合良好，说明 Kovacs 模型描述玻璃化转变的动力学特征是基本成功的。

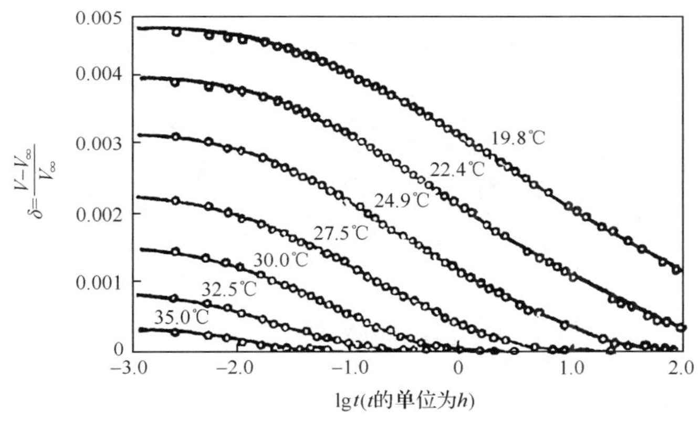

图 4-16　低相对分子质量葡萄糖在玻璃态时的等温收缩曲线

虽然 Kovacs 模型能够说明 T_g 对实验时间标尺的依赖性，然而在与实际高分子实验对比时模型不够精确。主要原因是 Kovacs 模型只采用单相对偏差 δ 和单推迟时间 τ，模型比较简单。实际高分子材料有多重运动单元，不同单元有不同推迟时间，组成一个相当宽的推迟时间谱。为此有人改进 Kovacs 模型，提出多相对偏差 (δ_i) 模型，新模型具有多个推迟时间 τ_i，认为体系状态由温度、压力和多相对偏差 (δ_i) 共同确定。新模型说明高分子材料复杂玻璃化转变的能力增强，然而模型参数增多，给实验和计算带来困难。

4.3.4　溶胶-凝胶转变，Flory-Stockmayer 硫化理论

溶胶-凝胶转变是一种重要的液相-固相转变，又称凝胶化现象或凝胶化转变。它是指原本相对分子质量有限大、可以自由流动的溶胶(液体)，通过分子间的凝聚、交联形成相对分子质量“无限大”的网络或凝胶的过程。溶胶无力学强度，而凝

胶能够承受外力，具有模量（固体）。溶胶-凝胶转变的临界点称为凝胶化转变点，简称凝胶点。

凝胶化转变分为物理凝胶化和化学凝胶化两大类。物理凝胶化是分子间通过物理键连接而成为无穷大网络，第 3 章图 3-30 给出几种弱物理键的形式，包括氢键、嵌段共聚物胶束、离子聚集体等。强度较大的物理键有微晶、玻璃态微区、螺旋结构等，见图 4-17。热塑性弹性体属于强物理凝胶，如 SBS 共聚物（苯乙烯-丁二烯-苯乙烯共聚物）是一种热塑性弹性体，在低于聚苯乙烯的玻璃化转变温度（～100℃）和高于聚丁二烯的玻璃化转变温度（～－100℃）范围内，材料具有以苯乙烯玻璃微区为物理交联点的三维网络结构，是一种弹性体（图 8-1）。而在温度远高于 100℃时玻璃微区熔融，分子链又能相对运动，材料呈塑性，可以流动和加工。

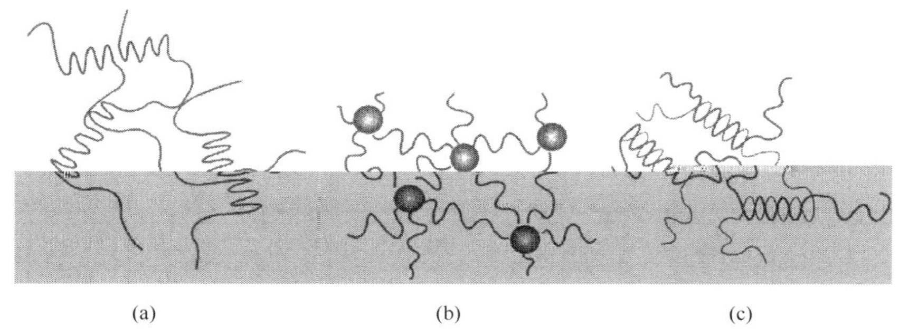

图 4-17　几种强度较大的物理键示意图

（a）微晶；（b）玻璃态微区；（c）螺旋结构

化学凝胶化是分子间通过共价键连接形成无穷大网络的过程，如缩合和硫化。缩合是多官能度的可反应单体（官能度大于 3）发生反应，起初生成相对分子质量越来越大的支化聚合物，达到凝胶点后变成三维网络结构，形成凝胶。硫化是聚合物分子链（主要是橡胶大分子）通过化学交联形成网络，初始也是形成相对分子质量有限大的支化结构（溶胶），超过凝胶点后变成硫化橡胶，网络结构完善的硫化橡胶具有优良力学性能。缩合和硫化的差别在于前者是由零维分子连接形成三维网络，而后者是由一维分子链交联构成三维网络。

1. 超支化聚合物，溶胶

第 1 个定量描述溶胶-凝胶转变的理论是由 Flory-Stockmayer 提出的，属于平均场理论。平均场理论对于描述远离凝胶点的凝胶化过程，特别是对于描述相对分子质量巨大的分子链的硫化过程很有效，但不适于描述非常接近凝胶点（临界点）区域的情形，后者用临界逾渗理论描述更合理，将在 8.3.3 节介绍。本节介绍 Flory-Stockmayer 的平均场理论。

考察一种由 AB_{z-1} 形单体聚合形成的超支化聚合物。其中 A 基团具有单官能度，B 基团具有 $z-1$ 官能度，设 A 只能与 B 反应。当 $z>2$ 时，通过逐步反应就会形成超支化聚合物，见图 4-18。超支化聚合物尽管相对分子质量很大，但仍是有限大的溶胶分子。

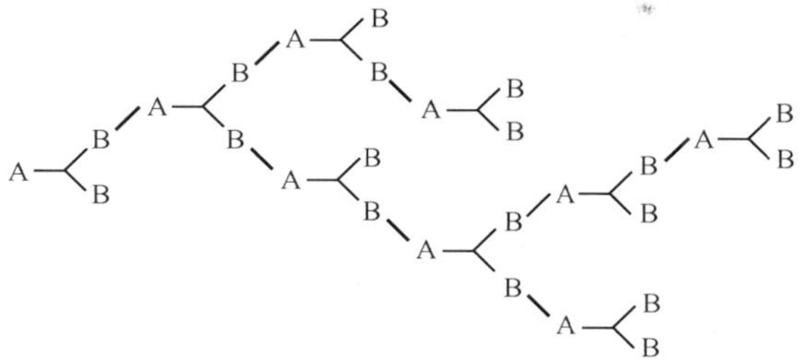

图 4-18　由 AB_{z-1} 形单体反应形成的超支化聚合物

粗线代表两个单体之间的键

设已反应的 B 基团的数量分数为 p，则已反应的 A 基团数量分数为 $p(z-1)$，而未反应的 A 基团数量分数为 $1-p(z-1)$。由于体系中每个有限尺寸的分子（包括未反应单体）都只含一个未反应的 A 基团，所以 $1-p(z-1)$ 也等于反应度为 p 时体系中全部有限尺寸分子（溶胶）的无量纲数量密度 $n_{\text{tot}}(p)$：

$$n_{\text{tot}}(p)=1-p(z-1) \tag{4-55}$$

定义反应度为 p 时，N 聚体的数量分数为 $n_N(p)$，N 聚体的无量纲数量密度为 $n(p,N)$。$n(p,N)$ 与 $n_N(p)$ 成正比，两者的区别仅在于归一性不同，$n_N(p)$ 由分子总数归一化，而 $n(p,N)$ 定义为 N 聚体数量与单体总数之比，它相当于平均每个单体的 N 聚体数。由于分子数量的总密度 $n_{\text{tot}}(p)$ 等于全部有限尺寸聚合物与未反应单体的数量密度之和，所以有

$$n_{\text{tot}}(p)=\sum_{N=1}^{\infty}n(p,N) \tag{4-56}$$

有限尺寸聚合物的数均聚合度 $N_{\text{n}}(p)$ 等于每个有限尺寸聚合物所含单体数的平均值：

$$N_{\text{n}}(p)=\frac{\sum\limits_{N=1}^{\infty}N\cdot n(p,N)}{\sum\limits_{N=1}^{\infty}n(p,N)}=\frac{P_{\text{sol}}(p)}{n_{\text{tot}}(p)} \tag{4-57}$$

式中，$P_{\text{sol}}(p)$ 为反应度为 p 时体系内的溶胶分数，为所有未反应和处于有限尺寸聚合物（溶胶）内的单体的分数。在尚未发生溶胶-凝胶转变之前，体系内完全是溶胶，不存在凝胶，因此 $P_{\text{sol}}(p)=1$（凝胶点之前），于是由式(4-57)得到溶胶的数均聚合度 $N_{\text{n}}(p)$：

$$N_n(p)=\frac{1}{n_{tot}(p)}=\frac{1}{1-p(z-1)} \tag{4-58}$$

由式(4-58)得知，反应进行到 $p=1/(z-1)$ 时，数均聚合度 N_n 趋于无穷大，体系内出现相对分子质量巨大(无穷大)的凝胶。因此溶胶-凝胶转变点的反应度 p_c 等于

$$p_c=1/(z-1) \tag{4-59}$$

式中，p_c 为临界反应度。同样可以求出溶胶的重均聚合度 $N_W(p)$：

$$N_W(p)=\frac{\sum_{N=1}^{\infty}N^2\cdot n(p,N)}{\sum_{N=1}^{\infty}N\cdot n(p,N)}=\frac{1-p^2(z-1)}{[1-p(z-1)]^2} \tag{4-60}$$

$N_W(p)$ 在溶胶-凝胶转变点 p_c 也趋于无穷大，其发散速度比数均聚合度 $N_n(p)$ 更快。

多分散指数

$$d=\frac{N_W(p)}{N_n(p)}=\frac{1-p^2(z-1)}{1-p(z-1)} \tag{4-61}$$

定义相对反应度

$$\varepsilon=\frac{p-p_c}{p_c}=(z-1)p-1 \tag{4-62}$$

则 B 基团的反应分数为

$$p=\frac{1+\varepsilon}{z-1} \tag{4-63}$$

可以证明，在非常接近溶胶-凝胶转变点的区域（ε 为小负值），数均、重均聚合度有以下渐近行为：

$$N_n=-\varepsilon^{-1},\quad N_W\propto\varepsilon^{-2} \tag{4-64}$$

此时 N 聚体的数量分数 $n_N(p)$ 为

$$n_N(p)\propto N^{-3/2}\exp(-\varepsilon^2 N)=N^{-3/2}\exp(-N/N^*) \tag{4-65}$$

式中，$N^*=\varepsilon^{-2}$，称为特征聚合度，正比于重均聚合度。反应趋于临界点时（$\varepsilon\to 0$），$N^*\to\infty$。由式(4-65)可知，随反应进行 N 聚体(溶胶)的数量分数随聚合物内单体数增加按指数律减少。

2. 凝胶化转变

溶胶-凝胶转变可以用类格子模型描述，每个单体占据一个格位，单体间的化学反应被模型化为相邻格位间的单体通过键发生无规连接，见图 4-19。设在 t 时刻，已形成的键占所有可能成键的分数为 p，p 即为反应度；完全反应时，$p=1$。

无规连接反应存在一个临界反应度 p_c。当 p 低于 p_c 时反应生成物均为支化

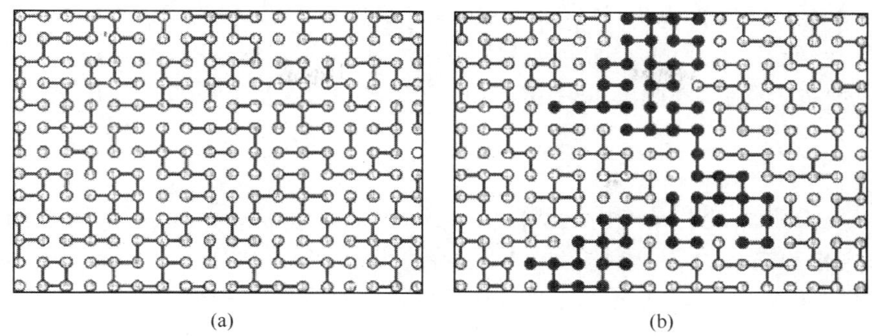

图 4-19　凝胶化为键逾渗转变，深色为初始凝胶，也称逾渗集团
(a) $p < p_c$；(b) $p > p_c$。关于逾渗概念，参见第 8 章

或超支化聚合物(溶胶)，达到 p_c 时，则生成一个结构贯穿整个体系的产物，称初始凝胶(incipient gel)，这是一个结构纤细而相对分子质量无穷大的产物，同时体系中还含有大量相对分子质量不等的溶胶。从低于 p_c 的溶胶混合物发展到高于 p_c 的含溶胶的凝胶状态，这样一种连接转变(connectivity transition)称为凝胶化转变，属于一种特殊的液-固相变。

由于产物中有凝胶存在，计算数均和重均聚合度已无意义。体系可用溶胶分数 $P_{sol}(p)$ 和凝胶分数 $P_{gel}(p)$ 描写。溶胶分数定义为所有未反应的和处于有限尺寸聚合物(溶胶)中的单体的分数；凝胶分数定义为属于凝胶的单体分数：

$$P_{gel}(p) + P_{sol}(p) = 1 \tag{4-66}$$

在低于 p_c 区域，$P_{sol}(p) = 1$，$P_{gel}(p) = 0$；高于 p_c 区域，$P_{sol}(p) < 1$，$P_{gel}(p) > 0$。凝胶分数也等于随机抽取一个单体属于凝胶的概率。凝胶分数是表征凝胶化程度的参数，反映凝胶含量的大小。凝胶分数随反应度变化的规律见图 4-20。

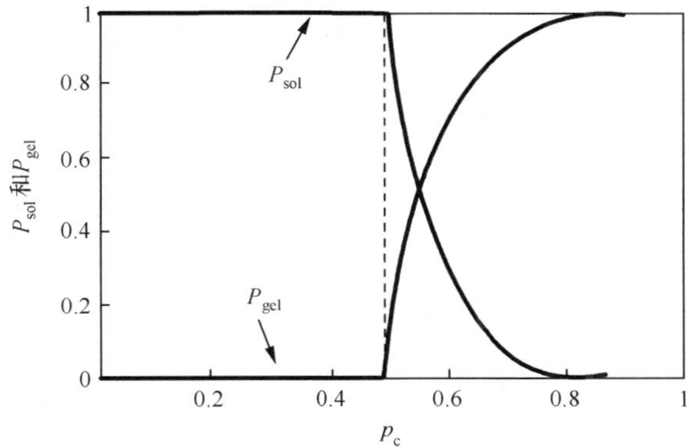

图 4-20　官能度 $z=3$ 的溶胶及凝胶分数变化示意图

注意在临界转变点 p_c 处,凝胶分数发生从无到有的突变(逾渗转变),而反应度参数 p 是连续变化的,这种行为类似于一种连续相转变。由于此前对于相变的研究较为系统透彻,因此可以借用于相变理论来研究凝胶化转变,后详。

3. 凝胶化转变的平均场模型

溶胶-凝胶转变的平均场模型最早由 Flory-Stockmayer 提出。Flory 采用一种 Bethe 网格描述溶胶-凝胶转变,图 4-21(a)给出一个官能度等于 3 的 Bethe 网格示意图,我们可以将官能度为 3 的单体放在无限大的 Bethe 网格的格子中。采用 Bethe 网格的优点是网格的维数可以变化,单体的官能度为 z,则可以采用 z 官能度的 Bethe 网格。另一优点是可以严格求出临界反应度的值。缺点是网格不存在闭合的环,即不能发生分子内反应,所有的键只能在不同聚合物的单体间生成,这显然与实际情况有差别。但模型对于数学求解是便利的,而当聚合物分子链很长时,上述缺点可忽略。

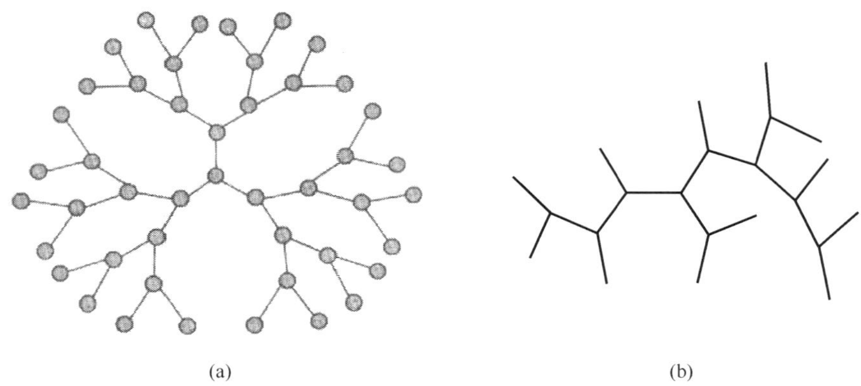

图 4-21 官能度等于 3 的 Bethe 格子模型和 Flory 给出的官能度等于 3 的支化分子示意图
(a) Bethe 格子模型;(b) Flory 支化分子示意图

设 Bethe 网格的所有格子都被单体占据,单体的官能度为 z,相邻单体能反应成键。假定已反应生成的键的概率为 p,未反应的概率为 $1-p$,每个键的生成概率 p 与其他键的状态无关。为计算形成凝胶的临界反应度,任选一个格位作为起始点,然后一步一步、逐步成键形成支化聚合物结构,直至形成无穷大网络。选取哪个格位为起点并不重要,因为对于无限大 Bethe 网格,所有格位在统计学上是等价的。

由于每个键的生成概率为 p,一个已发生一步反应的单体剩余的官能度为 $z-1$,因此 $p(z-1)$ 就等于下一步反应的平均成键概率。若 $p(z-1)<1$,表示每反应一步成键概率就下降一些,这会导致最终反应终止,使体系中只含有大小不一

的有限尺寸的支化聚合物，成为溶胶。若 $p(z-1)>1$，表示每反应一步成键概率上升，最后将形成尺寸无限大的网络，成为凝胶。因此相应于溶胶-凝胶转变点的临界反应度应是 $p_c=1/(z-1)$，与式(4-59)相同。

当 p 低于 p_c，体系为溶胶，此时数均聚合度

$$N_n(p)=\frac{1}{1-pz/2}\quad(p<p_c)\tag{4-67}$$

重均聚合度

$$N_W(p)=\frac{1+p}{1-(z-1)p}=\frac{1+p}{1-p/p_c}\quad(p<p_c)\tag{4-68}$$

当 $p>p_c$ 时，体系中出现凝胶，其中溶胶分数(设 $z=3$)：

$$P_{sol}(p)=\left(\frac{1-p}{p}\right)^3\quad(z=3,p>p_c)\tag{4-69}$$

凝胶分数：

$$P_{gel}(p)=1-P_{sol}(p)=1-\left(\frac{1-p}{p}\right)^3\quad(z=3,p>p_c)\tag{4-70}$$

对于 3 官能度的 Bethe 格子，相对反应度 ε 等于[参见式(4-62)]：

$$\varepsilon=2p-1\quad(z=3)\tag{4-71}$$

接近凝胶点时，N 聚体的无量纲数量密度 $n(p,N)$ 随聚合物内单体数增加按指数律减少，规律为

$$n(p,N)\propto N^{-5/2}\exp(-N/N^*)\tag{4-72}$$

其中特征聚合度：

$$N^*\approx\frac{2(z-2)}{z-1}\varepsilon^{-2}\tag{4-73}$$

在凝胶点处，$\varepsilon\to0$，特征聚合度 N^* 趋于无穷，此时：$n(p,N)\propto N^{-5/2}$。当 $z=3$ 时式(4-73)与式(4-65)中的 N^* 一致。

以上在凝胶点附近的关系式不只适用于 Bethe 格子的平均场，对其他网格模型也成立，只是公式的系数与指数不同。

根据溶胶的聚合度分布可以求出理想无规支化聚合物的尺寸，所谓理想聚合物指忽略排除体积效应(见第 2 章的理想分子链)，支化聚合物的尺寸用均方旋转半径表示

$$\langle R^2\rangle=\sqrt{\frac{\pi(z-1)}{8(z-2)}}b^2N^{1/2}\tag{4-74}$$

与同一聚合度的线形链比较，理想无规支化聚合物的尺寸小于线形链的尺寸。两者对比见图 4-22。

理想无规支化聚合物：　$R\propto bN^{1/4}$　(4-75)

理想线形链：　$R\propto bN^{1/2}$　(4-76)

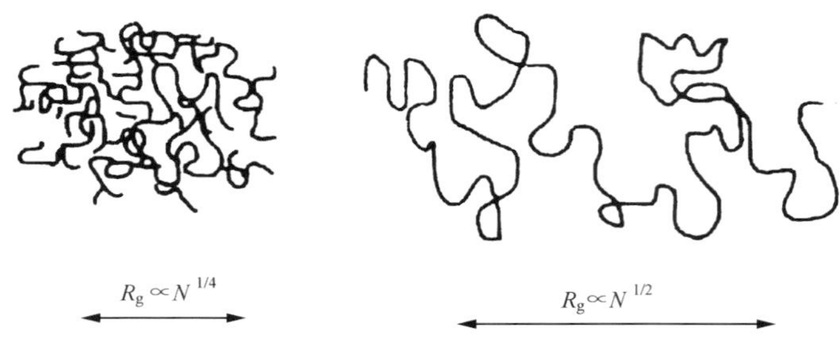

图 4-22　支化聚合物尺寸小于同聚合度的线形聚合物

在凝胶化转变中,最重要的是在接近凝胶点处体系的各种性质与反应度或聚合度之间的关系,这些临界关系可采用幂律方程(标度律)描写。如当 $p \to p_c, \varepsilon \to 0$ 时,体系由高度分散的支化聚合物组成,聚合物数量密度与聚合度之间存在幂律关系。仿照式(4-72)记为

$$n(p,N) \propto N^{-\tau} f(N/N^*) \quad (p_c - p \to 0) \tag{4-77}$$

式中,τ 为临界指数,称为 Fisher 指数,按平均场理论 $\tau \approx 5/2$(对 Bethe 点阵)。$f(N/N^*)$ 称为截断函数(cut off function)。τ 从高于和低于凝胶点两个方向趋近凝胶点时的值是相同的,而 $f(N/N^*)$ 在高于和低于凝胶点时不同。

特征支化聚合物中的单体数 N^* 在接近凝胶点时增大,以指数律的方式发散:

$$N^* \propto |\varepsilon|^{-1/\sigma} \quad (p_c - p \to 0) \tag{4-78}$$

式中,σ 是另一个临界指数,按平均场理论 $\sigma \approx 0.5$(采用 Bethe 点阵)。σ、τ、$f(N/N^*)$ 都是空间维数不变量,其值仅依赖于空间维数,对于同维数空间的不同网络模型,其值相同。

凝胶点附近还有其他一些幂律关系。例如,在略高于凝胶点附近的凝胶分数与相对反应度 ε 之间有如下关系:

$$P_{gel}(p) \propto (N^*)^{2-\tau} \approx \varepsilon^{\beta} \quad (p - p_c \to 0) \tag{4-79}$$

式中,β 称为凝胶分数的增长指数,在平均场理论中 $\beta=1$(采用 Bethe 点阵)。由式(4-79)可见,凝胶分数 $P_{gel}(p)$ 在凝胶点处等于 0,而在凝胶点以上随反应进行稳步增长。

在凝胶点以下接近凝胶点处,溶胶的重均聚合度与相对反应度 ε 之间有如下关系:

$$N_W \propto (N^*)^{3-\tau} \approx |\varepsilon|^{-\gamma} \quad (p_c - p \to 0) \tag{4-80}$$

指数 γ 给出重均聚合度在凝胶点的发散程度,平均场理论中 $\gamma=1$(采用 Bethe 点阵)。

这些指数均属于临界指数,它们之间存在如下关系:

$$\beta = \frac{\tau - 2}{\sigma} \tag{4-81}$$

$$\gamma = \frac{3-\tau}{\sigma} \tag{4-82}$$

这些关系式称为标度指数方程。我们看到每定义一个新指数，总与 τ 和 σ 之间存在标度关系，因此在各种临界指数中只有两个独立指数，其他指数可通过标度关系确定。这些指数对一个具体的空间维数是普适的，无论采用的网格是何种形式。

虽然平均场理论可以很好地描述溶胶-凝胶转变，然而根据平均场理论求得的临界指数与相对分子质量较小的单体的实验数据比较有比较大的差异，这是平均场理论的局限性。此外，平均场结果对于长链分子的凝胶化（硫化）的描述却是相当好。图 4-23 比较了两类网链长度不同的交联聚酯的摩尔质量分布与聚合度之间的幂律曲线，可以看出，对于交联点间的单元数 $N_0=600$ 的各种样品，平均场理论得到的临界指数与实验结果吻合得很好，$\tau\approx 5/2$（对三维空间网络）；而对于交联点间的单元数很小（$N_0=2$）的样品，实验数据与平均场理论的差异很大。

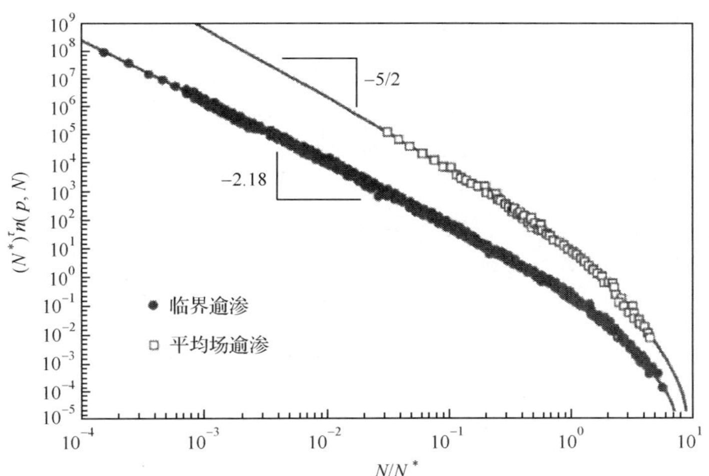

图 4-23　无规支化聚酯摩尔质量分布的幂律曲线

空心符号为交联点间单元数 $N_0=600$，服从平均场模型；实心符号代表 $N_0=2$，属于三维临界逾渗

4. 硫化

硫化（vulcanization）是凝胶化的一种，在较宽的相对反应度 ε 范围内，平均场理论非常适用。硫化过程可看成从线形长链间反应变为支化聚合物，然后从支化发展到超支化，而后形成分子链网络的过程，交联点间一段链（网链）的相对分子质量相当大。

设交联前驱链为熔体中的线形长链，聚合度为 N_0，官能度为 z。若 N_0 个单体都是可交联单体，则 $z \approx N_0$。

由于可以用平均场理论描述硫化过程，因此对凝胶点的预测可采用式(4-59)，为

$$p_c = 1/(z-1) \approx 1/N_0 \quad (N_0 \gg 1) \tag{4-83}$$

式(4-83)表示，大约平均每条分子链有一个单体发生交联反应，体系内就形成无限大网络，该网络称为初始网络(incipient network)。

由式(4-79)得知，在凝胶点附近凝胶分数与相对反应度 ε 成正比(因为平均场指数 $\beta=1$)：

$$P_{gel}(p) \approx \varepsilon \quad (0 < \varepsilon \ll 1) \tag{4-84}$$

由此可知，当反应程度达到 $p \sim 2p_c$ 时，根据式(4-62)有相对反应度 $\varepsilon = 1 = 100\%$，凝胶分数 $P_{gel}(p) \approx 1 = 100\%$，说明此时绝大多数分子链都与凝胶相连，剩余的溶胶分数非常小，溶胶-凝胶转变几乎全部完成。所以硫化过程的凝胶始点相当于平均每链一个交联点，而凝胶终点相当于每链两个交联点。由于 p_c 值很小，因此 $2p_c$ 也很小。凝胶终点并不意味硫化反应停止，接下来的反应使每条分子链有多个交联点，硫化网络趋于完善化，可以承受更大强度并具有很高的熵弹性。若相对反应度很高，$\varepsilon = \dfrac{p-p_c}{p_c} \gg 1$，每条分子链含很多交联点，则会形成高度硫化的网络，变成“硬”橡胶。

平均场理论中，定义一个相关长度 ξ 描述硫化网络中“孔洞”的尺寸。在凝胶点之前，相关长度 ξ 定义为包含 N^* 个单体的特征聚合物的尺寸，两者间的关系为

$$N^* \propto \xi^f \tag{4-85}$$

式中，f 为分形维数，在平均场理论中 $f=4$。由于 N^* 在凝胶点处以指数 $1/\sigma$ 发散，因此相关长度 ξ 也发散：

$$\xi \propto (N^*)^{1/f} \propto |\varepsilon|^{-\nu} \tag{4-86}$$

临界指数 ν 给出相关长度 ξ 在凝胶点的发散程度，在平均场理论中 $\nu=1/2$。

已知硫化前驱链的尺寸为 $bN_0^{1/2}$ (b 为单体尺寸，设单体间自由连接)，按照上述公式硫化过程中相关长度 ξ 和特征支化聚合物单体数 N^* 与相对反应度 ε 之间有如下关系：

$$\xi \propto bN_0^{1/2}|\varepsilon|^{-1/2} \tag{4-87}$$

$$N^* \propto N_0|\varepsilon|^{-2} \tag{4-88}$$

聚合度达到 N 时支化聚合物(溶胶)的尺寸为

$$R \propto bN_0^{1/2}\left(\frac{N}{N_0}\right)^{1/4} \approx b(N_0 N)^{1/4} \tag{4-89}$$

超过凝胶点之后，每个网链视为一个支化聚合物，相关长度 ξ 则描写了网络中“孔洞”的尺寸，而 N^* 相当于网链的平均单体数。

考察硫化网络中网链的重叠参数 P 对理解硫化过程有重要意义。单个网链的占有体积为 $N^* b^3$，扩张体积为 ξ^3，因此单个网链在其扩张体积中的体积分数为 $N^* b^3/\xi^3$，全部网链的体积分数即凝胶分数 P_{gel} 与单个网链的体积分数之比就等于网络中网链的重叠参数 P：

$$P \approx \frac{P_{gel}}{N^* b^3/\xi^3} \approx N_0^{1/2} |\varepsilon|^{3/2} \tag{4-90}$$

由于 N_0 很大，因此 P 可能很大，表示网链的重叠程度很大（对比缠结网络的重叠网链数 $P_e \approx 20$，见表 3-8）。这一点不难理解，因为在交联之前熔体内前驱链的交叠程度就很大，硫化时只发生了链间少量的交联反应，并未影响分子链的堆砌程度。

从式(4-90)看到，若 $\varepsilon \to 0$，即在非常接近凝胶点处 P 很小，表示在凝胶转变点处分子链的交叠程度很小，这显然不符合实际情况。由此得知，硫化的平均场理论只在远离凝胶点处适用，而在临界点处（$\varepsilon=0$ 附近）不适用。临界点处的硫化过程应该用临界逾渗理论（标度理论）描写，将在第 8 章介绍。

关于平均场理论的适用范围可采用 Ginzburg 判据来确定。式(4-90)中令 $P=1$，得到

$$\varepsilon_G \approx N_0^{-1/3} \tag{4-91}$$

式中，ε_G 为网链或特征聚合物不发生重叠的相对反应度，称为 Ginzburg 判据。按照该判据：在相对反应度的绝对值 $|\varepsilon| > \varepsilon_G$ 范围内，平均场理论可以很好地描述交联反应。而在 $|\varepsilon| < \varepsilon_G$ 范围内（非常接近凝胶点），平均场理论失效，需用临界逾渗理论描述真实的转变。由于橡胶硫化过程的前驱链很长，$N_0 \gg 1$，ε_G 很小，因此在一般实验所涉及的交联区域几乎都可用平均场理论来描述。但对官能度小的单体聚合，如官能度大于 2 的单体聚合，由于 $N_0=1$，则不能采用平均场理论描述。图 4-24给出重叠参数 P 与相对反应度 ε 之间的相互关系示意图，可以看出在重叠参数很小的领域，或在 $\varepsilon \to 0$ 范围内，平均场理论失效。

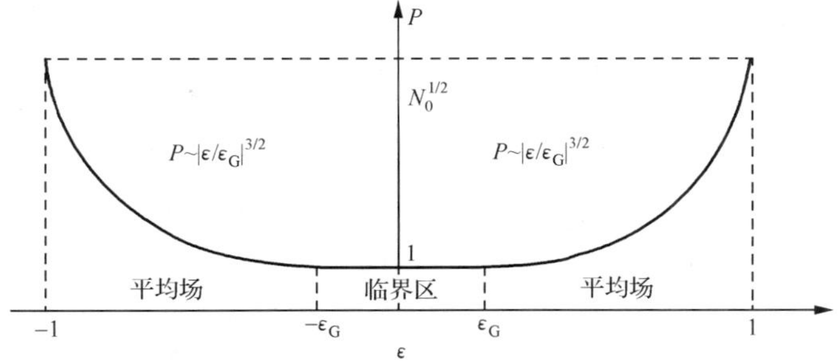

图 4-24　重叠参数 P 与相对反应度 ε 的关系

$|\varepsilon| > \varepsilon_G$ 范围内（远离凝胶点）可用平均场理论描述真实的转变

4.4 相变中的亚稳定态

4.2 节考察物质的相转变时，无论是根据热力学原理还是从对称性出发都是讨论相变的始态和终态的关系，对于相变过程的细节和相变速率没有过多涉及。然而相变过程的快慢和细节对讨论高分子材料的相变却相当重要，原因在于相变的速度取决于微观分子运动的速度，长链分子由于相对分子质量巨大，链状分子形状特殊，松弛运动形式多，分子运动速度慢，因此相转变过程要比小分子材料“慢”得多，相转变细节也比小分子材料丰富得多。在讨论高分子材料相变时，除了要关注始态和终态的热力学关系外，还要关注与相变速率、时间进程等因素相关的动力学规律。

长链分子的“慢”运动特征也决定了高分子材料相变时，最终的热力学平衡态是很难达到的，在相变过程中存在着各种类型的亚稳定态。亚稳定态虽不如热力学平衡态稳定，但由于达到亚稳定态的时间相对来说要“快”得多，且亚稳定态本身也具有相当的稳定性，因此亚稳定态就成为高分子材料相变过程中一种普遍存在的物理现象。实验观测到的亚稳定态包括聚合物相变中的过渡态、结晶和液晶聚合物的多种晶型、晶体和液晶的缺陷、高分子薄膜中的表面诱导有序化、自组装体系的超分子结构、共混聚合物体系和共聚物中的微区结构以及出现在加工过程中的外场诱导的亚稳定态等。

4.4.1 亚稳定性与亚稳定态

在热力学上，亚稳定性(metastability)是指在一定的温度、压力下，物质的某个相态尽管在热力学上不如平衡态稳定，相态能量较平衡态高，但在特定的条件下该相态也可较长时间稳定存在。这种稳定性称为亚稳定性，这种相态称亚稳定相或亚稳定态(metastably state)。图 4-25 分别给出亚稳定态的一个力学类比和一个热力学类比。

亚稳定性概念无论在学术意义上还是材料实际应用上都非常重要。根据上述定义，体系处于亚稳态时，其 Gibbs 自由能 G 并非处于最低点，即热力学上具有较不稳定性，但该状态仍能较长时间存在，对于小的波动而言($<\Delta G$)相态是相对稳定的[见图 4-25(b)]。判断亚稳定性，同样可以采用极小值判断法。例如，在浓度驱动相变过程中，体系自由能 G 对浓度 φ (体积分数)作图，亚稳定态也像平衡态一样满足极小值条件 $\mathrm{d}G/\mathrm{d}\varphi=0$，$\mathrm{d}^2G/\mathrm{d}\varphi^2>0$。但这还不够充分，要确定亚稳定态的范围还需考虑二阶导数等于零 ($\mathrm{d}^2G/\mathrm{d}\varphi^2=0$，拐点)和小于零 ($\mathrm{d}^2G/\mathrm{d}\varphi^2<0$，极大值条件)的情形。亚稳定态的稳定限界是在极小值点(又称双结点)和拐点(又称旋节点)之间。

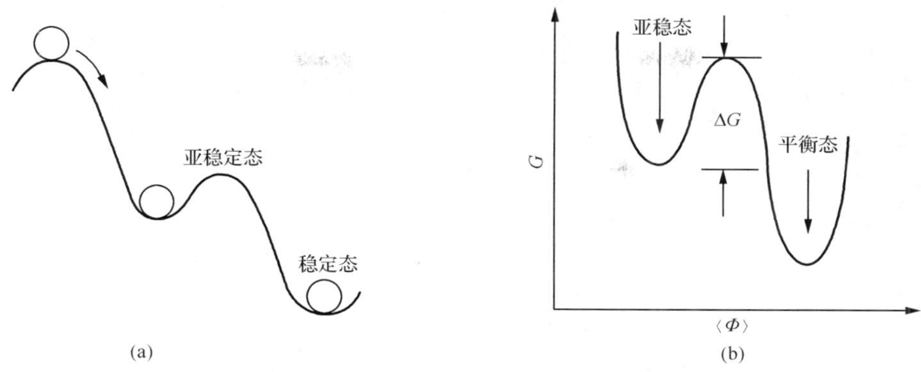

图 4-25　亚稳定态的力学类比(a)和热力学类比(b)
其中 ΔG 为活化能垒

对相变中亚稳定态的认识始于 19 世纪。1873 年，van der Waals 发现了气-液相变中的亚稳定态；1897 年，Ostwald 提出“中间态定律”表述相转变的顺序：“从一个稳定态到另一个稳定态的相转变可通过一系列可能存在的中间态之间的逐步转变而实现”，第一次描述了中间态的概念。图 4-26 给出了气-液相变中的 P-V 图，在一定温度下，气体压缩转变成液体。图 4-26 中临界点以下黑实线包围的区间为相转变区(气-液共存区)，黑实线又称双结点曲线(binodal curve)，代表热力学稳定性限界；相转变区内的黑虚线，称为旋节点曲线(spinodal curve)，代表着亚稳定性限界。在双结点曲线和旋节点曲线之间可能存在着过热的液相或过冷的气相，它们的状态是亚稳定性的。

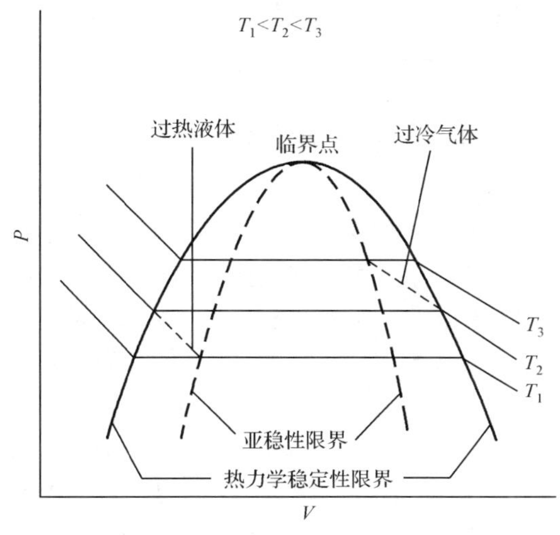

图 4-26　气-液相转变体系中的 P-V 关系图

另一常见的亚稳定性现象发生在液体-晶体转变的一级转变温度 T_m 附近，见图 4-27。通常情况下液体冷却时温度低于转变温度即变成晶体，但如果冷却速度很快，就可能存在低于转变温度 T_m 的过冷液体；反之升温时，高于转变温度 T_m 也可能存在过热的晶相。这种过热的晶体或过冷的液体都属于亚稳定态。

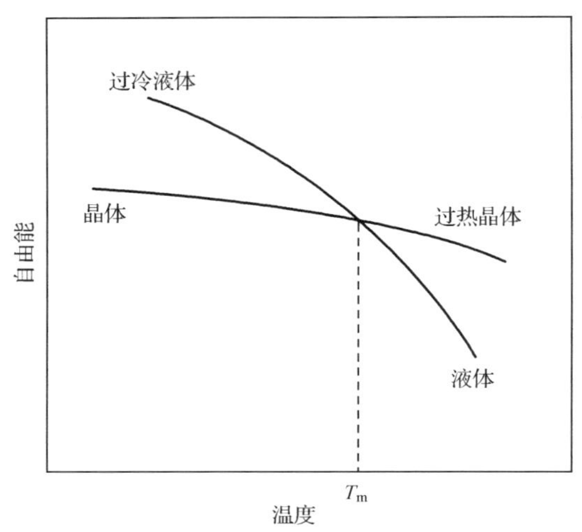

图 4-27 液-固相变中的自由能-温度关系图(恒压条件下)

原则上说，亚稳定态最终必然要转化成最稳定的平衡态，问题是这一弛豫过程持续多长时间，这是典型动力学问题。可以肯定的是亚稳定态要能存在，其寿命 λ_m 必须远大于分子运动的弛豫时间 λ_0，而且还必须大于实验观测的时标 λ，满足 $\lambda_m > \lambda \gg \lambda_0$。另外，亚稳定态的稳定性还与能垒 ΔG[图 4-25(b)]有关。虽然绝对的亚稳定性限界由热力学条件决定，然而在许多相变中，决定亚稳定性限界的实际因素往往是动力学条件。亚稳定态的形成受动力学因素控制十分显著。

Ostwald 态定律虽然指出相转变过程中有亚稳定态存在，但该定律不能说明亚稳定态存在的微观机制。一个问题是，原子或分子为何能落入自由能(G)局部极小值区域，而不是直接落入自由能总体极小值区域？该问题只能从动力学角度说明，即相变过程中达到亚稳定态的速率较快(参见图 4-25)。按照统计热力学，原子或分子总是首先(概率较大的)选择 ΔG 能垒较低的路径跃迁，而不考虑克服能垒后的热力学稳定性。换句话说，这些原子或分子是“盲目”的，它们不可能“看”到 ΔG 能垒后面的热力学结局。如果相变时大多数原子或分子均处于局部极小值区域，宏观上则形成亚稳定态。总之，尽管亚稳定态在热力学上不是最稳定的，但由于动力学途径快(较低的 ΔG 能垒)，因此可能导致亚稳定态首先达到并稳定存在。这种现象在高分子材料相变过程中表现得尤其明显，因为高分子结构具有多分散性和多尺度性特点，其自由能局部极小值区域也特别多。

4.4.2 高分子相变中亚稳定态的复杂性

亚稳定态是高分子材料相变过程中普遍存在的有趣物理现象，与小分子材料相比，其种类繁多、情况复杂、稳定性高、意义深远。许多高分子制品长期处于亚稳定状态使用，一些高分子材料的改性也是利用其亚稳定态的复杂性。

以结晶为例，众所周知结晶高分子材料多是半晶材料，晶区与无定形区在同一材料中长期共存，这显然不是热力学最稳定的状态，而是液-固相变中的一种过渡态。晶区与无定形区相互牵制，不仅影响结晶度高低，也影响晶型、晶片厚度及结晶完善性。如聚乙烯，实验已观察到的晶型有正交、三斜和六方等晶体结构，在确定的温度、压力下，这些晶型中只有一种是稳定的晶型，其余应是亚稳定性的。第 2 章中曾介绍，长链分子结晶时多数情况下取反式和旁式构象，形成折叠链晶片。但根据热力学原理，完全伸直链的内能最低，分子链每折叠一次都伴有反式构象转为旁式构象，使内能增大，因此只有完全伸直链晶体才是最稳定的，所有折叠链晶片其实都是亚稳定的。分子链折叠时还因结晶条件不同而使晶片厚度各异，因此造成特殊的多层次的亚稳定性。晶区与无定形区的相互牵制还使大分子晶体产生许多缺陷，使体系能量升高，晶体稳定性下降。前文中曾指出，虽然人们对高分子结晶的形态和结晶动力学进行了大量研究，但对于高分子结晶过程的细节，如成核机理、折叠机理、晶体生长机理、缠结对结晶的影响等知之甚少。深入研究高分子结晶过程中的亚稳定性和亚稳定态，有可能加深人们对结晶机理的认识。

在多相聚合物体系，如聚合物溶液、聚合物共混和共聚材料、液晶、大分子自组装体系中，亚稳定态现象同样丰富多彩和有意义。聚合物共混（聚合物合金）是一种方便地制备新型高分子材料的方法。聚合物共混中人们关注的科学问题有两相高分子的相容性、分散状态、界面结合以及物理、力学性能和制备工艺等。人们发现尽管两种高分子符合热力学混合原则——溶解度参数相近原则，也符合极性相匹配、表面张力相近、扩散能力相近、黏度相近等条件，但是由于高黏性和分子弛豫时间长，极少情况能使两种高分子达到分子级，甚至链段级的均匀混合（如同小分子混合那样）。实际得到的共混材料，因共混工艺不同而具有形形色色的微观和亚微观形态，或分散形态不同，或相区尺寸和尺寸分布不同，或界面结合状态不同，因而具有不同的物理、力学性能。实际上这些产物均处于一定程度的相分离状态，而且是亚稳定性的相分离状态，体系并未发展到最终的稳定态。稳定的相分离应是两相高分子彻底分离，如油水混合物的相分离。但是这些处于亚稳定态的产物能在很长一段时间内保持结构和性能的稳定，具有实用价值。假若聚合物合金总能很快地达到其最终的稳定相分离状态，各种亚稳定性的相形态很快消失，那么这一研究领域就不会像现在这样引起高度重视和兴趣。

高分子材料的相态及稳定性还与材料所处的外场环境、聚合或加工条件等因素有关。例如,大分子链处在低维空间(零维、一维、二维)时,其相形态和相行为与处于通常三维状态不同,处于低维空间的分子链称为受限分子链(confined polymer chains)。在热力学上受限分子链的组合构象熵变小,相区尺寸变小;在动力学上由于链段和分子运动受阻和受限,使材料的玻璃化转变温度、结晶行为、晶体结构、黏弹性行为、交联网络等都与三维本体不同。如表面效应使材料表面与内部的玻璃化转变温度出现差异,处于表面的分子链因自由体积增大而使玻璃化转变温度 T_g 下降。由三维转为二维时,高分子共混物的相分离也表现许多奇异之处。

Keddie 等采用椭圆偏光法测量聚合物薄膜的玻璃化转变温度。将聚苯乙烯薄膜铺在氢钝化的硅基片表面上,当膜厚 $h \leqslant 40$nm 时测得玻璃化转变温度低于 PS 本体的 T_g。测量 PMMA 薄膜时发现基片材质对膜的 T_g 影响较大。用硅基片时 T_g 随 PMMA 膜厚减小而增大,用金片作基片时 T_g 随膜厚减小而减小。为消除基片的影响 Foorest 用布里渊散射法测量自由悬浮的 PS 膜的 T_g,发现当膜厚 $h \leqslant 70$nm, T_g 随膜厚线性减小;膜厚 29nm 时 T_g 比初值减小约 70K,结果见图 4-28。

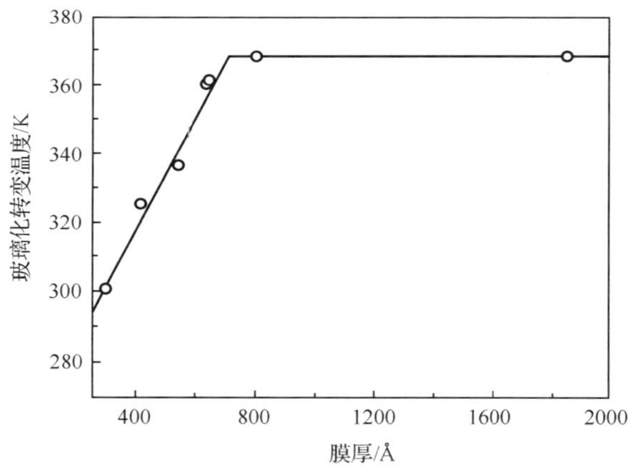

图 4-28 自由悬浮聚苯乙烯薄膜的玻璃化转变温度与膜厚关系图

T_g 与薄膜厚度 h 的关系可用式(4-92)表示:

$$T_g(h) = \begin{cases} T_{g0}[1-(h_0-h)/\varepsilon] & h < h_0 \\ T_{g0} & h \geqslant h_0 \end{cases} \tag{4-92}$$

式中, T_{g0} 为 PS 本体的玻璃化转变温度, $h_0 = 69.1$nm, $\varepsilon = 213$nm。

关于膜材料的玻璃化转变温度下降,有一种解释是体系尺寸减小时自由表面增大,分子链的流动性增加,因而 T_g 下降。de Gennes 分析了处于直径很细的圆柱形管道中的亚浓溶液。设管壁与分子链无吸附作用(排斥壁),由于壁的影响,在距离壁小于关联长度 ξ 的范围内,长程屏蔽效应减弱,排除体积起作用,分子链构象较为舒展，使溶液浓度下降，溶液的行为如同稀溶液。而在离壁的较远区域（$>\xi$），屏蔽效应回复，仍然保持为链滴紧密堆砌的亚浓溶液。于是管道内的溶液中存在两种差别很大的区域：表面附近的稀溶液和内部的亚浓溶液。管壁附近这层厚度为 ξ 的稀溶液层，称为耗尽层（depletion layer），见图 4-29。当管径或膜厚很小时，耗尽层的影响不可忽视。

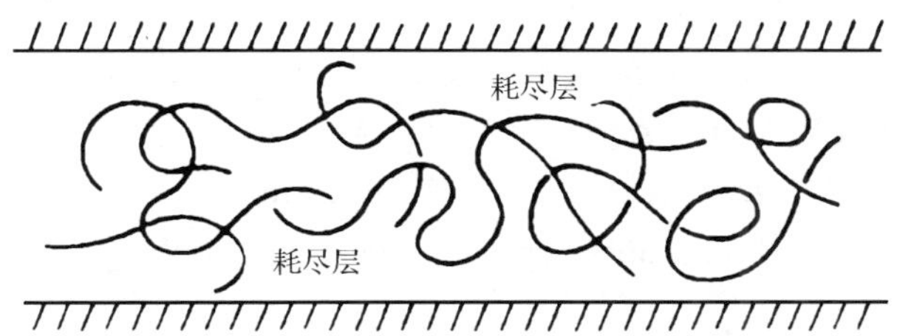

图 4-29　受限于圆柱形管道（直径 D）中的亚浓溶液
分子链与管壁无吸附，假定 $D>2\xi$

对高分子材料在低维或受限情况下的结构、性能及相行为的研究近年来十分活跃。随着高分子科学的深化以及工业部门对一些特殊高分子、精细高分子材料的需求，如微电子工业要求制备超细、超薄高分子材料用于制作高分子分子器件，使得对高分子在受限环境中的相结构和相行为的研究越来越引人瞩目。

4.5　高分子结晶中的亚稳定态现象

从溶液结晶或从熔体结晶，以及高分子的液相-晶相转变都是一级相变。但是高分子结晶是一个复杂的过程，不同的结晶度、不同晶型、不同的链折叠长度、不同的结晶完善性都可能使高分子结晶处于形形色色的亚稳定状态。揭示这些现象的规律和本质不仅有助于认识和掌握迄今仍不十分明了的高分子结晶过程的细节和机理，而且有利于制备更适合人们要求的高分子材料。下面举例说明。

4.5.1　晶体生长的动力学控制

第 3 章 3.5 节曾对结晶高分子的结构和结晶动力学进行了讨论。我们得知，尽管晶胞中分子链取何种方式排列遵从热力学最低自由能原则，但在一定外部条件下晶体结构的形成却更多地受动力学因素（kinetic criteria）控制。也就是说，在特定温度下一种晶体结构的形成主要取决于该结构具有最大的发展速率（development rate），而不是因为有最低的自由能。虽然热力学驱动力是必需的，但是相变发生的途径和动力学（时间和效率）起决定性作用。

与小分子结晶相似的是，大分子结晶也包括成核和晶粒生长两个阶段。

图 3-21给出球晶生长过程示意图。在熔体中一个结晶过程的发生,开始于在相当的过冷度下因分子运动热涨落而生成的晶胚(embryos),这是一种内部有序增强的微粒。晶胚有大有小,小者会因热运动而消失,大者当尺寸超过某一临界值而变成晶核(nucleus),此为均相成核。成核过程用成核速率 τ_{nuc}^{-1} 描写,表明它受动力学因素控制。实验结果显示,成核周期 τ_{nuc} 随温度发生指数变化,证明成核是一个活化过程,存在一个相关的自由能位垒。

球晶是在自由状态下从溶液或熔体生成的最普遍的高分子晶体形态,它是一种球形多晶聚集体,基本结构为折叠链片晶。关于球晶的生长过程,普遍认为是一个序列过程。首先由一些快速生成的主片晶(dominant lamellae)构建起一个框架,然后慢速生长的副片晶(subsidiary lamellae)将其中充满。但是关于主、副片晶的关系至今仍有争论。

一种观点认为,副片晶是由于主片晶生长时表面发生分叉造成的。3.5.3 节曾介绍,出现分叉的原因很复杂,可能与熔体黏度高和存在杂质有关,高黏介质中杂质难以及时扩散,造成片晶生长面不稳定,形成分叉。

另一种观点认为副片晶是在主片晶框架内经过成核-晶粒生长而形成,逐步填充到主片晶框架中的。与主片晶相比,副片晶的生长过程受阻。

长期以来第 1 种观点比较流行,但也有实验支持第 2 种观点。德国 Freiburg 大学的 Strabl 教授采用原子力显微镜实时跟踪观察聚乙烯的等温结晶过程,得到一系列图像见图 4-30。可以看到,最初是快速生成的主片晶构成一个框架[图 4-30(a)和(b)],随后由慢速生成的副片晶逐步填充其中[图 4-30(c)]。两种片晶生长速率虽然不同,但晶片厚度相等。结晶完成时两种片晶在外观上不能区分,其中早期形成的主片晶的分数较少,大量的是随后形成的副片晶,副片晶的生长是结晶过程的主要部分(主结晶期)。

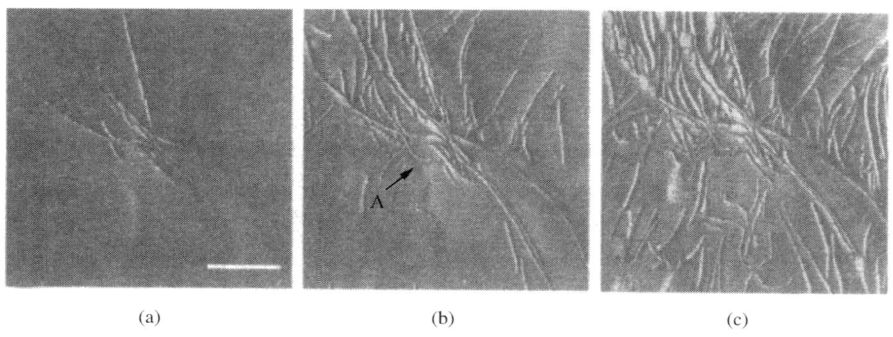

(a) (b) (c)

图 4-30 聚乙烯在 133℃等温结晶不同时间的 AFM 敲击模式相位图像

数据源自:Hobbs J K. Chinese J Polym Sci, 2003, 21: 135

已知球晶的生长机理可由实验测量等温结晶速率，求算 Avrami 指数来判断。实验方法有多种，现在比较其中两种：一种是小角 X 射线散射法（SAXS）；另一种是膨胀计法。

SAXS 法研究结晶动力学采用的参数有 Porod 系数 P，它与结晶度 χ_c 之间有如下关系：

$$P = \frac{1}{4\pi^3 d_c}(\Delta c_e)^2 \chi_c \tag{4-93}$$

式中，d_c 为晶片厚度；Δc_e 为电子密度差，它与片晶密度相关。

膨胀计法测结晶度的原理是讨论材料的比容 v 或总密度 ρ 的变化与结晶度 χ_c 的关系，有以下关系式：

$$\partial v^{-1} \propto \partial \rho \propto \Delta c_e \chi_c \tag{4-94}$$

现在分别用两种方法测量间同立构聚丙烯的等温结晶过程，得到等温结晶曲线如图 4-31 所示。从图 4-31 中看到，两种方法测得的结果非常一致，主结晶区结晶度随时间的变化符合 Avrami 方程：

$$\chi_c \propto t^3 \tag{4-95}$$

对比式(4-93)和式(4-94)可知，在式(4-93)中 P 与 Δc_e 的平方成比例，在式(4-94)中 $\partial\rho$ 与 Δc_e 一次方成比例，实验表明 P 与 $\partial\rho$ 随时间的变化规律完全相同，这说明方程中的 Δc_e 与时间无关。因此得出推论：在结晶发展过程中片晶密度（Δc_e）不随时间发生变化。

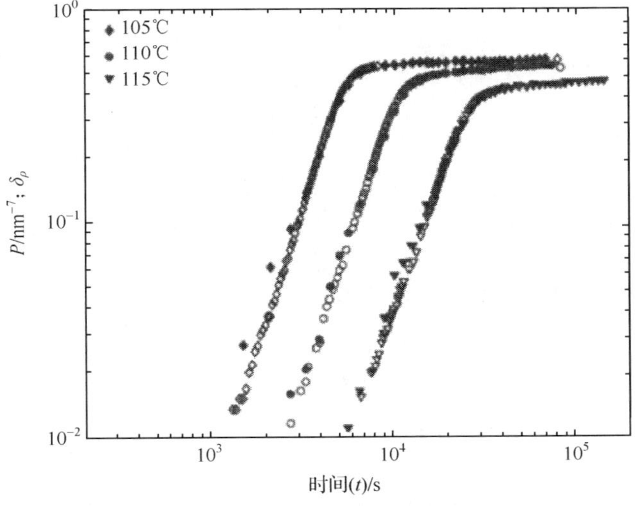

图 4-31　间规聚丙烯在不同温度的等温结晶曲线

实心符号为 SAXS 实验的 Porod 系数 P；空心符号为膨胀计实验的密度变化 $\partial\rho$

数据来自：Kohn P. Diplomarbeit. Physikalisches Institut, Uni. Freiburg, 2004

据此可以认为,结晶的发展可能不是以大量分叉来完成球晶结构的,分叉的本质不容易理解。结晶很可能是在不同时间生成密度相同和厚度相同的片晶,早期生成的主片晶先形成框架,而后在主结晶期生成的大量副片晶填充到主片晶框架内。这种填充不是一般意义的填充(从外部填充),由于分子链的堆砌密度很高,分子链可能只需简单调整就原位进入到晶片中,并原位填充于主片晶之间。关于球晶的生长机理尚需更多的实验结果来确定和证实。

虽然等温结晶得到的主片晶和副片晶厚度相同,但其热力学稳定性却不同。在熔融过程中后生成的副片晶总是比主片晶先熔化,且熔点低,熔融顺序与晶片的构建顺序恰好相反。副片晶的稳定性下降可能与它们在生成过程中受到主片晶的限制有关。一个生长受阻的晶片热力学稳定性较差,再次表明结晶过程受动力学因素影响较大。

图 4-32 给出间同立构的丙烯-辛烯共聚物 sP(PcO15)分别在 55℃和 65℃等温结晶不同时间(10～242min)得到的样品的熔融 DSC 曲线。可以看到,结晶时间

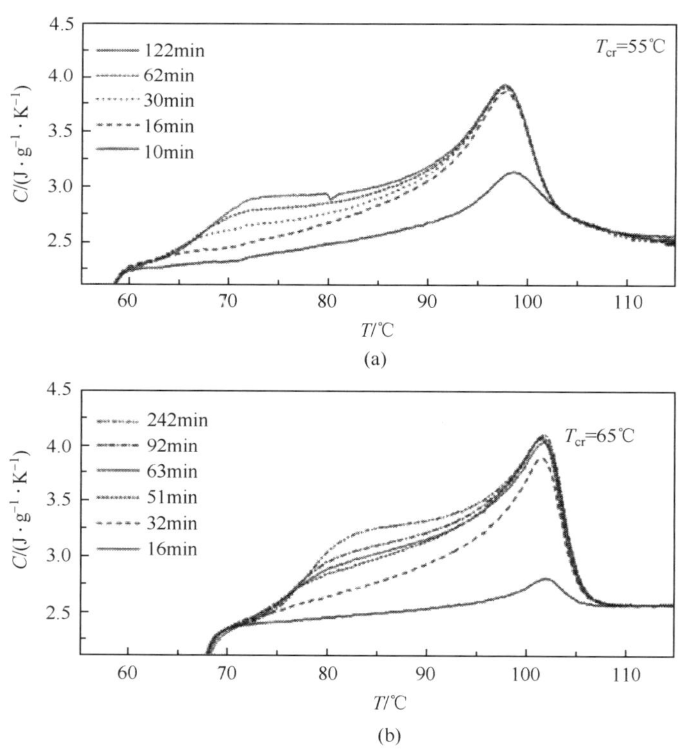

图 4-32 sP(PcO15)等温结晶不同时间样品的 DSC 熔化曲线

(a) 结晶温度为 55℃;(b) 结晶温度为 65℃

数据来自:Hauser G, Schmidtke J, Strobl G. Macromolecules, 1998, 31: 6250

短的样品(10min 或 16min),结晶度低(DSC 曲线面积小),但是熔融峰对应的温度略高。这是因为先期结晶的样品中主片晶的比例大,稳定性高,因而熔点高。结晶时间延长的样品,测得的结晶度大,说明主结晶期晶体生长快,但此时生成的多是副片晶,其稳定性差,熔点低,可以看到 DSC 曲线的低温段被抬高。

图 4-31 中等温结晶线的最后阶段属于次期结晶,曲线斜率降低,结晶速率变慢,这同样可看成是结晶受阻的结果,只是受阻的情形与主结晶期不同,因此在高分子材料结晶时动力学因素的影响是非常显著的。

下面简单讨论一下外应力场对高分子结晶的影响。高分子材料加工时,流动的熔体经常受到强度不等的剪切场或拉伸场作用,这些外场对大分子的结晶过程和结晶形态有显著影响。第一个作用是适度的剪切场会影响成核行为,使生成球晶的晶核密度增大。但若是剪切和拉伸作用太强,引起分子链高度取向,反而对球晶生成不利。图 4-33 为一块等规聚丙烯平板样品,处于(夹持于)一个振荡剪切场中结晶后的偏光照片。平板上下表面所受的剪切力最强,中心层剪应力最弱。可以看出上下表面出现了具有明显双折射特征的明亮皮层,这是由剪切引发晶核密度增大形成大量小球晶所致。在中心层可以看到球晶数量少、尺寸大,越向中心层球晶尺寸越大(球晶生长需要一段时间)。

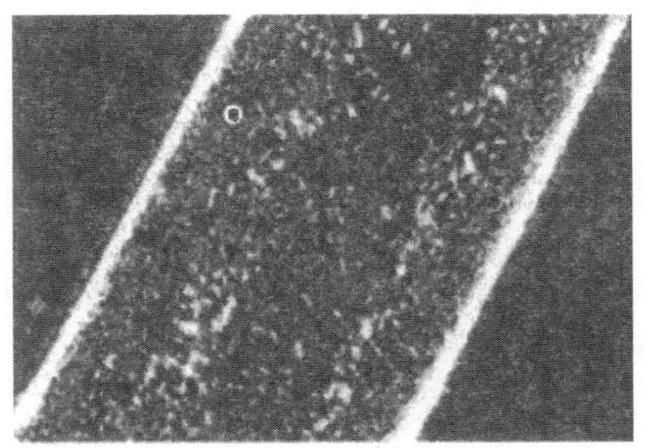

图 4-33　处于振荡剪切场的等规聚丙烯平板样品结晶后的偏光照片

剪切脉冲持续 12s,剪切应力=0.06MPa,结晶温度 141℃

数据来自:Kumaraswamy G, Issaian A M and Kornfield J A. Macromolecules, 1999,32:7537

第 2 个作用是晶核会沿流动方向(拉伸方向)取向,形成厚度为纳米尺寸的微纤,此微纤随后成为沿垂直拉伸方向生长的片晶系列的核。片晶生长遵从与球晶生长相同的规律,但由于晶核平行排列,生成的晶粒也有均一的链取向,形成平行堆砌的片晶。球晶生长中典型的分叉效应被抑制。串晶(shish-kebab)是这类晶体的代表,其中 shish 指的是初级纤维状晶体,kebab 是指由 shish 为核形成的片晶晶粒。图 4-34 为等规聚丙烯拉伸薄膜在 240℃熔化热处理后冷却到室温的电镜照片，其中图 4-34(a)是快速冷却(10^2K · s^{-1})得到的片晶生长的早期阶段，图中箭头表示拉伸方向；图 4-34(b)为缓慢结晶(1K · s^{-1})得到的充分发展的串晶，其中相邻片晶相互交错堆砌。

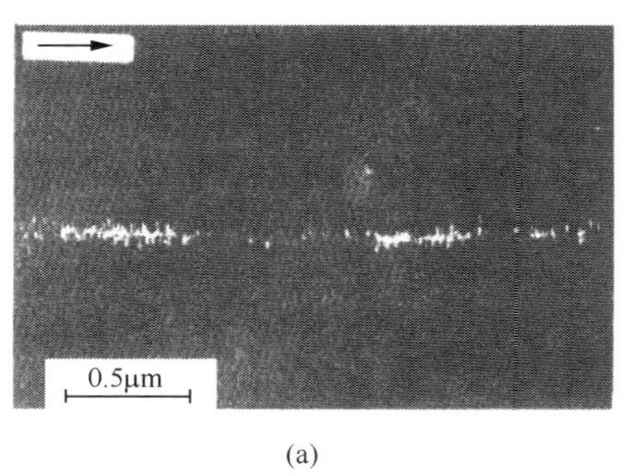

(a)

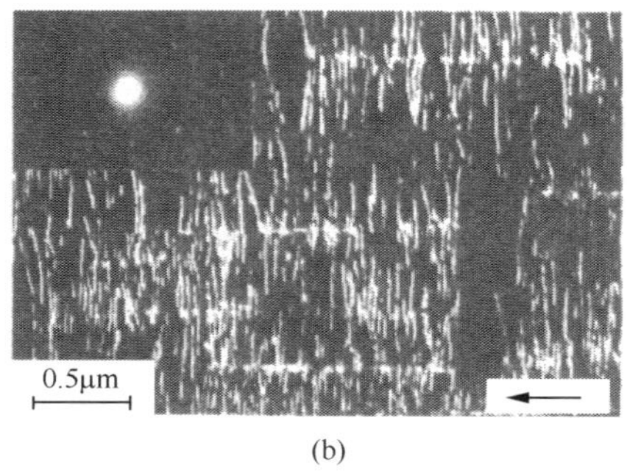

(b)

图 4-34　等规聚丙烯拉伸薄膜在 240℃熔化后冷却到室温的电镜照片

(a) 冷却速率：10^2K · s^{-1}；(b) 冷却速率：1K · s^{-1}

数据来自：Petermann J and Gleiter H. J Polym Sci, Polym Lett Ed, 1977, 15: 649

4.5.2　整数折叠链和非整数折叠链

高分子晶片中分子链主要以折叠链形式聚集，但具体的折叠过程并不十分清楚。20 世纪 70 年代，Kovacs 等通过偏光显微镜(PLM)、相差显微镜(PCM)、透射电子显微镜(TEM)、示差扫描量热法(DSC)和小角 X 射线散射(SAXS)等实验手段研究了相对分子质量为 2000～10 000 的低相对分子质量聚氧乙烯(LMW PEO)的结晶行为，发现了片晶的整数折叠链现象。所谓整数折叠链(integral folded chain, IF)就是说片晶中分子链的折叠次数以量子化方式变化，只能一折二或一折三等(折叠次数只能是整数：$n=0,1,2,3,\cdots$)，因而片晶厚度也以整数倍率变化。

到 80 年代，Ungar 和 Keller 在研究正烷烃晶体的结构中发现其中既有整数折叠链片晶，又有非整数折叠链(non-integral folded chain, NIF)片晶。后来在 PEO 的片晶中也发现有非整数折叠链存在，这个结果是通过同步加速器进行小角 X 射线散射(SAXS)实验得到的。于是就提出一个问题：大分子结晶时，为何有时生成整数折叠链片晶，有时生成非整数折叠链片晶，两者有何联系？从热力学角度分析，分子链折叠次数越多能量较高，晶体缺陷多者能量较高，越不稳定。于是得出结论，缺陷较多的非整数折叠链晶体(NIF)不如整数折叠链晶体(IF)稳定。与 IF 晶体相比，NIF 晶体属于亚稳定态。

1. 从非整数折叠链到整数折叠链的转变

在研究低相对分子质量 PEO 结晶过程中发现，在很大的过冷度范围内，PEO

分子链结晶时首先形成非整数折叠链(NIF)晶体,然后在热处理过程中逐步转变成整数折叠链(IF)晶体。也就是说,尽管 NIF 晶体能量较高,热力学上不如 IF 晶体稳定,但由于动力学途径短,它却更早、更容易形成。然后经过一定时间的退火松弛,转变成能量更低、更稳定的 IF 晶体,转变过程中片晶的厚度发生变化。实验证实正烷烃的结晶规律也是最初先形成 NIF 晶体,而后在退火过程中通过增厚或减薄转变成 IF 晶体。

图 4-35 是采用小角 X 射线散射(SAXS)实验得到的相对分子质量为 3000 的 PEO 级分在 43℃结晶时先形成 NIF 晶体,而后逐步演变成 IF 晶体的过程。由图 4-35可见,结晶初期 $t = 0.4$ min 时,谱图上只有单峰,表明最早形成的片晶是折叠长度等于 13. 6nm 的 NIF 晶体,其折叠长度在伸直链晶体(折叠次数 $n=0$,折叠长度为 19. 3nm)和一次折叠链晶体($n=1$,折叠长度为 10. 0nm)之间。随着退火过程的进行(即结晶过程的延续),谱图逐渐演变成两个峰。退火时间 $t = 34.3$ min 时,两个峰的位置分别对应着 $n=0$ 和 $n=1$ 的两个整数折叠链晶体,表明 NIF 晶体逐步演变成 IF 晶体。

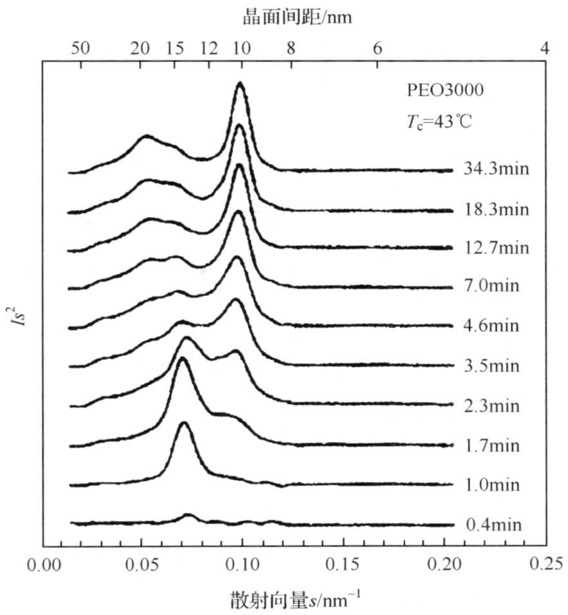

图 4-35　低相对分子质量 PEO(M=3000)43℃结晶时,在不同时间所得的 SAXS 数据

I 为散射强度;$s=2\sin\theta/\lambda$

图 4-36 给出低相对分子质量 PEO(M=3000)在不同温度(过冷度)下的结晶过程。由图 4-36 可见,在 40～56℃,PEO 最初均先形成 NIF 晶体,且较低结晶温度时得到的 NIF 晶体厚度较小,较高温度时 NIF 晶体厚度较大。这与其他聚合物

结晶时观察到的折叠长度的变化相似，即结晶温度较高时分子链的折叠长度较大，形成的晶体更稳定。同时在各个温度下均观察到随结晶时间延长（退火）从 NIF 晶体向 IF 晶体转变的现象，这种转变在整个结晶过程完成后相当长的时间内仍在进行。可以想象，在这样一种晶片厚度的演变过程中，分子链应当有一种沿晶胞 c 轴方向的滑动，滑动的结果一是使晶体表面缺陷减少；二是达到整数折叠。滑动的驱动力来自于 Gibbs 自由能的降低。图 4-37 给出晶体厚度演变的示意图。

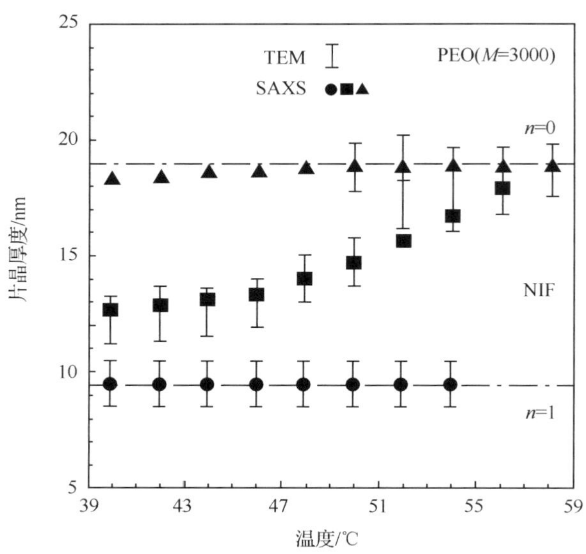

图 4-36　低相对分子质量 PEO(M=3000)的片晶厚度随结晶温度和结晶时间的变化

有趣的是在晶片厚度变化过程中，同时了出现晶片变厚[NIF→IF(n=0)]和晶片减薄[NIF→IF(n=1)]两个过程，这种现象如何理解？第 3 章中指出，晶体的热力学稳定性与晶片厚度的关系可用 Thomson-Gibbs 方程（或 Hoffman-Weeks 方程）表述[式(3-87)]：

$$T_m = T_m^{\infty}\left(1 - \frac{2\sigma_s}{d_c \Delta H_0}\right) \tag{4-96}$$

式中，d_c 为片晶厚度；T_m 和 T_m^{∞} 分别为片晶的熔点和平衡熔点($d_c \to \infty$时的熔点)；ΔH_0 为单位体积晶体的熔融热；σ_s 为片晶底面（折叠面）单位面积的表面自由能。可见 d_c 越大，熔点 T_m 增高，$d_c \to \infty$时，$T_m = T_m^{\infty}$。因此经过退火，晶片增厚转变为更稳定的形式，这个过程在热力学上是合理的。可是如何解释晶片减薄过程？

有两种情形：①假定晶体的 Gibbs 自由能符合 $G(\text{NIF}) > G(\text{IF}, n=i+1) > G(\text{IF}, n=i)$ 的关系，即非整数折叠链晶体(NIF)的自由能最高，且折叠长度符合 $L(\text{IF}, n=i) > L(\text{NIF}) > L(\text{IF}, n=i+1)$ 关系，那么在退火时同时发生晶片增厚和减

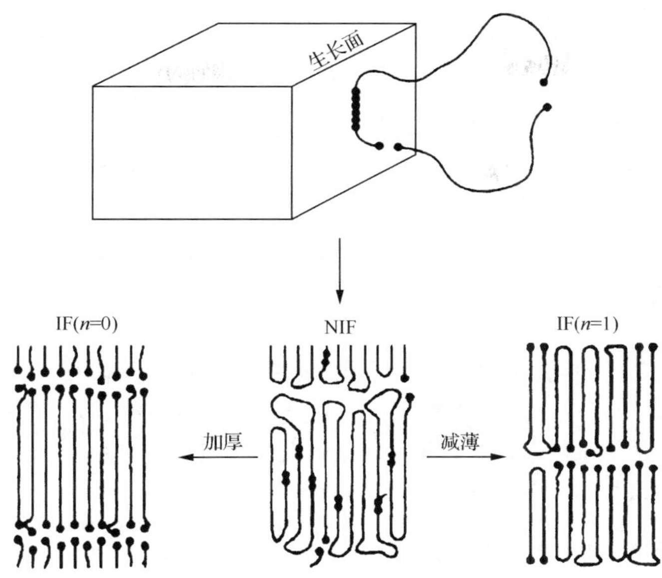

图 4-37　低相对分子质量 PEO 结晶过程中片晶增厚和减薄示意图

薄两种过程都是合理的。②假定晶体的 Gibbs 自由能的关系为 $G(\mathrm{IF}, n=i+1) > G(\mathrm{NIF}) > G(\mathrm{IF}, n=i)$，即非整数折叠链晶体(NIF)的自由能介于两种整数折叠链晶体之间，对应的折叠长度符合 $L(\mathrm{IF}, n=i) > L(\mathrm{NIF}) > L(\mathrm{IF}, n=i+1)$ 关系，那么从热力学原理看，晶片减薄过程是不可能自发产生的。

对于第一种情况，NIF 晶体具有很高的 Gibbs 自由能，这种情形有可能与 NIF 晶体中存在大量链末端、造成晶体缺陷以及晶体折叠表面粗糙有关。这在分子链较短的情况下很可能发生，使晶体能量增大、稳定性降低。图 4-36 显示的就是这样一种实验结果，NIF 晶体在热处理过程中晶片厚度既可能增厚，也可能减薄。它表明，尽管低相对分子质量 PEO 的 NIF 晶体折叠长度比 IF($n=i+1$)晶体的折叠长度还长，但由于缺陷多，它仍是能量最高、稳定性最低的状态。只是由于在结晶过程中动力学途径短而最早形成。另外，与形成 IF 晶体比较，形成 NIF 晶体的能垒很低(是最低的)，于是绝大多数处于平均波动幅度的齐聚物分子更容易通过 NIF 能垒，首先形成 NIF 亚稳定态晶体。在分子链较长、折叠次数超过 1 的实验中也发现存在 NIF 晶体。

2. 影响 NIF→IF 转变的结构因素

由图 4-35 可以看出，低相对分子质量 PEO 齐聚物的 NIF 晶体向 IF 晶体转变过程是较快的。在 43℃下 NIF 晶体的寿命很短，仅存在几分钟时间。这种 NIF

晶体向 IF 晶体的转变过程与分子链的结构有关。

按照图 4-37 的图像，NIF→IF 转变是由于分子链或链段沿晶胞 c 轴方向滑移、扩散和调整造成的。若果真如此，那么转变动力学应与相对分子质量、端基尺寸、分子链柔性、链间相互作用等因素有关。实验结果证实了这些推论。

实验表明，对于相对分子质量为 3000～20 000 的 PEO 系列样品，都存在 NIF→IF 转变过程，而 NIF 晶体的寿命随相对分子质量增大而延长。这是因为随着相对分子质量增加和晶体变厚，晶体转变时分子链运动的阻力(势垒)增大，转变的热力学驱动力降低。当分子链长度足够大时，NIF 晶体有可能“永久性”地保存下来。

同样在 PEO 端基分别接上不同体积的基团，随着基团体积增大，从—OH 端基到—OCH_3，—$OC(CH_3)_3$，再到—OC_6H_5，NIF 晶体存在的时间也越来越长。这显然是由于链末端基体积越大，分子链滑移受到的阻力越大造成的。由此可见，图 4-37 给出的图像基本上是合理的。

4.5.3 晶体尺寸对晶体稳定性的影响

聚合物晶体稳定性与晶体尺寸有关。Hoffman-Weeks 方程[式(4-96)]指出，片晶厚度大，相应的熔点高，晶体稳定性高；片晶厚度小，晶体稳定性低，从而熔融温度降低。这种稳定性的差别除有热力学根源外，也有动力学因素。按经典成核理论，在某一特定结晶温度下，只利于形成一种厚度的片晶，即所谓的动力学最佳厚度。这是因为在每一结晶温度只存在一个最低成核能垒，从而限定了只存在一种动力学最佳核尺寸。

由于 σ_s 和 ΔH_0 参数值的不同，每一晶型有其自己的尺寸依赖关系。在熔点-尺寸倒数坐标图($T_m \sim 1/d_c$ 图)上函数式(4-96)的走势是一条直线，直线沿纵坐标轴的截距等于 T_m^∞，斜率为 $2T_m^\infty(\sigma_s/\Delta H_0)$。如果存在两种晶型，一种是稳定的(stable)，另一种是亚稳定的(metastable)，由于 $(T_m^\infty)_{meta} < (T_m^\infty)_{st}$，假若 $(\sigma_s/\Delta H_0)_{meta} < (\sigma_s/\Delta H_0)_{st}$ (这一条件常被满足)，则两条 $T_m \sim 1/d_c$ 直线会发生相交，见图 4-38。这意味着在片晶尺寸变化过程中存在一个临界尺寸 d_c^c，一旦尺寸小到超越该临界尺寸，有 $(T_m)_{meta} > (T_m)_{st}$，就会出现稳定性随晶体尺寸减小而倒转的现象。换句话说，当相区尺寸足够小时，经典的亚稳定态可以变为稳定态；相反，常规的稳定态却变成亚稳定态。这种相稳定性随尺寸反演的可能性对研究聚合物结晶过程具有重要意义。

从热力学角度考虑，亚稳定态晶型的临界核尺寸小，成核的 ΔG 能垒较低，会首先成核。从动力学角度考虑，较低的 ΔG 能垒导致较快的生长速率。假如相稳定性随尺寸减小发生反演，则亚稳定相晶型在刚开始生长时由于其尺寸小本身就是稳定的。这一点很有意思，因为以往一直认为，亚稳定相之所以最先形成是因为

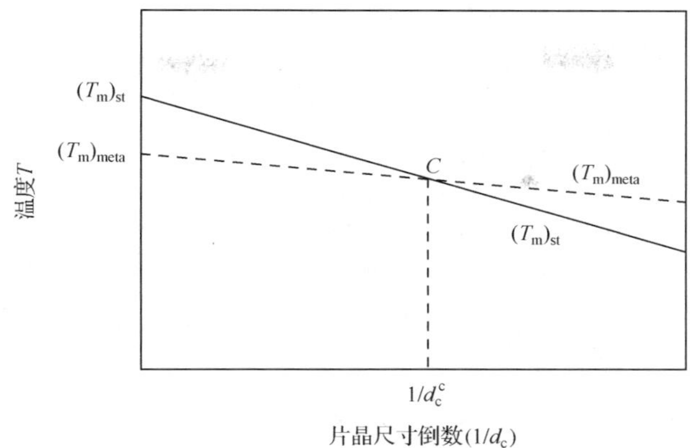

图4-38　熔融温度 T_m 与片晶尺寸倒数($1/d_c$)关系图

其自由能较高,相变途径短,且不够稳定。现在看来一个相,首先以其亚稳定态择优发展不仅有动力学根源,也有热力学根源。这儿需要进一步探讨的问题是该相在其整个生长过程中是否能保持晶体结构不变,以及随着晶体生长它又如何变成亚稳定性的。

最后应指出,小的相区尺寸也可能是外来约束的结果,如受限空间。尺寸减小,表面条件变化,甚至引入外场都可能引起相稳定性的变异。已经发现,在嵌段共聚物中由于局部液-液相分离可能形成新的微相区;而在预先存在的受限微相区内,各组分可能进一步发生相变,如结晶或形成中间相。

4.6　共混聚合物相分离中的亚稳定态现象

两种或两种以上高分子的物理混合物称为共混聚合物(polymer blends),或称高分子合金(polymer alloy)。共混方式有多种:机械共混、溶液共混、乳液共混、聚合共混等。在共混聚合物制备过程中,主要研究问题有:①两相相容性(compatibility, miscibility)和相分离(phase separation);②两相共混形态,即分散度(dispersion)、粒径和粒径分布(size and size distribution);③两相界面研究,即表面和界面改性(surface and interface modification)等。这其中两相相容性和相分离无疑是最重要的。

关于两相聚合物相容性的判别相当复杂。经验表明,不同聚合物共混能否进行需考虑以下几项原则:

(1) 极性相匹配原则:两相极性越接近,越容易混溶。

(2) 表面张力相近原则:这是胶体化学原则。两相表面张力相近,混合时易形成较稳定的界面层,从而提高力学性能。

(3) 扩张能力相近原则:这是分子动力学原则。两相界面处,两种高分子链段相互渗透、扩散。若扩散能力相近,易形成浓度变化较为对称的界面扩散层。

(4) 等黏性原则:这是流变学原则。若两相黏度相差较大,易出现流动分级现象,不易混合均匀。

(5) 溶解度参数相近原则:这是热力学原则。高分子共混不同于高分子溶液,共混时并不希望达到分子级的均匀。为了保持各相的特性,一般希望达到"宏观均相、微观分相",形成分散相为微米级的多相结构即可。但为了混合的稳定性和提高性能,又希望两相界面间有微小混溶层。溶解度参数相近将有助于混溶层的形成。

一般来说,上述原则很难在一个体系中同时满足。绝大多数高分子材料之间由于高相对分子质量、高黏度、强黏弹性而难于混溶,因此相分离的情况是普遍的。为实现高分子混合时常借助于高温、强剪切力场,以达到工艺相容。

4.6.1 聚合物共混热力学

热力学判据无疑是判断共混能否进行的最重要的原则。作为必要条件,两相高分子共混的热力学判据(如同高分子溶液)仍采用下述公式:

$$\Delta G_{\mathrm{m}} = \Delta H_{\mathrm{m}} - T\Delta S_{\mathrm{m}} \tag{4-97}$$

式中,$\Delta G_{\mathrm{m}} = G_{混合体系} - G_{体系1} - G_{体系2}$ 为体系的混合自由能;ΔH_{m} 为共混焓;ΔS_{m} 为共混熵。凡共混时 $\Delta G_{\mathrm{m}} < 0$,认为两相原则上能互容为热力学稳定的均相体系;凡 $\Delta G_{\mathrm{m}} > 0$,则不能互容。

1. 共混熵 ΔS_{m} 的计算

采用类晶格模型(lattice model)和统计力学方法计算两相高分子共混体系的热力学性质。类晶格模型的主要假定如下:①两种高分子,第一种有 x_1 个链段,第二种有 x_2 个链段,分子链均为柔性自由连接链,分子链的构象具有相同的能量。②两种分子链均匀、随机地分布在晶格中,每个链段占据一个晶格,每个大分子占据相互连接的一串晶格,链段占据任一晶格的概率相同。③链段-链段间的相互作用仅考虑最临近晶格间的相互作用(图 4-39)。

根据类晶格模型,借鉴高分子稀溶液的热力学分析,得到两种高分子的混合熵

$$\Delta S_{\mathrm{m}} = -R[n_1 \ln\varphi_1 + n_2 \ln\varphi_2] \tag{4-98}$$

式中,φ_1、φ_2 分别为两种高分子的体积分数;n_1、n_2 分别为两种高分子的物质的量。

设两种大分子的体积比为 $\gamma = x_2/x_1$,

则有
$$\varphi_1 = \frac{n_1 x_1}{n_1 x_1 + n_2 x_2} = \frac{n_1}{n_1 + \gamma n_2},\quad \varphi_2 = \frac{\gamma n_2}{n_1 + \gamma n_2},$$

于是得到

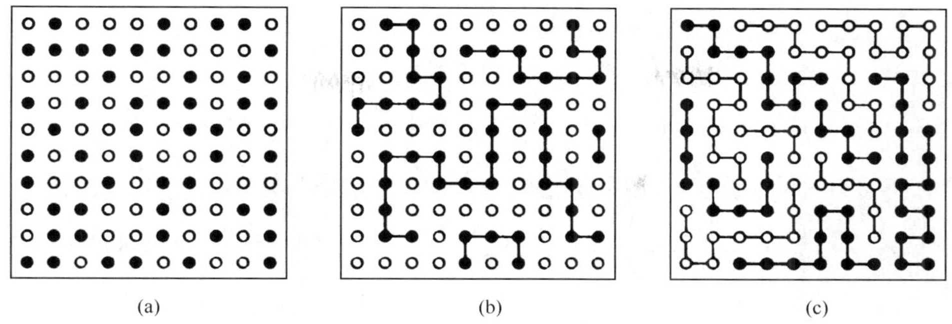

图 4-39　类晶格模型描述两种小分子混合(a)、高分子溶液(b)和高分子-高分子共混(c)
图(a)中,○、●代表两种小分子;图(b)中,○代表溶剂小分子,●代表高分子链段;
图(c)中,○、●代表两种高分子链段

$$\Delta S_{\mathrm{m}} = -R\left[n_1 \ln \frac{n_1}{n_1 + \gamma n_2} + n_2 \ln \frac{\gamma n_2}{n_1 + \gamma n_2}\right] \tag{4-99}$$

此值小于两种小分子的混合熵,也小于高分子溶液的混合熵。

2. 共混焓 ΔH_{m} 的计算

混合焓 ΔH_{m} 的计算需要分吸热共混和放热共混两种情形讨论。

1) $\Delta H_{\mathrm{m}} > 0$,吸热共混过程

两种高分子链的链段每形成一个接触对,引起的能量变化

$$\Delta E_{12} = E_{12} - \frac{1}{2}(E_{11} + E_{22}) \tag{4-100}$$

对于吸热过程,应有 $\Delta E_{12} > 0$,即两种不同链段的相互结合能 E_{12} 要高于同一种链段的结合能(E_{11} 或 E_{22})。所以同种分子较易聚集,异种分子较难结合,混合状态不稳定。

忽略熵变引起的能量变化,只考虑焓的贡献 $\Delta E_{12} = \Delta E_{\mathrm{h}}$,则共混焓可记为

$$\Delta H_{\mathrm{m}} = Z x_1 N_1 \varphi_2 \Delta E_{12} \tag{4-101}$$

式中,Z 为一个链段的配位数;N_1 为聚合物 1 的分子数($N_1 x_1$ 为链段 1 的数目);体积分数 φ_2 为链段 1 与聚合物 2 接触的概率;$x_1 N_1 \varphi_2$ 为与聚合物 2 接触的链段 1 的数目;$Z x_1 N_1 \varphi_2$ 则为 1-2 链段接触对的总数目。

定义:聚合物-聚合物相互作用参数

$$\chi'_{12} \equiv \frac{Z \Delta E_{12}}{kT} \tag{4-102}$$

χ'_{12} 的物理意义可理解成:$kT\chi'_{12}$ 等于一个链段 1 与聚合物 2 的邻接相互作用能 $Z\Delta E_{12}$。比较式(4-101)与式(4-102),则有

$$\Delta H_{\mathrm{m}} = kT\chi'_{12} x_1 N_1 \varphi_2 = RT\chi'_{12} x_1 n_1 \varphi_2 \tag{4-103}$$

代入混合自由能公式(4-97)得到

$$\Delta G_m = RT\left[n_1\ln\varphi_1 + n_2\ln\varphi_2 + \chi'_{12}x_1n_1\varphi_2\right]$$
$$= RT\left(\frac{V_M}{V_r}\right)\left[\frac{\varphi_1}{x_1}\ln\varphi_1 + \frac{\varphi_2}{x_2}\ln\varphi_2 + \chi'_{12}\varphi_1\varphi_2\right] \tag{4-104}$$

式中，V_M为两种高分子共混后的总体积；V_r为一个链段的体积，称为参考体积。

注：$\frac{V_M}{V_r}\cdot\frac{\varphi_1}{x_1} = \frac{\text{第一种高分子的总体积 } V_1^T}{\text{第一种高分子的摩尔体积 } V_{m,1}} = n_1$（第一种高分子的物质的量）。

由此可见，相对分子质量越大，x_1、x_2 越大，则 ΔS_m 越小，不利于互溶。

引入两种高分子的溶解度参数 δ_1、δ_2（溶解度参数定义为内聚能密度的平方根），按照 Hildebrand 公式：

$$\Delta H_m = V_M\varphi_1\varphi_2(\delta_2-\delta_1)^2 = n_1V_{m,1}\varphi_2(\delta_2-\delta_1)^2 \tag{4-105}$$

则得 $$\Delta G_m = RT\left[n_1\ln\frac{n_1}{n_1+\gamma n_2} + n_2\ln\frac{\gamma n_2}{n_1+\gamma n_2} + \frac{V_{m,1}}{RT}(\delta_2-\delta_1)^2\frac{\gamma n_1n_2}{n_1+\gamma n_2}\right] \tag{4-106}$$

可见在共混吸热情况下（$\Delta H_m > 0$），欲使混合 Gibbs 自由能 ΔG_m 尽可能小，应该使 $\Delta H_m \to 0$，即$(\delta_2-\delta_1)^2 \to 0$。溶解度参数相近原则（$\delta_1 = \delta_2$）由此而来。

由式(4-106)进一步求得共混两组分的化学势差：

$$\Delta\mu_1 = \left(\frac{\partial\Delta G_m}{\partial n_1}\right)_{T,p,n_2} = RT\left[\ln(1-\varphi_2) + \left(1-\frac{1}{\gamma}\right)\varphi_2 + \frac{V_{m,1}}{RT}(\delta_2-\delta_1)^2\varphi_2^2\right] \tag{4-107}$$

$$\Delta\mu_2 = \left(\frac{\partial\Delta G_m}{\partial n_2}\right)_{T,p,n_1} = RT\left[\ln(1-\varphi_1) + \left(1-\frac{1}{\gamma}\right)\varphi_1 + \frac{V_{m,2}}{RT}(\delta_2-\delta_1)^2\varphi_1^2\right] \tag{4-108}$$

式(4-107)和式(4-108)对称相同，说明共混时两种高分子的地位相等。

2) $\Delta H_m < 0$，放热共混过程

两相共混时如有放热现象发生，说明两相聚合物之间有特殊相互作用。$\Delta E_{12} < 0$，或 $E_{12} < E_{11}$或 E_{22}。这表明两相结合能级更低(更负)，两相结合稳定，容易形成 1-2 链段接触对，因而容易互溶。这类特殊相互作用有：极性基团间的偶极子作用；给质子基团和受质子基团间的氢键。另外，普遍存在于分子内和分子间的弥散力，即范德华力的影响有时相当突出，也属于放热反应。

例如，PVC/H-NBR(聚氯乙烯/氢化丁腈橡胶)两相共混体系。两组分是典型的含极性基团的聚合物，实验表明两相混合比从 PVC/H-NBR ＝9.6∶90.4 到 90∶10范围内均为相容体系。图 4-40 给出 PVC/H-NBR 系列共混物的动态剪切模量与温度的关系曲线。可以看出对于不同组分比的共混物，体系均显示出只有一个玻璃化转变温度，介于 PVC 的玻璃化转变温度 78℃和 H-NBR 的玻璃化转变

温度－23.5℃之间。另外，从相差显微镜中看不到相分离；混合后材料体积减小，密度增大，这些都是混合时放热相互作用的结果。

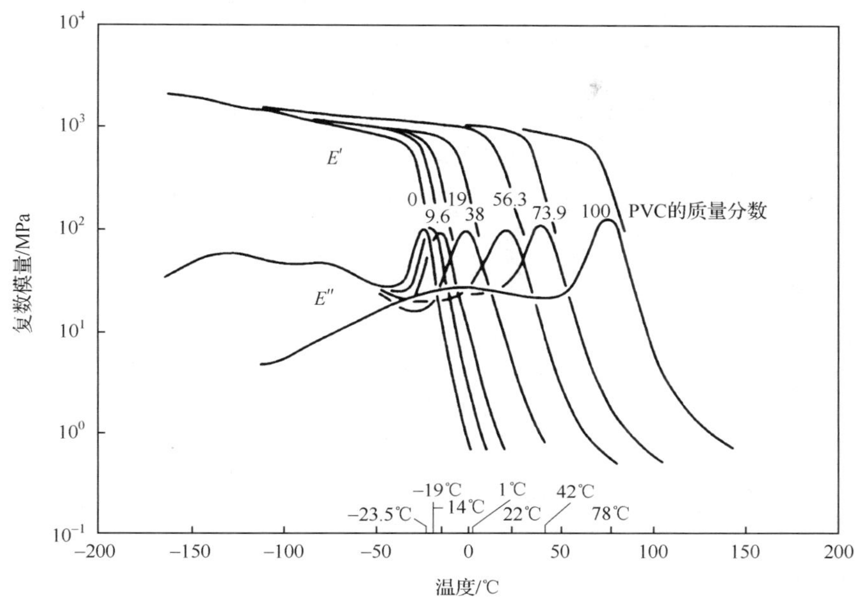

图 4-40　H-NBR/PVC 共混物的动态模量随温度变化图

图中上排数字为 PVC 质量分数(单位:%)；下排数字为共混物的单一玻璃化转变温度

又如，PCL(聚 ε-己内酯)/PVC 混合体系，混合比为 50∶50、70∶30 时均为互溶体系。可测得混合时 $\chi'_{12}<0$，则 $\Delta H_m = kT\chi'_{12}x_1N_1\varphi_2 = RT\chi'_{12}x_1n_1\varphi_2 < 0$，$\Delta E_{12} = \Delta H_m/Zx_1N_1\varphi_2 < 0$，为混合时放热相互作用体系。红外光谱发现 PCL 的羰基吸收峰有 $6cm^{-1}$的位移，证明两相混合时产生了氢键。

注意：在放热共混过程中，$\Delta H_m < 0$，此时不需要考察溶解度参数相近原则。因为 Hildebrand 公式中 $(\Delta\delta)^2$ 只能取正值，在放热情况下该公式已不成立。

4.6.2　关于吸热共混过程中相容性的讨论

已知在吸热共混过程中，两种聚合物能否互溶，首先要根据溶解度参数相近原则进行判断。但这只是必要条件，两相聚合物互溶的稳定性尚取决于两相的结构性质及外部条件(如温度、压力、混合物成分比)等。

1. 全互溶情形

所谓全互溶是指在常压和确定的温度范围内，两相聚合物以任意配比都能均匀混合为均相体系，不发生相分离。混合自由能 ΔG_m 与聚合物体积分数的关系曲线如图 4-41 所示。图中横轴为第 2 种聚合物体积分数 φ_2，而第 1 种聚合物体积分数 $\varphi_1=1-\varphi_2$。

由图 4-41 可见，体系除满足必要条件 $\Delta G_m<0$ 外，整条 $\Delta G_m\sim\varphi_2$ 曲线还满足极小值条件，存在 ΔG_m 的极小值。极小值条件为

$$\left(\frac{\partial\Delta G_m}{\partial\varphi_2}\right)_{T,p}=0,\quad\left(\frac{\partial^2\Delta G_m}{\partial\varphi_2^2}\right)_{T,p}>0\tag{4-109}$$

满足极小值条件意味着在全互溶体系中，由任何原因引起的局部组分比变化都会使系统自由能增高，因此这种组分改变过程(即相分离)是不能自发进行的。

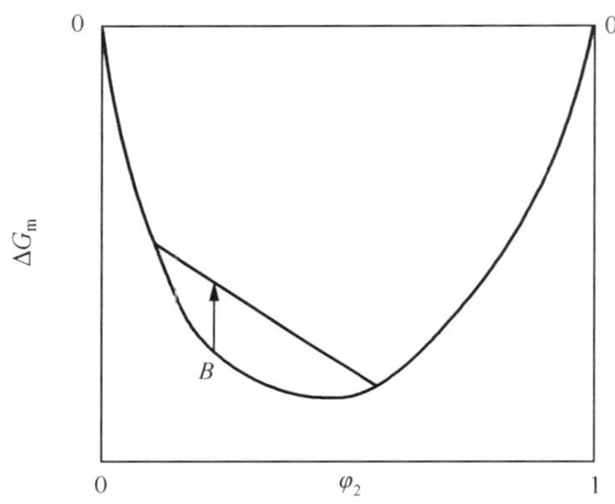

图 4-41　两相全互溶体系的体系混合自由能 ΔG_m 和混合组分 φ_2 关系($T>T_c$)

2. 部分互溶情形

部分互溶，指在某一温度 T_0 下，体系在某些组分比范围内能够相容，而在另一些组分比范围内容易分离为两相。图 4-42 给出具有上临界共溶温度(UCST)体系的混合自由能 ΔG_m 随聚合物体积分数 φ_2 的变化曲线及相应的相图。

图 4-42 中自由能曲线变得较为复杂，随着组分比的变化曲线上出现两个极小值点 N'、N''，称为双结点(binode)；一个极大值点；同时还出现两个拐点 S' 和 S''，称为旋节点(spinode)。在极小值点上，应有自由能函数对 φ_2 的一阶导数等于零，二阶导数大于零。在极大值点上，应有自由能函数对 φ_2 的一阶导数等于零，二阶导数小于零。因此，在拐点 S' 和 S'' 处，应满足自由能函数对 φ_2 的二阶导数等于零的关系式：

$$\left(\frac{\partial\Delta G_m}{\partial\varphi_2}\right)_{T,p}=0;\quad\left(\frac{\partial^2\Delta G_m}{\partial\varphi_2^2}\right)_{T,p}=0\tag{4-110}$$

双结点 N'、N'' 和旋节点 S'、S'' 将曲线分为五部分。在 $\varphi_2<N'$ 和 $\varphi_2>N''$ 两区间，曲线满足极小值条件，两相聚合物在此区间混合相容性好，一般不发生相分离。在 S'、S'' 之间，曲线满足极大值条件，说明在该混合组分比范围内，体系的混

合自由能具有极大值，这种混合在热力学上很不稳定，很容易(不可抗拒地)发生相分离，分解为 N'、N'' 两个平衡共存的相，即 φ_2'、φ''_2 两相。其中 φ_2' 为富含组分 1 的相，φ''_2 为富含组分 2 的相。

有趣的是 $N'S'$ 和 $N''S''$ 两区间，曲线在拐点 S' 和 S'' 之下，满足极小值条件。这说明在这两个组分比范围内，混合的两相能够互溶，但互溶体系不稳定。在不受干扰时有一定稳定性，但适当予以活化，也能进入极大值区域，导致相分离，分解成 φ_2'、φ''_2 两个相。这种相分离遵循活化成核，核生长的机理，称为亚稳定态的相分离。而在 $S'S''$ 区间发生的相分离称为非稳定态的相分离。注意这是两种不同形式的相分离。

3. 临界点条件

图 4-42 上图是在混合温度 $T=T_0$ 时的情形，当混合温度发生变化，双结点和

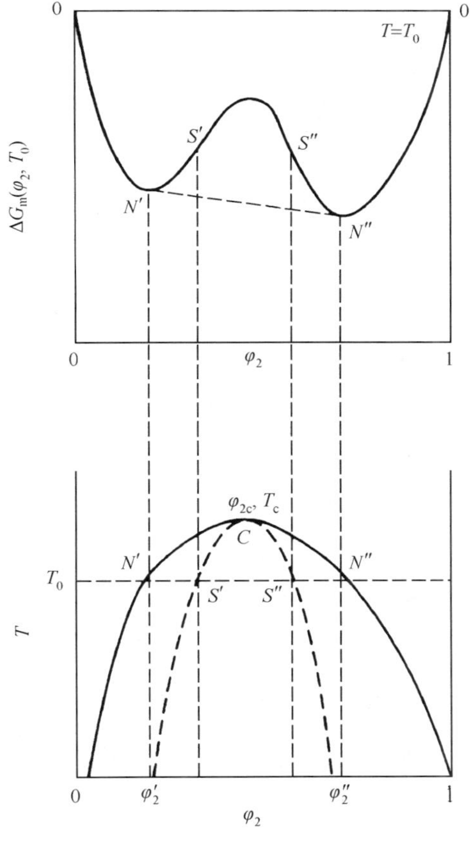

图 4-42　部分互溶体系的混合自由能 ΔG_m 和混合组分 φ_2 关系($T_0<T_c$)

与上图相应的相图(实线为双结点曲线，虚线为旋节点曲线)

旋节点的位置将发生移动。将不同温度下的双结点和旋节点对应地绘到 T-φ_2 图中，分别得到双结点和旋节点的轨迹曲线，称为双结点曲线和旋节点曲线，见图 4-42。该图称为相图(phase diagram)，根据相图我们可以清楚地得知在任一温度下在哪个组分比范围内两相能够互溶，在哪个组分比范围内两相发生相分离。图 4-42 中的相图称为具有上临界共溶温度(UCST)的相图，图中双结点曲线将相图分为两个区域，在双结点曲线以上为热力学互溶区，而在双结点曲线以下为发生相分离区域。其中在双结点曲线和旋节点曲线之间范围内发生亚稳态均匀混合物的相分离，而在旋节点曲线以下范围内发生非稳态均匀混合物的相分离。

当混合温度上升到图上临界温度 T_c 时，双结点、旋节点汇于一处。此点称为临界点 C(critical point)。温度再升高(高于 T_c)，两相聚合物能够全互溶，即在任何组分比下混合也能达到互溶。

两相聚合物能发生全互溶的临界条件，即 C 点满足的条件为

极值条件(极大、极小值点汇于一处)： $$\left(\frac{\partial^2 \Delta G_m}{\partial \varphi_2^2}\right)_{T,p} = 0 \tag{4-111}$$

拐点条件(两个旋节点汇于一处)： $$\left(\frac{\partial^3 \Delta G_m}{\partial \varphi_2^3}\right)_{T,p} = 0 \tag{4-112}$$

由此可求得

临界温度 $$T_c = \frac{2V_{m,1}}{R}(\delta_2 - \delta_1)^2 \frac{\gamma}{(\gamma^{1/2}+1)^2} \tag{4-113}$$

临界组分比 $$\varphi_{2c} = \frac{1}{\gamma^{1/2}+1} = \frac{x_1^{1/2}}{x_1^{1/2}+x_2^{1/2}} \tag{4-114}$$

由 T_c 可求出临界溶解度参数差值： $$(\Delta\delta)_c = (\delta_2 - \delta_1)_c \tag{4-115}$$

聚合物-聚合物相互作用参数的临界值： $$(\chi'_{12})_c = \frac{1}{2}\left(\frac{1}{x_1^{1/2}} + \frac{1}{x_2^{1/2}}\right)^2 \tag{4-116}$$

例如，两种混合的单分散聚合物相对分子质量相等，$\gamma = 1$，$\varphi_{2c} = 0.5$。设临界温度 T_c=400K，求得临界溶解度参数差值 $(\Delta\delta)_c = 40/\sqrt{V_{m,1}}$，$V_{m,1}$ 是第一种聚合物的摩尔体积(两种聚合物的摩尔体积相等)。

设聚合物相对分子质量 $M \approx 10^6$，相当于 $V_{m,1} = 10^6 \text{cm}^3 \cdot \text{mol}^{-1}$，求得临界溶解度参数差值为：$(\Delta\delta)_c \approx 0.04(\text{cal} \cdot \text{cm}^{-3})^{1/2}$。该结果表示，这两种聚合物若要相容，溶解度参数的差值不能大于 0.04。

另两种共混聚合物相对分子质量较小，$M \approx 10^5$，则求得 $(\Delta\delta)_c \approx 0.13(\text{cal} \cdot \text{cm}^{-3})^{1/2}$。两个结果比较，相对分子质量低的聚合物的临界溶解度参数差值大，表明相容性条件放宽，互溶性增强。相对分子质量低的聚合物容易互溶。

又如，设两种聚合物的混合临界温度较低，如 T_c=300K，相对分子质量仍等于 $M \approx 10^5$，求得 $(\Delta\delta)_c \approx 0.11(\text{cal} \cdot \text{cm}^{-3})^{1/2}$。与 T_c=400K 的体系比较，临界溶解度参数差值变小，表明临界温度低的体系，相容性条件较严，两相互溶性较差。

相图曲线的形状会因为混合两相聚合物相对分子质量的比值而变化。当两种聚合物的相对分子质量相等时，$\gamma = x_2/x_1 = 1$，有临界组分比 $\varphi_{2c} = 0.5$，此时旋节线和双结线均呈对称状。稀、浓两分离相的体积分数有如下关系：$\varphi'_2 = 1 - \varphi''_2$。当相对分子质量不等，$\gamma \neq 1$，则相图的曲线高峰向低相对分子质量组分的高浓度方向偏移(图 4-43)。

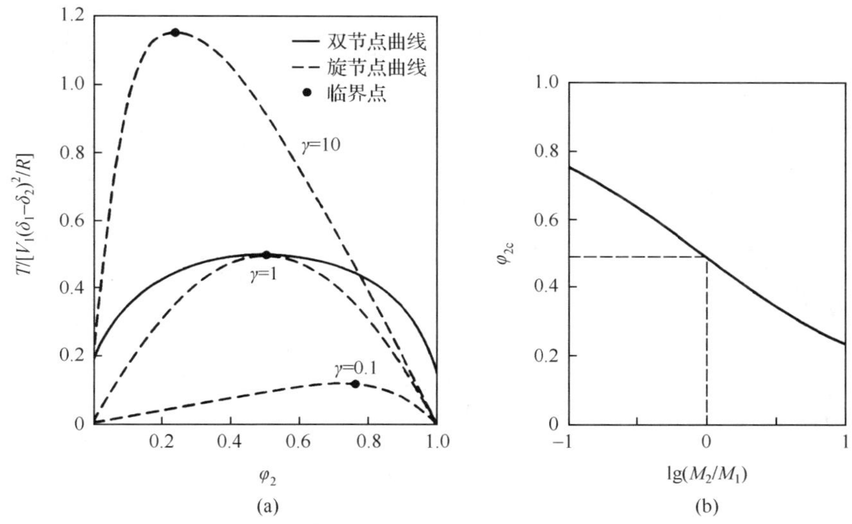

图 4-43　共混聚合物相图形状及临界点随相对分子质量比的变化(a)
以及两组分相对分子质量比 $r = x_1/x_2$ 对临界成分 φ_{2c} 的影响(b)

4.6.3　相图与相分离

1. 相图的类型及测定法

相图通常可分为上临界共溶温度(upper critical solution temperature，UCST)型和下临界共溶温度(lower critical solution temperature，LCST)型两大类。

对于 $\Delta H_m > 0$ 的非极性共混聚合物体系，常有 UCST 型相图，见图 4-44，曲线呈上凸状。

对于 $\Delta H_m < 0$ 的强相互作用的共混聚合物体系，常有 LCST 型相图，曲线呈下凹状，见图 4-45。对于有 LCST 型相图的混合体系，温度低于临界温度 T_c 时体系全互容；高于临界温度时有可能发生相分离。

表 4-2 给出部分非晶态聚合物共混的相图类型。注意其中有些共混体系既有 UCST 型相图，又有 LCST 型相图。由于互溶行为的复杂性，实际相图的形状可能更加复杂，见图 4-46。图中白色区域表示为互溶区，条纹区域会发生相分离。具体体系的具体相容性如何，需要通过实验来测定。

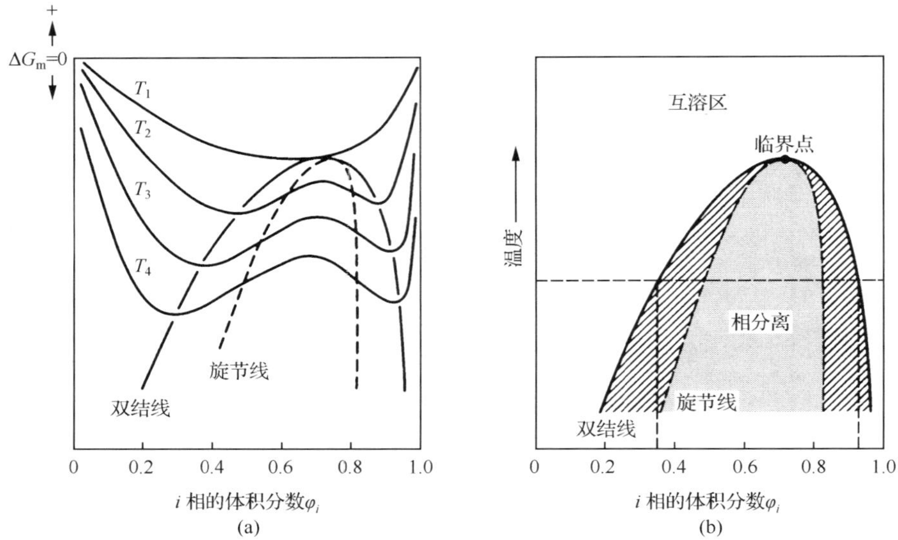

图 4-44　具有上临界互溶温度体系的相图

(a) 自由能与二元混合物相对组分比的函数;(b) UCST 相图

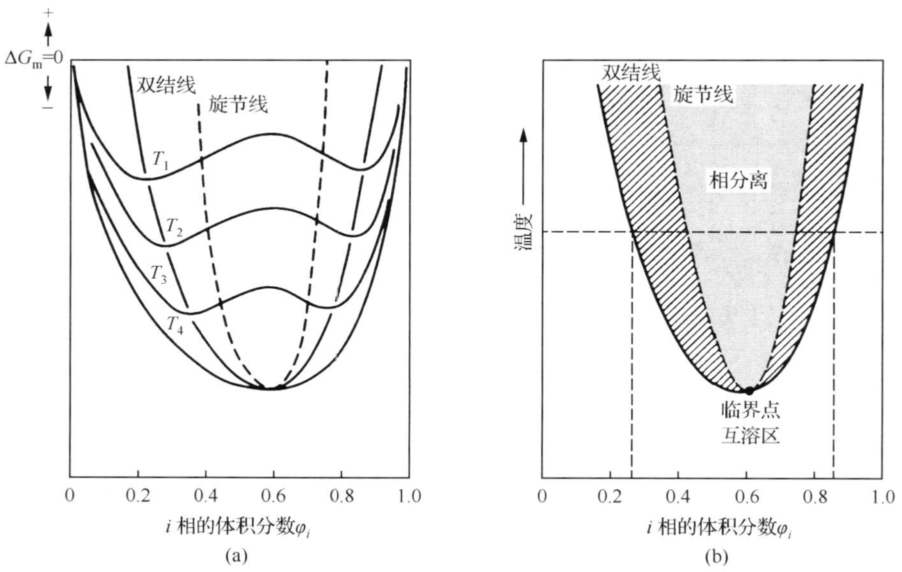

图 4-45　具有下临界共溶温度体系的相图

(a) 二元混合物的自由能与相对组分比的函数;(b) LCST 相图

表 4-2　部分非晶态聚合物共混的相图类型

聚合物 A	聚合物 B	相图类型
聚苯乙烯	聚异戊二烯	UCST
聚苯乙烯	聚异丁烯	UCST
聚苯乙烯	聚邻氯苯乙烯	UCST
聚苯乙烯	聚甲基苯基硅氧烷	UCST
聚苯乙烯	聚丁二烯	UCST
聚二甲基硅氧烷	聚异丁烯	UCST
α-甲基苯乙烯/乙烯基甲苯共聚物	聚丁烯	UCST
聚氧化丙烯	聚丁二烯	UCST
苯乙烯/丁二烯共聚物	聚丁二烯	UCST
聚 ε-己内酯	聚苯乙烯	UCST
聚甲基丙烯酸甲酯	氯化聚氯乙烯	UCST，LCST
聚苯乙烯	聚乙烯基甲醚	LCST，UCST
聚氯乙烯	聚甲基丙烯酸正己酯	LCST
聚氯乙烯	聚甲基丙烯酸正丙酯	LCST
聚氯乙烯	聚甲基丙烯酸正丁酯	LCST
苯乙烯/丁二烯共聚物	聚 ε-己内酯	LCST
苯乙烯/丁二烯共聚物	聚甲基丙烯酸甲酯	LCST
聚硝基乙烯酯	聚丙烯酸甲酯	LCST
乙烯/乙酸乙烯酯共聚物	氯化聚异戊二烯	LCST
聚 ε-己内酯	聚碳酸酯	LCST
聚 ε-己内酯	聚乙烯基甲醚	LCST
聚偏氟乙烯	聚丙烯酸甲酯	LCST
聚偏氟乙烯	聚丙烯酸乙酯	LCST
聚偏氟乙烯	聚甲基丙烯酸甲酯	LCST
聚偏氟乙烯	聚甲基丙烯酸乙酯	LCST
聚偏氟乙烯	聚乙烯基甲基酮	LCST

注：数据来自何曼君，陈维孝，董西侠．高分子物理（修订版）．上海：复旦大学出版社，2000

2. 相图的测定方法

通常采用浊点(cloud point)法来测量。先使两相充分混合，制成薄膜，然后用显微镜观察。

测量原理：若两相互溶为均一相，则试样透明。若两相发生相分离，由于折光

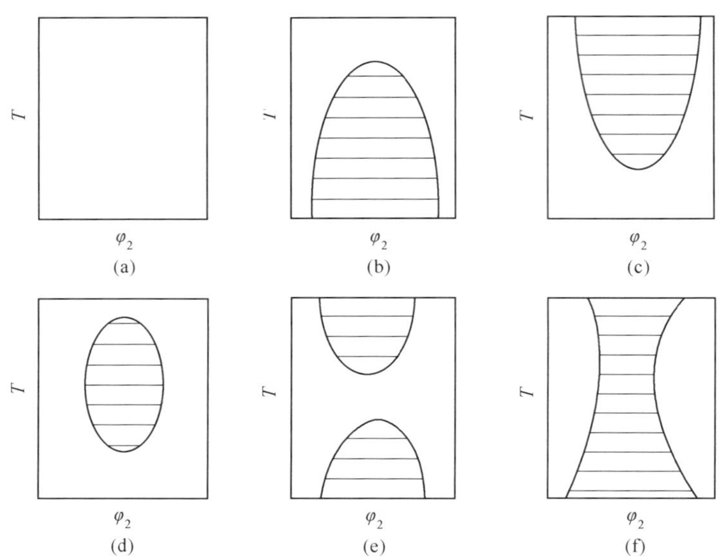

图 4-46　无定形态-无定形态聚合物共混的各种相图示意(浊点法)

(a) 表示在整个温度范围内、各种混合比下均为全互溶;(b)～(f)为非全互溶的几种情形示例

指数不同,则试样浑浊。观察时改变温度。改变温度过程中(升温或降温),记录开始观察到浑浊的温度,得到一个浊点(φ_2, T)。再改变组分比,重复实验,则得到浊点曲线(cloud point curve),它表征着两相平衡共存的界限。

注意:升温和降温过程测得的浊点曲线未必重合,这是由于动力学因素(高黏度使得相分离的形成需要一个过程)、光学因素(离析的小簇需要生长到一定程度才能散射光线)等所决定的。一般取两条曲线的平均值。

3. 两种相分离及其机理

如前所述,共混体系的相分离(phase separation)有非稳定态均匀混合物的相分离和亚稳定态均匀混合物的相分离两种。

非稳定态均匀混合物的相分离,又称旋节线内的相分离(spinodal decomposition),它发生在图 4-42 中 $S'S''$ 区域内。这是一种自发进行(不可抗拒)的连续的相分离过程。

亚稳定态均匀混合物的相分离,发生在图 4-42 中 $N'S'$ 和 $N''S''$ 区域内,体系具有一定的稳定性,需要活化、干扰才能发生相分离。分离过程遵循成核和增长(nucleation and growth)机理。

第一种相分离的机理易于理解。$S'S''$ 区域内曲线斜率的变化为负值,$\left(\frac{\partial^2 \Delta G_m}{\partial \varphi_2^2}\right)_{T,p} < 0$,满足极大值条件。这说明该区间的混合很不稳定,任何组分的

微小涨落都将导致体系自由能下降，即不需要活化就能使相分离连续进行，直至分解为最稳定的两个平衡共存的相 N'、N''（φ_2'、φ''_2 两相）。

在这种相分离过程中，各相分子会自动地向本相高浓度方向扩散，使组分差越来越大。相分离过程是渐进的，初始时两相无清晰界面，而后显出明显界面。图 4-47(a)给出这种相分离发展的示意图，图中横轴表示分离相的相区尺寸，纵轴表示相区内分离相聚合物的浓度。在初始阶段（$t_1 \sim t_2$），分离相的相区尺寸小（间隔 $A_{1,2}$ 较小），相区（液滴）内分离相的浓度也低（$\Delta\varphi_2$ 小）。在中期（$t_3 \sim t_4$）和后期（$t_5 \sim t_6$）分离相尺寸渐大，分离相浓度也越来越高。特别到后期，当分离相浓度达到饱和，出现粒子合并的粗粒化过程。图 4-48 给出一种旋节线内共混聚合物相分离的形态发展图样，其中图 4-48 中 5～8 说明了粒子合并的粗粒化过程。

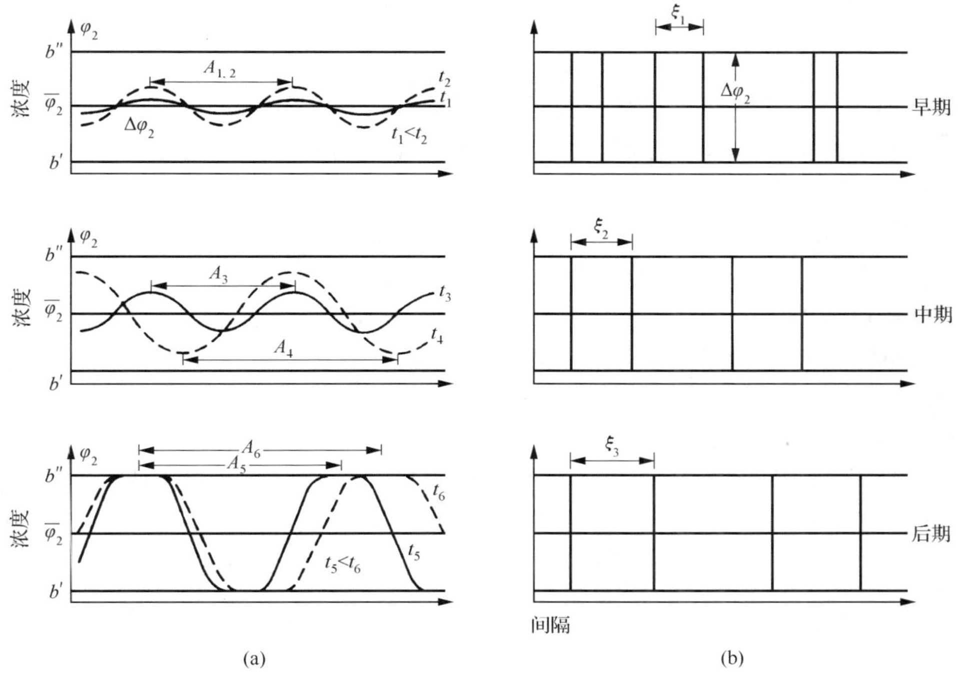

图 4-47　两种相分离及其机理

(a) 旋节曲线内的非稳定态相分离，相分离为连续过程；(b) 亚稳定态相分离，遵循成核和增长机理

第二种相分离情况下，体系处于亚稳态，如果组分改变较小（在 $N'S'$ 或 $N''S''$ 范围内），由于 $\left(\dfrac{\partial^2 \Delta G_m}{\partial \varphi_2^2}\right)_{T,p} > 0$，会使得体系自由能上升，相分离不会自动发生。需要外加少许活化能，使体系处于 $\left(\dfrac{\partial^2 \Delta G_m}{\partial \varphi_2^2}\right)_{T,p} < 0$ 区域，才能发生相分离。活化可以由振动、杂质或冷却作用等产生，称为成核过程。一旦活化能越过热力学位

图 4-48　共混聚合物在旋节线内相分离的形态发展示意图

垒，出现大幅度组分涨落，接下来的分离会使体系自由能下降，体系将自动分离成两相 N'、N''（φ_2'、φ_2'' 两相），即分离核自动生长扩大。这种分离过程遵循成核和增长机理。与第一种相分离的差别还在于，在相分离初期，尽管核很小[图 4-47(b)，分离相核尺寸 ξ_1 很小]，但其中分离相的浓度已达到饱和，而在相分离中期和后期，分离相尺寸 ξ_2、ξ_3 不断增长，但分离相浓度保持不变。

例如，聚苯乙烯/聚乙烯基甲基醚（PS/PVME）共混体系，属于 LCST 型共混体系，在低温下（<85℃）制备可以得到相容混合物，加热升温到进入双结点曲线范围内就可能发生相分离。

实验得到相图见图 4-49(a)。其中根据温度和组分比的不同有两种相分离，在旋节线[图 4-49(a)中虚线]包围的区间内发生的相分离为非稳态相分离，在旋节线和双结线之间[图 4-49(a)中实线和虚线之间]发生的相分离为亚稳态相分离。

对比考察以下两种情形：

(1) 共混条件为：$T=105$℃，$\varphi_{PS}=0.2$，由相图查到与此相应的相点落在旋节线范围内。因此，该共混体系必然要发生相分离，且分离速度快，属于非稳态相分离。分离起始阶段析出的是交缠的两相连续区，接着相区扩大形成错综复杂的网眼结构，最后破开融合成球体，见图 4-49(b)。

(2) 共混条件为：$T=140$℃，$\varphi_{PS}=0.65$，由相图查到与此相应的相点落在旋节线和双结线之间范围内。此时共混体系有一定稳定性，但若有干扰或活化也会发生相分离，相分离遵循成核、增长机理，属于亚稳态的相分离。需要首先有某种活化因素促成其中一相离析（成核），离析出的一相呈小珠状，分散于另一相基体中，然后分离相成分不断向小珠迁移，最终分离为两相，见图 4-49(c)。

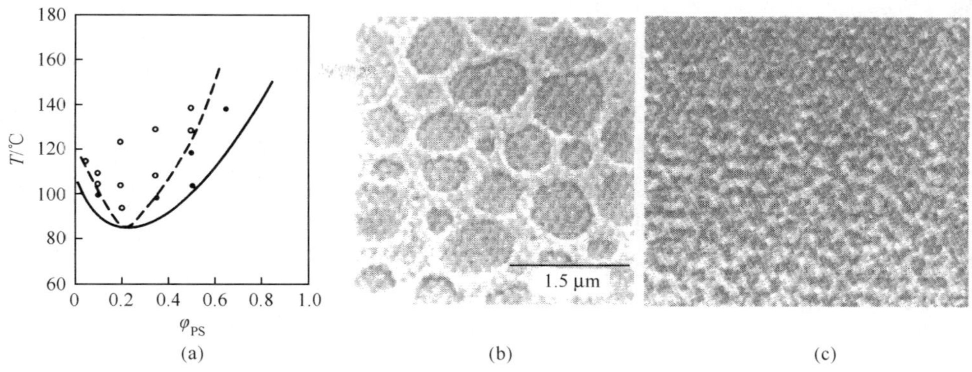

图 4-49　PS/PVME 共混体系的两种相分离

(a) 共混体系的 LCST 型相图，实线为双结点曲线，虚线为旋节点曲线；(b) φ_{PS}=0.2，105℃时的相分离属于非稳定态相分离；(c) φ_{PS}=0.65，140℃时的相分离属于亚稳定态相分离

物理量符号一览表

符号	含义
b	Kuhn 单元的长度
C_p	定压比热容
d	多分散指数
d_c	晶片厚度
e	电子电荷
E_{11} 或 E_{22}	链段结合能
$g(r)$	对偶关联函数
$g(\boldsymbol{k})$	物质结构函数
$\boldsymbol{g}$	对称操作(变换)
G	Gibbs 自由能
ΔG_m	混合自由能
$\hbar=(\hbar=h/2\pi)$	Planck 常量
H	Hamilton 量，热焓，外磁场强度
ΔH_0	单位体积晶体的熔融热
ΔH_m	混合焓
k	Bolzmann 常量
$\boldsymbol{k}$	Fourier 空间的矢量，倒矢量，散射实验中 $\boldsymbol{k}$ 等于散射波矢
m	电子质量
M	大分子相对分子质量；自发磁化强度
M_e	临界缠结相对分子质量

M_c,$\langle M_c \rangle$	网链平均相对分子质量
$\boldsymbol{M}$	点对称操作矩阵
n	Avrami 指数
n_1,n_2	两种高分子的物质的量
N_A	阿伏伽德罗常量
$n(p,N)$	N 聚体的无量纲数量密度
$n_N(p)$	N 聚体的数量分数
$N_n(p)$	数均聚合度
$N_W(p)$	重均聚合度
N^*	特征聚合度
p	反应度
p_c	临界反应度,溶胶-凝胶转变点
p_i	广义动量
P	压力,Porod 系数,重叠参数
$P_{sol}(p)$	反应度 p 时的溶胶分数
$P_{gel}(p)$	反应度 p 时的凝胶分数
q_i	广义坐标
Q	热量
R	摩尔气体常量;分子链尺寸(旋转半径)
S	熵
ΔS_m	混合熵
T_c	结晶温度,Curie 温度,临界温度
T_g	玻璃化转变温度
T_m	熔点
T_m^∞	平衡熔点
U	内能
$U(\boldsymbol{r})$	势函数,电子在外场中的势能
V	体积
V_f	自由体积
z	官能度
γ	两种大分子的体积比
δ	溶解度参数
∇	微分算符
ε	相对反应度
ε_G	Ginzburg 判据
ε_0	真空介电常数
η	黏度
λ_0	分子运动弛豫时间

μ	化学位
ξ	相关长度
ρ	微观状态的统计分布函数
ρ_2	聚合物密度
$\rho(\boldsymbol{r})$	密度相关函数
σ_s	片晶折叠面单位面积的表面自由能
τ、σ、β、γ、ν	临界指数
$(\tau_{1/2})^{-1}$	结晶速率
τ_{nuc}	成核周期
τ_{nuc}^{-1}	成核速率
ϕ	序参量
φ_1，φ_2	两种高分子的体积分数
χ'_{12}	高分子-高分子相互作用参数
χ_c	结晶度
ψ，Ψ	电子波函数
Ω_N	宏观态的热力学概率

参 考 文 献

[1] Landau L D，Lifshitz E M. Statistical Physics I. Oxford：Pergomon Press，1980

[2] Anderson P W. Basic Notions of Condensed Matter Physics. Menlo Park：Benjamin，1984

[3] 周世勋. 量子力学教程. 北京：高等教育出版社，2005

[4] 马本堃，高尚惠、孙煜. 热力学与统计物理学. 北京：人民教育出版社，1981

[5] 李椿，章立源，钱尚武. 热学. 北京：高等教育出版社，2004

[6] Fujimoto M. The Physics of Structural Phase Transitions. New York：Springer-Verlag，1997

[7] Yeomans J M. Statistical Mechanics of Phase Transitions. Oxford：Clarendon Press，1992

[8] Stanley H E. Introduction to Phase Transitions. London：Oxford University Press，1971

[9] Izyumov Y A，Syromyatnikov V N. Phase Transitions and Crystal Symmetry. Dordrecht：Kluwer Academic，1990

[10] Essam J W. Phase Transitions and Critical Phenomena. New York：Academic Press，1972

[11] Chaikin P M，Lubensky T C. Principles of Condensed Matter Physics. Cambridge：Cambridge University Press，1995

[12] Debenedetti P G. Metastable Liquids，Concepts and Principles. Princeton：Princeton University Press，1996

[13] Skripov V P. Metastable Liquids. New York：Wiley & Sons，1974

[14] 冯端，金国钧. 凝聚态物理学(上卷). 北京：高等教育出版社，2003

[15] 陈敬中. 现代晶体化学—理论与方法. 第一版. 北京：高等教育出版社，2001

[16] 王仁卉，郭可信. 晶体的对称群. 北京：科学出版社，1990

[17] 吴其晔. 高分子凝聚态物理及其进展. 上海：华东理工大学出版社，2006

[18] 吴其晔，张萍，杨文君，等. 高分子物理学. 北京：高等教育出版社，2011

[19] Strobl G. The Physics of Polymers. Berlin:Springer-Verlag,2007;中译本,高分子物理学. 胡文兵,蒋世春,门永锋,等译. 北京:科学出版社,2009

[20] 莫志深,张宏放. 晶态聚合物结构和 X 射线衍射. 北京:科学出版社,2003

[21] 周公度,段连运. 结构化学基础. 第二版. 北京:北京大学出版社,1995

[22] 夏少武. 简明结构化学教程. 北京:化学工业出版社,1994

[23] 程正迪,李福明. 聚合物相和相转变中的亚稳态行为及其临界现象. 见:何天白,胡汉杰. 海外高分子科学的新进展. 北京:化学工业出版社,1997

[24] 程正迪. 聚合物相变中的亚稳态. 见:杨玉良,胡汉杰. 跨世纪的高分子科学——高分子物理. 北京:化学工业出版社,2001

[25] Li B C. Fundamentals of Polymer Physics. Beijing:Chemical Industry Press,1999

第 5 章　分子间相互作用和超分子组装

5.1　分子间相互作用

高分子材料是典型的分子固体(molecular solid),高分子晶体属于分子晶体,其凝聚态由大量分子(链)通过内聚力聚集而成。因此要深入了解大分子链聚集的本质,需要掌握和了解内聚力的种类和性质。

大分子链中的原子依靠化学键结合(主要是共价键)形成长链结构,这种化学键力称为主价键力(primary bond)。主价键完全饱和的原子,仍有吸引其他分子中饱和原子的能力,这种作用力称为分子间作用力(intermolecular force),也称次价键力(secondary bond)。沿主链方向的主价键力和存在于分子链间,垂直于主链方向的次价键力并存,是高分子凝聚态的基本特征。次价键在键能方面虽小于主价键,但在形成高分子材料凝聚态和决定材料基本性质方面却起关键性作用,这是因为次价键能具有加和性。在同系物中,分子间的次价键随相对分子质量增大而增多。高分子的相对分子质量一般是巨大的,因此链间的次价键能之和相当大,往往超过主链上的化学键能,成为构成高分子材料多姿多彩凝聚态的内在原因和影响高分子材料结构和性能的重要因素。

以聚乙烯为例,其相对分子质量在十几万以上,有成百上千结构单元,设每对结构单元间的相互作用能为 4 $kJ \cdot mol^{-1}$,则分子链间的次价键能的总和在几千 $kJ \cdot mol^{-1}$ 以上,比任何一种主价键能都大得多。当高分子材料受外力作用发生破坏时,往往不是分子链发生滑脱,而是个别主链的化学键因承受不住外力作用先断裂,由此引发材料破坏。

大分子的分子间作用力有多种形式,具有不同的强度、方向性及对距离和角度的依赖性。主要的有静电相互作用(van der Waals 力)、氢键、分子间配键、憎水相互作用、离子键等。

5.1.1　分子间相互作用的重要性

无论是大量分子链以无规线团状穿插、缠结构成无定形聚合物,还是分子链规则排列构成结晶型聚合物,都靠分子间作用力使大量分子链聚集在一起。从对称性看,微观上对称破缺是由于体系内微观粒子的相互作用和相互关联引起的。大量粒子系统的多体相互作用和多体间的关联在相变中起重要作用。当温度降低或压力增大时，不同种类的相互作用通过对称破缺导致产生不同的有序相。从序参量来看，序参量定义为一些微观变量的系综平均值，这些微观变量是系统内格点附近的时空坐标的函数。当温度低于临界温度 T_c 时，这些微观变量通过分子间相互作用彼此发生关联，出现一定的空间分布，使系统变成有序相。为此在探讨大分子凝聚态结构的形成和特点时，深入了解各种内聚力的种类、性质以及它们在生成不同凝聚态结构时的作用是非常必要的。

需要特别提及的是，近年来关于分子间相互作用的研究发展成一个庞大而饶有兴趣的研究领域。研究的核心不仅是了解、掌握分子间相互作用的形式、性质和机理，更重要的是要对分子间相互作用加以控制、利用，通过分子间相互作用来设计、组装、创造新的具有特定结构和功能的超分子物质，由此大大推进了化学、材料科学、生命科学和凝聚态物理学的发展。

众所周知，化学是研究物质的组成、结构、性质及其变化规律的基础自然学科，生命现象是其最高表现形式。从 1828 年人工制备尿素至今，分子化学已经发展了很多复杂和有效的方法，通过以控制和精确的模式打开和组成原子间共价键，可以构造出越来越复杂的分子。化学工业已成为当今社会造福于人类，同时也给人类带来许多挑战性课题的最重要工业部门之一。

20 世纪后半叶化学学科取得突破性发展，进入现代化学年代。现代化学与 18 世纪和 19 世纪的经典化学相比，研究内容、方法和研究特点已不可同日而语。现代化学的显著特点是从宏观进入微观，从静态研究进入动态研究，从个别、细致研究发展到相互渗透、相互联系的研究，从分子内的原子排列向分子间的组装发展。其中超分子化学就是现代化学生机勃勃发展的最新分支和充满希望的代表。

按照经典科学的分类，化学研究的物质层次在原子→分子层次，超出这个层次就属于物理学研究范畴，因此化学又称分子科学。而在 1987 年，美国科学家 Pederson、Cram 和法国教授 Lehn 却因在超分子化学研究中的突出贡献而获得诺贝尔化学奖。何谓超分子化学？Lehn 教授在获奖演说中为超分子化学作出简要注释：超分子化学是研究两种以上的化学物种通过分子间相互作用缔结而成为具有特定结构和功能的超分子体系的科学。简言之，超分子化学是研究多个分子通过非共价键(次价键)作用而形成功能体系的科学。显然，超分子化学研究的物质层次，已经超出经典化学的范畴。如果说分子化学研究的对象是原子如何构建成分子，那么超分子化学研究的则是分子如何构建成超分子物质。分子化学研究的主要反应是化合和分解，而超分子化学研究的主要“反应”是组装(assembly)和自组装(self-assembly)。如果将分子化学定义为建立在共价键基础上的学科，那么超分子化学则是建立在分子间非共价键基础上的学科。该学科的目标是要对分子间相互作用加以控制和利用，用于创造新物质，发现新过程。

5.1.2　常见的分子间相互作用

下面介绍高分子材料中常见的分子间相互作用：静电相互作用、弱化学键作用、亲水-疏水相互作用。

1. 静电相互作用

由于原子、分子均由带电粒子构成，因此分子间静电相互作用（electrostatic interactions）无处不在。静电相互作用包括两部分，一是静电吸引，如永久偶极矩之间、永久偶极矩与诱导偶极矩之间以及非极性分子之间的吸引作用，这种作用随分子间距增大而衰减，与距离的负 6 次方成比例（$U_a \propto r^{-6}$）；二是静电排斥作用，它在分子间距更小时表现出来，随距离增大急剧衰减，与距离的负 9～12 次方成比例（$U_r \propto r^{-9} \sim r^{-12}$）。实际的静电相互作用，应该是吸引作用和排斥作用之和。

Lennard-Jones 给出分子间静电作用势能的近似表达式：

$$U(r) = 4U_0\left[\left(\frac{r^*}{r}\right)^{12} - \left(\frac{r^*}{r}\right)^{6}\right] \tag{5-1}$$

式中，r^* 为静电势能为零时两分子间的距离，$r = r^*$ 处 $U(r) = 0$；U_0 为静电势阱深度，见图 5-1。

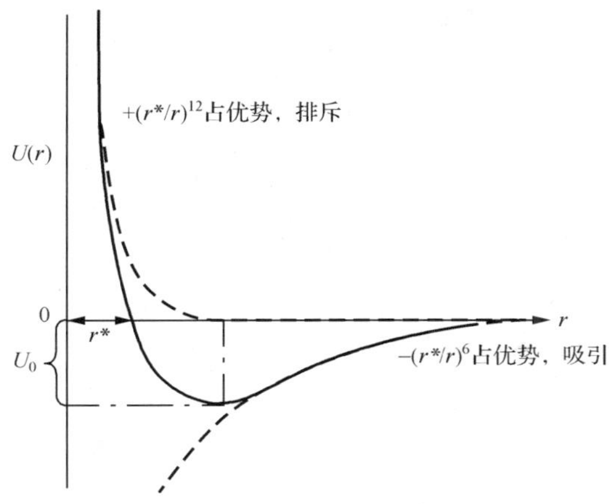

图 5-1　分子间静电相互作用随分子间距的变化

由于斥力衰减迅速，因此通常所说的静电相互作用，主要指分子间的引力作用，常称作 van der Waals 力。van der Waals 力的主要形式有以下几种：

1）取向力

取向力（orientation force）是存在于极性分子偶极子-偶极子间的相互作用力。极性分子的偶极子具有永久偶极矩。无外电场时，由于分子热运动，偶极子指向杂乱无章，使材料的总偶极矩等于零。当受到外电场作用时，偶极子沿电场方向有序排列，材料显示出宏观偶极矩。这种现象称为取向极化，见图 5-2(c)。

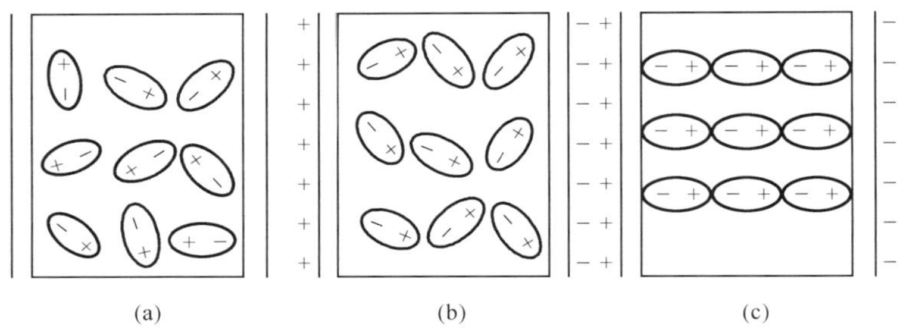

图 5-2　极性分子的取向极化

(a) 无外电场作用；(b) 有外电场作用；(c) 外电场强，温度低

即使无外电场，每个分子也存在于其他极性分子的电场中，分子偶极矩间也存在相互作用力。这种极性分子偶极矩间的平均静电作用能 U_K 等于

$$U_K = -\frac{2}{3}\frac{\mu_1^2\mu_2^2}{(4\pi\varepsilon_0)^2 kTr^6} \tag{5-2}$$

式中，μ_1、μ_2 为相互作用分子的永久偶极矩；k 为 Bolzmann 常量；T 为热力学温度；r 为偶极矩中心距离；ε_0 为真空介电常数。

2）诱导力

诱导力(induced force)指偶极子-感应偶极子间的相互作用力。当一个非极性分子接近一个极性分子时，由于静电感应，非极性分子会产生感应极化，产生感应偶极矩。永久偶极矩-感应偶极矩间诱导力的平均作用能 U_D 等于

$$U_D = -\frac{\alpha_2\mu_1^2}{(4\pi\varepsilon_0)^2 r^6} \tag{5-3}$$

式中，μ_1 为极性分子的永久偶极矩；α_2 为非极性分子的极化率；r 为分子中心间距。

注意两个极性分子之间同样存在感应偶极矩，它们之间既有取向力，也有诱导力。

3）色散力

色散力(dispersion force)指分子瞬时偶极矩间的相互作用力。非极性分子本身偶极矩极小，不存在取向作用和诱导作用，但它们之间仍有吸引力，而且作用能不小，这种作用力称为色散力(或弥散力)。

非极性分子虽然没有永久偶极矩，但由于电子与原子核的运动，使分子内正、负电荷瞬时中心不重合，形成瞬时偶极矩。这些偶极矩互相感应产生随时间涨落的作用力。设第一个分子产生的瞬时偶极矩为 μ_1，它可能诱导第二个分子出现瞬

时偶极矩为 μ_2，两者产生瞬时吸引。因此引力的大小既取决于第一个分子的电离能 I_1，又取决于第二个分子的极化率 α_2。反之，第二个分子也会产生瞬时偶极矩 μ_2，也能诱导第一个分子出现瞬时偶极矩 μ_1，所以引力的大小还取决于第二个分子的电离能 I_2 和第一个分子的极化率 α_1。色散作用能的近似表达式为

$$U_L = -\frac{3}{2}\left(\frac{I_1 I_2}{I_1 + I_2}\right)\frac{\alpha_1 \alpha_2}{(4\pi\varepsilon_0)^2 r^6} \tag{5-4}$$

色散力不仅存在于非极性分子间，而且普遍存在于所有分子中。

例　求甲烷分子间的色散力

设两个甲烷分子相距 30pm，甲烷的电离能 $I_1 \approx 570\text{kJ}\cdot\text{mol}^{-1}$（相当于 7eV），极化率 $\alpha' = \frac{\alpha}{4\pi\varepsilon_0} = 2.6 \cdot 10^{-30}\text{m}^3$，代入式(5-4)求得甲烷分子间的色散能 $U_L = -4.7\text{kJ}\cdot\text{mol}^{-1}$。

van der Waals 力属于次价键力，是因为它比化学键力（离子键、共价键、金属键）弱得多，其作用能在几到几十 $\text{kJ}\cdot\text{mol}^{-1}$ 范围内，比化学键能（通常在 200～600$\text{kJ}\cdot\text{mol}^{-1}$ 范围内）小一两个数量级。van der Waals 力的作用范围大于化学键力，又称长程力。它不需要电子云重叠，一般无饱和性和方向性。

表 5-1 给出一些分子的偶极矩、极化率和 van der Waals 力。由表 5-1 可见，非极性分子（Ar、CO）的 van der waals 力主要是色散力，极性分子（H_2O、NH_3）的 van der Waals 力则包括取向力、诱导力和色散力。

表 5-1　几种分子的 van der Waals 力

分子	偶极矩 /(10^{-30}C·m)	极化率 /(10^{-40}C·m^2·V^{-1})	U_K /(kJ·mol^{-1})	U_D /(kJ·mol^{-1})	U_L /(kJ·mol^{-1})	U_{total} /(kJ·mol^{-1})
Ar	0.00	1.81	0.000	0.000	8.490	8.490
CO	0.40	2.21	0.003	0.008	8.740	8.750
HI	1.27	6.01	0.025	0.113	25.80	25.90
HBr	2.60	3.98	0.686	0.502	21.90	23.10
HCl	3.43	2.93	3.300	1.000	16.80	21.10
NH_3	5.00	2.46	13.30	1.550	14.90	19.80
H_2O	6.14	1.65	36.30	1.920	8.990	47.20

对高分子而言，由于构象复杂而难以按构象求整个大分子的平均偶极矩，所以用单体偶极矩来衡量高分子的极性，分为极性高分子和非极性高分子两类。

一般认为单体偶极矩在 0～0.5D（德拜，1D＝3.33564×10^{-30}C·m）范围内属非极性的，在 0.5D 以上属极性的。除考察各化学键的键矩大小外，还要看化学键在单体中的分布情况。分子偶极矩等于组成分子的各个化学键偶极矩（又称键矩）

的矢量和。聚乙烯分子中 C—H 键的键矩为 0.4D,但由于对称分布,单体偶极矩矢量和为零,所以聚乙烯为非极性的。聚四氟乙烯中虽然 C—F 键键矩较大(1.81D),同样由于 C—F 键对称分布,单体偶极矩矢量和也为零,也属于非极性高分子。聚氯乙烯中 C—Cl 键(1.86D)和 C—H 键的键矩不同,不能相互抵消,所以属于极性高分子。部分化学键的键矩见表 5-2。

表 5-2 部分化学键的键矩

化学键	键矩/D	化学键	键矩/D	化学键	键矩/D
C—C	0	C—O	0.7	C═O	2.4
C═C	0	C═N	1.4	C≡N	3.1
C—H	0.4	C—F	1.81		
C—N	0.45	C—Cl	1.86		

2. 弱化学键作用

van der Waals 力是一种物理的静电相互作用,此外,分子间作用力中还包括多种弱化学键作用。与 van der Waals 力不同,这些作用有饱和性和方向性,但作用能比化学键能小,键长较长。这类弱化学键作用主要有氢键、分子间配键作用(如 π-π 相互作用、给体-受体相互作用)等。

1) 氢键相互作用

氢键(hydrogen bond)是高分子材料中一种最常见也是最重要的弱化学键作用。氢键的本质是氢分子参与形成的一种弱化学键。在分子内或分子间,氢原子在与一个电负性很大的原子 X 以共价键结合的同时,还可同另一个电负性大的原子 Y 形成一个弱键,即氢键,形式为 X—H…Y。X、Y 可以是 F、O、N 等电负性大、半径小的原子。氢键的强度变化幅度较大,一般为 10～50 kJ · mol^{-1},比化学键能小,比 van der Waals 力大。键长比 van der Waals 半径之和小,但比共价半径之和大很多。

表 5-3 给出一些常见的氢键及其键能、键长。氢键与 van der Waals 力的重要差别在于有饱和性和方向性。饱和性表现在 X—H 键上的氢原子半径很小(～0.03nm),允许带多余负电荷的 Y 原子充分接近它,但只能是一个 Y,多则被排斥。方向性表现在形成氢键时,为了使 Y 与 X—H 键的相互作用最强,要求 Y 的孤对电子云的对称轴尽可能与 X—H 键的方向一致。但氢键的形成条件不像共价键那样严格,结构参数如键长、键角等可在一定范围内变化,具有一定的适应性和灵活性。此外,氢键还具有加和性。

表 5-3　一些氢键的键能和键长

氢键	化合物	键能/(kJ · mol^{-1})	键长(X—Y)/pm
F — H···F	气体$(HF)_2$	28.0	255
	固体$(HF)_n$，$n>5$	28.0	270
O—H···O	水	18.8	285
	冰	18.8	276
	CH_3OH，CH_3CH_2OH	25.9	270
	$(HCOOH)_2$	29.3	267
	$(CH_3-COOH)_2$	34.3	270
N—H···F	NH_4F	20.9	268
N—H···O		16.7	290
N—H···N	NH_3	5.4	338
O—H···Cl	Cl···H O	16.3	310
C—H···N	$(HCN)_2$	13.7	
	$(HCN)_3$	18.2	

高分子材料中的氢键分为分子间氢键和分子内氢键两种类型。分子间氢键是指一个分子的 X—H 键和另一个分子的 Y 形成氢键；分子内氢键是指一个分子的 X—H 键和同一个分子的 Y 作用形成氢键。图 5-3 分别给出聚酰胺分子间的氢键和纤维素分子内的氢键示意图。

(a)

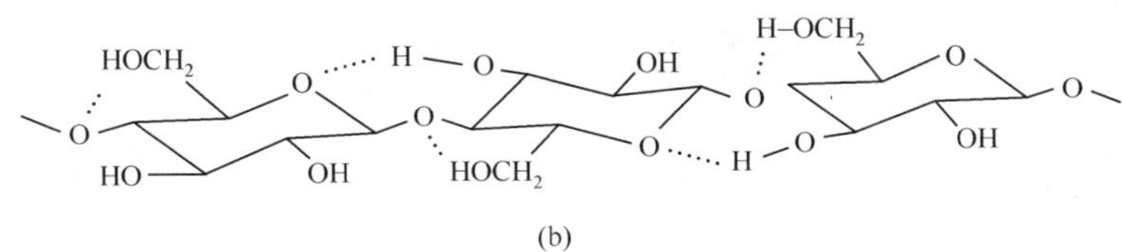

(b)

图 5-3　聚酰胺分子间氢键和纤维素分子内氢键示意图

(a) 聚酰胺分子间氢键；(b) 纤维素分子内氢键

人们很早就发现并研究了氢键，早在 1928 年 Pauling 就对氢键进行过理论研究。近年来，由于发现氢键在稳定超分子结构和生物大分子的构象上具有十分重要的作用，因此人们对氢键的研究又出现新的兴趣。理论研究方面，有采用计算机模拟计算氢键、数据的半定量经验处理以及建立数据库等。实验研究方面，基于氢键原理开发的分子复合物、超分子材料及自组装体系、仿生材料等越来越多。

氢键研究的一个活跃领域是关于弱氢键的研究。弱氢键的键能在 2～20 kJ·mol^{-1}，键长比强氢键略长。弱氢键中最重要的一种是 C—H…O 式，它在有机晶体中经常出现。表 5-4 列出弱氢键基本的结构参数及其与强氢键的比较。

表 5-4　弱氢键基本参数及强、弱氢键对比

类别	强氢键：N—H…O，O—H…O	弱氢键：C—H…O
键能	20～40 kJ·mol^{-1}	2～20 kJ·mol^{-1}
键长	H…O　180～200pm(N—H…O)	C—H…O　300～400pm
键长	H…O　160～180pm(O—H…O)	H…O　220～300pm
键角 θ	150°～160°	100°～180°
键角 φ	120°～130°	

注意表中的键角，对氢键 X—H…Y—D 而言，θ 是指 X—H…Y 之间的夹角，而 φ 是指 H…Y—D 之间的夹角。在 C—H…O 弱氢键中，键角 θ，φ 对键长的依赖性不像强氢键那样敏感。

还有一类弱氢键作用是 O—H…π，其中 π 是具有足够电负性的碳原子(炔、烯、芳环、环丙烷等)，它们具有和 O—H 形成类似氢键的趋势，并据此稳定一些晶体结构。

2）分子间配键作用(π-π 相互作用)

分子间配键(intermolecular coordination bond)作用发生于分子间配合物中。配合物由分子与分子结合而成，通常由容易给出电子的分子(电子给予体或路易斯碱)与容易接受电子的分子(电子接受体或路易斯酸)结合而成，称为分子间配合物。

分子间配合物的键能较低，介于化学键能和 van der Waals 力之间。注意它不同于共价配位键。共价配位键是由一个原子提供一对电子，另一个原子提供空轨道而形成的原子间作用，共价配位键键能比分子间配键键能大得多。

分子间配键作用有以下几种类型。

(1) 具有非键孤对电子的给予体分子，与具有空轨道的接受体分子间的作用，如 $R_3N \cdot BCl_3$；

(2) 具有成键 π 轨道的给予体分子，与具有反键 σ 轨道的接受体分子间的作用，如 $C_6H_6 \cdot I_2$；

(3) 具有成键 π 轨道的给予体分子，与具有反键 π 轨道的接受体分子间的作用，如 $C_6H_6 \cdot (CN)_2C=C(CN)_2$。此即 π-π 相互作用。

由电子给予体与接受体形成的配合物，具有不同于原组分的物理化学性质。如碘与苯配合形成的碘-苯溶液，在 300nm 处有一紫外吸收带，然而无论是碘还是苯，在该光谱区均无吸收带出现。又如，氢醌与苯醌配合形成醌氢醌，其中氢醌无色，苯醌为黄色，而配合物醌氢醌则呈一种特殊金绿色。醌氢醌中给予体轨道和接受体轨道都是离域的 π 分子轨道，氢醌用最高占有 π 分子轨道（HOMO）与苯醌的最低空的 π 分子轨道（LUMO）发生重叠，形成 π-π 相互作用。这种分子间配键的结合能为 8～42 $kJ \cdot mol^{-1}$，与氢键接近，比化学键能小得多，属于弱化学键。分子间配键对研究溶剂化作用、催化吸附等很有意义。例如，在利用模板效应原理形成的超分子结构，如轮烷（rotaxane）、索烃（catenane）、绳结（knot）、双螺旋（helix）和奥林匹克环（olympic ring）的组装中，π-π 相互作用起着十分重要的作用。

3. 亲水-疏水相互作用

亲水-疏水相互作用最早属于表面与界面化学的研究范围。大多数物质根据其与水的相互作用，可分为亲水型和疏水型两大类。性质比较接近的物质容易混溶。亲水-疏水作用大量发生在两亲性分子（amphiphilic molecule）物质中。所谓两亲性分子是指分子结构中一端是亲油的（lipophilic）的非极性基团，称为疏水基（hydrophobic group）或亲油基；另一端是亲水的极性基团（hydrophilic group）。典型代表有表面活性剂、乳化剂、偶联增容剂等。

能改变溶剂表（界）面张力或改变表（界）面组成、结构的物质称为表面活性剂，它们多数具有两亲性分子结构。当表面活性剂溶于水时，能显著地改变水的表面张力。活性剂分子中的亲油组分会朝向空气或油相，亲水组分朝向水相。如果亲油组分呈长链状，且浓度较大，则会在两相界面形成定向排列的单分子层（或称单分子刷，图 5-4）。形成有序组织的动力源于分子的极性和亲水-疏水相互作用。根据所含活性基团的类型，表面活性剂可分为阴离子型、阳离子型、两性离子型、非离子型，典型结构见图 5-5。

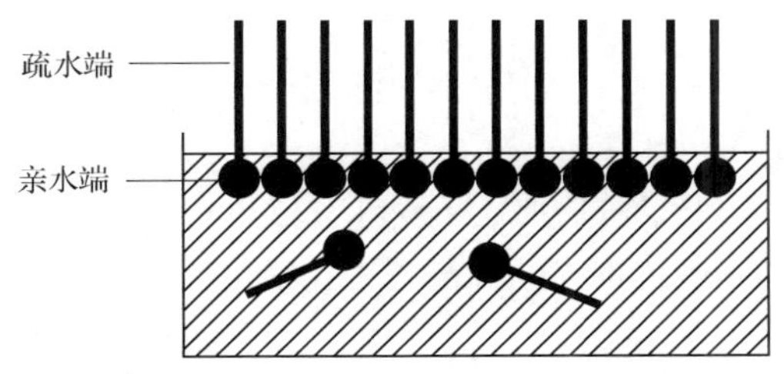

图 5-4　两亲分子形成单分子刷模型

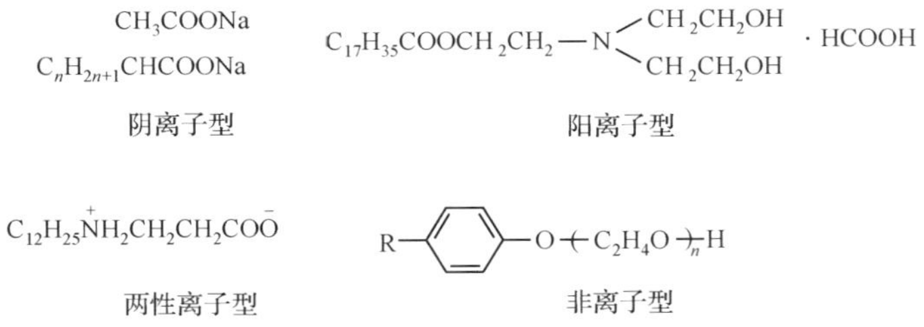

CH_3COONa
$C_nH_{2n+1}CHCOONa$
阴离子型

$C_{17}H_{35}COOCH_2CH_2—N\begin{matrix}CH_2CH_2OH\\CH_2CH_2OH\end{matrix} \cdot HCOOH$
阳离子型

$C_{12}H_{25}\overset{+}{N}H_2CH_2CH_2CO\overset{-}{O}$
两性离子型

R—⟨苯环⟩—O$\leftarrow C_2H_4O \rightarrow_n$H
非离子型

图 5-5　常见的几种表面活性剂的分子结构

在高分子领域，亲水-疏水相互作用的研究及应用也十分普遍。例如，高分子表面活性剂、增乳剂、偶联剂、增容剂、涂料、两亲性高分子(嵌段型和接枝型)的相互作用及大分子自组装等，都涉及研究复杂体系表面和界面相互作用的问题。研究重点集中在高分子材料物理改性和化学改性中，以及亲水-疏水作用怎样和体系中的其他作用力相互竞争、制约、协同以促进反应进行，稳定体系结构。

亲水-疏水作用在生命科学中占有重要地位，被列为四大相互作用之一。它对稳定蛋白质及多肽的结构、细胞膜中双脂层的组装及代谢都具有重要意义。人们很早就对此进行了研究，并发现在脂肪酸系列中，随着憎水性碳氢键的增长，脂肪酸的熔点升高。文献报道，每增加一个 CH_2 基团将导致两个相邻碳氢键的相互作用自由能增加 $-2.09\ kJ \cdot mol^{-1}$。据称这是憎水相互作用的贡献。

5.1.3　内聚能密度和溶解度参数

分子间作用力通常用内聚能密度(cohesion energy density，CED)来度量。内聚能是指把 1mol 液体或固体的分子分离到分子引力范围以外所需要的能量，大致相当于恒容下的汽化热，单位为 $kJ \cdot mol^{-1}$ 或 $cal \cdot mol^{-1}$。单位体积物质的内聚能称内聚能密度，单位为 $kJ \cdot m^{-3}$ 或 $cal \cdot m^{-3}$。

$$\text{内聚能密度} = \frac{\Delta E}{V_m} = \frac{\Delta H_m - RT}{V_m} \tag{5-5}$$

式中，ΔE 为内聚能；V_m 为摩尔体积；ΔH_m 为摩尔汽化热；RT 为转化成气体时所做的膨胀功。

对于小分子溶剂，可以通过测量摩尔汽化热 ΔH_m 来计算内聚能密度。在一定温度下，内聚能

$$\Delta E = \Delta H_m - RT \tag{5-6}$$

式中，摩尔汽化热 ΔH_m 可根据 Clausius-Clapeyron 方程计算

$$\Delta H_m = T(V_{m,g} - V_{m,l})\frac{dp}{dT} \tag{5-7}$$

式中，T 为汽化温度；$V_{m,g}$、$V_{m,l}$ 分别为气相和液相的摩尔体积；dp/dT 为相平衡

曲线斜率。通常 $V_{m,g} \gg V_{m,l}$，$pV_{m,g}=RT$，所以有

$$\Delta H_m = RT^2 \frac{dp}{dT} \cdot \frac{1}{p} \tag{5-8}$$

$$\Delta E = RT\left(\frac{T}{p} \cdot \frac{dp}{dT} - 1\right) \tag{5-9}$$

对于高分子材料，由于不存在气态，故不能用上述方法求内聚能密度。高分子的内聚能密度通常用间接方法通过测量溶解度参数 δ 求得。溶解度参数(solubility parameter，δ)定义为内聚能密度的平方根

$$\delta = \sqrt{\Delta E / V_m} \tag{5-10}$$

式中，δ 的单位为 $J^{1/2} \cdot cm^{-3/2} = (MPa)^{1/2}$。

1. 溶解度参数的实验测量

高分子材料由于不能汽化，溶解度参数只能通过与小分子溶剂的比较来确定。通常有两种实验方法。

1）特性黏数法。

将高分子材料用一系列溶解度参数不同的溶剂溶解，测量该系列溶液的特性黏数[η]。对于良溶剂，高分子与溶剂分子相互作用强，溶解后分子链构象伸展，溶液的特性黏数大。对于不良溶剂，分子链构象卷缩，特性黏数小。根据高分子溶液的热力学理论得知特性黏数最大的溶剂为良溶剂，其溶解度参数应当与高分子的溶解度参数最接近。据此可以将相应的良溶剂溶解度参数视为高分子的溶解度参数。图 5-6 给出聚异丁烯和聚苯乙烯的测量结果，与曲线峰值对应的溶剂溶解度参数可视为高分子的溶解度参数。

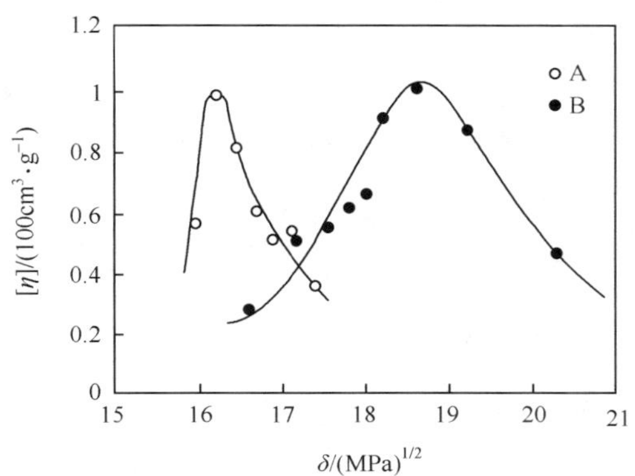

图 5-6　特性黏数法测量高分子的溶解度参数

A. 聚异丁烯；B. 聚苯乙烯

2）平衡溶胀法

其原理与特性黏数法相似。将交联高分子样品浸入一系列溶解度参数不同的

溶剂中,样品将发生溶胀。测量达到平衡溶胀时样品的质量溶胀度或体积溶胀度Q,可以认为,与最大Q值对应的溶剂的溶解度参数近似等于高分子的溶解度参数。图5-7给出三种交联高分子样品:交联聚氨酯、交联聚苯乙烯及交联聚氨酯/聚苯乙烯互穿网络的溶胀曲线,对应曲线峰值的溶解度参数视为相应高分子样品的溶解度参数。

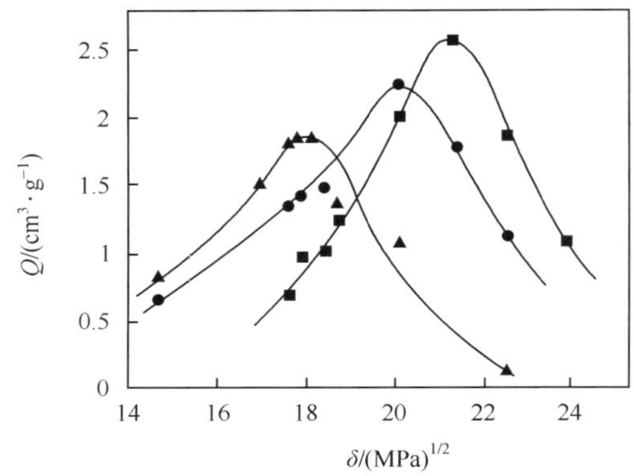

图5-7 平衡溶胀法测量交联高分子样品的溶解度参数

■交联聚苯乙烯;●交联聚氨酯;▲交联聚氨酯/聚苯乙烯

2. 溶解度参数的理论计算

理论上高分子的溶解度参数可根据Small提出的方法,通过计算重复结构单元中各基团的摩尔引力常数(molar attraction constant)F_i之和来计算。

$$\delta = \sum F_i/V_{m,0} = \rho\sum F_i/M_0 \tag{5-11}$$

式中,$\sum F_i$为基团的摩尔引力常数之和;$V_{m,0}$为重复单元摩尔体积;ρ为密度,M_0为重复单元相对分子质量。表5-5列出部分基团的摩尔引力常数。

表5-5 部分基团的摩尔引力常数 F (单位:$J^{1/2}\cdot cm^{-3/2}$)

基团	F	基团	F	基团	F	基团	F
$—CH_3$	303.2	—O—醚,乙缩醛	235.3	$—NH_2$	463.6	—Cl(芳香族)	329.4
$—CH_2—$	268.9	—O—环氧	360.5	—NH—	368.3	—F	84.5
—CH<	175.8	—COO—	668.2	—N< (叔氮)	125.0	共轭	47.7
>C<	65.5	>C=O	538.1	—C≡N	725.5	顺	−14.5
$CH_2=$	258.8	—CHO	597.4	—NCO	733.9	反	−27.6

续表

基　团	F	基　团	F	基　团	F	基　团	F
—CH=	248.6	$(CO)_2O$	1160.7	—S—	428.4	六元环	−47.9
>C=	172.9	—OH	462.0	Cl_2	701.1	邻位取代	19.8
—CH=芳香族	239.6	—H(芳香族)	350.0	—Cl(第一)	419.6	间位取代	13.5
>C=芳香族	200.7	—H(聚酸)	−103.3	—Cl(第二)	426.2	对位取代	82.5

例 1　计算聚甲基丙烯酸甲酯的溶解度参数。

重复单元甲基丙烯酸甲酯中含有一个$—CH_2—$，两个$—CH_3$，一个 >C< ，一个—COO—，相对分子质量为 100.1，聚合物密度为 1.19，根据式(5-11)计算

$$\delta = \frac{1.19}{100.1}(269 + 2 \times 303.2 + 65.5 + 668.2) = 19.13 \quad (J^{1/2} \cdot cm^{-3/2})$$

实验测得的平均值为 18.4～19.5 $J^{1/2} \cdot cm^{-3/2}$，与理论值基本符合。

5.2.1 节中指出，对于有机溶剂和高分子材料而言，常见的内聚力大致有三种：色散力，偶极力和氢键力，因此这些材料的总内聚能应为三种力的贡献之和，以下公式成立

$$\delta^2 = \delta_d^2 + \delta_p^2 + \delta_h^2 \tag{5-12}$$

式中，δ_d、δ_p、δ_h 分别为溶解度参数的色散分量、偶极分量、氢键分量。Hansen 整理大量实验数据，得到一些溶剂和高分子材料的溶解度参数分量见表 5-6 和表 5-7。原则上，高分子在其与有机溶剂的三种溶解度参数都相互接近的情形下，溶解性最好。

表 5-6　部分溶剂的溶解度参数分量　（单位：$J^{1/2} \cdot cm^{-3/2}$）

溶剂	δ_d	δ_p	δ_h	溶剂	δ_d	δ_p	δ_h
水	12.2	22.8	40.4	甲苯	16.4	8.0	1.6
乙醇	12.6	11.2	20.0	环己烷	16.5	3.1	0.0
乙酸乙烯酯	12.9	10.0	8.7	正庚烷	15.3	0.0	0.0
苯	16.1	8.6	4.1	正己烷	14.9	0.0	0.0

表 5-7　部分高分子的溶解度参数分量　（单位：$J^{1/2} \cdot cm^{-3/2}$）

高分子	δ_d	δ_p	δ_h	高分子	δ_d	δ_p	δ_h
乙酸纤维素	18.6	12.7	11.0	顺式聚异戊二烯	16.6	1.4	−0.8
聚氯乙烯	18.8	10.0	3.1	聚乙烯	16.2	0.0	0.0
聚对苯二甲酸乙二酯	19.4	3.5	8.6	聚丙烯	18.8	0.0	0.0

例 2　计算聚对苯二甲酸乙二酯的溶解度参数。

由表 5-7 中查得聚对苯二甲酸乙二醇酯的溶解度参数的色散分量 $\delta_d = 19.4$、偶极分量 $\delta_p = 3.5$、氢键分量 $\delta_h = 8.6$，按式(5-12)计算得到

$$\delta = (19.4^2 + 3.5^2 + 8.6^2)^{1/2} = 21.5 \quad (J^{1/2} \cdot cm^{-3/2})$$

测得溶解度参数，根据式(5-10)就可以计算内聚能密度 $\Delta E/V_m$。表 5-8 列出部分线形聚合物的内聚能密度。由表 5-8 可见，分子链上有强极性基团，或分子链间易形成氢键的高分子(如聚酰胺、聚丙烯腈等)，分子间作用力大，内聚能密度高，此类材料有较高的力学强度和耐热性，可作为优良纤维材料。内聚能密度在 $300 J \cdot cm^{-3}$ 以下的多是非极性高分子，由于分子链上不含极性基团，分子间作用较弱，加上分子链柔顺性较好，使材料易于变形，富于弹性，可作橡胶使用。内聚能密度为 $300 \sim 400 J \cdot cm^{-3}$ 的聚合物，分子间作用力居中，适于作塑料。由此可见，大分子间作用力的大小和内聚能密度的高低对材料凝聚态结构和材料的性能、用途有直接的影响。

表 5-8　部分线形聚合物的内聚能密度　　(单位：$J \cdot cm^{-3}$)

聚合物	内聚能密度	聚合物	内聚能密度	聚合物	内聚能密度
聚乙烯	259	丁苯橡胶	276	聚氯乙烯	381
聚异丁烯	272	聚苯乙烯	305	聚对苯二甲酸乙二酯	477
天然橡胶	280	聚甲基丙烯酸甲酯	347	聚酰胺-66	774
聚丁二烯	276	聚乙酸乙烯酯	368	聚丙烯腈	992

5.2　超分子化学及超分子组装

5.2.1　超分子化学概念

超分子化学(supermolecular chemistry)是一门新兴的处于近代化学、材料科学、生命科学和凝聚态物理学交汇点的前沿学科。经过几十年的发展，已形成一个结构严谨的科学体系。

超分子化学是研究两种以上的化学物种通过分子间相互作用缔结而构成具有特定结构和功能的超分子体系的科学。简言之，超分子化学是研究多个分子通过非共价键作用而形成新功能体系的科学。其基础涉及有机化学及构造分子的合成路线，配位化学及金属离子-配体复合物，物理化学及对相互作用力的实验和理论研究，生物化学及一切起源于底物缔合和识别的生物过程，材料科学及固体的物理、力学性质等。该学科的目标是对分子间相互作用加以控制和利用，在更广阔的范围内去创造新的物质，发现新的过程。超分子化学与凝聚态物理学有深刻的渊

源，它为凝聚态物理学的发展提出崭新的物种（超分子、软物质及组织化物质）和新的凝聚态及转变形式，开拓了凝聚态物理学的研究领域。迄今超分子化学已发展成研究领域广大的超分子科学，成为 21 世纪科学发展的一个重要方向。

超分子化学的严格定义必须包括“确定”（fixation）、“识别”（recognition）及“配位”（coordination）三个基本概念和分子识别、分子转变（switching）及分子易位等过程。首先，分子必须结合，如果不结合就不会起作用。但结合一定是有选择和识别的，如同锁与钥匙必须匹配才能打开。“识别”包括两个分子的几何形状互补匹配和两分子间有可以成键的结合位点等。而且选择、确定与结合时需要参与者之间的亲和力，该力为分子间相互作用力。分子间的相互作用是形成高度专一性识别、反应、输运及调控等过程的基础。这一点有些类似于化学中的配位，只是其强度比金属离子配位键弱，因此超分子化学又可视为广义的配位化学。

图 5-8 给出分子化学与超分子化学关系示意图。分子化学通过控制化学反应从原子得到不同类型物质的分子，超分子化学则将相互识别、配对的分子通过分子间相互作用组装成超分子物种。原子、分子与超分子之间的关系有些类似字母、单词与句子间的关系。与化学中“配体”这一名称不同，组成超分子物种的组分分别称为受体（ρ，receptor）和底物（σ，substrate），其中底物通常指被结合的较小组分。这一命名直接与生物学上受体-底物的相互作用及其高度确定的结构和功能相联系。一对特定的底物 σ 与受体 ρ 选择性地结合后产生超分子 ρσ（$\rho+\sigma \rightarrow \rho\sigma$），其中包含分子识别过程。如果受体除了有结合位点外还有反应功能，则它可能使被束缚的底物产生化学变化而起到超分子试剂或催化剂的作用。一种亲油的膜溶性受体可作为载体使被束缚的底物易位。因此分子识别、转换与易位代表了超分子物种的基本功能。

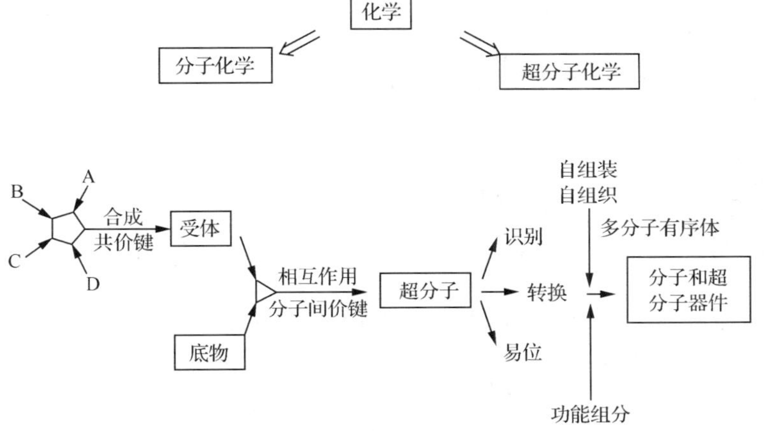

图 5-8　分子化学与超分子化学的关系示意图

摘自：Lehn J-M. 超分子化学——概念和展望. 沈兴海，徐同宽，姜健准，等译. 北京：北京大学出版社，2002

超分子物种具有确定的结构、构象、化学热力学、动力学和分子动力学性质。超分子物种可以按其组分、建筑结构或超结构的空间排列及分子间价键性质进行分类和表征。不同的价键具有不同的强度、取向以及对距离、角度不同的依赖性，是可以区分的。一般来说，超分子物种内的作用力为次价键力，或称为软化学键，强度比共价键弱，因此，超分子物种的热力学稳定性不如化学分子，在动力学上更易变动，更具动态柔顺性。这一特点对于生命体物质获得再生、繁殖功能尤为重要。在生命体系中，分子间相互作用形成了生命现象中许多重要过程，如高度选择的识别、反应、输运和调控。在仿生学设计中，除了需要对给定分子构造中分子间相互作用的能量及立体化学特性有正确的理解外，科学家们还受到很多生命现象中巧妙新颖的设计的鼓舞，并且认识到这种高度的有效性及选择性其实是可以通过化学方法达到的。从这个意义上来说，超分子化学与生命科学紧密联系，使生物学进入分子生物学阶段，为人们探索生命过程的本质和生命起源提供了新思想和新理论。

需要区别“超分子”和“超分子有序体”这两个概念。“超分子”即超分子物种，是指一个受体与一个或多个底物在分子识别基础上按照一定的构造方案，通过次价键缔合形成含义明确的、分立的寡聚分子物种，如一个 $\rho\sigma$ 即是一个超分子。“超分子有序体”则是指数目不等的大量组分通过识别和分子间相互作用自发缔合(组装)，产生某个特定的相态而形成的多分子实体。特定的相态包括薄膜、层结构、囊泡、胶束、液晶及固体结构等。这些相态或多或少地具有确定的微观组织和与结构相关的宏观性质。延续上文的类比，超分子和超分子有序体间的关系有些类似于句子和一篇文章的关系。

超分子化学研究的内容很广，本章只能简要介绍。关于“超分子”主要介绍各种包含化合物，包括冠醚和穴醚，重点介绍高分子包含化合物。关于“超分子有序体”主要介绍两亲化合物及其有序聚集体，以及通过氢键形成的自组装和由分子识别引导的自组装，举例介绍分子器件和超分子器件。大分子自组装是超分子化学的最新发展领域，近年来开展了许多工作，本章对此作简要介绍。

5.2.2 主客体化学和高分子包含化合物

1. 包含化合物概念

几种分子通过分子包含过程而形成的超分子物种称为包含化合物(inclusion compound)。它最早属于主客体化学(或主宾化学，host-guest chemistry)的研究范围。主客体化学是超分子化学的雏形，它与超分子化学之间并没有绝对的界限和区别。主客体化学主要研究主体(通常为较大的有机配体)和客体(通常为较小的分子和离子)的结构、性能关系及相互作用，这其中包括两者的结构互补、分子识别和相互作用的强度(信息交换)。

分子包含的原理很久以来就为人们所知晓。自然界天然存在着结构复杂、性能不同的大环化合物(如维生素 B_{12}、叶绿素和血红蛋白等),以及许多能选择性地识别和运输物质的载体,包括离子载体(Ionophores);也存在分子包含过程(如酶-底物络合和抗体-抗原体系等),以及不同类型的信息传输和能量传输过程(如细胞膜通过选择性透过作用摄取营养和排泄废物)。人们师法大自然,早在 20 世纪 50 年代已发现天然离子载体具有与碱金属配位的能力,而后通过化学手段设计并合成了大量的人造大环化合物和不同类型的载体。1967 年,Pederson 发现冠醚具有与金属离子及烷基伯铵阳离子配位的特殊性能,而后 Cram 将冠醚称为主体(host),与其配合的离子为客体(guest),产生了主客体化学这一新的有机化学研究领域。从本质上看,主客体化学的基本意义源于酶和底物间的相互作用,这种作用可以理解为锁和钥匙间的相互匹配关系。通常,一个高级结构的分子配位化合物由一个主体部分和一个客体部分组成,而超分子化学中,主客体的关系可能是一位"主人"接待众多的客体,也可能是许多主体共同接待一个客体。高分子包含化合物(polymer inclusion compounds)属于后者,由于分子尺寸的巨大差异,必须有大量主体才能很好"接待"一条大分子链。

主客体化学诞生后,大量的研究工作集中在对天然主体的修饰和人工合成新的主体上。重要的例子有,含冠醚的络合物(主要有 Pederson 的工作)、笼形分子(穴醚,主要有 Lehn 的工作)、环糊精、隧道式复合物、人工细胞膜(双分子脂膜,BLM)、层状无机材料及有机材料和 DNA 形成的插入式复合物等,这些物质被用于仿生化学、医药、农业和不同类型工业中。超分子化学有时将分子包含过程用数学符号表示。当一个底物 σ 被受体 ρ 全部包合,则记为$[\sigma\subset\rho]$;当两者只是部分交叠,则记为$[\sigma\cap\rho]$。

高分子包含化合物是主客体化学中相对较新的研究领域,由于高分子尺寸、结构和性能的特殊性,为主客体化学的研究带来新的内容和挑战。人们对高分子包含化合物感兴趣,是因为在这类化合物中被包含的大分子链相对独立,这就提供了一种研究高分子链构象、缠结、分子运动及分子内相互作用的模型体系,同时也提供一种模板聚合法,可用于制造单分子链样品。在应用方面,利用这种特殊包含化合物可以进行高分子混合物的分离以至于分级;也可以设计一些实验来制备具有高结晶度的工程塑料。最常见的高分子包含化合物主体有环糊精、尿素及全氢化三联苯,后文将作简单介绍。

2. 分子识别

主客体包含不是简单的结合,其中包括具有高度选择性的分子识别、信息交换和互补。分子识别(molecular recognition)定义为一个受体选择和结合底物过程中的能量和信息的读取和交换过程。每种化合物都有自身特殊的信息，主客体必须信息互补才能很好地识别和结合。同时，两者互补性越强，结合能越高，包含过程越稳定。

分子的信息包括：分子的尺寸、形状、维数、连通性和结构图的环化度，这些特征用于确定配体的结构指数 L_T。包括结合点的尺寸、形状、个数、电子特性（电荷、极性、极化度及 van der Waals 力）、在受体分子结构中的排布及其最终的反应性（与其他反应如质子化、去质子化和氧化-还原等反应的配合能力）。也包括配体层的厚度、亲水-疏水性、总极性和内外亲脂性等。因此，信息被认为是超分子化学的主要概念，是贯穿超分子领域的主线。从这个意义上来说，超分子化学又称为“化学信息科学”和“分子信息学”。

一个受体 ρ 与底物 σ 要高灵敏度识别和结合需要考虑以下条件：①ρ 与 σ 的立体形状和尺寸互补，即 ρ 与 σ 在适当位置有凹和凸的区域。②ρ 与 σ 的作用力互补，即 ρ 与 σ 在适当位置有互补结合点，如正-负静电力、电荷-偶极作用、偶极-偶极作用和氢键给体-受体等。③ρ 与 σ 有较大的接触区域，即多个相互作用位点匹配。④ρ 与 σ 间有强结合，大区域强结合是获得高稳定性识别和结合的保障。⑤介质效应。介质起重要作用，因为 ρ 或 σ 可以与溶剂分子作用，溶剂分子间也有相互作用，使两者形成几何尺寸匹配的疏水-疏水、亲水-亲水区域。与介质相关的阳离子-阴离子作用会很大程度影响结合的稳定性和选择性。

3. 冠醚和穴醚

冠醚(crown ether，coronand)是一大类含有—$O(CH_2CH_2O)_n$—结构的环状聚醚化合物的总称。Pederson 最早合成得到第一个冠醚化合物——二苯并 18-冠-6，并最早发现它作为主体对碱金属离子(Na^+、K^+等)的包含作用，开创了对主客体化学和超分子化学的研究。二苯并 18-冠-6 的合成路线见图 5-9。其中产物 4 为二苯并 18-冠-6，数字 18 表示冠醚环的原子数，数字 6 为其中的供电(杂)原子数。二苯并 18-冠-6 具有良好的结晶性能和异常的溶解性能。通常高锰酸钾不能

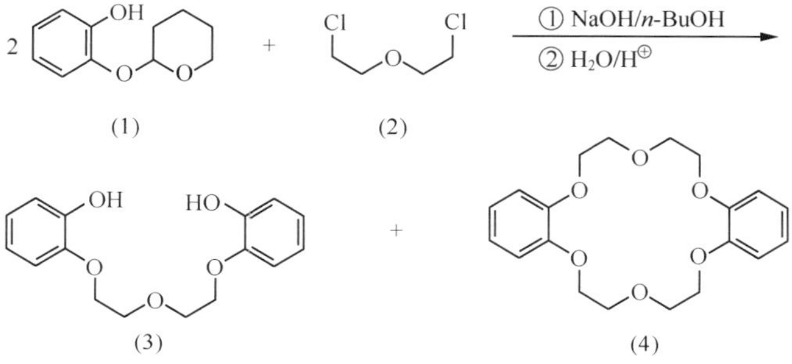

2 (1) + (2) —① NaOH/n-BuOH ② $H_2O/H^{\oplus}$→ (3) + (4)

图 5-9　二苯并 18-冠-6 的合成路线

溶于苯、氯仿等有机溶剂，但加入少许冠醚后，高锰酸钾就可以很好溶解，原因是环状冠醚与钾离子发生了包含作用。

冠醚环的大小通常为 12～30 个原子，供电(杂)原子为 4～10 个。不同尺寸的冠醚可以包含不同尺寸的离子，主客体之间通过交换尺寸信息和亲水-疏水作用相互识别和配合。图 5-10 给出一些常见冠醚的结构式。其中尺寸最小的为 12-冠-4，尺寸再小的由于空腔尺寸太小，很难生成稳定的配位化合物，用处不大。图中还给出带支链的冠醚，称为“套索冠醚”，以及并六元环的冠醚。由于化学家的杰出工作，迄今得到的人工合成冠醚已达数千种。

图 5-10　一些冠醚的结构式

冠醚属于单环化合物，此外还有一类以氮原子或碳原子作为桥头的具有笼状结构的多环形化合物，称笼形分子。由于具有三维的笼状空腔，像一个空穴，又称为穴醚(cryptands)。法国 Strasbourg 大学的 Lehn 教授首先合成此类化合物，几种典型的穴醚结构式如图 5-11 所示。其中前三种分别称为[2.1.1]、[2.2.1]和[2.2.2] 穴醚，以其桥链上供体原子(氧原子)的数目组合命名；后两种分别称为圆筒形穴醚和足球形穴醚，与其外形相似。穴醚具有立体型空腔，空腔体积与桥链长度相关。不同体积的空腔可以配合不同尺寸的离子。

冠醚的特殊结构决定其具有特殊的性能。通常冠醚含若干个乙氧基(—OCH_2CH_2—)重复单元，每含一个亲水的氧原子就相应地含有一个亲油的亚乙基，因此，冠醚化合物处于亲水性和亲油性之间理想的平衡状态。这一结构使之具有广泛的溶解性能。大多数冠醚既能溶于亲水介质(如水和乙醇)，又能溶于亲

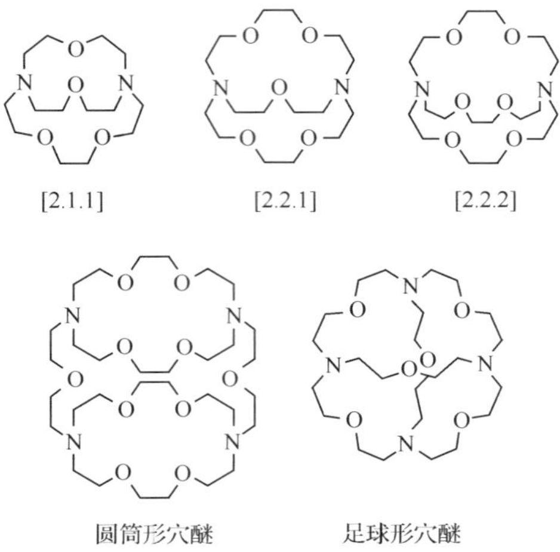

图 5-11　一些穴醚(笼形分子)的结构式

油介质(如苯和氯仿),在不同溶剂中冠醚环的构象会发生改变。在亲水介质中,冠醚环的氧原子朝外,亚乙基朝内,形成一个亲油的空腔;在亲油介质中,极性发生逆转,亚乙基朝外,氧原子朝内,形成一个亲水的、富电子的空腔(图 5-12)。显然,溶液中的阳离子更容易进入富电子的空腔,构成稳定的配位化合物。

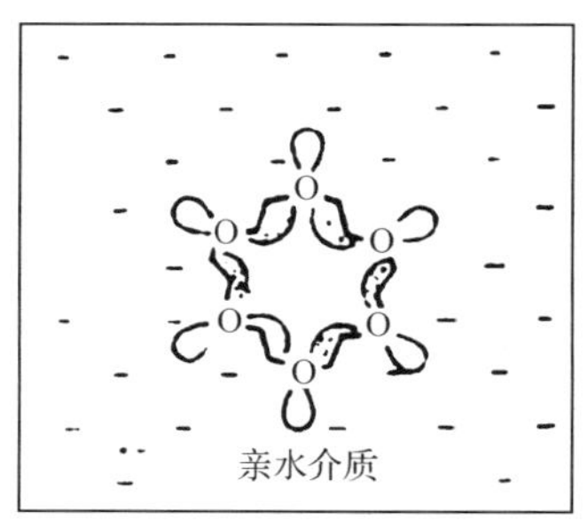

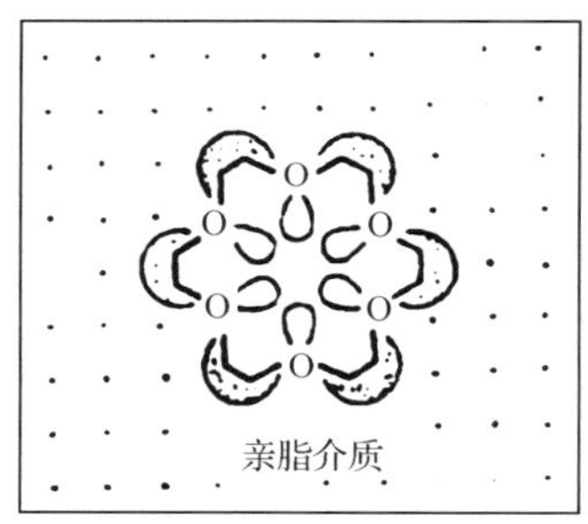

图 5-12　18-冠-6 在不同介质中的构象

除溶剂类型外,环的大小及供电原子的位置等因素都对冠醚-阳离子配位化合物的形成有影响。根据构象分析可知,18-冠-6 的空腔直径为 0.26～0.32nm,而 K^+ 的直径为 0.266nm,因此 18-冠-6 能与 K^+ 形成很好的匹配。当冠醚空腔足够大时,它可以同时与两个阳离子配位。除金属离子外,冠醚也可与其他阳离子(如有机铵离子)配位。

冠醚在促进阳离子在疏水溶剂中溶解的同时也能使阴离子活化。这是因为溶液中的阴离子没有发生配位,几乎是“裸露”在外,且在有机溶剂中只有微弱的溶剂化作用,所以处于活化状态,从而促发一些特殊的化学反应。冠醚的这一特性已被应用于亲核取代反应、酯化反应、加成反应、消去反应、氧化反应、还原反应、重排反应和阴离子聚合反应。原则上，只要化学反应中有离子参与或经过离子型中间体，都可以用冠醚来加以修饰和促进。

穴醚包含阳离子的特性，与冠醚相似。穴醚为具有笼状结构的多环形化合物，它在与金属阳离子形成配位化合物时，会将阳离子尽可能包裹在笼状空腔内部，因此其稳定性比单环冠醚配合物还要高，配位选择性也更严格。这种特殊拓扑结构的配位化合物称为穴状配合物。相对于冠醚配合物，穴状配合物的配位和离解速率都较慢。

4. 环糊精

环糊精(cyclodextrin，CD)是淀粉在淀粉酶作用下生成的环状低聚糖的总称，是人们最早认识的对有机分子具有包含作用的受体。从结构上看，它们是由 6～8 个 D-(+)-吡喃葡萄糖以 α-1，4-糖苷键连成的一类环状低聚糖化合物。根据构象能的计算，少于 6 个葡萄糖形成的大环因空间位阻高，结构是不稳定的。常见的环糊精分别由 6、7 和 8 个吡喃糖组成，称为 α-CD、β-CD 和 γ-CD，其结构式及环心孔洞大小如图 5-13 所示。

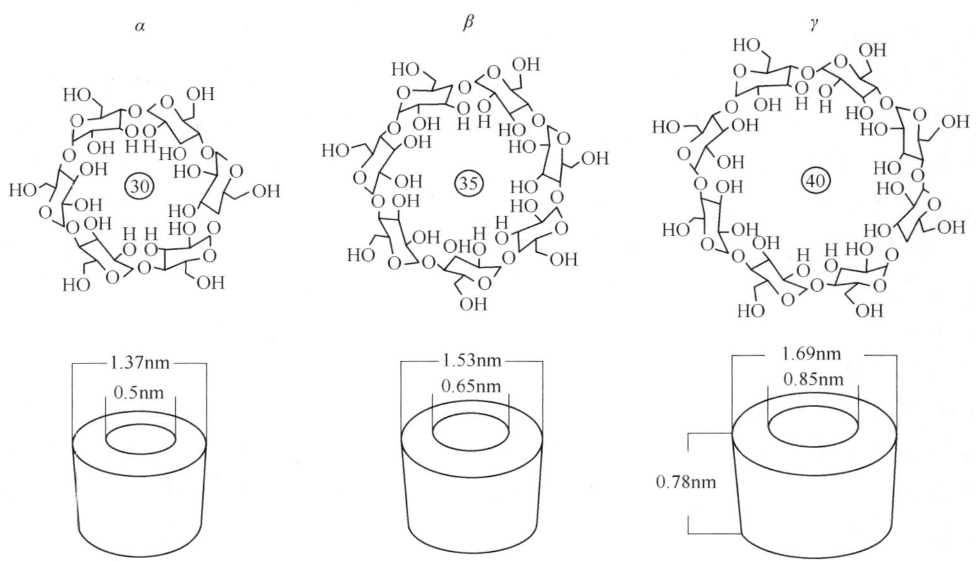

图 5-13　α-CD、β-CD、γ-CD 的结构和大致尺寸

环糊精的外形像一个面包圈，从侧面看呈倒梯形，上圈比下圈稍大。环中所有葡萄糖单元都保持椅式构象，围成一个具有一定直径的空腔。腔内除了醚键就是碳氢键，故具有疏水性。葡萄糖单元上的羟基向环外伸展，使外表面具有亲水性。

这种结构使环糊精能很好溶于水中，而内腔可以容纳尺寸匹配的有机分子。α-CD，β-CD 和 γ-CD 的内空腔直径分别为 0.5nm、0.65nm 和 0.85nm。

环糊精本身可视为由多个葡萄糖单元自组装形成的超分子物种，形成超分子的驱动力是氢键作用。环糊精中每一个葡萄糖单元上的仲羟基都能与相邻葡萄糖单元上的仲羟基形成氢键，使环糊精具有一定的强度。环糊精最吸引人的特点是其作为主体(host)的能力，它可以和很多种客体物质形成包含化合物。客体物质被包在环糊精的空腔中，如稀有气体，非极性及极性的无机、有机化合物，有机、无机离子，众多芳香化合物的苯环和脂肪族化合物的非极性烃链等都可以进入环糊精的空腔内，一般形成 1∶1 包含化合物。环糊精与客体分子形成包含化合物的一个基本要求是尺寸的识别和匹配，即对体积的选择性(表 5-9)。

表 5-9　环糊精空腔与客体分子体积之间的关系

环糊精类型	葡萄糖单元数	空腔内径/nm	环的大小	匹配的客体分子
α-CD	6	0.5	30	苯、苯酚
β-CD	7	0.65	35	萘、1-苯胺基-8-磺酸萘
γ-CD	8	0.85	40	蒽、冠醚、1-苯胺基-8-磺酸蒽

环糊精作为主体除可包含客体外，还能或多或少地改变被包含客体的物理化学性质，有时对客体具有类似酶的作用，可以有效地选择性地将客体分子转化成另一类化合物。环糊精应用研究中最典型的成就是酶模型和人造酶方面，其主要研究目的是模拟酶与特定底物的结合能力。这种结合不生成新的共价键，因而迅速、可逆并有选择性，可用于催化一些重要的化学反应。

环糊精与高分子的包含化合物的研究起步较晚。20 世纪 90 年代初，Harada 等发现了环糊精可以与一些极性高分子，如聚氧乙烯(PEO)、聚氧丙烯(PPO)及聚乙烯甲基醚(PVME)形成结晶性包含化合物。产率与环糊精的大小及高分子的极性等因素有关，如表 5-10 所示。其中 ＋ 表示产率较高，＋＋ 表示产率很高，－表示产率极低。表 5-10 中显示单体横向尺寸小的 PEO 分子链可以穿过内腔尺寸较小的 α-CD，而尺寸较大的 PPO、PVME 分子链则与内腔尺寸较大的 β-CD 和 γ-CD 配合较好。这种选择性可以用来分离高分子混合物、嵌段化合物和均聚物的混合物等。环糊精与非极性及离子型高分子也可以形成络合物，表 5-10 中看到非极性的聚异丁烯(PIB)可以与 γ-CD 很好的配合。环糊精还可作为模板引导大分子聚合，文献报道在 β-CD 中合成的 PAN 具有立规度选择性，当 β-CD/PAN 比例增加时，PAN 的等规度得到提高。以环糊精为基本单元的纳米级微管状高分子最近也被设计和制造出来。

由于尺寸上的差别，环糊精-高分子包含化合物的一个特点是多个主体包含一

表 5-10 环糊精与其他高分子形成的固态络合物

大分子	α	β	γ
PEO	++	−	
PPO	−	++	++
PVME	−	−	++
PIB	−	+	++

个客体，即中空圆台形的环糊精顺序穿入高分子。这种超分子组装在文献中称为分子项链。因为穿上的环糊精还可能脱落，所以产率较低。解决的办法是用大的基团在分子项链形成后锁住高分子链的两端，这样的超分子包含化合物称为 polyrotaxane。

5. 隧道式复合物

能够与大分子链实现包含的另一类物质是隧道式复合物（tunnel composites）。典型的例子有尿素（urea）和全氢化三联苯（PHTP）自组装体。隧道式复合物作为主体，可以将整条分子链包含在隧道中，隧道长度能够按分子链的长度而调节。

尿素分子含有等物质的量的氢键给体和受体，能够自组装成规整的蜂窝状超分子结构，如图 5-14(a)所示，孔洞有效直径为 0.5nm，为憎水性孔洞。该结构同时沿轴向螺旋生长，每 6 个尿素分子重复一圈，形成孔洞直径 0.5nm 的无限长憎水隧道，见图 5-14(c)。尿素实现自组装的驱动力来自氢键的作用。人们很早以前就发现了尿素的包含功能，并成功地用于分离石油裂解产物中支链和直链烷烃的混合物。

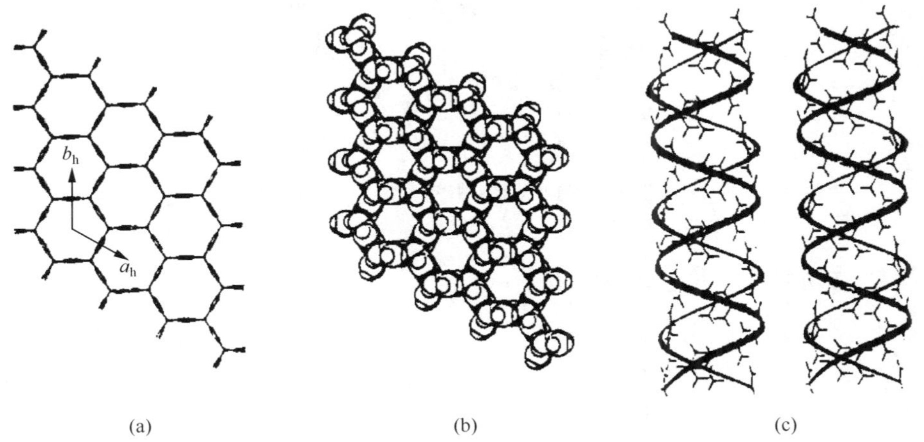

图 5-14 尿素包含化合物的结构

(a) 棒状结构（$a_h=b_h=0.822$nm）；(b) 表明了范德华半径；(c) 主体隧道的带状结构，每 6 个尿素分子重复一圈

关于尿素包含大分子的研究是近 20 年的事情。主要研究尿素和高分子的包含化合物，高分子在尿素隧道中的构象和结晶行为，以及单体在尿素隧道中的高立构规整性聚合。涉及的高分子有聚乙烯、聚丙烯、聚氧乙烯、1,3-聚丁二烯、聚异戊二烯、聚四氢呋喃、聚己(酸)内酯、聚丙交酯和聚丙烯腈等。尿素与环糊精的不同之处在于：尿素-高分子包含化合物是一边形成主体网络隧道，一边包含高分子链；而环糊精-高分子包含化合物是中空圆台形的环糊精逐个包含高分子链。

还有一类重要的隧道式包含化合物的主体是全氢化三联苯(PHTP)组装体。全氢化三联苯是具有 D_3 对称性的手性分子，它们通过 van der Waals 力组装成超分子隧道，隧道内腔具有憎水性，无极性，如图 5-15 所示。图中尺寸表示，隧道截面只能包含一根分子链，因此可用于研究受限的高分子单链的行为。该隧道还可用于大分子的模板聚合，这种聚合是纯的固态聚合，自由基寿命长，具有较多的活性聚合特性。这种聚合还具有很好的控制大分子构型、立构性及构象的能力。

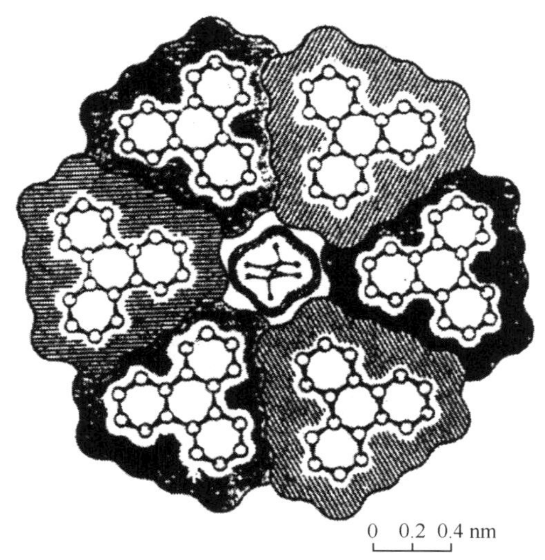

图 5-15　全氢化三联苯(PHTP)的结构及它与高分子链形成的包含化合物

5.2.3　两亲化合物及其有序聚集体

5.1.2 节曾介绍亲水-疏水作用是四大分子间相互作用之一，具有特殊的重要性。亲水-疏水作用多发生在两亲性分子(amphiphilic molecule)物质中。典型的代表有表面活性剂、乳化剂和偶联增容剂等。

当两亲分子物质溶于水中，根据浓度不同，会在溶液表面或内部形成多种结构和形态的有序聚集体。按照超分子有序体的定义，这些有序聚集体是由数目不等的两亲分子通过识别和亲水-疏水作用自发缔合产生的多分子实体，具有特定的相态。这些相态包括单分子层膜、双分子层膜、胶束、溶致性液晶和微泡体(囊泡)等。

表面活性剂浓度很小时,漂浮于水面,能显著改变水的表面张力。在亲水-疏水作用下两亲分子中的亲油组分会朝向空气相,亲水组分朝向水相。如果亲油组分呈长链状,则会在两相界面形成定向排列的单分子层膜,或称为单分子刷(图 5-4)。这是最简单的两亲分子有序聚集体。

随着浓度增大,两亲分子在溶液中形成的有序聚集体花样繁多。当浓度超过一个临界浓度后两亲分子会缔合成胶束(micelles),该浓度称为临界胶束浓度(cmc),这是配制乳液的最低浓度。构成胶束的分子单体数目称为聚集数。通常离子型表面活性剂的聚集数较小,约 10～100 个分子单体即可形成胶束;而非离子型表面活性剂的聚集数可达到数千,胶束体积比离子型表面活性剂胶束体积大。与离子型两亲化合物相比,非离子型两亲化合物间由于相互作用弱,因此临界胶束浓度低。

聚集数较小的胶束漂浮在溶液中,一般为球状[图 5-16(a)]。聚集数增加时,分子单体向球形胶束内紧密填充受到阻碍,于是发生胶束的非对称性增长。当表面活性剂浓度增大到大约 10 倍 cmc,胶束开始变成椭球状,继而再变成圆柱状[图 5-16(b)和(c)]。胶束形状出现非对称性增长的浓度称为第二临界胶束浓度。浓度继续增加,圆柱状胶束会凝聚成规则的层状,构成层状相溶致性液晶[图 5-16(d)]。形成层状相液晶的临界浓度称第三临界胶束浓度。如果活性剂是胆甾醇衍生物或手性两亲分子,则各层状相会按一定角度盘绕,形成螺旋结构和类似胆甾型结构的液晶。

胶束是由单分子层膜演变而来。此外,当浓度增大时,两亲分子不是聚集成球形胶束,而是形成双分子层膜[图 5-16(h)]。在水溶液中,双层膜上两亲分子的亲油端指向膜内,相互聚集,而亲水端朝向膜外。浓度继续加大,双层膜横向扩展,达到一定程度,膜面会自动弯曲,扩展的端面融合,形成一个闭合的微泡体。微泡体(vesicles)是两亲分子有序聚集体的另一种形式,通常呈球形或椭球形结构,其中具有单间或多间小室[图 5-16(i)和(j)]。在水溶液中,微泡体外表面是亲水的,能很好地漂浮于水中;内表面也是亲水的,其内泡也充满了水。

双分子层膜演变成微泡体的过程可这样理解:图 5-16(h)中,双分子层膜的端面暴露着大量亲油端基,外环境为水,显然这种状态能量高,不稳定。当双分子层膜扩展时,其端面有自动弯曲、融合,并形成闭合微泡的趋势。因为只有形成微泡,所有的亲油端基才会包藏在膜内,不与水接触。这种状态能量低,是稳定的。形成微泡的驱动力为亲水-疏水作用。

由两亲分子形成的有序聚集体还有很多花样。图 5-16(e)是两亲分子在油溶液中形成的反相胶束(inverted micelles);图 5-16(f)是两种乳化剂共同形成的反胶束;图 5-16(g)是两种乳化剂共同形成的正相胶束。

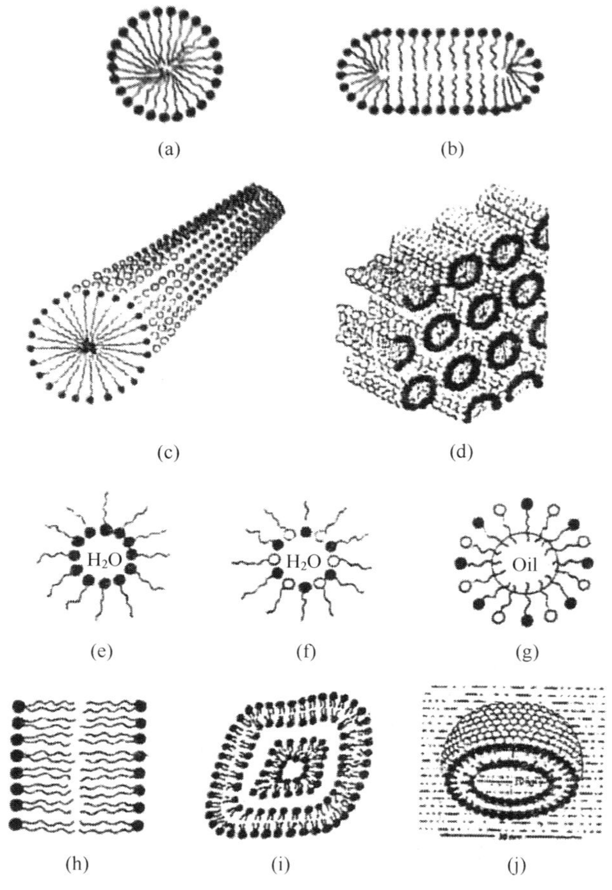

图 5-16　两亲分子的各种聚集结构示意图

(a) 球形胶束；(b) 椭球形胶束；(c) 柱状胶束；(d) 向列形柱状胶束；(e) 反胶束；(f) 两种乳化剂反胶束；(g) 两种乳化剂胶束；(h) 双分子层；(i) 多室微泡体；(j) 微泡体

由闭合的双分子层膜形成的微泡体在结构上与细胞膜非常相似，因此一直作为生物膜模型被广泛关注。生物膜脂质主要成分是磷脂，还有糖脂及胆固醇等。由于脂质(如磷脂)分子含有极性的具有强亲水性的头部和由两条烃链组成的非极性的亲油性的尾部，是典型的双亲性分子。在含水环境中，双亲性磷脂分子为了尽量避免疏水的烃链与水接触，将通过不同的有序排列方式形成各种形状的聚集体。一种聚集体是微泡体，另一种是层状溶致性液晶(图 5-17)。无论何种结构，磷脂的非极性尾部都避开水而伸向聚集体内部或空气一侧，极性的头部则伸向聚集体表面与水接触。浓度增大时，双分子层膜为了将自由边缘上暴露的非极性烃链也包藏在膜的内部，有自发形成封闭的微囊结构的趋势，称为生物膜脂质液晶的自发闭合性。这种性质在细胞起源、细胞分裂以及细胞内吞与外排过程中都具有重要的作用。

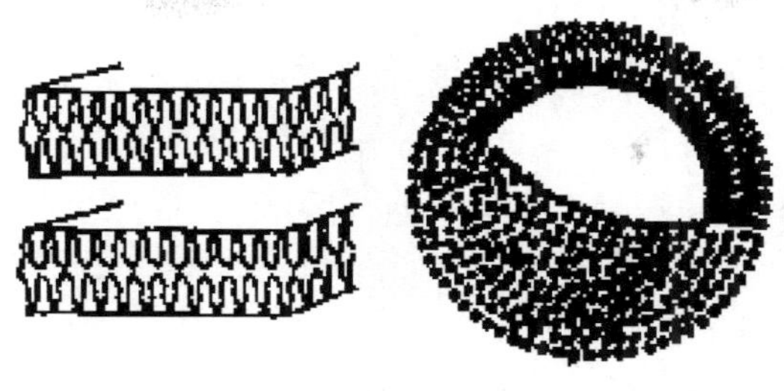

图 5-17　双亲性磷脂分子形成的有序聚集体

两亲分子的有序聚集体已广泛应用于许多领域，如乳液聚合、微乳液聚合、反相微乳液聚合、光化学太阳能的转换和储存、分子识别和输运、药物的胶囊化缓释以及为底物和酶提供独特的微环境等。

生物膜结构是细胞膜结构的基本形式，参与许多重要的生命活动及病理过程，如物质运输、能量转换、细胞识别及免疫、代谢调控、细胞分裂、肿瘤细胞的恶性转化及病毒感染等。研究生物膜的结构与功能，有助于人们加深对未知生理与病理机制的探索。

研究生物膜脂质液晶的自发闭合性不仅对生命科学的研究具有重要意义，人们还利用该效应开发了新型的药物脂质体和基因脂质体。例如，将蛋白质类药物包裹在脂质体中，制备成药物脂质体，不但能保护其中药物的生物活性，而且能延长药物在体内的半衰期，有持续释放药物的特点，被称为药物“微库”。如果在药物脂质体的表面结合有抗肿瘤细胞特异抗原的抗体，那么这种脂质体只能与相应的肿瘤细胞结合，而不能与正常的组织细胞结合，这样的药物脂质体还具有特异性靶向载体的作用。在遗传工程等分子生物学实验中，人们把脂质体液晶作为生物大分子的载体，将 DNA 和 RNA 等导入受体细胞，改变细胞的遗传特征。例如，先把 DNA 或 RNA 包封于中性脂质体内，经过脂质体与细胞膜的融合作用或细胞的内吞作用把 DNA 或 RNA 导入受体细胞内。在这一过程中，脂质体液晶能保护基因不被降解，经表面修饰后，还有专一性导向靶细胞的功能。

5.2.4　分子组装和超分子组装

组装(assembly)是超分子化学中的专有名词。分子组装一般是指同种或异种分子之间，通过组分性质的关系(几何结构、分子间结合位和极性-非极性范围等)缔合形成长程组织的过程。其产物称为组装体或超分子有序体，具有比较固定的结构和构造，并能提供特殊的性能和功能。当组装是通过分子中特殊位置的次价键力而形成时，则称为超分子组装(supramolecular assembly)。

自组装(self-assembly)是指通过一些或许多组分的自发识别、自发连接而朝空间限制方向发展形成组装体的过程。它包括的范围较广,可以是在分子层面通过共价键形成的自组装,也可以是在超分子层面通过非共价键形成的自组装。结晶就是自组装的一个例子。人们熟悉的球状富勒烯(C_{60}和C_{70})、碳纳米管和石墨烯是受限制的共价自组装的实例(图 5-18 和图 5-19)。双亲分子形成的层结构、膜结构、胶束、乳液和囊泡是超分子自组装的实例(图 5-16)。

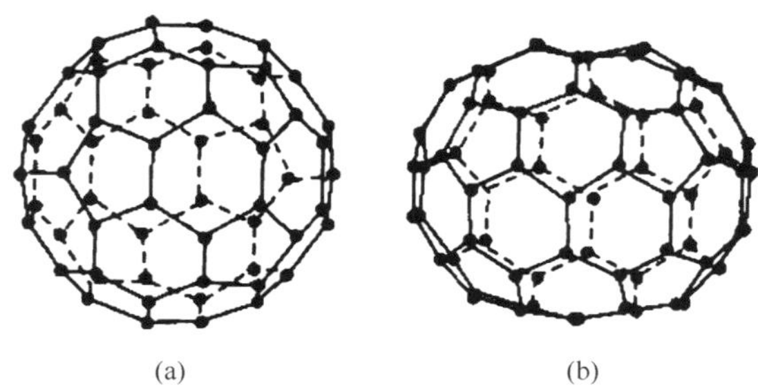

(a)　　(b)

图 5-18　C_{60}(a)和C_{70}(b)的分子结构示意图

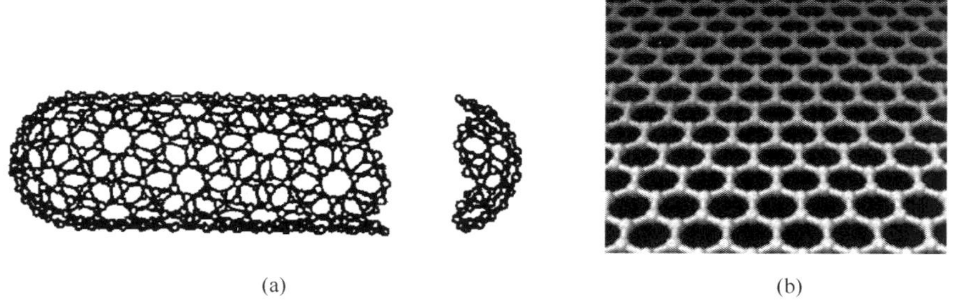

(a)　　(b)

图 5-19　单层纳米碳管(a)和石墨烯(b)示意图

组装与化合、聚合、共聚合及交联不同:后几种过程是依靠形成共价键的化学反应进行的不可逆的过程;组装具有可逆的性质,且经常由于协同效应及热力学转变而加强。

1. 通过氢键形成的自组装

由互补的氢键加上分子识别形成的自组装在溶液、液晶和固态物质中都有发生,其中分子的外形和尺寸,特别是氢键给体和受体相对位置的排列对超分子阵列的合理镶嵌十分关键。一类特殊的分子称为 Janus 分子,这是一类具有双面氢键识别单元的分子,如图 5-20 所示的巴比妥酸(BA)和 2,4,6-三氨基嘧啶(TAP)分子。Janus 分子的特点是当两个亚单元结合成一个整体时,新单元仍然拥有两个识别面，于是可以继续识别并组装。假如Janus分子的两个识别面相同，称为同位点型；若不同，称为异位点型；若两面互补，称为自我互补型。每个识别位点可以包含1个、2个或3个氢键给体(D)或受体(A)，分别称为单齿、双齿或三齿识别位点。

图5-20中的巴比妥酸(BA)和2,4,6-三氨基嘧啶(TAP)均为同位点型三齿Janus分子，两者之间是互补的。首先，两种分子识别面的几何形状互补，巴比妥酸的识别面外凸而三氨基嘧啶的识别面内凹，恰好匹配；其次，两种分子的识别面分别含有三对互相匹配的氢键受体和氢键给体，可以结合成三个氢键，属于多位点结合。因此依靠识别和多位点氢键相互作用，巴比妥酸和三氨基嘧啶可组装成带状超分子或环状超分子。实验还得到过玫瑰花窗结构、宽带结构及卷曲带结构的超分子，结构都相当稳定。

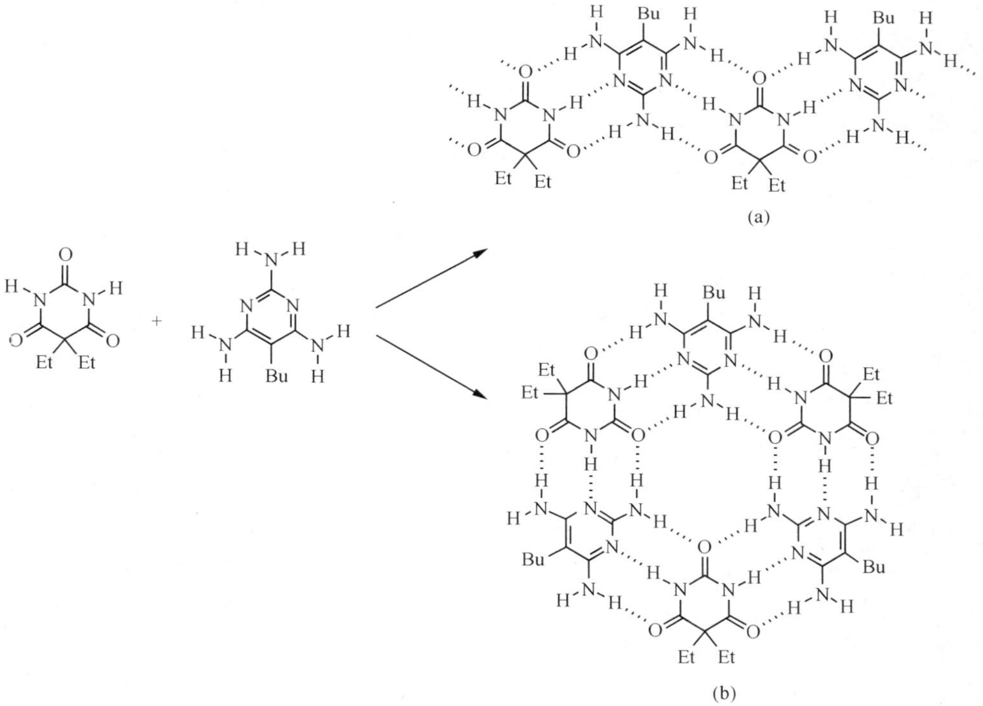

(a)

(b)

图5-20　巴比妥酸和2,4,6-三氨基嘧啶分子及其组装的带状超分子(a)和环状超分子(b)

具有双面识别单元的Janus分子还有很多其他类型。图5-21给出几个三杂环Janus分子，它们包含尿嘧啶、胞嘧啶和鸟嘌呤类型的三齿氢键作用位点，属于同位点型Janus分子。由氢键与分子识别形成的自组装在生物大分子中具有十分重要的地位，它们是构成天然核酸双链螺旋结构和鸟嘌呤等超分子大环的基础。

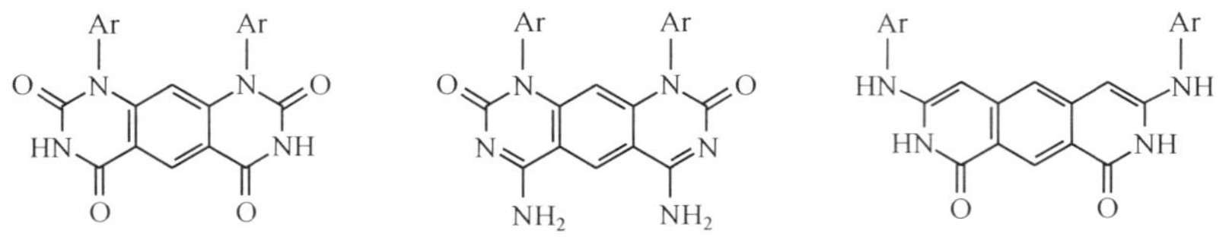

图 5-21　几种三杂环 Janus 分子结构图

2. 由分子识别引导的自组装

分子组装离不开分子识别。分子识别是通过交换信息完成的，信息是指受体、结合点或配体层的几何特性、电子特性及相互作用力的相似性或互补性等。

2，6-二氨基嘧啶(P)和尿嘧啶(U)是具有几何形状互补和氢键作用互补的杂环分子(图 5-22)。它们分别能与左旋(L-)、右旋(D-)或内消旋(M-)酒石酸的长链衍生物(统称 T)缩合，得到 LP_2、LU_2、DP_2、DU_2、MP_2、MU_2 等化合物(统称 TP_2、TU_2)，这些化合物每一种都有两个相同的单元 P 或 U。将其中任一种含 P 的化合物与另一种含 U 的化合物在溶液中混合，如(LP_2+LU_2)、(DP_2+LU_2)、(MP_2+MU_2)，得到由分子识别引导的超分子组装体 (TP_2、TU_2)$_n$。组装体与纯化合物 P 或 U 的性质不同，与 TP_2、TU_2 也不同(转换和易位)。TP_2、TU_2 是普通固体，而组装体 (TP_2、TU_2)$_n$ 具有巨大“相对分子质量”和六棱柱状结构，是一种液晶温度范围很宽的热致性液晶。液晶温度范围从小于 25℃直到 220～250℃。

图 5-22 给出 TP_2、TU_2 和它们的组装产物 (TP_2、TU_2)$_n$ 结构示意图。图中可见 TP_2 和 TU_2 通过分子识别及多位点的氢键作用组装成一个超分子。有趣的是，由不同构型的酒石酸异构体得到的超分子的结构不尽相同。X 射线衍射分析表明，虽然都是六棱柱结构，但左旋的 (LP_2、LU_2)$_n$ 的数据与由 3 个聚合链形成的三链螺旋的超结构圆柱一致，而内消旋的 (MP_2、MU_2)$_n$ 的数据与三链曲折构象模型的数据相似。这说明组分的手性对超分子组装体的结构有重要影响。

分子识别中交换的信息有很多种。信息可被存储在受体结构中、其结合点处或在配体层中。受体结构的信息有尺寸、形状、维数和连通性等；结合点的信息有电子特性(电荷、极性、极化度和 van der Waals 力)、尺寸、形状、个数、在受体中的排布及最终反应性等；配体层的信息有厚度、亲水及疏水性、总的极性和内外亲脂性等。在分子组装过程中这些信息被读取和存储。重要的是，分子间信息的互补和加强有助于相互识别，形成组装。互补的形式多种多样，如几何形状的凸和凹，一方氢键给体和一方氢键受体等。图 5-23 给出两种互补分子识别和组装的示意图，其中一种分子有象征性的突出，另一种分子在相应位点有凹陷，两种分子混合，在分子识别和信息互补的引导下能组装成超分子。一个实例是 2，6-二氨基嘧啶(P)和尿嘧啶(U)的长脂肪链衍生物，将它们按 1∶1 混合，两种互补的分子组装成

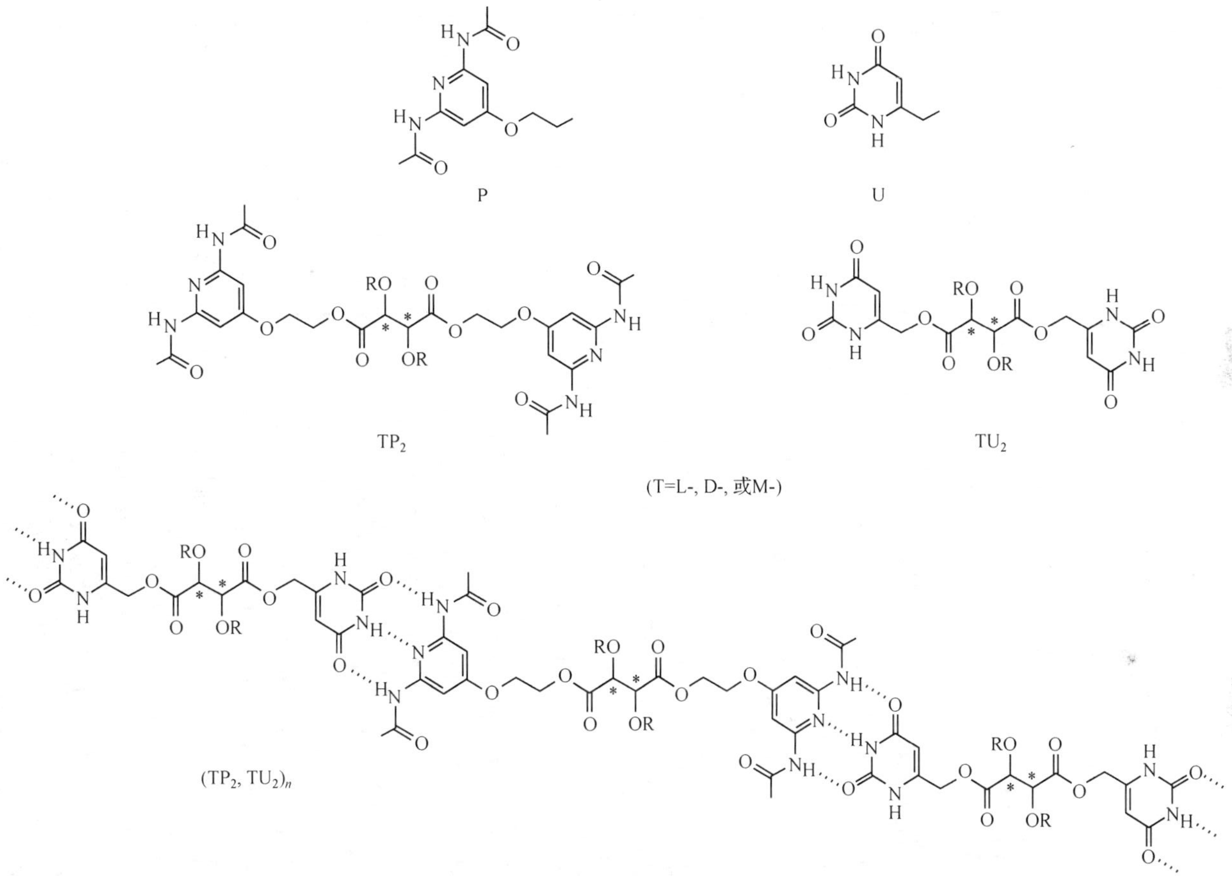

U　P　TU_2　TP_2

(T=L-, D-, 或M-)

$(TP_2, TU_2)_n$

图 5-22　2,6-二氨基嘧啶(P)、尿嘧啶(U)与不同手性酒石酸(T)的缩合物 TP_2、TU_2，以及由互补的 TP_2、TU_2 通过分子识别组装的超分子 $(TP_2、TU_2)_n$

$R=C_{12}H_{25}$

六棱柱形的介晶超分子(图 5-23)。

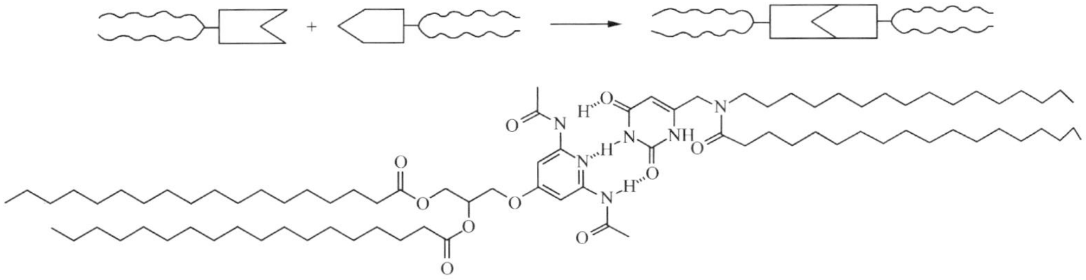

图 5-23　2,6-二氨基嘧啶和尿嘧啶的长脂肪链衍生物互补、组装示意图

假如两种互补分子的信息点都是双位点的,这样的组装可以延续进行直至形成相对分子质量巨大的主链形超分子共聚物(图 5-24)。

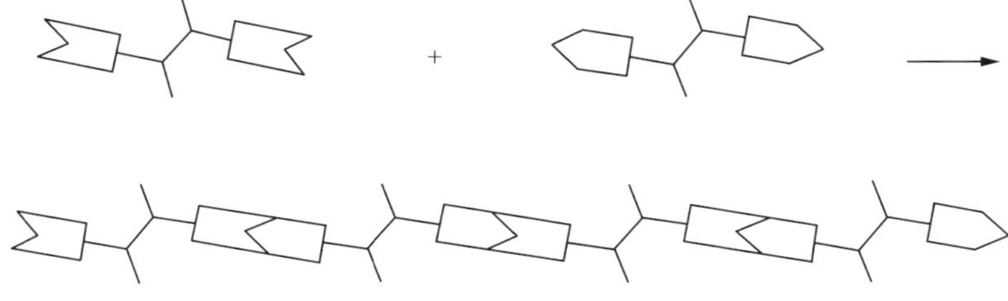

图 5-24　双位点互补分子组装成主链形超分子共聚物示意图

推而广之,如果互补分子的信息点是多位点,而且位点不处于同一平面内,具有立体结构,则组装产物可以是支链形超分子共聚物、树枝形超分子共聚物或交联形超分子共聚物(图 5-25)。我们看到超分子化学与聚合物化学结合产生了一个内容丰富的研究领域,称超分子聚合物化学(supermolecular polymer chemistry)。

超分子聚合物化学可定义为:研究有目的地控制分子间作用力,并通过分子识别及信息互补进行组装(或通过侧链基团的缔合)形成主链型(或侧链型)超分子聚合物的科学。这些超分子聚合物具有相当大的稳定性,表现出活性聚合物的特征,可以按要求生长或缩短,可以重新安排它们的作用方式,交换组分,经历韧化、恢复和适应过程。通过引入封端识别单元可以对其生长进行控制。

超分子聚合物化学既是动态的又是组合的,因此超分子聚合物被认为是动态组合材料。与以共价键结合的常规聚合物比较,超分子聚合物更“软”,更移变动、重组和修复。第 6 章将要介绍的主链型超分子液晶和侧链型超分子液晶是组合型超分子聚合物的重要实例。另外,对于大分子间的超分子缔合而言,缔合的识别位点既可以定位在主链上,也可以定位在侧链附属物上。也就是说,超分子的缔合既可以出现在大分子间,也可能出现在大分子内。这一特点导致了大分子实体链的

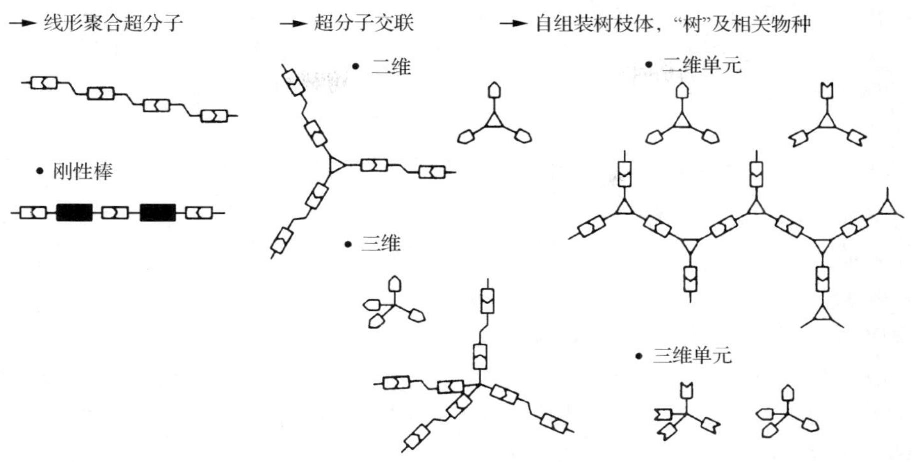

图 5-25　一些超分子聚合物的超结构类型

折叠和结构化。后一种超分子-分子内的相互作用是生物大分子和控制蛋白质折叠过程中的关键，代表了一个活跃的研究领域。

5.2.5　分子器件和超分子器件

分子器件(molecular device)定义为：由一些特殊组分以适当方式组成结构有序且功能完整的化学体系。器件的功能源于组分所执行的基本操作的综合，根据组分是否具有光、电或离子活性，分别称为光子器件、电子器件或离子器件。

如果组分之间以非共价键结合，器件称为超分子器件，属于超分子化学范畴。但现在将以共价键结合的分子器件也归为超分子物种，因此后文不再特意区分分子器件和超分子器件。

分子识别在形成分子器件中起重要作用，分子识别过程会引起电子、离子、光学和构象特征的变化，并转换为某一信号的产生。在分子识别中，利用三维的信息存储/读取操作，结合物质的转化和易位，可以设计出在分子和超分子水平上进行信息和信号处理的器件。以下举例说明。

1. 分子导线

在分子水平上进行电操作离不开分子导线和分子开关。一种分子可能成为分子导线(molecular wire)，结构上应有以下特征：①具有由 π 键形成的共轭长链，允许电子传导；此外，张紧的 σ 键也可看成电子通路，体现分子导电特征。②终端具有电活性和极性基团，能进行可逆的电子交换。③具有足够长度，以便跨接一些典型的分子支撑物(如单层或双层膜)，实现电荷输运。采用分子组装或超分子组装可以在分子层面实现上述要求。

Lehn列出几种可用作分子导线的分子或超分子：胡萝卜素紫精(CV^{2+})、线性共轭卟啉阵列、长链刚性芳香族分子、两亲的双核黄素以及寡聚噻吩等，一些结构式见图5-26。

胡萝卜素紫精(CV^{2+})具有共轭聚多烯长链，全反式构型，两端各有一个亲水的N-取代的吡啶鎓，兼有胡萝卜素的结构特征和甲基紫精的氧化-还原性。将其以跨膜的方式结合于二-十六烷基磷酸盐双层囊泡的内外表面之间，以期实现囊泡内外介质间的电荷转移。但实验发现，用纯胡萝卜素紫精(CV^{2+})分子跨接不足以实现电荷转移，原因可能是膜表面的负电子多，改变了CV^{2+}的氧化-还原电势。

改性胡萝卜素紫精，使端基接上负离子基团[图5-27(a)]，将含有两性离子的胡萝卜素紫精分子跨接于磷脂囊泡的内外壁之间，发现它确实能提供分子水平上的导电能力。图5-27(b)中，当囊泡的一侧为还原剂(如连二亚硫酸钠)，另一侧为氧化剂(如铁氰化钾)，由于胡萝卜素紫精分子的导电能力，观察到跨越双层膜的电子跃迁。

制备分子导线的途径很多。Miller等以多并苯醌为原料，经Diels-Alder反应和芳构化反应，合成了长度分别为3.06nm、5.28nm和7.50nm的分子导线。也有采用导电聚合物(如聚乙炔和聚硫氮化物)制备分子导线。瑞士科学家Pekker等在一种特制的梯形炉内，在高温下使C_{60}蒸气与金属钾蒸气反应，得到黑色$(C_{60}K)_n$聚合物晶体，聚合度超过10^5，结构如图5-28所示。这种通过[2+2]环加成反应得到的链状C_{60}-碱金属聚合物具有与金属媲美的导电性，可能成为新的分子导线材料。

2. 分子开关

分子开关(molecular switch)是通过双稳态或多稳态超分子实现的。双稳态是超分子体系的一个特性，指体系存在两个或多个热力学稳定态。所谓开关，是指通过外场激励控制超分子在不同状态间转换，从而控制和改变超分子的配位和选择性。外场包括光子作用、电子作用、离子作用、磁场作用、热作用及机械作用等。分子开关可用于制备多种分子级的转换器件。

图5-29给出几个具体例子。①通过分子内或分子间的氢键调节，改变主体的配位选择性。图5-29(a)为经化学修饰的β-环糊精，上沿带两个支链，这两个支链在不同pH的溶液中状态不同：pH=7时支链间形成两个氢键，pH=11时氢键被打开。显然在氢键“有”和“无”两种状态下环糊精内核对客体分子的包含能力是不同的，属于一种分子开关。②利用氧化-还原反应实现笼状分子的打开与闭合，改变其配位选择性。图5-29(b)是一种含硫的穴醚多环化合物，通过氧化-还原反应可控制S—S键的“开”和“闭”，实现在双稳态间的转变。两种状态下笼形分子的

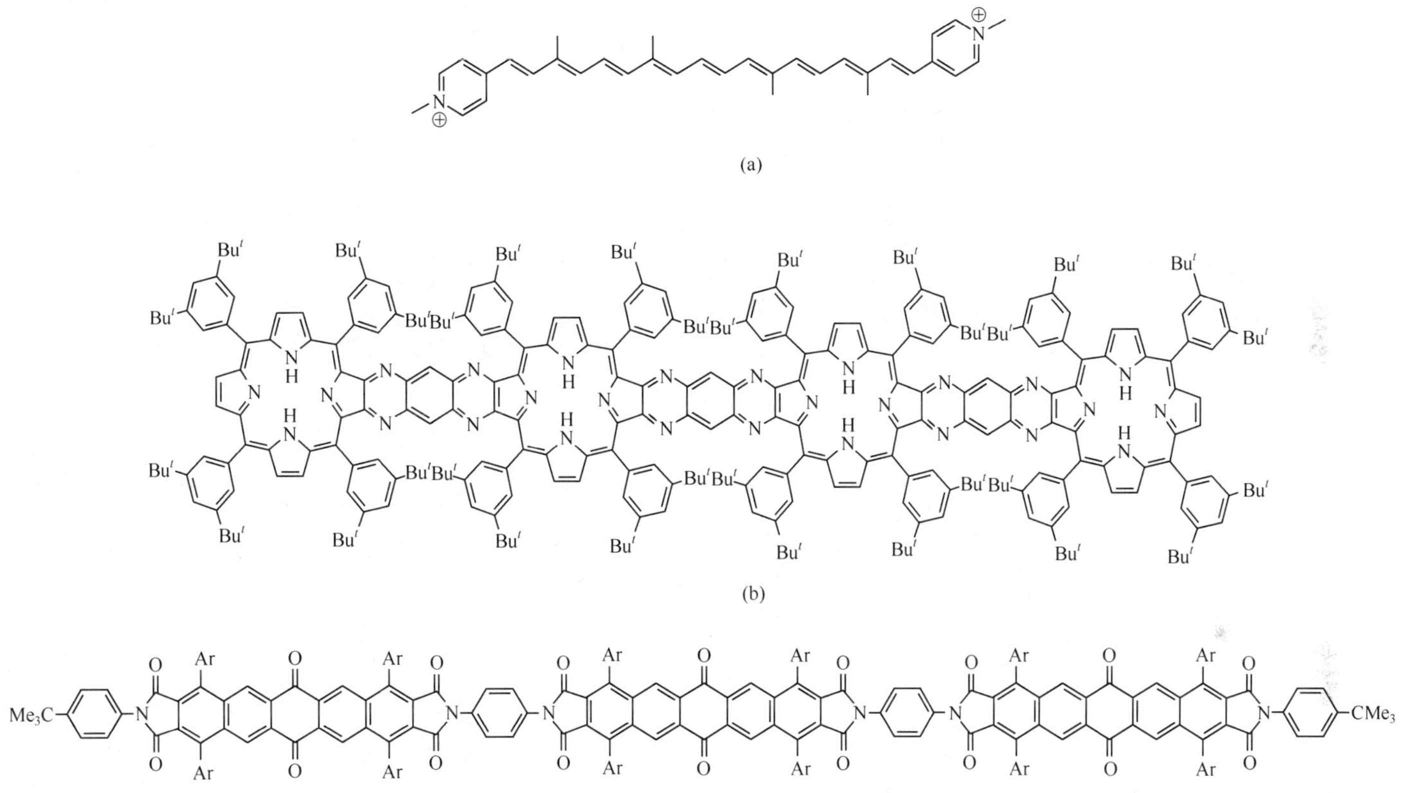

(a)

(b)

(c)

图 5-26　胡萝卜素紫精(CV^{2+})、线性共轭卟啉阵列和长链刚性芳香族分子结构式

(a) 胡萝卜素紫精;(b) 线性共轭卟啉阵列;(c) 长链刚性芳香族分子

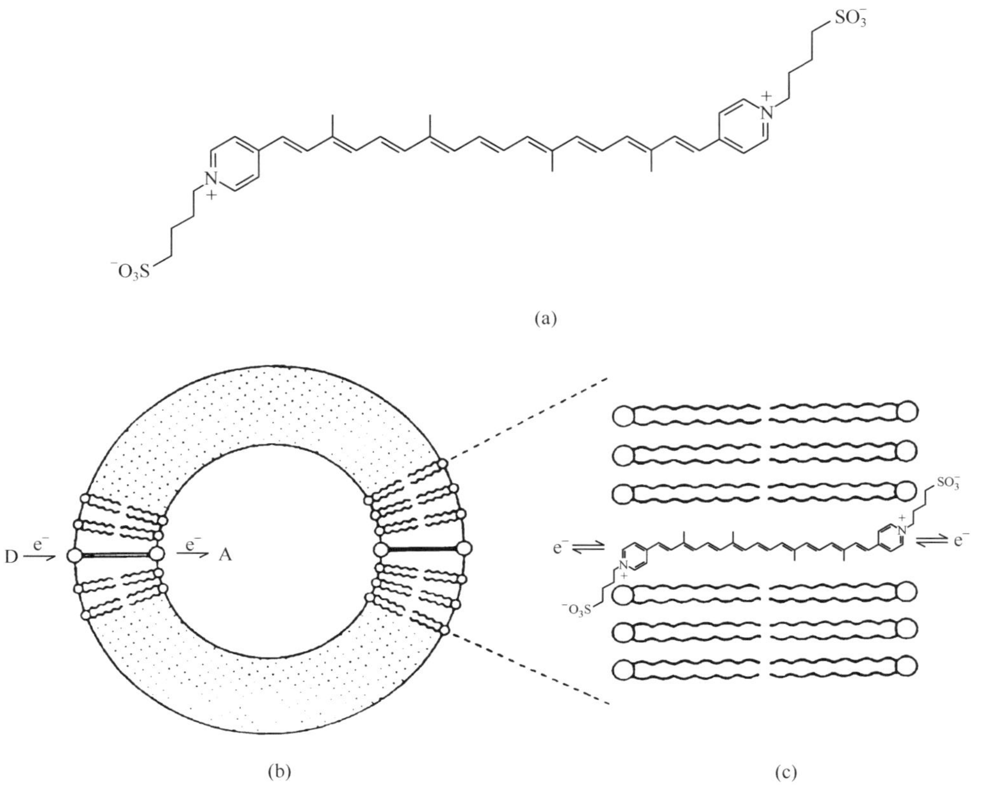

(a)

(b)　　　　(c)

图 5-27　改性的胡萝卜素紫精分子(a)及连接磷脂囊泡双层壁的导电现象(b)、(c)

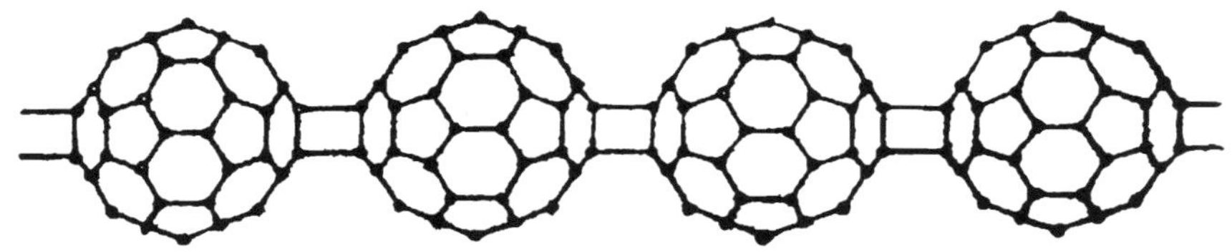

图 5-28　$(C_{60}K)_n$ 链状聚合物的结构示意图

形态不同,配位选择性发生“有”和“无”的改变。③通过化学方法实现局部分子的顺式-反式构型转变,改变笼状分子的几何尺寸和选择性。图 5-29(c)是一种含重氮双键的冠醚,该双键具有顺式、反式两种构型。在不同构型下大环化合物的尺寸差别很大,对碱金属阳离子的配位能力差别很大,顺式构型比反式构型大几个数量级。通过光化学方法可实现重氮双键的顺-反异构转化,从而可调节冠醚的配位能力。以上例子中体系都有两个相对稳定的状态,在外场作用下状态能发生转化,且转化是有效的、可逆的、可重复实现的，因此具有“开关”的意义。其他实现分子开关的方法还有二聚化反应、电荷转移和苯式-醌式转变等。

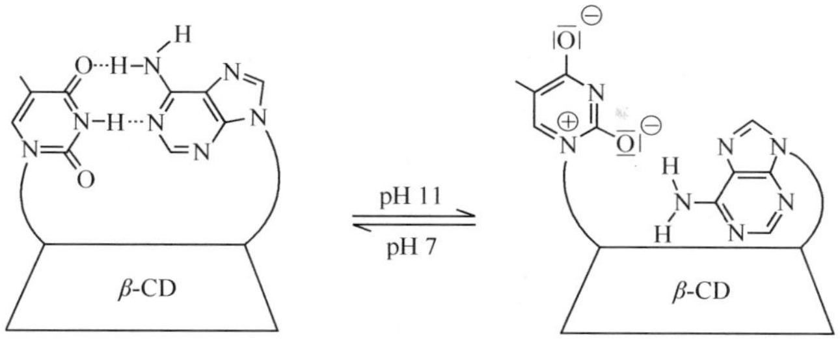

(a)

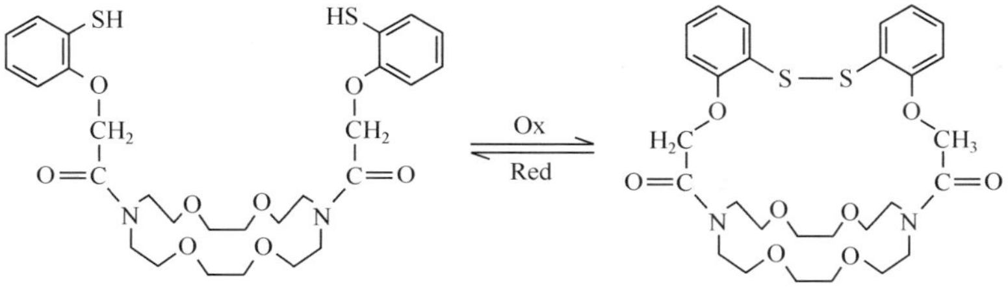

(b)

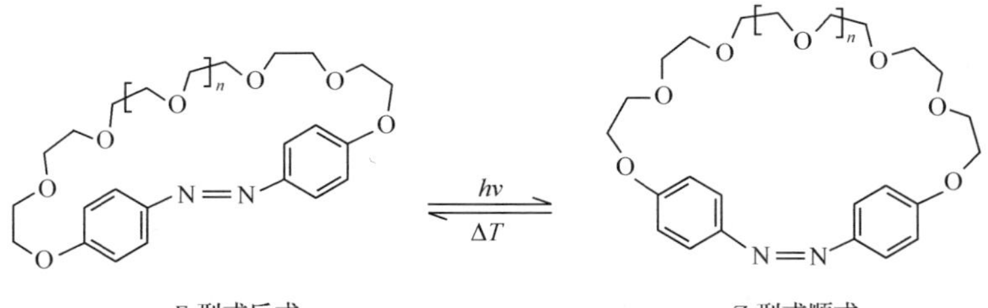

E-型或反式　　Z-型或顺式

(c)

图 5-29　几种分子开关的结构及工作原理示意图

如果在分子导线共轭链的端部或中间引入电敏性或光敏性分子开关，可制备带开关的分子导线，用于实现光致变色、电致变色及多种非线性光学效应。

3. 非线性光学分子器件

当物质(无机或有机物)的电子极化度很大时，会呈现明显的非线性光学性能。这主要与分子特征有关(分子内效应和结构)。例如，极化分子导线(如易极化的共价多烯和寡聚噻吩)或染料及金属有机或配位化合物具有显著的非线性光学特性

(non-linear optical properties,NLO)。这种特性在超分子水平上可以进一步提高。当实现高度的组织,如通过分子识别或包含物形成分子层、膜、液晶或固相组织时,单个分子的电子特性受到扰动,并通过识别强化特定的取向,会使非线性光学特性强化,呈现所谓的二级 NLO 效应。

由苯并噻唑或二甲基胺苯基给体 D 和一些受体基团 A(图 5-30)组成的推-拉型胡萝卜素衍生物是一类极易极化的共轭多烯,它们呈现分子内电荷迁移,且较长的分子产生特别大的超极化率,可以作为极化分子导线。当将这些化合物结合到由脂肪酸或两亲的环糊精构建的混合 LB 膜上,会产生分子定向排列,形成超分子组织,见图 5-31。该组织会使共轭多烯的非线性光学特性进一步增强,可用于制作非线性光探针器件等。

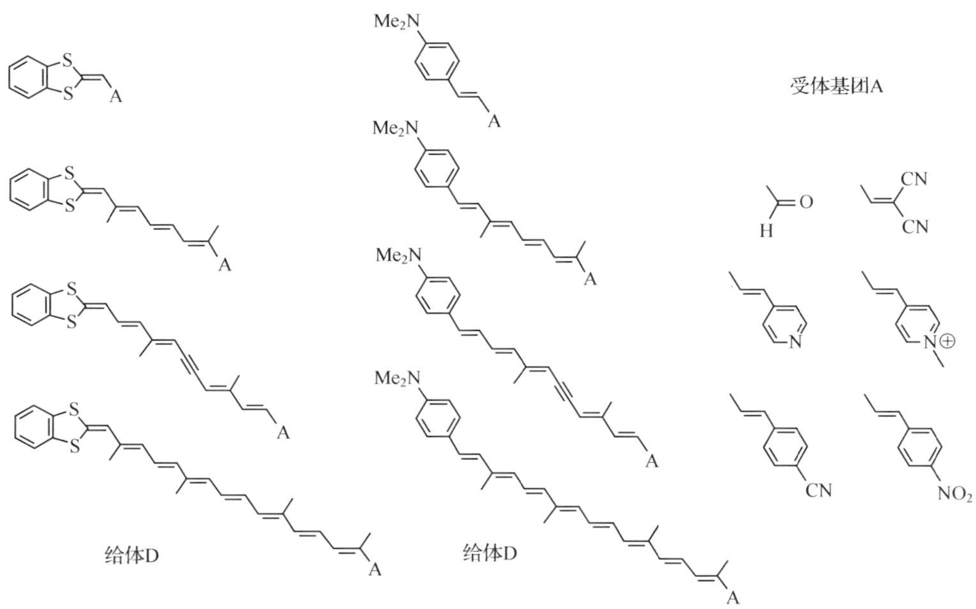

图 5-30　组成推-拉型胡萝卜素衍生物的给体 D 和受体基团 A

5.2.6　超分子热力学

如前所述,一个特定的底物 σ 与受体 ρ 通过分子识别和组装构成超分子物种 ρσ 需要具备一些特殊条件,如两者立体形状和尺寸互补、具有互补作用力和结合点、具有较大接触面积和多位点相互作用以及与介质相关的相互作用等。超分子物种 ρσ 具有确定的结构、构象、化学热力学、动力学和分子动力学性质。其中系统热力学性质的变化在超分子物种形成过程中起重要作用。

形成超分子物种的键力为次价键力,或称软化学键力,强度比共价键弱,因此,

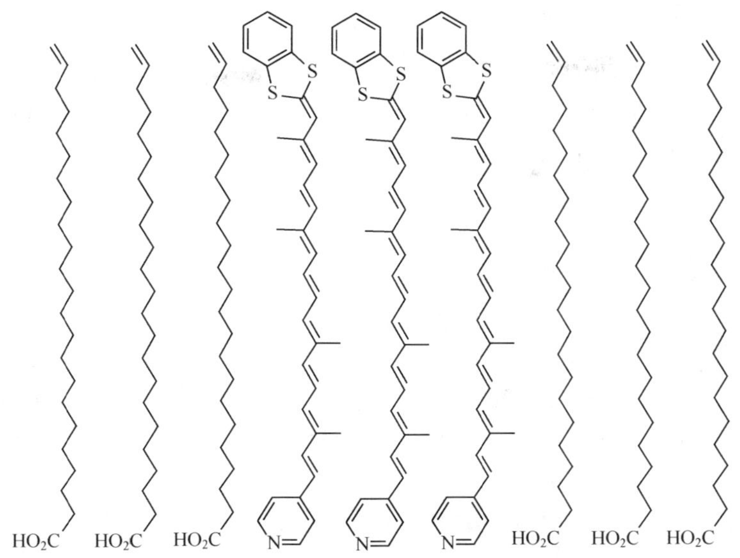

图 5-31　胡萝卜素衍生物在 LB 膜上定向排列

一般而言超分子物种的热力学稳定性不如化学物种。但是底物 σ 与受体 ρ 通过识别和组装形成超分子结构 $\rho\sigma$ 也相当于一个化学反应,可写成

$$\sigma + \rho = \rho\sigma \tag{5-13}$$

该反应也有相应的反应自由能 ΔG、反应焓 ΔH、反应熵 ΔS 以及反应平衡常数 K。对于这些状态函数的讨论属于超分子热力学的内容。

1. 反应自由能 ΔG

与其他自然界过程相似,在超分子组装过程中,若体系 $\Delta G < 0$,过程可以自发进行。实际上由于作用力强弱不同、立体空间构型配合状态不同及溶剂等因素影响,在受体与底物结合过程中,系统的 ΔG 可能小于零,也可能大于零。后一种情形下组装是很难进行的。

考察在溶剂中,受体与底物之间形成一处缔合点时体系自由能的变化 ΔG_i。该变化应包括受体与底物在该缔合点的去溶剂化能量 $\Delta G_{ds\rho}$ 和 $\Delta G_{ds\sigma}$,受体与底物在该点结合的相互作用能 $\Delta G_{\rho\sigma}$ 以及形成的超分子物种在溶剂中再溶剂化的能量 $\Delta G_{\rho\sigma s}$:

$$\Delta G_i = \Delta G_{\rho\sigma} - \Delta G_{ds\rho} - \Delta G_{ds\sigma} + \Delta G_{\rho\sigma s} \tag{5-14}$$

要求 $\Delta G_i < 0$,必须有 $\Delta G_{\rho\sigma} < 0$,且 $\Delta G_{ds\rho} + \Delta G_{ds\sigma} > \Delta G_{\rho\sigma s}$。另外,体系自由能的变化具有加和性,一个超分子物种的形成往往有多种价键和多位点结合,因此,对于含多官能团的受体与底物的缔合,总的缔合自由能 ΔG_T 应是参与超分子缔合的各种成对作用所引起的自由能变化之和。

$$\Delta G_{\mathrm{T}} = \sum_i n_i \times \Delta G_i = n_1 \Delta G_1 + n_2 \Delta G_2 + n_3 \Delta G_3 + \cdots \tag{5-15}$$

式中，n_i 为第 i 种成对作用的数目。实验表明，自由能变化的线性加和关系在超分子领域与实验结果符合得很好。

2. 反应焓 ΔH 和反应熵 ΔS

自由能的变化有两方面的贡献

$$\Delta G = \Delta H - T\Delta S \tag{5-16}$$

即反应焓 ΔH 和反应熵 ΔS 的贡献。其中反应焓 ΔH 的贡献是主要的，因为受体与底物的缔合建立在互补作用和形成价键的基础上，反应时多为放热反应，$\Delta H < 0$，因此，对自由能变化有正贡献，使缔合过程容易进行。然而超分子缔合的反应焓比化学反应焓小，为保证缔合的稳定性，多位点缔合是必要的。

关于反应熵 ΔS 的贡献。一般来说，任何有序结构的形成都会使系统熵值下降，$\Delta S < 0$，对自由能变化的贡献为负。由计算可知，缔合过程中系统熵值的损失对自由能的贡献为 9～45kJ/mol。对比 5.1.2 节给出的次价键能可知，这一能量大约与一个氢键结合能或一个 van der Waals 力相当，因此，如果受体和底物是多位点缔合，那么反应熵对自由能变化的贡献比反应焓小，总的自由能变化 $\Delta G < 0$，许多复杂的缔合过程能够进行。

此外，4.3.2 节中曾介绍，对于软物质的相变，有时微观无序性的增加反而有利于宏观有序结构的形成(熵致相变)，在超分子物种形成过程中有时也有这种现象。例如：在溶剂中，受体与底物缔合时在结合位处需要先去溶剂化，原先附着在受体和底物上的受约束溶剂分子变为自由分子，这使得熵值增加；而后受体 ρ 与底物 σ 缔合成超分子结构 $\rho\sigma$，$\rho\sigma$ 再溶剂化又使熵值减少。两个过程相互竞争，竞争的最终结果决定熵变对缔合过程所起的作用。下文中将看到，对于大分子组装，往往去溶剂化效应引起的熵增加占据上风，因此在组装过程中不仅反应焓的变化对缔合有利，而且反应熵的变化也常常对缔合有利。

5.3 大分子自组装

大分子自组装(macromolecular self-assembly)是超分子化学的最新发展领域。关于大分子组装有两种理解：一种是由带互补性作用端基的小分子，通过识别和非共价键相互连接构成具有巨大相对分子质量的超分子聚合物，如图 5-25 所示的线形、交联形和树枝形超分子聚合物，属于超分子聚合物化学；另一种是以大分子为“建筑”单元，研究大分子与大分子之间、大分子与小分子之间以及大分子与纳米粒子或与基底之间相互作用，通过非共价键键合构成不同尺度的超分子规则结构，这是一个崭新的研究领域。本节介绍的内容属于后一种情形。

严格来说，这两种组装在基本概念上有很大差别。前一种由小分子组装成超分子，属于经典超分子化学，其中最重要的概念有分子识别、作用位点、互补、主客体化学、组装和自组装；组装驱动力为分子间相互作用(次价键力)。后一种以大分子为单元的组装，主要影响因素为分子链结构的规整性、嵌段间的相互排斥和嵌段间的化学链连接等；驱动力主要为亲水-疏水相互作用、空间位垒以及体系的焓变或熵变等，类似于 5.2.3 节介绍的超分子有序聚集体。

5.3.1　嵌段共聚物的自组装

嵌段共聚物自组装是最重要的大分子自组装形式。具有两亲性(amphiphilic)的二嵌段共聚物结构上与小分子表面活性剂相似，一端亲油，一端亲水(图 5-32)。溶于溶液中，不同嵌段间仍保持不相容性，当浓度达到一定值后，嵌段大分子将按照一定规则聚集，聚集形态与两嵌段的性质有关，也与溶剂性质有关。在水溶液中，疏水链段(lipophilic segment)会相互靠拢，聚集成核，而亲水链段(hydrophilic segment)则伸向外围溶剂，构成一个核-壳型大分子聚集体，称大分子胶束(macromolecular micelle)，聚集的动力为亲水-疏水相互作用，见图 5-33。

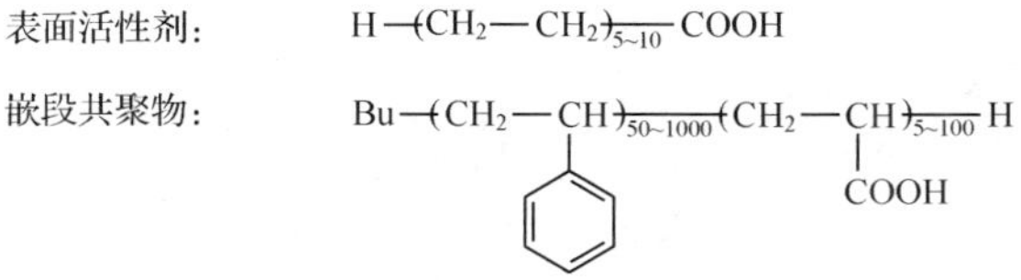

表面活性剂：　$H\!-\!(CH_2\!-\!CH_2)_{5\sim10}COOH$

嵌段共聚物：　$Bu\!-\!(CH_2\!-\!\underset{\displaystyle C_6H_5}{CH})_{50\sim1000}(CH_2\!-\!\underset{\displaystyle COOH}{CH})_{5\sim100}H$

图 5-32　小分子表面活性剂与两亲性嵌段共聚物比较

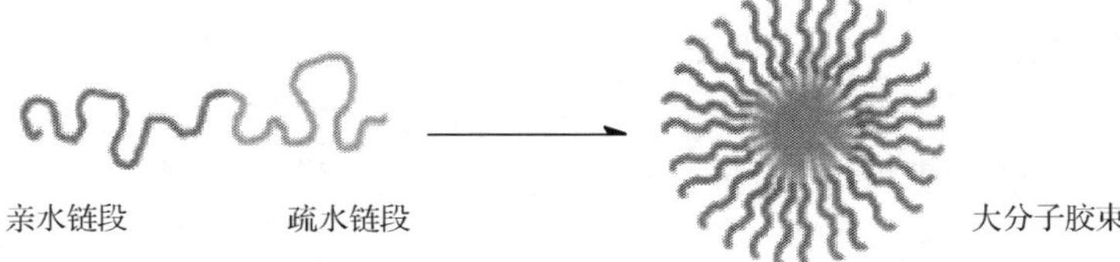

图 5-33　两亲性嵌段共聚物聚集成核-壳型大分子胶束示意图

通过聚合工艺的控制，共聚物的两嵌段长度比可以调节，因此不同长度比共聚物的聚集形态不同。在水溶液中，具有较长亲水链段的不对称两嵌段共聚物最终聚集成厚壳小核的星形胶束，而含有较长疏水链段的不对称两嵌段共聚物最终聚集成薄壳大核状的胶束，称为平头(crew cut)胶束。平头胶束聚集体的聚集形态花样繁多，是当前研究的重点。

1. 平头胶束聚集体的制备

首先，选择能溶解两嵌段共聚物的两种链段的共溶剂，配成低浓度溶液（通常质量分数<2%），同时要求该共溶剂应能与其中一种链段的沉淀剂互溶。例如，对于聚苯乙烯-*b*-聚丙烯酸（PS-*b*-PAA）两嵌段共聚物，选择四氢呋喃（THF）作为共溶剂，因为四氢呋喃既是两种链段 PS 和 PAA 的共溶剂，又能与其中一种链段 PS 的沉淀剂水（H_2O）互溶。

对于如聚苯乙烯-*b*-聚丙烯酸（PS-*b*-PAA）、聚苯乙烯-*b*-聚环氧乙烷（PS-*b*-PEO）和聚苯乙烯-*b*-聚乙烯吡啶（PS-*b*-PVP）等两嵌段共聚物，符合以上要求的共溶剂有四氢呋喃（THF）、二氧六烷、N,N'-二甲基甲酰胺（DMF）或它们的混合物。

在配制好的共溶剂溶液中，缓慢加入水一类的沉淀剂，使其中一种链段（PS）的溶解能力下降。当含水量达到某一临界值（临界含水量，CWC）时，该链段（PS）发生聚集，形成球状胶束的核。由于与其相连的亲水链段的存在，该聚集体不会无限长大，最终形成一个稳定的胶束。该胶束需用一定方法加以固定。常用的方法是将聚集体溶液快速倾入大量水中，使核内 PS 链段运动冻结，之后用蒸馏水透析法除去共溶剂，得到纯净的聚集体水溶液。

2. 热力学问题的讨论

两亲性嵌段共聚物聚集体，特别是平头胶束聚集体的聚集形态是多种多样的。影响聚集体形态的因素很多，最主要的是共聚物结构和热力学因素。

首先是溶液浓度。两嵌段共聚物溶液只有在特定浓度以上才能发生聚集，该浓度称为临界胶束浓度（cmc）。临界胶束浓度的大小与嵌段共聚物性质、溶剂性质、嵌段相对长度和相对分子质量等有关，其中两嵌段与溶剂的 Flory-Huggins 参数之差 ($\Delta\chi$) 对临界胶束浓度的影响很大。

胶束化过程及聚集态多受热力学驱动，驱动力是体系 Gibbs 自由能 G 要趋于极小值。对于小分子乳液而言，形成的胶束在乳液中是稳定的，处于热力学平衡态。但嵌段共聚物聚集体由于分子运动缓慢，聚集结构容易被冻结，很多情况下不是处于最稳定的热力学平衡态，聚集体形态常受动力学因素影响。尽管如此，人们仍然将这些冻结的、未达到热力学平衡态的聚集体称为胶束。

体系 Gibbs 自由能的变化含有两项：一是焓变 ΔH；二是熵变 ΔS。向共聚物溶液中加入水，两嵌段与溶剂的 Flory-Huggins 参数将发生变化，共聚物开始聚集并发生相分离。加入水越多，疏水链段与水的界面能越大，疏水链段越倾向于聚集，以减少界面面积，释放界面能，使体系的焓发生变化。嵌段共聚物聚苯乙烯-*b*-聚（乙烯/丙烯）和聚苯乙烯-*b*-聚异戊二烯在有机溶剂中的胶束化，唯一的驱动力就是焓变。关于熵变对聚集过程的影响，最初认为聚集使体系有序性增大，熵值减小，不利于聚集。但实验发现，通过增加体系的水含量，或增大共聚物中疏水链段长度，熵对聚集过程的贡献增大，甚至变成熵驱动为主。对这个问题的理解如下：未发生聚集时，由于疏水水合作用使许多水分子有序地排列在疏水链段周围；发生聚集后，疏水链段的紧密堆积将水分子的有序结构打乱，变成自由水，体系熵值增高。疏水链段越长、水含量越多，熵值变化越大，越有利于聚集。聚丙二醇-*b*-聚环氧乙烷和聚环氧乙烷-*b*-聚环氧丙烷-*b*-聚环氧乙烷在水溶液中的聚集就是受熵变驱动的。

总起来说，嵌段共聚物聚集过程中 Gibbs 自由能的变化受多方面因素影响：溶液浓度的变化、两种链段与溶剂相互作用能的变化、疏水链段周围水分子的熵变和不同嵌段间连接点固定于聚集体界面处的熵变等，这些变化都会影响到聚集体的最终形态。平头胶束聚集体多种多样，迄今已得到的有：球形胶束、棒状聚集体、管状聚集体、层状聚集体、囊泡及其他双层结构和大复合胶束等，见图 5-34。

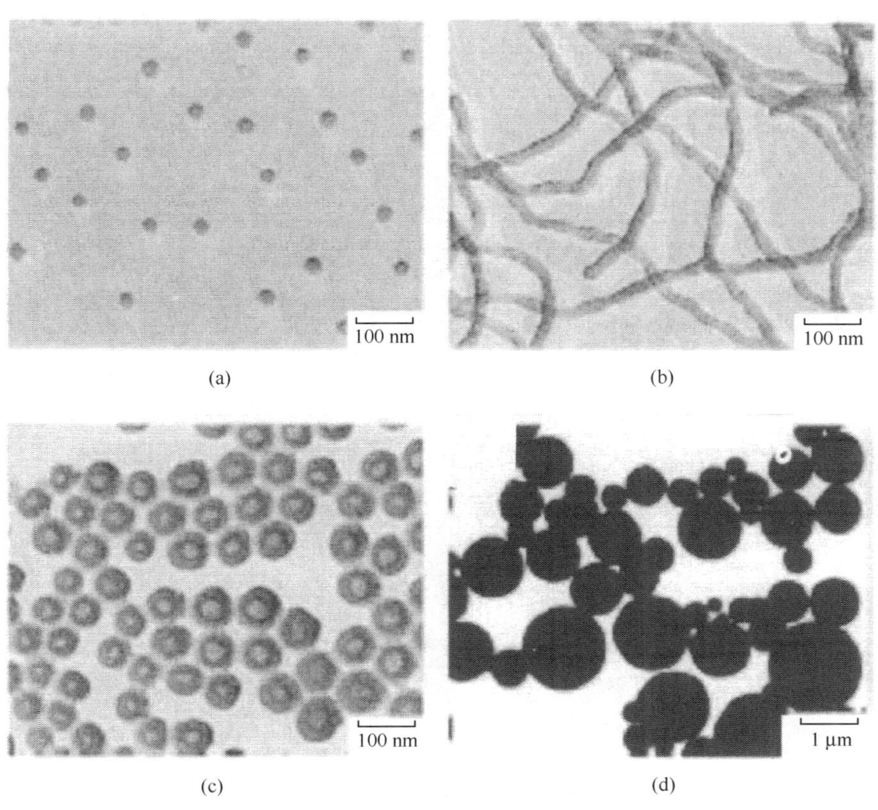

图 5-34　两亲性嵌段共聚物 PS-*b*-PAA 胶束的多重形态

(a) PS_{500}-*b*-PAA_{58}，PS∶PAA＝8.6，小球结构；(b) PS_{190}-*b*-PAA_{20}，PS∶PAA＝9.5，棒状胶束；(c) PS_{410}-*b*-PAA_{20}，PS∶PAA＝20.5，囊泡结构；(d) PS_{200}-*b*-PAA_4，PS∶PAA＝50.0，大复合胶束

3. 影响嵌段共聚物聚集体形态的因素

由于胶束化过程及聚集态的形成主要取决于体系 Gibbs 自由能，而自由能的大小取决于三种作用的平衡：聚集体核与壳之间的界面能、成核链段的伸展度、壳层链段间的排斥力。因此，凡能影响这三种作用平衡的因素都会影响聚集体的形态。其中嵌段共聚物的相对链长、溶剂组成和性质、添加剂和温度的影响都非常明显。

相对链长的影响首先表现在得到的胶束是星形胶束聚集体(厚壳小核)还是平头胶束聚集体(薄壳大核)。即使是平头胶束，也会因相对链长比不同而形成不同聚集体形态，见图 5-34。图 5-34 中各种形态的聚集体均属于平头胶束聚集体，可以看到：疏水链段长度和亲水链段长度之比越小，越容易形成球状结构；比值越大越容易形成囊泡结构和大复合胶束。

共聚物的浓度和水含量对聚集体形态的影响见图 5-35 给出的相图。图 5-35 中 PS_{310}-*b*-PAA_{52}溶于二氧六环/水混合溶液，而最终得到的聚集体形态既与共聚物浓度有关，也与溶液中水含量有关。图中可见，体系中水含量越大，越容易形成棒状或囊泡状聚集体；而共聚物浓度越高，越容易在较低的水含量下得到棒状或球状聚集体。

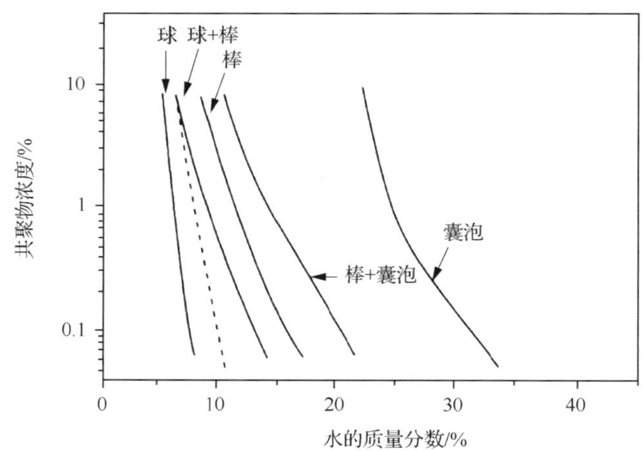

图 5-35　共聚物 PS_{310}-*b*-PAA_{52}的二氧六环/水混合溶液的相图

实线为透射电镜照片确定的相边界；虚线为静态激光光散射(SLS)确定的胶束化曲线

向溶液中加入添加剂(如盐、酸或碱)或均聚物也会影响聚集体的形态，这是由于盐、酸或碱会改变壳层链段的有效电荷分布，从而改变了壳层链段间的排斥力。通常加盐会使壳层产生静电屏蔽，加酸会使壳层质子化(消除电荷)，两者均能降低壳层链段的排斥力，使更多分子链加入聚集体，导致聚集体尺寸增大。反之，加碱则使胶束壳层去质子化，增大排斥力，使聚集数减少。加入均聚物的例子，如在 PS-*b*-PAA 的水溶液中加入均聚 PS，使聚集体从棒状结构变为球状结构，原因是均聚 PS 分子链聚集在胶束的核内，使共聚物的 PS 链段伸展度下降，更易形成球状结构。

温度的影响表现在对聚合物/溶剂相互作用参数的影响和对链段运动能力的影响。例如，低温时疏水链段溶解性差，不能聚集。温度升高，链段溶解性提高，在热力学参数驱动下形成聚集体。然后再降低温度，使聚集体核内链段运动冻结，其形态就可以固定下来。

4. Schizophrenic 胶束

两亲性嵌段共聚物自组装的概念后来得到推广。广义而言，一种嵌段共聚物，只要其两种嵌段在溶剂中的溶解能力有较大差别，聚合物/溶剂相互作用参数之差足够大，能够形成大分子胶束，这样的嵌段共聚物都可称为“两亲性嵌段共聚物”。其中最典型的是一类全亲水性嵌段共聚物，它们的两嵌段的化学组成不同，但都可溶于水，特点是其中一种链段的亲水性会随外部环境条件变化而改变，直至变成疏水性的，成为两亲性嵌段共聚物，能够形成大分子胶束。这种胶束称为 schizophrenic 胶束。

典型的全亲水性嵌段共聚物有：甲基丙烯酸-2-(*N*-吗啡基)乙酯(MEMA)和甲基丙烯酸-2-(二乙胺基)乙酯(DEAEMA)共聚物 PDEAEMA-*b*-PMEMA、聚环氧丙烷(PPO)和甲基丙烯酸-2-(二乙胺基)乙酯(DEAEMA)共聚物 PPO-*b*-PDEAEMA 及聚乙烯基苯甲酸(PVBA)和甲基丙烯酸-2-(二乙胺基)乙酯(DEAEMA)共聚物 PVBA-*b*-PDEAEMA 等。外部环境条件改变包括温度变化、pH 变化、离子强度变化以及通过与带相反电荷的金属离子、小分子及大分子链进行络合等。

例如，采用基团转移聚合(GTP)法制得的 PDEAEMA-*b*-PMEMA 共聚物，分子式见图 5-36。在 20℃、pH 6 条件下共聚物能溶于水，因为此时 PMEMA 嵌段是亲水且中性的，同时 PDEAEMA 嵌段发生质子化成为阳离子聚电解质，也能溶于水。改变溶液的 pH，当 pH 8.6 时，PDEAEMA 嵌段由于去质子化而变成疏水的，此时嵌段共聚物能够形成以 PDEAEMA 为核、PMEMA 为壳的大分子胶束——schizophrenic 胶束。另一种变化是在 pH 6 条件下向溶液中加入足够多小分子电解质(如 Na_2SO_4)，使 PMEMA 嵌段不能溶于水，则共聚物形成以 PMEMA 为核、质子化的 PDEAEMA 为壳的大分子聚集体，胶束形态发生反转。实验表明：当共聚物相对分子质量 $M_w=23200$，

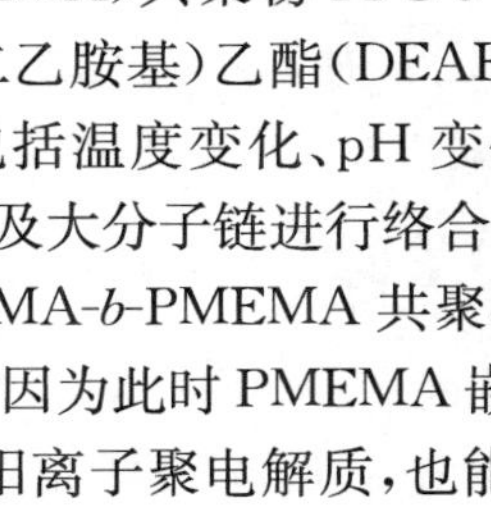

图 5-36　PDEAEMA-*b*-PMEMA 嵌段共聚物的分子式

$M_w/M_n=1.05$,两嵌段物质的量比 PMEMA/PDEAEMA(物质的量比)=60/40时,若溶液 pH=8.5,生成以 PDEAEMA 为核的大分子胶束平均直径为 32nm,聚集数约为 73;若溶液 pH=6.5,加入 10mol/L 的 Na_2SO_4,生成以 PMEMA 为核的胶束平均直径为 26nm,聚集数约为 97。其中后一种胶束的结构更加紧凑。

全亲水性嵌段共聚物的组装得到重视,受益于近年来聚合反应原理和技术的进步。因为传统的阴离子聚合法对于绝大多数亲水性单体的聚合是无能为力的,而近十年来由于基团转移聚合(GTP)尤其是原子转移活性自由基聚合(ATRP)的发明和推广,才使得亲水单体的聚合得以实现,制备出不同类型的亲水-疏水型嵌段共聚物和各种全亲水性嵌段共聚物。关于全亲水性嵌段共聚物的制备方法,读者可参考相关文献。

全亲水性嵌段共聚物是一类新型的高分子表面活性剂。此类材料具有特殊的溶液性质和环境敏感胶束化行为,因此被称为智能型材料而具有广泛的潜在应用价值,可用于制作药物传递系统、基因疗法、矿化模板、晶体生长修饰剂、金属胶体合成的诱导反应器及除盐薄膜等。

5.3.2 非嵌段共聚物的胶束化

这是一类不同于嵌段共聚物自组装的特殊的大分子胶束化行为。涉及的大分子包括:氢键接枝共聚物和含有互补的特殊相互作用点(非共价键)的聚合物对等。由于共聚物或聚合物对的两种组分的溶解性不同,因此当它们处于溶液中时,就可能因为不同的溶剂选择性而自发形成核-壳型胶束。形成胶束的驱动力为分子间相互作用,这类胶束称为非共价键合胶束(non-covalently connected micelles, NCCM)。

1. 氢键接枝共聚物及非共价键合胶束

所谓"氢键接枝共聚物"是指大分子主链与支链之间通过氢键连接。图 5-37 中聚合物 A 为端基含质子给体单元的分子链,聚合物 B 含多个质子受体单元且单元在链上无规则分布。将两者溶于共溶剂中,因质子给体单元与质子受体单元相互作用,会形成以 B 为主链、A 为支链的接枝共聚物。由于主链和支链之间不是通过共价键,而是通过氢键连接,因此被称为氢键接枝共聚物。

例如,通过阴离子聚合和 CO_2 终止反应得到一系列窄相对分子质量分布的单端羧基聚苯乙烯(MCPS,相对分子质量为 1800~5500)属于聚合物 A 类的分子链,其端基是氢键质子给体基团。此外,选择聚(4-乙烯基吡啶)(P4VP,相对分子质量为 1.4×10^5)作为聚合物 B,链上分布大量质子受体单元。将二者溶于氯仿中,生成氢键接枝共聚物。该产物的结构相当稳定,在溶液稀释过程中不发生"共聚物"离解。

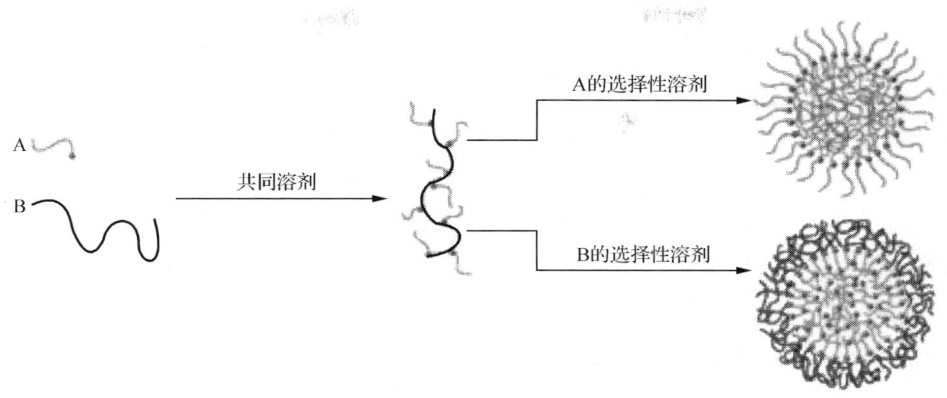

图 5-37　氢键接枝共聚物形成及其胶束化示意图

A. 端基含质子给体基团的聚合物；B. 质子受体聚合物

将氢键接枝共聚物从共溶剂切换到选择性溶剂中，共聚物分子链将依据溶剂性质的改变组装成不同结构和形态的大分子胶束，注意所选择的溶剂应该对分子间氢键是惰性的。例如，在 MCPS 和 P4VP 的氯仿溶液中加入甲苯，甲苯是 MCPS 的选择性溶剂，是 P4VP 的沉淀剂，对氢键无破坏。加入甲苯后，如果 MCPS 和 P4VP 之间无氢键连接，P4VP 理应沉淀出来，但实际上溶液中并未出现沉淀，仍然保持透明。当甲苯的体积分数分别达到 0.5 和 0.9 时，动态激光光散射(DLS)实验表明，溶液中出现直径分别为 30nm 和 31nm 的胶束粒子。这种胶束以沉淀聚集的 P4VP 为核、可溶的 MCPS 为壳，核-壳之间通过氢键连接，称之为非共价键合胶束(NCCM)。

选择性溶剂不同，非共价键合胶束(NCCM)的相态不同。若定义聚合物 A 为壳、B 为核的胶束为正相 NCCM，那么以 B 为壳、A 为核的胶束为反相 NCCM。例如，由端羧基聚丁二烯(CPB)和聚(4-乙烯基吡啶)(P4VP)在共溶剂氯仿中键合而成的氢键接枝共聚物，向其中加入正己烷(CPB 的选择性溶剂)则得到以 CPB 为壳，P4VP 为核的正相胶束；而向其中加入硝基甲烷则得到以 P4VP 为壳、CPB 为核的反相胶束。正己烷和硝基甲烷对分子间氢键都是惰性的。

2. 互补的聚合物对在溶剂/非溶剂中的组装

组装非共价键合胶束的更普遍的情形是采用含有互补的特殊相互作用点(非共价键)的聚合物对实现的。这里并不限定聚合物 A 的作用点一定在端基，两种高分子的互补作用点可以在链上无规则分布。重要的是在混合过程中对两种聚合物间的氢键作用基团的接触进行有效控制，使其有限接触，从而避免生成沉淀而达到规则组装。

具体方法是：设聚合物 A、B 为含有互补作用点的聚合物对，分别用不同溶剂配制 A 溶液和 B 溶液，要求 B 的溶剂同时是 A 的沉淀剂。将 A 溶液逐滴加入到 B 溶液中，遇到 B 的溶剂后 A 链将析出聚集，迅速形成纳米或亚微米级粒子。但由于 B 链与 A 链间存在氢键作用，因此溶解的 B 链将聚集在 A 粒子周围，阻止其沉淀，最后形成以 A 为核、B 为壳的核-壳型非共价键合胶束。

迄今已经实现组装的聚合物对有：苯乙烯-丙烯酸共聚物/聚乙烯吡咯烷酮、含羟基聚苯乙烯(PSOH)/P4VP、端羧基聚丁二烯(CPB)/聚乙烯醇(PVA)和聚己内酰胺(PCL)/聚丙烯酸等。

5.3.3 含纳米粒子的高分子组装体系

含纳米粒子的高分子组装体系指的是由表面功能化的纳米粒子和大分子链通过自组装方法生成的功能性复合胶体。组装的驱动力有静电相互作用、氢键、亲水-疏水相互作用和特异性生物识别等，属于超分子组装。由于无机纳米微粒拥有独特的光、电、磁及催化性质，大分子链具有丰富的相行为和溶液自组装特性，因此该体系受到广泛重视，并表现出在不同领域特别是生物医学领域中潜在的应用价值。

1. 基于静电作用的自组装

一个典型例子是高分子水凝胶与水溶性 CdTe 纳米粒子的可逆性组装。聚(*N*-异丙基丙烯酰胺)与聚(4-乙烯基吡啶)共聚物可形成水凝胶微球(PNIVP)，微球由一个高分子网络和包含于其中的大量水组成。水溶液 pH 不同时，微球尺寸以及其中的凝胶网络孔径会发生变化。在 pH$<$4 的酸性条件下，微球中的吡啶基发生电离，由于质子化吡啶基之间的静电排斥作用，微球体积膨胀，相应的网络孔径增大，大到可以包含尺寸小于 4nm 的 CdTe 粒子，形成组装。除尺寸效应外，吡啶基与 CdTe 纳米粒子表面的静电吸引作用也是促进组装的重要因素。当 pH $>$ 10 时，吡啶基完全去质子化。这样一方面使吡啶基与 CdTe 粒子表面的静电吸引作用消失，另一方面使吡啶基间的排斥作用消失，网络孔径尺寸减小，小到不足以容纳纳米粒子，CdTe 粒子又从凝胶中释放出来。整个过程可随着溶液介质环境的变化可逆地进行。

其他相关的例子有聚(*N*-异丙基丙烯酰胺)与聚甲基丙烯酸甲酯组成的水凝胶与 Au 纳米粒子的包覆和聚(*N*-异丙基丙烯酰胺)与聚丙烯酸共聚物水凝胶与带正电 Au 纳米棒的包覆。由于不同纳米粒子具有荧光效应和其他功能性效应，高分子水凝胶微球具有可控制的收缩-溶胀转变，因此该体系对于实现触发性药物释放和开发新型传感器具有重要意义。

2. 氢键诱导的自组装

5.2.4 节曾介绍氢键给体和受体间的多重位点结合是实现组装的一种重要方法，这种方法也可扩展到高分子以及高分子与纳米粒子的组装。例如，胸腺嘧啶(thymine)和二氨基三嗪(diaminotriazine)之间可形成多重氢键，用它们分别修饰聚苯乙烯(PS)，置于氯仿溶液中，经修饰的 PS 就会在氢键作用下组装成平均尺寸为 3.3μm 的囊泡。同样地用胸腺嘧啶修饰 Au 纳米粒子[尺寸为(1.0±0.3)nm]，二氨基三嗪修饰聚苯乙烯，将二者置于二氯甲烷溶液(23℃)，也会在氢键作用下组装成(97±17)nm 的球形聚集体，见图 5-38。

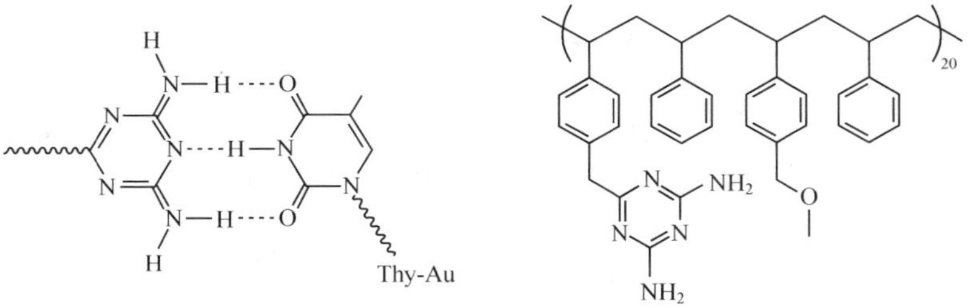

(a)　　　　(b)

图 5-38　氢键诱导的纳米粒子与聚合物的自组装

由于氢键的形成与环境温度有关，因此这种组装具有动态可调性。在 23℃组装体尺寸为(97±17)nm，在－20℃为尺寸 0.5～1.0μm 的微球，在－10℃则得到大尺寸多分散的网络结构。聚集体尺寸当然与聚合物相对分子质量有关，相对分子质量越大，聚集体尺寸越大。

3. 亲水-疏水作用引起的自组装

两亲性嵌段共聚物在水中会形成以疏水链段为核、亲水链段为壳的核-壳型胶束。将此概念引申，如果在水中同时加入经疏水修饰的纳米粒子，则由于疏水相互作用，纳米粒子会包覆到疏水链段形成的核中，而共聚物上的亲水组分仍然使聚集体稳定地分散在溶液中。

例如，向两亲性嵌段共聚物 PS-*b*-PAA 或 PMMA-*b*-PAA 的二甲基甲酰胺(DMF)溶液中滴加水，会引起疏水链段 PS 或 PMMA 聚集，形成以 PS 或 PMMA 为核、PAA 为壳的大分子胶束。如果同时在溶液中加入经十二烷基硫醇修饰的疏水的 Au 纳米粒子，则会在疏水作用引导下，得到在核中包覆 Au 粒子的复合胶束。将表面的 PAA 化学交联，得到的结构可以固定。注意，包覆多大尺寸的粒子与嵌段共聚物的聚合度有关，实验表明，PS_{250}-*b*-PAA_{13} 最大可包覆 10nm 尺寸的粒子，如果粒子尺寸小,也可能一个核中包覆多个纳米粒子。

5.4 关于高分子凝聚态物理学理论范式的讨论

5.4.1 理论范式的重要性

前5章我们介绍了现代高分子凝聚态物理学的基本概念、基本理论和主要凝聚态行为规律,搭建起一个高分子凝聚态物理学的初步理论框架。重要的是,这样一个框架是否概括了本学科最重要的内容,是否抓住了高分子凝聚态物理学的主要理论线索,是否揭示了高分子复杂多变的凝聚态的本质规律。一言以蔽之,是否可从中凝练得到高分子凝聚态物理学的理论范式(paradigm),这是需要认真回答的问题。

何谓理论范式?按照美国科学哲学家库恩(Thomas Kuhn)的论述:每一个科学发展阶段都有其特殊的内在结构,而体现这种结构的模型就是范式。一般而言,范式通过一个具体的科学理论为范例,表示一个科学发展阶段的基本模式。例如,古代科学以亚理士多德的物理学作为范式,中世纪科学以托勒密的天文学为范式,近代科学的初级阶段以伽利略的动力学作为范式,近代科学的发达时期以微粒光学(量子力学和波粒二象性)为范式,当代科学以爱因斯坦的相对论为范式,等等。

随后理论范式的概念扩大到具体的自然科学和社会科学,认为每一门成熟的科学必然都存在一个范式,该范式体现出这门学科特殊的内在结构和基本理论框架,并界定其研究范围。

例如,本书绪论中曾介绍,凝聚态物理学的范式是由 Landau 和 Anderson(1977年诺贝尔物理学奖得主)提出的。该理论范式强调"多体效应"(many-body effects)和"对称破缺"(symmetry breaking)。凝聚态物质首先是一个多粒子体系(粒子数在10^{23}数量级),粒子间存在复杂的关联和相互作用,见式(4-8)。为描述和求解这种复杂作用而发展了平均场近似(mean field approximation)方法。同时"对称破缺"的概念在凝聚态物理学中具有特殊的重要性。在4.2.2节曾介绍对于一个特定的物态,某一对称元素的存在与否是不容模棱两可的。系统对称性和序参量的变化是凝聚态物质发生相变的判断依据。自从 Landau 和 Anderson 梳理澄清了若干基本概念,提出正确的理论范式后,凝聚态物理学取得了飞速的发展,成长为一门成熟的科学。因此可以说,一门学科理论范式的提出是建立在对该门科学深刻而全面的研究、理解和掌控的基础上的,需要从大量科学实验事实中高屋建瓴地归纳和抽象出一门科学最本质和最概括的规律和特征。反过来,一旦一门学科的理论范式被正确提出和确认,必然会有力地促进该门学科的进一步发展和提高。

5.4.2 关于高分子凝聚态物理学理论范式的思考

高分子凝聚态物理学是经典凝聚态物理学的重要组成部分和最新发展，是经典凝聚态物理学与现代高分子科学结合的产物，在近二三十年中取得了十分丰富的研究成果。首先是理论的突破。前文已介绍，以 de Gennes 为代表的一批高分子科学家突破传统的统计理论和平均场方法，发现大分子链的自相似结构、分形性及所遵循的标度律，提出高分子材料的软物质特性及关联函数、熵致相变、新分子链模型和对大分子特殊相互作用缠结的新理解与新处理方法等，令人耳目一新。由于研究方法的突破，高分子物理学的研究领域得以扩展和延伸，从稀溶液推广到亚浓溶液、浓溶液和极浓溶液（熔体），从线性理论推广到非线性理论，并开拓出一批新研究领域，如单链凝聚态，亚浓溶液理论，缠结分子链的运动学，熵致有序化过程，亚稳定性相变，分子组装与大分子组装，液晶高分子，C_{60} 分子与固体，碳纳米管，石墨烯，受限空间大分子，生物大分子及导电、发光和磁性高分子等。在这种态势下，一些愈加迫切的问题摆在人们面前，高分子凝聚态物理学的核心理论体系是什么？什么是高分子凝聚态物理学的理论范式？

我国自 20 世纪 80 年代以来开始关注高分子凝聚态物理学的研究，国家自然科学基金委员会曾设立“高分子凝聚态物理”重大研究专项（1988 年）和“聚合物凝聚态的多尺度连贯研究”重大项目（2004 年），每年都有一批相关的重点项目和面上项目。许多大学和研究所招收了数量不等的高分子凝聚态物理学方向的研究生。然而，由于高分子凝聚态物理学的理论范式迄今尚未形成，使得该学科方向的研究缺少系统性和理论指导，显得零打碎敲，也使得高等学校相关课程的开设带有相当大的随机性。作者自 2000 年以来涉足高分子凝聚态物理学的研究，为研究生开设新课，于 2006 年出版《高分子凝聚态物理及其进展》一书。作者在该书中曾有意探讨高分子凝聚态物理的理论框架和范式，但限于认知水平和理解深度，这一重要的理论概念并未理清。

作者认为，要总结高分子凝聚态物理学的理论范式，首先要回答下述问题：①经典凝聚态物理学的理论范式“多体效应”、“对称破缺”是否仍然适合高分子凝聚态物理学？②与经典凝聚态物理学相比较，高分子凝聚态物理学有哪些新现象、新规律和新知识是经典理论所不能涵盖的？③这些新现象、新规律和新知识中最重要的基本概念、基本理论和核心思想体系是什么？④这些基本概念、基本理论和核心思想体系能否用最简明的文字予以概括和表达？

关于第一个问题，由于科学的传承，高分子凝聚态物理学是经典凝聚态物理的组成部分和最新发展，因此经典凝聚态物理学的理论范式“多体效应”、“对称破缺”在一定范围内仍然适合高分子凝聚态物理学。例如，“多体效应”和“关联效应”在高分子凝聚态物理学中仍占据核心地位。“对称破缺”和“序参量”在高分子材料若于一级相变(如结晶、熔融和液晶转变等)过程中仍然适用。但经典凝聚态物理学的理论范式已不能完全涵盖高分子凝聚态的全部相态和相变,有其局限性。

那么高分子凝聚态物理学中究竟有哪些新现象和新规律是经典理论所不能涵盖的?在前面第1章至第4章中曾介绍许多,例如,高分子材料是典型软凝聚态物质,其中熵致有序化过程在高分子相变中占据重要地位;大分子链具有特殊的聚集方式——溶致凝聚,在不同浓度溶液中分子链的构象分布和聚集状态不同;高分子有特殊的液-固相变——溶胶-凝胶转变(缩聚)和生胶-硫化胶转变(硫化),在这些相变的临界区体系有特殊的行为,许多行为是平均场方法无法描述的;大分子链具有特殊的运动学规律——孤立分子链的运动不同于质点的运动,缠结分子链的运动更复杂,需采用管模型和蠕动模型进行处理;高分子的激发态中有特殊的载流子——孤子和极化子等。此外高分子还有复杂的力学状态转变,如玻璃化转变和黏流转变等。对于这些特殊的凝聚态特征和相转变规律,需要我们认真地梳理、定义和归纳,以便在繁纷复杂的知识和现象中,理清哪些概念和理论是高分子凝聚态物理学中最本质、最核心和最具概括性的。

我们初步认为,最能代表高分子凝聚态特色、与理论范式关系最密切的概念和理论有:软凝聚态物质及其特殊相变规律——熵致相变;大分子链的自相似结构及所揭示的普适律;不同尺度的复杂关联效应及关联效应对分子链构象和大分子凝聚的影响;以及描述高分子凝聚态行为的最重要的方法和工具——标度理论。

在4.3节中详细介绍了高分子材料的软物质特征及软物质与硬物质相变的差别。"关于软物质"是de Gennes在诺贝尔颁奖典礼上的演讲题目。软物质特性是高分子材料最典型和最基本的性质。按照软物质特性我们对高分子材料复杂的结构-相态-性能间的关系有了更深刻的理解。同时,对于高分子材料特殊的相变(熵致相变、溶胶-凝胶转变和临界现象)以及相变过程中出现的大量中介相和远离平衡态的亚稳定相、相变的动力学特征、力学状态的松弛特性及涨落现象有了更深的理解。这其中很多现象不能用"对称破缺"和平均场理论来描述,为此人们发展出新的理论工具——标度律方法和临界指数理论。

多体问题和复杂关联效应:高分子材料是凝聚态物质的一种,因此多体问题和关联效应必然存在。而高分子材料又是一类特殊的凝聚态物质,其关联有自身特殊的性质和规律。在从单链(稀溶液)向多链聚集体(浓溶液)转变的分子链聚集过程中,结构单元之间、链段之间以及分子整链之间发生复杂的关联效应,影响分子链构象和聚集形态的变化。这些关联包括因分子热运动和排除体积效应竞争而产生的热关联,也包括因远程屏蔽效应而产生的长程关联。de Gennes将高分子浓厚体系视为具有长程关联的无序系统。同样地在描述这些关联,描述凝聚过程中分子链构象的演变时,我们也看到出现了大量简明而深刻的标度方程及标度指数(临界指数),揭示了过去用平均场理论无法得到的规律性。

关于标度律和标度律方法的重要性我们在前面章节已详细讨论。标度律作为一种经典方程，虽然早已用于描述相似关系和临界现象，但是发现分子链具有自相似性，发现大分子链统计规律与相变临界现象密切相关，从而将标度律作为一个基本概念和基本方法引入高分子科学却是 de Gennes 的天才贡献。由于自相似性等新概念的引入和标度律等新方法的建立，人们开始追求在高分子物理学中的一系列与化学结构无关的“普适”物理规律。第 3 章中曾指出，“普适性”的概念很重要，由于存在普适规律，使高分子物理学超出了经验总结和现象归纳的范畴，而融入现代物理学的理性科学框架之中。de Gennes 将其经典著作命名为《高分子物理中的标度概念》，意味深远。说明标度律除了是一种数学表达方式外，还具有更深层次的意义。它应该是更基础的，具有概念性、理论性和本质性的特征，既具有方法论和认识论的意义，又具有深刻的科学哲学意义。关于这一点，我们在 2.2.5 节中已作了比较详细的说明。

在此，我们还要强调一下大分子热运动和大分子间相互作用的重要性。大分子热运动包括分子链的布朗运动和结构单元的微布朗运动，其能量在 kT 数量级。由于形成大分子聚集的主要作用力为分子间次价键力，键能较低，因此在大分子聚集时，次价键能与布朗热运动能量的竞争十分突出，这表现为分子内能的变化与熵变之间的竞争非常突出。很多情形下相变不是因体系内能变化引起，而是由熵变引起的，包括大分子结晶和液晶的生成都受熵变的影响。分子链构象的变化也受布朗热运动影响，外力作用能必须累加到大于 kT 才能影响分子链构象，这是标度理论引入的主要根据之一。由此可以认为，深入研究布朗运动的作用对于更好地理解高分子凝聚态的形成和软物质特性具有重要意义。在软物质理论中更基础的物理量应该是 kT 而不是普朗克常量 h。

简单总结一下：高分子最主要的凝聚态特征——软物质态、自相似特性、复杂关联作用和溶致凝聚过程；最典型的相变特征——熵致相变、连接性转变和临界区标度行为；研究高分子凝聚态行为的主要方法——标度律方法。如果我们从中总结一下高分子凝聚态物理中具有普适意义的特点和规律，那么是①高分子具有最典型的软物质特性；②分子链具有自相似特性；③研究复杂体系关联作用的有效工具——标度律。

问题又回到最初提出的第 3 和第 4 个问题。我们概括的这些概念、理论和思想确实是高分子凝聚态物理学中最重要、最基本、最核心的概念、理论和思想体系吗？如何将它们用最简明的文字予以表达，并归纳总结出高分子凝聚态物理学的理论范式？这仍然是摆在高分子物理学家面前亟待解决的问题。

物理量符号一览表

ΔE	内聚能
F_i	摩尔引力常数
G	Gibbs 自由能
ΔH	焓变
ΔH_m	摩尔汽化热
I_1	分子的电离能
k	Bolzmann 常量
M_0	重复单元相对分子质量
r^*	静电势能为零时两分子间的距离
R	摩尔气体常量
ΔS	熵变
T	绝对温度
U_0	静电势阱深度
$V_{m,0}$	重复单元摩尔体积
V_m	摩尔体积
α_2	非极性分子的极化率
ε_0	真空介电常量
δ	溶解度参数
ρ	密度
μ_1, μ_2	分子的永久偶极矩

参 考 文 献

[1] Huyskens P L, Luck W A P, Zeegers Huyskens T. Intermolecular Forces: An Introduction to Modern Methods and Results. Berlin: Springer-Verlag, 1991

[2] Smith D A. Modeling the Hydrogen Bond, Washington DC: ACS, 1994

[3] Stona A J. The Theory of Intermolecular Forces. London: Clarendon Press, 1996

[4] Anderson P W. Basic Notions of Condensed Matter Physics. Menlo Park: Benjamin, 1984

[5] Anderson P W. Concepts in Solids. New York:Benjamin,1963

[6] Lehn J-M. Supramolecular Chemistry, Concepts and Perspectives. Weinheim: Wiley-VCH, 1995. 中译本,沈兴海,徐同宽,姜健准,等译. 超分子化学——概念与展望. 北京:北京大学出版社, 2002

[7] 江明,A 艾森伯格,刘国军,等. 大分子自组装. 北京:科学出版社,2006

[8] Vogtle F. Supramolecular Chemistry. New York: John Wiley & Sons, 1991

[9] Desiraju G R. The Crystal as a Supermolecular Entity: Perspectives in Supermolecular Chemistry. New York: John Wiley & Sons, 1996

[10] Desiraju G R. Crystal Engineering: The Design of Organic Solids. Amsterdam: Elsevier, 1989

[11] Zhang L, Eisenberg A. Multiple morphologies and characteristics of crew-cut micelle-like aggregates of

polystyrene-*b*-poly(acrylic acid) diblock copolymers in solution. Science, 1995, 268(5218): 1728

[12] Jiang M, Duan H W, Chen D Y. Macromolecular assembly: from irregular aggregates to regular nanostructure. Macromol Symp, 2003, 195: 165

[13] Liu S, Armes S P. Synthesis and aqueous solution behavior of pH-responsive schizophrenic diblock copolymer. Langmuir, 2003, 19: 4432

[14] Duan H W, Kuang M, Wang D Y, et al. Colloidally stable amphibious nanocrystals derived from poly {[2-(dimethylamino) ethyl] methacrylate} capping. Angew Chem Int Ed, 2005, 44: 1717

[15] Dietrich B, Viout P, Lehn J M. Macrocyclic chemistry: Aspect of Organic and Inorganic Supramolecular Chemistry. Weinheim: VCH, 1993

[16] Weber E. Supramolecular Chemistry I-Directed Synthesis and Molecular Recognition, Topics in Current Chemistry. Muenchen: Springer-Verlag, 1993

[17] Balzani V, De Cola L. Supramolecular Chemistry. The Netherlands: Kluwer Academic Publishers, 1992

[18] 吴其晔. 高分子凝聚态物理及其进展. 上海:华东理工大学出版社,2006

[19] 孙小强,孟启,阎海波. 超分子化学导论. 北京:中国石化出版社,2000

[20] 郭鸣明. 高分子中的分子间相互作用. 见:江明,府寿宽. 高分子科学的近代论题. 上海:复旦大学出版社,1998

[21] Chaikin P M, Lubensky T C. Principles of Condensed Matter Physics. Cambridge: Cambridge University Press, 1995

[22] Marder M P. Condensed Matter Physics. New York: John Wiley, 2000

[23] 吴其晔. 关于高分子凝聚态物理学理论范式的讨论. 2011年全国高分子学术论文报告会,大连,2011: B-IL-15

[24] 吴其晔. 关于高分子凝聚态物理范式的思考. 全国高分子物理及实验教材研讨会,合肥,2009

[25] 吴其晔. 大分子链的溶致凝聚过程. 高分子通报,2012,7:9-14

[26] 吴其晔. 溶致凝聚过程中分子链构象的变化. 高分子通报,2012,8:1-5

第 6 章　高分子液晶态

本书前 5 章属于高分子凝聚态物理学的基础理论部分，主要介绍现代高分子凝聚态物理学的基本概念、基本理论和主要凝聚态特征，简要介绍了高分子材料几种最基本的凝聚态及相变过程：结晶与熔融、不同浓度高分子溶液、黏流态、特殊的液-固相变（连接性转变）。简要介绍了高分子材料的典型力学状态：无定形玻璃态、无定形高弹态及其转变（玻璃化转变和黏流转变）。从本章起，我们将挑选高分子材料一些具有代表性的特殊凝聚态予以介绍，包括高分子液晶态、有机高分子激发态（导电高分子）和高分子复杂体系（共聚、共混、填充和复合）的非均质性等。

在高分子材料丰富多彩的凝聚态结构中，高分子液晶态（polymer liquid crystal）具有特殊代表性。按凝聚态物质分类，高分子材料和液晶材料都属于软物质，而高分子液晶兼具两者的特点。它的基本结构是在大分子主链或侧链上分布若干致晶基元（小分子液晶单元），使其既表现出液晶的性质，又兼具长链大分子性质，属于液晶领域的新材料。

迄今人们开发的液晶器件多为小分子液晶材料。小分子液晶单元具有各向异性的分子几何尺寸、不完全的取向长程有序和位置有序，在外场作用下可以自由旋转，因此具有光学各向异性、电光效应及动态光散射等特性，在电子电器、显示技术、航空航天、国防军工和光电通信等高新技术领域得到广泛应用。高分子液晶材料的研究相对较晚，其应用开发方兴未艾。1972 年，杜邦公司基于合成芳香族聚酰胺（聚对苯二甲酰对苯二胺，PPTA）和采用液晶纺丝技术制成的高强高模有机纤维 Kevlar-29 和 Kevlar-49（芳纶）是最先成功的一例。这种主链型高分子液晶纤维的模量达到 60～140GPa，强度达到 2～3GPa，是钢铁的几倍至十几倍（铸钢的强度为 300～500MPa），密度仅是钢铁的 1/5，已成为航空、航天工业的重要材料。侧链型高分子液晶主要用作信息显示、光学记录、存储材料、非线性光学材料及分离材料等功能性器件。需要着重提出的是高分子液晶的一个新领域——生物膜液晶的研究，为人们在分子层面揭示细胞生物膜的形成、行为和功能，进而研制与合成高效定向缓释药物“微库”及各种人造生物体组织奠定了基础。高分子液晶的理论研究和实验研究也促进了多门学科如液晶材料科学、高分子科学、生命科学、合成化学、医学和药物学以及凝聚态物理学等的进一步发展和融合。

6.1　液晶的分类与凝聚态性质

6.1.1　液晶的分类

液晶态(liquid crystal)是一种特殊的物质存在形态,它既具有晶体的光学各向异性,又有液体的流动性。1888年,奥地利植物学家Reinitzer首先观察到胆甾醇甲酸酯相变过程中的双熔点现象。胆甾醇甲酸酯加热到145.5℃时变成雾状液体,继续加热到178.5℃,液体才变得完全透明。降温时出现的现象更有趣,液体首先呈现蓝色,然后变浑浊,继续降温又变成紫色,最后变成白色固体。第二年,经晶体学家van Zepharovich推荐,德国Karlsruhe大学物理学教授Lehmann深入研究了Reinitzer观察到的现象,采用由他本人改进的带热台的偏光显微镜(至今仍是研究液晶的主要实验手段)研究了该过程的凝聚态行为,确认这是一种软晶体,并发表了关于液晶研究的第一篇论文"About Liquid Crystals",提出了"液晶"的概念,开创了液晶研究领域的先河。Lehmann还对液晶在电场、磁场中的响应进行了研究,观察到液晶在加上电场后出现的类似单轴针状晶体的网状条带织构现象,在论文中使用了向列相结构、反相壁、同性、同型结构及纹影织构等术语,这些术语至今仍在使用。此后,具有液晶性质的物质不断被发现,化学家也陆续合成得到化学结构确定的液晶分子。目前,已发现和合成的液晶物质达7万余种,其中很大一部分为低分子有机化合物。1922年,法国科学家G. Friedel提出了液晶物质的分类和命名方法。

液晶材料可以根据不同的方式,如形成条件,有序程度,致晶基元化学结构、形状和排列方式,分子的大小来区分。

按照分子有序性形成的条件,液晶分为热致性液晶(thermotropic liquid crystal)和溶致性液晶(lyotropic liquid crystal)两大类。

热致性液晶是由于温度变化导致分子运动能力变化,而在液-固相变过程中(主要是降温过程)形成的中间态。热致性液晶分子一般具有刚性的棒状、盘状或板状几何结构,称为致晶基元(mesogen)。常见的致晶基元的核心成分有1,4-亚苯基,以及由它构成的二联苯、三联苯、苯甲酰氧基苯、苯甲酰胺基苯、二苯乙烯、二苯乙炔、苯甲亚胺基苯和二苯并噻唑等。图6-1和图6-2分别给出刚性棒状致晶基元和刚性盘状致晶基元的示例,它们多为芳香型和脂肪型环状分子通过化学键形成棒状或盘状结构,具有刚性和几何各向异性的特征。一般棒状致晶基元的长度约几个纳米(2～4nm),长宽比为4～8;盘状致晶基元的厚度约1nm,直径约几个纳米。除几何形状不对称外,致晶基元间存在的分子间作用力(色散力、氢键和憎水相互作用等)是导致液晶能够稳定存在的重要原因。在温度变化发生凝聚时,由于分子间作用力的不对称，会导致致晶基元形成一定程度的取向有序排列，形成液晶。

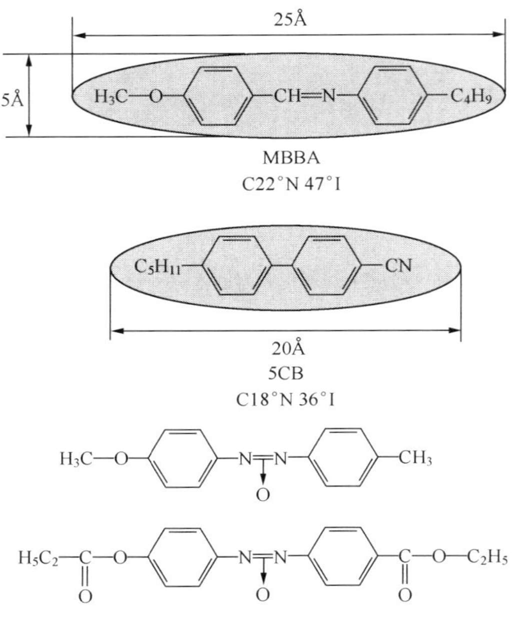

图 6-1　刚性棒状致晶基元示例

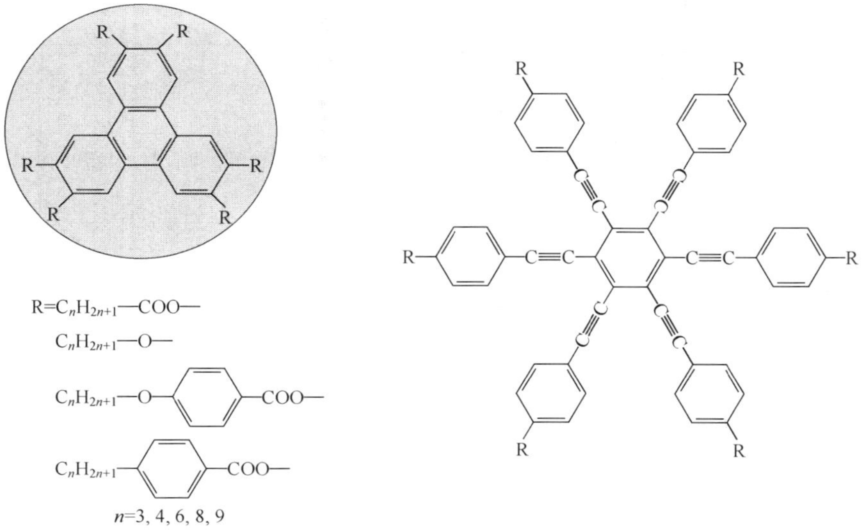

R
R
R
R
R
R

$R=C_nH_{2n+1}$—COO—

C_nH_{2n+1}—O—

C_nH_{2n+1}—O—⟨苯环⟩—COO—

C_nH_{2n+1}—⟨苯环⟩—COO—

n=3, 4, 6, 8, 9

R　R　R—C≡C—C≡C—R　R　R

图 6-2　刚性盘状致晶基元示例

图 6-1 中给出的刚性棒状致晶基元 MBBA(4-methoxybenzylidene-4′-*n*-butylaniline)是第一个室温下具有向列相液晶态的合成分子，在液晶显示和理论研究方面具有重要的历史意义。其中，C22°N47°I 表示 MBBA 从结晶态(C)到向列相液晶态(N)的转变温度是 22℃(熔点 $T_m=22$℃)，从液晶态到各向同性液态(I)的转变温度(又称清亮点或各向同性转变温度 T_i)是 47℃。

溶致性液晶是由于溶液浓度变化(通常是有机分子溶质浓度增大)，导致分子运动状态改变和分子间作用力变化而形成的有序结构。溶致性液晶的构造单元为二维液膜，液膜由双亲性分子(如直链饱和烃脂肪酸——月桂酸、硬脂酸等)聚集而成。双亲分子月桂酸[分子式：$CH_3(CH_2)_{10}COOH$]一端为极性基团，亲水，一端为碳氢链，亲油。当溶于水中浓度较低时，双亲分子会在液面聚集形成单分子层膜。浓度增大后，在亲水-疏水作用诱导下会自动组装成不同的有序排列，如管状或层状聚集体，并形成具有各向异性特征的液晶，参见图 5-16。在油水混合物中，双亲分子还会组装成双层的二维液膜，见图 6-3。双层液膜会自发地组装成封闭的囊泡。

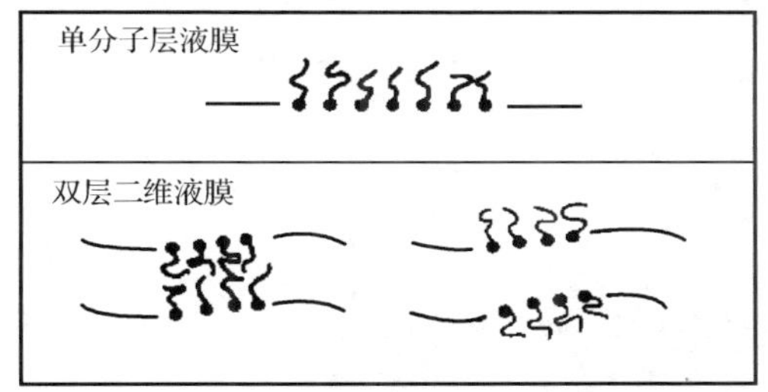

图 6-3　双亲性分子形成二维液膜

按照液晶内部分子排列的形式和有序程度，热致性液晶可分为近晶相液晶(S)、向列相液晶(N)和胆甾相液晶(Ch)。溶致性液晶可分为层状相液晶、“双连续”立方相液晶和六角相液晶等。

1. 近晶相液晶

从结构有序性考虑，近晶相液晶(smectic liquid crystal)具有二维有序结构，在各类液晶中结构有序度最高，最接近晶相固体。致晶基元为刚性棒状分子时，棒状分子一方面排列成层，另一方面在层内垂直于层面沿分子长轴平行排列，见图 6-4(a)，具有明显的各向异性，又称为层状相液晶。与晶体的三维长程有序空间点阵结构不同的是，刚性棒状分子虽然排列成层，不能在上下层间移动，但可以在层内前后、左右滑动，分子质心在层内是无序的。近晶相液晶通常用符号 S 表示，根据晶型的差别，还可以细分为 A、B、C、C*、D*、E、E*、G、H、H*、I、I*、J、K 等 14 种亚类，其中打*号的亚类表示组成液晶的分子具有手性。近晶相液晶分子定向排列时，其长轴方向可以与层面垂直或呈一定角度的倾斜。图 6-4 中给出近晶 A 相(S_A)和近晶 C 相(S_C)液晶的分子堆砌示意图和对应纤维的 X 射线衍射图样。可以看出，近晶 A 相液晶的分子长轴基本垂直于层面；而近晶 C 相液晶的分子长轴方向(***n***)与层面法向(***M***)有夹角，分子呈倾斜状。

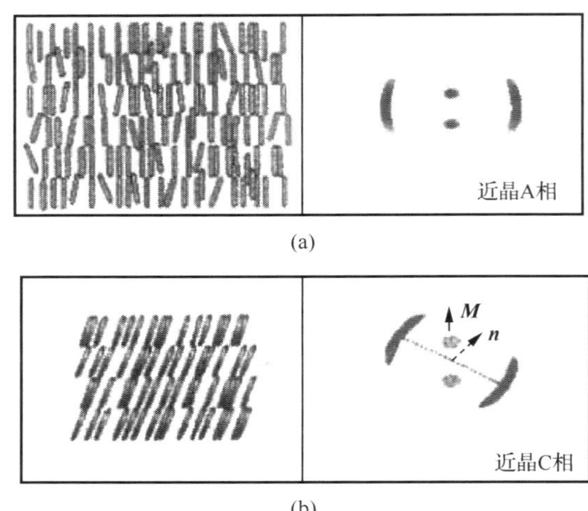

图 6-4 近晶 A 相和近晶 C 相液晶的分子堆砌示意图及对应纤维的 X 射线衍射图样

图 6-5 柱状相液晶示意图

除刚性棒状分子外，刚性盘状分子也可构成二维有序的液晶结构，称为柱状相液晶，属于近晶相液晶。形成液晶时，首先多个盘状分子叠在一起，形成一个个柱体，这些柱状结构再进行一定的有序排列形成类似于近晶相的液晶，见图 6-5。从图 6-5 中看到柱状结构排成有序的六角形结构，但各个柱体沿柱体轴向有一定的运动自由度。柱状相液晶在升温过程中，先是一个个柱体打开，变成一般的向列相液晶，再升温使柱状体消失，变成各向同性液体。

2. 向列相液晶

向列相液晶(nematic liquid crystal)具有一维有序结构，空间有序性较近晶相差。致晶基元为刚性棒状分子时，液晶中刚性分子相互间沿长轴方向(大致)平行排列，但不构成层片。除定向排列外，液晶分子可以前后左右移动，也可以沿长轴方向上下相对滑动，分子的质心位置无序。由于向列相液晶分子可以较容易地沿长轴方向相对运动而不至影响液晶结构，具有较大的运动性，因此，向列相液晶是液晶态中流动性最好的一种。向列相液晶通常用符号 N 表示。其分子堆砌示意图和对应纤维的 X 射线衍射图样见图 6-6。向列相有时也称为丝状相。

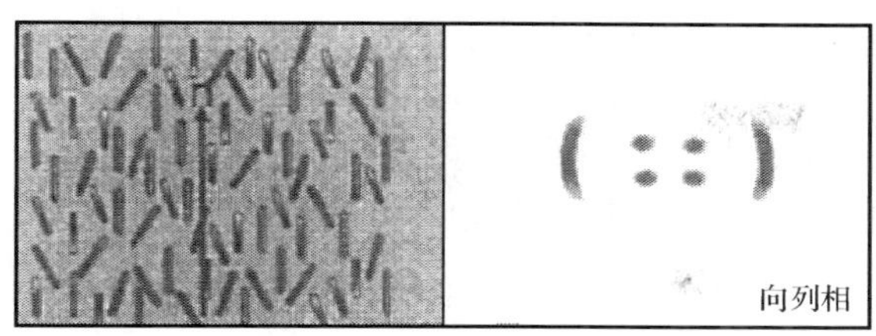

图 6-6　向列相液晶的分子堆砌示意图及对应纤维的 X 射线衍射图样

3. 胆甾相液晶

胆甾相液晶(cholesteric liquid crystal)的结构较特殊。它是分层的,但与近晶相液晶的分层不同。在每一平面层内刚性分子长轴沿层面平行排列,而分子质心无序,这一点与向列相液晶相似。层与层之间分子长轴取向方向不同,相邻层之间分子取向方向依次偏转,形成螺旋状。经过一段距离分子取向方向旋转 360°后复原,两个取向方向相同的最近层间距称为螺距 L。螺距的大小取决于分子结构及温度、压力、磁场或电场等外部条件。若刚性分子结构对称,无头尾之分,则分子取向方向旋转 180°后即复原,螺距较小;若结构不对称,有头尾之分,分子取向方向需旋转 360°才复原,则螺距较大。胆甾相液晶分子大多是胆甾醇的衍生物,通常为手性分子,具有较高的旋光性,因此,胆甾相液晶又称为手性向列相液晶。其螺旋周期较大,螺距约在可见光波长范围内,螺旋平面对特定波长的光有选择性反射,能将白色光散射成灿烂的颜色。胆甾相液晶通常用符号 Ch 或 N^* 表示,见图 6-7。

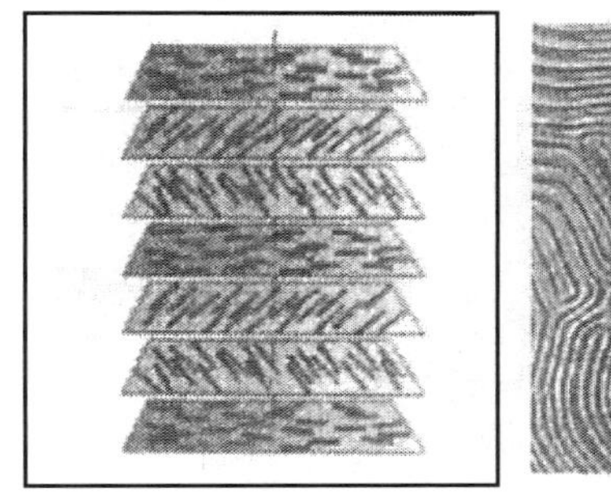

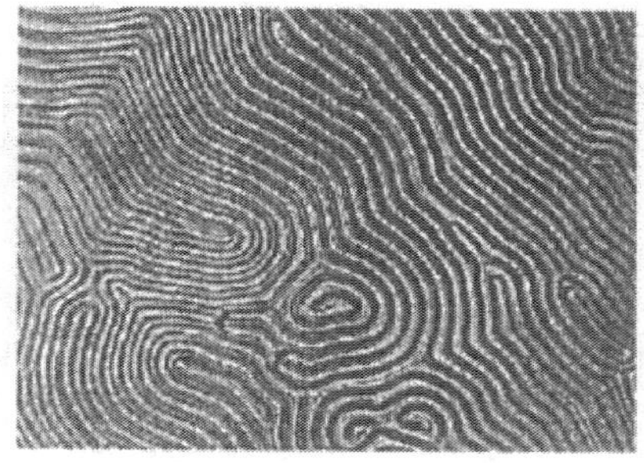

图 6-7　胆甾相液晶的分子堆砌示意图及光学螺旋效应(指纹织构)

4. 溶致性液晶的相态

与热致性液晶不同,溶致性液晶的构造单元是二维液膜,液膜由双亲性分子聚集而成。液膜本身的结构并不具有长程有序性,但以液膜为构造单元而形成的溶致性液晶却有明确的长程有序性。溶致性液晶是在一定温度下,液膜浓度达到一定程度时形成的。根据浓度的不同,溶致性液晶有不同的相态,主要有层状相液晶、“双连续”立方相液晶和六角相液晶,见图 6-8。其中“双连续”立方相液晶较特殊,它由两组液膜管组成,两组管互不相通,但每组管都按一定的规则分叉,且两组管按一定的规则相互交错,因此总体上具有有限的长程有序性。

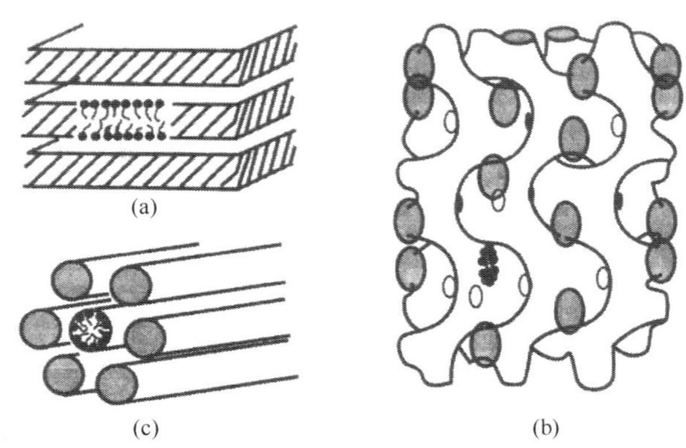

图 6-8　溶致性液晶的相态

(a)层状相;(b)“双连续”立方相;(c)六角相

图 6-9 给出肥皂液的相图。从图 6-9 可以看出,在低浓度下,肥皂液为各向同性液体,随着浓度增大,先后出现六角相、立方相和层状相液晶。温度对液晶的形成有重要影响,图 6-9 中可见,温度较低时更容易形成液晶,温度升高后分子运动能力加强,不利于有序排列。

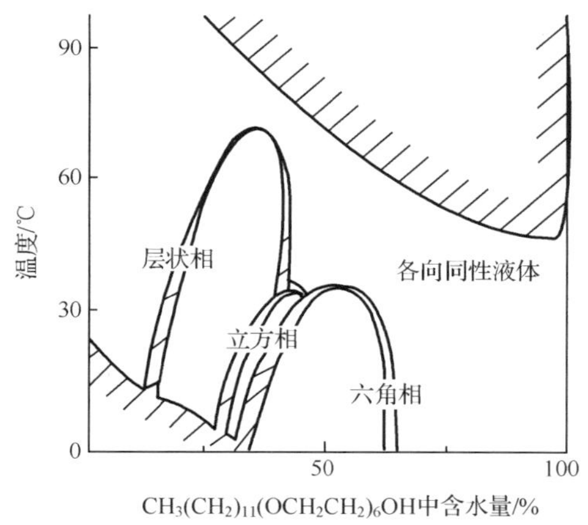

图 6-9　肥皂液的相图

按分子的大小，液晶分为低分子液晶和高分子液晶。关于高分子液晶的结构、相态和性质将在后文讨论。

6.1.2　液晶的凝聚态特征

1. 液晶的对称破缺和序参量

按照凝聚态物理学的观点，液晶是结构对称度和有序性介于固态晶体和各向同性液体之间的一类凝聚态物质，是在物质凝聚态变化过程中(如热致性液-固相变、溶致性聚集)在特殊条件下形成的中间态。微观上，其分子无三维长程位置序，而聚集态结构却具有某种规则排列，因此一些性质呈现各向异性。

从对称破缺的观点看，液晶的时空对称性操作比各向同性液体少，比固态晶体多。各向同性液体具有最高的时空对称性操作，无论坐标系在空间如何运动(平动或旋转)，液体的各种物性(如密度)均保持不变。晶体则不同，由于晶体有确定的空间点阵结构，因此当坐标系移动或转动后，晶体在坐标空间上各点的密度会发生变化。与液体相比，晶体欠缺空间平移对称性和旋转对称性。

液晶介于两者之间，由于它具有一定的准周期结构，因此，与液体相比也欠缺某些对称操作。以刚性棒状分子为例，它在空间的基本运动有两种：质心平移和棒的旋转。平移相关于坐标系的平移操作，旋转相关于坐标系的旋转操作。对于向列相液晶，棒状分子可以在三维空间自由平移，但无法旋转，因此破缺了旋转对称性。对于近晶相液晶，棒状分子只能在一个层面上(二维)平移，因此除旋转对称性破缺外，还多了一维平移对称破缺，见表 4-1。不同类型的液晶因周期结构不同，对称破缺的程度不同，分子排列的有序性也不同。相对而言，向列相液晶具有低有序结构，而近晶相液晶具有高有序结构。若采用序参量 ϕ 来描述物质从晶态→液晶态→液态的相变过程，则晶态的序参量最高，液晶态次之，液态最低。几种液晶比较，近晶相液晶的序参量高，而向列相液晶的序参量低。

1）向列相和胆甾相液晶的序参量

向列相液晶的基本特征是，当浓度足够高时刚性棒状分子倾向于沿空间某特定方向 **n**(称为指向矢)定向排列，具有长程的方向序，而分子质心的位置分布杂乱无章，不存在长程位置序。在棒状分子定向排列时，由于分子热运动，也不可能所有分子完全严格沿 **n** 方向整齐排列，存在一定程度的涨落。若引入三个 Euler(欧拉)角 θ、φ、ψ 来描述液晶分子的空间取向，对于向列相液晶而言，关键要确定所有分子的轴向相对于指向矢 **n** 的 θ 角的分布状态，见图 6-10。该分布可用以下分布函数描写：

$$f(\cos\theta)=\sum_{l=0,\text{偶数}}\frac{2l+1}{2}\langle P_l(\cos\theta)\rangle P_l(\cos\theta) \tag{6-1}$$

式中，$P_l(\cos\theta)$ 为第 l 项 Legendre(勒让德)多项式[①]。$\langle P_l(\cos\theta)\rangle$ 中的尖括号表示对 Legendre 多项式求平均。注意这里指向矢 **n** 不区分正反方向，与普通矢量不同，因此 θ 角的取值在 $\pm\frac{\pi}{2}$ 之间，即 $-\frac{\pi}{2}<\theta<\frac{\pi}{2}$。

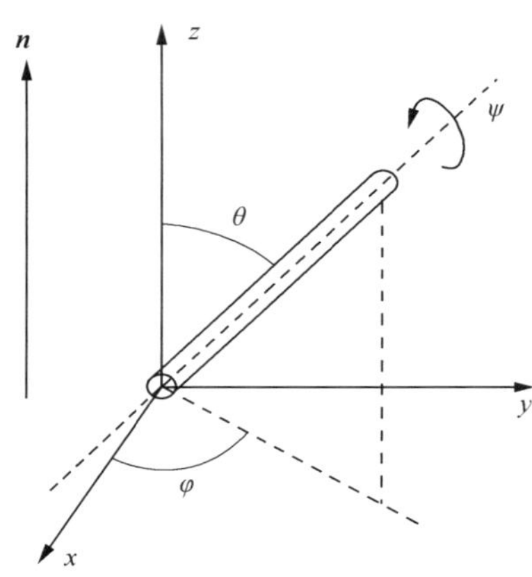

图 6-10 描述向列相液晶分子空间取向的 Euler 角

根据分布函数式(6-1)得到各项 Legendre 多项式的平均值为

$$\langle P_l(\cos\theta)\rangle=\int_{-1}^{1}P_l(\cos\theta)f(\cos\theta)\mathrm{d}(\cos\theta) \tag{6-2}$$

其中，l=0、2、4 三项的表达式为

$$\langle P_0(\cos\theta)\rangle=1 \tag{6-3}$$

$$\langle P_2(\cos\theta)\rangle=\frac{1}{2}(3\langle\cos^2\theta\rangle-1) \tag{6-4}$$

$$\langle P_4(\cos\theta)\rangle=\frac{1}{8}(35\langle\cos^4\theta\rangle-30\langle\cos^2\theta\rangle+3) \tag{6-5}$$

第 4 章 4.2.2 节中曾采用序参量 $\phi=\frac{1}{2}(3\langle\cos^2\theta\rangle-1)$［式(4-27)］来描述从液相到向列相液晶的转变，现在明确，这就是选取第 2 项 Legendre 多项式的平均值 $\langle P_2(\cos\theta)\rangle$ 作为序参量。当材料处于高温液相时，分子排布杂乱无章，$\langle\cos^2\theta\rangle=1/3$，序参量 $\phi=0$；处于低温向列相时，分子基本定向排列，$\langle\cos^2\theta\rangle\approx1$，$\phi\approx1$。从液相到向列相液晶转变时序参量发生了变化，说明材料发生了相变；而且序参量从 0 到 1 发生突变，这种相转变为热力学一级相变，见图 4-5。

① Legendre 多项式为一正交多项式，表达式为 $P_n(x)=\frac{1}{2^n n!}\frac{d^n}{\mathrm{d}x^n}[(x^2-1)^n]$，其前几项为 $P_0(\cos\theta)=1$，$P_1(\cos\theta)=\cos\theta$，$P_2(\cos\theta)=\frac{1}{4}(3\cos2\theta+1)$。

胆甾相液晶是一类特殊的具有手性的向列相液晶。在胆甾相液晶中，刚性棒状分子（这类棒状分子基本呈扁平状）平行排列成层状，分子长轴在层状平面内，层内分子的排列与向列相液晶相似，具有长程方向序而缺失长程位置（平移）序。长轴的取向角度可以用 φ 来表示。由于手性分子结构的左右不对称，因此，相邻两层平面之间棒状分子长轴的取向角度 φ 相互错位，呈螺旋性周期变化，见图 6-7。

假定分子长轴在图 6-10 的 xy 平面内，各层平面内分子取向轴的单位矢在坐标系的投影为

$$x_z^0 = \cos\left(\frac{2\pi}{L}z + \varphi\right), \quad y_z^0 = \sin\left(\frac{2\pi}{L}z + \varphi\right), \quad z_z^0 = z \tag{6-6}$$

式中，L 为螺旋周期。当 $z=L$ 或 L 的整数倍时，分子取向轴旋转一个（或几个）周期而复位。当周期 $L=\infty$，分子长轴的取向不发生螺旋变化，就等于向列相液晶，此时式(6-6)描述了指向矢的方向。

2）近晶相和柱状相液晶的序参量

近晶相液晶的基本特征是刚性棒状分子相互平行排列成层状结构，分子长轴基本上垂直层面。近晶相液晶比向列相液晶具有更高的有序性，既有层内的分子长轴方向序，又有层间的一维位置（平移）序，其分布函数可表示为

$$f(\cos\theta, z) = \sum_{l=0,\text{偶数}} \sum_{n=0} A_{ln} P_l(\cos\theta)\cos\left(\frac{2\pi nz}{d}\right) \tag{6-7}$$

该分布函数为二重分布函数，有两个变量 $\cos\theta$ 和 z。式中，$P_l(\cos\theta)$ 为第 l 项 Legendre（勒让德）多项式；z 为分子质心的坐标；d 为层间距；A_{ln} 为系数。A_{ln} 的具体表达式可以用 $P_l(\cos\theta)\cos(2\pi nz/d)$ 乘分布函数式(6-7)两边，积分求得，为

$$A_{00} = \frac{1}{2d} \quad (l=0, n=0) \tag{6-8}$$

$$A_{0n} = \frac{1}{d}\left\langle \cos\left(\frac{2\pi nz}{d}\right)\right\rangle \quad (l=0, n\neq 0) \tag{6-9}$$

$$A_{l0} = \frac{2l+1}{2d}\left\langle P_l(\cos\theta)\right\rangle \quad (l\neq 0, n=0) \tag{6-10}$$

$$A_{ln} = \frac{2l+1}{2d}\left\langle P_l(\cos\theta)\cos\left(\frac{2\pi nz}{d}\right)\right\rangle \quad (l, n\neq 0) \tag{6-11}$$

式中，尖括号内的平均值定义为

$$\langle x\rangle \equiv \int_{-1}^{1}\int_0^d x f(\cos\theta, z)\,\mathrm{d}z\,\mathrm{d}(\cos\theta) \tag{6-12}$$

这里需指出，上述计算要求分布函数 $f(\cos\theta, z)$ 满足归一化条件，即

$$\int_{-1}^{1}\int_0^d f(\cos\theta, z)\,\mathrm{d}z\,\mathrm{d}(\cos\theta) = 1 \tag{6-13}$$

根据以上分析，可以定义三个序参量

$$\phi = \langle P_2(\cos\theta) \rangle \tag{6-14}$$

$$\tau = \langle \cos(2\pi z/d) \rangle \tag{6-15}$$

$$\sigma = \langle P_2(\cos\theta)\cos(2\pi z/d) \rangle \tag{6-16}$$

其中,第一个序参量 ϕ 与棒状分子取向角 θ 有关,描述了刚性棒状分子的方向序;第二个序参量 τ 与层的位置 z 有关,描述了取向分子层的位置(平移)序。

对于各向同性液体,对称度最高,有序性最低,设各个序参量均等于零,$\phi = \tau = \sigma = 0$;对于向列相液晶,有方向序而无位置(平移)序,$\phi \neq 0$ 而 $\tau = \sigma = 0$;对于近晶相液晶,其有序性比向列相液晶高,描述近晶相除了要用方向序参量 ϕ 外,还要用位置(平移)序参量 τ。

前面已经讨论过序参量 ϕ 的意义,现在讨论序参量 τ 的意义。从式(6-15)可知,τ 与棒状分子的质心坐标 z 相关,若取向分子的质心沿 z 方向均匀无序分布,即向列相的情形,则平均值 $\langle \cos(2\pi z/d) \rangle = 0$,序参量 $\tau = 0$。若材料处于近晶态,取向分子整齐排列成层状,所有分子的质心均在 $z=0$ 处或 d 的整数倍处,则序参量 $\tau = 1$。由此可见,当物质从液态转变到近晶相液晶,或从向列相液晶转变到近晶相液晶的过程中,序参量 τ 发生了从 0 到 1 的突变,因此,这些相变也是热力学一级相变。

2. 液晶的软物质特征

液晶属于软物质,具有软物质的典型特征。软物质的特征包括两方面:①复杂性;②柔性。液晶的复杂结构是不容置疑的,液晶不像纯净晶体或纯净液体那样结构简单,在看似均一的表象下具有复杂的微观和亚微观结构。热致性液晶根据液晶分子的排列形式不同有近晶相、向列相和胆甾相之别,溶致性液晶根据分子的组装形式不同有层状相、“双连续”立方相和六角相等类型。液晶可以流动,其柔性也是显而易见的。这种柔性同样表现在“弱刺激,强响应”方面,液晶材料在外界温度场、浓度场、电磁场等发生微弱变化时,其结构和性质都能发生很大的变化,因而呈现出电光效应、光学各向异性和动态光散射等特性。

液晶的有序化过程除与分子间相互作用能变化有关外,体系的熵值变化影响也很大,有时起决定性作用。4.3.2 节曾介绍向列相液晶中的熵致相变,在刚性棒状分子从杂乱无章到定向排列的有序化过程中,正是分子平移熵取极大值的要求促成了从各向同性相到向列相液晶的转变。在溶致性液晶分子组装时也有类似的情形,虽然双亲分子排列有序化使熵值减少,但原来附着于双亲分子的约束水分子在组装时成为自由分子,又使体系熵值增大。这种熵值变化对有序化组装是有利的。

液晶相转变中动力学因素的影响也非常重要。液晶相本身就是液-固相变过程中的中间态,液晶相的生成及其形态演变与相变过程的诸多参数,如升降温速率、浓度变化等密切相关。例如，热致性液晶分双向性转变液晶和单向性转变液晶两类。双向性转变液晶在降温（液相→液晶相→晶相）和升温（晶相→液晶相→液相）过程中都能观察到液晶相生成；而单向性转变液晶只有在降温过程中，且降温速率较快时才能观察到。

为了理解单、双向性液晶的相转变行为，可参见图 6-11。图 6-11 中给出不同液晶相变过程中体系 Gibbs 自由能的变化。图 6-11(a)中，在温度 T_m（熔点，即晶相和液晶相的转变温度）到 T_i（各向同性转变温度）区间内，无论升温或降温过程，液晶相的 Gibbs 自由能 G_{lc} 都低于晶相的自由能 G_k 和液相的自由能 G_i，液晶相在热力学上稳定。因此，无论升温（由晶相→液晶相→液相）或降温（由液相→液晶相→晶相）都能观察到液晶相生成，这就是双向性转变液晶。对比图 6-11(b)，由于在 $T_i \sim T_m$ 内，液晶相的 Gibbs 自由能 G_{lc} 始终高于晶相的自由能 G_k，因此，升温时晶相无须通过液晶相直接熔融转变为液相。降温时若降温速率慢，也可从液相中直接结晶（无须通过液晶相）；但若降温速率快，由于结晶成核的延迟效应，结晶过程可能被抑制，此时有可能先出现液晶相，再转变为晶相。这就是单向性转变液晶。这种过程受动力学因素控制，尤其对于相对分子质量较大的材料（如高分子），液晶相转变中的动力学控制是很重要的。

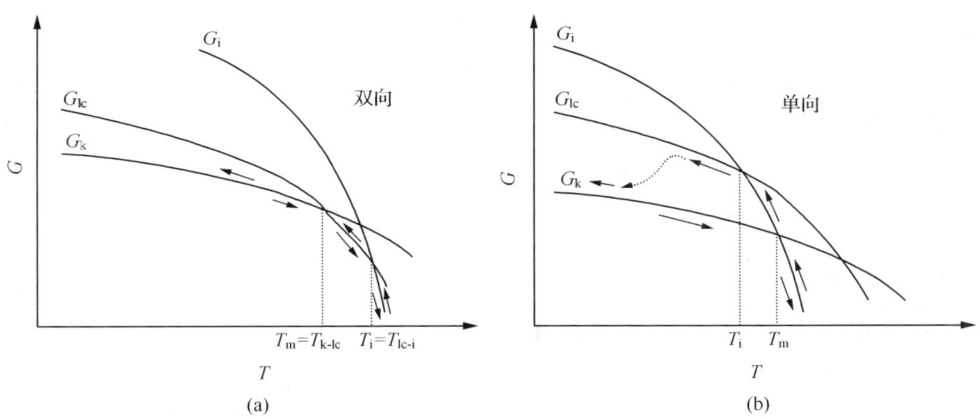

图 6-11　双向性液晶(a)与单向性液晶(b)的 Gibbs 自由能-温度曲线

液晶不是某些特殊物质才有的物质相，而是很多物质（从相对分子质量为 10 数量级的小分子到相对分子质量为 10^6 数量级的大分子聚合物）都有的特征相似的一种凝聚态。尤其是 de Gennes 注意到，液晶的相行为（de Gennes 最早的研究领域就是液晶）与许多其他材料——高分子材料和生物有机材料和超导材料的相变存在相似性，这一点激励着人们去寻求能说明各种差别很大的系统行为相似性的统一原理，以及说明分子有序化与分子相互作用相联系的基本相变理论，并由此提出软凝聚态物质的概念。这是 P. G . de Gennes 获得诺贝尔物理学奖的成果的精髓。

6.2　高分子液晶的结构及性能特点

按照相对分子质量的大小或分子链的长短，液晶又分为小分子液晶和高分子液晶，或者称为单体型液晶和聚合物型液晶。高分子液晶是液晶家族的新成员，它由致晶基元相互连接形成长链分子，或是将致晶基元作为侧链连接到高分子主链骨架上得到。高分子液晶也有热致性液晶和溶致性液晶之分。

最早认识到聚合物存在液晶态是德国化学家 Vorlaender(1923 年)。后来 Flory(1956 年)采用格子模型和排除体积理论预言了刚性棒状高分子能在临界浓度以上形成溶致性液晶，并得到实验证实。20 世纪 60 年代后期，杜邦(DuPont)公司的 Inkwolek 等发现芳香聚酰胺溶液具有液晶行为，并于 1972 年生产出聚对苯二甲酰对苯二胺纤维(PPTA，Kevlar 纤维)，这是第一个大规模工业化的溶致性高分子液晶材料。分子式为

$$-\mathrm{CO}-\mathrm{C_6H_4}-\overset{\displaystyle \mathrm{O}}{\overset{\|}{\mathrm{C}}}-\mathrm{NH}-\mathrm{C_6H_4}-\mathrm{NH}- \tag{6-17}$$

1975 年，Roviello 首次报道了不需要溶剂，在熔体状态下具有液晶性的热致性液晶高分子。分子式为

$$\left[\mathrm{O}-\mathrm{C_6H_4}-\mathrm{CH{=}C(CH_3)}-\mathrm{C_6H_4}-\mathrm{O}\overset{\displaystyle \mathrm{O}}{\overset{\|}{\mathrm{C}}}\mathrm{(CH_2)}_n\overset{\displaystyle \mathrm{O}}{\overset{\|}{\mathrm{C}}}\right]_x,\ n = 8 \sim 14 \tag{6-18}$$

第二年，Eastman Kodak 公司的 Jackson 以聚酯(PET)为主要原料合成了具有实用性的热致性芳香族共聚酯液晶，并取得专利。这种高分子液晶可以方便地注射成高强度工程结构型材及高性能制品，推动了高分子液晶材料的研究开发。

我国自 20 世纪 70 年代开始高分子液晶的研究工作，由中国科学院化学研究所首先合成得到溶致性液晶高分子 PPTA，并成功地进行液晶纺丝得到高强度高模量纤维，称为芳纶 1414。迄今全世界已合成得到的液晶高分子约 2000 余种，年产量达 5 万吨。

6.2.1　高分子液晶的主要类型

根据致晶基元(刚性段部分)在大分子中的相对位置和连接次序，高分子液晶分为主链型高分子液晶(main-chain polymer liquid crystals)、侧链型高分子液晶

(side-chain polymer liquid crystals)和复合型高分子液晶(composite polymer liquid crystals)三类。由致晶基元连接成大分子主链或致晶基元镶嵌在大分子主链上,本身是大分子主链的一部分,称为主链型高分子液晶。致晶基元作为侧链连接在大分子主链上,称为侧链型高分子液晶,又称为梳状液晶。主链型液晶与侧链型液晶不仅在相态上有差别,还在物理化学性质方面表现出很大差异。如果在主链和侧链上均含有致晶基元,则为复合型高分子液晶。

1. 主链型高分子液晶

主链型高分子液晶可以分为两种类型:一类是大分子主链完全由刚性链段(致晶基元)连接而成,这类液晶分子链比较僵硬,液晶转变温度高。由于熔点高(甚至高于热分解温度),难以热加工,因此多采用溶液法制备,得到溶致性高分子液晶。形成的液晶形态多为向列相液晶。例如,PPTA(聚对苯二甲酰对苯二胺),分子式见式(6-17);PBZT(聚苯并噻唑),分子式为

$$\left[\text{C}\langle{}^{N}_{S}\rangle C_6H_2 \langle{}^{S}_{N}\rangle \text{C}-C_6H_4 \right]_n \tag{6-19}$$

另一类是柔性链段和刚性链段交替连接构成主链,或者说致晶基元镶嵌在大分子主链上,由柔性链段隔开。很大一类热塑性聚酯(TPP)和基于聚对苯二甲酸酯的液晶共聚酯属于此类主链型高分子液晶。几种聚酯的分子式举例如下:

$$\left[O-C_6H_4-C_6H_4-CH_2-\underset{CH_3}{\underset{|}{CH}}-C_6H_4-O+CH_2+_n \right]_y \tag{6-20}$$

$$\left[\overset{O}{\overset{\|}{C}}-C_6H_4-O\overset{O}{\overset{\|}{C}}-C_6H_4-\overset{O}{\overset{\|}{C}}O-C_6H_4-\overset{O}{\overset{\|}{C}}-O+CH_2+_n O \right]_x, \; n = 2 \sim 10 \tag{6-21}$$

$$\left[O-C_6H_4-C_6H_4-O\overset{O}{\overset{\|}{C}}+CH_2+_n\overset{O}{\overset{\|}{C}} \right]_x, \; n = 4 \sim 12 \tag{6-22}$$

其中,式(6-20)为均聚物,式(6-21)和式(6-22)为共聚酯。各式中均以长度不同的亚甲基链段作为柔性连接段。柔性连接段称为间隔段(the spacer),间隔段的作用很重要,其结构、柔性、长短、位置以及与刚性段的连接都会对高分子液晶的形态和性质产生影响。这类液晶由于分子链比较柔顺,熔点较低,可形成热致性高分子液晶,直接熔融加工。相对而言,此类液晶的相态也比较丰富。图 6-12 给出了两种

主链型高分子液晶的分子模型。

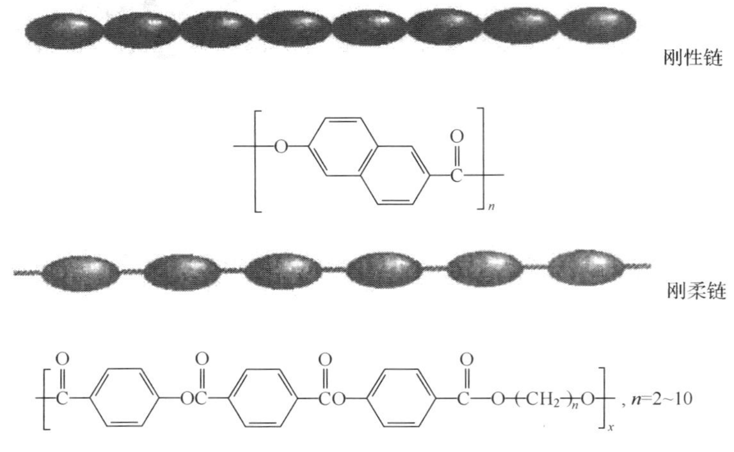

图 6-12　两种主链型高分子液晶的分子模型

根据刚性致晶基元的形状及在主链的连接形式，主链型高分子液晶又可细分为以下几类：若致晶基元为刚性棒状基元，位于分子主链上，其长轴与分子主链平行，称为纵向型主链液晶或 α 型液晶；若刚性致晶基元位于分子主链上，长轴与分子主链垂直，称为垂直型主链液晶或 β 型液晶；若刚性致晶基元呈十字形结构并位于分子主链上，称为星形主链液晶或 γ 型液晶，这类液晶常带有旋光性；若致晶基元为刚性盘状结构，位于分子主链上，称为盘状主链液晶或 ζ 型液晶，见图 6-13。

2. 侧链型高分子液晶

侧链型高分子液晶大体也分为两类，一类是刚性致晶基元直接连在主链上。例如

$$\left[CH_2-\underset{COO}{\overset{R}{\underset{|}{\overset{|}{C}}}} \right]_n -\!\!\bigcirc\!\!- O-\overset{O}{\overset{\|}{C}}-\!\!\bigcirc\!\!- O-\overset{O}{\overset{\|}{C}}-\!\!\bigcirc\!\!- R' \qquad (6\text{-}23)$$

主链为聚丙烯酸酯链，致晶基元直接连在主链上，在玻璃化温度 T_g 以上能生成稳定的向列相液晶。其中，若 R＝R′＝H，则 $T_g=228℃$，液晶转变温度 $T_N>260℃$；若 $R=CH_3$，R′＝H，则 $T_g=252℃$，液晶转变温度 $T_N>300℃$。此类侧链型高分子液晶较少，原因是主链对侧链的耦合作用会影响致晶基元的有序排列，阻碍成晶。所谓耦合作用是指主链的无规则热运动会干扰侧链致晶基元的取向排列，阻碍液晶形成。但当主链非常柔顺，或致晶基元的取向能力很强时，耦合作用弱，也可以形成液晶。

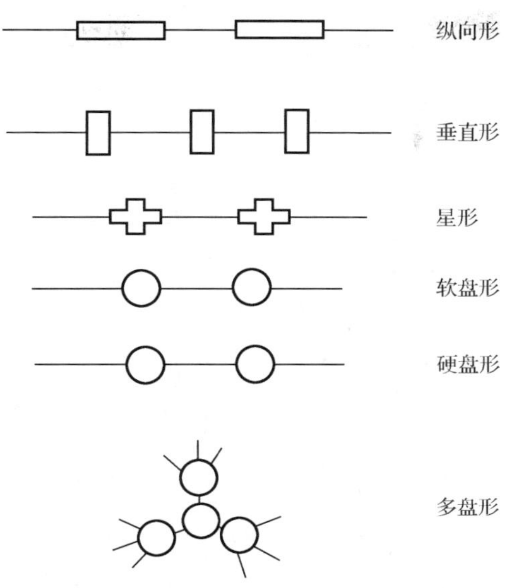

图 6-13　几种不同形状的主链型高分子液晶

另一类侧链型高分子液晶是刚性致晶基元通过柔性链段(间隔段，the spacer)与主链连接，柔性间隔段的主要作用是消除主、侧链间的耦合作用，给致晶基元充分的活动能力，有利于液晶态的形成。例如，聚丙烯酰氧己氧基联苯腈的分子式为

$$\begin{array}{l} -\!\!\left(CH_2-CH \right)\!\!-_n \\ \qquad\quad | \\ \qquad COO-O-\!\left(CH_2 \right)_6\!-O-C_6H_4-C_6H_4-CN \end{array} \tag{6-24}$$

主链为聚丙烯酸酯链，致晶基元为$—O—C_6H_4—C_6H_4—CN$，主链与致晶基元间有6个亚甲基组成的柔性间隔段。该类高分子具有丰富的液晶相态，在 T_g 以上，32℃时生成重入向列相液晶，80℃时转变为近晶 A 型，124℃又转为向列相，至132℃变成各向同性液体，记为(g 32°N_{re} 80°S_A 124°N 132°I)。大部分侧链型高分子液晶属于此类，为此，“柔性间隔段去耦合模型”成为指导侧链型高分子液晶分子设计的基本模型。此类液晶中，大分子主链和致晶基元堆砌时会发生微相分离排列，相态丰富，很多能生成近晶相液晶，见图 6-14。此类液晶的主要用途是制作电、光、色及信息功能材料。

侧链型液晶一般不区分热致性或溶致性。其溶解和熔融能力主要取决于主链，而生成液晶的能力主要取决于含致晶基元的侧链及柔性间隔段。通常主链都很柔顺，溶解能力较强。侧链的致晶基元依靠极性相互作用或亲水-疏水相互作用等组合成有序结构，形成液晶。侧链型液晶的性质常与同一液晶基元的小分子液晶相似，因此通常按致晶基元的性质来分类。

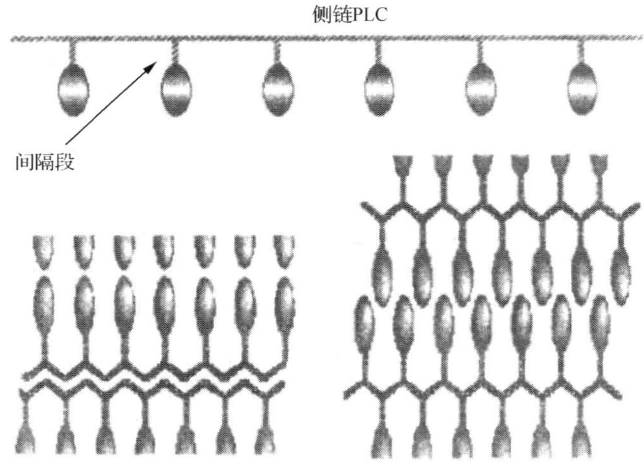

图 6-14　侧链型高分子液晶的分子模型及其堆砌模型

根据刚性致晶基元在主链两侧的排列情形，侧链型高分子液晶又可细分为不同类型，见图 6-15。其中图 6-15(a)和(b)为刚性棒状基元的一端接在主链上，称为尾接型(或端接型)，(a)与(b)的差别在于是否有间隔段；图 6-15(c)和(d)为刚性棒状基元的中部接在主链上，称为腰接型，也分带间隔段和不带间隔段；图 6-15(e)和(f)为柔性棒状液晶基元尾接型(带间隔段或不带间隔段)；图 6-15(g)为刚性盘状基元尾接型；图 6-15(h)为刚性盘状基元腰接型；图 6-15(i)和(j)为一个侧链连接一对致晶基元，称为双致晶基元同点连接型，二者的差别在于图 6-15(i)中两个致晶基元相同，图 6-15(j)中两个致晶基元不同。

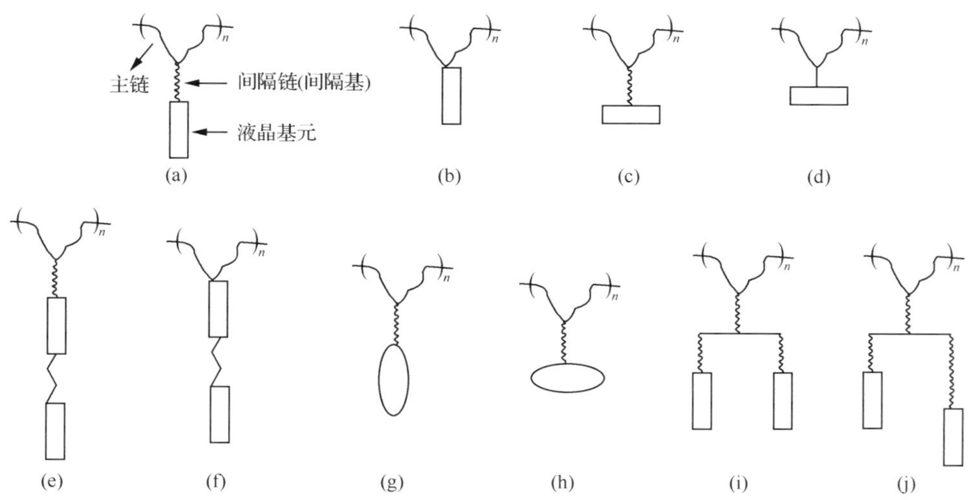

图 6-15　几种不同类型的侧链型高分子液晶

下面给出两个侧链型高分子液晶的例子。式(6-25)为刚性棒状基元尾接型，带有 6 个亚甲基组成的柔性间隔段，主链为聚硅氧烷。在玻璃化温度以上，5℃时生成近晶相液晶，46℃转为向列相液晶，至 108℃变成各向同性液体，记为(g 5 S 46°N 108°I)。式(6-26)为刚性棒状基元腰接型，带 10 个亚甲基的间隔段，主链为聚硅氧烷。在 T_g 以上，17℃时生成向列相液晶，88℃变成各向同性液体，记为(g 17 N 88 I)。

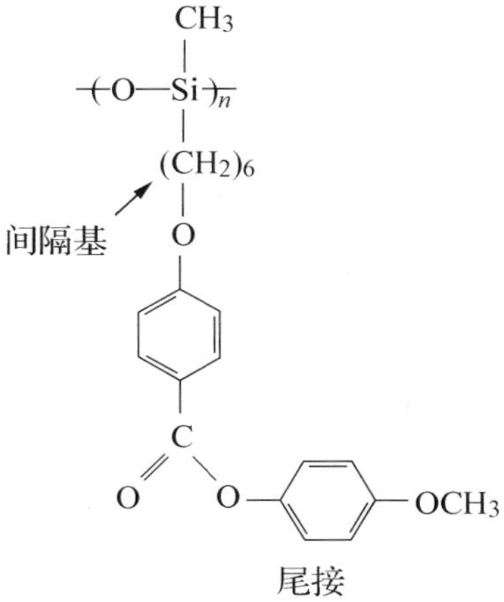

CH_3
$-\!\!(O-Si)_n-$
$(CH_2)_6$
间隔基
O
C
O　O　OCH_3

尾接　(6-25)

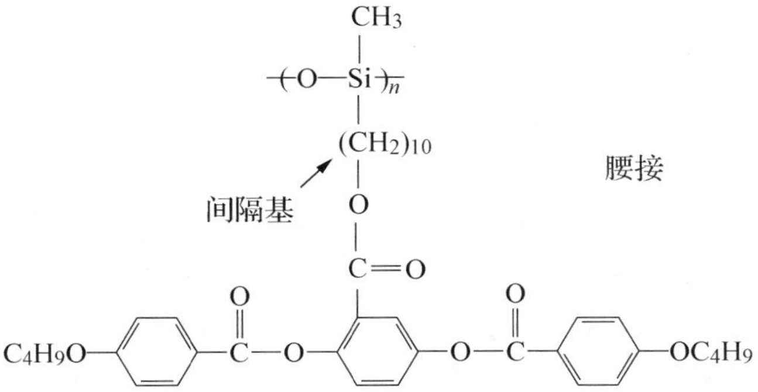

CH_3
$-\!\!(O-Si)_n-$
$(CH_2)_{10}$
间隔基
O
C=O
O　O
C_4H_9O — C — O — O — C — OC_4H_9

腰接　(6-26)

3. 甲壳型高分子液晶

甲壳型高分子液晶(Mesogen-Jacketed LCP)属于腰接型侧链高分子液晶。该类液晶的致晶基元直接腰接于大分子主链，中间无间隔段，因此主链被由致晶基元组成的“甲壳”包裹，使原本柔性的主链变成刚性分子链。同时由于无间隔段，致晶基元的活动能力低，因此必须在有限的范围内尽可能有序排列以降低相互间的排斥。两方面的共同作用使甲壳紧裹在主链上，分子链体积变大，刚性增强，形成的液晶性质已不同于侧链型高分子液晶，而更像主链型高分子液晶，如有较高的玻璃化转变温度、清亮点温度和热分解温度，有较大的构象保持长度，能形成稳定的向列相、溶致性液晶等。图 6-16 为甲壳型高分子液晶示意图。式(6-27)和式(6-28)给出两种甲壳型高分子液晶的例子。

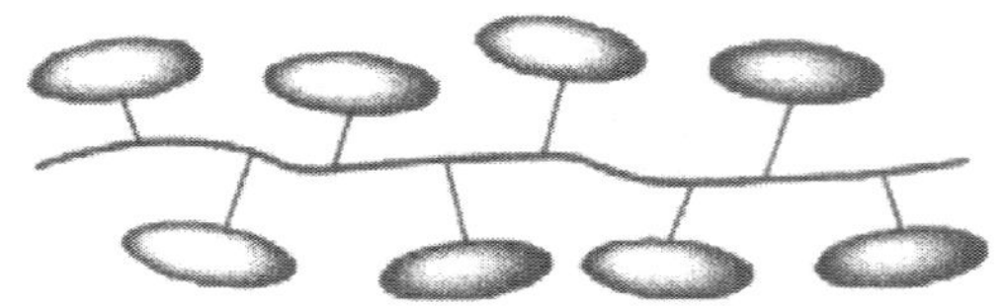

图 6-16　甲壳型侧链高分子液晶结构示意图

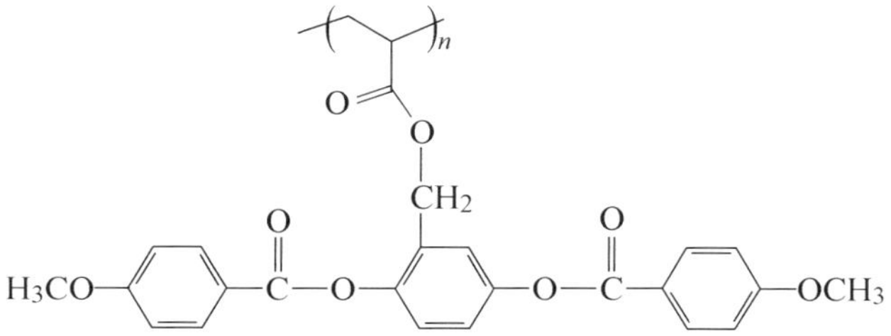

n O O CH_2 O O H_3CO C O O C OCH_3　　(6-27)

$-\!\!(CH_2-CH)_m$ RO O C C O OR O O　　(6-28)

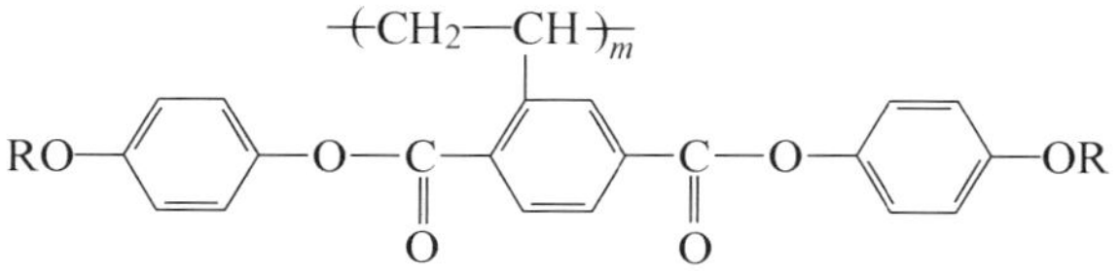

甲壳型高分子液晶的发现具有重要的理论和实际价值。理论上，它与“柔性间隔段去耦合模型”有相互补充的意义。按照去耦合模型，主链与侧链致晶基元相互作用越小(去耦合)越有利于生成液晶，而甲壳型高分子液晶的发现表明，主链与侧链致晶基元具有强耦合作用时也能够生成液晶。两类液晶的结构和性能有很大差别。侧链型高分子液晶一般有较好的分子链柔性和较低的液晶转变温度，主要用作功能材料。而甲壳型高分子液晶的分子链刚性大，液晶转变温度高，热稳定性好，在性能上更像主链型高分子液晶。实际应用上，通常刚性主链型高分子液晶用缩合聚合反应制备，对单体纯度和配比的要求严格，产物的相对分子质量及分布较难控制。而甲壳型高分子液晶可以像一般侧链型高分子液晶一样通过烯类单体的链式聚合制备，工艺简单，产物相对分子质量高。通过选择聚合方法(如活性聚合)还可使产物相对分子质量及分布得到控制。

4. 复合型高分子液晶和高分子液晶网络

复合型高分子液晶是指刚性致晶基元既包含在大分子主链内，同时作为侧链连接在大分子主链骨架上，见图 6-17。这类液晶称为 ψ 型液晶。侧链连接的位置有的是在主链的柔性链段上，有的是在主链的刚性链段上，分别称为 ψ_1 型和 ψ_2 型液晶。

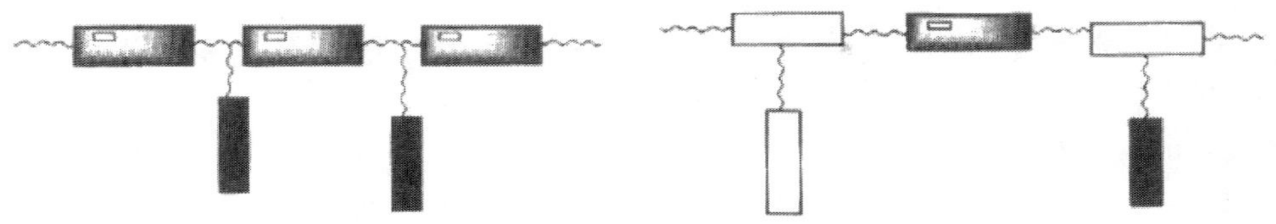

图 6-17　复合型液晶高分子示例

若液晶高分子、液晶小分子或液晶齐聚物中含有可进一步发生反应的基团，在液晶分子发生有序排列形成液晶态后，启动化学反应，可以形成高分子液晶网络(LCP network)，见图 6-18。主链型高分子液晶和侧链型高分子液晶都可能发生交联反应。网络使获得的液晶相态更加稳定。

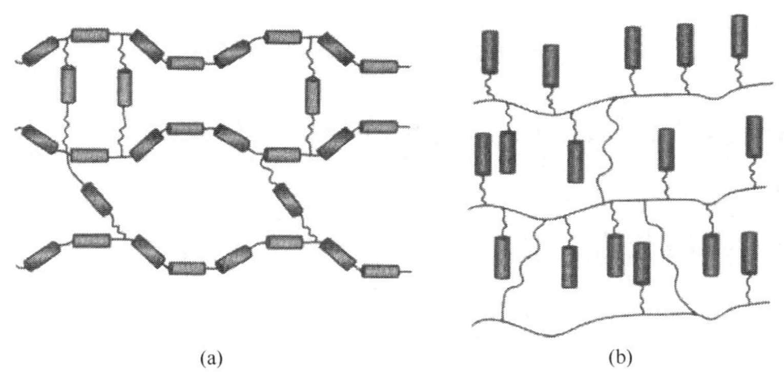

图 6-18　通过化学反应形成高分子液晶网络

(a)主链型高分子液晶形成网络；(b)侧链型高分子液晶形成网络

根据交联度的高低，侧链型高分子液晶网络可分为两类。高度交联的称为热固性液晶网络，轻度交联的称为液晶弹性体。但交联程度太高，致晶基元难以定向排列，会抑制液晶的形成。图 6-19 是采用一种以交联单体作交联剂得到的侧链型液晶弹性体结构示意图。式(6-29)给出一种交联单体化学结构式。

$$CH_2{=}CHCH_2O-C_6H_4-COO-C_6H_4-OOC-C_6H_4-O(CH_2)_6OOCCH{=}CH_2 \tag{6-29}$$

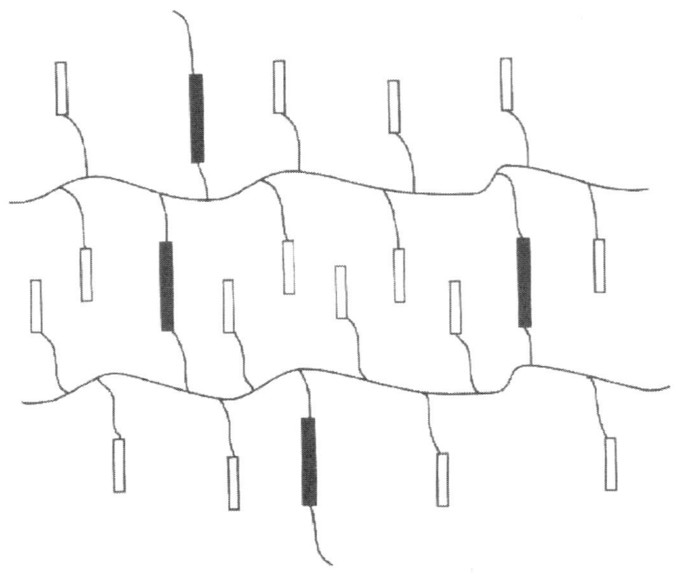

图 6-19 侧链型液晶弹性体结构示意图

6.2.2 高分子液晶的化学结构及其与性能的关系

先考察小分子液晶的化学结构。构成液晶分子的主要化学结构包括三部分：环状结构、中心桥键和末端基团。可概括写成如下形式：

X—⟨苯环⟩—A—B—⟨苯环⟩—Y (6-30)

液晶分子中必须有形状高度各向异性的近似棒状或盘状的刚性基元，这是液晶分子在液态下能够维持某种有序排列的必要结构因素。这些刚性基元通常由两个苯环或者芳香杂环通过刚性部件(—A—B—)连接组成。连接环状结构的部件称为中心桥键，它与两侧芳环形成共轭体系或部分参与共轭体系。常见的桥键有偶氮基、氧化偶氮基、酯基、反式乙烯基和亚胺基等。桥键与两侧苯环或其他环状基团相结合，形成具有相当刚性的中心骨架，构成致晶基元。此外，液晶分子中一般还包括末端基团—X 和—Y，它是构成液晶分子不可缺少的柔软的、易弯曲的基团，对液晶的相态和性能具有重要影响。表 6-1 给出常见的液晶分子环状结构、中心桥键和端基的例子。

表 6-1　常见液晶分子的环状结构、中心桥键和端基

名称	常用基团
环状结构	萘环（2,6-位连接）；R 取代苯环；$\left[\text{—C}_6\text{H}_4\text{—}\right]_n$　n=1,2,3,…
中心桥键	—N=N—；—N(→O)=N—；—C(=O)—C—；—C(=O)—N(H)—；—C≡C—；—C(H)=N—；—HC=CH—CH=CH—
端基	—R，—OR，—COOR，—CN，—OOCR，—Cl —CH=CH—COOR，$—NO_2$，—COR

另外，并非所有长型棒状分子都能够形成液晶态。液晶态的形成除与分子的各向异性形状有关外，还与分子间相互作用力的强度相关。分子间必须有足够大的作用力才能促成和维持有序排列，保持液晶态。因此液晶小分子内应有足够的强极性基团或高度可极化的基团（如芳香基、双键和叁键等）、氢键给体或受体或亲水-疏水基团。

需要注意的是，增强分子间作用力与要求分子呈长型棒状结构之间有时会发生矛盾。如氢键在液晶的形成过程中有相反的两种作用，一方面在羧酸存在的情况下，通过"二聚"可以使分子单元变长，增大各向异性，从而诱发有序排列；另一方面，氢键往往会导致非线形分子间的缔合，破坏分子间的平行性，干扰成晶。

高分子液晶的致晶基元的化学结构与小分子液晶基本相同，致晶基元被直接或通过柔性间隔段以不同方式连接在主链上，构成主链型高分子液晶、侧链型高分子液晶和复合型高分子液晶。因此，高分子液晶的化学结构融合了小分子液晶和大分子链的结构特点，除致晶基元外，间隔段（the spacer）、取代基、末端基及大分子链的结构和性质都会影响高分子液晶的形态和性质。

并非所有的长链分子都能形成液晶态。从结构上来说，能形成和维持液晶态的高分子必须满足两个条件：①分子链中必须有足够多的致晶基元（刚性段部分）；②致晶基元间必须有足够大的相互作用力，使之能形成一定程度的规则排列。以线形聚乙烯（PE）、聚（对苯二甲酰对苯二胺）（PPTA）、聚（苯基对苯二甲酸对苯二酯）（PP-PhT）为例。聚乙烯分子链太柔顺，不存在致晶基元，无论熔融后或在溶液中均不能保持取向态构象，不能形成液晶。PPTA 分子链刚性大，分子间氢键作用强,但由于结晶十分稳定而无法熔融,因此不能生成热致性液晶;但 PPTA 能溶解在强极性溶剂中并保持伸直链取向构象,所以浓度足够高时能生成溶致性液晶。PP-PhT 分子链的性质介于两者之间,熔点为 278℃,熔融后能生成稳定的热致性液晶。

1. 主链型高分子液晶的结构特点

主链型高分子液晶分两类:溶致性主链高分子液晶和热致性主链高分子液晶。

1) 溶致性主链高分子液晶

溶致性主链高分子液晶的最大结构特点是主链几乎全部由致晶基元连接而成,不含或者只含有很少量柔性间隔段,因此分子链刚性大,熔点高,无法热加工,只能溶于适当溶剂制备溶致性液晶。溶致性高分子液晶的致晶基元由环状结构和中心桥键两部分组成,常见的环状结构和中心桥键见图 6-20 和图 6-21。

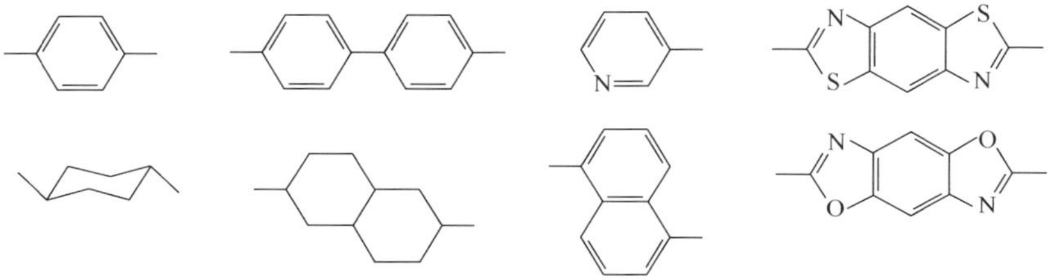

图 6-20 常见的环状结构举例

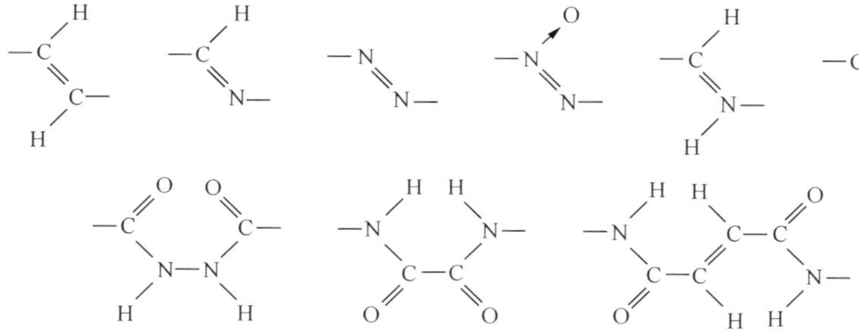

图 6-21 常见的中心桥键举例

刚性致晶基元的结构规整性和键接方式对形成和保持液晶稳定性有重要影响。一般而言,大分子中刚性链段的规整性越好,分子间作用力越大,链段排列越规整,越有利于形成稳定的液晶相。在苯环共轭体系中,增加芳环的数目以及用多环或稠环取代苯环也可增加液晶的热稳定性。液晶热稳定性是指液晶态存在的最高温度,即各向同性转化温度 T_i(又称清亮点)。头-头连接和顺式连接会使链段刚性增加,从而使液晶的各向同性转化温度(清亮点)提高;而头-尾连接和反式连接使分子链柔性增加,导致清亮点降低。

含不饱和双键、叁键的中心桥键虽然增加了基元刚性，但化学稳定性较差，在紫外光照下会因聚合或裂解失去液晶特性，如含有不饱和键的二苯乙烯和二苯乙炔类的液晶的化学稳定性就较差。在链段中引入饱和碳氢链会使分子链的柔性和化学稳定性提高，但由于降低了中心桥键的刚性，导致熔点降低，从而得到低温液晶态。

文献报道的溶致性主链液晶主要有聚芳酰胺类、聚芳杂环类、聚芳酰胺-酰肼类、聚异氰酸酯、聚有机磷腈以及天然的多肽、核酸、蛋白质、病毒、纤维素衍生物及甲壳素等。溶致性液晶的链段除要求有一定刚性之外，还要有良好的溶解性。但刚性好的分子结构往往导致溶解性较差，因此这两个条件是对立的。

聚芳酰胺类是最重要的溶致性主链液晶，通过胺和酰氯的缩聚反应制得。典型代表为聚对苯二甲酰对苯二胺[PPTA，见式(6-17)]和聚苯甲酰胺(PBA)。Kevlar 纤维的极佳的综合力学性能源于其分子结构和分子凝聚状态。图 6-22 给出 Kevlar 纤维的分子结构和分子堆积模型，有如下特点：①分子链刚性强，为主链型液晶高分子；②分子间有大量的氢键(N—H…O)，分子间相互作用强；③分子链规整排列，产生纤维复合增强效应。这些效应的共同作用使 Kevlar 纤维具有极高的力学强度。

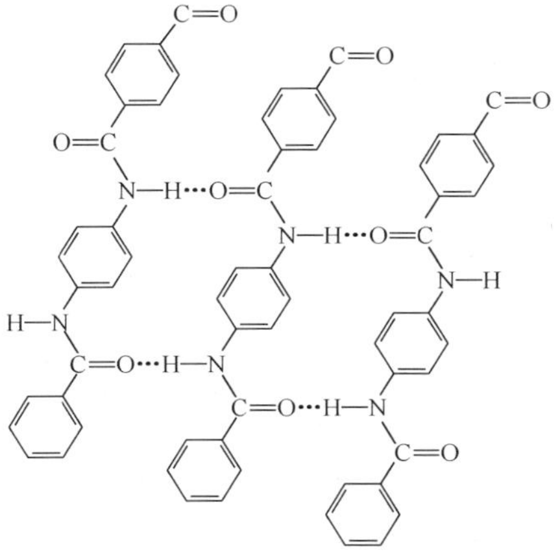

图 6-22　高强度 Kevlar 纤维的分子结构和分子堆积模型

聚芳杂环类大分子具有梯形结构，也可形成溶致性主链液晶，制备超强纤维。该类聚合物的结构为

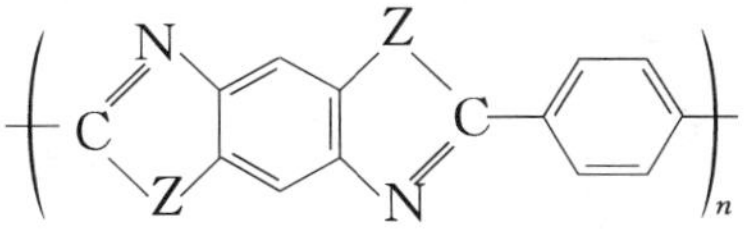

(6-31)

式中，Z 为 S、N、O 等元素。若 Z=S，为聚苯并噻唑；Z=O，为聚苯并噁唑；Z=N，为聚苯并咪唑。此类材料除力学性能优异外，还有极佳的环境稳定性，是新一代性

能优良的航天材料。

表 6-2 列出了几种溶致性主链高分子液晶的化学结构。

表 6-2　几种溶致性主链液晶的化学结构

聚合物名称	化学结构式
聚对氨基苯甲酰胺(PPBA)	
顺式聚双苯并噁唑苯(*cis*-PBO)	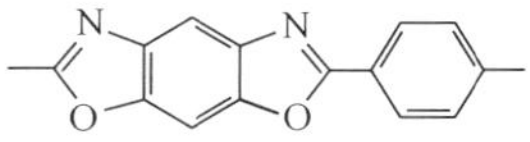
反式聚双苯并噁唑苯(*trans*-PBO)	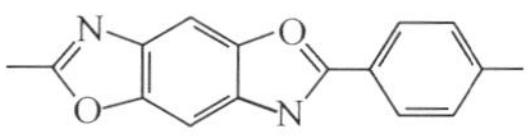
顺式聚双苯并噻唑苯(*cis*-PBZT)	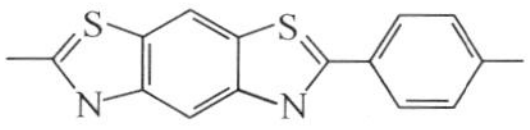
反式聚双苯并噻唑苯(*trans*-PBZT)	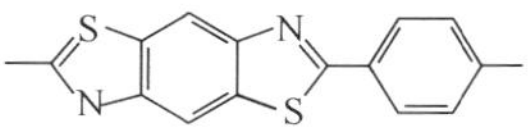
聚均苯四甲内酰胺	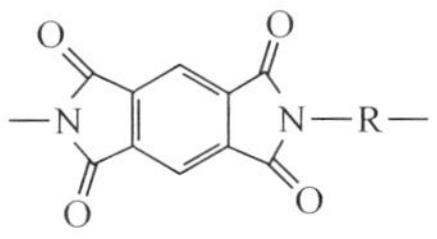

2）热致性主链高分子液晶

由于溶致性主链液晶的分子链刚性大，分子间相互作用强，因此液晶转变温度往往非常高，甚至高过材料的热分解温度，无法采用热加工。为获得热致性主链液晶，必须设法降低液晶转变温度，这可以采用改变致晶基元的键接方式、引入结构缺陷和采用无规共聚等方法来实现。例如，将结构单元的键接方式由头-头连接和顺式连接改为头-尾连接和反式连接，可以使链段柔性增大，液晶转变温度降低。同样地，引入结构缺陷和采用无规共聚等方法也能局部破坏分子排列的规整性，减弱分子间作用力，使液晶转变温度降低，见图 6-23。

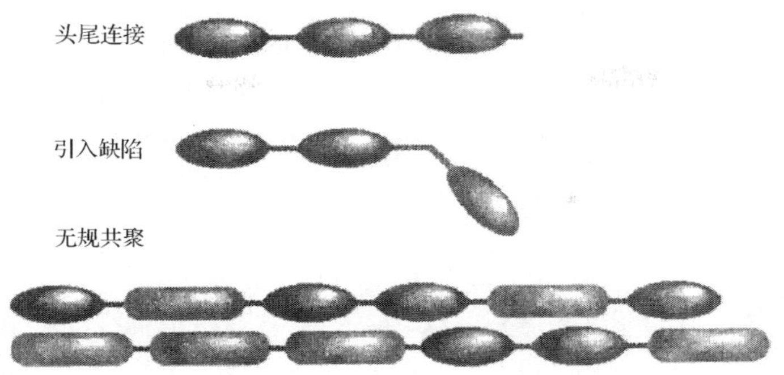

图 6-23　降低液晶态转变温度的几种方法及分子模型

例如，聚(对羟基苯甲酸)为不溶不熔的刚性直链高分子，不能直接形成液晶。Economy 公司用等物质的量的对苯二甲酸和联苯二酚按 1∶2 的比例与对羟基苯甲酸共聚，产物即可熔融，熔融点为 421℃，熔后生成向列相液晶，经注塑成型得到高模量高强度的 Xydar 制品。若再引入非直线形的间苯二甲酸，则得到适于熔融纺丝的热致性液晶高分子，得到的纤维为高模量高强度的 Ekonol 纤维。

热致性主链液晶的种类很多，最主要的是液晶共聚酯(copolyester)。其中一些是通过共聚合，在刚性主链上引入柔性间隔成分，以降低液晶转变温度的聚酯类液晶共聚酯。其柔性间隔段有不同长度的亚甲基链段$\left(CH_2 \right)_n$、聚醚链段$\left(CH_2CH_2O \right)_n$以及聚硅氧烷链段$\left(SiCH_3CH_3O \right)_n$等。典型聚合物见式(6-21)和式(6-22)。另一些是全芳族液晶共聚酯，它们由两种芳香族单体共聚，以达到破坏分子链规整性、减弱分子链刚性和降低熔点的目的。一些常见的制备全芳族液晶共聚酯的芳香族单体见表 6-3。

表 6-3　合成全芳族液晶共聚酯的芳香族单体

芳香族二元酚	芳香族二元羧酸	芳香族对羟基羧酸
HO—⟨苯环⟩—OH	HOOC—⟨苯环⟩—COOH	HO—⟨苯环⟩—COOH
HO—⟨苯环(X, Y)⟩—OH (X, Y=卤素或烷基)	HOOC—⟨苯环(X)⟩—COOH (X=卤素，烷基)	HO—⟨苯环(X)⟩—COOH (X=卤素，烷基)
HO—⟨萘环⟩—OH		

续表

芳香族二元酚	芳香族二元羧酸	芳香族对羟基羧酸
HO—C₆H₄—C₆H₄—OH	HOOC—C₆H₄—C₆H₄—COOH	HO—[C₁₀H₆]—COOH (2,6; 2,7; 1,5)
HO—C₆H₃(C₆H₄X)—OH (X=H, 卤素或烷基)	HOOC—C₁₀H₆—COOH	
	HOOC—C₆H₄—O—C₆H₄—COOH	HO—C₆H₄—CH═CH—COOH

聚酯类液晶共聚酯的一个重要特性是相转变温度的奇-偶效应(even-odd effect)。所谓奇-偶效应是指当柔性间隔段的亚甲基数目奇-偶变化时,液晶的熔点 T_m 和清亮点 T_i 呈规则性的高低变化,见图 6-24。

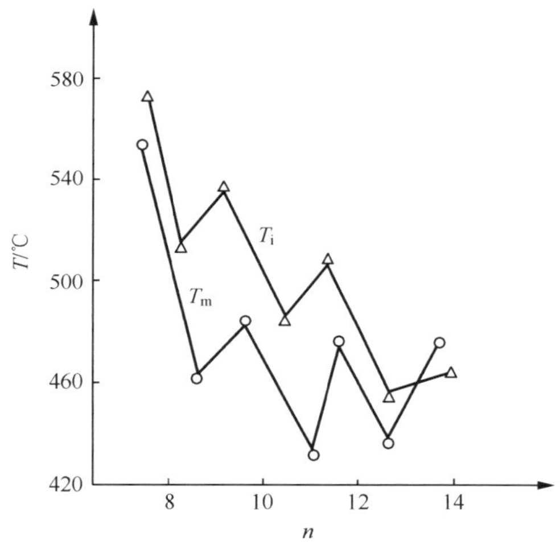

图 6-24　液晶共聚酯[(式 6-18)]相转变温度的奇-偶效应

由图 6-24 可见,当亚甲基的数目从 8 变到 14 时,偶数的液晶共聚酯的相转变温度较高,奇数的液晶共聚酯的相转变温度较低。且随着亚甲基数目增多,分子链柔性增大,相转变温度呈下降趋势。奇-偶现象的发生可能与分子链的构象有关,奇数时共聚酯为旁式构象,分子链排列不紧密,有序性差,相转变温度较低;偶数时为反式构象,分子链有序性强,相转变温度较高。实验还发现,奇数时共聚酯液晶为向列相液晶,偶数时为近晶相液晶。

在主链高分子液晶中,分子链中引入非极性取代基往往会影响分子链的长径比,从而减弱分子间作用力,使清亮点降低;相反,引入极性取代基会使分子间作用力增加。取代基的极性越大，对称程度越高，清亮点越高。例如，聚(对苯二甲酸对苯二酚)(PPT)不能熔融，但若以 PPT 为母体，在每个对苯二酚环上引入一个氯原子，所得聚合物即可熔，熔点为 370℃；若以苯基代替氯，产物熔点降为 343℃；若苯基取代在 PPT 的每个对苯二甲酸结构的苯环上，而不是在对苯二酚的苯环上，熔点进一步降至 278℃。

液晶的清亮点与液晶的相对分子质量有关。随相对分子质量增加，清亮点温度提高；但相对分子质量增大至一定数值后，清亮点趋于恒定。

除聚芳酯外，文献报道的其他热致性主链液晶还有含偶氮苯、甲亚胺、炔或烯类桥键的聚酯、聚醚、聚酮、聚氨基甲酸酯、聚酰胺、聚酯-酰胺、聚碳酸酯、聚酰亚胺、聚 β-硫酯、聚甲亚胺、聚噻吩等。

2. 侧链型高分子液晶的结构特点

侧链型高分子液晶大多由柔性主链、刚性侧链和间隔基团等组成。主链多为碳链和杂链，通过加聚、缩聚和聚合物侧基官能团反应(接枝共聚反应)等途径合成得到。用带致晶基元侧基的烯烃单体聚合成侧链型高分子液晶是常用的方法，主要有聚丙烯酸酯类、聚甲基丙烯酸酯类和聚苯乙烯衍生物类侧链液晶。利用大分子的化学反应将低分子液晶结构单元连接到主链上也是一种重要的制备方法，常见的有聚硅氧烷类侧链液晶高分子。

主链对侧链的成晶行为有两方面影响。一是主链-侧链耦合作用会或多或少地限制侧链的运动，改变致晶基元的环境，对液晶行为不利。二是刚性基元键合在主链上，会增加主链的刚性和各向异性，改变主链构象(由无规线团构象变为扁长线团构象)，使相转变温度提高，液晶存在的温度区域展宽。一般而言，主链柔顺性增加有利于侧链规则排列，使清亮点 T_i 向高温移动，液晶相区增大。主链相对分子质量的影响是：低相对分子质量时，清亮点 T_i 随相对分子质量增大而升高；高相对分子质量时，T_i 不再随相对分子质量变化而变化。

侧链的刚性、极性、数量、侧链与主链的连接方式(尾接或腰接)以及有无间隔段及末端基等都将影响侧链型高分子液晶的相形态和性能。侧链结构包括致晶基元、末端基和间隔基团。要制备有序程度较高的近晶相液晶，末端基必须达到一定长度，同时必须有间隔段。间隔段的作用是消除或减少主链与侧链间链段运动的耦合作用。间隔段越长，耦合作用越小，使聚合物的 T_g 下降、T_i 升高，液晶有序性增大，往往会使液晶从向列相转为近晶相。致晶基元结构对液晶性能的影响是：基元的几何各向异性越显著，基元的极性越强，相互作用力越大，相转变温度越高，液晶温区越宽。表 6-4 举例说明不同致晶基元对液晶相转变温度的影响。表 6-4 中三种聚合物主链相同，均为聚丙烯酸酯，间隔段也相同，但其致晶基元的长径比自上而下依次加大。可以看到致晶基元的几何各向异性越强，相转变温度越高，液晶

温区 ΔT 越宽。而且致晶基元的长径比小时，液晶为向列相；长径比大时，侧链的取向排列能力提高，更容易形成近晶相液晶。

表 6-4 不同致晶基元对液晶相转变温度的影响

聚　合　物	相转变温度/℃	ΔT/℃
$-[CH_2-C(CH_3)]_x-$，$COO-(CH_2)_6-O-C_6H_4-COO-C_6H_4-OCH_3$	G36N101I	65
$-[CH_2-C(CH_3)]_x-$，$COO-(CH_2)_6-O-C_6H_4-COO-C_6H_4-C_6H_4-OCH_3$	G60S125N262I	202
$-[CH_2-C(CH_3)]_x-$，$COO-(CH_2)_6-O-C_6H_4-COO-C_6H_4-CH=N-C_6H_4-CN$	G51S334I	283

末端基的作用不容忽视。末端基的存在会增大分子间距，从而增大侧链活动性，有利于致晶基元取向排列，使液晶相态丰富，相转变温度提高。表 6-5 举例说明了末端基对液晶相转变温度的影响。表 6-5 中两组聚合物，每组的主链相同，间隔段和致晶基元也相同，只是末端基长度不同。可以看到，末端基长的聚合物，相转变温度高，液晶温区 ΔT 宽，生成近晶相液晶。这显然是长末端基使致晶基元排列有序性提高所致。

表 6-5 不同末端基对液晶相转变温度的影响

聚　合　物	相转变温度/℃	ΔT/℃
$-[CH_2-C(CH_3)]_x-$，$COO-(CH_2)_6-O-C_6H_4-COO-C_6H_4-OCH_3$	G96N121I	25
$-[CH_3-C(CH_3)]_x-$，$COO-(CH_2)_2-O-C_6H_4-COO-C_6H_4-OC_6H_{13}$	G137S178I	41
$-[Si-O]_x-$，$-(CH_2)_2-O-C_6H_4-COO-C_6H_4-OCH_3$	G15N61I	46
$-[Si-O]_x-$，$-(CH_2)_2-O-C_6H_4-COO-C_6H_4-OC_6H_{13}$	G15S112I	97

注：表中 G 代表玻璃态。

3. 超分子侧链高分子液晶

超分子侧链高分子液晶是指通过分子识别、分子间作用力组装成刚性致晶基元，或将致晶基元连接到大分子主链上而形成的一类特殊的侧链型高分子液晶。分子间作用力主要是氢键、离子键、电荷转移作用及亲水-疏水相互作用等。

由氢键、离子键形成的超分子侧链高分子液晶具有多种形式(见图 6-25)。①组成络合物的两部分本身都不具有致晶能力，但两者通过识别、组装后会形成致晶基元，使超分子具有稳定的液晶性质，见图 6-25(a)。②组成超分子的一方或双方已含致晶基元，氢键主要起连接作用，将致晶基元接入侧链。这种超分子组装液晶具有较宽的相转变温度范围，见图 6-25(b)。③图 6-25(c)中，一种双官能团氢键给体(或受体)可以同时与两种以上的氢键受体(或给体)结合，形成具有不同致晶基元的超分子式“共聚物”，其组成可以方便地通过调节两种氢键受体(或给体)的比例并简单混合而实现。④图 6-25(d)中，等物质的量的氢键给体高分子和双官能团的氢键受体形成超分子液晶高分子网络。

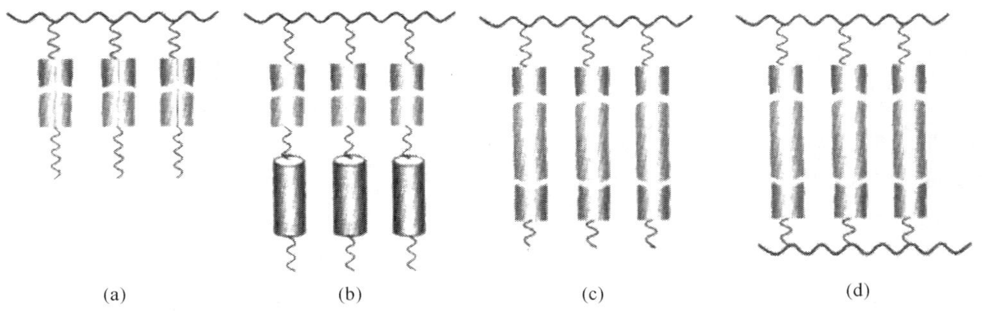

图 6-25　超分子侧链高分子液晶的类型

(a) 超分子式，由氢键形成致晶基元；(b) 超分子式，氢键起连接作用；(c) 超分子“共聚”结构；(d) 超分子液晶网络

图 6-26 列出了一些构造超分子侧链液晶常用的氢键给体和受体。其中，氢键给体为大分子，氢键受体多为含刚性结构的棒状小分子。两者通过氢键作用结合形成致晶基元或将致晶基元接到大分子侧链上，构成超分子侧链液晶。图 6-27 为一种聚丙烯酸酯(大分子氢键给体)与图 6-26 中的化合物 **4**(小分子氢键受体)通过氢键结合形成超分子侧链液晶的例子。

图 6-26 中的化合物 **6** 为一种双官能团氢键受体，将化合物 **6** 与大分子氢键给体 **1** 结合能形成超分子液晶网络。这种材料从玻璃态到近晶 A 相的转变温度为 95℃，至各向同性相的转变温度为 205℃，记为 G 95 S_A 205 I。这种超分子侧链液晶网络的最大特点是“交联”具有可逆性。当温度高于各向同性转变温度时($T > T_i$)氢键被破坏，成为各向同性液体。当温度再降至 T_i 以下时，氢键重新组装成分

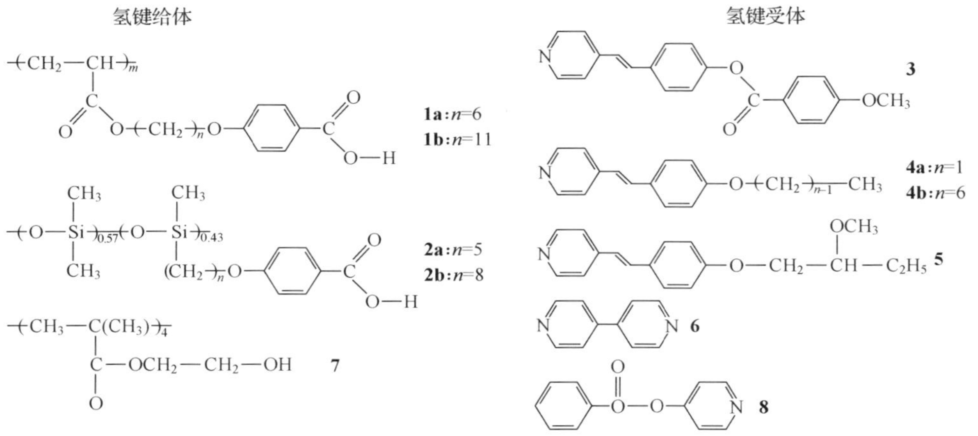

图 6-26　构造超分子侧链液晶常用的氢键给体和受体

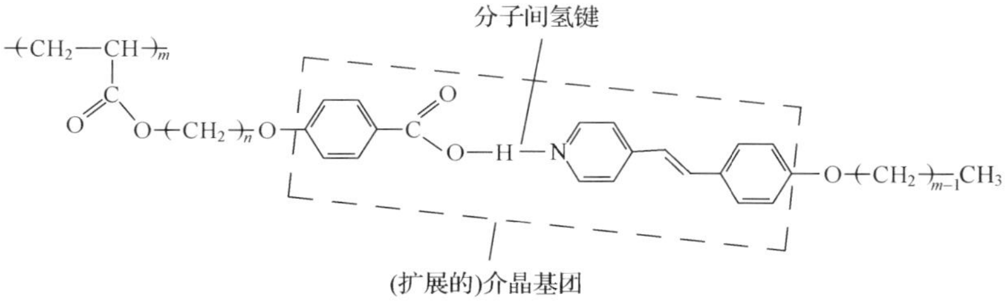

图 6-27　通过氢键构造的超分子侧链液晶举例

子间的致晶基元。因此,这种通过分子间氢键形成致晶基元的新网络材料同时具有介晶流动性及网络可逆性。

类似地,文献曾报道一种基于分子间氢键而形成的超分子热塑性弹性体。在聚丁二烯链上无规地接上一些同时具有多个氢键受体和给体的基团。由多种氢键形成的连接区在室温下具有传统热塑性弹性体的玻璃态或晶态硬相的功能。在温度升高时氢键被打开,材料可以方便地加工成型,温度降低后氢键又可逆地组装成增强硬区。

6.2.3　高分子液晶的织态结构

液晶是处于液态和晶态之间的中间态。最显著的凝聚态特点是,液晶内部存在许多有序微区(相畴,domain),在微区中刚性分子沿某一方向有序排列,但排列规则性远比固态晶体差。有序微区的尺寸在微米级,虽然每个微区内的分子取向方向大致相同,但各相邻微区之间分子指向矢的方向存在差异,形成液晶特殊的织态结构,见图 6-28。这些结构是由于液晶属于软物质,分子活动能力强,分子间相互作用弱，对外场响应敏感，容易使有序介质发生缺陷造成的。尤其在热、力、电、磁等外场扰动下，有序微区中刚性分子的取向易发生改变，引起不同液晶相畴中光轴的涨落，从而局部改变光轴的方向，使液晶显示出强烈的光散射性质。这种织态结构可采用偏光显微镜、X 射线衍射、电子显微镜、原子力显微镜等方法研究，在偏光显微镜或电镜视场中显示出丰富多彩的图样。

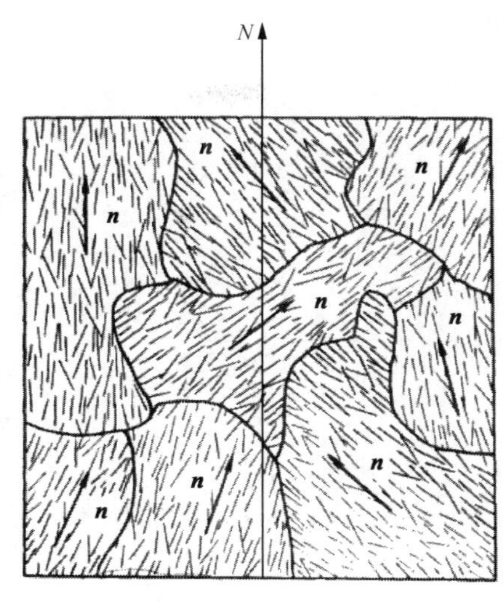

图 6-28　液晶中的有序微区结构及取向示意图

与小分子液晶相比，高分子液晶由于相对分子质量大，分子运动弛豫时间长，因此有序区的缺陷强度大，存在的时间长，织态结构十分丰富。实验证实，织态结构对液晶的凝聚态结构及性能有重要的影响。

1. 向列相高分子液晶的向错结构

向错结构是指液晶中存在某种奇异点(缺陷)，使该点周围的分子排列产生畸变，分子指向矢取向发生变化，这种变化称为向错，形成的织态结构称为向错结构。

向列相液晶的有序微区中，刚性棒状分子呈单轴平行排列，对外界的影响十分敏感，分子排列很容易产生畸变。这些畸变有延展性弹性畸变、扭曲弹性畸变及弯曲弹性畸变等。在偏光显微镜下，向错结构表现为一种由奇异点向四周辐射多个黑刷子的纹影织构。

向错结构通常用向错强度 s 描述，定义为

$$s = \text{黑刷子数目}/4 \tag{6-32}$$

小分子液晶的向错强度低，向错结构存在时间短；而高分子液晶的向错强度高，若在低温下冻结成玻璃态，向错结构可长期保存，易于观察。

图 6-29 是在一类含二维致晶基元的热致性向列相聚芳酯液晶中观察到的具有不同强度的向错结构的织构图像，分别为具有 6 条、8 条和 10 条黑刷子的纹影织构，对应不同强度的高位向错，图中 s 表示向错强度。图 6-29 中看到一个高强度向错往往与多个低强度向错连接，也有两个高强度向错连接的情形，说明高分子液晶中高强度向错是经常存在的。向错不能孤立存在，任何一个向错都与周围其他向错相互依存。两个相邻奇异点的向错通常具有不同符号(正或负)，它们可能相互吸引而合并、消失或生成新向错。但对整体样品而言，所有向错强度的总和应

等于零。

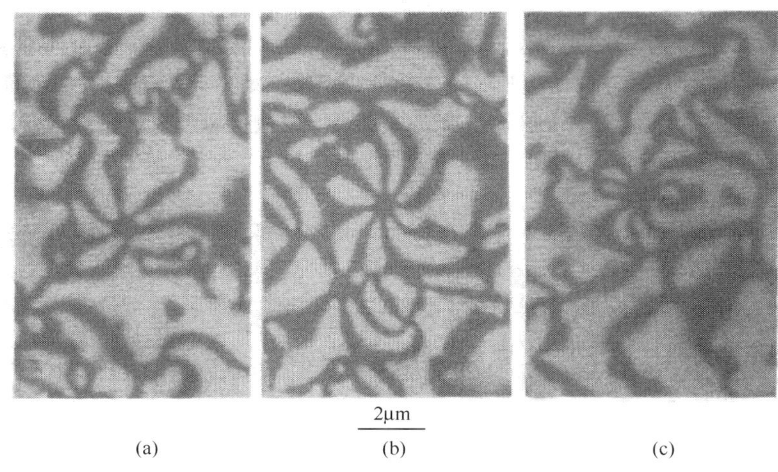

图 6-29　热致性向列相聚芳酯液晶的向错结构(偏光显微照片)

(a) $s=\pm3/2$;(b) $s=\pm2$; (c)$s=\pm5/2$

聚苯并噁唑是一种具有梯形结构的聚芳杂环[式(6-33)],在甲基磺酸或多聚磷酸中能形成溶致性主链向列相液晶。图 6-30 是聚苯并噁唑在 10% PPA 溶液中液晶的偏光显微照片,同样看到清晰的黑刷子纹影织构。

(6-33)

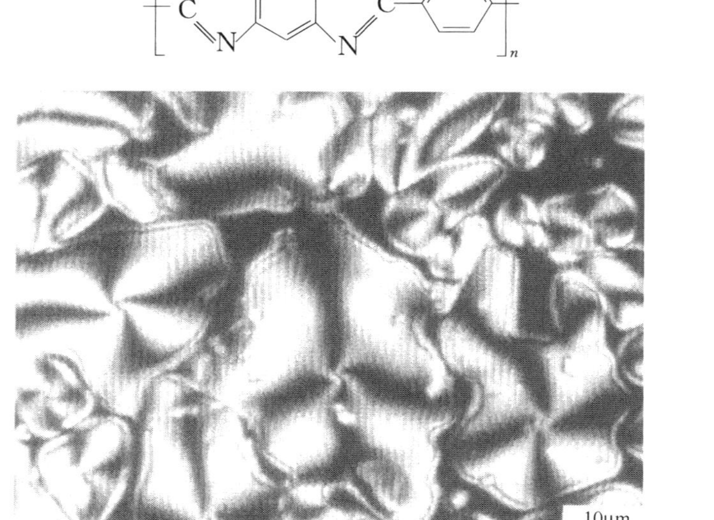

图 6-30　聚苯并噁唑在 10% PPA 溶液中液晶的向错结构(偏光显微照片)

2. 近晶相和胆甾相高分子液晶的缺陷结构

近晶相和胆甾相高分子液晶的向错类型比较复杂。近晶相种类很多，其织态不尽相同。近晶 A 相的结构较规整，在偏光显微镜下呈焦点圆锥或扇形织构。图 6-31(a)为一种聚硅氧烃侧链高分子液晶[近晶 A 相，式(6-34)]的偏光显微照片，可以看到典型的扇形图样。近晶 C 相的分子呈一定的倾斜排列，其织态与向列相相似，呈纹影或条纹织构，见图 6-31(b)。纹影织构只是向错点周围分子指向矢排列取向的一种光学效应。近晶相的纹影织构最先由 Lehmann 观察到，纹影织构这一术语也由他提出。Tamman 研究了近晶相的许多微观织构，他认为，通常照片上看到的条纹是由分子取向梯度产生的拓扑位错，因此他推断近晶相液晶具有层状结构。

$$(CH_3)_3Si\text{-}\left(O\text{-}\underset{\underset{(CH_2)_n O-C_6H_4-OCO-C_6H_4-OC_mH_{2m+1}}{|}}{\overset{\overset{CH_3}{|}}{Si}}\right)_{35}O\text{-}Si(CH_3)_3 \qquad (6\text{-}34)$$

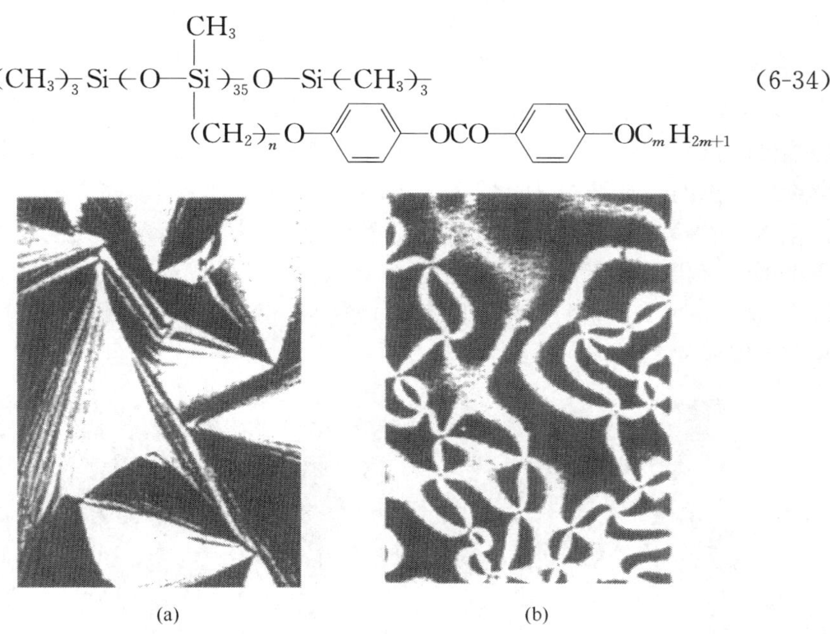

(a)　　(b)

图 6-31　近晶相高分子液晶的偏光显微照片

(a) 近晶 A 相，扇形织构；(b) 近晶 C 相，纹影织构

胆甾相高分子液晶具有复杂的向错织构，这与其分子的手性特征有关。胆甾相的向错可以由指向矢的奇异性和螺旋轴的奇异性产生，分别称为垂向向错和轴向向错。在轴向向错中，向错的旋转轴可能与胆甾相的螺旋轴平行，也可能与胆甾相的螺旋轴垂直，形成不同的织态结构。常见的有扇形织构和指纹织构、带状织构和圆盘织构等。一般螺旋螺距相对短的胆甾相液晶易生成扇形织构，见图 6-32(a)。螺距在几微米时的胆甾相液晶易生成指纹织构，见图 6-32(b)，图中黑线间的距离

等于螺距的一半。

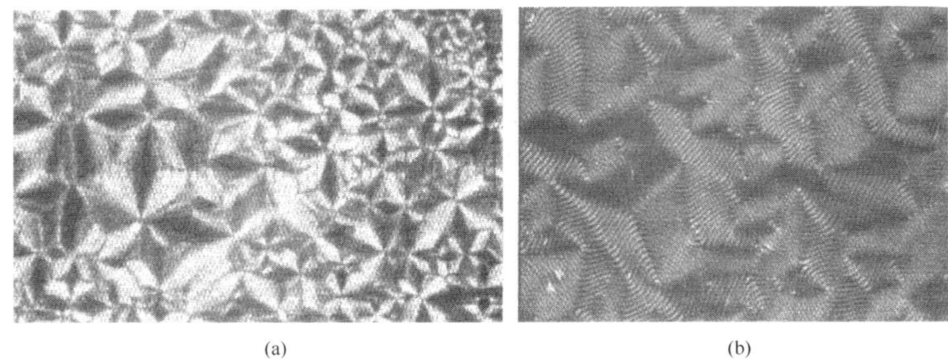

(a) (b)

图 6-32 胆甾相高分子液晶的偏光显微照片

(a) 胆甾相,扇形织构;(b) 胆甾相,指纹织构

在纤维素衍生物溶致性胆甾相液晶中,液晶的织态随溶液浓度增大而变化。当浓度较低、液晶相刚形成时,在偏光显微镜或电镜视场中可以观察到同心圆环或螺旋线形态的圆盘结构,见图 6-33。这属于轴向向错结构,取向的大分子链层垂直于液膜平面和圆盘的径向。当浓度增大,胆甾相液晶区域很大或成为连续相后,会出现明暗相间的“带状结构”或胆甾相液晶特有的“双螺旋线结构”和“指纹结构”。图 6-34 为乙基氰乙基纤维素大分子胆甾相液晶中的双螺旋线结构和指纹结构的电镜照片。

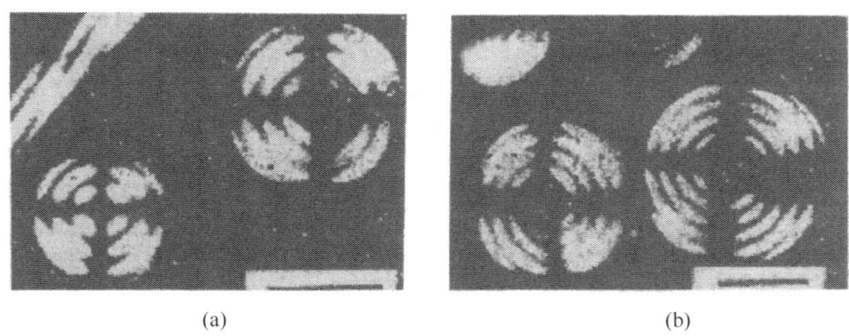

(a) (b)

图 6-33 乙基氰乙基纤维素/二氯乙酸胆甾相液晶溶液的偏光显微照片

(a) 同心圆环;(b) 螺旋线形态的圆盘结构

织态结构是由于液晶中存在缺陷,即存在向错和位错形成的。不同的位错和向错会产生不同的织构,织构的特征直接反映了液晶中缺陷的特征。一般认为,平面织构中只有位错,多边形织构中有位错和焦点圆锥结构,扇形织构中有位错、焦点圆锥结构和向错。

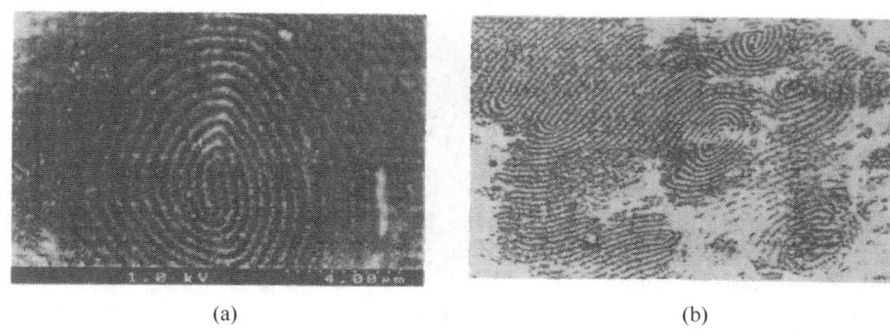

(a)　(b)

图 6-34　乙基氰乙基纤维素大分子胆甾相液晶的电镜照片
(a) 双螺旋线结构;(b) 指纹结构

3. 外场诱导的液晶条带结构

条带结构是高分子液晶的一种相当普遍的织态结构,许多溶致性和热致性高分子液晶薄膜中都可能形成这种结构。特别当高分子液晶在外力(拉伸或剪切)作用下发生取向时,内部的有序多微区结构会变成有序单微区结构,形成高取向的条带结构,称为剪切诱发条带结构。图 6-35 给出溶致性 PPTA 和热致性聚芳酯液晶剪切诱发条带结构的偏光显微照片,条带宽度为 0.6~10μm。

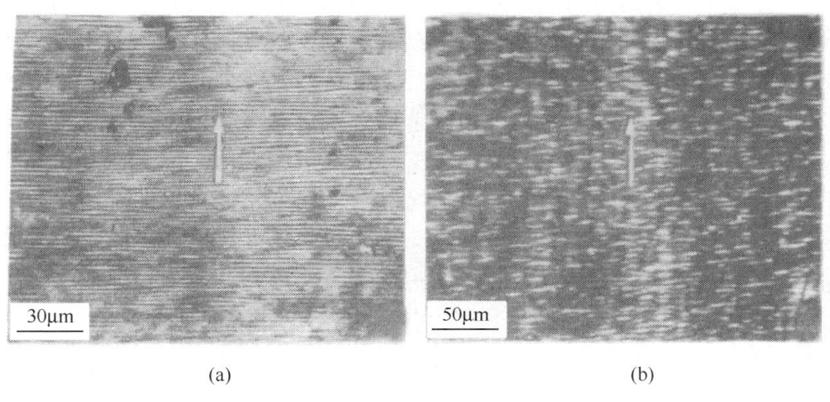

(a)　(b)

图 6-35　溶致性 PPTA(a)和热致性聚芳酯(b)液晶剪切诱发条带结构的偏光显微照片

采用电子显微技术观察,发现这些明暗相间的条带实际是由许多沿剪切方向规则取向排列,并周期性弯曲成锯齿状的微纤结构组成,见图 6-36。微纤直径为 0.1~0.3μm。一般认为,刚性较大的主链型高分子液晶容易生成条带结构,但现在也观察到一些侧链型高分子液晶的条带结构。Kevlar 纤维的高强度和高模量与这种条带结构有关。

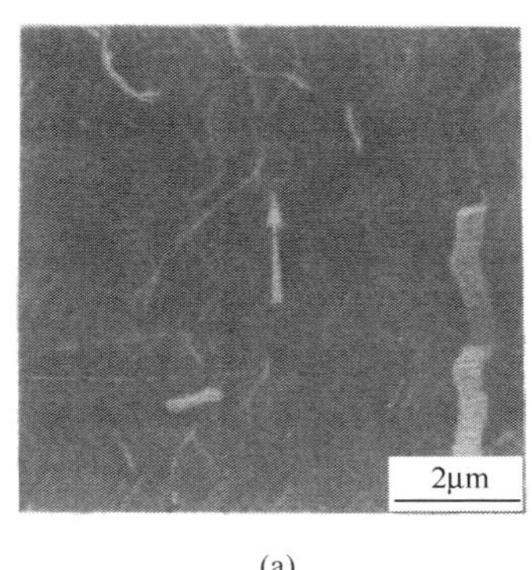

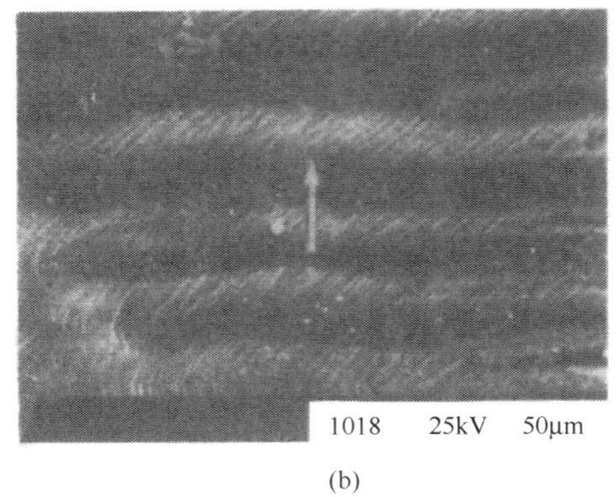

(a)　(b)

图 6-36　PPTA(a)和聚芳酯(b)液晶剪切诱发条带结构的扫描电镜照片

6.3　高分子液晶的主要性能及应用

6.3.1　高分子液晶的主要特性

首先介绍小分子液晶的特性。①光学双折射性。液晶的重要特性之一是像晶体那样，由于对光线折射率的各向异性而发生双折射现象。单轴晶体有两个不同的主折射率，分别为 o 光折射率 n_o 和 e 光折射率 n_e。液晶也因为局域的光学各向异性(分子择优取向)和指向矢因光波长而异呈现双折射性，所以显现出许多有用的光学性质。②选择性反射。胆甾型液晶具有尺寸较大的螺旋结构，有些螺旋周期落在可见光波长范围内，对特定的波长有选择性反射，使白光呈现绚丽的色彩。而且因为螺距与温度密切相关，所以反射光色彩随温度而变。③旋光效应。胆甾型液晶因分子具有手性及其螺旋状的凝聚态结构而具有较高的旋光性和圆二色性。在适当条件下，向列相液晶也能表现出旋光效应。例如，在两平行玻璃片之间充入向列相液晶，将两玻璃片绕垂直轴相对扭转 90°，使向列相液晶内部发生扭曲，就形成一个具有扭曲排列的向列相液晶盒。这些光学性质是液晶能作为显示材料应用的重要依据。

高分子液晶同样具有优异的光学性能，但高分子液晶还兼具聚合物独特的链结构和凝聚态结构特点，因此，具有与小分子液晶和普通高分子材料不同的特殊性能。

1. 分子链取向方向的高拉伸强度和高模量

由于液晶高分子带有几何各向异性的刚性致晶基元，因此在外力场中很容易发生沿外场作用方向的取向，处于向列相的液晶高分子尤其如此。实验研究表明，无论是热致性还是溶致性高分子液晶在流经喷丝孔、挤出口模或流道时，即使剪切速率很低，也都能获得足够高的取向度。多数情况下，不必再进行后拉伸，也能达到一般柔性链高分子经过后拉伸才达到的分子取向度。注塑成型的高分子液晶制品无需添加其他增强材料，也能达到甚至超过普通工程塑料用玻璃纤维增强后的模量和强度，表现出自增强能力。绝大多数商业化高分子液晶产品都具有这一特性，如 Xydar、Ekonol、Vectra 等聚芳酯类热致性主链液晶，PPTA 等溶致性主链液晶。当然，取向也造成制品性能的各向异性，平行和垂直于液晶取向方向的制品性能差别较大。

2. 特殊的流变性

由于刚性致晶基元间的相互作用在无序状态和取向状态下的差别很大，致使高分子液晶溶液的黏度随溶液浓度而发生特殊的变化。浓度很低时，黏度随浓度增加而快速增长。当浓度达到某个临界值 c_1^*，部分刚性致晶基元因排除体积效应而有序取向排列，形成一定分布的向列相液晶时，溶液黏度突降，见图 6-37。黏度下降的原因归结为链段或分子链的有序取向使分子链间的缠结作用减弱。浓度继续增加，超过第 2 个临界值 c_2^* 时，溶液黏度又随浓度增加而增大。一般认为，临界值 c_2^* 对应于液晶有序微区充满整个溶液的浓度。高分子液晶溶液的这种独特的流变性对材料加工十分重要，由此开发出一种新的纺丝技术——液晶纺丝。

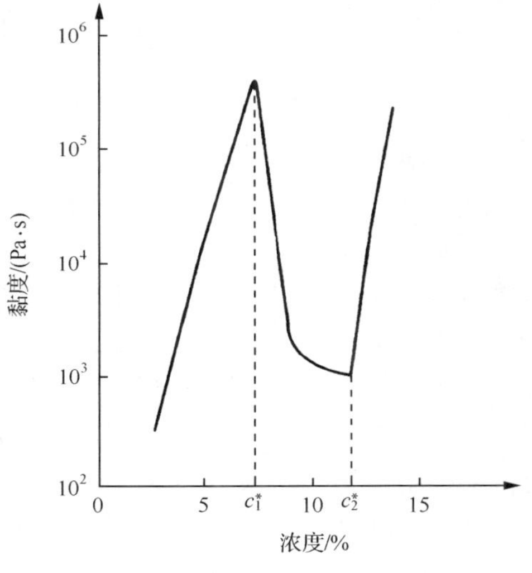

图 6-37　PPTA 浓硫酸溶液的黏度-浓度关系（20℃，M=29 700）

3. 突出的热性能

由于液晶大分子链中均含有由苯环或者芳香杂环形成的刚性致晶基元，分子链刚性大，且分子间作用力强，因此高分子液晶通常具有突出的耐热性。例如，商品液晶高分子 Xydar 的热变形温度达 350℃，熔点为 421℃，空气中的分解温度达到 560℃，明显高于绝大多数普通塑料。Ekonol（对羟基苯甲酸共聚物）的锡焊耐热性为 300～340℃/min。此外，由于液晶高分子取向度高，因此热膨胀系数很低，在取向方向的热膨胀系数比普通工程塑料约低一个数量级，达到一般金属的水平，有时甚至出现负值。这一特点使得高分子液晶在加工成型过程中不发生收缩或收缩很小，保证了制品尺寸的精确性。

4. 良好的阻燃性

液晶大分子链由大量芳香环构成，除含酰肼键的纤维外，都特别难以燃烧，燃烧后易炭化。商品化高分子液晶产品的耐燃指标——极限氧指数(LOI)都相当高，如 Kevlar 纤维在火焰中有很好的尺寸稳定性，添加少量磷阻燃剂，LOI 值可达 40 以上。

5. 优异的电绝缘性

高分子液晶与其他多数高分子材料相仿，电绝缘强度高、介电常数低、介电损耗小，体积电阻一般可高达 $10^{13}\Omega\cdot m$，抗电弧性也较高，且绝缘强度和介电常数都很少随温度变化。高分子液晶的导热性也很差。

6. 独特的功能性

高分子液晶具有与小分子液晶相同的对外场的功能性响应，差别在于响应时间不同。主链型液晶由于松弛时间长，很难作功能材料使用，而侧链型液晶致晶基元的活动能力与相应的小分子液晶接近，因此较多地用作功能材料。例如，侧链型液晶致晶基元的扭转向列相排列会在外电场作用下发生相变，使之具有液晶显示功能。小分子液晶的响应时间为 $10^{-3}\sim10^{-1}$s，而侧链型液晶的响应时间略长，为 0.5～10s。胆甾相液晶的电光效应包括相变效应、方栅效应、存储效应和彩色效应等。小分子胆甾型液晶应用时需装在液晶盒内或制成胶囊，而高分子胆甾型液晶可方便地制成薄膜、涂层等，应用便利。

高分子液晶还是最具有铁电性和反铁电性的高分子材料。

7. 非线性光学效应

侧链型高分子液晶具有非线性光学(NLO)性质①，迄今人们已合成了大量含各种 NLO 发色团的侧链高分子液晶，其中以含偶氮 NLO 发色团的侧链高分子液晶非线性光学材料研究得最多。高分子液晶作为非线性光学材料具有加工方法简便、NLO 系数极高(通常比无机非线性光学材料高一个数量级)、抗激光损坏性好以及 NLO 响应速度快等优点。大分子链还具有在一定的条件(光、电、磁、热)下自动取向的特点，使得 NLO 发色团的极化取向度提高。在玻璃化温度以下由于

① 非线性光学性质(NLO)指材料对一定频率范围的入射光具有非线性响应性质，如一定频率的光通过非线性光学介质后，透射光中除有原频率的光线外，还有频率为 2 倍、3 倍原频率的光成分，称为倍频现象。非线性光学性质不仅源于分子的内在特性，还与分子在材料中的排列有关。

液晶的各向异性特征会冻结下来，从而使 NLO 发色团的取向稳定性明显提高。研究表明，含偶氮 NLO 发色团的侧链高分子液晶非线性光学材料通过液晶取向可使其二阶非线性光学系数明显提高，且 NLO 性能的热稳定性也大大增加。

此外，高分子液晶还具有高抗冲性、高抗弯模量和高抗蠕变性能，其致密的结构使其在很宽的温度范围内不溶于一般的有机溶剂和酸、碱，具有突出的耐化学腐蚀性。

目前，高分子液晶存在的缺点包括：制品机械性能的各向异性、接缝强度低、价格相对较高等。

6.3.2　高分子液晶的主要应用

液晶虽早为人们所熟悉，但是开展液晶实用化研究仅有几十年历史。主要应用领域有两方面：一是制造功能性材料，如液晶显示材料、用于精密温度指示的材料和痕量化学药品指示剂等；二是制造高性能工程材料，如具有高强度、高模量的纤维材料及分子复合材料。高分子液晶的应用研究开展较晚，直到 1972 年杜邦公司采用液晶纺丝技术制成高强高模的 Kevlar 纤维，才标志着高分子液晶进入实用阶段。高分子液晶由于黏性高，响应时间长，因此在小分子液晶的应用领域受到限制。但高分子液晶也因其结构特征具有易固定性、聚集态结构多样性等特点而具有优于小分子液晶的应用前景。目前高分子液晶在高强高模纤维制备、液晶自增强材料开发、光电以及温度显示材料的应用以及生命科学的研究等方面，已经取得可观的成果。

1. 用于制造高性能工程材料

分子主链或侧链带有致晶基元的液晶高分子，在液晶相温度区间内黏度较低，在外场作用下容易发生分子链取向。利用这一特性进行纺丝，不仅可以节省能耗，且可获得高强度、高模量的纤维。例如，Kelvar 纤维是采用液晶纺丝技术制备的高性能纤维，其比强度为钢丝的 6～7 倍，比模量为钢丝或玻璃纤维的 2～3 倍，而密度只有钢丝的 1/5，可在 45～200℃内使用。阿波罗登月飞船软着陆降落伞带就是用 Kevlar29 制备的。

高分子液晶纤维的机械强度随取向度（纤维牵伸比）的增大而提高。牵伸后对纤维进行热处理可以进一步增强机械性能，同时改善化学稳定性和热稳定性。高分子液晶纤维的强度除取决于分子取向度外，还受分子链的刚性、分子间作用力、结晶度和密度的影响。材料的化学组成决定纤维的使用温度。随着聚合度增加，纤维的拉伸强度和抗蠕变性也随之增加。

2. 制造高分子液晶分子复合材料

分子复合材料是一种新型高分子复合材料，它是指将纤维与树脂基体的宏观复合扩展到分子水平的微观复合，即利用刚性分子链或微纤作增强剂，并以接近分子水平的分散程度分散到柔性高分子基体中的复合材料。

传统的树脂基复合材料多以玻璃纤维、碳纤维等宏观纤维作增强成分，以热固性或热塑性树脂为基质复合而成。虽然已开发出许多产品，用途很广，但仍存在一些问题。例如，纤维与基质材料间的黏合力不够理想，两者的热膨胀系数差别较大等。这两个问题正是材料破坏的关键，导致其抗冲击性能较低。此外，在使用玻璃纤维作增强剂时，配料的高黏度和高摩擦不仅会导致耗能高，且容易造成设备损坏。

高分子液晶分子复合材料的出现为人们获得具有高模量、高性能、易加工的新型复合材料提供了崭新的途径和方法。将具有刚性棒状基元的高分子液晶分散在柔性高分子基体中，利用高剪切或高拉伸使液晶高分子取向，在共混物中形成液晶微纤，即可获得增强的高分子复合材料。研究表明，选取与基体材料相容性好的液晶高分子，能达到分子级复合；取向的液晶高分子易发生相对滑动，黏度低，改善了材料的加工流动性。若基体材料在加工条件下能够原位形成取向的液晶微纤，这种在分子级水平上的复合材料又称为“自增强材料”。

作者采用商品高分子液晶 Vectra A950 改善无规共聚聚丙烯的加工流动性和力学性能。Vectra 是一种热致性主链液晶，由 4-羟基苯甲酸和 2-羟基-6-萘甲酸共聚得到，分子式见式(6-35)，DSC 测试的熔点和清亮点分别为 277.3℃和 290.9℃。

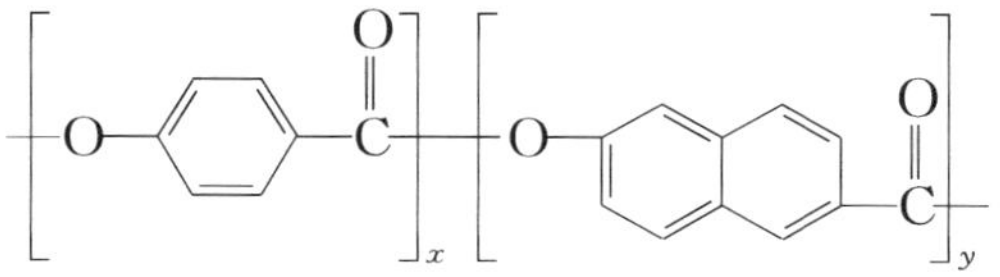

$$\left[-O-C_6H_4-\overset{O}{\overset{\|}{C}}- \right]_x \left[-O-C_{10}H_6-\overset{O}{\overset{\|}{C}}- \right]_y \tag{6-35}$$

将液晶与聚丙烯共混，采用挤出设备和“挤出-拉伸-淬冷”工艺进行原位成纤复合，原理图见图 6-38。熔体经两次拉伸，一次在口模入口区，一次在挤出后经高速牵引拉伸后淬冷。液晶分子沿拉伸方向取向的偏光显微照片见图 6-39。

复合材料在保持液晶纤维不变形(不熔融)的条件下加工，一是显著改善了 PP-R 熔体挤出的螺旋畸变现象，提高了挤出稳定性和挤出速率；二是样品沿液晶取向方向的力学性能显著增强。

3. 制造高性能图形显示器件

液晶显示器件是利用向列型液晶在电场作用下快速相变反应和表现的光学特点制成的。处于透明态的液晶置于透明电极之间，当施加电压时，与电极接近的液

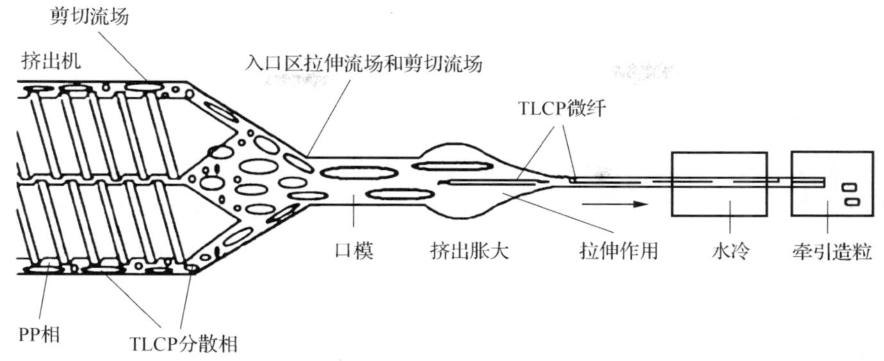

图 6-38　挤出-拉伸-淬冷工艺制备 TLCP/PP-R 原位成纤复合材料

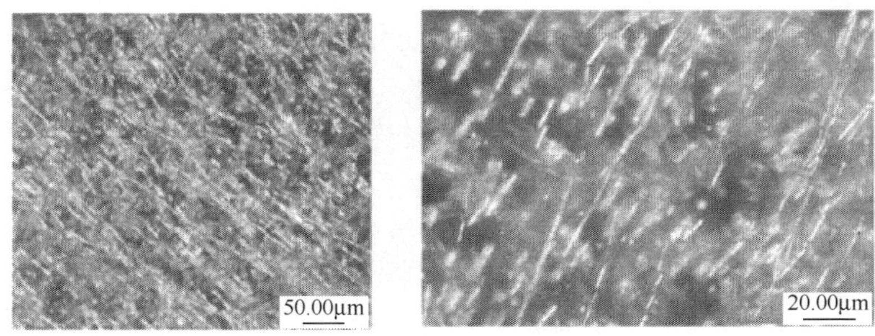

图 6-39　Vectra 液晶在 PP-R 基体中拉伸成纤的偏光照片

晶发生相变，分子有序排列为液晶（多为向列相）。液晶失去透明性，产生与电极形状相同的图像，即液晶显示。

侧链高分子液晶在电场作用下同样具有从无序透明态转变为有序不透明态的能力，具有与小分子液晶相同的回复特性和光电敏感性，因此也可以用来制备显示器件。但是与小分子液晶相比，高分子液晶对外场刺激的反应速率较慢，是需要认真克服的缺点。此外，高分子液晶又具有低于小分子液晶的取向松弛速率，并具有良好的加工性能和机械强度。目前利用聚合物分散型液晶已经实现了在较大温度范围内的动态图像显示，使高分子液晶有可能用于液晶电视和电脑显示器。与小分子液晶相比，高分子液晶在开发大面积、平面、超薄以及直接沉积在控制电极表面的显示器方面的应用更具有优势。

4. *在信息储存方面的应用*

用作信息储存材料的高分子液晶多为热致性侧链高分子液晶。一般利用高分子液晶的热光效应来实现光信息存储。采用的高分子液晶有聚硅氧烷、聚丙烯酸酯或聚酯类侧链型液晶。为提高写入光信息的吸收效率,可在高分子液晶中溶入少许小分子染料或采用液晶和染料侧链型共聚物。

向列相、胆甾相和近晶相高分子液晶都可实现光信息存储。例如,Shibaev 使用聚丙烯酸酯向列相液晶,采用激光寻址写入图像,可在明亮背景上显示暗的图像,并可存储较长时间,Hirao 等利用具有电光效应的高分子液晶,制备出了电信息记录元件,Eich 用含有对氰基苯基苯酸酯和对氰基偶氮苯致晶基元的聚丙烯酸酯基聚合物,以激光照射经磨擦平行取向的样品,实现了全息记录。侧链型高分子液晶用于信息存储显示的寿命长、对比度高、存储可靠、擦除方便,有广阔的发展前景。

热致性侧链高分子液晶用作信息储存材料的原理如下:首先将存储介质制成透光的向列相液晶,让测试入射光沿向列相液晶的分子取向方向射入样品,入射光将完全透过样品,表明此时无信息记录,见图 6-40;然后用另一束待记录的激光信号局部照射存储介质,使局部温度升高,取向分子失去有序度,聚合物熔融成各向同性的液体;激光消失后,熔融聚合物凝结为不透光的晶体,表明该激光信号被记录;此时用测试光照射时,只有部分光线透过样品,记录的信息在室温下将永久被保存。

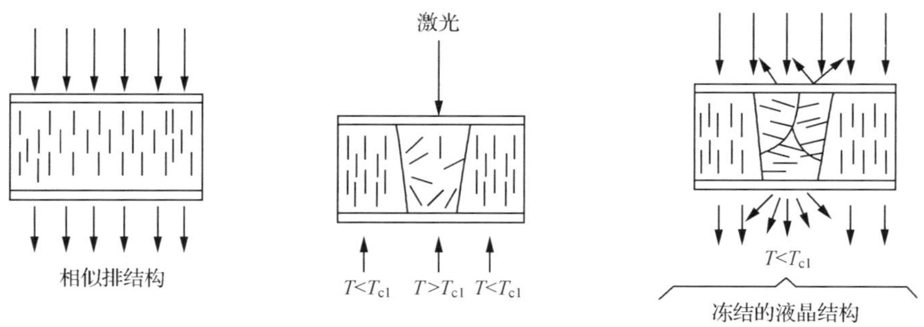

图 6-40　高分子液晶信息储存原理示意图

要消除记录信息,可以将存储介质再加热至熔融态,令分子重新排列成向列相液晶。此时存储介质复原,等待新的信息录入。以热致性侧链液晶为基材制作信息储存介质与光盘相比,其记录的信息是材料内部特征的变化,因此可靠性高,且不怕灰尘和表面划伤,适合重要数据的长期保存。

5. 制备功能性液晶分离材料

由于高分子液晶具有低黏度、有序性及在电、磁、光、热场和 pH 变化条件下分子发生取向改变及其他改变,因此,高分子液晶膜比普通高分子膜有大得多的气体、水、有机物和离子的透过通量和选择性,可用于气、液相体系组分的分离分析。

液晶膜具有成本低、使用方便、力学强度大和大面积超薄化等特点，可用作富氧膜、烷烃分子筛膜、包装膜、外消旋体拆分膜、人工肾、控制药物释放膜和光控膜等。

聚二甲基硅氧烷和聚甲基苯基硅氧烷作为气液色谱的固定相的应用已有很长历史。在这些固定相中加入液晶材料后，材料变成了有序排列的固定相，对于分离沸点和极性相近而结构不同的混合物有良好的效果。硅氧烷为骨架的侧链高分子液晶，可单独作为固定相使用，避免了小分子液晶易流失问题。高分子液晶固定相正越来越多地应用于毛细管气相色谱和高效液相色谱中。

由溶致性高分子液晶构成的生物膜也因其具有特殊的识别、运输、传递、分离物质和能量的功能，而在生物学、医学、药物学以及仿生学等领域具有广阔的应用价值。

6.3.3　生物高分子液晶

生物性高分子液晶是高分子液晶的一个重要分支。人们发现，细胞膜是由磷脂分子形成的溶致性液晶；构成生命的基础物质 DNA 和 RNA 属于生物性胆甾型液晶，它们的螺旋结构表现出生物分子构造中的共同特征；植物中起光合作用的叶绿素也表现出液晶特性，因此，关于生物性高分子液晶的理论和实验研究成为近年来液晶材料科学、高分子科学、生命科学、医学和药物学、凝聚态物理学共同关注并引起极大兴趣的研究领域。其中，尤以生物膜脂质液晶最为有趣和具有挑战性。

生物膜脂质主要是磷脂，还有糖脂及胆固醇等。脂质（如磷脂）分子含有极性的强亲水性的头部和由两条烃链组成的非极性的亲油性的尾部，为典型双亲性分子。在含水环境中，为了尽量避免疏水的烃链与水接触，双亲性磷脂分子将通过不同的有序排列与组合方式形成各种聚集体，即溶致性液晶。如通过单分子或双分子层状排列方式形成的体系为层状液晶；由磷脂分子聚集成的微团或圆柱状（六角相）体系为非层状液晶。双分子层状液晶为了将自由边缘上暴露的非极性烃链也包藏在膜的内部，有自发形成一个封闭的微囊结构的趋势，称为生物膜脂质液晶的自发闭合性，参见图 5-16 和图 5-17。这种性质在细胞起源、细胞分裂以及细胞内吞与外排过程中都具有重要的作用。

在原始细胞形成过程中，膜脂质液晶的自发闭合性发挥了关键的作用。只有在一定条件下，原始的生物大分子（如 RNA、DNA 及蛋白质等）被自发闭合的脂质液晶所包围并形成封闭的双层膜结构，才能形成原始的细胞。双分子层状膜结构的内外表面都是亲水的，这样在含水环境中，生物膜既能稳定存在，也能借助于膜的渗透性吸收水分，保持细胞内含有适量的水。水是一切生命的源泉，是活细胞进行各种生命活动的必备条件。也正是由于生物膜的存在，才能将细胞的内外环境分隔开，使胞内环境相对稳定，同时使细胞与周围环境能进行物质交换与能量交换。由此可知，正是生物膜脂质液晶的自发闭合性为生命细胞的产生、生存与进化提供了条件。

生物膜结构是细胞结构的基本结构形式，参与许多重要的生命活动及病理过程，如物质运输、能量转换、细胞识别及免疫、代谢调控、细胞分裂、肿瘤细胞的恶性转化及病毒感染等。研究生物膜的结构与功能，有助于人们加深对未知生理与病理机制的探索。研究生物膜脂质液晶的自发闭合性不仅对生命科学的研究具有重要意义，而且利用该效应人们开发了新型的药物脂质体和基因脂质体。例如，将肽类或蛋白质类药物包裹在脂质体中，制备成药物脂质体。这种脂质体不但能保护其中药物的生物活性，而且能延长药物在体内的半衰期，有持续释放药物的特点，被称为药物“微库”。如果在药物脂质体的表面结合有抗肿瘤细胞特异抗原的抗体，那么这种脂质体只能与相应的肿瘤细胞结合，而不能与正常的组织细胞结合，这样的药物脂质体还具有特异性靶向载体的作用。不仅能提高抗肿瘤药物的效能，还能降低药物对正常细胞的毒性。在遗传工程等分子生物学实验中，人们把脂质体液晶作为生物大分子的载体，将 DNA、RNA 等导入受体细胞，改变细胞的遗传特征。例如，先把 DNA 或 RNA 包封于中性脂质体内，经过脂质体与细胞膜的融合作用或细胞的内吞作用把 DNA 或 RNA 导入受体细胞内。在这一过程中，脂质体液晶能保护基因不被降解，并且经表面修饰后，还有专一性导向靶细胞的功能。

生物结构与液晶具有密切联系已被越来越多的事实和研究结果所证实。神经细胞髓磷脂溶液具有液晶所具有的偏光特性；哺乳动物发育过程中肢节轴索的诞生与液晶相变产生的几何拓扑结构有联系；生物肌肉组织与细胞结构也同样显示出与液晶各相相似的分子堆积结构。生物学家公认的生物膜流体镶嵌模型(图 6-41)认为，膜糖蛋白是浸泡在二维脂类双亲性分子液体膜中，如果把双亲性脂类分子膜当成普通流体，则无法解释蛋白质在细胞膜上的扩散行为，也无法解释

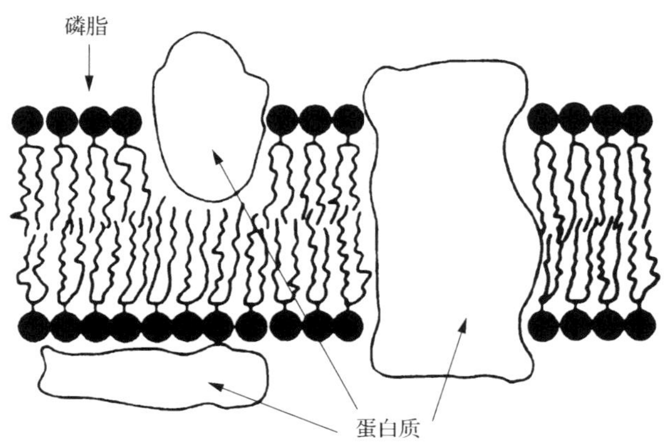

图 6-41　生物膜流体镶嵌模型

为什么人的红血球细胞是双凹碟形而不是其他形状(按照传统理论,普通的液体平衡膜泡只能有一种形状——正球形)。只有将分子膜视为液晶,并采用液晶膜曲率弹性理论才能使上述现象得到说明。不仅如此,根据生物膜是液晶的线索,生命科学中许多困难的问题,如细胞膜的融合、蛋白质在膜上的奇异扩散及定域成帽现象,以及细胞分泌的胞吐与内吞现象都正在一一得到理论解释。以胆甾相液晶相似所建立的手性分子生物膜理论很好地解释了生物手性分子的自组装螺旋结构,并被物理学家和病理学家联合应用于研究胆结石的螺旋结构。

目前,液晶相的拓扑缺陷和相变理论已用于研究生物膜融合的机制当中。文献报道,层状液晶提供了一种可以研究膜相互作用、局部缺陷和相变的有用的膜模型系统,它们类似于一叠完整的膜,中间被极薄的水层隔开,可以应用相变的现代理论来说明。膜上分子的迁移率也会像液晶里发生的相变那样而发生改变。液晶显示技术原理也用来试图解释生物体内信息的传递。液晶显示技术是利用外加电场引起液晶分子的重新排列与堆积变化,而基因和药物用生物膜泡包裹后在体内传递,相当于外加电场(由蛋白质或药物带来)诱发膜融合,并推动蛋白质移动。这些都是液晶生物膜动力学理论大有可为的挑战性课题。

物理量符号一览表

d	近晶相液晶的层间距
G_i	液相的 Gibbs 自由能
G_k	晶相的 Gibbs 自由能
G_{lc}	液晶相的 Gibbs 自由能
L	胆甾型液晶的螺旋周期
$\boldsymbol{n}$	空间指向矢
$P_l(\cos\theta)$	第 l 项 Legendre(勒让德)多项式
s	向错强度
T_i	清亮点,或各向同性转变温度
T_m	熔点
T_N	向列相液晶转变温度
z	分子重心的坐标
θ,ϕ,ψ	三个 Euler 角
ϕ	描写刚性棒状分子定向排列的序参量
τ	描述取向分子层平移序的序参量
σ	序参量

参考文献

[1] de Gennes P E，Prost J. The Physics of Liquid Crystals. 2nd ed. Oxford：Clarendon Press，1993

[2] der Gennes P E. Scaling Concepts in Polymer Physics. New York：Cornell University Press，1985；中译本，高分子物理学中的标度概念. 吴大诚，刘杰，朱谱新，等译. 北京：化学工业出版社，2002

[3] Chandrasekhar S. Liquid Crystals. 2nd ed. Cambridge：Cambridge University Press，1992

[4] Priestley E B，Wojtowicz P J，Shen P. Introduction to Liquid Crystals. New York：Plenum，1975

[5] Daoud M，Williams C E. Soft Matter Physics. Berlin：Springer，1999

[6] Klemen M，Lavrentovitch O D. Introduction to Soft Matter Physics. Berlin：Springer，2003

[7] Gray G W，Goodby J W G. Smectic Liquid Crystals. London：Hill，1984

[8] Pershan P S. Structure of Liquid Crystal Phase. Singapore：World Sci，1988

[9] Goodby J W. Ferroelectric Liquid Crystals：Principles，Properties and Applications. Philadelphia：Gordon and Breach Science Publisher，1991

[10] Percec V. From molecular to macromolecular liquid crystals. *In*：Collings P J，Patel J S Collings P J，Patel J S. Hanbook of Liquid Crystal Research. New York：Oxford University Press，1997

[11] Landou L D，Lifshitz E M. Statistical Physics I. Oxford：Pergomon Press，1980

[12] Strobl G. The Physics of Polymers. Berlin:Springer-Verlag,2007;中译本,高分子物理学. 胡文兵,蒋世春,门永锋,等译. 北京:科学出版社,2009

[13] 冯端，金国钧. 凝聚态物理学(上卷). 北京:高等教育出版社，2003

[14] 周其凤. 聚合物液晶态与超分子有序态研究进展. 武汉:华中科技大学出版社,2002

[15] 周其凤,王新久. 液晶高分子. 北京：科学出版社，1994

[16] 范星河. 图解液晶聚合物——分子设计、合成和应用. 北京:化学工业出版社,2005

[17] 吴其晔. 高分子凝聚态物理及其进展. 上海:华东理工大学出版社,2006

[18] 张留成,闫卫东,王家喜. 高分子材料进展. 北京:化学工业出版社,2005

[19] 杨玉良,胡汉杰. 高分子物理(第四章). 北京:化学工业出版社,2001

[20] 兰立文. 功能高分子材料. 西安：西北工业大学出版社，1995

[21] 晏华. 超分子液晶. 北京：科学出版社，2000

[22] 郭卫红，汪济奎. 现代功能材料及其应用. 北京：化学工业出版社，2002

[23] 欧阳钟灿. 从液晶显示到液晶生物膜理论:软凝聚态物理在交叉学科发展中的创新机遇. 物理，1999，28 (1)：15

[24] 欧阳钟灿. 从液晶生物膜理论展望软凝聚态物理创新. 中国科学院院刊，1998，6：416-418

[25] 张会旗，李晨曦，黄文强. 光致变色液晶高分子. 高分子通报，1998，(2)：63

[26] 张会旗，黄文强. 含偶氮基团的侧链液晶高分子的研究进展. 功能高分子学报，1998，(9)：415-423

[27] 刘祥贵,李金亮,吴其晔. 主链型液晶高分子改善聚丙烯熔体高速挤出的流变行为. 合成树脂及塑料，2011,28(3):45-48

[28] 孙显茹,王占杰,吴其晔,等. 原位成纤复合法改善聚丙烯的力学性能. 合成树脂及塑料,2011,28(3):58-61

第 7 章　有机高分子的激发态——导电高分子

7.1　引　　言

激发态(excited state)一般指电子激发态，是材料中原子或分子吸收一定的能量后，处于低能级的电子被激发到较高能级但尚未电离的状态。激发态是相对于处于基态的常规物质而言的，在激发态下原子或分子中的电子云分布发生某些变化，分子的平衡核间距略有增加，化学反应活性增大，材料表现出独特的凝聚态性质。产生激发态的方法很多，主要有 4 种：①光激发，处于基态的原子或分子吸收一定能量的光子，跃迁至激发态。②掺杂，在半导体或某些高分子材料中掺入经选择的杂原子，使原本受核束缚的电子变为自由电子或产生空穴，增强导电性。③放电，如采用高压汞灯或氙弧光灯激励原子。④化学激活，某些放热化学反应可能使电子激发，导致化学发光。注意常规条件下物质受热，内能和温度增加而电子未被激发，不属于激发态。激发态的寿命通常是短的，很容易返回到基态(激发态失活或淬灭)，同时放出多余的能量。

前面章节讨论的高分子材料均属于常态高分子材料。常态高分子材料在导电性能上属于绝缘体范畴，电导率极低(电导率 $\sigma<10^{-10}\,S\cdot cm^{-1}$)。但实验表明有些结构特殊的高分子，主要是主链含长程 π 共轭结构的共轭高分子(conjugated polymer)和少量非共轭高分子，经过激发处于激发态时，会具备独特的光、电、磁性质。本章主要介绍本征型导电高分子材料，本征型导电高分子材料是指某些共轭高分子经过掺杂激发，电导率会增至半导体乃至导体的数量级，成为良好的导电材料。介绍的侧重点是从凝聚态物理角度介绍本征型导电高分子的激发态、电子性质和掺杂导电机理，并举例介绍导电高分子的制备和应用。

迄今已研究的导电高分子材料种类很多，聚乙炔(polyacetylene)是其中最经典的代表。早在 1958 年，Natta 等用 Ziegler-Natta 催化剂得到不溶不熔的黑色聚乙炔粉末，发现其具有 P 型半导体性质，但由于难加工成型，未引起人们的重视。1974 年，日本科学家白川英树(Shirakawa)用超高浓度的 $Ti(OBu)_4/AlEt_3$ 催化体系偶然制得具有金属光泽的聚乙炔自支撑薄膜(薄膜厚度为 0.1μm～0.5cm，薄膜密度为 $0.4g\cdot cm^{-3}$)，并进行了一系列光谱分析和结构表征。这一突破性进展为聚乙炔进一步加工及应用奠定了基础。1977 年，Shirakawa 与美国宾州大学 MacDiarmid 教授和 Heeger 教授等合作，用 I_2 或 AsF_5 蒸气掺杂聚乙炔膜，使薄膜电导率提高十几个数量级，从绝缘体(反式聚乙炔电导率 $\sigma < 10^{-9}\text{S}\cdot\text{cm}^{-1}$)达到半导体甚至导体状态($\sigma = 10^2 \sim 10^3\text{S}\cdot\text{cm}^{-1}$)，引起各国化学家、物理学家、材料学家的关注。1979 年国际性学术杂志 *Synthetic Metals*(《合成金属》)创刊，标志着物理学和化学之间的一门新边缘学科——导电高分子(conducting polymer)诞生。Shirakawa、MacDiarmid、Heeger 三位科学家为此获得了 2000 年诺贝尔化学奖。

经约 30 年的发展，关于导电高分子的研究已取得丰硕成果。除聚乙炔以外，另有一批导电高分子如聚吡咯、聚噻吩、聚苯胺、聚对苯等得到了广泛研究。不仅理论研究已臻成熟，应用研究也十分活跃。目前，导电高分子已在二次电池、电容器等储能材料、发光显示材料、电致变色材料、非线性光学材料、磁性材料、抗雷达隐形材料、抗静电涂料等许多领域显示出良好的应用前景，突破了传统高分子主要用作工程结构材料的概念。

7.2 导电高分子的基本特征

7.2.1 电导率

电导率(conductivity)是电阻率的倒数，表示物质中的带电粒子(如电子、离子、空穴等)在外加电压下定向移动的难易程度，常用符号 σ 表示，单位为 $\Omega^{-1}\cdot\text{cm}^{-1}$ 或 $\text{S}\cdot\text{cm}^{-1}$(西门子每厘米)。如果取一段长为 L，横截面积为 S 的均匀导体，当两端加电压为 U，通过的电流为 I 时，根据欧姆定律，材料的电阻 $R=U/I$，电阻率 $\rho=RS/L$，电导率为

$$\sigma = 1/\rho = L/(RS) = LI/US \tag{7-1}$$

根据电导率的大小，材料分为绝缘体、半导体、导体及超导体，见表 7-1。

表 7-1 电导率与材料的分类

$\lg\sigma$	材料类别	举例
$\lg\sigma < -10$	绝缘体	聚四氟乙烯、聚氯乙烯
$-10 \leqslant \lg\sigma \leqslant 2$	半导体	硅、锗
$2 < \lg\sigma < 20$	导体	金属
$\lg\sigma \geqslant 20$	超导体	Pb (4K)

常态下，高分子材料大多属于绝缘体范畴，硅、锗等属于半导体，金属一般属于导体，而 Nb_3Sn、NbTi 等合金材料在一定条件下能呈现超导体特性。

7.2.2 电导率与掺杂的关系

已知金属靠自由电子导电，半导体靠电子或(和)空穴移动导电，这些电子和空

穴统称为载流子(charge carrier)。而纯高分子材料,即使是具有共轭结构的聚乙炔,虽然分子链中含有可移动的 π 电子,但它的本征态却属于绝缘体。只有经过一定形式的激发,如采用化学或电化学方法掺杂才具有导电特征。那么聚乙炔究竟靠什么样的载流子导电? 掺杂对高分子材料的导电起怎样的作用?

"掺杂"(doping)是最常用的产生缺陷和激发的化学方法,最早来源于半导体物理学,通过控制掺杂物质的量,使半导体制成各种器件从而得以应用。掺杂方法按掺杂元素(施主,donors)与被掺杂元素(受主,acceptors)相比外层电子数的多少,分为 N 型掺杂(或电子掺杂)和 P 型掺杂(或空穴掺杂)。例如,晶体硅中,硅原子的最外层电子数是 4($3s^2 3p^2$),可以与周围 4 个硅原子靠共价键结合构成硅晶体。如果硅中掺有磷等第五主族元素,由于磷的最外层电子数是 5($3s^2 3p^3$),它取代硅原子位置后,与周围 4 个硅原子形成 4 个共价键,另外还剩余一个自由电子。像这种靠施主提供电子导电的半导体称为 N 型半导体,这种掺杂称为电子掺杂(或 N 型掺杂)。另外,当硅中掺有硼等第三主族元素,硼的最外层电子数是 3($2s^2 2p^1$),它取代硅原子位置以后,如果要与周围 4 个硅原子形成 4 个共价键,因硼原子缺少一个电子从而提供一个空穴(带正电),像这种靠空穴导电的半导体称为 P 型半导体,这种掺杂称为空穴掺杂(或 P 型掺杂)。

自由电子和空穴都是载流子,材料电导率的大小与载流子的数量(或浓度)及迁移速度有关,表示式如下:

$$\sigma = n \cdot q \cdot \mu \tag{7-2}$$

式中,n 为载流子的浓度;q 为载流子所带的电量;μ 为载流子的迁移率(即单位电场作用下载流子的迁移速度)。可见,载流子的浓度越大,所带的电荷越多,迁移速度越快,则材料的电导率越高。

同样地,聚乙炔可通过掺杂使导电性大幅度提高。对于共轭结构的高分子,掺杂过程按反应类型分为氧化还原掺杂和质子酸掺杂两种。氧化还原掺杂又称为电化学掺杂。由于共轭分子链中的 π 电子有较高的离域程度,既表现出足够的电子亲和力,又具有较低的电子离解能,因而根据反应条件的不同,分子链可能被氧化,也可能被还原。以聚乙炔为例,若用 I_2、AsF_5 掺杂属于氧化掺杂(P 型掺杂),I_2、AsF_5 为电子受体掺杂剂;用 Na、K 掺杂则为还原掺杂(N 型掺杂),Na、K 为电子给体掺杂剂。电化学掺杂中电荷转移反应的一般通式如下

$$\mathrm{P}_n + ny\mathrm{A} \rightarrow (\mathrm{P}^{+y}\mathrm{A}_y^-)_x \tag{7-3}$$

$$\mathrm{P}_n + ny\mathrm{D} \rightarrow (\mathrm{P}^{-y}\mathrm{D}_y^+)_x \tag{7-4}$$

式中,P 为共轭高分子的结构单元;P_n 为共轭高分子;A 为电子受体掺杂剂;D 为电子给体掺杂剂;y 为掺杂剂浓度。注意,y 值一般很小,约为 0.1,因此高分子每个结构单元 P 中只有少数电子(y 个)发生了迁移,这种部分电荷转移的掺杂是使共轭高分子电导率提高的重要原因。掺杂后聚乙炔的电导率由绝缘体量级

(10^{-9}S · cm^{-1})上升到半导体乃至导体量级(10^2～10^5S · cm^{-1})。

质子酸掺杂又称为氧化掺杂，采用此方法时，向共轭分子链引入一个质子，质子携带的正电荷转移到分子链上，改变了原来的电荷分布状态，相当于分子链失去一个电子而发生氧化掺杂。聚乙炔与 HF 的反应属于质子酸掺杂，聚苯胺与 HCl 的反应也属于质子酸掺杂。掺杂过程示意图如下：

FH　F^-　+　H　H

注意，由质子引入的正电荷虽画在一个碳原子上，但实际是离域在一定长度的分子链上。掺杂后，掺杂剂残基嵌在大分子链之间，起对离子作用，但它们本身不参与导电。

掺杂剂浓度对材料电导率有很大影响，如图 7-1 所示。当掺杂剂浓度从 0%达到 1%时，聚乙炔电导率急剧增大，升高 5～7 个数量级。掺杂剂量达到 3%时，电导率值趋于饱和，接近半导体($\sigma \approx 10^{-1} \sim 10^0$S · cm^{-1})或导体水平($\sigma \approx 10^2 \sim 10^3$S · cm^{-1})。

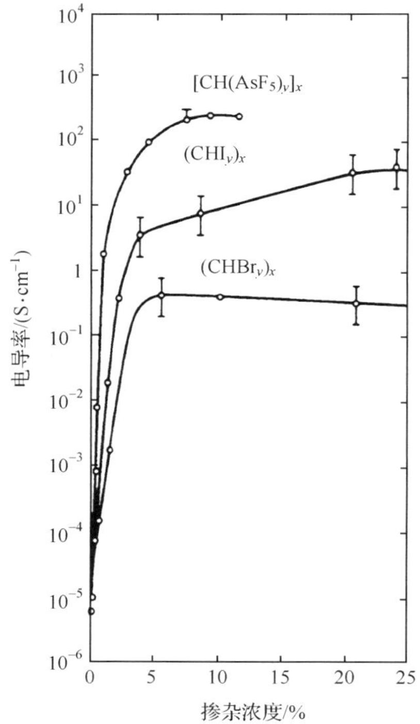

图 7-1　聚乙炔的电导率与掺杂浓度的关系

掺杂浓度一定时，常温下可通过控制掺杂时间的长短来控制掺杂剂量。掺杂时间越长，掺杂剂量也越大，但随着掺杂时间的延长，掺杂剂量趋于一个饱和值，材料的电导率也趋于不变。表 7-2 为使用不同掺杂剂的几种导电高分子的室温电导率。

表 7-2　几种高分子材料掺杂后的室温电导率

高分子材料	掺杂剂	电导率 σ/(S · cm^{-1})
聚乙炔(PA)	I_2，AsF_5，$FeCl_3$，Li，Na，K	1000～2×10^5
聚噻吩(PTH)	I_2，SO_3，$FeCl_3$，Li，	10～600
聚吡咯(PPY)	ClO_4^-，BF_4^-，SO_4^{2-}，Br_2，I_2	600
聚对苯撑(PPP)	AsF_5，SbF_5，ClO_4^-，Li，Na	10^2～10^3
聚苯胺(PANI)	ClO_4^-，BF_4^-，SO_4^{2-}	10^2
聚对苯乙烯(PPV)	I_2，AsF_5	5×10^3
聚苯硫醚(PPS)	AsF_5	10^0
聚并苯(PA)	无	10^1～10^2

7.2.3　聚乙炔的本征态

聚乙炔(polyacetylene)是研究得最早也最系统的导电高分子之一。从分子结构上看聚乙炔是由单双键交替构成的线形共轭高分子。每个碳原子最外层有 4 个价电子，其中三个是 sp^2 杂化轨道，另一个是 $2p_z$ 轨道。在 sp^2 杂化轨道的电子中有两个与同一分子链上左右相邻的两个碳原子形成 σ 键，第 3 个与相连的氢原子组成 C—H 共价键。σ 键电子云集中在碳链上 C—C 键轴的周围，是定域的，不能自由移动，对导电无贡献。未参加杂化的 $2p_z$ 电子为 π 电子，其轨道电子云与相邻 C 的 $2p_z$ 电子云采用肩并肩式相互交叠，形成 π 电子云，其对称轴垂直于聚乙炔分子平面。π 电子是离域的，可以沿碳链自由移动，参与导电。尽管如此，实际上纯净的聚乙炔却是不导电的绝缘体。这一性质与分子链空间结构的维度性有关，下文将对此详细阐述。

聚乙炔主链上各相邻两条键间的夹角均为 120°，构成一个平面型高分子。根据分子链上由化学键所确定的近邻原子的几何排列方式，聚乙炔有多种同分异构体。图 7-2 给出了聚乙炔同分异构体结构示意图，其中最常见的是反式和顺式结构。反式又称为反-反式，是指聚乙炔分子链中 C═C 双键两端的两个氢原子位于双键的异侧，C—C 单键两端的两个氢原子也位于单键的异侧。顺式也称为顺-反式，是指 C═C 双键两端的两个氢原子位于双键的同侧，C—C 单键两端的两个氢原子位于单键的异侧。图中可见反-反式有两种互为镜像对映的结构，分别称为 t_1、t_2 构型。顺-反式也有两种不同的结构，分别称顺-反式 c_1 和反-顺式 c_2 构型。

另外还存在着顺-顺式聚乙炔 c_3，该结构中碳碳单键和双键两端的两个氢原子都位于 C—C 键的同侧，分子链具有螺旋状的结构。该结构由于能量较高，不能稳定存在。在聚乙炔各种同分异构体中，热力学稳定性顺序如下：反-反式＞顺-反式＞反-顺式＞顺-顺式。其中，反-反式是热力学稳定的基态，顺-反式也较多见。

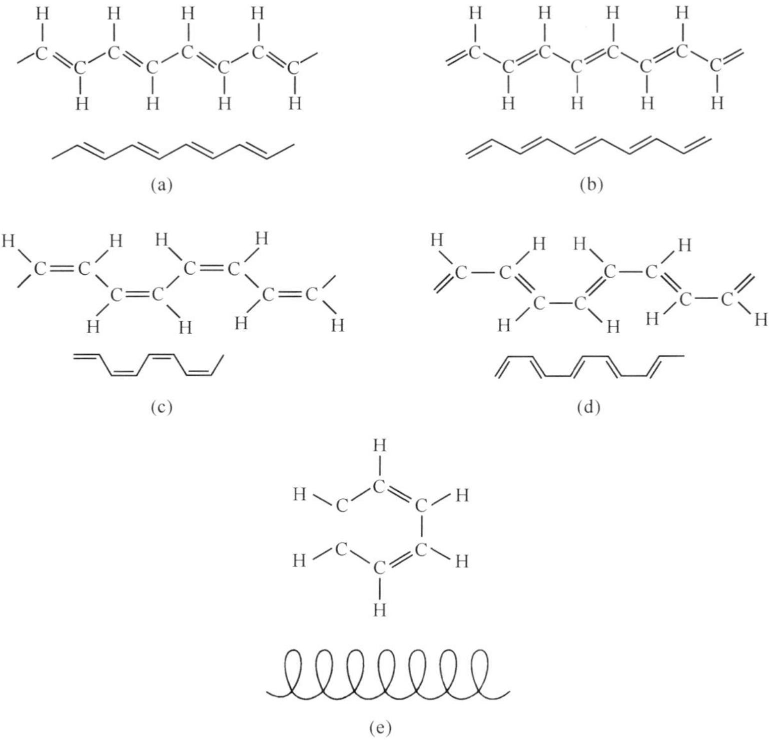

(a)

(b)

(c)

(d)

(e)

图 7-2 聚乙炔的几种同分异构体结构示意图

(a) 反-反式聚乙炔链(t_1)；(b) 反-反式聚乙炔链(t_2)；(c) 顺-反式聚乙炔链(c_1)；(d) 反-顺式聚乙炔链(c_2)；(e) 顺-顺式聚乙炔链(c_3)

7.2.4 固体中电子运动的基本性质

1. 自由电子的动量和能量

为了说明高分子导电的本质，简要回顾一下物理学中关于固体中电子运动的基本性质。

首先考察自由运动的电子，设电子动量为 p，德布罗意(de Broglie)波长为 λ，波数(波长的倒数)为 k，三个物理量之间满足以下关系：

$$\lambda = \frac{h}{p} = \frac{1}{k} \tag{7-5}$$

式中，h 为普朗克常量($h=6.626\times10^{-34}\,\text{J}\cdot\text{s}$)；$k$ 的量纲为 cm^{-1}。式(7-5)可改写为

$$p = h \cdot k \tag{7-6}$$

公式表明波数 k 与动量 p 只差一个常数 h，因此许多书中也常将 k 称为动量。

若自由电子的运动为一维运动(设沿 x 轴运动)，则其波函数为平面波函数：

$$\psi_p = \frac{1}{\sqrt{L}} \mathrm{e}^{i\frac{2\pi}{h}px} \tag{7-7}$$

或

$$\psi_k = \frac{1}{\sqrt{L}} \mathrm{e}^{i2\pi kx} \tag{7-8}$$

当电子沿长度为 L 的直链运动时，由于波函数需满足周期性边界条件的要求，波数 k 不能连续取值，只能取以下分立的值

$$k = \frac{j}{L} \qquad (j = 0, \pm 1, \pm 2, \cdots) \tag{7-9}$$

不同的 k 值表示电子不同的运动状态。若以 k 作为坐标轴来描述电子运动状态，这种坐标空间称为 k 空间，也称为动量空间。对于一维体系，动量空间也是一维的，如图 7-3(a)。在动量空间中电子的状态只能取一系列分立的点，根据式(7-9)，相邻两点的间隔为

$$\Delta k = 1/L \tag{7-10}$$

具有动量 p 的自由电子的动能为

$$E(k) = \frac{p^2}{2m} = \frac{h^2}{2m}k^2 \tag{7-11}$$

式中，m 为电子质量。公式表明 k 值越大，电子动能越高。由于 k 只能取一系列分立的值，因此电子动能也只能取一系列大小不等的分立的值。体系处于基态时，电子将按能量最低原则和泡利(Pauli)不相容原理填入动量空间。按泡利不相容原理，原子内不可能有两个或两个以上的电子具有完全相同的量子态，因此动量空间中每个动量确定的 k 点上可容纳两个自旋不同的电子，一个 $s\uparrow$，一个 $s\downarrow$。按能量最低原则，电子优先占据能量最低(如 $k=0$)的状态，然后依照能量从低到高的次序，逐一填入动量空间的不同 k 点，形成能量最低的分布状态，即体系的基态。

由式(7-11)得知，动能 $E(k)$ 在动量空间的分布为一条抛物线，如图 7-3(b)所示。电子能量与动量间的函数关系 $E(k)$ 称为电子的能谱，图 7-3(b)的曲线为自由电子的能谱。由于 k 只能取分立的值，因此实际电子只能处在抛物线上一些分立的 k 点上，且相对于原点 O 对称分布。

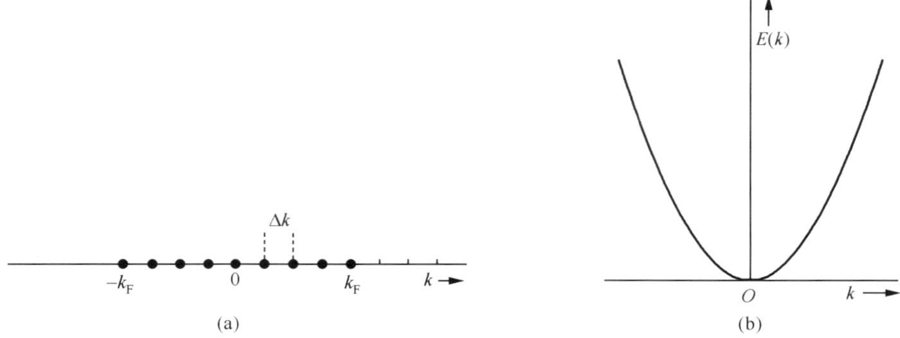

图 7-3　一维动量空间(a)和自由电子的能谱(b)

2. 费米动量和费米能级

对于一个总长为 L 的一维体系(如分子链),设其中的自由电子总数为 N,N 个电子按能量高低依次填入动量空间,其占据的动量空间范围为

$$-p_F \leqslant p \leqslant p_F$$
$$-k_F \leqslant k \leqslant k_F \tag{7-12}$$

式中,p_F 或 k_F 称为费米动量(Fermi momentum)。体系中自由电子总数 N 越多,占据的空间范围越宽,费米动量 k_F 也越大。

求解费米动量 k_F。式(7-12)表明,一维体系内基态电子占据的动量空间总宽度为 $2k_F$。由式(7-10)可知,两个相邻 k 点的间隔为 $\Delta k = 1/L$,因此在总宽度为 $2k_F$ 范围内电子的总动量状态数为

$$\frac{2k_F}{\Delta k} = 2k_F \cdot L \tag{7-13}$$

每个动量确定的状态可容纳自旋不同的两个电子,于是该范围内可容纳的总电子数 N 为

$$N = 4k_F \cdot L \tag{7-14}$$

设单位长度的电子数 $n = N/L$,由此可得到一维体系的费米动量等于

$$k_F = n/4 \tag{7-15}$$

即费米动量是由一维体系中的电子线密度确定的。

相应地,费米动能 E_F 等于

$$E_F = \frac{P_F^2}{2m} = \frac{h^2}{2m}k_F^2 = \frac{n^2h^2}{32m} \tag{7-16}$$

费米动能 E_F 代表处于基态的一维体系中电子的最大能量,也称为费米能级(Fermi level)。费米能级以下所有动量空间的状态点全部被电子占据。换句话

说，体系处于基态时在 $-p_F \leqslant p \leqslant p_F$ 动量范围内充满了电子，此范围外没有电子。基态体系的所有电子都被束缚在费米能级以下的动量空间中，不能运动。基态电子只有另外接受外界能量 ΔE，使能量高于费米能级，才能从基态跃迁至能量更高的激发态。

以上讨论一维体系的情形，也可推广到二维、三维体系中。

3. 一维晶格中的电子运动，能带

在实际材料中，电子并非自由运动的，而是运动在晶格原子的点阵中，因此其运动状态必然受到晶格原子周期场的影响。同样考察一维的情形。设一维晶格共有 N_0 个原子等间距排列，总长为 L，晶格常数 $a=L/N_0$。不同波长的平面电子波（德布罗意波）在晶格中传播时将受到晶格中原子的散射，从而对电子能谱产生影响。

最显著的影响是散射造成波长 $\lambda=2a$ 的电子波不能在晶格中继续传播，因此电子能谱在该波长处出现断裂，发生跳跃，产生能隙 E_g。该波长记为 λ_B，相应的波数记为 k_B

$$k_B = \frac{1}{\lambda_B} = \frac{1}{2a} \tag{7-17}$$

除 $\lambda=2a$ 以外，在 $\lambda=2a/n(n=1,2,3\cdots)$ 各处，同样也出现能谱断裂。相应的波数为

$$k_B^{(n)} = \frac{n}{2a} \qquad (n=\pm 1, \pm 2, \pm 3, \cdots) \tag{7-18}$$

于是在一维晶格中运动电子的能谱 $E(k)$ 曲线上，出现一系列特殊的点 $k_B^{(n)}$。在这些点处电子能谱不连续，发生跳跃，出现能隙 E_g。换句话说，这些特殊的点 $k_B^{(n)}$ 将动量空间分成若干区域，在每个区域内能谱是连续的，而不同区域的能谱是断开的，相互间存在能量差（即能隙 E_g），如图 7-4 所示。

由 $k_B^{(n)}$ 分割的这些区域称为布里渊（Brillouin）区。能量最低的区域称为第一布里渊区，然后依次为第二、第三布里渊区。各区的范围为

第一布里渊区

$$-k_B^{(1)} < k < k_B^{(1)}$$

第二布里渊区

$$k_B^{(1)} < k < k_B^{(2)},\ -k_B^{(2)} < k < -k_B^{(1)}$$

第三布里渊区

$$k_B^{(2)} < k < k_B^{(3)},\ -k_B^{(3)} < k < -k_B^{(2)}$$

……

依此类推。每个布里渊区的宽度均为 $1/a$。这些特殊的点 $k_B^{(n)}$ 称为布里渊区的边

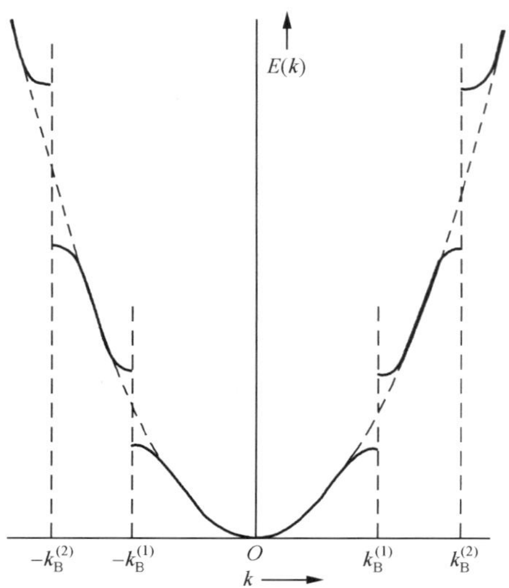

图 7-4 在一维晶格中运动电子的能谱

界。第一布里渊区的边界为

$$k_B^{(\pm 1)} = \frac{1}{2a} \tag{7-19}$$

布里渊区之间能隙 E_g 的大小可从量子力学求出，其值取决于电场变化的情形。

考察每个布里渊区内存在多少电子动量状态。对于一维体系，布里渊区的宽度为 $1/a$，而相邻动量状态的间隔为 $\Delta k = 1/L$ (式(7-8))，于是每个布里渊区内的电子动量状态数为

$$\left(\frac{1}{a}\right) \bigg/ \left(\frac{1}{L}\right) = \frac{L}{a} = N_0 \tag{7-20}$$

恰好等于一维晶格体系的原子数 N_0。由于每个动量状态 k 对应一个能量 $E(k)$(也称为能级，energy level)，因此每个布里渊区内有 N_0 个能级，共同构成一个能带(energy band)。一个布里渊区就是一个能带。而每个动量状态可容纳自旋不同的两个电子，因此一维晶格体系的一个能带可容纳 2 N_0 个电子。

4. 布里渊边界 $k_B^{(n)}$ 与费米动量 k_F 的区别

布里渊边界与费米动量的物理意义不同。根据定义式(7-18)，布里渊边界 $k_B^{(n)}$ 由晶格常数 $a(a=L/N_0)$ 确定，它给出电子能谱发生断裂的位置和能带的边界。而费米动量 k_F 由体系的电子密度 n 确定[见式(7-15)]，它给出体系基态中电子的最大动量和基态的宽度。布里渊边界 $k_B^{(n)}$ 与体系的电子数目 n 无关。

关于二维、三维晶格体系的电子运动和能带的讨论，请参考有关书籍。图 7-5 给出在三维晶格中运动电子的能谱示意图，其中图 7-5(a)为能隙 E_g 较大的情形，图 7-5(b)为能隙 E_g 较小的情形。图 7-5(a)中三个方向的能隙都很大，第 1 组能带中的电子必须获得很高的能量才能跃迁到第 2 组能带。而图 7-5(b)中能隙小，不同组的能带相互交叠。

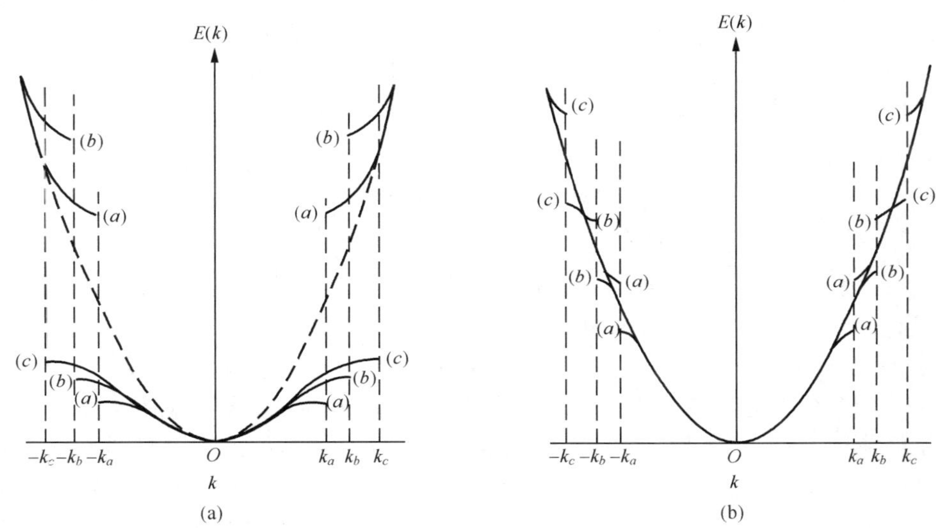

图 7-5　在三维晶格中运动电子的能谱

(a) 大能隙的情形；(b) 小能隙的情形

5. 导体、半导体、绝缘体的能带图

固体中电子的能谱还可以用一种更形象的图示——能带图来描述。如图 7-6 所示，图中给出具有不同能隙的体系的能带图。其中图 7-6(a)为具有大能隙体系的能带图，其中允许带表示允许不同能量电子占据的能级的集合，即布里渊区；禁带为禁止电子占据的区域，相应于图 7-5 中的大能隙。能隙越大禁带越宽，两个允许带的间距越大，低能带中的电子很难进入高能带中。图 7-6(b)为具有小能隙体系的能带图，可以看到图中两个允许带都很宽，且相互重叠，因此不存在禁带而出现了两个能带交叠的重带。低能带中的电子很容易进入高能带中，电子的运动能力强。

绝缘体、导体、半导体分别具有不同类型的能带图，如图 7-7 所示。图 7-7(a)为绝缘体的能带图，特点是第一允带全部被电子占据，为满带；而第二允带上无电子，为空带。两带之间的禁带很宽，因此电子很难从第一允带跃迁到第二允带，电子运动困难，因此为绝缘体。第一允带也称为价带(VB)，由价电子占据；更高的允带称为导带(CB)，常由自由电子占据。图 7-7(b)、(c)为导体的能带图。其中

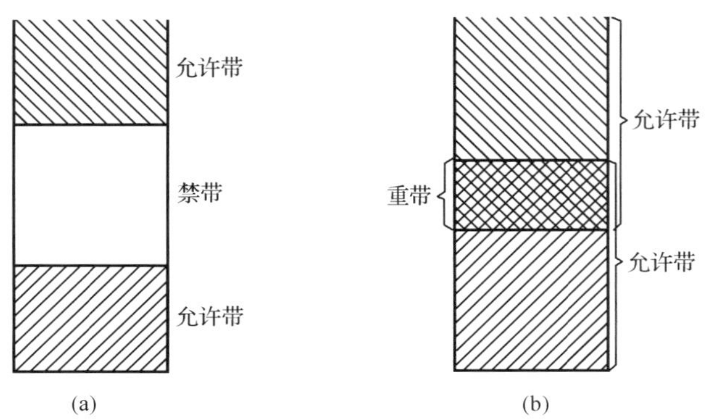

图 7-6　晶体能带示意图

(a) 大能隙体系的能带图;(b) 小能隙体系的能带图

图 7-7(b)为自由电子少的金属(如碱金属)的能带图,又分两种情形:一是两个允带交叠,出现重带,因此电子很容易进入高能级而运动;二是虽然两个允带不交叠,中间有禁带,但价带中电子并未充满,能带中尚有许多空能级可供电子占据。图 7-7(c)为自由电子多的金属(如锌、镉等金属)的能带图,其特点是大量电子填满了低能级,而低能级上方尚有空带或空能级可供电子占据。三种情形下电子都容易在获得少量能量(外加电压)后发生运动,产生电流,因此为导体。图 7-7(d)为半导体的能带图。特点为价带为满带,而导带为空带,禁带很窄,因此电子若不获得外界能量不能运动,必须通过激发(如掺杂)使电子获得一定能量方可跃过禁带而进入导带,才产生运动,这种物质为半导体。

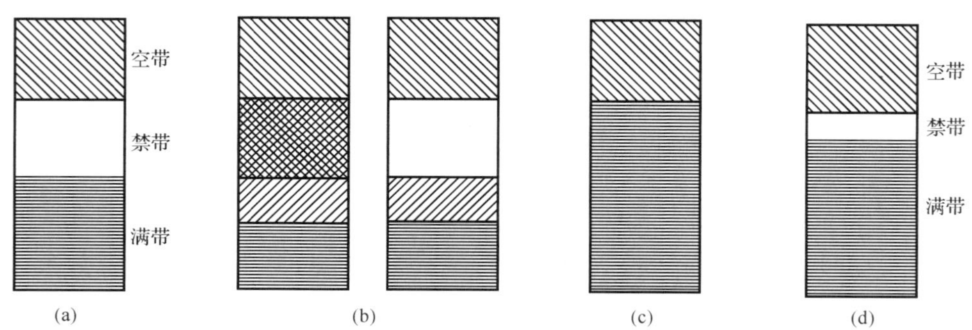

图 7-7　导体、半导体、绝缘体的能带示意图

(a) 绝缘体;(b) 导体(如碱金属);(c) 导体(如锌、镉等);(d) 半导体

7.2.5　Peierls 相变

现在回头讨论聚乙炔的情形。虽然聚乙炔的每个碳原子都有一个可自由移动

的 π 电子，但纯净的聚乙炔却是不良导体，电导率为：$\sigma=10^{-9}\mathrm{S\cdot cm^{-1}}$。而碱金属元素如锂、钠、钾等，最外电子层也只有一个价电子，却是电的良导体（$\sigma=10^{5}\mathrm{S\cdot cm^{-1}}$）。二者的区别在于不同材料空间结构的维度性有差异。本征态的聚乙炔分子是一维的链状结构，而碱金属原子构成三维晶体点阵结构，正是这种空间结构的差异使前者成为绝缘体，后者成为良导体。早在 1955 年，理论物理学家派尔斯(Peierls)便指出：在低温下具有等间距点阵结构的一维晶体的能量是不稳定的，由于电子与晶格原子间存在相互作用，会引起晶格结构的畸变，使能带在费米能级附近发生断裂，产生能隙，从而使一维体系由导体（金属性）转变为绝缘体（非金属性）。这种相变过程，称为 Peierls 相变。

理论上聚乙炔一维长链上碳原子是等间距排列的，如图 7-8 所示，即 N_0 个碳原子排列在一条直链上，链长

$$L=(N_0-1)\cdot a\approx N_0\cdot a\qquad (N_0\gg 1)\tag{7-21}$$

式中，a 为晶格参数（即相邻碳原子间的距离），对于聚乙炔，$a=1.22\text{Å}$。

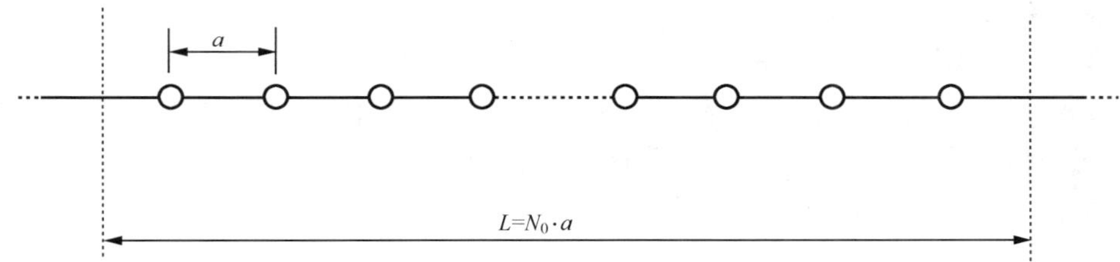

图 7-8　一维聚乙炔的等间距点阵示意图(○为碳原子)

由于每个碳原子有一个可自由移动的 π 电子，因此晶格中共有 $N=N_0$ 个电子。电子的线密度

$$n=N/L=1/a\tag{7-22}$$

根据式(7-15)和式(7-18)，电子的费米动量由电子密度决定，

$$k_{\mathrm{F}}=n/4=1/(4a)\tag{7-23}$$

而布里渊区（能带）的边界由晶格参数决定，第一布里渊区（或第一能带）的边界为

$$k_{\mathrm{B}}^{(1)}=1/(2a)\tag{7-24}$$

两相对比，得到

$$k_{\mathrm{F}}=(1/2)\cdot k_{\mathrm{B}}^{(1)}\tag{7-25}$$

这意味着费米动量位于第一布里渊区的一半，基态电子占据了第一能带能量最低的能级，但没有全部占满，如图 7-9 所示。这种状态属于第一个能带是半满的，而其他能带是空带，相当于图 7-7(b)中的一种情形，属于导体状态，即理论上等间距点阵结构的聚乙炔应是一种导体。

但实际上纯净聚乙炔是不良导体，这种变化可依据派尔斯(Peierls)相变来说

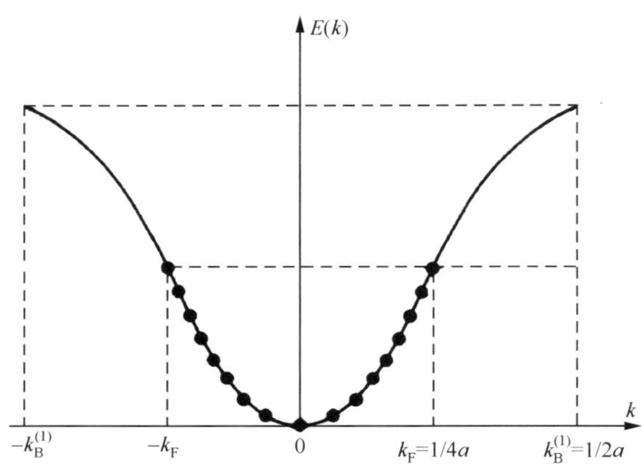

图 7-9 碳原子等间距排列的聚乙炔的能带结构示意图

明。根据派尔斯理论,碳原子等间距排列的聚乙炔的状态是不稳定的,这种不稳定性称为派尔斯不稳定性。这种不稳定的一维晶格一定会发生畸变。聚乙炔发生畸变时,所有奇数碳原子向左移动 δa,偶数碳原子向右移动 δa(或者奇数碳原子向右移动 δa,偶数碳原子向左移动 δa),两两碳原子成对组合。这种两个原子相互靠近、配对组成一个新的原胞的过程称为二聚化(dimerization)过程。如图 7-10 所示。

图 7-10 一维体系二聚化点阵示意图

聚乙炔二聚化后,电子的线密度仍为 $n = N/L = 1/a$,与二聚化之前相比未发生改变,因此费米能级的位置不变 $k_F = \pm 1/(4a)$。但新的晶格参数变为 a'

$$a' = 2a \tag{7-26}$$

因而新的第一布里渊区边界变为

$$(k_B^{(1)})' = \pm 1/(2a') = \pm 1/(4a) \tag{7-27}$$

恰好与费米面的位置 k_F 重合。同时在费米面附近能带分裂,产生能隙 E_g,如图 7-11所示。

由图 7-11 可见,聚乙炔链上碳原子二聚化后,原来的那个半充满的能带分裂成两个能带,费米面以下的能带(第一布里渊区)完全充满(称为满带),而上面的能带完全空着(称为空带)。二能带之间存在能级差(能隙 E_g),对于聚乙炔,$E_g =$ 1.3eV。满带中的电子必须获得超过 E_g 的能量才能跃迁至空带。在通常状态下,二聚化聚乙炔分子链中的电子不能自由移动,因此成为绝缘体。

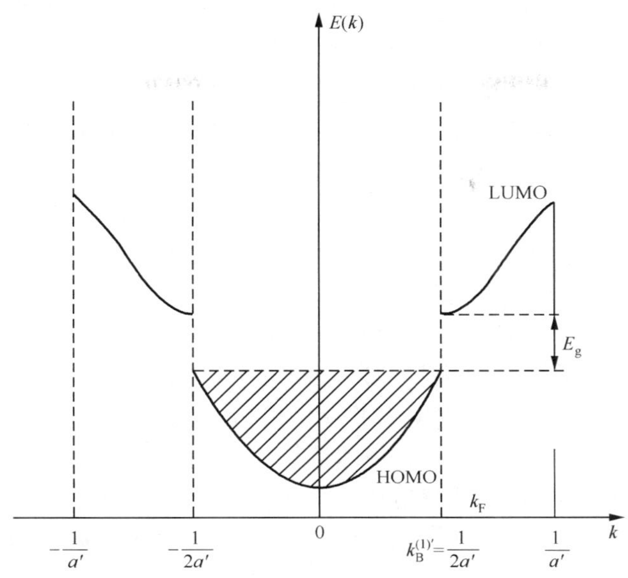

图 7-11　聚乙炔二聚化后的能带结构图

HOMO-分子占据最高轨道(highest occupied molecular orbital)；

LUMO-分子未占据最低轨道(lowest unoccupied molecular orbital)

7.2.6　电荷密度波与自旋密度波

一维体系的派尔斯不稳定性会导致晶格发生畸变，使新的布里渊区边界落在费米能级上，并在费米面附近产生能隙。畸变后晶格周期发生了改变，形成了具有新周期的新晶格，称为超晶格(superlattice)。晶格畸变后，使原来原子骨架上电荷分布发生了重新分配(二聚化)，从而电子波密度的分布也随之发生相应的变化。这种新的周期性分布的电荷密度称为电荷密度波(charge density wave，CDW)。电荷密度波的波长 λ (相当于超晶格的周期 a')完全由电子密度 n 和费米动量 k_F 决定，与原来的晶格常数 a 无关。原晶格常数 a 与新晶格常数 a' 是两个相互独立的量。不同的一维材料，a'/a 比值也不同，常分成两类：

(1) a'/a 为有理数，即 a'/a 存在最小公倍数，称此类的 CDW 为公度的电荷密度波(commensurate charge density wave，CCDW)。畸变后的一维固体在整体上仍具有周期性体系。

(2) a'/a 为无理数，即 a'/a 不存在最小公倍数，其比值为小数。称此类 CDW 为非公度的电荷密度波(incommensurate charge density wave，ICDW)。畸变后的一维体系不具有周期性，整个晶体为一个巨大的原胞。

对于公度的电荷密度波，畸变后晶格具有新的周期性，因而不具有任意长度的平移不变性，即电荷密度波不能在晶格中自由滑动。对于非公度的电荷密度波，整个晶体已不存在周期性，因而具有连续的平移不变性，即电荷密度波可在晶格中滑动。这种可以滑动的电荷密度波实质上也是一种载流子，可以起导电作用。另外，由于电子具有两种不同方向的自旋（$s=\pm1/2$），正负自旋的电子在畸变后的超晶格势场中运动时，自旋密度分布也发生新的周期性变化，产生自旋密度波（spin density wave，SDW）。

根据正负自旋电子的电荷密度波（CDW）的位相 ϕ 是否相同，总电荷密度和总自旋密度之间的关系存在下列三种情况：

（1）正负自旋电子的 CDW 具有相同位相（$\phi\uparrow=\phi\downarrow$）时，在一维链上只存在纯电荷密度波，而总自旋密度为零，如图 7-12(a)所示。

（2）正负自旋电子的 CDW 具有相反位相（$\phi\uparrow=\phi\downarrow+\pi$）时，一维链上不出现电荷密度波，只出现自旋密度波，如图 7-12(b)所示。

（3）最普遍的情形是正负自旋电子的 CDW 的位相不同，而又不是(2)的情形，此时 CDW 与 SDW 同时存在，即电荷密度波与自旋密度波同时出现在一维晶体链上。

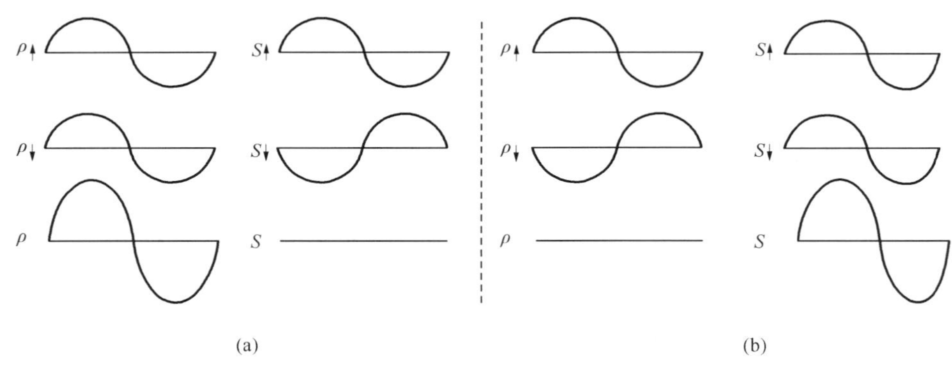

图 7-12　正、负自旋电子的 CDW 与 SDW

(a) $\phi\uparrow=\phi\downarrow$；(b) $\phi\uparrow=\phi\downarrow+\pi$

7.3　导电高分子的激发态

7.3.1　高分子的基态和简并态

1. 基态简并性高分子

已知反式聚乙炔为聚乙炔同分异构体中能量最低、最稳定的状态，为聚乙炔的

基态。由于派尔斯(Peierls)相变,聚乙炔碳链上的碳原子发生二聚化,这种二聚化过程有两种情形:

(1) 链上奇数位置碳原子向右移动 δa,偶数位置的碳原子向左移动 δa,形成 A 相。如图 7-13(a)所示。

(2) 链上奇数位置碳原子向左移动 δa,偶数位置的碳原子向右移动 δa,形成 B 相。如图 7-13(b)所示。

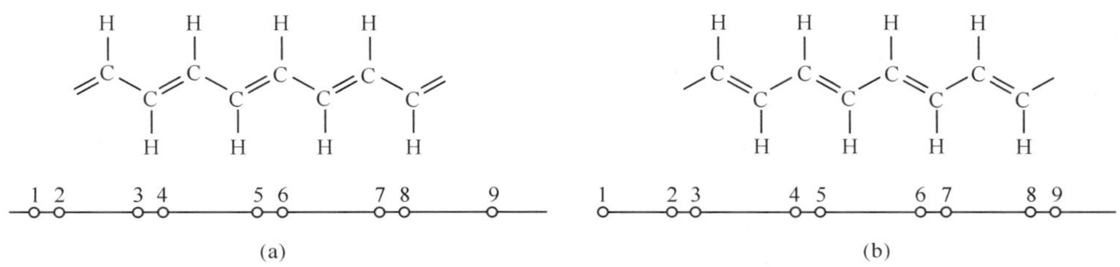

图 7-13　二聚化反式聚乙炔的简并性基态

(a) A 相;(b) B 相

显然,A 相和 B 相互为镜像对映,将 A 相中的单双键互换,就变成 B 相。而且 A 相和 B 相的能量相等,同是二聚化反式聚乙炔的基态。对于这种情形,称反式聚乙炔的基态具有简并性(degeneracy),存在着二重简并的基态(A 相和 B 相),反式聚乙炔属于基态简并性高分子。

2. 基态非简并性高分子

对于顺式聚乙炔,碳原子二聚化后也形成 A 相和 B 相,如图 7-14 所示。但其中 A 相为顺-反式结构,B 相为反-顺式结构,两种相态的结构不同,能量也不相等。顺-反式结构的能量低于反-顺式结构的能量,因此 A 相为单一的基态。换句话说,顺式聚乙炔的基态是非简并性的,顺式聚乙炔属于基态非简并性高分子。

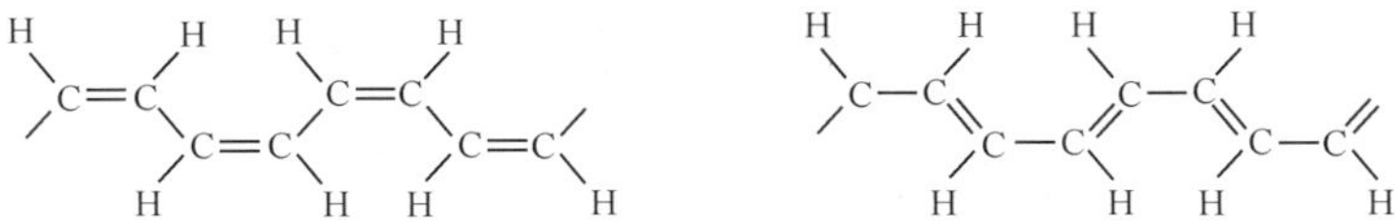

(a)　　(b)

图 7-14　二聚化顺式聚乙炔的非简并性基态

(a) A 相;(b) B 相

实际上大多数导电高分子的基态都是非简并性的,如聚吡咯(polypyrrole)、聚噻吩(polythiophene)、聚对苯(polyparaphenylene)及前面讲到的顺式聚乙炔(cis-polyacetylene)等。这些高分子的不同相态具有不同的能量,如图 7-15 所示,其中 B 相的能量高于 A 相的能量，A 相为基态，因而均属于基态非简并性高分子。

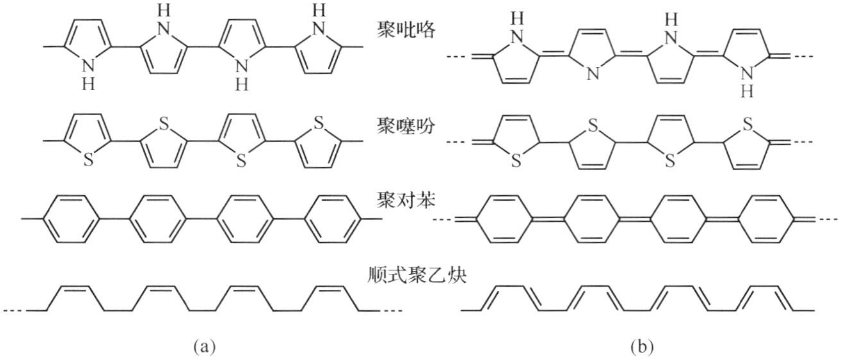

聚吡咯

聚噻吩

聚对苯

顺式聚乙炔

(a)　　(b)

图 7-15　非简并基态高分子示例
(a) A 相；(b) B 相

另外，还有一些导电高分子如聚苯胺(polyaniline)、聚苯撑硫及聚对苯醚等，它们的基态只有一个相，当然也属于基态非简并性体系，如图 7-16 所示。

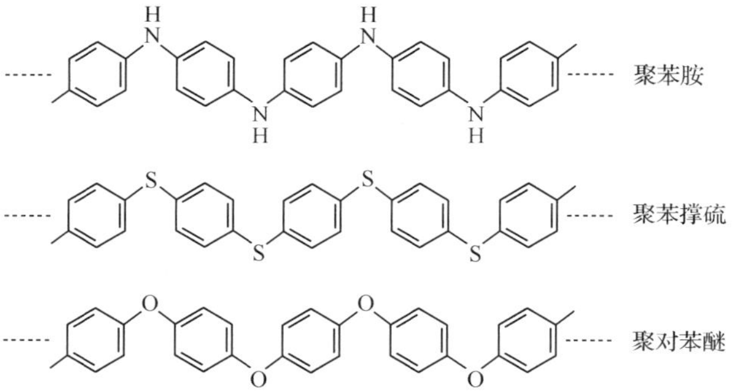

聚苯胺

聚苯撑硫

聚对苯醚

图 7-16　非简并性(单相)基态高分子示例

导电高分子基态的简并性决定着高分子激发态的类型，具有基态简并性的高分子如反式聚乙炔，其激发态呈现孤子态，载流子为具有正、负电荷的荷电孤子；而基态非简并性体系，其激发态为极化子态，载流子为极化子(分为单极化子±e 和双极化子±2e 两种情形)。孤子态和极化子态将在后文介绍，不同基态高分子的激发态类型见表 7-3。

表 7-3　基态简并性与非简并性高分子的激发态类型

高分子类型	孤子($q=\pm$e,$s=0$) 或($q=0,s=1/2$)	单极化子 ($q=\pm$e,$s=1/2$)	双极化子 ($q=\pm 2$ e,$s=0$)
简并性基态	有	有	无
非简并性基态	无	有	有

7.3.2　一维固体的元激发——孤子态

前已述及金属导电的载流子为自由电子，半导体导电的载流子为电子或(和)空穴，电子和空穴都有电荷和自旋两个特征，其自旋磁矩可通过实验进行测量。然而实验发现聚乙炔导电时其载流子只有电荷却没有自旋，磁化率为零。

图 7-17 为实验测得的反式聚乙炔掺杂 Na 之后，材料电导率和磁化率随掺杂浓度的变化。由图 7-17 可见，掺杂浓度达到 5%时，电导率已从 10^{-9}S · cm^{-1}增至 10^{1}S · cm^{-1}，从绝缘体变为半导体，说明材料内部已出现大量载流子。但用自旋共振法测载流子的自旋磁矩和磁化率，却测不到磁矩，磁化率等于零。由此可见聚乙炔中的载流子既不是电子，也不是空穴，这一特殊现象引起了科学家的关注。1979 年，物理学家 A. Heeger、J. R. Schrieffer 和苏武沛合作，提出了聚乙炔导电的“孤子”理论(SSH 理论)，他们将聚乙炔中的载流子命名为孤子(soliton)，孤子可以带正电，也可以带负电，但没有自旋。根据 SSH 理论人们很好地解释了聚乙炔中观察到的光、电、磁等现象，与实验结果吻合较好。那么什么是孤子？聚乙炔中的孤子又有哪些特征呢？

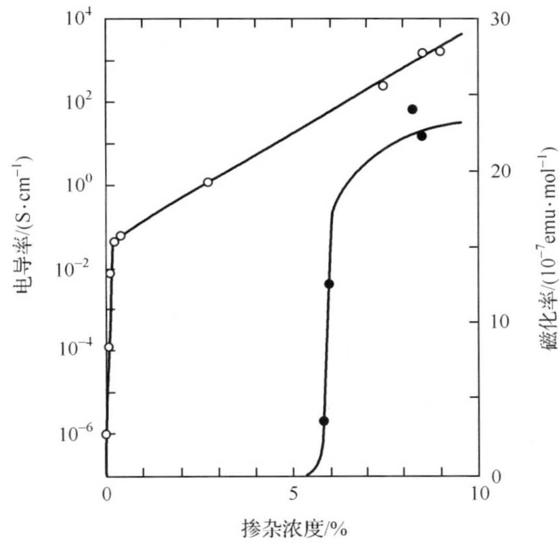

图 7-17　反式聚乙炔的电导率(○)和磁化率(●)随掺杂浓度的变化

“孤子”概念最早来源于流体力学中的“孤波”，孤波具有以下三个特点。

(1) 定域性：孤波存在于一定的范围内，呈现孤立的波峰，能量也局限于一定的范围。超出该范围，波幅很快趋于零。

(2) 稳定性：孤波在传输过程中，波形保持不变，传播速度也保持不变。

(3) 完整性：两个孤波相遇，各自穿过对方，分离以后仍恢复各自原来的波形

(只是位相发生了变化),并以原速度继续向前传播。

后来,人们把具有上述三个性质的孤波称为孤子,有的书籍把仅具有定域性和稳定性的孤波也称为孤子,从而使孤子的范围扩大。

孤子从形状上分为波峰形孤子和畴壁形孤子两类。波峰形孤子是一种具有单个波浪形式的孤子,如图 7-18(a)所示。畴壁形孤子的波形像楼梯的一个台阶,波形前后是两条平坦的水平线,形成两个均匀的"畴",中间区域类似于墙壁,将左右两个畴分开,因而称为畴壁形(domain wall)或阶梯形孤子。图 7-18(b)中的两个孤子 S_+、S_- 均为畴壁形孤子。无论波峰形孤子还是畴壁形孤子都具有一定的质量和能量,因而具有粒子性。导电高分子中孤子的质量约为电子质量的 6 倍,孤子的能量定域在一定的范围内,畴壁形孤子的能量集中在中间波形弯曲的地方,两边平坦的部分没有能量。聚乙炔中的载流子便是这种畴壁形孤子。我国著名的钱塘江大潮也类似于畴壁形孤子。

图 7-18(b)还描述了两个孤子(S_+、S_-)相向运动、相遇、而后分离的情形。按照孤子的完整性要求,它们相遇、穿过对方后分离,仍保持各自的运动,位相可能发生变化,但运行速度(能量)不变。

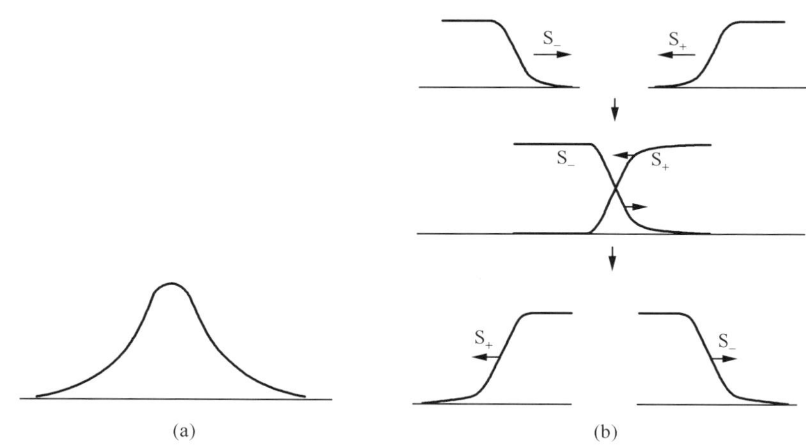

图 7-18 波峰形孤子(a)和畴壁形孤子(b)

孤子和反孤子总是成对出现的。通常我们将位相 $\delta\phi > 0$ 的孤子称为正孤子,记为 S 或 S_+,位相 $\delta\phi < 0$ 的孤子称为反孤子,记为 S_-。孤子可以是电中性的,如中性孤子(S)和中性反孤子(S_-);也可以是带电的,称为荷电孤子,如荷正电孤子,记为 S^+ 和荷负电孤子,记为 S^-。孤子的产生可以通过热激发和光激发来实现,也可以通过化学或电化学掺杂来形成。聚乙炔是通过 N 型掺杂(掺杂碱金属等给电子体)和 P 型掺杂(掺杂 AsF_5、I_3^- 等受电子体)形成荷电孤子的。

7.3.3　反式聚乙炔的孤子态

1. 反式聚乙炔中的正、反孤子

反式聚乙炔在晶格畸变时骨架上的碳原子发生二聚化，生成互为镜像的 A 相和 B 相二重简并态。当一个分子链上 A、B 两相首尾相遇（相连）时，必然在交界处出现“键的缺陷”，共轭链上的这种键的缺陷称为“畴壁”。图 7-19 中 B 相与 A 相连接处出现了一个缺陷——畴壁，在畴壁处有一个未配对的自由电子，能够产生自旋现象，而分子链整体仍是电中性的。

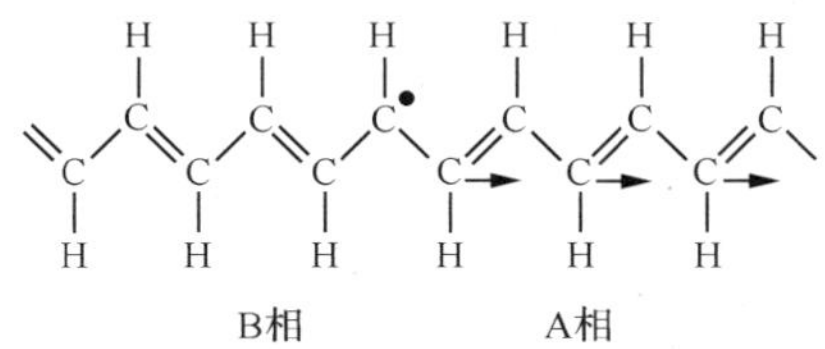

图 7-19　反式聚乙炔链上键缺陷的形成

如果由 A 相到 B 相的变化称为“正畴壁”，则由 B 相到 A 相的变化称为“反畴壁”，可见正、反畴壁就是两相相连处分子链结构的一种“扭结”（kink），如图 7-20 所示。图 7-20 中 ϕ_n 为原子位移的序参量，$|\phi_n| = 0.004$nm，A 相的序参量为负，B 相的序参量为正。

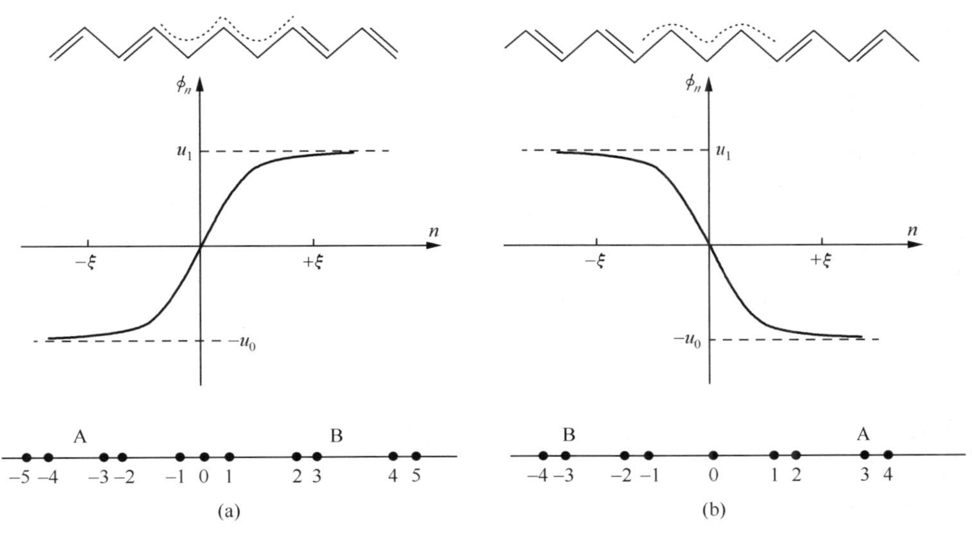

图 7-20　正、反孤子的畴壁型结构图

(a) 正孤子 S 或 S_+；(b) 反孤子 S_-

正反畴壁都具有粒子性,因而有质量和能量,质量约为电子质量的 6 倍,能量集中在正、反畴壁中,约为 0.44eV。正畴壁称为正孤子(或简称孤子),反畴壁称为反孤子。在基态反式聚乙炔中,畴壁(孤子)是通过激发产生的。设初始时整个反式聚乙炔链都处于基态 A 相,经过激发其中一段分子链由 A 相转变为 B 相,在 A、B 相连接处生成一对正、反孤子。由于聚乙炔基态的 A 相与 B 相能量相等,因此激发能全部分布在孤子区域,成为孤子的能量。由此可见孤子(畴壁)就是反式聚乙炔的一种激发方式。激发的单元称为元激发,因而畴壁便是一种元激发。

正、反孤子的区分是根据 ϕ_n 的变化区分的,$\delta\phi>0$ 为正孤子,$\delta\phi<0$ 为反孤子。另外,正孤子与反孤子总是成对出现的,如果 A 相与 B 相连结处形成正孤子,则 B 相与 A 相连接处一定形成反孤子。

2. 孤子的电荷与自旋

孤子的电荷和自旋不同于电子、质子等粒子。考察图 7-21 中反式聚乙炔的能带,可以看到,无论是荷电孤子还是中性孤子,其价带(VB)都是填满电子的满带,导带(CB)为空带。对于中性孤子,在孤子激发前后反式聚乙炔碳链中电子的总数不变,整个体系仍呈电中性,因此中性孤子不带电。但孤子产生后价带中有一个电子填充到能隙中间的非键轨道上,如图 7-21(b)所示。该电子有两种可能的自旋状态,正自旋+1/2,或负自旋−1/2。所以,中性孤子虽然不带电,但有自旋±1/2,可以产生自旋共振,这在实验上已得到验证。

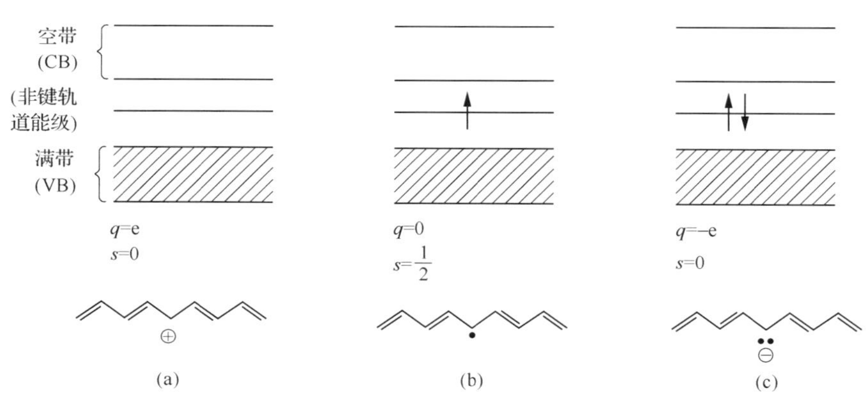

图 7-21 孤子的电荷与自旋

(a) 正电孤子 S^+;(b) 中性孤子 S;(c) 负电孤子 S^-

当对聚乙炔实施 N 型掺杂(掺杂碱金属 Li、Na、K 等施主杂质)时,这些施主杂质便向碳链提供一个电子,该电子占据原来孤子态中的另一个空的自旋轨道,与原来中性孤子非键轨道上的电子成自旋反平行状态,如图 7-21(c)所示,因而该孤子成为带一个负电荷的荷电孤子(S^-),但总的自旋密度却为零。

当聚乙炔实施 P 型掺杂(掺杂 AsF_6^-、I_3^- 受主杂质)时,受主杂质将从原孤子态中的非键轨道上夺取一个电子,使原来的中性孤子变为一个缺电子的带正电的荷电孤子(S^+),如图 7-21(a)所示,该正电孤子也没有自旋。几种载流子的电荷和自旋状态对比如表 7-4 所示。孤子的这种电荷与自旋相悖的关系是孤子态的一个重要特征,是解释导电高分子磁性与光谱性质的理论依据,苏武沛等也是从发现聚乙炔掺杂导电载流子无自旋现象入手,建立聚乙炔掺杂导电的孤子理论,即 SSH 模型。在外场作用下,荷电孤子可以沿分子链运动,成为载流子。

表 7-4　载流子的电荷与自旋对比

载流子类型	电荷 q	自旋 s
中性孤子	0	+1/2 或 −1/2
正电孤子	+e	0
负电孤子	−e	0
电子	−e	+1/2 或 −1/2
空穴	+e	+1/2 或 −1/2

注意:当在聚乙炔中掺杂施主杂质或受主杂质时,在聚乙炔链中也可能产生电子或空穴,但由于产生电子或空穴的激发能大于产生孤子或反孤子的激发能(产生孤子或反孤子的激发能约为产生电子或空穴的激发能的 2/3),因而在掺杂的聚乙炔中,首先生成的导电载流子是带正电或负电的荷电孤子,而不是电子或空穴。

另外,聚乙炔中引入孤子概念后,能带便产生出分数值能级,电荷也可呈现出分数值,称为分数电荷。虽然整个聚乙炔分子链上的总电荷仍为整数(因为孤子与反孤子总是成对出现),但由于聚乙炔是一维分子长链,链上的孤子与反孤子可能相距较远,因此单独考察孤子与反孤子所带的电荷就可能呈现分数电荷值。对于二聚化聚乙炔可产生 $\pm e/2$;对于三聚化的 TTF-TCNQ(四硫代富瓦烯与四氰代对二亚甲基苯醌)可产生$\pm e/3$ 和$\pm 2\ e/3$。一般而言,对于一维固体材料,如果发生 n 聚化,生成 n 重度简并基态,则晶格中孤子的电荷可呈现$\pm e/n$ 的整数倍。这一发现,对于有机固体材料的研究产生了重大影响。

7.3.4　导电高分子的极化子态

1. 高分子的单极化子态

从前面的讨论得知,聚乙炔链上的孤子与反孤子总是成对出现的。按照 SSH 理论计算,聚乙炔分子链上孤子的长度为 14 个碳原子的链长,当孤子与反孤子的距离大于孤子的长度时,二者之间的相互作用趋于零。由于孤子能沿碳原子链运动,与反孤子接近的机会很多,当二者相遇发生交叠时,孤子间将发生相互作用,尤其是荷电孤子。根据孤子与反孤子的荷电情况，二者之间的作用可分以下三种情况讨论。

(1) 总电荷为零。即孤子与反孤子带等量异号电荷或二者都为中性孤子。此时孤子与反孤子相互吸引，随着二者之间的距离($2y_0$)不断缩小，中间相越来越短，直至最后相互湮灭。从能量角度来看，当二者相距较远时无相互作用或相互作用很弱，体系总能量等于正、反孤子的能量和($2\times 2\Delta_0/\pi$)(其中 Δ_0 为生成一个电子或空穴的激发能，而生成一个孤子的激发能 $E_S=2\Delta_0/\pi$)。当二者相互接近时，能量单调减少，最后变为零。从化学键角度来看，当聚乙炔链上正、反孤子相互接近时，两个键的"缺陷"相互交叠，最后形成一个双键，如图 7-22 所示。因此带相反电荷的正、反孤子对和两个中性的正、反孤子在聚乙炔链上是不能稳定存在的，而是呈现忽生忽灭的过程。

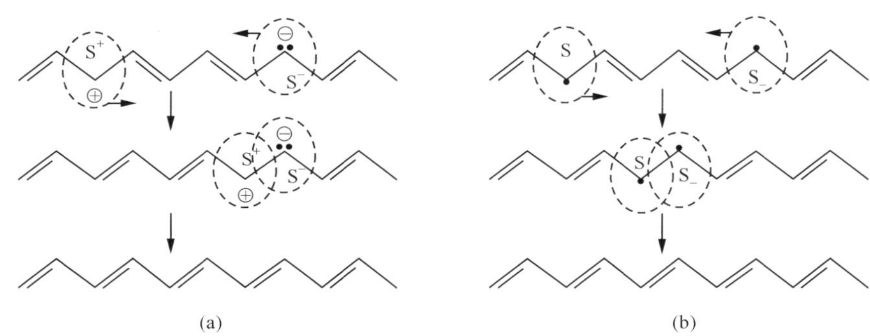

图 7-22 聚乙炔链总电荷为零时孤子的湮灭过程

(a) S^+ 和 S^- 孤子的湮灭；(b) 中性孤子 S 与反孤子 S_- 的湮灭

(2) 总电荷为±2e。此时孤子与反孤子带同号电荷，二者相互排斥。当孤子与反孤子相距较远时，体系的总能量是 $4\Delta_0/\pi$。当二者相近时，排斥力越来越大，体系总能量不断增高，因而也是不稳定的。

(3) 总电荷为 ± e。在正反孤子中，一个带电，另一个为电中性。当两个孤子离得较远时，相互之间有吸引作用，但当二者非常接近时，又呈现原子核间的排斥作用。因此二者之间存在一个恰当的距离，处于该距离时相互作用等于零。在能量变化曲线[$E(2y_0)$-$2y_0$ 曲线]呈现一个作用能的最低点，如图 7-23 所示。此时整个体系呈现一个稳定的束缚态，这种被束缚在一起的孤子-反孤子对被称为极化子(polaron)，记为 P。在反式聚乙炔中呈现的极化子只带一个电荷，又称为"单极化子"。如果单极化子中带有一个正电荷，称为空穴极化子，记为 P^+；如果单极化子中带有一个负电荷，称为电子极化子，记为 P^-，如图 7-24 所示。

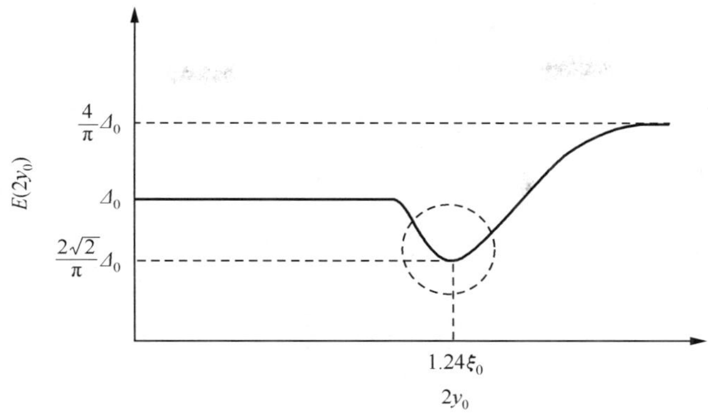

图 7-23　总电荷为 $\pm e$ 孤子-反孤子对的能量曲线图

其中 Δ_0 为电子-空穴对的激发能，ξ_0 为孤子长度参量

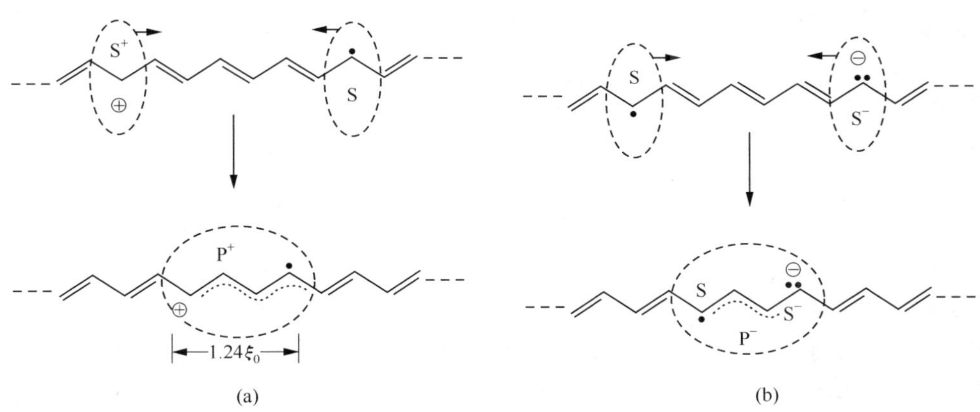

图 7-24　聚乙炔中单极化子的形成示意图

(a) 空穴极化子 P^+；(b) 电子极化子 P^-

2. 极化子的结构、电荷和自旋

由上述可知，极化子是孤子与反孤子对的束缚态，因此其结构（包括原子分布结构和电子能带结构）可从孤子的结构来分析。

考察分子链上正孤子在右、反孤子在左的一对孤子，如图 7-25 所示。图中分子链上有 B-A-B 三个相段，左、右两边是 B 相，中间是 A 相，形成一对孤子。当孤子与反孤子相向运动发生交叠时，A 相渐次消失，相遇处出现一个凹坑。分子链其他链段均为 B 相。该凹坑就是由孤子形成的极化子，其尺寸约为两个孤子之和。

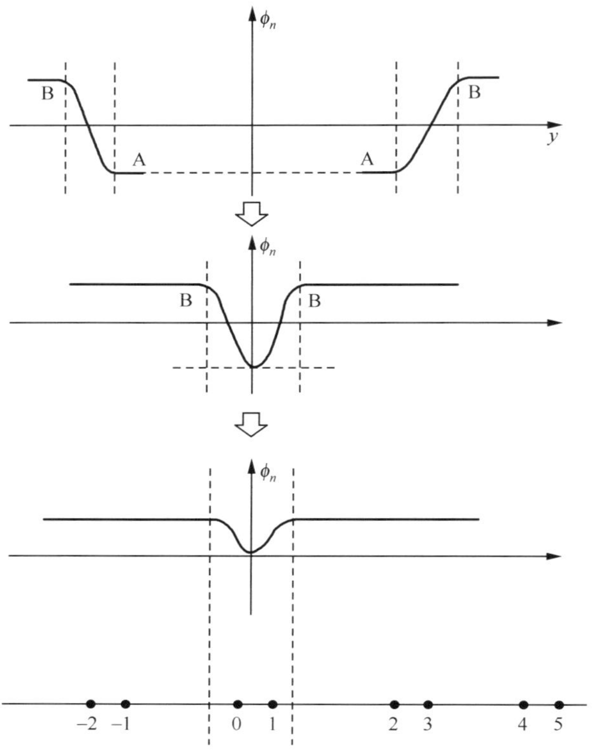

图 7-25　凹坑状极化子的形成和结构

同样，如果反孤子在右、孤子在左，则在分子链上形成 A-B-A 相段，两侧是 A 相，中间是 B 相，如图 7-26 所示。当两孤子相互交叠后，B 相消失，在交叠处出现一个较高的凸峰。该凸峰也是极化子。

由此可见，极化子是一种定域的晶格畸变状态。在碳原子的二聚化过程中，奇数碳原子或偶数碳原子发生了非均匀的位移，导致了晶格势场的畸变。电子在这定域的畸变势场中运动时产生了束缚电子态，即形成了极化子稳定态。

极化子的电子能带结构按孤子态的能带耦合而成。孤子和反孤子都处在价带和导带之间能隙处的非键轨道上，当孤子与反孤子对相互作用时，产生了两个非键孤子轨道 ψ_s 和 ψ_s^-，二者经过杂化，形成了一个成键 $-\omega_s$ 轨道和一个反键 ω_s 轨道，如图 7-27、图 7-28 所示。

图中显示，对于反式聚乙炔的电子极化子态，孤子或反孤子中多了一个电子，这个电子将填充在反键的 ω_s 轨道上，因而体系的自旋为 1/2，如图 7-27 所示。对于反式聚乙炔的空穴极化子态，体系中缺少一个电子，因而在成键的 $-\omega_s$ 轨道上只填充了一个电子，极化子的自旋密度也为 1/2，如图 7-28 所示。对于两个电中性的

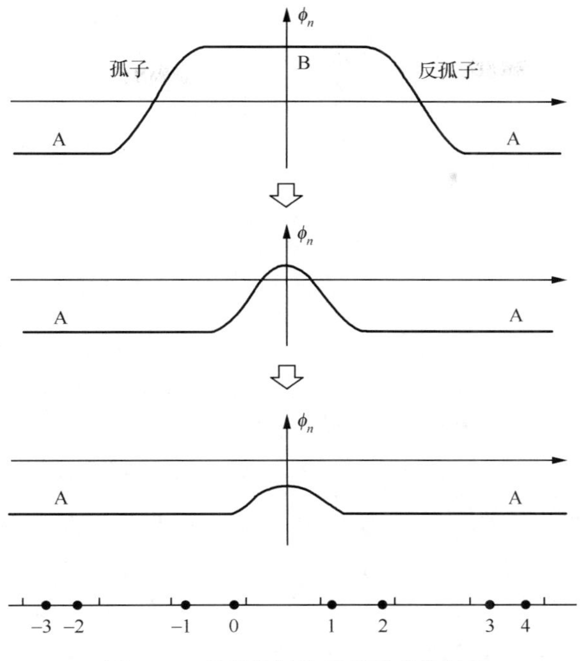

图 7-26　凸峰状极化子的形成和结构

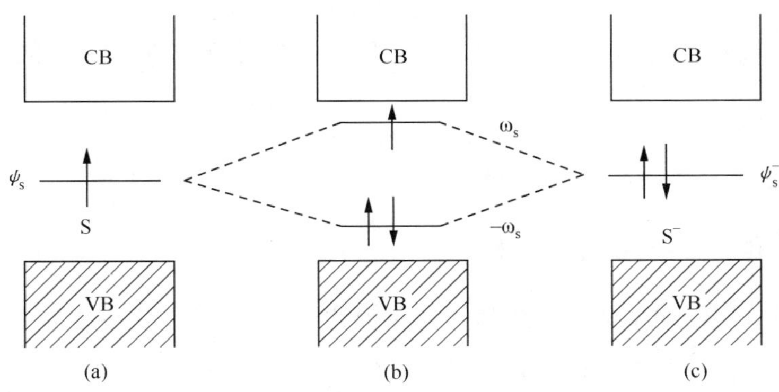

图 7-27　反式聚乙炔电子极化子的能带结构

(a) 中性孤子 S；(b) 电子极化子 P^-；(c) 负电孤子 S^-

孤子与反孤子对，在成键的 $-\omega_s$ 轨道上将填有两个自旋反平行的电子，反键轨道 ω_s 上没有电子。

由此可见，对于反式聚乙炔，无论是形成电子极化子还是空穴极化子，电荷只能为 −e 或 +e，体系的自旋可以为 +1/2 或 −1/2，这与一般载流子，如电子的电荷与自旋关系是相同的。

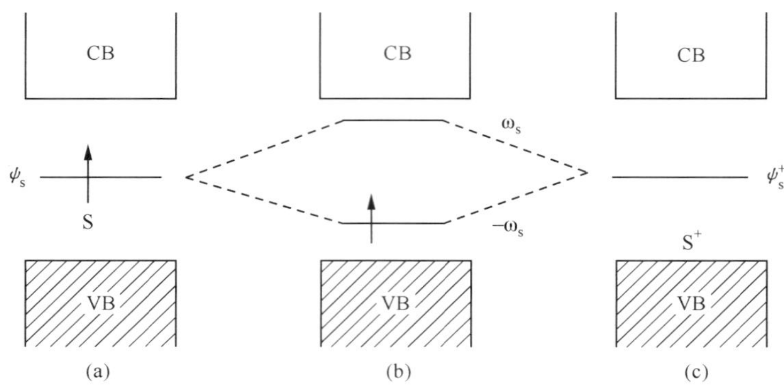

图 7-28　反式聚乙炔空穴极化子的能带结构

(a) 中性孤子 S；(b) 空穴极化子 P^+；(c) 正电孤子 S^+

综上所述，在反式聚乙炔中既可形成孤子态，又可产生极化子态。归根结底，所形成的激发态类型与不同元激发所产生的激发能大小有关。元激发的激发能越小，所对应的激发态类型越容易形成。一维分子链上可发生的元激发有如下几种：孤子与反孤子、极化子、电子(或空穴)、孤子-反孤子对、电子-空穴对，它们的激发能大小顺序如下：孤子(或反孤子)＜ 极化子＜电子(或空穴)＜孤子-反孤子对＜电子-空穴对。即

$$E_s < E_p < \Delta_0 < 2E_s < 2\Delta_0 \tag{7-28}$$

式中，Δ_0 为电子(或空穴)的激发能；E_s 为孤子的激发能；E_p 为极化子的激发能，分别等于

$$E_s = 2\Delta_0/\pi \tag{7-29}$$

$$E_p = 2\sqrt{2}\Delta_0/\pi \tag{7-30}$$

7.3.5　导电高分子的双极化子态

已知反式聚乙炔中能够生成孤子和单极化子，生成的原因中很重要的一点是反式聚乙炔的基态是简并的。由于 A 相与 B 相能量相同，从 A 相转变到 B 相不需要能量，因而在反式聚乙炔分子链上可以同时存在大段的 A 相和 B 相而不需要提供很多能量，而在两相交叠处就形成孤子和极化子。这样的机理对于非简并基态高分子则不适合。例如，顺式聚乙炔，基态是顺-反式(称为 A 相)，将单键、双键交换变为反-顺式(称为 B 相)，但 B 相能量高于 A 相，因而顺式聚乙炔分子链中很难产生大段的 B 相。同样地，例如，聚对苯也是基态非简并性高分子，基态 A 相由苯环构成，B 相由醌环构成，如图 7-29(a)、(b)所示。由于每个醌环的能量比苯环高 $\Delta\delta=0.35\text{eV}$，因此若要在基态 A 相中产生连续的 N_B 个 B 相醌环，所需的激发能高达 $N_B\Delta\delta$。一般情况下，这样高的激发能是很难达到的，因此在基态非简并性

高分子中不能产生孤子。

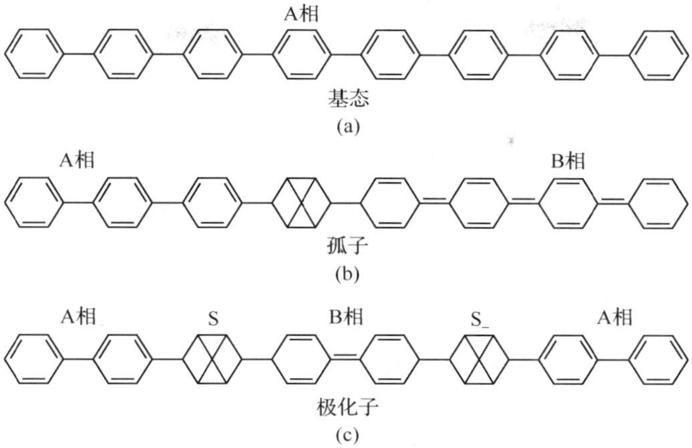

A相

基态

(a)

A相　　B相

孤子

(b)

A相　S　B相　$\bar{S}$　A相

极化子

(c)

图 7-29　非简并基态高分子中的孤子-反孤子对的禁闭

但是,在基态非简并性高分子中可以产生极化子。如图 7-29(c)所示,虽然很难在 A 相中形成大段的 B 相,但是使 A 相中少部分苯环变为醌环,即只改变 A 相中一小段为 B 相,所需的激发能小,还是可以实现的。这样就在基态分子链上产生一个孤子-反孤子对。由于基态非简并性高分子的孤子-反孤子之间存在着常数吸引力,因此形成的孤子-反孤子对不会分离,而被“禁闭”在一定区域,成为孤子-反孤子对束缚态,即极化子。

由于高分子的多样性,生成的极化子也有多种类型。其中带一个电荷($\pm e$)的极化子称为单极化子(polaron),带两个电荷($\pm 2e$)的极化子称为双极化子(bipolaron)。

图 7-30 为顺式聚乙炔和聚苯胺 (polyaniline) 中双极化子的形成示意图。聚苯胺分子链中基态 A 相为苯式结构,局部氧化后的 B 相为醌式结构,能量高于 A 相,因此为基态非简并性高分子。由图 7-30 可见,分子链中一旦产生一个醌环,它与左右相邻的两个苯环就构成一对孤子-反孤子,形成极化子。该极化子带有$+2e$的电荷,因此为双极化子。

双极化子分为正电双极化子和负电双极化子两类。相应的能带结构与单极化子能带结构相似,只是多了一份电荷。对于带 2 个负电荷的负电双极化子,能带结构如图 7-31 所示。孤子与反孤子所带的 2 个电子占据在非键轨道能级 ψ_s 和 $\psi_{\bar{s}}$ 上。当两个孤子相互作用时,两个非键轨道 ψ_s 与 $\psi_{\bar{s}}$ 通过杂化分离成一个成键$-\omega_s$轨道和一个反键ω_s轨道,因而两个非键轨道上的 4 个电子(原先两个中性孤子非键轨道上各有一个电子),分别两两配对,自旋反平行填充在成键$-\omega_s$和反键ω_s轨道能级上。这时所形成的双极化子的电荷为$-2e$,自旋密度 $s=0$。同样,若两

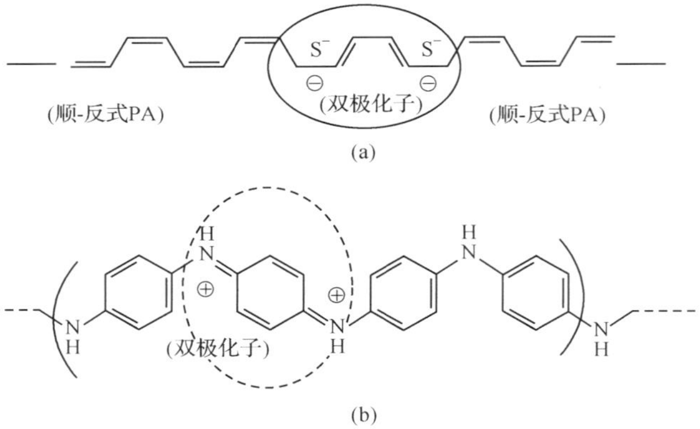

图 7-30　几种高分子的双极化子形成示意图

(a) 顺式聚乙炔中的双极化子；(b) 聚苯胺中的双极化子

个带正电(空穴)的孤子与反孤子相互作用，所形成的正电双极化子的电荷为＋2e，自旋密度仍为 $s=0$。由此可见双极化子是只带电荷±2e，而无自旋的载流子。

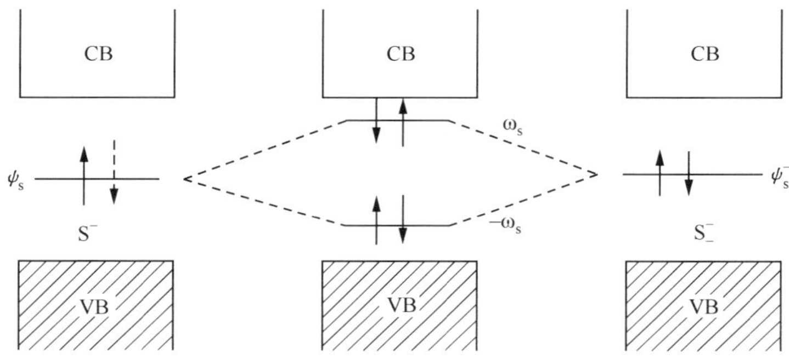

图 7-31　负电双极化子的能带结构

除了孤子和极化子(包括单极化子和双极化子)两种激发态以外，在反式聚乙炔中还存在第三种激发态——孤子晶格，它是由孤子与反孤子周期性交替排列构成的，能在价带和导带的能隙之间生成一条较宽的孤子能带。本章对此不做介绍。

7.3.6　掺杂对能带结构的影响

如前所述，导电高分子的载流子——孤子、极化子是通过激发和(或)掺杂生成的。激发包括热激发和光激发，掺杂有化学掺杂或电化学掺杂。对于聚乙炔，电化学掺杂是在电极上发生氧化还原反应，从而使聚乙炔分子链上的中性孤子变为荷电状态。化学掺杂是通过掺杂剂(电子给体或电子受体)与聚乙炔的中性孤子链段发生电子转移，形成荷电孤子来实现导电的。

化学掺杂分 N 型掺杂和 P 型掺杂两类。N 型掺杂是向高分子内掺杂碱金属等给电子体，也称为 D 型掺杂；P 型掺杂是向高分子内掺杂 AsF_5、I_3^- 等受电子体，也称为 A 型掺杂。对于聚乙炔，常用的电子给体掺杂剂包括 Li、Na、K 等碱金属，常用的电子受体掺杂剂有 Cl_2、Br_2、I_2、PF_5、AsF_5、ClO_4^-、BF_4^- 等。掺杂后聚乙炔的能带结构发生变化。图 7-32 给出经 A 型掺杂和 D 型掺杂后能带结构的变化示意图。A 型掺杂时，掺杂剂混入高分子，由于剥夺电子而使原高分子的价带产生空穴，使 Fermi 能级 E_F 下移，有利于价带中电子的运动，增强导电性。D 型掺杂时，掺杂剂的电子填充到原高分子的空带中，使 Fermi 能级 E_F 上移，也有利于电子运动，增强导电性。因此无论 A 型掺杂还是 D 型掺杂，都有增强高分子导电能力的作用。掺杂剂种类不同、浓度不同，高分子电导率的变化也不同，在本章 7.2.2 节已经说明。

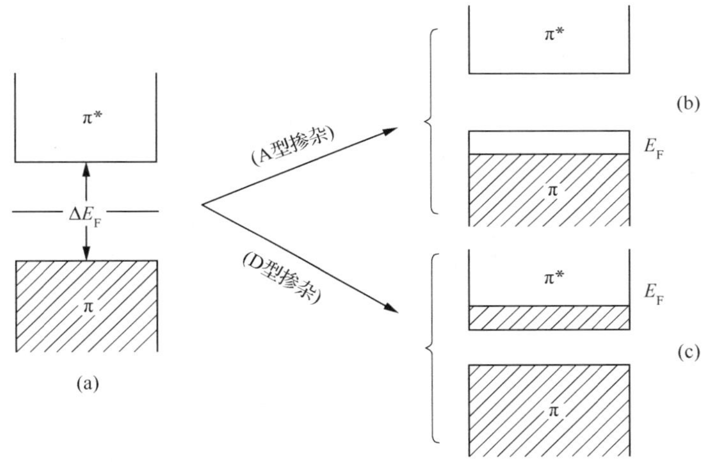

图 7-32　高分子掺杂前后的能带结构变化示意图

(a) 掺杂前的能带；(b) 掺杂电子受体后的能带；(c) 掺杂电子给体后的能带

综上所述，处于激发态的导电高分子中，存在孤子、单极化子、双极化子等多种载流子，它们由不同种类的元激发形成，不同载流子的物性各不相同，由此造成导电材料的物理和化学性能不同。例如，在顺式聚乙炔实验上可观察到光致荧光，但没有光电导现象；反式聚乙炔则有光电导，而没有光致荧光。这与顺式聚乙炔吸收激光光子的能量后形成极化子，反式聚乙炔吸收激光后生成相互独立运动的孤子和反孤子有关。其他的高分子，如聚对苯经掺杂后具有较高的电导率，但磁化率非常小；聚吡咯掺杂后电导率也很高，实验中也观察不到电子自旋共振现象，说明在这些非简并性基态高分子中，导电载流子不是电子、空穴、极化子这些有自旋的粒子，也不是只存在于简并基态高分子中的孤子，只能用双极化子来解释这种具有导电性能而无自旋共振的特殊现象。

需要指出的是，孤子理论（SSH 模型）、极化子理论由于能够解释一些高分子的导电现象，已被人们认同并接受，并引入凝聚态物理学、合成金属学等学科。但由于高分子导电的复杂性，另有其他一些关于高分子导电的机理、模型同样引起国内外研究者的关注。下文将简单介绍几种有代表性的导电机理。

7.4 高分子链间导电机理

关于高分子的导电机理，一般分为链内（沿分子链伸展方向）导电机理和链间（垂直于分子链伸展方向）导电机理。链内导电机理研究得较多，也较为成熟，聚乙炔的孤子导电机理（SSH 理论）和极化子理论等都是分子链内导电机理的例子，前文已详述。现就链间导电机理的几个典型模型进行说明。

7.4.1 孤子间跃迁机理

1981 年，Kiverson 提出了电荷在孤子间跳跃的导电模式——孤子间跃迁机理（ISH）。认为荷电孤子不仅可以在一维共轭分子链内运动，而且可以在两条分子链之间运动，如图 7-33 所示。他认为当一条分子链上的荷电孤子（正孤子 S^+ 或负孤子 S^-）与另外一条链上的中性孤子（S）相邻时，两个孤子的电子态之间发生重叠，因而电子可以形成一个声子（phonon），通过晶格振动从一个定域态向另一个定域态跃迁。

由图 7-33 (a) 可见，当中性孤子附近没有杂质存在时，跳跃前束缚中心是荷电孤子，当中性孤子的电子跳跃到荷电孤子的非键轨道上后，原荷电孤子变成中性孤子，原中性孤子成为荷正电孤子。当然，这种跳跃过程，需要的活化能很高。当中性孤子附近有杂质存在时，如图 7-33(b)所示，跳跃过程要容易得多。因为杂质对中性孤子的束缚能比对荷电孤子的束缚能小得多，因而图 7-33 中(b)比(a)更容易实现分子链之间的电子（或电荷）转移。根据 ISH 模型，Kiverson 推导出了孤子之间电子跳跃的跃迁速率

$$v_{(R)} = Y_n \cdot S_{(R)}^2 \cdot \nu_{(T)} \tag{7-31}$$

式中，$\nu_{(T)}$ 为电子-声子耦合常数；Y_n 为每个 CH 单元内中性孤子的浓度；$S_{(R)}$ 为电子波函数间的重迭因子。并由此推导出了直流电导率 σ_{dc}、交流电导率 σ_{ac} 等公式。

根据 ISH 机理，可以得出以下几点结论：

(1) 掺杂剂浓度对电导率与温度的关系无影响；

(2) 电导率随着掺杂剂浓度的－1/3 次方而变化；

(3) 电导率与交流频率的关系遵循如下关系[式(7-32)]。

$$\sigma_{ac}(\omega)-\sigma_{dc}=\omega(\ln\omega)^4 \tag{7-32}$$

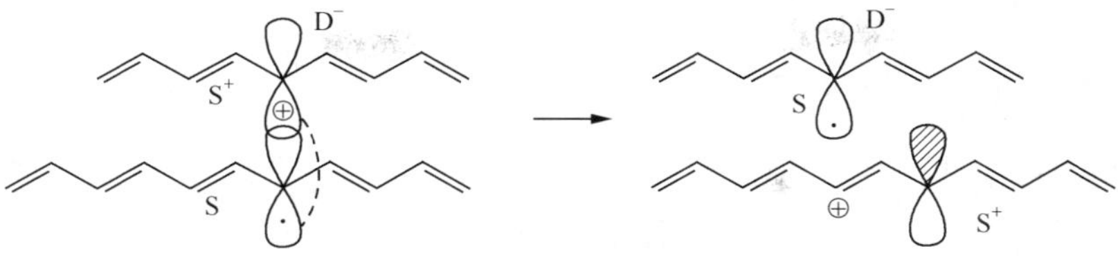

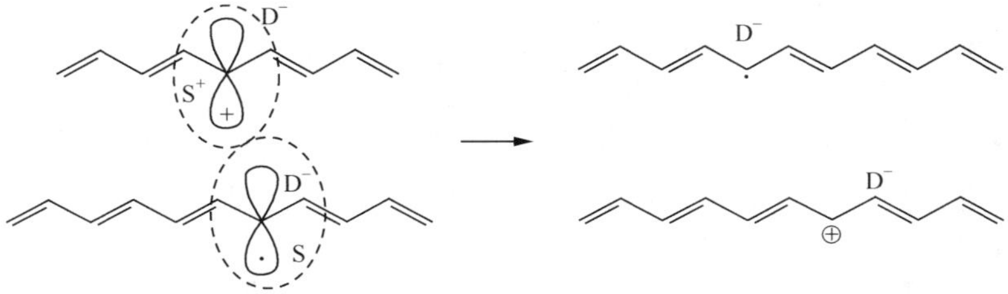

(a)

(b)

图 7-33　孤子间跃迁导电模型

(a) 中性孤子的电子向荷正电孤子的跃迁；(b) 掺杂后的中性孤子向荷正电孤子的跃迁

这些结论都与实验结果相吻合，因而 Kiverson 的 ISH 模型已成为被广泛接受的孤子导电的理论之一。但 ISH 理论也有不足之处，没有考虑掺杂剂对中性孤子的束缚作用，另外也忽略了聚乙炔实际结构的影响。

7.4.2　掺杂剂振动辅助孤子间的电子跃迁模型

1985 年，Yamabe 等提出，位于两条聚乙炔分子链上孤子之间的掺杂剂(电子给体 D 或电子受体 A)不是静止不动的，而是以某种频率在中间振动。荷电孤子上的电荷(电子或空穴)凭借振动的掺杂剂为桥梁，实现它在两条分子链之间的跃迁。在理论上等于把掺杂剂的存在看成一种微扰，用含时薛定谔(Schrödinger)方程进行计算，并得出电子在两分子链的孤子间的跃迁速度比没有掺杂剂分子参与时大得多的结论，与实验结果相符。因而这种“掺杂剂振动辅助孤子间的电子跳跃”机理被人们所接受，成为 ISH 机理的有益补充。

7.4.3　可变范围跳跃机理

可变范围跳跃机理(variable-range hopping，VRH)是最经典的一种半导体导电理论。1983 年 Epstein 等发现，聚乙炔掺杂后的电导率 σ 与温度的变化关系为

$$\sigma \propto T^{1/2}\exp[-(T_0/T)^{1/4}] \tag{7-33}$$

这与经典 VRH 理论中的 σ-T 变化关系是一致的，因此认为聚乙炔的导电机

理与经典半导体导电机理(VRH)一致,但这种理论模型却不能解释聚乙炔的温差电势、交流电导率 σ_{ac} 与温度 T 的变化关系等。

7.4.4　掺杂高分子的双向导电机理

为强调掺杂剂与链间的相互作用,全面反映掺杂后聚乙炔(PA)的二维或三维导电体系,1991 年王荣顺教授等提出了高分子掺杂导电的“双向机制”,解决了单方向导电机制的不足,成功解释了共轭高分子和非共轭高分子导电性能的各向异性,与实验结果吻合较好。

该机制认为,掺杂后的 PA 实际上是弱的三维体系,链间的强耦合在导电过程中起重要作用,而这种强耦合来源于掺杂剂与 PA 链间的相互作用,并由此引起聚乙炔多种性质的变化。在考虑了掺杂后的聚乙炔应具有二维性质后,分别从孤子模型和能带结构模型角度建立了含有掺杂剂的双链模型,如图 7-34 所示。采用两个多烯链模拟两个聚乙炔链,两个多烯链的分子平面互相平行,$a_{/\!/}$ 取 $C_{12}H_{12}$ 链长,$a_{\perp}$ 取 4.13 Å,聚乙炔分子平面与 $a_{\perp}$ 交角为 57°(取自 X 射线衍射的结果)。为讨论掺杂剂在链间导电过程中的作用,研究了不同掺杂剂(N 型:掺杂 Li、Na、K;P 型:掺杂 BF_4^-、ClO_4^-、PF_6^-、AsF_6^-)的存在对中性孤子生成的影响。

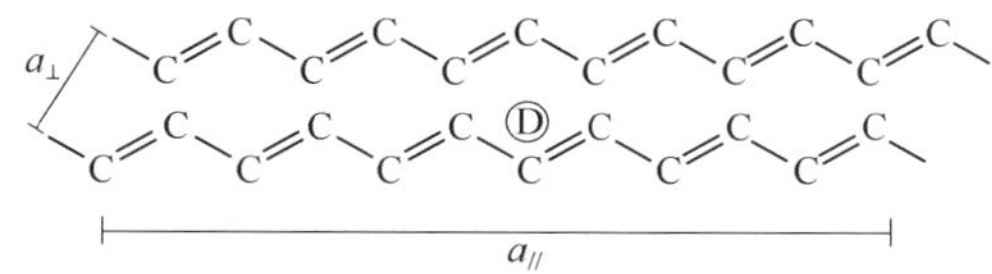

图 7-34　反式聚乙炔掺杂态的二维空间构型

采用量子化学从头算法(ab initio),对图 7-34 双链模型中掺杂剂与聚乙炔链之间的电荷转移量及掺杂剂与聚乙炔链之间的成键作用能,在 SGI 工作站上进行计算。计算结果表明,当 PA 掺杂金属 Na 时,在有掺杂剂处生成一个中性孤子所需的能量要比无掺杂剂低 0.31eV,这表明掺杂剂对周围 PA 链存在强耦合作用。另外,计算结果表明,掺杂剂与聚乙炔之间的电荷转移是不完全的,N 型掺杂剂原子的价电子并未全部给出,而是有时在 PA 链上(形成负电孤子),有时仍在碱金属原子上。此外,从能量分割得到的双中心作用能,可以看到 Na 与 C 双中心作用能是−0.155 623 (a. u.),二者之间的成键作用比 C—C、C—H 等正常化学键小得多,所以掺杂剂很容易在聚乙炔链之间移动。由此得出结论:垂直于 PA 链方向的电荷输运是由掺杂剂对链的耦合及其在链间的振动实现的,从而解释了垂直于聚乙炔分子链方向电导率 $\sigma_{\perp}$ 产生的问题。

另外,通过计算不同掺杂剂(N 型、P 型)掺杂状态下聚乙炔链中的电荷分布,表明掺杂后形成的荷电孤子 S^+ 和 S^- 周围出现了电荷的振荡分布,即存在电荷密度波 CDW，而且荷电孤子中心处电荷密度最大，如图 7-35 所示。这样在外电场作用下荷电孤子沿链移动，电荷密度波沿链传播，起到了电荷输运的作用。当无掺杂剂存在时，中性孤子 S 的电荷分布基本上是均匀的，且各个碳原子上所带的电荷都很小，最大的只有 0.007e，可以认为不存在电荷密度波，中性孤子不能起到输运电荷的作用。由此得出结论：平行于 PA 链方向的电荷输运是通过荷电孤子沿链移动、电荷密度波(CDW)沿链的传播实现的，从而解释了平行于聚乙炔链方向电导率 $\sigma_{/\!/}$ 的问题。

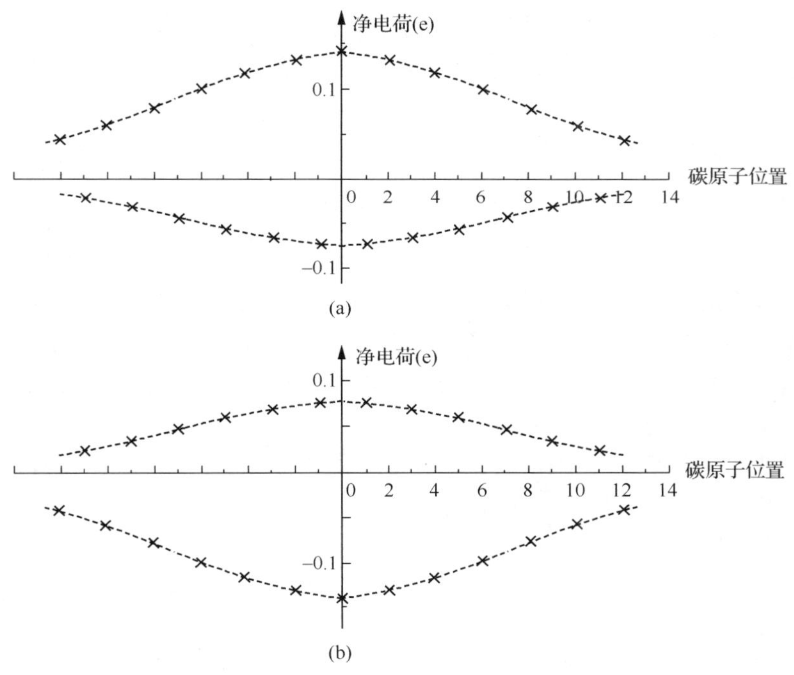

图 7-35 聚乙炔中荷电孤子的电荷密度波(CDW)

(a) 正电孤子 S^+；(b) 负电孤子 S^-

掺杂聚乙炔的“双向导电机制”简述如下：垂直于聚乙炔链方向的电荷输运是由掺杂剂与链的耦合及其在链间的振动实现的；平行于聚乙炔链方向的电荷输运是通过荷电孤子沿链移动、电荷密度波(CDW)沿链的传播实现的。

再者，根据固体能带理论，采用量子化学 EHMO/CO 方法，依据 PA 本征态和掺杂态的晶体结构测定数据，在二维倒易晶格的第一布里渊(Brillouin)区[(0，$\pi/a_{/\!/}$)；(0，$\pi/a_{\perp}$)]中，按图 7-34 所示的二维空间构型计算了反式聚乙炔及其掺杂态(N 型：掺杂 Li、Na、K，P 型：I_3^-、Br_3^-、SO_3、$FeCl_4^-$)的二维能带结构，所得结果是三维空间中的曲面。取价带(VB)和导带(CB)两曲面之间能量差最小的点(能隙 E_g)分别作平行于分子链方向和垂直于该方向的截面，计算出了聚乙炔掺杂前后的主要能带参量(表 7-5)。结果表明,掺杂后的聚乙炔在平行方向和垂直方向上的能隙大幅度减小,由掺杂前的绝缘体经半导体,变成导体。掺杂 Li、Na、K 后,聚乙炔在垂直方向上的能隙比平行方向的能隙减小的幅度更大,说明掺杂后聚乙炔在垂直方向上电导率提高的幅度很大。对于 P 型掺杂剂,比较掺杂溴和碘,无论是平行于链方向还是垂直于链方向,后者的能隙都比前者小,说明掺杂碘比掺杂溴电导率高,这与实验上测得的掺杂碘的电导率约为 $10^3 S\cdot cm^{-1}$,掺杂溴的电导率约为 $10\ S\cdot cm^{-1}$是一致的。

表 7-5 聚乙炔在不同掺杂态下的室温电导率及各向异性比值

掺杂剂	$\sigma_{//}/(S\cdot cm^{-1})$	$\sigma_{\perp}/(S\cdot cm^{-1})$	$\sigma_{//}/\sigma_{\perp}$
SO_3	4.09×10^3	1.70×10^3	2.4
AsF_6^-	2.50×10^3	2.31×10^2	10.8
$FeCl_4^-$	1.53×10^3	9.16×10	16.7
I_3^-	3.63×10^3	4.00×10^2	9.1

因此双向导电机制的能带理论解释为:掺杂一方面明显减小了聚合物的能隙,使其由半导体变成导体,另一方面降低了平行和垂直于链方向带宽的比值,从而大幅度地增强了垂直于链方向电荷输运对总导电过程的贡献,使掺杂后的 PA 具有明显的二维和三维导电特征。

对于非共轭骨架的导电聚合物——反式聚异戊二烯(PI)的导电机理也进行了研究,PI 的双链模型如图 7-36 所示。

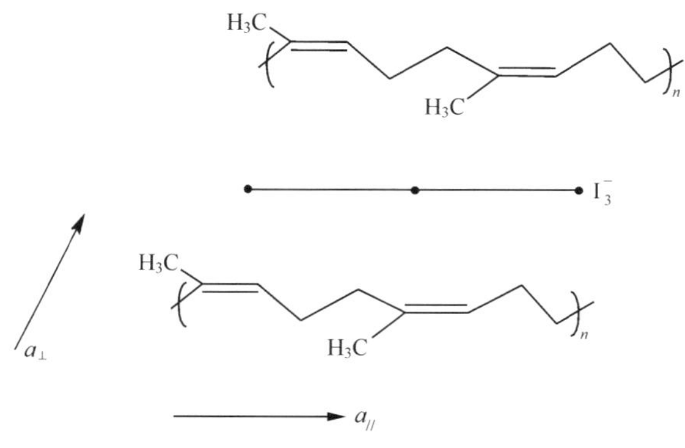

图 7-36 I_3^- 掺杂 PI 的双链模型

研究表明:I_3^- 掺杂后的 PI 并未改变 PI 体系的非共轭性质,但 I_3^- 链的形成,使平行链方向的能隙由原来未掺杂态的 4.783eV 降低为 0.0842eV,说明在平行链方向上的导电是由 I_3^- 形成的聚碘链导致的。而在垂直于 PI 链的方向,由于掺杂剂 I_3^- 在 PI 链间搭起了共轭浮桥,建立了链间的共轭体系,使导电载流子在垂直方向上输运变得更加畅通。图 7-37 为掺杂 I_3^- 的 PI 的前线分子轨道模型。

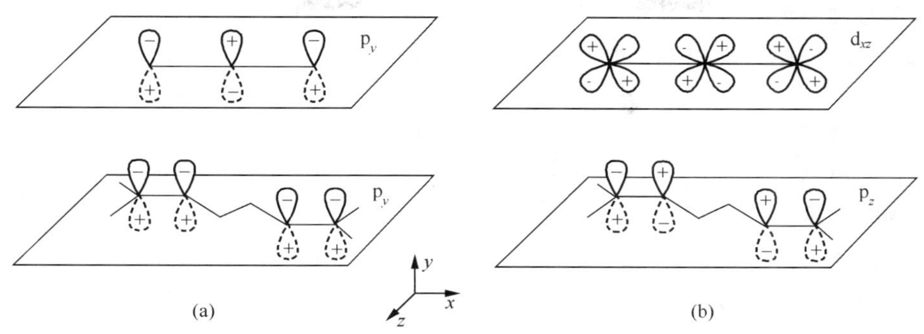

图 7-37　I_3^- 掺杂 PI 的前线分子轨道

(a) 成键 π 轨道；(b) 反键 π 轨道

由成键 π 轨道可见[图 7-37(a)]，I_3^- 单元中与 PI 中双键相近的碘的 p_y 轨道与双键 C 的 p_y 轨道符号相同，因而聚合物链间通过 I_3^- 单元两端的 I 形成了 π-p-π 弱共轭体系，使垂直方向的导电行为成为可能；由反键 π 轨道可见[图 7-37(b)]，I_3^- 中的 d_{xz} 轨道可相互重叠形成离域体系，但与 PI 链上 C 的 p_z 轨道无重叠，不能形成共轭体系，因此在平行方向上的电荷输运是由掺杂剂 I_3^- 链起导电作用的。

由此得到非共轭聚合物掺杂导电的双向机制：垂直于大分子链方向的电荷输运是由掺杂剂在分子链间搭起共轭浮桥，建立了链间共轭体系，使导电载流子易于在链间输运来实现的；平行于分子链方向的电荷输运，是由掺杂剂本身形成共轭链而构成导电通道来实现的。

7.5　导电聚苯胺薄膜及其应用

聚乙炔是第一个被研究，且研究得最系统、迄今电导率最高的导电高分子，作为导电高分子的模型具有重要理论价值。但由于聚乙炔的环境稳定性差，难有实际用途，在随后的研究中一批化学稳定性好的共轭高分子如聚吡咯、聚噻吩、聚苯胺等更多地受到重视，成为现在研究得最多、并在理论研究和实际应用研究方面都取得丰硕结果的导电高分子材料。

7.5.1　聚苯胺的合成及掺杂机理

聚苯胺(PANI)原料价廉、合成简单、稳定性好，是当前最热门的导电高分子之一。合成方法有化学合成和电化学合成两类。电化学法适于合成小批量聚苯胺样品，聚合过程分两个阶段：聚合先发生在裸露的阳电极上(Pt 电极，Pt 对苯胺聚合有催化作用)；电极被聚苯胺覆盖后，聚合继续在被覆盖的电极上进行，聚苯胺有自催化作用。化学合成法能制备大批量聚苯胺，主要方法为氧化聚合。氧化聚合一般在酸性溶液中用氧化剂使苯胺氧化而聚合，聚合体系包括：苯胺（An）/氧化剂/质子酸/介质。常用的氧化剂有$(NH_4)_2S_2O_8$、KIO_3 等，其中$(NH_4)_2S_2O_8$（过硫酸铵，APS）因不含金属离子，氧化能力强，在－5～50℃有很高氧化活性，为苯胺聚合中最常用的氧化剂。质子酸的作用一是提供聚合所需要的酸环境，使聚合反应按 1,4-偶联方式进行，得到低缺陷、高品质的聚苯胺。二是起掺杂剂的作用，聚合的同时现场掺杂，聚合和掺杂同时完成。

当采用过硫酸铵（APS）为氧化剂，盐酸（HCl）为质子酸，水（H_2O）为介质时，苯胺的氧化聚合反应如式(7-34)所示：

$$4n\,C_6H_5\text{—}NH_2\cdot HCl + 5n(NH_4)_2S_2O_8 \longrightarrow$$

$$\left[\text{—NH—}C_6H_4\text{—}\overset{\oplus\,\bullet}{N}H(Cl^{\ominus})\text{—}C_6H_4\text{—NH—}C_6H_4\text{—}\overset{\oplus\,\bullet}{N}H(Cl^{\ominus})\text{—}C_6H_4\text{—}\right]_n$$

$$+2nHCl+5nH_2SO_4+5n(NH_4)_2SO_4 \tag{7-34}$$

该反应为放热反应，反应时介质（水）温度升高，图 7-38 为实验得到的聚合过程中介质温度随反应时间的变化曲线。反应在冰水浴中进行，反应过程大致可分为三个阶段：①诱导期，即自由基引发阶段；首先 APS 迅速分解形成初级自由基，然后与苯胺结合形成单体自由基及苯胺的二聚体、三聚体等。②聚合阶段，即苯胺的链增长阶段；此时聚苯胺分子链迅速增长，反应放出大量热能使体系温度骤升。③聚合完成阶段，苯胺单体消耗殆尽，反应结束，介质温度缓慢下降。通过温度监测可以间接掌握聚合反应的进程。

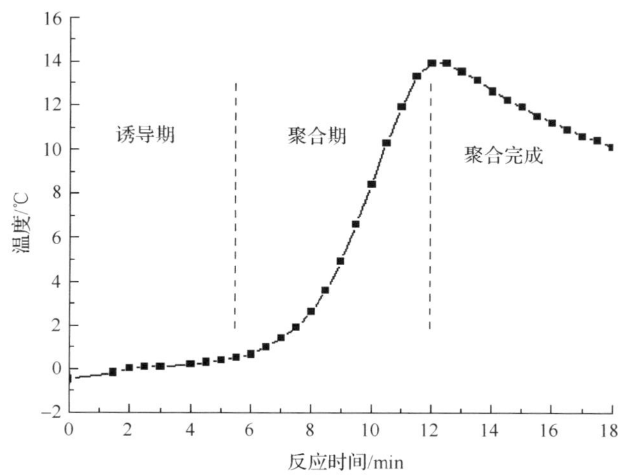

图 7-38　苯胺聚合过程中介质温度与聚合反应时间的关系

虽然对聚苯胺(PANI)的聚合机理和产物结构有不少争论，但目前多数人接受的 PANI 分子链的本征式如式(7-35)所示

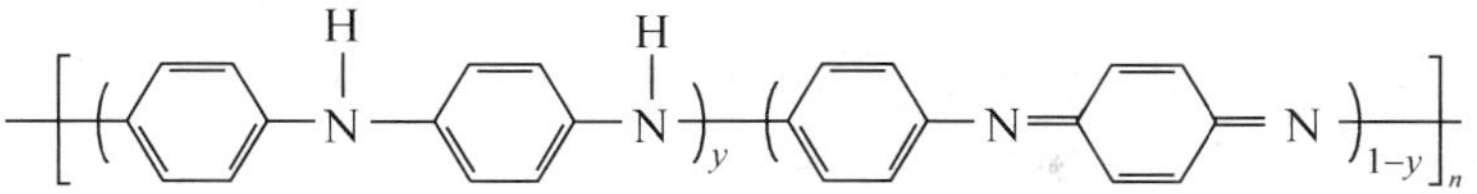

$$-\!\left[\left(\text{C}_6\text{H}_4-\overset{\text{H}}{\overset{|}{\text{N}}}-\text{C}_6\text{H}_4-\overset{\text{H}}{\overset{|}{\text{N}}}\right)_y\left(\text{C}_6\text{H}_4-\text{N}=\text{C}_6\text{H}_4=\text{N}\right)_{1-y}\right]_n\!- \tag{7-35}$$

式中，下标$(1-y)$表示 PANI 的氧化程度。y 的值与聚合时氧化剂的种类、浓度等条件有关。$y=0$ 为完全氧化态，$y=1$ 为完全还原态，这两种聚苯胺都是绝缘体。而 $0<y<1$ 的任何状态的聚苯胺都可通过掺杂质子酸而成为导体。用过硫酸铵作氧化剂时，y 大约为 0.5，由式(7-35)可知 $y=0.5$ 时，PANI 为苯二胺和醌二亚胺的交替结构。已经证明该结构的 PANI 经掺杂后的导电性能最好。

聚苯胺最重要的特点之一是其独特的掺杂导电机理。通常导电高分子的掺杂总伴随着电子的得失，掺杂过程中发生氧化还原反应，且这种反应是不可逆的。但聚苯胺的掺杂过程与此不同，它通过质子酸掺杂导电。掺杂过程中聚苯胺发生内部氧化，但分子链上的电子数目未发生变化，这与聚乙炔、聚吡咯、聚噻吩等其他导电高分子不同。通过质子酸掺杂和氨水反掺杂还可实现聚苯胺在导体和绝缘体之间的可逆变化。

当用质子酸如盐酸掺杂聚苯胺时，质子化优先发生在分子链的亚胺氮原子上。质子酸 (HA)发生离解，生成的氢质子(H^+)转移至聚苯胺分子链上，使分子链中亚胺上的氮原子发生质子化反应，生成荷电元激发态极化子。经质子酸掺杂后，本征态聚苯胺分子内的醌环消失，电子云重新分布，氮原子上的正电荷离域到大共轭 π 键中，使聚苯胺呈现出高导电性。聚苯胺掺杂态结构模型如式(7-36)所示。

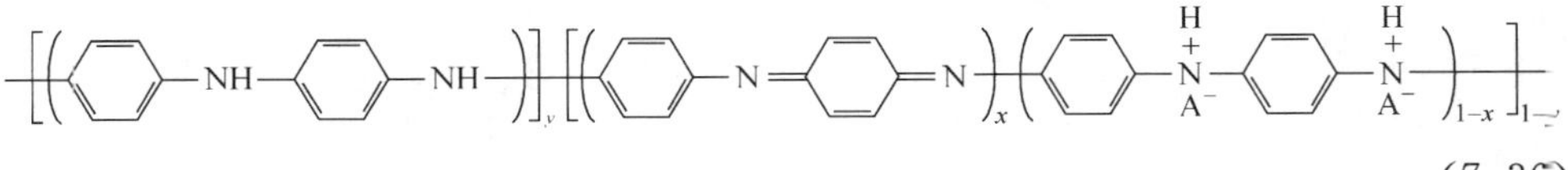

$$-\!\left[\left(\text{C}_6\text{H}_4-\text{NH}-\text{C}_6\text{H}_4-\text{NH}\right)\right]_y\left[\left(\text{C}_6\text{H}_4-\text{N}=\text{C}_6\text{H}_4=\text{N}\right)_x\left(\text{C}_6\text{H}_4-\overset{\text{H}}{\underset{\text{A}^-}{\overset{+}{\text{N}}}}-\text{C}_6\text{H}_4-\overset{\text{H}}{\underset{\text{A}^-}{\overset{+}{\text{N}}}}\right)_{1-x}\right]_{1-y}\!- \tag{7-36}$$

7.5.2　聚苯胺水基分散胶体的制备

与大多数导电高分子一样，在聚苯胺研究开发中遇到的核心困难也是材料的溶解性差，难以熔融(不溶不熔)，因此难以加工成型。文献中报道过用 N-甲基吡咯烷酮(NMP)溶解 PANI、用苯胺和取代苯胺共聚合改善 PANI 的溶解性，但这些方法只能溶解非掺杂聚苯胺，掺杂后仍不溶不熔。曹醌教授对解决聚苯胺的溶解性作出了重要贡献，提出“掺杂剂诱导聚苯胺溶解”。选用有机酸掺杂，利用有机酸的溶解性促使掺杂态聚苯胺溶解。典型例子如用樟脑磺酸(CSA)掺杂聚苯胺可溶于间甲酚；用十二烷基苯磺酸(DBSA)掺杂聚苯胺可溶于甲苯。这种溶解应理解为一种广义的溶解，不同于通常小分子的溶解。由于溶剂采用有机溶剂，因此存在

着溶剂回收和潜在的环境污染的问题。

采用分散聚合法制备聚苯胺水基分散胶体是一种集合成、掺杂和解决溶解性于一体的方法。该方法以水为介质，绿色环保。所谓分散聚合是一种特殊类型的沉淀聚合，具有以下特征：①单体（An）与反应介质（水）互溶，有别于乳液聚合与悬浮聚合；②生成的聚合物（PANI）达到临界链长后从介质中沉析出来，类似沉淀聚合；③聚合体系中加入空间稳定剂，稳定剂的作用是阻止产物聚结，不形成宏观沉淀，而是稳定地分散在介质中，形成均匀的分散胶体。常用的空间稳定剂有两类：一是可溶性大分子稳定剂，如聚乙烯基吡咯烷酮（PVP）、聚乙烯醇（PVA）、羟丙基纤维素（HPC）；二是无机分子稳定剂，如二氧化硅、硅胶等。

关于分散聚合的稳定机理主要有两种。一是吸附机理，即稳定剂分子被吸附到聚合物粒子表面，形成表面水化层，使粒子不易聚集从而稳定地分散在介质中；另一种是接枝稳定机理，即稳定剂分子靠物理或化学作用“接枝”到粒子中的大分子链上，稳定剂支链伸向水相，形成“毛发粒子”，靠空间障碍作用使体系稳定。一般来说，无机小分子稳定剂符合吸附稳定机理，而有机大分子的稳定分散作用需用“接枝”稳定机理解释。两种机理的示意图如图 7-39 所示。图中可见，分散粒子具有核-壳结构，核内是导电高分子和稳定剂的复合物，表面是稳定剂分子形成的壳。核-壳粒子稳定分散在水溶液中。

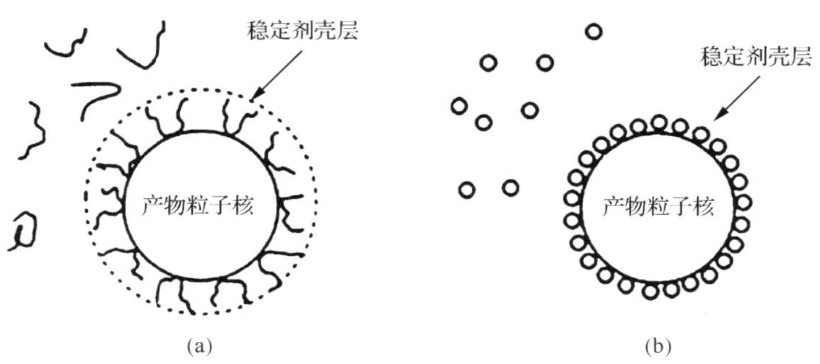

图 7-39 水溶性高分子稳定剂与无机粒子稳定剂分散稳定聚合产物粒子示意图
(a) 水溶性大分子稳定剂；(b) 无机粒子稳定剂

图 7-40 是作者以 PVP 为空间稳定剂、APS 为氧化剂、盐酸为掺杂剂、水为介质，采用分散聚合法得到的聚苯胺水基分散胶体的电镜照片。图 7-40(a)为分散胶体的透射电镜照片（TEM），图 7-40(b)为聚苯胺沉淀物的扫描电镜照片（SEM）。照片中可见分散聚合得到的聚苯胺为尺寸均匀的球粒状，直径约为几十到 100nm。这与乳液聚合或悬浮聚合得到的聚苯胺形态大不相同，后者得到的聚苯胺呈团聚的针状或纤维状。球形聚苯胺粒子均匀分散于介质水中，形成水基胶体，可以方便地配制成聚苯胺涂料直接应用，由这种涂料得到的导电聚苯胺涂层外观

光亮、品质优秀。采用四探针法测量聚苯胺的电导率，达 $10^0 \sim 10^1 S \cdot cm^{-1}$，导电性能良好。该方法的优点还有反应速率高，操作、控制简便，可以大量制备聚苯胺，由于采用水作为反应介质，不采用任何有机溶剂，因此有利于保护环境和保障操作者的健康。

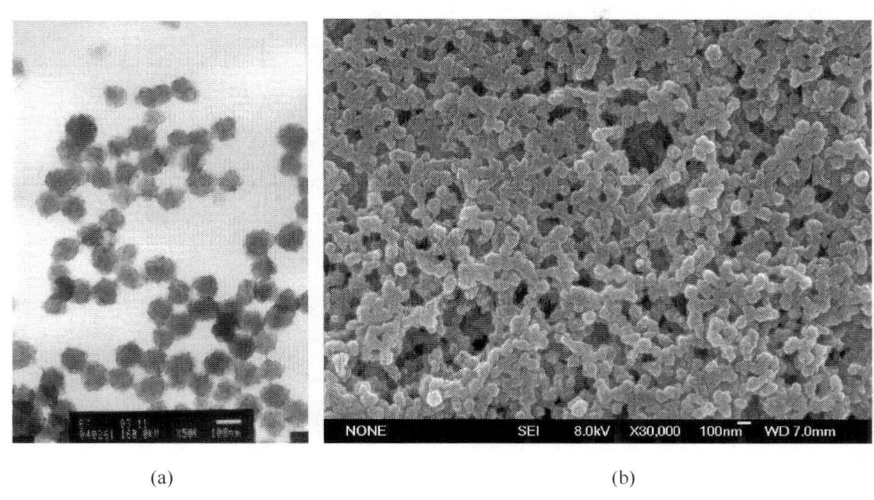

(a)　　(b)

图 7-40　分散聚合法得到的聚苯胺粒子照片(PVP-K90 为稳定剂)
(a) TEM 照片；(b) SEM 照片

7.5.3　原位沉积聚合法制备导电聚苯胺膜制品

早在 1989 年 Epstain 就发现在苯胺氧化聚合的玻璃器壁上有一层聚苯胺膜。后来发现，不仅玻璃器壁，几乎所有沉浸在苯胺聚合溶液中的物体表面都会原位地沉积、涂覆上一层聚苯胺膜。这种原位沉积方法的发现为改善 PANI 的加工性提供了一种新途径，也为绝缘基体表面改性提供了一种新思路。最初从溶液聚合得到的 PANI 薄膜形貌粗糙，膜上无规地黏附着大量溶液中聚合得到的聚苯胺粒子。2000 年 Riede 等以二氧化硅为稳定剂，用分散聚合体系制备聚苯胺薄膜，明显改善了薄膜表观质量。加入稳定剂不仅使 PANI 粒子尺寸均匀，而且能阻止 PANI 宏观沉淀，降低薄膜的表面粗糙度。原位沉积聚合成膜的方法不需要特殊设备，操作简单，易于工业化；膜层牢固，膜厚和电导率可调节；表面光洁，外观质量好；适合于在任意形状基片上成膜；绿色环保。

本书作者自 2000 年起开展改善聚苯胺加工性的研究，工作重点为采用分散聚合和原位沉积法制备高质量、透明、导电聚苯胺膜制品。选择的基体材料有普通光学玻璃、导电玻璃(ITO)、聚酰亚胺膜、聚酯膜，通过原位沉积在基体表面形成导电聚苯胺膜，制备电致变色玻璃、有机薄膜电容等器件。也选用微纳米级羰基铁粉

(CIP)为基体,在铁粉粒子表面原位沉积聚苯胺,制备吸波隐身材料。

1. 聚苯胺膜的制备,形态及导电性能

以玻璃片(载玻片、石英玻片、ITO 玻片)为基体,简单介绍原位沉积聚合法制备导电聚苯胺膜的工艺。采用的聚合体系为:苯胺单体(An)/过硫酸铵(APS)/聚乙烯吡咯烷酮(PVP-K90)/水(H_2O)。先将苯胺加入 PVP 的水溶液中搅拌,配制液体 A,置于冰水浴中。同时将 APS 溶于盐酸溶液中,配制液体 B。然后将液体 B 缓慢滴加到液体 A 中开始反应,液体 B 可一次性加入,也可分批次加入。在反应液中垂直插入一片或多片玻璃片用于 PANI 成膜。反应装置示意图如图 7-41 所示。

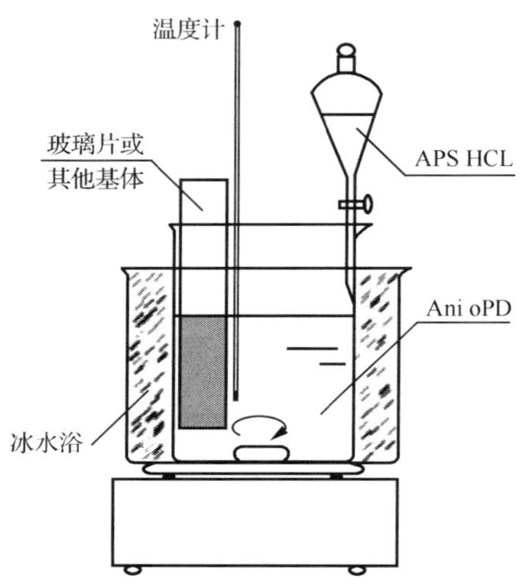

图 7-41　原位沉积聚合法制备导电聚苯胺膜反应装置示意图

选择冰水浴是因为实验表明,在－5～0℃低温聚合有助于提高聚苯胺的相对分子质量并获得相对分子质量分布较窄的产物。反应开始后,介质(水)温度渐次升高,反应过程如图 7-38 所示大致分三个阶段。溶液颜色也在不断变化,在诱导期溶液为浅黄色,然后由浅黄色依次变为淡紫色、紫色、浅蓝色、蓝色、绿色,聚合完成时聚苯胺分散液呈墨绿色。与此同时玻璃基体表面也经历从无色到浅绿色再到翡翠绿色的变化,表明聚苯胺在玻璃表面原位成膜。

由此可知,冰水浴中实际上同时存在着两种反应,得到两种产物。一是在溶液中发生苯胺的氧化聚合,由于空间稳定剂 PVP 的存在,聚合得到粒径均匀的导电 PANI 粉末,形貌如图 7-40 所示。二是在玻璃基体表面发生苯胺的原位沉积聚合,得到表面均匀光洁的导电 PANI 膜,膜厚为 200～2000nm。两种反应同时进行,相互竞争。由于两种产物(导电 PANI 粉末和导电 PANI 膜)在同一聚合环境中生成，因此可以认为它们的电化学性能相似。通过温度计测量水温监测反应进程，但由于水银柱上升有滞后效应，它只能定性地描述反应过程。

玻璃表面原位沉积聚合得到的 PANI 膜的形貌如图 7-42 所示。其中图 7-42(a)为普通照片，PANI 膜平滑光洁，呈翡翠绿色，半透明。将 PANI 膜接入一个连有发光二极管的有源电路，二极管发光，说明 PANI 膜具有导电能力。图 7-42(b)、(c)为 PANI 膜的扫描电镜照片，其中图 7-42(b)的放大倍数为 20 000 倍，图 7-42(c)为 50 000 倍。从照片可见，PANI 膜由大量结构致密、粒径均匀的 PANI 粒子组成。粒子具有二级结构，大颗粒直径为 100～300nm，而大颗粒又由直径为 10～30nm 的小颗粒堆积而成。跟踪在不同时间粒子的生长过程发现，在反应诱导期(<6min)基体表面已有微量小粒子生成；9min 时出现批量 PANI 粒子，粒径为 20～30nm。进入快速聚合期后，沉积的 PANI 小颗粒不断地聚集长大，逐渐形成粒径为 100～300nm 的大粒子。然后大粒子继续堆积、铺展，形成具有一定厚度的连续薄膜。

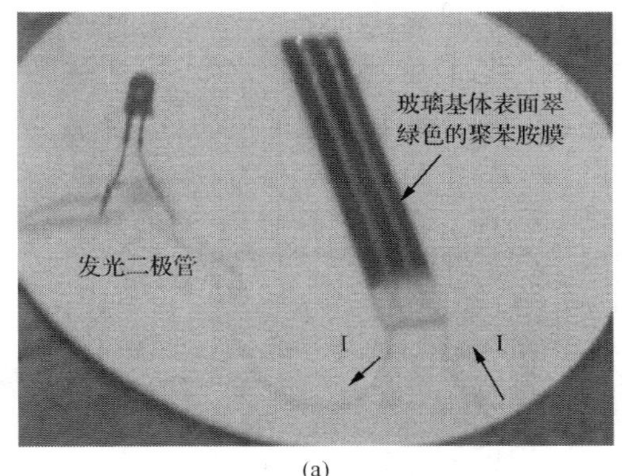

(a)

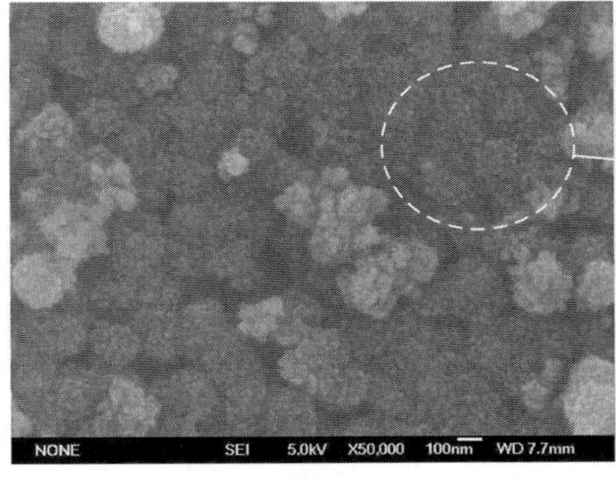

(b)

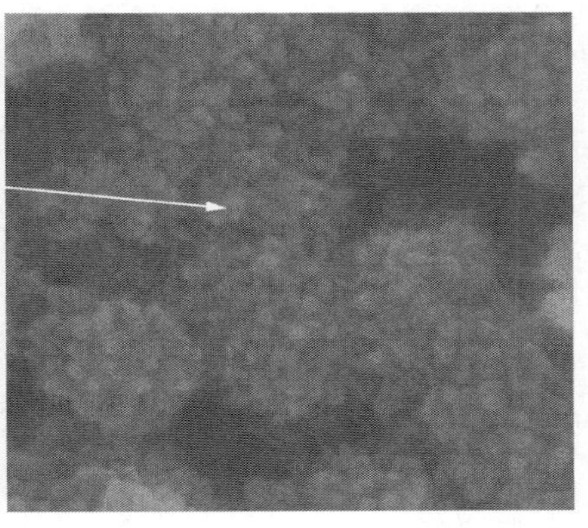

(c)

图 7-42　玻璃表面原位沉积导电聚苯胺膜的形貌照片

(a) 普通照片，PANI 导电使二极管发光；(b) SEM，放大 20 000 倍；(c)SEM，放大 50 000 倍

同样的方法在聚酰亚胺膜、聚酯膜表面也可以得到原位沉积的聚苯胺膜，构成中间一层为绝缘的树脂膜，上、下表面为导电聚苯胺膜的“三明治”式结构。同样聚苯胺膜的外观平滑光洁，微观形态与玻璃基体表面得到的膜非常相似。

图 7-43 为跟踪反应过程，在不同的时间点从溶液中取出玻璃基片，对基片表面沉积的掺杂态聚苯胺薄膜所作的紫外吸收光谱图。由图 7-43 中可以看到所有曲线在 380nm 和 830nm 附近出现 2 个明显的吸收峰。其中 380nm 峰归属于聚苯胺链上苯型段的 π-π^* 跃迁，830nm 峰来源于掺杂形成的极化子。谱吸收强度随反应时间延长而增大。有趣的是在反应诱导期（4min、6min）基体表面已经有沉积物；而在主聚合期吸收强度快速增长，说明膜厚在快速增长；到聚合后期膜厚达到饱和，吸收强度也趋于稳定。因此，从紫外谱吸收强度的变化可以看出，聚苯胺原位沉积成膜也大致分为三个阶段。同时根据谱强度的大小也可以求得聚苯胺膜的相对厚度，文献介绍的求膜厚的经验公式为

$$d = 185 \cdot A_{400} \tag{7-37}$$

式中，A_{400} 为波长 400nm 处的吸收强度。

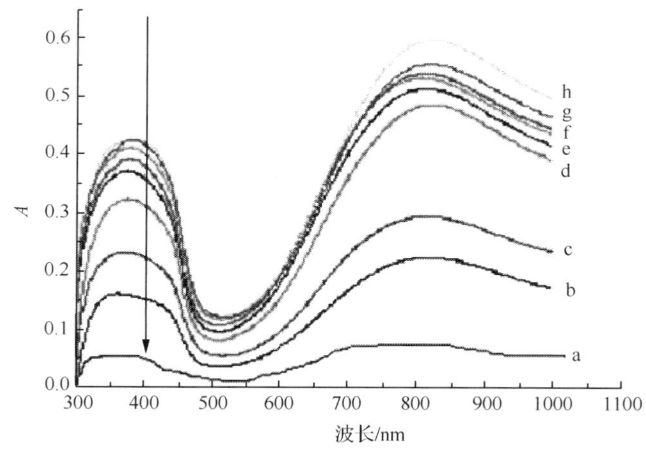

图 7-43　不同反应时间点得到的掺杂态聚苯胺膜的紫外吸收光谱

a. 4min; b. 6min; c. 7min; d. 8min; e. 9min; f. 10min; g. 12 min; h. 15min

聚苯胺膜的电导率采用四探针电导率仪测量，原理如图 7-44 所示。要求四探针的针尖同时接触薄片样品表面，四探针的外侧两个探针与恒流电源相连接，内侧两个探针连接到电压表上。当电流从恒流源流经四探针的外侧两个探针时，流经薄片样品产生的电压将可从电压表中读出。这种方法可以消除接触性能的影响。在 $d_1 = d_2 = d_3 = d$ 且薄片厚度 $t \ll d$ 时，被测样品的电导率 σ 由式(7-38)给出：

$$\sigma = \frac{1}{\frac{\pi t}{\ln 2} \times \frac{V}{I}} \tag{7-38}$$

式中，t 为薄片样品厚度；I 为流经样品的电流；V 为电压表读数。

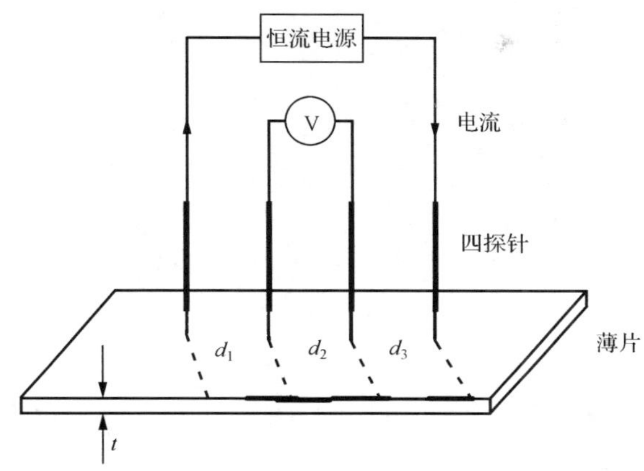

图 7-44　四探针法测量电导率原理图

由于四探针电导率仪要求被测样品有一定的厚度，膜片太薄会产生误差，为消除误差又将溶液中得到的掺杂态 PANI 沉淀、分离，烘干、研磨，压制成直径为 15mm×2mm 的圆形样品，测定其电导率。前文中已说明，玻璃基体表面的聚苯胺膜与溶液中分离的聚苯胺粉末是在同样聚合和掺杂条件下得到的，应有相同的电化学性能。测试结果表明，聚苯胺膜与聚苯胺粉末的电导率在同一数量级，达到 $10^0 \sim 10^1 S \cdot cm^{-1}$，具有良好的导电性。

2. 关于成膜机理的讨论

关于成膜机理，简单讨论两个问题：①聚苯胺分子链是如何向基体表面沉积的？②空间稳定剂 PVP 在原位沉积成膜中起何作用？

关于聚苯胺的沉积成膜过程曾有两种猜测。一是苯胺先在溶液中氧化聚合成大分子链，然后大分子链沉积到基体上；二是苯胺和(或)苯胺低聚物先吸附到基体表面，然后以此为核，聚合生成大分子链。为说明该问题设计了一系列实验。一个实验是在聚合过程的不同时间点将基体从溶液抽出，考察基体表面的变化。实验表明在聚合反应的诱导期(4min、6min)抽出的基体表面已观察到沉积物，如图 7-45所示。已知在诱导期大规模聚合反应尚未发生，溶液中的苯胺只是被氧化、生成苯胺阳离子自由基及二聚体、三聚体，因此诱导期内基体表面的沉积物只能是苯胺阳离子自由基及其低聚体。图 7-43 的结果也证明了这些沉积物是苯胺衍生物。

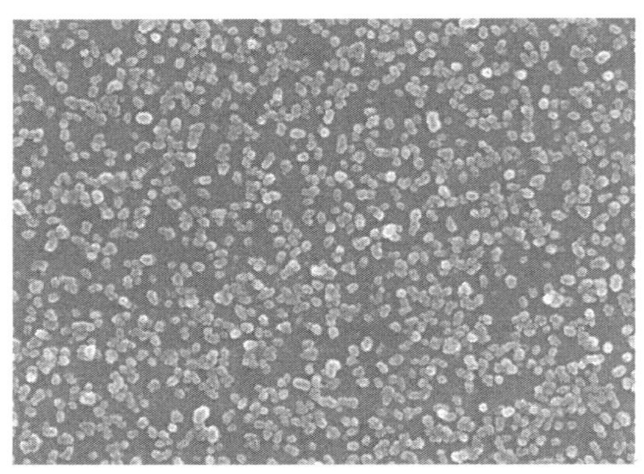

图 7-45　聚合时间 6min 时玻璃基体表面的扫描电镜照片
体系：An/APS/PVP/ H_2O

另一个实验是设计在不同时间点向聚合溶液中插入基体(聚酰亚胺膜片，呈棕黄色)，等聚合反应完成时同时取出，对比不同基体表面的成膜情形，结果如图 7-46照片所示。

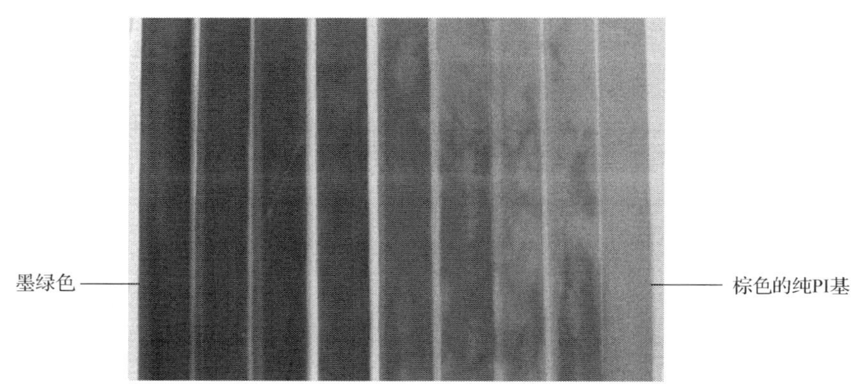

图 7-46　不同时间插入 PI 的复合膜的照片
自左起依次为 0min、5min、7min、9min、11min、13min、15min、16min 插入 PI 的复合膜和纯 PI 的照片

由照片可见，只有在诱导期内插入的基片上才能生成密实的聚苯胺膜(墨绿色)，而在主聚合期，当溶液中已生成聚苯胺大分子链，此时再插入基片几乎不能成膜或成膜质量很差。这表明基体表面的聚苯胺膜不是先在溶液中聚合成大分子链，而后沉积到基体上的；而是首先吸附苯胺阳离子自由基及其低聚体，然后以此为核，从基体表面生成大分子链。这个结论很重要，它表明在诱导期保证基体充分地吸附苯胺低聚物是原位沉积成膜的关键。实验选择冰水浴也是基于这个原因。因为若水浴温度高，苯胺反应加速，温升过快，导致反应无诱导期或在溶液中发生

爆聚，苯胺单体很快消耗殆尽，就会缺失了基体吸附苯胺低聚物的阶段，最终导致不能沉积成膜。前文已说明聚苯胺在溶液中的氧化聚合和在基体表面的原位沉积是同一体系中的两个反应，相互竞争。现在看到，这种竞争只有达到一定程度的平衡，才能在基体表面良好成膜。

基体表面全部覆盖聚苯胺颗粒后，只要溶液中尚有苯胺自由基或低聚物，它们就会继续被吸附，在最初的颗粒上再继续沉积聚合 PANI 颗粒，使膜厚加大。一次成膜后如果向溶液中继续加入苯胺单体和氧化剂，还可以二次成膜。掌握这个规律就可以根据需要适当地控制膜厚，二次成膜实验得到的膜厚达到 2000nm 以上。

在聚苯胺原位沉积成膜中，空间稳定剂 PVP 对改善膜的表观质量至关重要。不加稳定剂的膜表面粗糙，加入后变得光滑平整。在基体表面 PVP 的稳定作用如何体现？实验中曾对溶液中的聚苯胺产物和对基体表面沉积的聚苯胺膜进行红外和紫外谱测试，发现两种产物的谱图中均未见 PVP 的信号，如何理解这一现象？要说明这些问题，应从分散聚合中聚苯胺粒子的生长和聚集过程谈起。PVP-K90 属于大分子乳化剂，分子链具有双亲结构，当溶液中生成聚苯胺粒子时，PVP 的亲油端会趋向聚苯胺，亲水端伸向介质水，形成所谓“核-壳”结构的球，如图 7-39 所示。当小球数量增多，相互碰撞就会发生小球的堆积、合并，各个小球周围的 PVP 分子则会移到大的堆积球粒子的表面。PVP 分子的移动是由于亲水-疏水作用引起的，而小球堆积的驱动力还来自于聚集体趋向于达到表面能最小的稳定状态。这个过程与小乳液滴合并成大乳液滴的情形类似，示意图如图 7-47(a)所示。

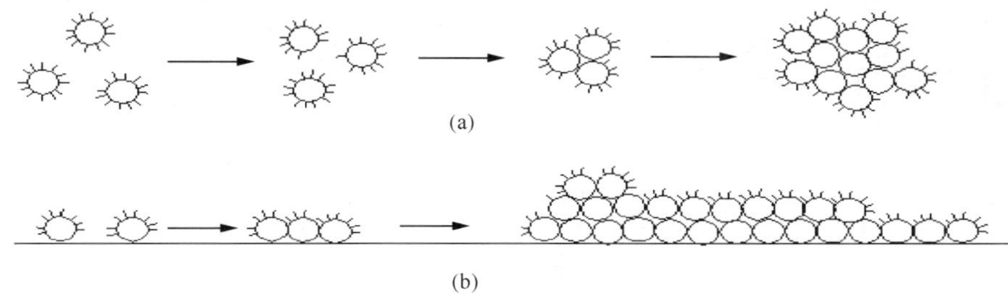

(a)

(b)

图 7-47　溶液中 PANI 及基体表面 PANI 膜的生长变化示意图

(a) 溶液中 PANI；(b) 基体表面 PANI 膜

○ PANI；— PVP

同样的过程也会发生在基体表面。首先基体表面吸附苯胺阳离子自由基和低聚物，由此生长聚苯胺分子链。由于 PVP 的稳定作用基体表面生成的也是“核-壳”结构小球，小球沿表面铺展，相遇后会合并。同样地，合并时 PVP 分子会移到合并体的外表面，示意图如图 7-47(b)所示。这样生成的聚苯胺膜内部没有 PVP，PVP 只分布在膜表面上。PVP 为水溶性物质，在后期水处理过程中，表面的 PVP 可能随水冲走，使光谱实验不易检测到 PVP 的信号。

根据以上结果可以得知，加入 PVP 后聚苯胺膜质量改善有两个重要原因：一是稳定剂的疏水-亲水作用；二是粒子堆积时表面能最小化的要求。据此是否可以采用其他稳定剂，如小分子表面活性剂也能达到同样良好的成膜效果。我们曾分别采用十六烷基三甲基溴化铵（CTAB）、聚氧乙烯失水山梨醇单月桂酸酯（吐温-20）以及低相对分子质量的 PVP-K30 作为稳定剂，结果大失所望，有的不能成膜，有的膜质量极差。因此高相对分子质量的 PVP-K90 之所以能改善聚苯胺膜的质量，除上面两个原因以外，还与其分子链长，亲水基团具有特殊的分布状态有关，该问题还在深入研究中。

3. 导电聚苯胺膜的应用

导电聚苯胺因其优良的性能，在很多领域都有广泛的用途和潜在的应用前景。例如，电致变色（electrochromism）显示和智能灵巧窗；防静电涂料和电磁屏蔽材料；制作光学器件和非线性光学器件；制作选择性透过膜；以及全封闭电池中的电极修饰材料等。

电致变色是指材料的光学特性在外加电场作用下发生变化，外观上表现为颜色及透明度的可逆变化。聚苯胺的电致变色性非常丰富，颜色可在透明-黄色-绿色-暗蓝色-黑色间变化，其中黄色-绿色是可持续重复变换的颜色。

导电聚苯胺的电致变色性来源于其特殊的导电机理和掺杂机理，不仅依赖于氧化状态，还依赖于质子化状态和所用电解液的 pH，因此有关于 PANI 电致变色的机理有质子化-去质子化机理和氧化还原机理等好几种。大体上聚苯胺的电致变色过程对应于图 7-48 所示的反应和结构。在质子酸掺杂态的绿色 PANI 是导体，而在其他结构是绝缘体。

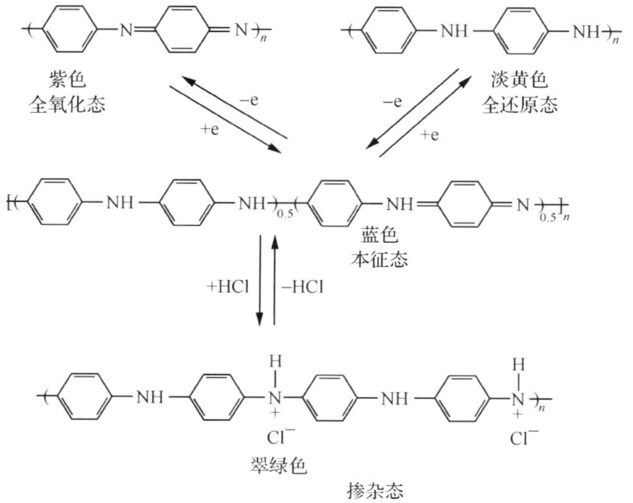

图 7-48 聚苯胺的结构变化及所对应的颜色

为丰富聚苯胺的变色色彩，作者还选用邻苯二胺(oPD)与苯胺(An)共聚合，在玻璃基体表面原位生成共聚薄膜。在不同的共聚比下，薄膜具有丰富多彩的颜色。当Ani/oPD投料比为50∶50(物质的量比)时，得到的共聚薄膜在不同电位下显现出红、绿、蓝三原色。

7.6 导电聚合物在二次电池中的应用

7.6.1 电池的定义及构造

电池(battery)是将各种能量直接转换为直流电能的发电装置。一般来说，在电池使用过程中常伴随着高还原态或高氧化态物质之间的化学反应，因此电池又常称为化学电源。实际上化学电源只是一种将化学能转变成电能的装置。

电池的构造简单地说由正、负电极、电解质、隔膜及外壳等部分组成。电极是电池的核心部分，由活性化学物质和导电集流体组成。所谓活性物质是指正、负极(或阴、阳极)中发生氧化、还原反应的物质，如氧化性强的物质(二氧化铅、二氧化锰、氧等氧化剂)和还原性强的物质(铅、氢等还原剂)，是决定电池容量及性能的重要组成部分。电池一般根据其正、负极活性物质的不同而命名和分类。根据电池能否反复充放电循环使用，又分为一次电池和二次电池(rechargeable battery)。

一次电池：又称为原电池。即电池反应是不可逆的，电池放电后不能再充电循环使用。该类电池中所用的电解质一般是不能流动的，如溶胶状电解质，因而又称为干电池。如果电解质中含有NaOH或KOH等强碱，则称为碱性电池。二次电池：能够反复充放电、多次循环使用的一类电池，又称为蓄电池。燃料电池：是一类特殊电池，它不同于一般的一次或二次电池。它在使用过程中，活性物质(燃料)不断消耗掉，所需的燃料由电池外部不断注入，使之连续放电。根据燃料的凝聚态结构又分为气体燃料电池(如氢-氧燃料电池)和液体燃料电池(如甲醇燃料电池)。

电解质是指在溶液或熔融状态下能够离解出离子的化合物。它在电池内部的正、负极之间起传递电荷的作用。电解质一般选用化学稳定性好、离子电导率高、溶液欧姆电压降小的物质。电导率是衡量电解质性能的一个重要依据，其次溶剂的黏度与介电常数也是影响电解质电导率大小的两个重要因素。溶剂的介电常数越大，电解质阴、阳离子之间的库仑力便减小，离子越容易离解；溶剂的黏度越低，溶剂中电解质离解成的离子便越容易移动。因此，要使电池电解液的电导率增大，则溶剂的介电常数一定要大，黏度一定要小。

隔膜是在电池内部正、负极之间，防止正、负极活性物质直接接触，即防止电池内部正、负极短路的绝缘体材料。它的性能优劣对于电池的容量及循环寿命都有直接影响。虽然隔膜本身不导电，为绝缘体，但允许电解液中的离子自由通过，即隔膜本身为多孔体，电阻小，因此隔膜须具备以下性能：①电绝缘性能好；②离子穿透性能好，电阻小；③对电解液润湿性好；④对电解液具有化学及电化学稳定性；⑤有一定机械强度。

近年来，聚合物锂离子电池发展迅猛，其特点是将传统锂离子电池中的电解质和隔膜用凝胶聚合物电解质（gel polymer electrolyte）替代，即将电解质和隔膜合二为一，呈凝胶状。既可以发挥液体电解质传递锂离子的功能，又同时起到隔膜的阻隔作用，使电解质不易泄露，安全性更高，电池组装工艺简便，尤其便于制备可随意弯曲的超薄锂离子特种电池。

外壳是装纳电池正、负极活性材料及电解液的外部密封容器。一般用机械强度高、耐冲击、耐挤压、耐高、低温及腐蚀的材料制作。有时外壳也兼作电池的一个电极（如锌锰电池中负极锌兼作电池外壳）。近几年商品化的聚合物锂离子电池，其外壳采用了铝塑软包装，既降低了生产成本，又减轻了电池的重量。

7.6.2 锂离子电池的概念及特点

20 世纪 80 年代，出现了高能量密度、密闭型锂二次电池。其负极活性物质用锂，正极活性物质用二氧化锰等金属氧化物、二硫化钛等金属硫化物、聚苯胺等共轭高分子化合物，用碳酸丙烯酯（PC）或 γ-丁内酯（GBL）等非质子性有机溶剂代替水，用硼氟化锂（$LiBF_4$）或高氯酸锂（$LiClO_4$）作电解质。锂二次电池比一次电池的电动势高出两倍多，开路电压达 3～4V。但由于锂二次电池在放电时锂溶解，充电时在负极上析出锂，因此反复充放电后析出的树枝状锂易刺穿隔膜使两极短路，影响电池循环寿命。另外，锂二次电池一旦泄漏，金属锂与水反应易着火或爆炸。因而，目前锂二次电池已逐渐被性能更稳定、更安全的锂离子二次电池替代。

锂离子电池（lithium ion battery）是指充、放电过程中，Li^+ 嵌入和脱出正、负极插层化合物的二次性电池，构造示意图如图 7-49 所示。新型锂离子二次电池的正极采用富含 Li^+ 的化合物，如 $LiCoO_2$、$LiNiO_2$、$LiMn_2O_4$ 或 $LiCo_{1/3}Ni_{1/3}Mn_{1/3}O_2$ 三元复合氧化物及近年来广泛商品化的 $LiFePO_4$ 电极材料，性能如表 7-9 所示；负极采用石墨、热解碳、碳纤维、焦炭、导电聚合物等材料。锂离子二次电池具有以下特点：①平均工作电压高，达 3.6V 以上；②能量大，达 $550W \cdot h \cdot kg^{-1}$，是镉-镍电池及氢镍电池的2～3 倍；③体积小、质量轻，是氢-镍电池质量的一半；④循环寿命长，可达 2000 次循环以上；⑤无记忆效应，自放电小；⑥工作温度范围宽，可在－30～80℃工作；⑦无污染。

由于锂离子电池的工作电压高，为 3.2～4.2V，因此用于锂离子电池的电解液须采用有机溶剂。例如，用 $LiClO_4$、$LiPF_6$、$LiAsF_6$、$LiBF_4$、$LiN(SO_2CF_3)_2$（即 LiTFSI）与碳酸丙烯酯（PC）、碳酸乙烯酯（EC）、1，2-二甲氧基乙烷（DME）、γ-丁内

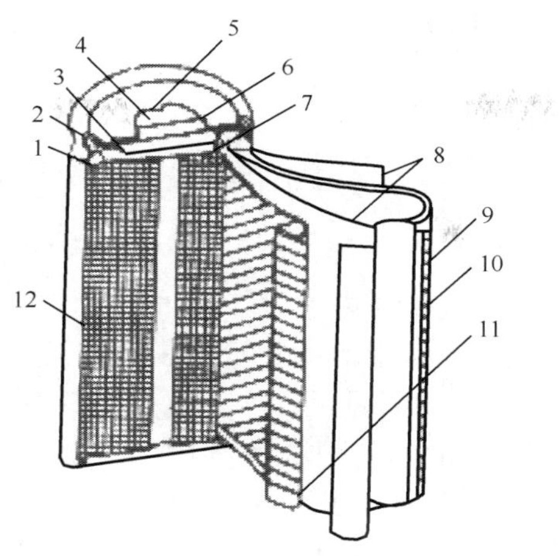

图 7-49　锂离子电池组成

1. 绝缘体；2. 垫圈；3. PTC 元件；4. 正极端子；5. 排气孔；6. 防爆阀；7. 正极引线；8. 隔膜；9. 负极；10. 负极引线；11. 正极；12. 外壳

酯(GBL)、二氧戊环(DOL)、碳酸二甲酯(DMC)、碳酸二乙酯(DEC)、碳酸甲乙酯(EMC)等有机溶剂混合作为电解液，而不能用水做溶剂，因为水的分解电压低(为 1.2V)。作为锂离子电池的电解液，既要求电解质与溶剂相搭配，也要做到电解液与电极材料相匹配，以防止溶剂与电极材料反应及充放电时溶剂分子分解。这就要求电解液满足以下几点：电导率高、化学及电化学稳定性好、使用温度范围宽、安全性能好等。

作为锂离子电池的电解质，要求电导率越高越好，表 7-6 给出不同电解质在不同溶剂中的电导率。同种电解质在不同溶剂中电导率也不同，表 7-7 给出了电解质 $LiClO_4$ 在不同溶剂中的最大电导率。

表 7-6　不同电解质在不同溶剂中的电导率($\times 10^{-3} S \cdot cm^{-1}$)

电解质	PC	PC/DME*	PC/EMC*	GBL	GBL/DME*
$LiBF_4$	3.4	9.7	3.3	7.5	9.4
$LiClO_4$	5.6	13.9	5.7	10.9	15.0
$LiPF_6$	5.8	15.9	8.8	10.9	18.3
$LiAsF_6$	5.7	15.6	9.2	11.5	18.1

* 混合溶剂的浓度比为 1∶1(物质的量比)

表 7-7 电解质 $LiClO_4$ 在不同溶剂中的最大电导率

组成	浓度/($mol \cdot L^{-1}$)	电导率/($\times 10^{-3} S \cdot cm^{-1}$)
$LiClO_4$ +PC	0.66	5.4
$LiClO_4$ +PC/DME	1.39	14.6
$LiClO_4$ +GBL	1.2	11
$LiClO_4$ +DOL	2.9	11.1

表 7-8 给出了锂离子电池常用溶剂的介电常数及黏度，通常要求溶剂的介电常数要大，黏度要小。从表 7-8 可见，EC、PC、BL 等含羰基的酯类化合物比 THF、DME 及 DOL 等醚类化合物的介电常数大，但酯类的黏度比醚类大，因此将酯类和醚类两种溶剂混合是一种得到介电常数大、黏度小、电导率高的电解液的方法。人们常把 $LiPF_6$、$LiClO_4$ 或 $LiBF_4$ 溶解到 EC+DMC 混合溶剂中，就是为了提高电解液电导率，增加电池可逆容量；而 PC 和 THF 混合使用，不仅电导率高，而且适合在低温下工作。

表 7-8 锂离子电池常用溶剂的介电常数及黏度

溶剂	溶点/℃	沸点/℃	介电常数	黏度/($mPa \cdot s$)	密度/($g \cdot cm^{-3}$)
EC	40	248	89.6(40℃)	1.85(40℃)	1.32
PC	−49	241	64.4	2.35	1.19
DME	−58	84	7.2	0.46	0.86
DOL	−95	78	7.1	0.59	1.06
THF	−109	65	7.4	0.46	0.88
γ-BL	−43	202	39.1	1.75	1.13

另外，近年来随着聚合物全塑锂离子电池的发展，新型固体电解质——聚合物电解质正成为人们的研究热点之一。它具有良好的黏弹性、加工性、化学及电化学稳定性，具有潜在的应用前景。

用作锂离子的隔膜有聚丙烯毡、聚丙烯微孔膜、玻璃纤维毡、超细玻璃纤维纸等，随着电池的不断发展，隔膜的性能也要求不断地改进和提高。

7.6.3 锂离子电池的充放电原理

锂离子电池的组成可简单地表示为

$$(-)\ C \mid LiClO_4\text{-}PC + DME \mid LiM_aO_b(+) \tag{7-39}$$

$$\text{正极反应：} LiM_aO_b \longleftrightarrow Li_{1-x}M_aO_b + xLi^+ + xe^- \tag{7-40}$$

$$\text{负极反应：} nC + xLi^+ + xe^- \longleftrightarrow Li_xC_n \tag{7-41}$$

式中，正极处的 M 表示 Co、Ni、Mn 等金属，正极为 Co、Ni、Mn 等的氧化物；负极处的 C 表示石墨等碳材料。充电时 Li^+ 从正极脱嵌下来，经过电解液嵌入负极石墨等材料中。放电时则相反，Li^+ 从负极再嵌入到正极中。在充放电过程中，Li^+ 就像“摇椅”一样在正、负两极之间往返运动，因此锂离子电池也被人们称为“摇椅电池”或“羽毛球电池”，其实质是一个锂离子的浓差电池。电池充放电原理如图 7-50所示。几种正极化合物材料的性能对比见表 7-9。

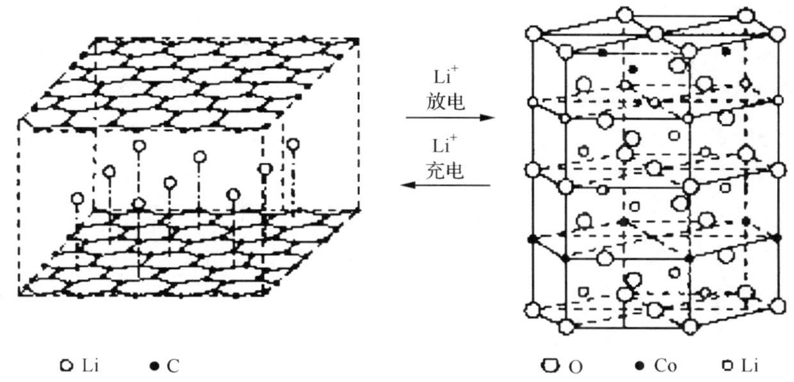

图 7-50　锂离子电池充放电原理图

表 7-9　Co、Ni、Mn、Fe 化合物正极材料性能对比

正极材料	$LiCoO_2$	$LiNiO_2$	$LiMn_2O_4$	$LiFePO_4$
晶型	α-$NaFeO_2$	α-$NaFeO_2$	正交晶系	正交晶系
地壳藏量/10^3 t	8 800	99 742	4 800 000	极为丰富
开发程度	率先使用	已少量使用	已少量使用	已商品化
材料价格	高	一般	较低	低
制备工艺	易	难	一般	易
理论密度/(g · cm^{-3})	5.1	4.8	4.2	3.6
理论容量/(mA · h · g^{-1})	274	275	283	167
实际容量/(mA · h · g^{-1})	140	210	160～190	150～160
循环寿命/次	500～1 000	>400	>400	>2 000
平均工作电压/V	4.1	3.8	3	3.4
电池价格	较高	一般	较低	低

7.6.4　聚合物热解碳电极材料

在锂离子电池开发研究中，电极材料的研究至关重要。近年来，一类新的聚合物热解碳电极材料引人关注。聚合物热解碳材料是通过高温裂解聚合物制得的硬碳材料，不易石墨化，如裂解聚醇、聚苯胺、酚醛树脂等。与石墨相比，此类碳材料具有高的可逆容量，石墨的理论容量为 372mA · h · g^{-1}，而聚合物热解碳材料的容量一般为 600～900mA · h · g^{-1}，有的可超过 1000mA · h · g^{-1}，因此可以极大地提高锂离子电池的比能量。但该类材料有一个明显的缺陷——电压滞后，即充电时 Li^{+} 在 0V(对 Li^{+}/Li 来说)左右嵌入，而放电时在 1V 左右脱嵌，也就是说有大约 1.0V 的充电电压滞后。

早年 Sony 公司便采用了热解聚糠醇得到了比容量为 450mA · h · g^{-1}的负极材料，而后裂解聚苯胺、酚醛树脂等材料相继得到开发。由酚醛树脂热(裂)解制备的聚并苯导电材料在空气中十分稳定。研究发现，在室温下放置 20 年，电导率无任何变化，而且电导率可由热处理温度不同在 10^{-10}～10^{2}S · cm^{-1} 随意控制。材料的比表面积达 1000m^{2} · g^{-1}，做成电极可充锂至 C_2Li 状态，容量是石墨电极的 3 倍，可达 1000mA · h · g^{-1}以上，有望成为电动汽车电池的大功率电极材料。

该类材料的一个明显缺陷是首次充放电时有较大的不可逆容量损失，因而对聚并苯材料进行改性研究，减少不可逆容量损失，提高其可逆容量，一直是人们的研究重点。

下面介绍聚并苯材料的制备过程及结构表征。将苯酚与过量甲醛在碱性催化下在 70℃下进行缩聚反应 4～6 h，然后用盐酸酸化至中性，再反应 2～3 h 便得到可溶性酚醛树脂。称取一定量的酚醛树脂，加入一定量的发泡剂(用来增加聚并苯的比表面积)，置于 70～100℃的烘箱中固化 24 h，然后置于连有自动控温仪的高温炉内，在氮气气氛保护下，在 400～1100℃进行热裂解，升温速率为每小时 30℃，最后得到黑色具有金属光泽的聚并苯导电材料。将所得材料洗涤，除去多余的杂质，经烘干、粉碎，得到不同粒径的聚并苯导电材料。

图 7-51 为酚醛树脂的热失重曲线，曲线表明随着热处理温度 (T_p) 的升高，失

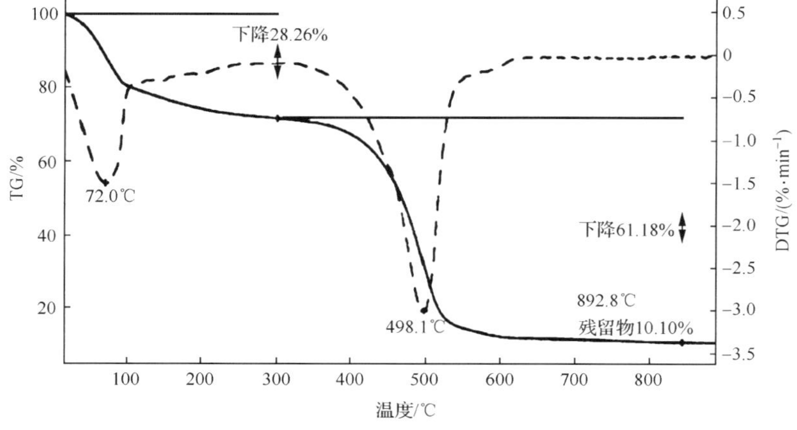

图 7-51　酚醛树脂的热失重曲线

重越来越明显，在 400～600℃失重最大。红外光谱及元素分析结果说明，在这一温度范围内主要发生分子间脱水反应。在此阶段控制好 H_2O 分子的逸出速度是增大裂解产物比表面积的关键步骤。在 T_p 升到 580℃左右曲线变得平缓，表明分子间脱水达到了最大限度，T_p 升到 900℃时的残留物仅约为 10%。

表 7-10 给出酚醛树脂及不同裂解产物的红外(IR)谱图的对比。由表可以看到，T_p = 500℃时，酚核上—OH 在 3380cm^{-1}处的伸缩振动特征吸收峰及 1357cm^{-1} β_{OH}和—CH_2 在 2924cm^{-1}、2896cm^{-1}、1470cm^{-1}处的吸收峰大幅度减弱甚至基本消失，芳环上═CO 在 1224cm^{-1}的吸收峰也消失，1053～1125cm^{-1}及 743～878cm^{-1}分别归属于芳环 $\beta_{=CH}$及取代苯上 $\nu_{=CH}$的两组峰也开始减弱。T_p = 600℃时，除了仍保留芳香环 $\nu_{=CH}$在 1628cm^{-1}的吸收峰及 738～864cm^{-1}属于芳香环上 $\nu_{=CH}$一组吸收峰外，其他的峰均已消失。当 T_p 达到 700℃时，只保留芳香环 $\nu_{C=C}$在 1628cm^{-1}的吸收峰，其余的峰全部消失。以上结果表明，酚醛树脂热(裂)解过程中首先发生了分子间脱水、环化过程；随着 T_p 的升高，再发生分子内脱氢，使碳化程度进一步增大；最后形成缩芳环结构。整个裂解过程如图 7-52 所示。

表 7-10　酚醛树脂及不同 T_p 裂解产物的透射 IR 光谱的主要吸收峰(波数/cm^{-1})

本征态	500℃	600℃	700℃	谱峰
3380	—	—	—	ν_{OH}(酚—OH 伸缩振动)
3016	—	—	—	$\nu_{=CH}$(苯环═C—H 伸缩振动)
2924	—	—	—	ν_{CH_2}(—CH_2 不对称伸缩振动)
2896	—	—	—	ν_{CH_2}(—CH_2 对称伸缩振动)
1610	1626	1628	1628	芳环 $\nu_{C=C}$伸缩振动
1511	—	—	—	芳环 $\nu_{C=C}$伸缩振动
1480	—	—	—	芳环 $\nu_{C=C}$伸缩振动
1470	1421	—	—	δ_{CH_2}(—CH_2 弯曲振动)
1357	—	—	—	β_{OH}(OH 面内变形振动)
1224	—	—	—	$\nu_{=C-C}$(=C—C 伸缩振动)
1103	1125	1025	—	$\beta_{=CH}$(=CH 面内变形振动)
1053	1081	—	—	$\beta_{=CH}$(=CH 面内变形振动)
884	878	864	—	$\beta_{=CH}$(=CH 面内变形振动)
822	761	749	—	$\gamma_{=CH}$(取代苯面外变形振动)
755	743	738	—	$\gamma_{=CH}$(取代苯面外变形振动)

不同 T_p 下得到的裂解样品的元素分析及室温电导率测试结果列于表 7-11。结果表明，随着 T_p 的升高，H∶C(物质的量比)逐渐减小，表明材料的碳化程度随着 T_p 的升高而增大。由于聚乙炔和石墨的 H∶C(物质的量比)分别为 1 和 0，因

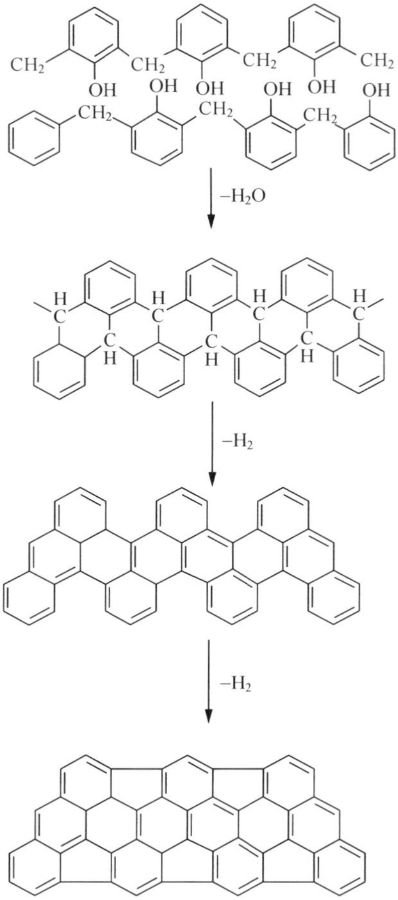

图 7-52　酚醛树脂热(裂)解制备聚并苯过程

此表明聚并苯材料介于聚乙炔和石墨之间。由表 7-11 可见，当 T_p 达到 1100℃时，裂解材料也未达到完全石墨化程度。

另外，由表 7-11 可见，随着 T_p 的升高，材料的电导率逐渐增加，在 600～700℃出现突变，电导率增加近 3 个数量级。可以认为，在低温处理时由于聚并苯骨架未完全形成，主要以无序碳结构形式存在，阻碍了 π 电子在样品中的运动，导电性能较差。随 T_p 的升高，有序石墨化共轭区域增大，π 电子的导电作用逐渐增强。X 射线衍射结果也表明，在 700℃时材料的结构发生了本质的变化，表明在这一温度范围内聚并苯芳香环已形成，π 共轭体系加大，导致电导率增加。

表 7-11　不同热处理温度(T_p)样品的元素分析及电导率 σ

温度 T_p /℃	元素分析/(%,质量分数)		物质的量比	电导率 σ/(S·cm^{-1})
	H	C	H∶C	
500	2.84	89.78	0.38	4.6×10^{-6}
550	2.25	90.06	0.30	7.8×10^{-5}
580	2.07	92.10	0.27	2.4×10^{-4}
600	2.04	93.03	0.26	9.3×10^{-4}
630	1.87	93.51	0.24	3.7×10^{-3}
650	1.72	93.89	0.22	2.7×10^{-2}
700	1.29	93.95	0.16	7.2×10^{0}
800	0.94	94.32	0.12	1.3×10^{1}
900	0.87	94.38	0.11	7.8×10^{1}
1000	0.71	94.50	0.09	8.5×10^{1}
1100	0.61	96.40	0.08	9.5×10^{1}

未加发泡剂的酚醛树脂在 T_p =580℃时裂解产物的扫描电镜(SEM)照片如图 7-53(a)所示。可见,产物颗粒偏大且粒径大小不一。通过对酚醛树脂热裂解过程的分析结果可知,当 T_p 达到 580℃左右热失重程度最大,即分子间脱水反应最为剧烈,大量 H_2O 分子快速逸出,导致裂解产物来不及被充分活化,因而产物孔径偏小,颗粒大小不均,样品的比表面积偏小。表面吸附实验测得其孔径只有十几埃,比表面积只有 50～100m^2·g^{-1}。

(a)

(b)

图 7-53　酚醛树脂在 T_p =580℃时的扫描电镜照片

(a) 未加发泡剂,放大倍率 100,标尺 100μm; (b) 加发泡剂,放大信号 10 000,标尺 1μm

加一定比例发泡剂的酚醛树脂在 T_p =580℃时裂解产物的 SEM 照片如图 7-53(b)所示。与图 7-37 相比，可以清楚地看到，加发泡剂后再裂解，产物颗粒大小比较均匀。表面吸附实验测得其孔径较大，比表面积大幅度提高，达 $2150m^2 \cdot g^{-1}$。这是由于加入发泡剂后再进行热裂解，发泡剂的金属离子与酚醛树脂热裂解时分子间脱水反应产生的大量 H_2O 分子结合，形成体积较大的水合离子，大幅度减小了 H_2O 分子的逸出速度，使裂解产物得到充分活化、扩孔，改变了裂解产物微晶尺寸和层间距，增大了裂解产物的孔径，从而大幅度增加了材料的比表面积，而且产物粒径也变得比较均匀。

7.6.5 锂硫电池与硫/聚合物裂解碳复合电极材料

近年来由于传统燃油汽车产生的尾气对环境的污染日益严重，使电动汽车成为世界各国争先研制开发的重要课题。在电动汽车开发中，大容量、高功率动力电池的研究首当其冲，而制作这种高性能电池的电极材料往往是传统锂离子电池电极材料(如 $LiCoO_2$、$LiFePO_4$ 等)所不能胜任的。在开发新锂离子电池研究中，发现锂硫电池具有比容量高(单质硫理论比容量高达 $1680mA \cdot h \cdot g^{-1}$)、资源丰富、价格低廉、环境友好等优点，目前成为电动汽车用锂离子电池重点研发的电源之一。

但锂硫电池也存在一些缺点。例如，单质硫的电导率低($5\times10^{-30}S \cdot cm^{-1}$)，影响了电子在电极材料颗粒之间的传输；另外放电过程中形成的多硫化物 Li_2S_x ($2<x\leqslant8$)与电解液之间的可溶性导致了电极结构和形状会发生较大变化，而充放电过程中在导电剂颗粒表面形成的 Li_2S 绝缘层又造成了导电剂与活性电极材料及集流体之间的隔离。这些缺点导致了锂硫电池有容量衰减快、循环性能差等弊端。

最新的研究结果使锂硫电池的开发有重大突破。新锂硫电池采用微、介孔碳材料做骨架，吸附包裹住硫颗粒及充放电过程中产生的多硫化物，既增加了电极材料的导电性能，又有效地抑制了多硫化物的溶解，其充放电机理如图 7-54 所示。美国科学家最近研究表明，用微、介孔碳与硫混合制备的复合电极材料，在充放电 200 次循环后，可逆容量仍能保持在 $1200\sim1300mA \cdot h \cdot g^{-1}$，该成果有望使锂硫电池在电动汽车领域得到推广应用。

导电聚合物裂解碳材料也是一种应用前景广阔的微、介孔碳材料。导电聚合物裂解碳材料(如聚吡咯、聚苯胺、聚噻吩及聚丙烯腈等)具有较高的电导率、较大的比表面积及丰富的多孔结构，使之与硫加热复合后既提高了复合电极材料的电导率，又可容纳大量的硫颗粒并抑制多硫化物的溶解，因而成为锂硫电池多孔碳材料研究的热点之一。本章作者十多年来一直从事硫化聚并苯复合电极材料的研究，将酚醛树脂与不同比例的硫混合，在氮气保护下进行热处理，制备出了硫化聚

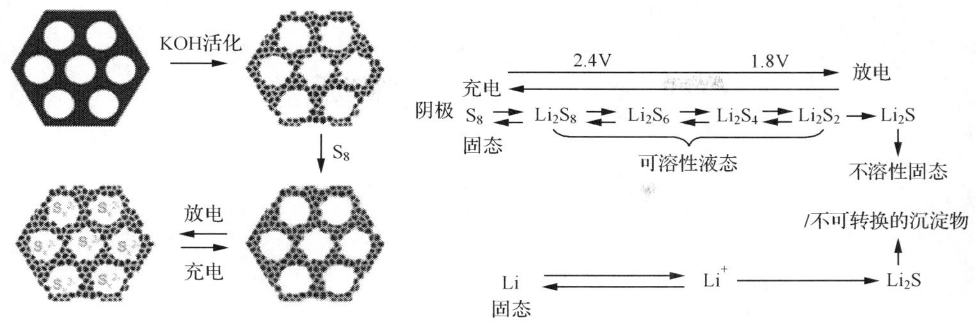

图 7-54　硫碳复合电极材料充放电机理

其中，电极材料微孔直径一般小于 2nm，起储硫作用；介孔直径在 2～50nm，起储锂作用

并苯复合电极材料。通过对硫化聚并苯红外光谱测试，发现在 1193.49cm^{-1}处形成 $\nu_{C=S}$吸收峰，表明聚并苯发生分子间脱水反应时，硫原子参与到苯环与苯环之间的衔接之中，形成了 C═S 悬挂键。量子化学计算研究表明，当锂离子嵌入时，S—Li 之间的作用力大于 C—Li 之间的作用力，因而能吸纳更多的锂离子。硫化聚并苯复合电极材料的嵌锂结构模型如图 7-55 所示。关于硫化聚并苯复合电极材料的研发仍在深入进行中。

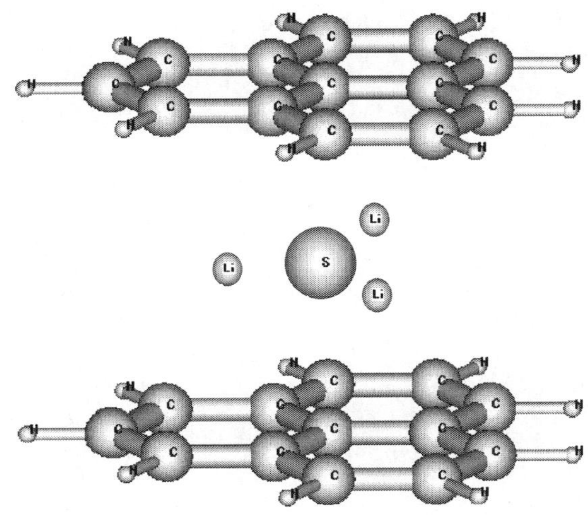

图 7-55　硫化聚并苯嵌锂结构模型

物理量符号一览表

a, a'	晶格参数
c	光在真空中的传播速度
E	自由电子动能
E_F	费米动能
E_g	能隙
E_p	极化子的激发能
E_S	孤子的激发能
h	普朗克常量
I	电流强度
k	波数(波长的倒数)
$k_\mathrm{B}^{(1)}$	第一布里渊区的边界
$k_\mathrm{B}^{(n)}$	第 n 布里渊区的边界
k_F	费米能级的位置
L	链长
m	电子质量
N	总电子数
n	载流子的浓度,单位长度的电子数
p	电子动量
p_F 或 k_F	费米动量
q	载流子所带的电量
R	电阻
s	电子自旋
U	电压
Δ_0	电子或空穴的激发能
λ	德布罗意(de Broglie)波长
μ	载流子的迁移率
ν	光波频率
ξ_0	孤子长度参量
ρ	电阻率
σ	电导率
ϕ	电荷密度波(CDW)的位相
ψ_p, ψ_k	平面波函数

参考文献

[1] Shirakawa H, Louis J E, MacDiarmid A G, et al. Synthesis of electrically conducting organic polymers: halogen derivatives of polyacetylene, $(CH)_x$. J Chem Soc Chem Commun, 1977, 16: 578-580

[2] MacDiarmid A G. Synthetic metals: A novel role for organic polymers (Nobel lecture). Angew Chem, Int Ed, 2001, 40(14): 2581-2590

[3] Su W P, Schrieffer J R, Heeger A. J. Soliton excitations in polyacetylene. Phys Rev B, 1980, 22: 2099-2111

[4] Weinberger B R, Kaufer J, Heeger A J, et al. Magnetic susceptibility of doped polyacetylene. Phys Rev B, 1979, 20: 223-230

[5] Epstein A J, Rommelmann H, Druy M A, et al. Magnetic susceptibility of iodine doped polyacelylene: The effects of nonuniform doping. Solid State Commun, 1981, 38(8): 683-687

[6] Fincher C R Jr, Chen C E, Heeger A J, et al. Structural determination of the symmetry-sreaking parameter in *trans*-$(CH)_x$. Phys Rev Lett, 1982, 48: 100-104

[7] Ikehata S, Kaufer J, Woerner T, et al. Solitons in polyacetylene: magnetic susceptibility. Phys Rev Lett, 1980, 45: 1123-1126

[8] Chiang C K, Fincher C R Jr, Park Y W, et al. Electral conductivity in doped polyacetylene. Phys Rev Lett, 1977, 39: 1098

[9] 万梅香．微纳米结构的导电聚合物(英文版)．北京:清华大学出版社，2008

[10] 黄昆，韩汝琦．半导体物理基础．北京：科学出版社，1979

[11] 雀部博之．导电高分子材料．曹镛，叶戊，朱道本译．北京：科学出版社，1989

[12] 孙鑫．高聚物中的孤子和极化子．成都：四川教育出版社，1987

[13] 谢希德，陆栋．固体能带理论．上海：复旦大学出版社，1998

[14] Su W P, Schrieffer J R, Heeger A J. Solitons in polyacetylene. Phys Rev Lett, 1979, 42: 1698

[15] Bredas J L, Street G B. Polarons, bipolarons, and solitons in conducting polymers. Acc Chem Res, 1985, 18: 309

[16] Yamabe T, Tanaka K, Koike T, et al. Electronic structure of conjugated polymer and conducting mechanism. Mol Cryst Liq Cryst, 1985, 117: 185

[17] Yata S, Hato Y, Sakural K, et al. Polymer battery employing polyacenic semiconductor. Synth Met, 1987, 18: 645

[18] 吴其晔．高分子凝聚态物理及其进展．上海:华东理工大学出版社，2006

[19] 王荣顺，孟令鹏．聚乙炔掺杂导电的双向机制．化学学报，1991，49：26

[20] 王存国，王荣顺，黄宗浩，等．SO_3 掺杂反式聚乙炔导电性能各向异性研究．科学通报，1999，44(24)：2632

[21] Levi M D, Wang C, Gnanaraj J S, et al. Electrochemical behavior of graphite anode at elevated temperatures in organic carbonate solutions. J Power Sources, 2003, 119-121: 538

[22] Levi M D, Wang C, Aurbach D. Self-discharge of graphite electrodes at elevated temperatures studied by a combination of cyclic voltammetry and electrochemical impedance spectroscopy techniques. J Electrochem Soc, 2004, 151: A781

[23] Tao X Y, Wang X, Wei Q, et al. Rapid formation of nanosized polyaniline membranes on surface modified glass substrates. J Macromol Sci, A: Pure Appl Chem. 2007, 44(3): 351-354

[24] 温时宝，张如根，吴其晔，等．分段控温原位聚合沉积制备苯胺/邻苯二胺共聚物薄膜．功能高分子学

报,2010,23(3):244-249

[25] 张如根,陶雪钰,吴其晔,等. 原位聚合沉积聚苯胺薄膜及其电致变色性能研究. 功能高分子学报,2007,19-20 (4):374-379

[26] 魏琦,范海军,吴其晔,等. 玻璃表面原位聚合沉积 PANI 薄膜机理的研究. 应用化学,2008,25(3):276-280

[27] 范海军,张如根,吴其晔,等. PANI 在玻璃基体表面的生长成膜过程. 功能高分子学报,2008,21(1):84-88

[28] 孙雪丽,徐锦城,吴其晔,等. 聚苯胺在聚酰亚胺膜基体表面原位沉积成膜机理研究. 功能高分子学报,2009,22(4):326-330

[29] 李国伟,孙雪丽,吴其晔,等. 苯胺分散聚合中稳定剂 PVP-K90 的稳定机理. 功能高分子学报,2010,23(4):374-379

[30] Padhi A K, Nanjundaswamy K S, Goodenough J B. Phospho-olivines as positive-electrode materials for rechargeable lithium batteries. J Electrochem Soc,1997,144(4): 1188

[31] Wang C G, Ding Z L, Lu N Q. Studies on preparation and properties of $LiFePO_4$ cathode material modified by polyacenic semiconductor materials for lithium ion batteries. Adv Mater Res,2010,123-125: 221

[32] 王存国,何丽霞,路乃群,等. 用于锂离子电池的凝胶聚合物电解质的制备与性能. 高等学校化学学报,2007,28(12): 2373

[33] Wang C G, Yuan W N, Lu N Q. Studies on preparation and properties of novel gel polymer electrolyte. Adv Mater Res,2010,123-125: 226

[34] 袁维娜,王存国. 锂离子电池凝胶聚合物电解质的研究进展. 化学通报,2010,73 (5):414

[35] 王存国,林琳,王荣顺. 多孔酚醛树脂热解碳材料的制备与结构研究. 化学学报,2008,66(15): 1909

[36] Wang C G, Wang R S, Kan Y H. Electronic properties and structure of vulcanized polyacene. Synth Met,2001,119: 451

[37] 董献国,王存国,路乃群. 硫化聚并苯导电材料结构的理论化学研究. 分子科学学报,2006,22(2): 109

[38] 王存国,肖红杰,王荣顺. 锂离子电池硫化聚并苯电极材料的结构与性能. 功能材料,2009,40(1):89

[39] Liang C, Dudney N J, Howe J Y. Hierarchically structured sulfur/carbon nanocomposite material for high-energy lithium battery. Chem Mater,2009,21: 4724

[40] Aurbach D, Pollak E, Elazari R, et al. On the surface chemical aspects of very high energy density, rechargeable Li-sulfur batteries. J Electrochem Soc,2009,156(8): A694

第 8 章　凝聚态物质的非均质性

8.1　高分子材料的非均质结构

凝聚态物质是由大量基本结构单元(原子、分子、离子等)通过各种相互作用(分子内或分子间相互作用)聚集在一起的,显示确定的对称结构、有序度、热力学和动力学性质的物质系统。许多凝聚态物质,可能从宏观角度看是均质的,但是若用显微观察(光学显微镜、电子显微镜、原子力显微镜等),就能在介观尺度乃至在微观尺度上发现或多或少的结构和形态上的不均匀性。金属、无机非金属、陶瓷、玻璃、晶体、液晶、聚合物、胶体(包括凝胶)和生物有机材料等无不如此。

材料的非均质性(non-homogeneity)可以分几个层次描述。

(1) 宏观尺度非均质性:一般指肉眼能够观察到的质地非均一的多相混合体系和复合材料,如混凝土、木材、纤维或短纤维/高分子复合材料等。

(2) 介观尺度非均质性:"介观"的含义不严格,介观尺度的范围相当宽,通常指纳米到微米数量级($10^{-9}\sim10^{-6}$m)。这类非均质性有时称为亚微结构不均匀性或微纳米结构不均匀性。在有机高分子材料中,介观结构不均匀性非常普遍。例如,无定形高分子中分子链的取向结构;结晶高分子中晶区和非晶区并存的复杂聚集态结构、共聚、共混、填充等多相体系的复杂织态结构;分子组装和大分子组装的复杂形态结构等。

在高分子材料高性能化和功能化改性中,人们研究这类非均质结构,希望了解这类结构、相态、组分比例的变化与材料性能和功能之间的关系,以便主动地控制、调配和利用这种不均匀性,通过人工设计,制备和组装具有特殊性质的新材料。

(3) 微观尺度非均质性:主要指分子级别甚至原子级别的非均质性。在高分子材料中也非常典型:柔性分子链具有特殊的长链拓扑结构,是典型的长程无规线团,本征地具有几何各向异性特征;分子链具有多种构型和构象、多层次运动结构单元,相应于很宽的松弛时间谱;有线形高分子、支化高分子、树枝状高分子和交联高分子之分;即使同一品种、同一结构类型的高分子材料,也还有多分散的相对分子质量分布,使微观结构不均匀。

几个尺度的非均质性相互紧密联系,本章重点讨论介观尺度不均匀性。高分子材料介观尺度的结构和形态研究具有特殊的重要性。它上连着微观的分子结构特征,如长链分子的重复单元、活性基团、侧基、端基、支链、极性、亲水性等,均直接影响着介观结构和介观聚集状态的变化(如晶区形貌和晶型、两相混合形态、分散相尺寸和尺寸分布、界面黏合状态等);下接着材料的宏观物性,包括力学性能(强度、模量、韧性等)、物理性能(光学性、电磁性、渗透性等)以及加工流变性能的变化。但是对几个尺度之间非均质性联系的理论理解一直不够深入,迄今虽然已积累了丰富的、有意义的实验结果和经验,但是还没有成功的理论和模型能够根据微观、介观结构的变化直接说明体系宏观性能的演变。

非均质性问题在自然科学(甚至社会科学)中具有普遍性,但一般很难处理,因为涉及体系的结构强无序问题并没有很多有效的理论工具可以使用,包括如何定量描述这种无序结构也需深入探讨。这类体系的研究经常涉及非线性响应问题、非稳态过程问题、非平衡态热力学及涨落现象,在数学上、计算上和物理模型上困难相当大。尽管如此,寻求微观、介观的结构变化与材料宏观力学性质和其他物性演变的联系的重要性是显而易见的,这是人们设计、制备和组装具有特殊性质新材料的基础,是人们研究和掌握非均质体系的目的和出发点。本章简单介绍多相高分子体系的非均质性,重点介绍一种处理强无序和具有随机几何结构的系统的理论方法——临界区逾渗模型,简要介绍该模型在高分子科学中的应用。

下面首先介绍几种多相高分子材料中常见的非均质问题。

8.1.1 共聚物的非均质性

由一种单体聚合而成的化合物称为均聚物(homopolymer),由两种或两种以上单体共聚合而成的化合物称为共聚物(copolymer)。例如,丁二烯与苯乙烯两种单体共聚合形成丁苯橡胶 SBR;乙烯与辛烯共聚合形成聚烯烃热塑性弹性体 POE;丙烯腈、丁二烯与苯乙烯三种单体共聚合形成 ABS 树脂等。共聚物因结构单元复杂本身就具有微观尺度非均质性。根据结构单元排列方式,不同共聚物有不同的序列结构。2.1.2 节已介绍,对于由两种单体单元生成的二元共聚物,序列排布方式有无规共聚物、交替共聚物、嵌段共聚物和接枝共聚物四种序列异构体,如图 2-3 所示。

除排布方式以外,共聚物的组成比、单体单元序列长度和序列长度分布等均与共聚物的结构与性能相关。如嵌段共聚物有嵌段平均长度及分布问题;接枝共聚物有支链平均长度及分布问题;无规共聚物也有无规序列长度和长度分布问题等。这些结构参数常用来表征共聚物序列结构的差异。多元共聚物的键接方式更为复杂。

这些微观结构非均质的大分子聚集在一起,又会形成形形色色、变化多样的非均质介观结构。图 8-1 中给出了三嵌段共聚物 SBS 的介观结构示意图,其中 S 相为塑料相,常温下处于玻璃态,链段被冻结;而 B 相为橡胶相,常温下处于高弹态,链段可以运动。常温下分散的玻璃态颗粒类似交联点,在材料内部形成交联网,使材料表现出高弹性。温度升高后 S 相熔融，材料又可以像塑料一般容易加工。所以 SBS 是一种良好的热塑性弹性体。

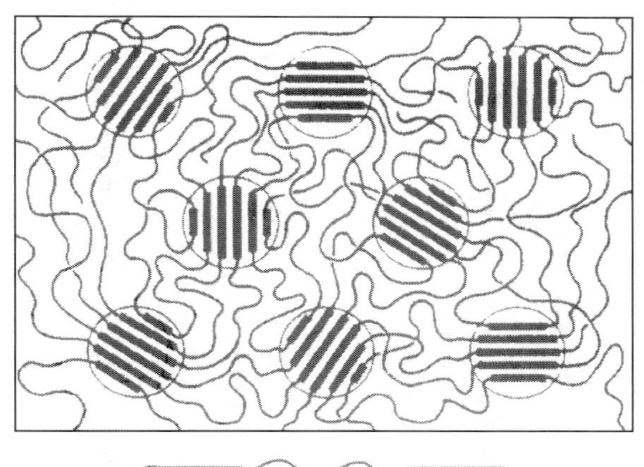

聚苯乙烯(S)　聚丁二烯(B)　聚苯乙烯(S)

图 8-1　SBS 三嵌段共聚物的微区结构示意图

共聚物的超分子相态结构会由于两种组分的容积比不同而发生很大的变化。对于 SBS 三嵌段共聚物，由于橡胶相 B 和塑料相 S 的组分比的变化，其超分子形态可能是橡胶相分散在塑料基体内，也可能出现反转，塑料相分散在橡胶基体内；还可能形成网状结构、柱状结构、交替层状结构等，如图 8-2 所示。各种特殊的介观形态结构形成的驱动力为在一定的组分比下，两相的界面面积要求达到最小。

共聚物序列长度的不同也会导致形成不同的相结构。例如，在不相容 A-B 型嵌段共聚物中，由于不相容，A 与 B 之间必然发生相分离。但由于 A、B 段连接在一起，使相分离尺寸不能过大，其结果是在微观上产生许多分别包括 A 段和 B 段的相区。如图 8-3 所示。这种相态是由于共聚物中序列长度的涨落导致了体系中熵的变化形成的。从体系自由能变化考虑，$\Delta G = \Delta H - T\Delta S$，若将这种周期性的小相区形态与各相分别团聚成大相区的形态比较，相区尺寸增加会导致相区间的界面区域(界面能)减少，使焓降低，有利于自由能减少；但同时各相物质分别聚集，会使分子链伸展，使熵降低，自由能增加。这是一个竞争过程，其中熵的贡献占优势。最终结果是在熵力的驱动下形成长程有序的周期性微结构，并以此来减少不相容组分的接触面积，使相态结构稳定。图 8-3 中的相结构尺寸依赖于 A 和 B 的相对序列长度。

采用电子显微镜观察共聚物的介观非均质性。图 8-4 给出了不同的苯乙烯-丁二烯共聚物：(a)SB 二嵌段共聚物；(b)SBS 三嵌段共聚物；(c)BSB 三嵌段共聚物分别与聚苯乙烯共混，在不同共混比下的形态结构图。图 8-4(a)中最上一排是

图 8-2　塑橡两相体系规则的超分子结构示意图

从上到下：橡胶颗粒(黑色)在塑料基体中；塑料颗粒在橡胶基体中；橡胶网络在塑料基体中；塑料网络在橡胶基体中；橡胶棒在塑料基体中；塑料棒在橡胶基体中；塑橡交替分层结构

图 8-3　苯乙烯-丁二烯二嵌段共聚物(SB)的电子显微照片

苯乙烯的体积分数为 68%

不同共混比下的规则的理论形态图，下方则是电子显微镜观察到的形形色色的介观非均质性照片。它们与理论形态图有一定对应性，但形态更加丰富。它们有许多有趣的名字："意大利腊肠"、"洋葱头"、"迷宫"、"扇贝"、"柴禾堆"、"核-壳结构"等，显示出共聚物介观非均质性的复杂性。

不同组分、不同序列结构的共聚物，其物理、力学性能不同。利用"分子设计"，改变共聚物的组成和结构，已成为开发新材料和进行高分子改性的重要手段。例如，乙烯和丙烯共聚合，若 50%～70%的乙烯和 20%～50%的丙烯采用限定几何构型(CGC)茂催化技术共聚合，共聚产物为性能良好的三元乙丙橡胶；若 90%以上的丙烯和 4%～5%的乙烯无规共聚合，共聚物是一种力学性能很好的无规共聚

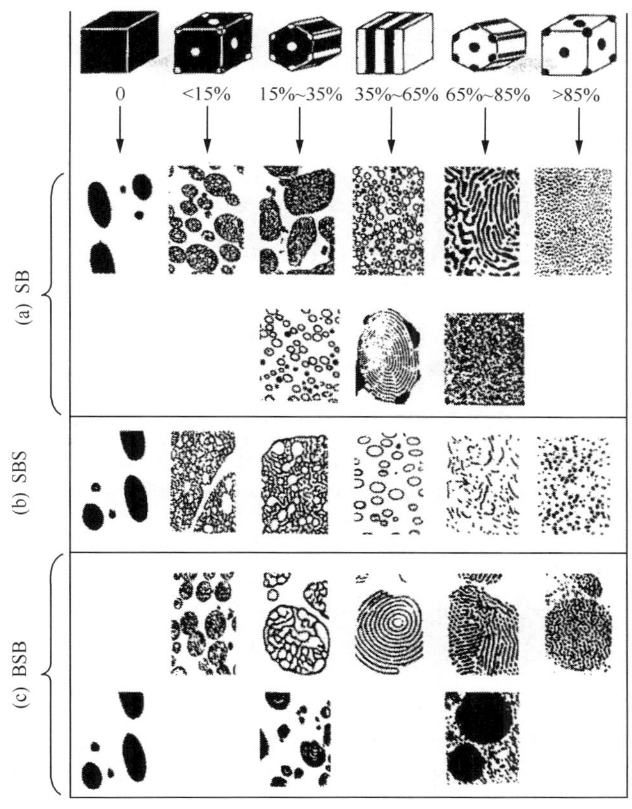

图 8-4　均聚物/嵌段共聚物的共混物形态

(a) 聚苯乙烯/(苯乙烯-丁二烯二嵌段共聚物)共混；(b) 聚苯乙烯/SBS 三嵌段共聚物共混；(c)聚苯乙烯/(丁二烯-苯乙烯-丁二烯三嵌段共聚物)共混

(最上排数字为苯乙烯质量分数)

聚丙烯(PP-R)塑料。采用限定几何构型催化技术可以根据需要设计分子结构，得到的乙丙橡胶具有相对分子质量分布确定、二烯含量少、带长链支化等特点，其物理、力学性能稳定，耐热、耐臭氧、耐紫外线、耐水性及加工流动性优良。

ABS 树脂是丙烯腈、丁二烯、苯乙烯三元共聚物，其中既有无规共聚，又有接枝共聚，具有多种序列结构形式：可以是无规共聚的丁苯橡胶为主链，丙烯腈、苯乙烯接在支链上；也可以是丁腈橡胶为主链，苯乙烯接在支链上；还可以是丙烯腈-苯乙烯共聚物为主链，丙烯腈、丁二烯接在支链上。虽然三者统称为 ABS 树脂，但分子结构不同，材料性能也有差别。ABS 树脂是一种性能优良的工程塑料。

8.1.2 高分子共混物的非均质性

两种或两种以上高分子的物理混合物称为高分子共混物(polymer blends),又称为高分子合金(polymer alloy)。

高分子共混物包含多种类型。粗略地分有塑料并用(如 PS/PE)、橡胶并用(如 NR/BR)、塑-橡共混(如 PVC/NBR)及共混型热塑性弹性体(如 PP/EPDM)等。共混目的有增强、增韧,提高耐热性、耐寒性,提高加工流动性及赋予材料某些特殊性能。高分子共混体系同样具有典型的介观非均质性。

研究两相高分子共混时,除考虑热力学相容性外,考虑两相体系混合后的分散状态和形态学特征十分重要。虽然热力学相容性指示了在一定温度、压力下相转变发生的内在可能性,但由于大分子材料的特殊结构及高黏度、高弹性,两相高分子要达到完全热力学共容或相分离往往需要一个长时间过程,动力学问题十分重要。第 4 章 4.6 节已指出,两相高分子共混时体系经常处于亚稳定状态。因此,高分子共混的相行为和相形态研究变得十分复杂而有趣,一些问题至今仍在探索和争论中。

两相高分子共混体系的分散形态主要有两种类型。

(1) 海-岛结构。其中一相为连续相,称为海相(sea);一相为分散相,称为岛相(island)。分散相以不同的形状、大小散布在连续相之中,而究竟哪一相为连续相,哪一相为分散相,取决于两相的体积比、黏度比、弹性比及界面张力等。在某一条件下 α 相为连续相,β 相为分散相;在另一条件下可能发生相转变,α 相成为分散相,β 相成为连续相。分散相的形状、尺寸、尺寸分布及相界面厚度主要取决于两相的混溶性。一般混溶性越好,分散相相畴越小,分散越均匀,两相界面越模糊,表明两相之间形成较稳定的界面层,两相结合力强。共混设备与共混条件(时间、温度、剪切速度等)对分散相的形态也有重要影响。

(2) 两相互锁结构(interlocked)。两相均为连续相,形成交错性网状结构。两相互相贯穿,均连续性地充满全部试样,分不清哪个是分散相,哪个是连续相。互相贯穿的程度取决于两相的混溶性,一般混溶性越好,两相相互作用越强,两相互锁结构的相畴越小。

图 8-5 为 PP∶LLDPE=25∶75(质量比)共混物的电镜照片,其中 PP 以岛相比较均匀地分散在 PE 基体(海相)中。图 8-6 为 HDPE∶PS=75∶25(质量比)共混物的扫描电镜照片,其中较亮的相是 HDPE 相,较暗的相为 PS 相,PS 相是用甲苯溶解洗掉后凹进去的部分。可以看到亮相(HDPE)与暗相(PS)互相交错,分不清哪个是连续相,哪个是分散相。

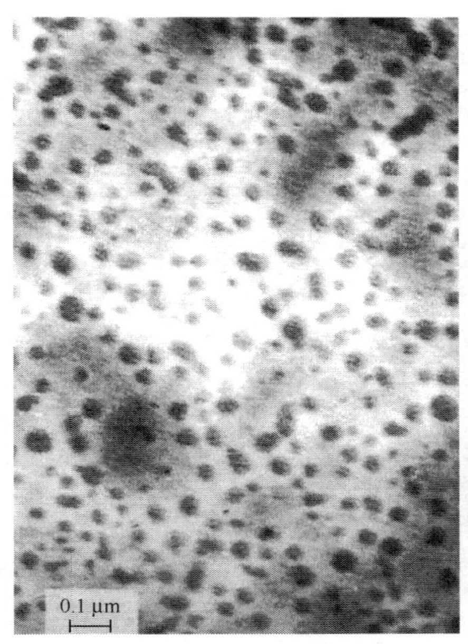

图 8-5　25%的 PP 与 75%的 LLDPE 共混物的电镜照片

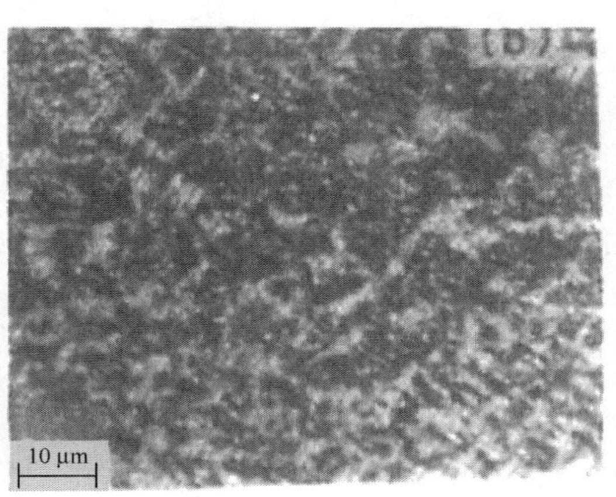

图 8-6　HDPE：PS=75：25 共混物挤出试样的扫描电镜照片
共混温度 T=220℃；剪切应力 σ_w =0.687×10^5Pa；白相为 PE

实际高分子共混形态相当复杂，有些并不具备上述典型性。例如，PVC：CPE（氯化聚乙烯）=100：10（质量比）共混时，CPE 以一种网状形式分散于 PVC 基体中，如图 8-7 所示。这种共混形态既具有海-岛状结构（只是岛变成了线），两相又同时布满整个试样，有一定程度的连锁。可以说兼具上述两种形态的特征。CPE 与 PVC 相容性好，对 PVC 有优良的增韧改性作用。

两相共混体系的形态结构直接影响材料的物理、力学性能。在弹性体增韧改性塑料时，随着弹性体添加的份数增多，塑料基体的抗冲击韧性会发生大幅变化。图 8-8 给出共混比对 PVC/CPE 体系力学性能的影响。按抗冲击强度图中曲线可分成三个区域：CPE 用量小于 8 质量份为脆性断裂区，大于 20 质量份为高韧性区，而 10～20 质量份为脆-韧转变（brittle-ductile transition）区。可以看出在脆-韧转变区内体系的韧性发生突变。这种变化显然与共混体系介观结构的变化有关。

8.1.3　高分子填充材料的非均质性

填充改性是高分子材料三大物理改性技术之一，实用高分子制品绝大部分都或多或少添加了无机或有机填料。随着技术的进步和对材料性能越来越高的要

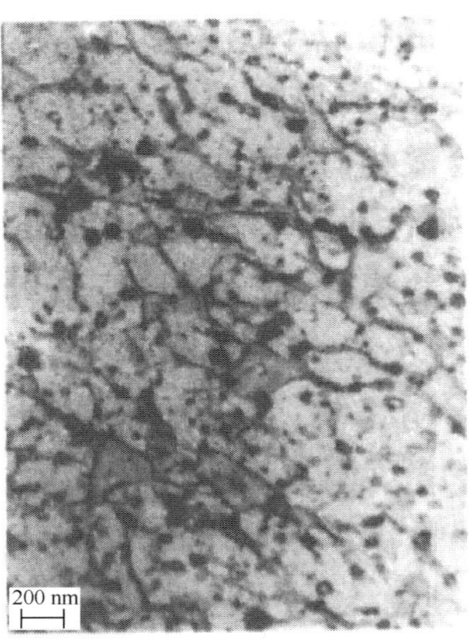

图 8-7　PVC∶CPE=100∶10 共混物的 TEM 照片
共混温度 $T=170$℃

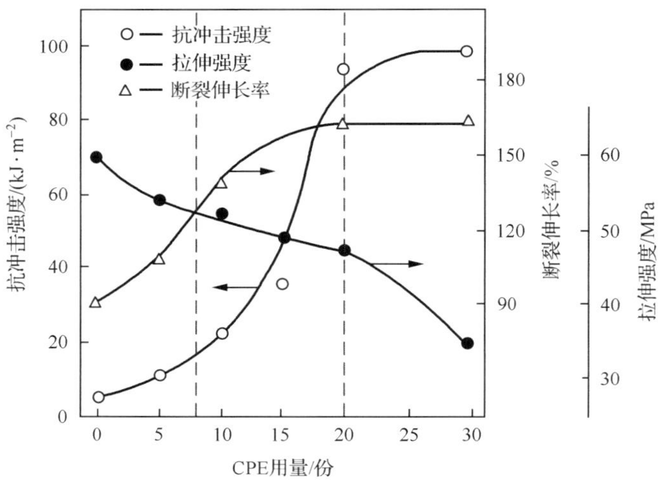

图 8-8　共混比对 PVC/CPE 体系力学性能的影响

求，高分子填充改性已从过去简单的体积性加填发展为功能性加填。通过填充使材料获得新的电、磁、光、生物等功能，以及阻隔性、阻燃性、防烟性、防粘性、提高尺寸稳定性、降低收缩率、提高刚性和硬度、减缓热固性树脂固化时的发热，防止其龟裂等，提高材料的性价比。

填料种类繁多，主要分为无机填料和有机填料两大类。无机填料有：金属粉、金属氧化物；二氧化硅质（白炭黑、石英砂、硅藻土等）；硅酸盐（云母、滑石、陶土、石棉、玻璃纤维、玻璃微珠等）；碳酸盐（轻质、重质碳酸钙、石灰石等）；碳质（炭黑、石墨等）；其他（各种矿渣、工厂废灰料等）。有机填料多数为纤维状物质，天然有机物有植物性的木粉、壳粉、棉绒、黄麻、亚麻、动物性的蚕丝等；人工制造纤维有人造丝、维尼龙、聚酰胺、醋酸纤维素、碳纤维等，都可以用作填充剂加入到树脂或橡胶基体中。

高分子填充材料显然也是一种非均质体系。按填料的几何形状分，高分子填充材料可分为粉状填料填充（零维粒子）、线状填料填充（一维粒子）和片状填料填充（二维粒子），后两者又称为高分子基复合材料（polymer composite）。按填料的几何尺寸分，可分为纳米粒子填充和微米粒子填充，纳米粒子填充是指填料粒子至少在一个维度上具有纳米尺寸。

炭黑填充补强橡胶是人们最早开发成功的纳米级聚合物填充材料。炭黑的粒径很细，为十至几十纳米（图 8-9）。炭黑颗粒是多孔性聚集体，内部有许多空洞，表面积很大，为 $50 \sim 150 m^2 \cdot g^{-1}$；表面活性高，含活泼氢、羟基、羧基、羰基等活性基团；吸油值（DBP）在 $50 \sim 150 cm^3 \cdot (100g)^{-1}$。正是由于炭黑表面的高活性，可与橡胶大分子链形成大量分子间次价键，使炭黑成为橡胶工业最常用的增强剂。图 8-10 给出了炭黑（N399）在丁苯橡胶（SBR）基体中的分散状态，炭黑体积分数为 20%。炭黑初级粒子尺寸为 13nm，比表面积为 $90 m^2 \cdot g^{-1}$，吸油值（DBP）为

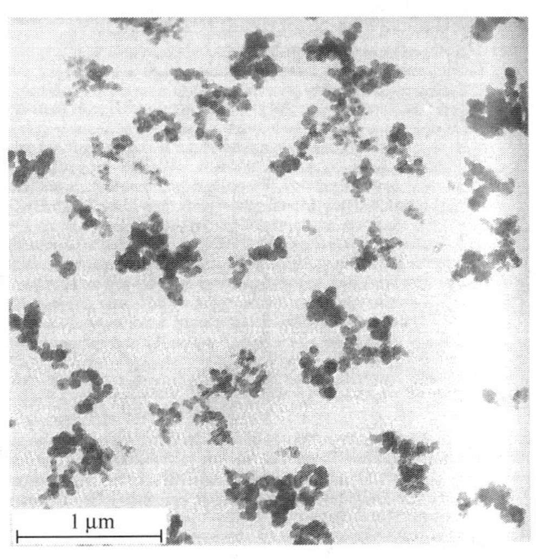

图 8-9　局部均匀分散的炭黑粒子（N550）形貌

1.18 $cm^3 \cdot g^{-1}$。填充到橡胶基体中略有聚集，经分析，炭黑聚集体平均尺寸为27nm，分散度(dispersible unit)w=1.8，分散状态良好。

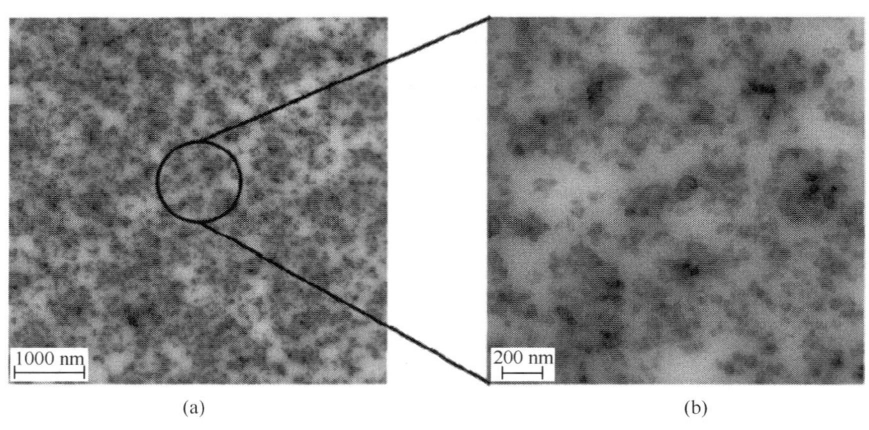

图 8-10 炭黑粒子在丁苯橡胶中分散的电镜照片

(a) 低放大倍率；(b) 高放大倍率

摘自：Tadanori Koga et al. Macromolecules，2008，41：453-464

导电炭黑具有更高的比表面积(达 250～1000$m^2 \cdot g^{-1}$)和更大的吸油值(DBP 在 150～400$cm^3 \cdot (100g)^{-1}$)，因此将导电炭黑填充在橡胶中，只要达到一定的填充份数，就能在橡胶基体中形成导电通路，使原本为绝缘体的聚合物变成复合型导电材料。

导电聚苯胺(Pan)粒子填充到树脂或橡胶基体中，只要达到一定的填充份数，也能在树脂基体中形成导电通路，使之成为导电材料。图 8-11 是用十二烷基苯磺酸(DBSA)掺杂的聚苯胺粒子填充在 EVA 基体中的 SEM 照片，DBSA-Pan 的填充量为 33%(质量分数)，其在 EVA 基体中的分散较为均匀。EVA 原是良好的绝缘体，电导率为 $10^{-12}S \cdot cm^{-1}$，填充 10%～20%(质量分数)的 DBSA-Pan 粒子后，电导率迅速提高，可达到 10^{-1}～$10^0 S \cdot cm^{-1}$数量级，成为半导体甚至导电材料，如图 8-12 所示。这种填充体系导电性能的质的变化显然与材料内部微纳米结构(非均质性)的变化有关。

8.1.4 非均质材料微结构特征的描述

多相高分子体系的非均质性本质上是高分子材料软物质特征的体现。我们强调非均质体系的两大特征，一是结构复杂、微纳米结构呈现随机的、强无序特征；二是材料的性能与结构及外场影响强关联特征，这些特性正是典型软物质的特性。要理解和恰当描述这些特性，必须回答以下两个问题：①如何正确描述非均质材料的随机、强无序的微纳米结构，即与材料性能相关的最主要的微结构特征是什么？

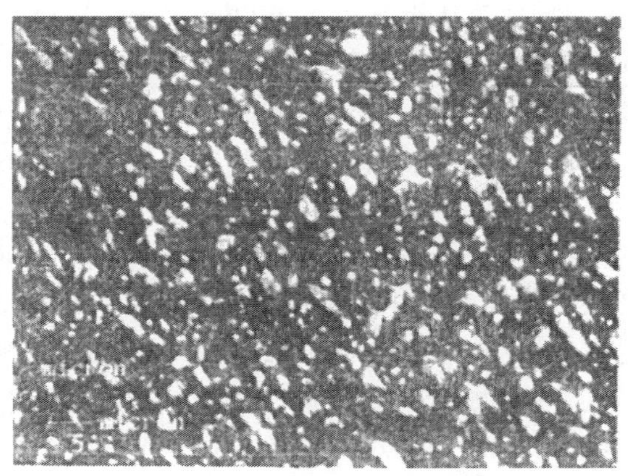

图 8-11　DBSA 掺杂的聚苯胺分散在 EVA 中的 SEM 照片

DBSA-Pan 填充的质量分数为 33%，采用双辊机共混，混炼温度为 50℃

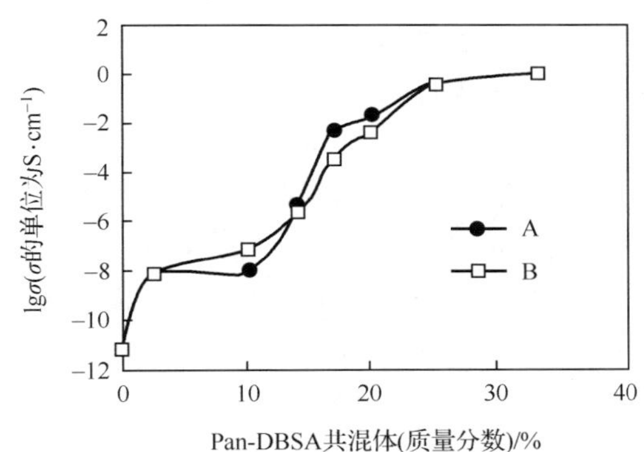

图 8-12　DBSA-Pan/EVA 共混体的电导率随 DBSA-Pan 填充量的变化

模压条件 A：100℃，1min；B：150℃，1min

②材料宏观性能因结构改变而变化，其变化规律如何？尤其在临界点附近（临界区）结构与性能如何联系？

要回答这些问题，必须进行大量的实验研究和理论研究。关于非均质材料微结构特征的描述，人们通常考察的有两条：

(1) 确定材料中所有存在的相，以及各相的含量及性质特征；

(2) 确定各相的结构形貌特征，如尺寸、形状、分布及边界状态等。

在前文对几种多相高分子材料非均质性的介绍中，已经列举了大量实例。例如，对共聚体系需明确是二元共聚还是多元共聚；序列排布方式是无规共聚还是交替共聚、嵌段共聚或接枝共聚；嵌段共聚需要明确嵌段平均长度及长度分布；接枝共聚需要明确支链平均长度及其分布等。对共混体系需明确共混质量比、体积比；确定混合形态是“海-岛结构”还是“互锁结构”；若是“海-岛结构”，需要进一步明确哪一相为“海”相，哪一相为“岛”相以及岛相的形状、尺寸、尺寸分布及相界面厚度等。对于填充体系，填料的材质、物性、形状、尺寸、填料在基体的分散形态及与基体的结合等都与填充体系的微结构和宏观物性紧密相关。

可以看出，这些描述是非常复杂和不确定的，并未给出材料随机的、强无序的微纳米结构的本质特征，也很难建立与材料宏观性能的定量联系。那么有哪些物理量能更明确而简捷地描述非均质材料的微结构特征呢？下面要介绍的临界区逾渗模型理论认为，在众多描述微结构特征的物理量中，特别要注意能反映材料“微观连接性”(microcosmic connectivity)及其变化的物理量。

所谓微观连接性，可从两方面考虑。一是有些材料微观上是通过形成典型“点阵结构”而聚集的，点阵可以是规则的，也可以是不规则的，重要的是各“点”之间有“键”连接。如溶胶-凝胶转变、缩聚合，聚合物硫化等过程，都是由于在原子或分子间形成化学键而发生连接性转变，聚集成为凝胶、缩聚物或硫化橡胶。这种微观连接性的强弱程度主要体现在成键的反应度或点阵的配位数 z 上。二是在具有无规则连续的体系中，如在高分子共混合或填充体系中，成键并不是主要的连接过程。此时能够描写微观连接性的重要物理量是分散相的体积分数 φ 或体系填充因子 v。它们反映了物料占据空间的效率，实质上是描述了一种广义的微观连接性。

这样定义的微观连接性具有明确的物理意义，也可以定量描写。更重要的是，可以通过适当方式建立联系微观连接性与宏观性能间的相互关系，寻求微观连接性的变化对宏观性能的影响规律。尤为感兴趣的是讨论微观连接性的渐变(量变)与宏观物性的突变(质变)间的关系，以及变化中出现的临界现象和临界点附近的性质。这些讨论对于理解高分子化学改性和物理改性的规律和特点很有意义，甚至可以给出改性效果的定量描述。例如，在前面列举的橡胶增韧塑料中发生的脆-韧转变现象、炭黑填充时发生的绝缘体-导体转变现象等都存在着微观连接性渐变到一定程度引起改性效果突变的效应。在高分子研究的其他领域如溶胶-凝胶转变；硫化、交联；玻璃化转变和导电、导磁、发光、阻燃、增强等改性中，也经常出现类似的问题。

微观连接性连接的尺寸范围是有限的，小尺度的。相对而言还有一种大尺度的长程连接性(long-range connectivity)。长程连接性涉及的范围非常大，可达到宏观样品的尺寸。相对于“有限”的相对孤立的微观连接性来说，长程连接性具有尺寸“无限大”和充满整个样品的特征。长程连接性与材料的宏观性能相联系。例如，如果一种绝缘材料变得具有导电性，可以认为在整个样品内部形成了一个具有长程连接特点的无限大导电网络。正是这种长程连接性从无到有(或从有到无)的变化，才使材料获得(或失去)某种性能。

两种连接性虽然不同，但二者之间存在紧密联系。下面的问题是要求出微观连接性如何变化以及变化到何种程度，就能引起长程连接性的“突变”？这也正是下文引出和讨论临界区逾渗模型的出发点。

8.2　逾渗模型，基本物理量和主要逾渗函数

非均质凝聚态物质具有微观或亚微观的强无序和随机几何结构，这类结构的描述以及结构与性能的关系研究一般都比较复杂。尽管如此，无论何种非均质体系，它的很多宏观物理性质与其内部结构非均质程度的变化确实存在着这种或那种微妙的联系。因此描述和掌握材料结构的非均质程度及与宏观性质的联系成为一项重要而有意义的工作。

迄今为止，能够处理这类强无序和随机几何结构系统的理论方法太少了，使研究工作本身带有一定的随机性。相对而言，逾渗模型(percolation model)是可以定量处理强无序和具有随机几何结构系统的最好方法之一。

逾渗模型主要用于处理在庞大无序系统中因内部相互连接程度的变化所引起的逾渗转变(突变效应)。所谓逾渗转变，指的是在庞大无序系统中，随着微观或亚微观连接程度的变化。例如，某种密度、占据数、浓度的增加(或减少)到一定程度，系统突然出现(或消失)某种长程连接性，引起某种宏观性质发生突变。这种转变也被称为系统发生了尖锐相变。

正是由于能够定量描述逾渗转变，使逾渗模型成为描述许多凝聚态现象的一个自然模型。利用它可以阐明相变和临界现象中的一些最重要的物理概念，其中许多概念对非晶态固体(高分子材料是典型的一种)是十分有用的。

逾渗模型引人入胜，一方面因为其在数学上像游戏般地迷人，另一方面由于它为描述空间随机过程提供了一个明确、清晰、直观而又令人满意的模型。目前已在诸多领域中得到应用。

8.2.1　典型例子

表 8-1 列举了数十种不同的物理、化学、生物及社会现象，它们都曾经采用过逾渗模型加以分析。

表 8-1　逾渗模型的应用例子

现象或体系	其中发生的转变
多孔介质中流体的流动	堵塞/流通
群体中疾病的传播	抑制/流行
通信或电阻网络	断开/连接
导体和绝缘体的复合材料	绝缘体/金属导体
超导体和金属复合材料	正常导体/超导体
不连续的金属膜	绝缘体/金属导体
螺旋状星系中恒星的随机形成	非传播/传播
核物质中的夸克	禁闭/非禁闭
表面上的液 He 薄膜	正常的/超流的
弥散在绝缘体中的金属原子	绝缘体/金属导体
稀磁体	顺磁性的/铁磁体的
聚合物凝胶化，硫化	液体/凝胶
玻璃化转变	液体/玻璃
非晶态半导体的迁移率	局域态/扩展态
非晶态半导体中的变程跳跃	类似于电阻网络

表中的现象可分为两类，上半区属于宏观现象，下半区属于微观过程。不同现象的特征长度相差达 10^{35} cm 数量级。如银河系的特征尺度量级为 10^{22} cm，而核子的特征尺度量级为 10^{-13} cm。表明逾渗模型的适用范围非常广阔，下面举例说明。

例 1　沧海桑田的变迁

一个大陆由完整的高低不平的地面构成，其中有些低地为河流湖泊，人们可以在大陆上长距离行走，甚至穿越整个大陆。由于气候变化海平面上升，陆地越来越少。上升到一定程度（达到一个临界点），大陆不复存在，只剩下汪洋大海中的零星岛屿，人们失去了长距离行走的可能。这样一个从陆地包含湖泊到海洋包围岛屿的转变就是一种逾渗转变。这里隐含着两个重要问题：①该转变在何时发生？②发生后引起了哪些性质变化？

例 2　取代合金——顺磁-铁磁转变

用三维格子模型描述一种无规取代合金，分子式为 $A_{1-p}B_p$，A、B 原子可随机地占据格子中的各个格位，如图 8-13 所示。

定义相邻的同种原子组成一个集团。当 B 原子分数很少时，B 集团既少又小，相互分离，分散在 A 原子海洋中。随着 B 原子分数的增大，B 集团变多变大。当 B 原子分数达到并超过某一临界值 $p_c(p \geqslant p_c)$ 时，将出现一个横跨整个晶体的宏观 B 集团。这也是一种逾渗转变。若 B 原子具有铁磁性，B 集团就形成小磁畴。从

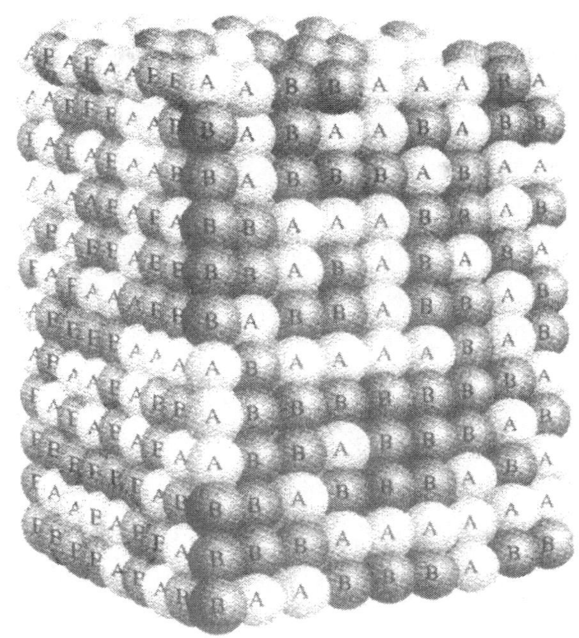

图 8-13　三维无规取代合金的顺磁-铁磁转变

许多有限大的小磁畴转变到出现宏观“无限大”的磁畴，性质上发生顺磁-铁磁转变。逾渗模型可以很好地描述这种相变。

从上面例子中可以看到，逾渗模型主要描写的是一种由于内部连接性转变而引起系统性能突变的过程。两个例子的差别是第一个描写的是在一个连续统中发生的转变，第二个描写的是在一个点阵结构中发生的转变，点阵可以是规则的，也可以是不规则的。虽然逾渗过程有不同类型，但其中均包含着强无序的、随机的和拓扑无序的特征。

逾渗模型在凝聚态物理中有广泛的应用。非晶态固体是逾渗模型的富有成果的应用领域之一，它提供了一个具有丰富的无序结构的自然对象。表 8-1 的下半区中列出了逾渗模型对非晶态固体的几种应用。例如，逾渗现象与电子定域问题（如非晶态固体的迁移率或 Anderson 转变）的联系，逾渗现象与原子定域问题（如玻璃化转变）的联系等，这些现象均属于凝聚态物理现象，特征长度的典型值为 $10^{-8}\sim10^{-2}$cm。高分子材料属于非（半）晶态固体，因此逾渗模型也可应用于高分子科学中。例如，用于阐明溶胶-凝胶转变、硫化、玻璃化转变等相变过程，说明聚合物功能化和高性能化改性研究中各式各样的临界现象及其中最重要的物理概念。20 世纪 80 年代，Stauffer 和 de Gennes 等采用临界逾渗模型和标度律处理溶胶-凝胶转变和硫化过程中接近凝胶点处的相变规律，得到比 Flory 用平均场理论所得到的更精确的标度指数。Du Pont 公司的 Wu Souheng 用逾渗模型半定量地分析了聚合物增韧改性中的脆-韧转变现象,得到一些有益的结论。

8.2.2 基本概念和主要物理量

为了进一步阐明逾渗过程并引入一些基本物理量,考察图 8-14 所示的假想实验。图中有一个相互连接的二维正方形点阵网络,代表一个"非常大"的通信网络,两边与电源连接。设想有一个"醉汉"手拿剪刀,边走边无规地(完全随机地)剪断某些连线。醉汉的行为毫无目的,其行为的最终结果将造成两个通信中心(图中网络两边的粗黑线)间的电信联络被破坏。

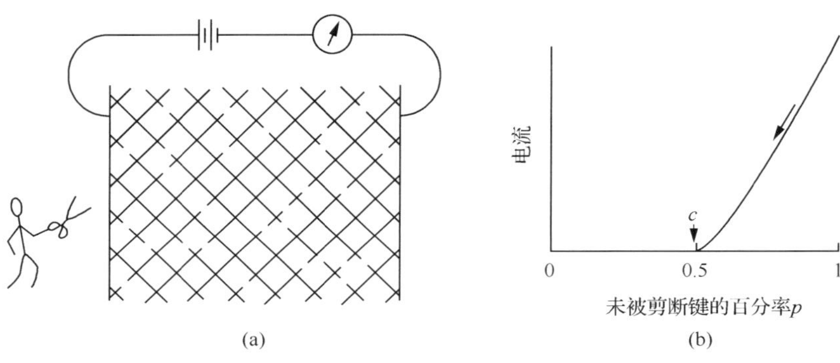

图 8-14 醉汉无规地剪断网络

p 代表未被剪断连接键的百分率

现在的问题是:醉汉必须随机地剪断多大百分数的连线或连接键,才能中断两通信中心间的全部联系?由于醉汉的行为是完全随机和毫无规律的,因此很难回答上述问题,但逾渗模型可以给出一个确定的答案。

设一开始网络是完整的,所有连接键均导电(导通连接键占总数的 100%)。然后无规地剪断连接键,增大剪断键的百分率,电流将逐渐减小,如图 8-14(b)所示。若令 p 表示剩余的未被剪断连接键的百分数,则电流 $I(p)$ 随 p 的减小而连续减小,直到达到一临界的键浓度值 p_c,电流变为零,此时通信联络中断。图中可见,对于二维正方形网络,$p_c=50\%$。对于小于 p_c 的 p 值,尽管此时仍有一部分连接键是完好的,但电流 I 恒等于零(不是很小,而是零),说明只要 $p<p_c$,将不存在从一个电极穿过网络到另一电极的由导电键组成的连接通路。

该例给出了逾渗模型的最核心内容,即体系存在一个尖锐的转变,在转变点系统的长程连接性(导电性)突然消失(或出现)。这一尖锐的转变是当系统的某种成分或某种广义的密度变化达到一定值时突然发生的,该值称为逾渗阈值 p_c。在逾渗阈值(percolation limen)处,系统的许多重要性质将以"行或不行"、"有或无"的方式发生突变。

图 8-14 也可用以描述一类力学现象。例如，把网络视为一个二维构件(如纱窗)。当 $p=100\%$时，该构件有最大的力学强度。随着某些键被随机剪断，即 p 减小，构件的强度将减低。达到逾渗阈值 p_c 时，构件完全散成一堆碎片，力学强度等于零。如果将网络扩展为三维网络，逾渗模型就可以描述更多的物理现象，特别对于分析非晶态固体中各种不同的输运现象非常有用。三维网络的逾渗阈值 p_c 与二维网络不同。

用“逾渗”一词来描述这类统计几何模型是数学家 Hammerslkey 于 1957 年创造的。他考虑的模型是流体流过一个由许多管道组成的管网的问题，其中某些管道被无规地堵塞了。图 8-15 给出了这一逾渗过程的二维草图，描述流体如何迂回曲折地通过“六角形的咖啡渣”，其中有的管路是畅通的，有的管路是堵塞的。图 8-15 的下部附有一个理想化的二维蜂房形的通道网络，与上图的管网对应。现在同样可以提出这样的问题，“咖啡渣”中需要有多大比例的管路畅通，水流才可能从上方渗流下来。该例与图 8-14 的不同之处在于，此图的网络为二维蜂房形网络，而图 8-14 的网络为二维正方形网络。网络形式不同，代表连接方式不同，也会导致不同的逾渗阈值。

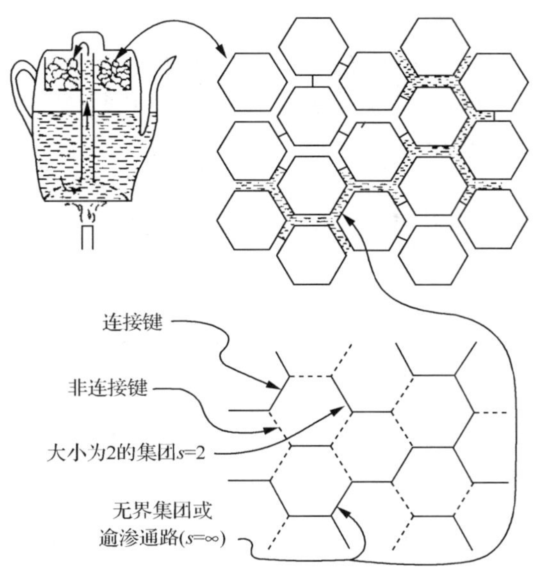

图 8-15　流体通过多孔介质的逾渗过程

下图为连接性图，黑线表示连接键，与上面的通道对应

图 8-14、图 8-15 的例子属于最简单的逾渗过程，它发生在一个规则的二维空间点阵上，点阵的几何结构是规则的、周期性的。问题的随机性和无序性表现在对于每一条连接键，均无规地指定反映问题统计特征的非几何性的两态性质(是或

非、断或通、有或无、连接或不连接)，从而把规则几何结构上的问题转变成随机几何结构的问题。下面利用这些简单例子介绍逾渗模型的几个基本概念和主要物理量。

1. 键逾渗和座逾渗

空间任何一种点阵都由点(顶点，键之间的交点，也称为座)和键(边，连线，两座之间的连线)组成。因此点阵上的逾渗过程有两种基本类型：键逾渗(bond percolation)和座逾渗(site percolation)。

所谓键逾渗过程指每条键或者是连接的，或者是不连接的；设连接键的百分率(percent of linked bonds)为 p，不连接键的百分率为 $1-p$。注意这里必须假定系统是完全无序的，即每条键的连接概率 p 与其相邻键的状态无关。

所谓座逾渗过程，指点阵中所有的键都是连接的，但“座”具有结构的无规连接性特征：每一个座或者是连接的(畅通的)，或者是不连接的(堵塞的)，相应的百分率分别为 p 和 $1-p$。同样必须假定，对于每一个座，其连接概率 p 不受其相邻座的状态影响。有时把“畅通座”和“堵塞座”分别称为“已占座”和“空座”。

用图 8-15 的“管网系统”类比，容易理解键逾渗、座逾渗及其差别。设图中管路的畅通与否是由于安装在系统内的阀门被无规地打开或关上造成的，阀门可以安装在管道(键)中部，也可安装在几条管道的接头(座)处，如图 8-16 所示。按照定义，阀门安装在管道中部的逾渗过程，称为键逾渗过程，如图 8-16(b)所示。阀门安装在管道接头处的逾渗过程，称为座逾渗过程，如图 8-16(a)所示。对于同一网络上的键逾渗和座逾渗，其逾渗过程和逾渗阈值是不同的。更复杂的情形是阀门可以既放在管子中间，也放在接头处，该逾渗过程称为座-键逾渗(site-bond per-

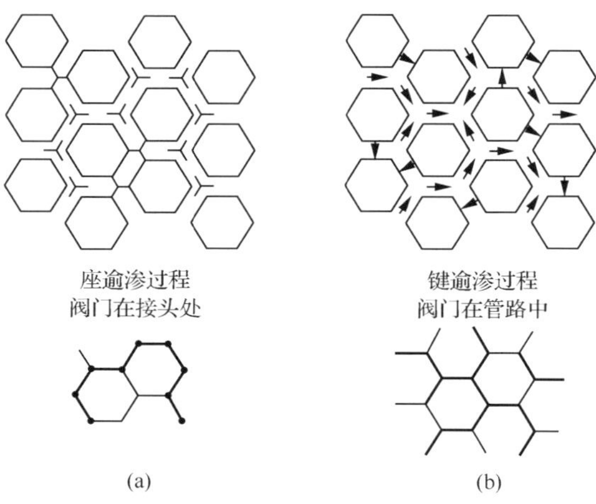

图 8-16　座逾渗过程与键逾渗过程的对比

colation)过程,它是常规逾渗模型的一种推广。

定义一组连接的键或座为一个集团,其大小用 s 表示。对于键逾渗,相邻的连接键彼此连接;同样对于座逾渗,相邻的已占座也彼此连接,它们都属于同一集团。图 8-15 下图中给出了一个大小为 2 的集团($s=2$),这种有限大小的集团称为有界集团,对系统而言,它不能形成贯穿全系统的有效通路。图中同时给出一个无穷大的集团($s=\infty$),这种集团称为无界集团或逾渗通路,流体可以通过无界集团或逾渗通路穿过整个系统。

2. 逾渗阈值 p_c 和网络无限大假定

逾渗现象最突出的特征是在逾渗阈值处系统的长程连接性(某种物理性质)发生突变。逾渗阈值 p_c 是一个极端尖锐的临界连接值,当 p 减小(或增大)到 p_c 值时,系统的某种性质将发生"是或非"的突变。例如,两个通信台站的电信联络中断(或接通),或多孔介质堵塞(或导通),或纱窗结构散架(或恢复)等。

对于二维正方形点阵的键逾渗过程(图 8-14),键逾渗阈值 $p_c^{bond}=0.5$。对于二维蜂房形点阵的键逾渗过程(图 8-16(b)),键逾渗阈值 $p_c^{bond}=0.6527$;对于二维蜂房形点阵的座逾渗过程(图 8-16(a)),座逾渗阈值 $p_c^{site}=0.698$。这是少数几个可以严格求得 p_c 值的例子。对于很多复杂点阵的逾渗过程,特别对于三维或更高维点阵的逾渗过程,逾渗阈值至今尚无严格解。

这里隐含一个约定的假设,即要求点阵结构属于无限大点阵结构。只有在无限大点阵的极限情况下,数学上才可能给出确定的逾渗阈值。对于"有限大"的系统,所观测到的阈值将是一个包围 p_c 的展宽的数值区间。在下面的讨论中除非事先说明,总是假定所讨论的网络系统是无限大的。设系统的宏观尺度为 L,微观单元(键或座)尺度为 a,要求$(L/a)\to\infty$。

逾渗阈值处系统连接性发生突变有两种方式:一是逐步减少系统的短程连接性而达到逾渗转变(percolation transition);二是逐步增大系统的短程连接性而达到逾渗转变。换句话说,系统的短程连接性 p 趋向于 p_c 有两种方式——稀释浓度(p 从大于 p_c 趋于 p_c)或增大浓度(p 从小于 p_c 趋于 p_c),两种方式等价而不等同。

图 8-14 醉汉剪断通信网络和图 8-15 关闭管路阀门都是属于减少系统短程连接性的情形,但实际上理解逾渗阈值更常用的方法是沿着相反方向进行的过程,即增加(短程连接性的)浓度。设过程开始时所有的键或座均为断开的,$p=0$;而后无规地使某些键或座连通,逐渐增大 p 值(p 相当于已成键度或已反应度)。增大到一定程度,即达到逾渗阈值 $p=p_c$ 时发生宏观连接性的突变,即发生逾渗转变。从原理上说,逾渗现象对上述两种"方向"是完全等价的,但是从增大浓度的角度去观察问题更有意义,因为"从无到有"的逾渗转变在材料改性等实际过程中更加

常见。

例　二维正方形点阵上的座逾渗过程

为进一步理解逾渗阈值、连接集团、逾渗通路和增大浓度等概念的意义，讨论一个二维正方形点阵上的座逾渗过程。

图 8-17 中黑点表示二维正方形点阵上的已占座，无黑点的交叉点为空座。相邻的已占座连以粗线，表示属于同一连接集团。

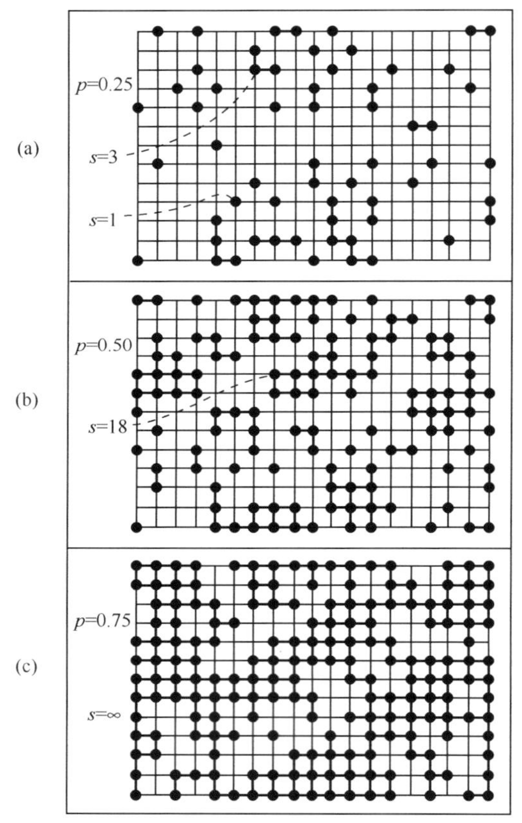

图 8-17　二维正方形点阵上座逾渗发生图

$p=0.75$ 时，系统内出现无限大集团 $s\to\infty$

图 8-17(a)、(b)、(c)分别代表三种不同已占座浓度下，同一点阵区域内的情况。自上而下相应的已占座百分率分别为 $p=0.25$、$p=0.50$ 和 $p=0.75$，浓度逐渐增大。三个图的上方和下方还可以想象各有一幅 $p=0.0$ 和 $p=1.0$ 的图，$p=0.0$ 表示为完全空座的点阵；$p=1.0$ 表示每一个座均为已占座，所有座连成一个占满全部点阵的大集团。五张图从上到下以 $\Delta p=0.25$ 为间隔排列。

考察已占座浓度 $p=0.25$ 的情形［图 8-17(a)］，此时点阵中出现一些连接集团，但集团都很小($s=1,3$ 等)；当已占座浓度增大到 $p=0.50$ 时［图 8-17(b)］，点阵中出现一些大集团，集团 s 可以大到十几或二十几(如 $s=18$ 等)。但与 $p=0.25$ 的点阵情况相比，二者并没有本质的差别，即两幅图中都没有出现从左到右，或从上到下贯穿全系统的大集团通路，没有发生逾渗现象。换句话说，一个极关键的性质并未改变，即所有集团的大小都是有限的。

考察图 8-17(c)，当已占座浓度 $p=0.75$ 时，系统内出现一个很大的集团 $s\to\infty$。它扩张到整个样品，从顶到底，从左到右，形成贯通全系统的逾渗通路。这个无限扩张的或无界的集团称为逾渗集团、跨越集团或逾渗通路。样品内一旦出现逾渗集团或逾渗通路，整个样品的某种宏观性质将发生质的飞跃。这是图 8-17(c)与上面两种情况［图 8-17(a)、(b)］的本质区别。

实际上逾渗阈值并不在 $p=0.75$ 处。在 0.50～0.75，当 $p=0.59$ 时，系统内已经出现逾渗通路，系统在这一刻已发生了质的变化(“从无到有”的质的变化)。因此，二维正方形点阵上座逾渗过程的逾渗阈值 $p_c^{site}=0.59$，对比二维正方形点阵上键逾渗过程的逾渗阈值 $p_c^{bond}=0.50$，二者不等。

当 $p>p_c^{site}=0.59$ 时逾渗通路依然存在，而且其畅通情况越来越好。注意逾渗集团虽然是无限大的，即 $s\to\infty$，但它并非占据全部点阵(除非当 $p=1.0$ 的高密度极限时)。一般情形下，逾渗集团是与一些有限大小的集团以及空座(键)同时并存的。

图 8-18、图 8-19 分别给出其他几种典型的二维、三维点阵结构示意图。表 8-2 给出了不同维数空间中一些常见点阵结构的逾渗阈值 p_c 及不同逾渗过程的主要临界参数。研究表中的数据可以得到许多重要信息。

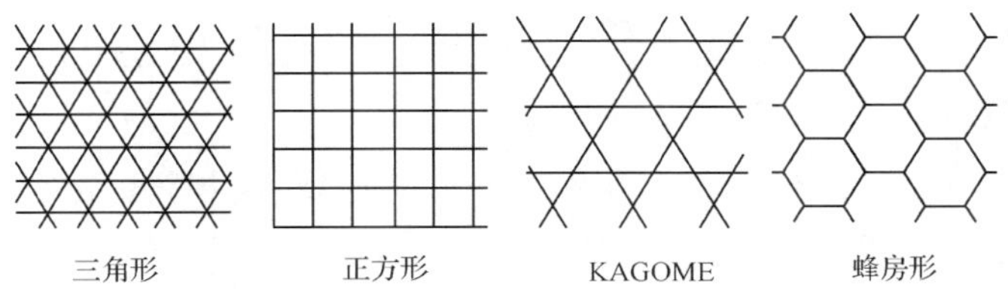

图 8-18　几种常见的二维空间点阵结构

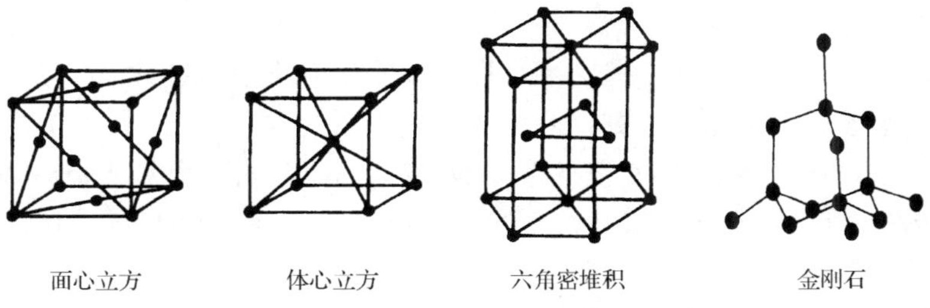

图 8-19　几种常见的三维空间点阵结构

表 8-2　不同点阵上键逾渗与座逾渗过程的逾渗阈值及主要临界参数

维数 d	点阵或结构	p_c^{bond}	p_c^{site}	配位数 z	填充因子 v	$z \cdot p_c^{bond}$	$v \cdot p_c^{site} = \phi_c$
1	链	1	1	2	1	2	1
2	三角形	0.3473	0.5000	6	0.9069	2.08	0.45
2	正方形	0.5000	0.5930	4	0.7854	2.00	0.47
2	KAGOME	0.4500	0.6527	4	0.6802	1.80	0.44
2	蜂房形	0.6527	0.6980	3	0.6046	1.96	0.42
						2.0±0.2	0.45±0.03
3	面心立方(fcc)	0.119	0.198	12	0.7405	1.43	0.147
3	体心立方(bcc)	0.179	0.245	8	0.6802	1.43	0.167
3	简立方(sc)	0.247	0.311	6	0.5236	1.48	0.163
3	金刚石(diamond)	0.388	0.428	4	0.3401	1.55	0.146
3	无规密堆积(rcp)		[0.27]①		0.637 [0.6]①		[0.16]①
						1.55±0.1	0.16±0.02
4	简立方	0.160	0.197	8	0.3084	1.3	0.061
4	面心立方		0.098	24	0.6169		0.060
5	简立方	0.118	0.141	10	0.1645	1.2	0.023
5	面心立方		0.054	40	0.4653		0.025
6	简立方	0.094	0.107	12	0.0807	1.1	0.009

① 括号内的结果来自图 8-25 所示类型的实验。

(1) 由表 8-2 可见，对于任一维数、任一结构的点阵，都有键逾渗阈值小于座逾渗阈值的情形($p_c^{bond} < p_c^{site}$)。也就是说，相对而言键逾渗过程比座逾渗过程更容易发生。为了说明原因，以图 8-17 中所示的二维正方形点阵为例。在此点阵上一个点阵座有四个相邻的点阵座，而一条键却连着六条相邻的键。一般而言，一个点阵座有 z 个最近邻点阵座时(配位数等于 z)，一条键则有 $2(z-1)$条最近邻键。由此可见在一定的点阵结构上，键逾渗过程可以比座逾渗过程提供更多的微观连接性，因此键逾渗通常比座逾渗更容易发生。

(2) 表 8-2 中数据显示，点阵的配位数 z 越大，发生逾渗所需的临界阈值 p_c 越低。配位数 z 是点阵本身连接性大小的量度，不难看出点阵结构的连接性越高，形成无穷大集团所需的已占座(或连接键)的浓度越低。类似地，由于较高维数下的点阵结构比较低维数的有更高的连接性，因此随空间维数的增加 p_c 有减小的趋势。

(3) 在同一空间维数下(d 相同)不同点阵结构的临界阈值 p_c 差别很大,即临界阈值 p_c 对点阵局部结构的细节情况是很敏感的。表中所列举的二维点阵中 p_c 值的范围从 0.35 变到 0.70;三维点阵中从 0.12 变到 0.43。这显然是由于不同点阵的微观连接性不同所致。

(4) 表中最右两列数值的意义非常重要,将在后文详细说明。

8.2.3　主要逾渗函数

下面介绍几个描述逾渗过程的重要函数,它们都是连接键百分率(或已占座百分率) p 的函数。

1. 集团平均大小 $s_{av}(p)$

考察图 8-17 中座逾渗的情形。当已占座百分率 p 很小时,形成的连接集团一般很小;已占座百分率增大后,将会出现大集团(s 增大)。大小集团同时并存,大小集团的分布可用一离散的函数 $n(s)$ 来表示,其中 $s=1,2,3,4\cdots$表示集团的大小,$n(s)$表示大小为 s 的集团数。对很大系统的座逾渗而言,一般 $n(s)$按点阵座总数归一化,即 $n(s)$定义成大小为 s 的集团数除以系统的总点阵座数。同样的定义也适用于键逾渗过程。

根据集团分布函数 $n(s)$可以定义集团平均大小,用 $s_{av}(p)$ 表示,它是已占座(或连接键)百分率 p 的函数:

$$s_{av}(p)=\sum_{s=1}^{\infty}s^2\cdot n(s)\Big/\sum_{s=1}^{\infty}s\cdot n(s) \tag{8-1}$$

式中,分母的求和值正比于已占座(或连接键)总数,分子是加权的和式,其中权重为已占座(或连接键)所属集团的大小。只要系统中尚未出现无穷大集团,总可以求出集团的平均大小 $s_{av}(p)$;一旦出现了无穷大集团,集团平均大小已无意义。

二维正方形点阵上键逾渗过程的集团平均大小 $s_{av}(p)$ 随 p 的变化趋势如图 8-20所示。图中可见,当 $p<p_c$ 时,$s_{av}(p)$ 随 p 的增大而单调增大;一旦 p 达到逾渗阈值 $p_c=0.5$ 时,系统出现无穷大集团,$s_{av}(p)$ 发散为无穷大。

2. 逾渗概率 $P(p)$

逾渗概率(percolation probability) $P(p)$ 定义为:当连接键(或已占座)百分率为 p 时,任选的一条键(或座)属于无穷大集团的概率。

已知,当 $p<p_c$ 不存在逾渗通路;$p\geqslant p_c$ 才出现逾渗通路;从 $p=p_c$ 到 $p=1$,逾渗通路不断"丰满",最后占满整个点阵。因此逾渗概率 $P(p)$ 在 $p<p_c$ 时恒等于零;在 $p\geqslant p_c$ 时才不等于零;且随着 p 值的增大而增大。当系统的全部键(或座)均为连接键(或已占座)时,则有 $P(p)=p=100\%$。换一种说法,$P(p)$ 代表

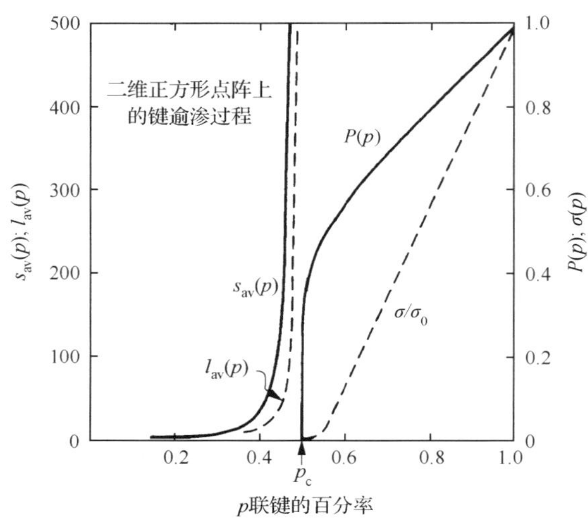

图 8-20 表征二维正方形点阵上键逾渗过程的重要函数

整个点阵系统中被逾渗通路(无穷大集团)所占据的百分比,因此称为逾渗概率。

图 8-20 也给出了在二维正方形点阵的键逾渗过程中,逾渗概率 $P(p)$ 的变化曲线,它代表着一个无限大集团"体积"的增长规律。显然,$P(p)$ 曲线与 $s_{av}(p)$ 曲线大不相同。$s_{av}(p)$ 曲线在 $p<p_c$ 时有意义,而 $P(p)$ 曲线从 $p=0$ 直到 p_c 恒等于零;越过 p_c 后,随 p 的增加急剧上升。最后当 p 趋于 1 时,$P(p)$ 趋于 1,即无穷大集团吞并了所有有界集团。

逾渗概率 $P(p)$ 是表征逾渗过程的最重要函数。它标志着在逾渗阈值 p_c 处系统长程连接性"从无到有"的本质性变化。并且在 p_c 以上,当 p 增加时,它还是对逾渗网络"体积"增加的主要量度。

3. 连通率 $\sigma(p)$

在图 8-20 中 $p>p_c$ 范围内有一条 $\sigma(p)$ 曲线。其特征与 $P(p)$ 曲线相似:当 $p<p_c$ 时,$\sigma(p)$ 恒为零;$p>p_c$ 时,$\sigma(p)$ 随 p 的增加而单调增加。$\sigma(p)$ 称为系统的连通率,代表着系统的某种物理性质,如电导率、渗水率、力学强度等。若系统为一导电网络,$\sigma(p)$ 表示网络的宏观导电性,$\sigma(p)$ 曲线与图 8-14(b)中的电流-浓度曲线相对应。若系统为一个二维力学构件(如纱窗),$\sigma(p)$ 代表构件的力学强度。

$\sigma(p)$ 与 $P(p)$ 的差别

比较 $\sigma(p)$ 与 $P(p)$ 这对函数,它们的共同特点是在 $p<p_c$ 范围内恒等于零,$p>p_c$ 范围内随 p 的增加而单调增加。但是它们增长的方式不同,尤其在逾渗阈值附近的行为有鲜明的差别。当 p 稍高于 p_c 时,$P(p)$ 立即急剧上升,在阈值点附近曲线斜率 $dP(p)/dp$ 从零突变为无穷大。而连通率在阈值附近却表现为缓慢上升，在阈值处的起始斜率 $d\sigma(p)/dp$ 等于零。

如何理解二者之间的差别呢？首先观察 $P(p)$ 的性质。在 $p > p_c$ 范围内，$P(p)$ 的爆炸式增长反映了当浓度超过 p_c 时，有限大的集团极迅速地连到无穷大集团上去。设想某一有限集团，只要再加上一条连接键就与已形成的逾渗通路连接上。一旦它连上无穷大集团，就成为无穷大集团的一部分，因而对逾渗概率 $P(p)$ 有贡献。但是从宏观导通的电流来看，这些新的连接键并未增加使电流流过系统的新的通路，它们只不过是在原来的网络上附加了一些“死胡同”叉路，并未连到边界，形不成出口通路，因而对电导率 $\sigma(p)$ 并无贡献。

刚超过阈值 p_c 时，这种“死胡同”叉路在逾渗通路中占绝大多数，只有占极小百分比的支路组成导电通路，因此刚超过 p_c 时 $\sigma(p)$ 增长很慢。随着 p 的增加，逾渗通路中可参与导电的部分也增加，而且越增越多。直到 $p\to 1$ 时，全部通路都对导电有贡献。

4. 平均跨越长度 $l_{av}(p)$

与集团平均大小 $s_{av}(p)$ 相似，再定义一个平均跨越长度 $l_{av}(p)$ 来描述有限大集团的特征尺寸。集团特征尺寸 l 可以有多种选择。例如，从集团质心计算的平均距离、方均根距离、集团直径等。不同的定义本质上是等价的，它们具有相同的数量级和相同的标度行为。最简单的办法是把集团的跨越直径或跨越长度取为 l。

跨越长度定义为有限大集团中两个座（对键逾渗则为两条键的中心）的最大间距

$$l \equiv \max\{|r_i - r_j|\}_{i,j\text{在集团内}} \tag{8-2}$$

式中，r_i、r_j 为有限大集团内任意两个座（或键中心）的位置坐标。

对给定的 p，将特征长度对所有集团取平均，即得平均跨越长度 $l_{av}(p)$。根据集团分布函数 $n(s)$，并假定同样大小集团的特征长度相差不大，得到平均跨越长度 $l_{av}(p)$ 公式如下

$$l_{av}(p) = \sum_{s=1}^{\infty} l \cdot s \cdot n(s) \Big/ \sum_{s=1}^{\infty} s \cdot n(s) \tag{8-3}$$

图 8-20 中也给出了 $l_{av}(p)$ 曲线的走势，它与集团平均大小 $s_{av}(p)$ 的走势相仿。同样地，平均跨越长度 $l_{av}(p)$ 也仅对系统中尚未出现无穷大集团（$p < p_c$）的情形有效；一旦出现了无穷大集团，平均跨越长度也无意义。

平均跨越长度在逾渗过程中所起的作用，与相变中的“关联长度”相似。二者均描写了体系中颗粒性的长度标尺。这种颗粒性在远离逾渗阈值或相变点时非常精细，而趋于转变点时则急剧地粗化。

逾渗函数小结

上面定义了描述逾渗过程的四个最基本函数：集团平均大小 $s_{av}(p)$、逾渗概率 $P(p)$、连通率 $\sigma(p)$、平均跨越长度 $l_{av}(p)$，它们描绘了逾渗过程的主要特征，其参变量均为连接键百分率(或已占座百分率) p。

四个函数可以分成两组。集团平均大小 $s_{av}(p)$ 与平均跨越长度 $l_{av}(p)$ 用于描述低于阈值 p_c 时集团增长的几何特征：低于 p_c 时函数值是有限的，高于 p_c 时函数值趋于无穷大。逾渗概率 $P(p)$ 和连通率 $\sigma(p)$ 则用于描述跨越阈值 p_c 时系统性质的突变：低于 p_c 时函数值等于零，高于 p_c 时函数值为不等于零的有限值。

可以认为，$s_{av}(p)$ 与 $l_{av}(p)$ 的主要价值在于提供低于 p_c 时集团的定域程度。一旦出现逾渗通路后，研究兴趣就集中到逾渗通路上，并转向函数 $P(p)$ 和 $\sigma(p)$，它们描写宏观扩展的(退定域的)集团的性质。

8.2.4 逾渗模型应用举例——溶胶-凝胶转变

4.3.4 节已详细讨论过溶胶-凝胶转变及描写转变的平均场理论——Flory-Stockmayer 理论。该理论对于描述远离凝胶点的凝胶化过程，特别对于描述硫化过程很有效，但不适于描述非常接近凝胶转变点(临界点)附近区域的情形。对于非常接近凝胶点(逾渗阈值)区域的系统性质的变化用临界逾渗理论描述更合理，将在后文介绍。现在仅以溶胶-凝胶转变为例进一步说明逾渗过程和逾渗模型中主要概念和函数的意义。

考察一种具体的溶胶-凝胶转变。将亚硅酸钠(Na_2SiO_3)溶于水形成水玻璃，溶解过程可写成如下反应式

$$Na_2SiO_3 + 3H_2O \rightleftharpoons 2NaOH + H_4SiO_4 \tag{8-4}$$

反应式右边第二个产物称为单硅酸，其分子式也可以写成 $Si(OH)_4$ 的形式。单硅酸分子具有一种四面体结构：一个硅原子与四个(OH)根相连。图 8-21 左上角给出了两个单硅酸分子示意图。为画图方便，单硅酸四面体用平面上的正方形单元画出。

在水玻璃溶液中，两个单硅酸分子容易通过缩水结合成一个更大的分子，在图 8-21 右上角给出这样的一个产物。两个 $Si(OH)_4$ 分子的两个相邻的(OH)根通过反应，放出水分子，形成一个 Si—O—Si 桥。图中未画出 H_2O 分子，实际上水作为溶剂是存在的，并占据图中所示的单硅酸分子之间的“空座”。

这种缩合反应能够持续进行，形成越来越大的分子。每一个最初的 $Si(OH)_4$ 单体可以形成多达四条反应键，即配位数 $z=4$，通过氧桥联到其他单体分子的硅原子上。实际的反应步骤虽然比这复杂，需要这些单体先变为离子作为中间步骤，并非不带电的硅酸分子直接组合。但是图 8-21 描述的图像抓住了该凝结现象的本质特征，因此仍采用此模型。反应形成的硅氧键十分稳定，因此可以认为该凝结

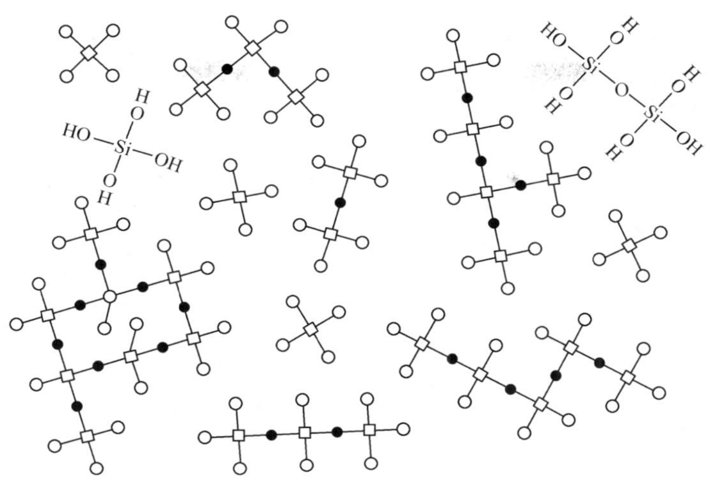

图 8-21　$Si(OH)_4$ 分子溶液形成硅胶的聚合反应示意图

过程基本上是不可逆的：一旦形成 Si—O—Si 跨越键，就保持不变。

随着反应继续进行，产生的跨越键越来越多，形成的分子集团越来越大。最后在凝结过程的某一临界阶段，体系中“突然”出现了“无穷扩展的”巨分子。该巨分子的大小由发生反应的容器决定。这种宏观广延的三维网络状巨分子称为凝胶巨分子，也称为“水硅胶”，突然出现凝胶的这一临界点称为溶胶-凝胶转变点或凝胶化点。

可以看出，溶胶-凝胶转变与逾渗转变极其相似。早在 1963 年 Frisch 和 Hammersley 就指出了二者间的联系，1976 年 de Gennes 和 Stauffer 首次对此进行深入的分析。表 8-3 给出了二者之间的一种对比。由表可见，溶胶-凝胶转变过程中的各个物理量都与键逾渗模型中的相应物理量一一对应：溶胶分子相应于有限集团，凝胶巨分子则相应于无穷大集团；连接键相应于形成的 Si—O—Si 跨越键，逾渗阈值 p_c 相应于溶胶-凝胶转变点；溶胶的平均相对分子质量 M 相应于平均集团大小 $s_{av}(p)$，溶胶均方回转半径 R 相应于平均跨越长度 $l_{av}(p)$；凝胶百分率 P_{gel} 相应于逾渗概率 $P(p)$，凝胶弹性模量相应于连通率 $\sigma(p)$。于是前面定义的抽象的逾渗概念和逾渗函数现在都有了具体的意义，这种对比对于我们更好地理解和运用逾渗模型来处理其他问题是有益的。

表 8-3 键逾渗过程与凝胶化过程的类比

键逾渗过程	凝胶化过程
逾渗阈值	凝胶化点
连接键	形成的 Si—O—Si 跨越键
键连接性概率 p	形成的跨越键的百分数(反应度)
有限集团	溶胶分子
平均集团大小 $s_{av}(p)$	溶胶平均相对分子质量 M
平均跨越长度 $l_{av}(p)$	溶胶均方回转半径 R
无穷大集团	凝胶巨分子
逾渗概率 $P(p)$	凝胶百分率 P_{gel}
配位数 z	作用度 z
连通率(电导率)$\sigma(p)$	弹性剪切模量
临界逾渗模型	Flory-Stockmayer 理论

除了物理量一一对应以外,对比图 8-20 中的 $P(p)$ 曲线与图 4-20 中的凝胶分数 $P_{gel}(p)$ 曲线,同样可以看出两条曲线的走势完全相同。这说明逾渗模型中系统在逾渗阈值附近的行为与热力学系统在临界点(相变点)附近的行为极为相似,因此可以把逾渗模型当作描写相变临界现象极好的范例和理论工具。相变临界点附近系统的性质是凝聚态物理学家最为关心的问题,下节我们将重点讨论逾渗模型在逾渗阈值的邻域——临界区的性质,这些讨论对于研究相变有参考价值。图 8-20 中 $P(p)$ 曲线的定性特征还十分相似于热力学二级相变中的“序参量”:当趋于相变温度时序参量很快地但是连续地趋于零,因此逾渗模型也适用于讨论二级相变。

8.3 逾渗阈值的邻域——临界区的性质

8.3.1 临界指数

考察逾渗过程时,逾渗阈值 p_c 是最重要的物理量。非常接近逾渗阈值的区域(即 p_c 的邻域,$|p-p_c|\ll 1$) 也是人们最感兴趣的区域,该区域称为临界区。在临界区内四个重要的逾渗函数都发生急剧变化,其中最重要的特征现象是在该区域内各逾渗函数与相对于阈值的距离 $(p-p_c)$ 的依赖关系遵从不同的标度律,具体形式为

$$s_{av}(p) \propto \frac{1}{(p_c-p)^{\gamma}} \qquad (p_c-p\to 0) \tag{8-5}$$

$$l_{\mathrm{av}}(p) \propto \frac{1}{(p_{\mathrm{c}} - p)^{\nu}} \qquad (p_{\mathrm{c}} - p \to 0) \tag{8-6}$$

$$P(p) \propto (p - p_{\mathrm{c}})^{\beta} \qquad (p - p_{\mathrm{c}} \to 0) \tag{8-7}$$

$$\sigma(p) \propto (p - p_{\mathrm{c}})^{t} \qquad (p - p_{\mathrm{c}} \to 0) \tag{8-8}$$

式中，γ、ν、β、t 称为临界指数(critical index)，它们描述了在逾渗阈值 p_{c} 附近的临界区内各个逾渗函数的标度行为(变化规律)。为方便也为与传统习惯一致，对于不同维空间点阵的各个逾渗函数，通常规定临界指数取正数值。

对于集团平均大小 $s_{\mathrm{av}}(p)$ 与平均跨越长度 $l_{\mathrm{av}}(p)$，公式只在 $p< p_{\mathrm{c}}$ 时有效，当 p 从低值一侧趋向 p_{c} 时两个函数均呈发散形式(函数值→∞)。对于逾渗概率 $P(p)$ 和连通率 $\sigma(p)$，公式在 $p> p_{\mathrm{c}}$ 时有效，当 p 越过 p_{c} 时，函数开始增长，但起始增长的形式不同。

表 8-4 中列出了实验观测得到的在不同维空间点阵上发生逾渗过程的主要临界指数值。由表可见，各逾渗函数的临界标度指数均为正的整数或非整数值。指数值的差别描写了各逾渗函数在阈值附近变化规律的不同。

表 8-4　重要逾渗函数在阈值附近的标度行为和临界指数

接近 $p = p_{\mathrm{c}}$ 时的函数形式	临界指数	d 维的临界指数值					
		$d=1$	$d=2$	$d=3$	$d=4$	$d=5$	$d\geqslant 6$ 平均场模型
$P \propto (p - p_{\mathrm{c}})^{\beta}$	β	0.0	0.14	0.41	0.64	0.84	1
$\sigma \propto (p - p_{\mathrm{c}})^{t}$	t	—	1.1	1.65	—	—	3
$s_{\mathrm{av}} \propto (p_{\mathrm{c}} - p)^{-\gamma}$	γ	1.0	2.39	1.82	1.44	1.18	1
$l_{\mathrm{av}} \propto (p_{\mathrm{c}} - p)^{-\nu}$	ν	1.0	1.33	0.88	0.68	0.57	0.5
$s\to\infty$: $n(s) \propto s^{-\tau}$	τ	2.0	2.06	2.18	2.31	2.41	2.5
$s\to\infty$: $l(s) \propto s^{(1/f)}$	f	1.0	1.9	2.53	3.06	3.54	4

考察二维和三维空间点阵的情形。对于集团平均大小 $s_{\mathrm{av}}(p)$ 与平均跨越长度 $l_{\mathrm{av}}(p)$，指数 $-\gamma$ 和 $-\nu$ 均小于零，因此当 $p\to p_{\mathrm{c}}$ 时，$s_{\mathrm{av}}(p)$ 与 $l_{\mathrm{av}}(p)$ 均趋于无穷大。对于逾渗概率 $P(p)$ 和连通率 $\sigma(p)$，指数 $\beta<1$，而 $t>1$，这一差别决定了在越过 p_{c} 后二者的增长方式不同。对式(8-7)、式(8-8)求导，求曲线在 $p \to p_{\mathrm{c}}$ 时的斜率，得到

$$\frac{\mathrm{d}P(p)}{\mathrm{d}p} \propto \beta(p - p_{\mathrm{c}})^{\beta-1} \tag{8-9}$$

$$\frac{\mathrm{d}\sigma(p)}{\mathrm{d}p} \propto t(p - p_{\mathrm{c}})^{t-1} \tag{8-10}$$

由于 $\beta<1$，因此当 $(p-p_{\mathrm{c}})\to 0$ 时，$\frac{\mathrm{d}P(p)}{\mathrm{d}p}\to\infty$；同样，由于 $t>1$，当 $(p-p_{\mathrm{c}})$

$\to 0$ 时，$\frac{\mathrm{d}\sigma(p)}{\mathrm{d}p} \to 0$。这表明在 p_c 点，$P(p)$ 以无穷大斜率急剧增长，而 $\sigma(p)$ 以零斜率缓慢增长。两个函数性质的差别在临界标度指数上得以体现。由于逾渗概率 $P(p)$ 在 p_c 点连续，而 $\mathrm{d}P/\mathrm{d}p$ 在 p_c 点不连续，因此逾渗概率 $P(p)$ 的行为与二级相变中的序参量相似。

临界指数有许多重要性质。一个重要特征是临界指数属于空间维数不变量(space dimension invariant)，即对于相同空间维数的一切不同结构的点阵临界标度指数有相同的值。前面曾介绍，在同一维空间的不同点阵结构上，发生逾渗过程的逾渗阈值 p_c 差别很大。例如，对于二维正方形点阵的键逾渗过程，$p_c = 0.5$；对于二维蜂房形点阵的键逾渗过程，$p_c = 0.6527$。然而对于两种不同的点阵结构，在逾渗阈值附近式(8-5)～式(8-8)中的标度指数却完全相同，对二维空间点阵，都有 $\beta = 0.14$，$t = 1.1$，$\gamma = 2.39$，$\nu = 1.33$，即这些幂指数与不同点阵几何结构的细节差异无关。换句话说，各个逾渗函数在临界区的标度行为，与发生逾渗过程的具体点阵结构形式无关。在同一维空间的不同空间点阵上，各个逾渗函数在逾渗阈值附近的标度行为相同，这一特性称为临界指数的"普适性"(universality)。

这种普适性的更深一层意义是，对相同空间维数的同一空间点阵结构，观测到的临界标度指数对键逾渗过程和座逾渗过程也是相同的。已知对同一空间点阵结构，发生键逾渗和座逾渗的逾渗阈值不同。例如，二维蜂房形点阵的键逾渗的逾渗阈值为 0.6527；而座逾渗的逾渗阈值为 0.698。但是二者的临界指数值是相同的。这是临界指数的空间维数不变性的另一体现。

8.3.2 分形维数和标度指数方程

1. 逾渗大集团的几何性质

现在考察表 8-4 中最后两行定义的两个重要的临界指数。它们与前四个指数不同，不是以 $|p - p_c|$ 为自变量，而是以集团大小 s 为自变量，描述在阈值点上无穷大集团出现的瞬间集团表现的行为。第五行定义的临界指数 τ，描写的是在无穷大集团出现的瞬间，集团分布函数的渐近极限

$$n(s) \propto s^{-\tau} \qquad (p = p_c, s \to \infty) \tag{8-11}$$

由表 8-4 得知，对各维空间结构而言，指数 τ 均在 2 与 3 之间。

第六行定义的临界指数 f 特别重要，它给出在 p_c 点无穷大集团刚出现时集团的奇特几何性质——集团大小 s 与集团尺度 l 间的关系。

$$l(s) \propto s^{(1/f)} \quad 或 \quad s \propto l^f \qquad (p = p_c, s \to \infty) \tag{8-12}$$

由表 8-4 可见，对二维空间点阵，$f = 1.9$；三维空间点阵，$f = 2.53$。也就是说对各维空间点阵都有 f 值小于空间的 Euclid 维数 d。参考 2.2.3 节讨论的分子链

构象的分形性质，可以看出这里指数 f 正是描写了无穷大逾渗集团的分形性，f 为集团的分形维数。

对于一个正常的、充实的 d 维物体，f 等于 d。例如，在逾渗概率 $P(p)$ 接近 1 时，形成的逾渗集团几乎充满整个空间，f 接近于 d。但对于在阈值 p_c 附近刚形成的逾渗大集团，f 小于 d，说明该集团不能充满 d 维实空间，集团内部是稀疏的。

为了说明逾渗大集团刚出现时的奇特几何性质，考察图 8-22 给出的用计算机求得的二维三角形点阵上座逾渗过程中的一个有代表性的集团。

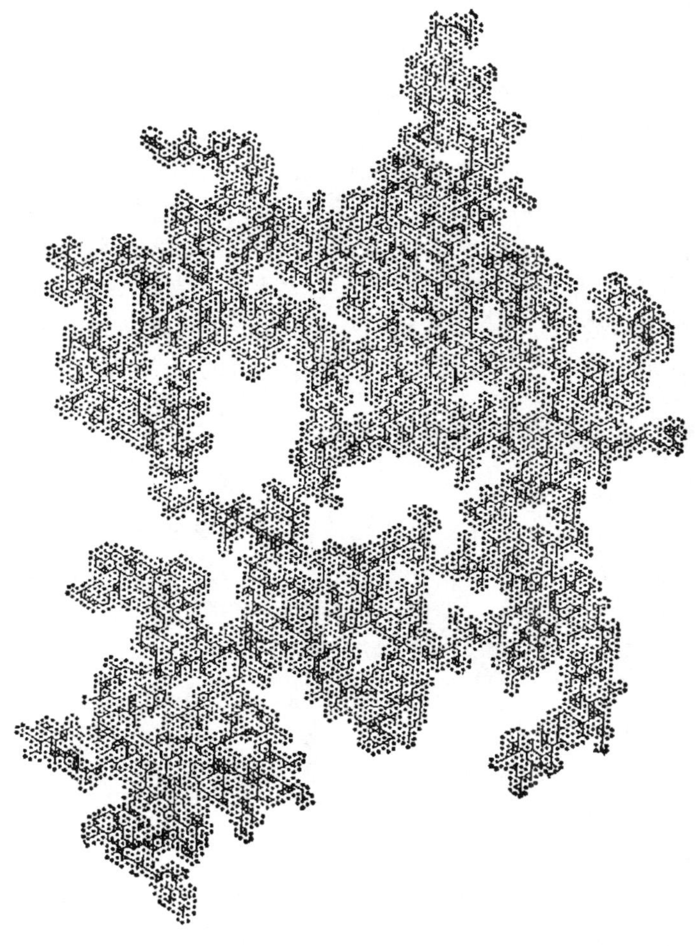

图 8-22 稍低于逾渗阈值时所观察到的一个大集团(p=0.48)

图中连接的黑点表示已占座(4741 个)形成的大集团；孤立的黑点表示空座(5102 个)，包围大集团，构成其边界

图中连接的黑点代表已占座，它们用连线连接，表示属于一个集团。集团周围的孤立黑点代表空座。出现图中大集团时，已占座浓度达到 p=0.48，比该点阵的

逾渗阈值$p_c=0.5$略低。因此该集团并非无穷大集团,仍属于有限集团。

通过计算机计算,该集团的大小 $s=4741$,即已占座个数为 4741。而组成集团的边界,即紧挨着集团的周围的空座有 5102 个。该边界将整个集团封锁起来,形成集团的表面。用 b 表示组成集团表面的空座数,$b=5102$。

按 Euclid 几何学,一个 d 维物体的边界是$(d-1)$维曲面,因此,按常规思维,当一个物体的大小趋于无穷大时,其表面积与体积之比将趋于零。但对于逾渗阈值附近的逾渗集团并非如此,在本例中,集团的表面与体积之比 b/s 大于 1。而且可以严格证明,当集团增大到 p 趋于 p_c 时,b/s 趋于量级为 1 的极限值

$$\lim_{s\to\infty}(b/s)=(1-p_c)/p_c=1 \qquad (p\to p_c;p_c=0.5) \tag{8-13}$$

由此可见,一个刚形成的逾渗大集团的表面积与体积的关系是很奇特的。按照 Mandelbrot 的说法,逾渗大集团定性的外观特征是“全是皮,没有肉”,如同漂浮柔曼的轻纱或海绵一般。这个重要特性是大集团的基本属性。

联系到分形维数 f,可以看出逾渗大集团的这种随机几何特性可用分形维数 f 来描述。分形维数与 Euclid 维数的差值$(d-f)$描述了逾渗大集团的几何“稀疏”程度。差值越大,集团越稀疏。由于逾渗大集团具有奇特的稀疏的几何特性,因此造成了大集团刚形成时逾渗通路的连通率 $\sigma(p)$ 与逾渗概率 $P(p)$ 出现显著差别。虽然集团很大(无穷大)但实际贯通整个系统的通路很少。

2. 分子链构象与逾渗集团的类比

2.2.3 节讨论了分子链构象的无规分形性质,指出由于分子链构象具有自相似性和标度不变性,因此在统计平均的意义上分子链具有分形性。

将相对分子质量 M 视为分子链的特征“体积”,均方根末端距 h_{rms} 视为分子链的特征尺度,二者之间有标度公式和分形维数加以联系。

对无规行走的 Gauss 链模型,M 与 h_{rms} 的关系式为

$$h_{rms}\propto M^{1/2} \quad 或 \quad M\propto h_{rms}^2 \qquad (M\to\infty) \tag{8-14}$$

分形维数等于 2。

对于良溶剂中的膨胀链模型,M 与 h_{rms} 的关系式为

$$h_{rms}\propto M^{\nu} \quad 或 \quad M\propto h_{rms}^{1/\nu} \qquad (M\to\infty) \tag{8-15}$$

分形维数等于 $1/\nu$。按 Flory 的平均场理论,在三维空间 $\nu=3/5$,因此分形维数等于 5/3,即 1.667。而按照标度理论,$\nu=0.588$,分形维数等于 1.70。

一个相对分子质量 M 趋于无穷大的分子链线团很像一个稀疏的逾渗大集团,具有奇特的稀疏的几何结构特征。分形维数正描写了这种特性。我们看到无论是 Gauss 链线团还是膨胀链线团,其分形维数均小于实空间维数 d(此处 $d=3$),因此它们内部都是稀疏的。而膨胀链的分形维数比 Gauss 链更低,与实空间维数的差值更大,因此膨胀链内部更稀疏,分子链更舒展,尺寸更大。膨胀链的构象统计已

不能采用无规行走统计模型处理，而应采用自回避行走模型(SAW)，这一结论在后来的计算机模拟及高分子溶液中子散射、激光散射实验中得到证实。按平均场理论求出，对于 d 维自回避行走(SAW)模型，末端距 h_{rms} 的临界指数(分形维数)满足如下的标度公式：

$$(1/\nu_{SAW}) = (d+2)/3 \tag{8-16}$$

因此当 $d=3$ 时，$\nu_{SAW}=5/3$。

分子链构象与逾渗大集团性质的一种类比见表 8-5。表中显示出在采用分形维数描写时二者之间具有的相似性。

表 8-5　逾渗集团与分子链构象的类比

	逾渗集团	聚合物分子链
特征长度	l	h_{rms}
特征大小或“体积”	s	M
渐进区(标度区)	$s\to\infty$	$M\to\infty$
分形维数	f	$1/\nu$

3. 标度指数方程

表 8-4 中共给出 6 个临界标度指数，这些指数并非完全独立的，它们之间存在关联。联系两个或两个以上临界指数的关系式称为标度指数方程。

例如，表 8-4 中指数 f(分形维数)描述了集团大小 s 与集团线度 $l(s)$ 间的关系，指数 τ 描述了集团 s 与这些集团出现的频数 $n(s)$ 的关系。f 与 τ 之间存在关联，已经证明该关联式为

$$f = \frac{d}{\tau - 1} \tag{8-17}$$

该公式即为一种标度指数方程，其中包含着实空间维数 d。前已指出 τ 的取值为：$3>\tau>2$，代入公式得知：$f<d$，即集团的分形维数小于实空间维数。

经过严格证明的联系其他临界标度指数的标度指数方程还有

$$f = d - (\beta/\nu) \tag{8-18}$$

$$f = \frac{d + (\gamma/\nu)}{2} \tag{8-19}$$

$$2\beta + \gamma = \nu \cdot d \tag{8-20}$$

式(8-20)称为 Josephson 公式，这是特别重要的标度指数方程，它把几个关键的临界指数联系起来，并包含空间维数 d。临界标度指数之间有标度指数方程相互联系，说明这些指数不是全部独立的，可以通过方程从某些指数求出另一些指

数。已经证明标度指数方程有许多个，而所有临界标度指数中只有两个是独立的。

标度指数方程蕴涵着一定的物理意义。例如，方程(8-18)给出 (β/ν) 与维数差$(d-f)$之间简单的关系。已知$(d-f)$描述了大集团飘浮、透明的程度，所以(β/ν) 也有同样的意义。考察式(8-19)，其中有比值 (γ/ν)。由表 8-4 看出，该比值对空间维数不敏感，既对不同的 d，它都接近等于 2。于是式(8-19)可近似改写为

$$f=(d+2)/2 \tag{8-21}$$

8.3.3 凝胶化的临界逾渗模型

4.3.4 节中曾详细讨论过溶胶-凝胶转变，介绍了定量描述溶胶-凝胶转变的 Flory-Stockmayer 理论。这是一个平均场理论，对于描述远离凝胶点的凝胶化过程，特别对描述大分子链的硫化过程很有效，但不适于描述非常接近凝胶点(临界点)区域的情形。8.2.4 节指出在临界点附近的溶胶-凝胶转变是典型的逾渗转变过程，因此用临界逾渗模型处理更合理。

首先回顾一下平均场理论的讨论结果。Flory 采用一种 Bethe 网格描述溶胶-凝胶转变，Bethe 点阵的优点是网格的官能度可以变化，若单体的官能度为 z，则可选用 z 官能度 Bethe 网格来容纳它。图 8-23 中给出一个配位键数等于 3 的 Bethe点阵结构示意图，它可以容纳官能度为 3 的单体聚合，形成一个在无限维空间规则生长的树枝状超支化产物。

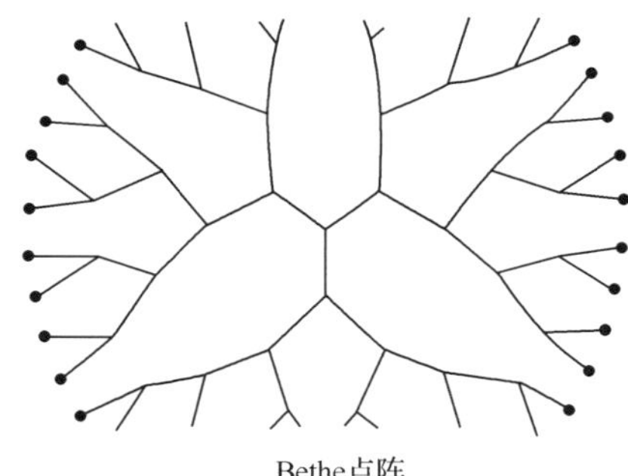

图 8-23　配位数等于 3 的 Bethe 点阵结构示意图(无限维数)

Flory 认为凝胶化过程可以用这样一个分支过程来模拟，由反应单体产生的所有“大分子”都有 Bethe 点阵式的树状结构。运用该理论，Flory 准确预言了“存在非常确定的凝胶化点，……当分子之间的连接键数超过某一临界值时将发生凝胶化。”在凝胶点之前，体系的黏度会极快地增大。Flory 还推导出发生凝胶化转变的临界“反应度”p_c 与反应单体的作用度 z 之间的重要定量关系式

$$p_c=1/(z-1) \tag{8-22}$$

对于 z 等于 3 的 Bethe 点阵结构 $p_c = 1/2$（对于键逾渗和座逾渗阈值均等于 0.5）。该结果与实验数据吻合良好，这是 Flory-Stockmayer 理论的成功之处。

采用平均场理论，Flory 还得到在凝胶点附近临界区内体系的各种性质与反应度或聚合度间的幂律关系式。

例如，当 $p \to p_c$ 时，支化聚合物的数量密度 $n(p,N)$ 与聚合度 N 之间有如下关系[对比式(8-11)]

$$n(p,N) \propto N^{-\tau} \qquad (p_c - p \to 0) \tag{8-23}$$

式中，τ 为临界指数，按平均场理论 $\tau \approx 5/2$（这是采用无限维空间的 Bethe 点阵得到的结果，见表 8-4 中空间维数≥6 一列）。

$p \to p_c$ 时，特征支化聚合物中的单体数 N^* 与相对反应度 $\varepsilon\left(\varepsilon = \dfrac{p - p_c}{p_c}\right)$ 之间有如下关系

$$N^* \propto |\varepsilon|^{-1/\sigma} \qquad (p_c - p \to 0) \tag{8-24}$$

按平均场理论 $\sigma \approx 0.5$（对于 Bethe 点阵）。

在略高于凝胶点附近，凝胶分数 $P_{gel}(p)$ 与相对反应度 ε 之间有如下关系[对比式(8-5)]

$$P_{gel}(p) \propto (N^*)^{2-\tau} \approx \varepsilon^{\beta} \qquad (p - p_c \to 0) \tag{8-25}$$

按平均场理论 $\beta = 1$（同样对于 Bethe 点阵，参见表 8-4 空间维数≥6 一列）。

在凝胶点以下接近凝胶点处，溶胶的重均聚合度 N_w 与相对反应度 ε 之间有如下关系[对比式(8-7)]

$$N_w \propto (N^*)^{3-\tau} \approx |\varepsilon|^{-\gamma} \qquad (p_c - p \to 0) \tag{8-26}$$

按平均场理论 $\gamma = 1$（同样对于 Bethe 点阵，参见表 8-4 空间维数≥6 一列）。

这些标度公式都是存在的，采用平均场方法（Bethe 点阵）可以求出确定的临界指数值（见表 8-4 中空间维数≥6 一列），然而这种方法求得的临界指数的值与相对分子质量较小的单体的实验数据比较有较大差异，这是平均场理论的局限性。

为准确地掌握系统在临界区的行为，一个较好的解决办法是采用连续相变的标度方法——临界逾渗模型来处理，因为逾渗模型对于研究非常接近逾渗转变点的临界区内的系统性质，如求解临界指数是相当准确的。上面讨论 Bethe 格子的结果可以推广到任何逾渗过程，尤其是二维、三维空间的凝胶化问题。但除了很简单的点阵结构以外，很多点阵网格上的逾渗过程得不到纯粹的解析解，只能用计算机模拟，求近似数值解。迄今一维、二维空间逾渗过程的临界标度指数已能严格求解，对于三维空间逾渗过程还只有近似的数值解。

对比用平均场方法和临界逾渗模型求得的临界指数的差异：

按平均场模型得到的临界指数值为

$$\sigma \approx 0.5 \qquad \tau \approx 5/2$$

而按三维空间逾渗过程得到数值解为

$$\sigma \approx 0.45 \qquad \tau \approx 2.18\text{(参见表 8-4)}$$

根据标度指数方程：

$$\beta = \frac{\tau - 2}{\sigma} \tag{8-27}$$

可以求得：平均场理论中，$\beta=1$；而在三维空间逾渗过程中，$\beta\approx0.41$(表 8-4)。

同样，根据标度指数方程

$$\gamma = \frac{3 - \tau}{\sigma} \tag{8-28}$$

可以求得：平均场理论中，$\gamma = 1$；而在三维空间逾渗过程中，$\gamma \approx 1.82$（参见表 8-4）。图 8-24 为实验得到的支化聚氨酯的重均相对分子质量 M_w 与相对反应度 ε 之间的关系曲线。由图求出曲线斜率为 $\gamma \approx 1.7 \pm 0.1$，可见实验结果与三维逾渗过程的处理结果十分相近，而与平均场的结果相差较大。这说明在讨论凝胶点附近的临界标度指数值和系统性质时，采用逾渗模型的结果更可靠。

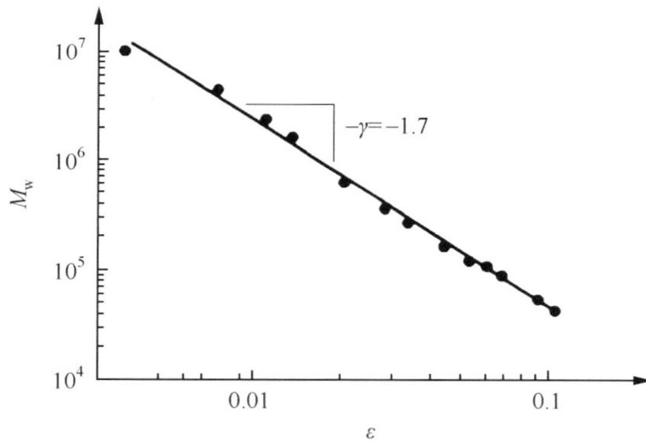

图 8-24　三官能度聚氨酯的重均相对分子质量与相对反应度的关系曲线

数据来自：Adam M et al. J Phys France 48，1987：1809

其他的临界指数还有无规支化聚合物的尺寸 R 与聚合度 N 的标度关系。

$$N \propto R^f \tag{8-29}$$

式中，f 为分形维数。

定义包含 N^* 个单体的特征聚合物的尺寸 ξ 为相关长度，由于分形性有

$$N^* \propto \xi^f \tag{8-30}$$

在凝胶点处由于 N^* 以指数 $1/\sigma$ 发散，所以相关长度 ξ 也发散，它与相对反应度 ε 之间有如下关系[对比式(8-8)]

$$\xi \propto (N^*)^{1/f} \propto |\varepsilon|^{-\nu} \tag{8-31}$$

指数 f、ν、σ 之间存在以下标度指数方程：

$$\nu = \frac{1}{f\sigma} \tag{8-32}$$

按平均场理论，$\nu=1/2$，$f=4$，$\sigma=1/2$。而按三维空间逾渗模型处理，得到$\nu\approx0.88$，$f=2.53$，$\sigma\approx0.45$(参见表 8-4)。实验同样证明，逾渗模型得到的临界指数更符合客观实际。

对于大分子的凝胶化过程，特别对长链分子的硫化过程，4.3.4 节已指出，平均场理论的结果是适用的。但是也应指出，在非常接近凝胶点处（p_c 附近）的情形，用临界逾渗模型来描写还是比平均场理论更合理、更精确。平均场理论的适用范围如图 4-24 所示。

最后对 Flory-Stockmayer 的平均场理论做简单评述：Flory-Stockmayer 理论是在逾渗模型出现之前，物理学家或化学家为解决手头问题，从实用角度创造数学工具的著名范例，具有重要的历史意义和价值。然而 Flory-Stockmayer 理论并不完善，现在得知，经典的 F-S 理论可以看成是后来发展起来的三维逾渗模型的重要的一级近似。尤其在凝胶点附近 F-S 理论只是定性地符合实际，而定量计算的结果误差较大。除上述临界指数存在差异外，求解临界反应度 p_c 也存在偏差。例如，对配位数为 4 的点阵，按照 Flory 理论临界反应度应为 $p_c=1/(z-1)=1/3$，但实际上对于金刚石结构这样的三维空间点阵(配位数等于 4)，发生键逾渗的 $p_c=0.388$，发生座逾渗的 $p_c=0.428$(参见表 8-2)。F-S 理论的缺陷主要在于 Bethe网络中不存在封闭的回路，这种网络使理论可以严格求解，但却限制了理论的真实性及对实验的应用。不存在封闭回路的假定在凝结反应的早期阶段可能问题不大，但在后期阶段则变得非常重要(图 8-21 左下方就有这样一个回路)。实际上凝胶巨分子本身就是含大量回路的网络结构。

8.3.4　凝胶的弹性模量

前已述及，对于一个电阻网络的逾渗过程，无穷大集团的连通程度 $\sigma(p)$ 相当于网络的电导率。对于溶胶-凝胶转变过程，则相当于凝胶的弹性模量。可用电导率或凝胶弹性模量作为宏观物理量来描述反应的程度。

凝胶化过程中，液态溶胶的弹性剪切模量等于零；发生溶胶-凝胶转变后，凝胶相(固相)弹性剪切模量随跨越键数的增加而增加。de Gennes 首先证明，凝胶体系的弹性模量作为跨越键浓度的函数行为与图 8-20 所示的连通率 $\sigma(p)$ 相同。

考察一个点阵模型，令单体 i 处于某一点阵座位置，并设连接它与最近邻点阵座之间的键中有一定百分率 p 的键为已反应的化学键，$p>p_c^{\text{bond}}$。于是该凝胶网络的弹性势能可以写成

$$E_{\text{elas.}} = \frac{1}{2}\sum_{i,j} k_{ij}(u_i-u_j)^2 \qquad (i,j=1,2,3\cdots) \tag{8-33}$$

式中，u_i 为单体 i 相对其平衡位置（点阵座位置 i）的位移；k_{ij} 为键 i-j 的力常数；若键 i-j 是连接的（概率为 p），力常数 $k_{ij}=k$；若键 i-j 是不连接的（概率为 $1-p$），$k_{ij}=0$。

对于处于平衡状态的单体 i，通过连接到相邻单体的键，作用于其上的力应相互抵消，即有

$$\sum_j k_{ij}(u_i-u_j)=0 \tag{8-34}$$

与电阻网络类比，从电路计算得知，当电阻网络外加一稳定电压时，每个节点 i 的平衡电势必满足 Kirchhoff（克希霍夫）定律，即无净电流流入节点 i

$$\sum_j \sigma_{ij}(V_i-V_j)=0 \tag{8-35}$$

式中，σ_{ij} 为 i-j 键的电导率；V_i 为作用在节点 i 上的电压。

对比可知，从逾渗角度来看电阻网络上的导电过程与凝胶网络上的力学性能完全相仿。式(8-34)与式(8-35)的等价性给出了两种过程在微观水平上的对应关系。在宏观上，电阻网络的键的电导率决定了整个网络的电导率，同样凝胶网络上的键的弹性模量也决定了整个凝胶的弹性模量。

凝胶的弹性剪切模量依赖于已形成的跨越键的百分率这一预言已被实验所证实。实验表明，凝胶剪切模量的函数形式完全类似于图 8-20 的曲线 $\sigma(p)$：在凝胶点为零，然后缓慢增加；在接近凝胶化阈值时，剪切模量满足 $\sigma\propto(p-p_c)^t$ 的标度律，对于三维网络 $t=1.65$。

8.4 无规密堆积及连续区上的逾渗过程

8.4.1 临界键数和临界体积分数

为了深入理解逾渗模型的实质和扩大逾渗模型的应用领域，考察、比较在不同维数空间、不同点阵结构上发生键逾渗和座逾渗过程的规律和重要参数。这些参数已列在表 8-2 中。由表可知，逾渗阈值是描述逾渗过程的重要参数，阈值高低与点阵结构的微观连接性相关。微观连接性越高的点阵，阈值越低，越容易发生逾渗过程。因此，相对而言，较高维数点阵比较低维数点阵的逾渗阈值更低。同一维数下，能提供更多微观连接性的点阵的阈值较低。对于同一点阵，键逾渗比座逾渗的阈值低。总之，逾渗阈值 p_c 对点阵局部结构的细节情况是很敏感的，它不像临界标度指数是“空间维数不变量”，因此在使用中带来一些不便。我们希望能有更适当的物理量来判断逾渗过程的发生，它们最好对点阵结构的细节差别不敏感，是空间维数不变量。只要维数确定（这很容易判断），无论何种点阵结构，都可以凭借该物理量确定逾渗转变是否发生。

现在我们考察表 8-2 中右方第 5、6、7、8 列给出的参数。第 5 列为配位数 z，它描述了规则点阵结构的微观连接性。第 6 列为填充因子 v，填充因子的狭义定义为中心在点阵座上、大小相同、彼此接触但不重叠的所有 d 维球在空间占据的体积分数。球的堆积填充情况不同，有时为无规密堆积，有时为规则密堆积，填充因子各不相同。参看图 4-10 比较了无规密堆积和六角形规则密堆积的差别。填充因子在一定程度也反映了点阵的微观连接程度。

表 8-2 中第 7、8 列的数据特别重要。第 7 列给出的是配位数 z 与键逾渗阈值 p_c^{bond} 的乘积 $z \cdot p_c^{\text{bond}}$，该乘积称为键逾渗的临界键数(critical bond number)。第 8 列给出的是填充因子 v 与座逾渗阈值 p_c^{site} 的乘积 $v \cdot p_c^{\text{site}} = \phi_c$，称为座逾渗的临界体积分数(critical volume fraction)。考察这两列数据可以发现，对于同一维空间中的不同点阵结构，虽然逾渗阈值 p_c 差别很大，但其临界键数 $z \cdot p_c^{\text{bond}}$ 几乎相同，临界体积分数 $v \cdot p_c^{\text{site}} = \phi_c$ 也几乎相同，差别很小。这表明，临界键数和临界体积分数均是对点阵微观结构很不敏感的量。或者说对逾渗过程而言，临界键数和临界体积分数均是"近似的空间维数不变量"。

这个结论极有价值。它告诉我们，临界键数和临界体积分数是量度逾渗转变的更重要的物理量，它们在更深层次反映了系统的微观连接性。如果用临界键数 $z \cdot p_c^{\text{bond}}$ 代替键逾渗阈值 p_c^{bond}，用临界体积分数 $v \cdot p_c^{\text{site}} = \phi_c$ 代替座逾渗阈值 p_c^{site} 来讨论逾渗转变过程，则无需计及点阵结构的细节，在同一维数下，凡是键逾渗都有相同的临界键数，凡是座逾渗都有相同的临界体积分数，从而使逾渗模型脱开了点阵微细结构的影响，具有更广泛、更普遍的应用价值。

8.4.2　无规密堆积结构上的逾渗过程

现在讨论一种新的逾渗过程——无规密堆积结构上的逾渗过程。无规密堆积是一种拓扑无序结构，与前面讨论的点阵结构不同，这里不存在规则的空间点阵结构，它属于一种非均质结构。显然，在其中发生的逾渗过程是一种更高程度的随机几何系统，它把无序产生的统计变量(如空座和已占座)叠加到本身是拓扑无序的结构上。

考察图 8-25 所示的一种经典实验。在大酒杯底部放置一块铝箔，连着电池一极；将大小相同的塑料球和金属球按一定比例混合，倒入杯中"摇匀"，以得到无规密堆积分布的结构。用第二块软铝箔压在混合球的顶部，通过安培计连到电池的另一极。可以想象，当混合球中金属球成分达到一定百分数时，会有电流通过回路。

设杯中金属球的百分比为 p，改变 p 值，通过实验可得到电流 I 与相应 p 的函数关系 $I(p)$。现在问：函数 $I(p)$ 的形式如何？能使电流通过杯子的金属球最小百分比 p_c 是多少？

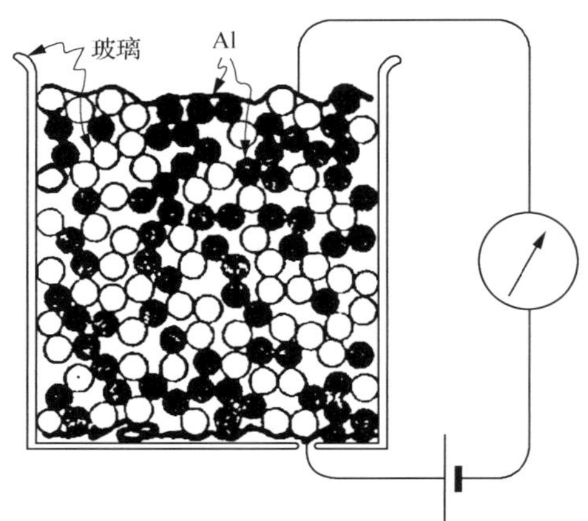

图 8-25　无规密堆积结构中逾渗过程示意图

引自：Fitzpatrick J P, Malt R B, Spaepen P. Phys Lett A47, 1974: 207

如果图中的球不是按无规密堆积，而是按面心立方晶体结构排列，那么电流导通的临界金属球百分比 p_c 可从表 8-2 的第 4 列得知，即面心立方晶体的座逾渗阈值 p_c^{site} (fcc)＝0.198。但是，怎样处理像无规密堆积这样的非晶形点阵上的座逾渗问题呢？或者如何处理根本无点阵可言的情形呢？

一种实用的方法是抛弃逾渗阈值，而采用表 8-2 中引入的临界体积分数 $v \cdot p_c^{site} = \phi_c$ 作为判别座逾渗过程发生的判据。上面已经指出，ϕ_c 对座逾渗过程是近似维数不变量，只要空间的维数确定，ϕ_c 值就近似不变。利用这一性质，就可以通过计算某一规则点阵结构的 ϕ_c 值，来讨论同维空间中，无规密堆积结构或完全无点阵可言的系统中的逾渗转变问题，使逾渗模型的应用范围扩展。

现在回答前面提出的问题。对于图 8-25 实验中的无规密堆积球结构，假定其填充因子 v 略低于最佳无规密堆积时的值 $v_{max}=0.637$，近似为 0.60。从表 8-2 查出三维空间的临界体积分数 $\phi_c(d=3)=0.16$，于是得到无规堆积球结构的座逾渗临界阈值

$$p_c^{site} = \frac{\phi_c}{v} = \frac{0.16}{0.6} = 0.27 \tag{8-36}$$

这意味着，当混合球中金属球的百分数达到并超过 27％时，回路中应该开始出现电流。这一推论与实验观测到的结果相符。超过该阈值，电流随金属球百分比的变化规律类似于图 8-20 中的曲线 $\sigma(p)$ 的走势。

在材料科学实验中经常会遇到类似的问题。在合金、无序复合材料、填充或共混高分子材料的制备过程中，都有一个混合比例与系统性质的关系问题。例如，在惰性气体元素固体中混入碱金属，形成原子混合物 Rb_xKr_{1-x} 和 Cs_xXe_{1-x} 等，碱金属原子弥散在基体中。在低温下将其制成薄膜形式，结果表明当碱金属原子体积

分数近似为 16%（ϕ_c）时，略微改变组分，即增、减碱金属原子的比例（x），就将发生绝缘体→金属的转变。这是一种原子尺度上的逾渗过程。又如，将 Nb_3Sn（铌锡合金）丝混嵌在铜线里，组成一个无序系统，Nb_3Sn 丝达到一个确定的比例，就会发生正常导体→超导体的转变。把光导材料混到绝缘的“黏着剂”中，光导材料的量达到一定比例时，混合物具备光导性。

8.4.3　逾渗阈值与微观连接性的关系

从前面的讨论得知，在逾渗阈值附近键逾渗的临界键数和座逾渗的临界体积分数是量度逾渗转变更重要的物理量。它们的最大特点是对不同点阵的细节结构差异不敏感，均是近似维数不变量，因而适用范围更广。

考察临界键数和临界体积分数这两个物理量的意义。键逾渗的临界键数等于 $z \cdot p_c^{\text{bond}}$，即配位数 z 与键逾渗阈值 p_c^{bond} 的乘积。由表 8-2 得知，对于三维空间的逾渗过程，临界键数大约等于 1.5。这意味着在任一种三维点阵上发生键逾渗转变时，从每一个点阵座平均能“看见”大约一条半连接键。因此临界键数的意义可以理解为，在逾渗阈值处，每一个点阵座平均具有的已连接键数。由于配位数 z 的物理意义十分清楚，它量度了点阵结构的微观连接性，因此发生键逾渗转变时，只要知道了点阵结构的 z 值，就可以根据 $z \cdot p_c^{\text{bond}}$ 在一定维数下近似等于常数，求出该点阵结构的逾渗阈值 p_c^{bond}。

临界体积分数的意义前已讨论。座逾渗的临界体积分数等于 $v \cdot p_c^{\text{site}} = \phi_c$，即填充因子 v 与座逾渗阈值 p_c^{site} 的乘积。其中填充因子 v 是基于大小相同的球的堆积而定义的，可看成是堆积球占据空间的效率，实际上它描述了点阵结构的一种广义微观连接性。由于 $v \cdot p_c^{\text{site}} = \phi_c$ 也是近似维数不变量，因而发生逾渗转变时只要知道系统的 v 值，同样容易求得该系统的座逾渗阈值 p_c^{site}。

由此可见，逾渗阈值（p_c^{bond}、p_c^{site}）与量度点阵结构微观连接性的量（z、v）关系十分密切。图 8-26 给出了在三维空间点阵的这种关联性。其中图 8-26(a)纵轴为座逾渗阈值的倒数 $1/p_c^{\text{site}}$，横轴为填充因子 v，对于不同类型的点阵结构[面心立方(fcc)、体心立方(bcc)、简立方(sc)、金刚石、无规密堆积(rcp)]，两个坐标量之间的关系都落在同一条直线上，直线斜率刚好等于 ϕ_c^{-1}。这表明，量度逾渗过程发生的量（阈值的倒数 $1/p_c^{\text{site}}$）与量度结构连接性的量（v）紧密相关。同样，图 8-26(b)也显示出键逾渗过程中逾渗阈值 p_c^{bond} 与配位数 z 之间的紧密关联性。

这种关联性十分重要，具有深刻的物理意义。它明确指出，一个体系中宏观物理性质发生逾渗转变的内在本质，是体系内部的某种微观连接性发生了突变。这一点恰好揭露出逾渗转变过程的实质。

最后，简单比较一下两种微观连接性的差别。通常在讨论键逾渗转变时，愿意采用配位数 z 量度微观结构的连接性；讨论座逾渗转变时，多采用填充因子 v 量度

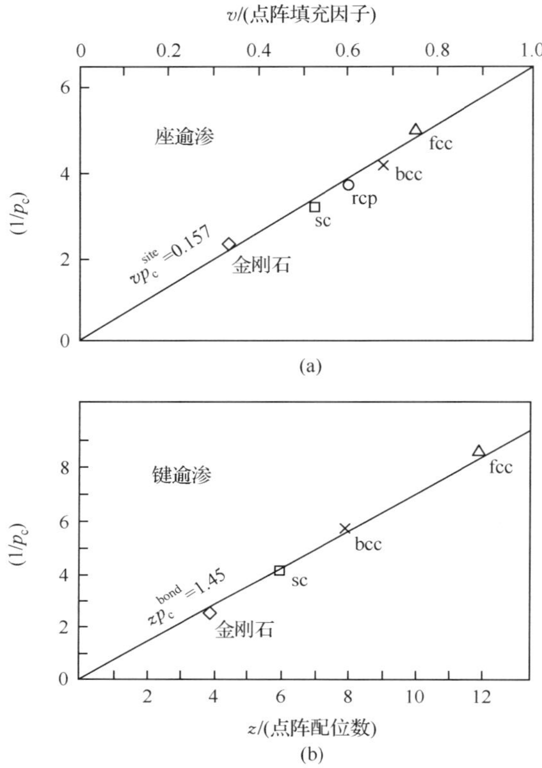

图 8-26　三维点阵的逾渗阈值与点阵微观连接性的关系

(a) 座逾渗，逾渗阈值的倒数与填充因子的关系；(b) 键逾渗，逾渗阈值的倒数与配位数的关系

微观结构的连接性。这主要是从讨论的方便性来考虑的，二者的差别类似于考察连续无规网络或考察无规密堆积结构的区别。实验表明，对于在原子或分子尺度上有成键过程发生的体系，如量度共价键固体的连接性时（如硫化、溶胶-凝胶转变），用配位数 z 比较恰当；而在量度一个无规则连续统上，因混合而发生的各组分在介观结构上的连接性时，用填充因子 v 比较适宜。

8.4.4　无规则连续区上的逾渗过程

现在讨论一种更随机的无序结构，这类结构无点阵，无间断结构，实质是一种“完全无序”的连续结构。图 8-27 给出这种不规则几何结构的一个例子。在这种结构中的逾渗过程称为无规则连续区上的逾渗过程，它比无规密堆积结构的无序层次（非均质性）还要高。

由于该类结构中无点阵座和连接键，因此逾渗阈值的概念在这里不成立。之所以对这种结构也可以讨论逾渗转变，一个重要的理由是因为有了“临界体积分数

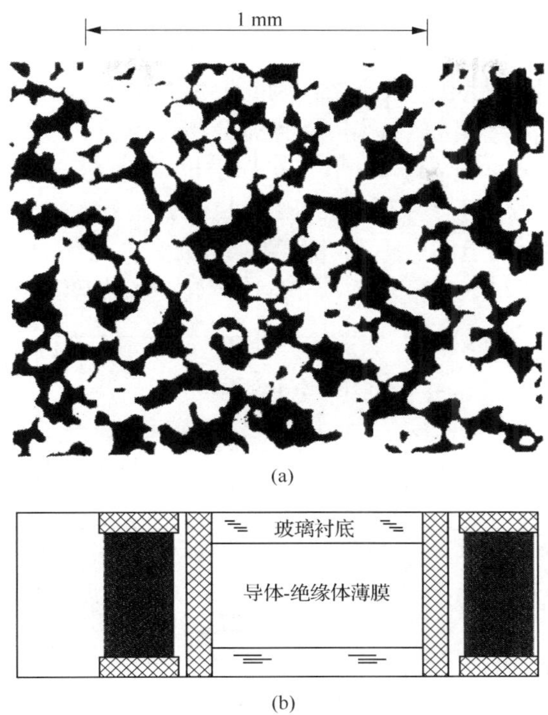

图 8-27　无规则连续区上的逾渗过程，具有随机几何结构的导体-绝缘体薄膜

(a) 一小段薄膜的放大图，黑区部分为金属膜；(b) 导体-绝缘体薄膜与厚金属电极(交叉线区)连接

ϕ_c”作为逾渗转变的判据。ϕ_c 这个概念不需要点阵，使我们的研究范围大大扩展。需要指出的是，这里连续区上的结构应是无序和不规则的，无序程度越高，讨论逾渗转变的意义和价值越大。

原则上来说，讨论逾渗过程的实质是讨论系统宏观和微观(亚微观)连接性的变化和联系。在图 8-27 的例子中，是在一块“大”玻璃板上，通过光刻复制和蒸发沉积得到如花斑图样的导电金属薄膜(图中的黑区部分为金属，能导电；白区部分为玻璃，不能导电)。现在问：当电压加到玻璃板薄膜的两对边时，黑区部分占多大比例，薄膜才是导电的？薄膜的电导率与金属区所占的面积分数的关系如何？这是一个典型的二维无规连续区上的逾渗转变问题。问题的实质就是讨论其中黑色组分应有多大比例及如何分布(微观连接性)，才能从左边渗透到右边，形成导电通路(宏观连接性)。显然这与黑色组分的多少及分布情况有关。假如分布是完全无序的，面积分数 ϕ 将是关键因素。ϕ 可以看成是对连续集(空间位置)的占据百分率，正如连接键百分率 p 是对位置的间断集(即点阵座)的占据百分率一样。

我们对这种花斑图样相当熟悉，因为在研究多相聚合物体系的并用、共混、复合时，各聚合物组分的分布形态图(显微照片或电镜照片)与此十分相像。

实验结果见图 8-28。由图 8-28 可见，当黑区(金属区)所占的面积分数小于 0.45±0.03 时，薄膜不导电。换言之，薄膜的导电性发生逾渗转变的临界面积分数 ϕ_c 为 0.45±0.03，与表 8-2 给出的数据完全吻合。当 ϕ 大于 0.45±0.03 时，薄膜的归一化电导率 σ/σ_0 随 ϕ 单调增长。可以求出，$\sigma\propto(\phi-\phi_c)^t$ 中的临界指数 $t=1.2\sim1.3$，与表 8-4 给出的 $t=1.1$(二维空间)十分接近。表 8-4 中的数据是根据在二维无规电阻网络的空间点阵上所做的计算机实验得到的。可见，在无规连续区上逾渗转变的临界指数与常规的(点阵)逾渗转变的临界指数十分相近。

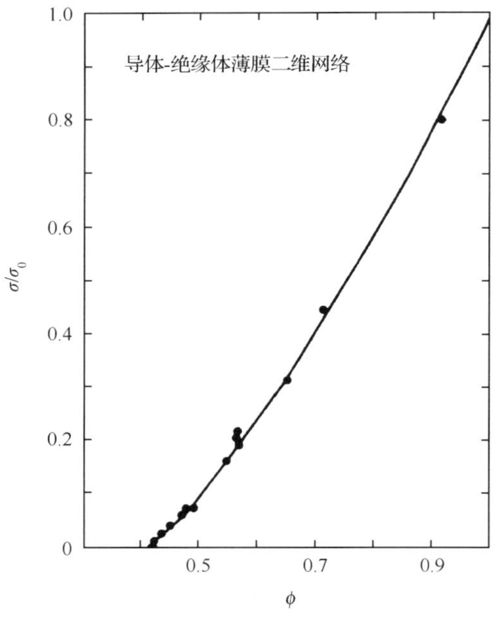

图 8-28 导体-绝缘体薄膜中电导率与金属区面积分数 ϕ 的关系

需要指出的是，图 8-27 中的黑、白两区虽然是无序分布的，但并非完全无序。或者说图中黑、白两区的无序性不对称。例如，黑区的外沿多呈凹的会切形，而白区的外沿多呈现凸的圆弧形。这种不对称性将会影响临界面积分数的值。研究表明，在具有黑白完全对称性的无序系统中，二维连续区上逾渗转变的 ϕ_c 等于 1/2，而不是 0.45。ϕ_c 的这一性质值得很好注意，尤其在考察多相聚合物体系的共混相图时。

8.5　逾渗过程的几种推广

8.4 节中，通过引入临界键数和临界体积分数的概念，把常规的规则点阵上的逾渗模型扩展到极不规则的无规密堆积结构和无规连续区上的逾渗过程中，这是对经典逾渗模型的一个有用的推广。本节将讨论逾渗过程的另外几个推广。

8.5.1　座-键逾渗过程

座-键逾渗过程是对经典逾渗过程的最简单的推广。座-键逾渗过程中，假定点阵中的座和键都是被随机占据或连接的，概率分别为 p^{site} 和 p^{bond}。在图 8-16 所示的管道系统例子中，座-键逾渗过程相当于阀门既可以放在接头处，也可以放在管道中间。体系的成分由两个独立变数 p^{site} 和 p^{bond} 确定。要出现逾渗通路，p^{site} 和 p^{bond} 都必须足够大，而且两独立变数之间相互依赖，共同决定逾渗转变的发生。

座-键逾渗过程是描述溶胶-凝胶转变的一个更好、更自然的模型。8.2.4 节中曾用键逾渗过程作为溶胶-凝胶转变的模型。模型中“单体”分子占据了点阵结构的全部点阵座，而逾渗阈值则是相邻单体之间经过反应形成化学键的临界概率 $p_{\text{c}}^{\text{bond}}$。这种纯键逾渗模型的缺点是未包括溶剂分子(水)，实际上溶剂的存在有使反应“单体”稀释的效应。点阵座既可能被“单体”分子占据，也可能被溶剂分子占据。

采用座-键逾渗模型可以处理溶胶-凝胶转变中的这种稀释效应。新模型中允许每一点阵座既可被“单体”分子占据，概率为 p^{site}；也可被惰性分子(溶剂)占据，概率为 $1-p^{\text{site}}$。由反应键(概率为 p^{bond}) 连接起来的一系列“单体”已占座构成连接集团，即凝结反应产物。显然，体系中最后是否形成凝胶化转变，既取决于单体分子的多少(概率为 p^{site})，也取决于单体的反应程度(概率为 p^{bond})。

图 8-29 给出一个二维正方形点阵上座-键逾渗过程的相图。图中纵轴为 p^{site}，横轴为 p^{bond}，图中实线代表相边界，它将逾渗区(标有“凝胶”)与非逾渗区(标有“溶胶”)分开。当体系的成分坐标点落在“凝胶”区时，将出现无穷大凝胶集团；若落在“溶胶”区，集团是有限的。

沿图 8-29 上部的横轴，有 $p^{\text{site}}=1$，而 p^{bond} 变化。这说明在这条水平线上，全部点阵座均为“单体”已占座，而反应键的数目是变化的。实质上它相应于 8.2.4 节中用纯键逾渗描述的情形。溶胶-凝胶转变曲线(相边界)与该轴的交点是：$p^{\text{bond}}=p_{\text{c}}^{\text{bond}}=0.5$，正是键逾渗的阈值。

类似地，图中右方的纵轴相应于纯座逾渗。该垂线与溶液-凝胶相边界的交点是：$p^{\text{bond}}=1$；$p^{\text{site}}=p_{\text{c}}^{\text{site}}=0.593$。物理意义是当“单体”已占座的概率为 0.593 时(即座逾渗阈值)，必须百分之百的“单体”全部反应成键，才能形成凝胶大集团。

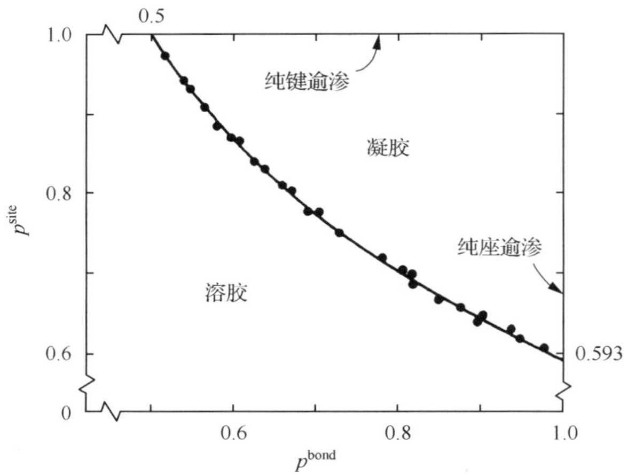

图 8-29　二维正方形点阵上的座-键逾渗过程的相图

实线分开逾渗区(标有凝胶)和非逾渗区(标有溶胶)

连接这两个代表两种“纯逾渗”极限情形的阈值点，是一条光滑连续的相变曲线。曲线上的每一点都代表座-键逾渗过程中的一对逾渗阈值(p_c^{bond}、p_c^{site})，不同点对应的逾渗阈值不同。

允许座和键均可无规地、独立地、不相关地占据(一般有不同的概率：$p^{site} \neq p^{bond}$)，会出现一端或两端都是空座的占据键。作为凝胶化转变的模型，这类占据键没有物理意义，它们不代表反应形成的化学键。幸好这类键对集团连接性并无贡献，因为它们要不就是死端(一个端点是空座)，要不就是完全孤立的(两个端点均为空座)。所以它们并不影响无穷大集团(凝胶巨分子)是否存在，因而也不破坏整个模型。

8.5.2　多色逾渗过程和扩程逾渗过程

1. 多色逾渗过程

常规逾渗过程相当于只研究黑、白两色的问题，统计规定初态函数只能取两个值中的一个，例如“占据的”或“空的”；“畅通”或“堵塞”。实际过程中，有时态函数允许取三个或更多个间断的值，研究这种体系上的逾渗过程称为多色逾渗(multi-colors percolation)过程。

在多色座逾渗过程中，每一点阵座既可以被一个某种颜色的“粒子”占据，也可以被一个另外一种颜色的“粒子”占据。若相邻的点阵座被相同颜色的粒子占据，则这两个相邻座就是连接的，构成一个集团。

类似地，在多色键逾渗过程中，每一条键既可能被某种颜色的“流体”渗透，也可能被另外一种颜色的“流体”渗透。渗透到相同颜色的流体的相邻键是连接的。

图 8-30 给出了二维正方形点阵上的一个有三种颜色的座逾渗过程，即三色座逾渗过程。三种态或三种粒子分别用“●”、“□”和“×”表示，浓度分别为 45%、45%和 10%。三种粒子分别占据着不同的点阵座。

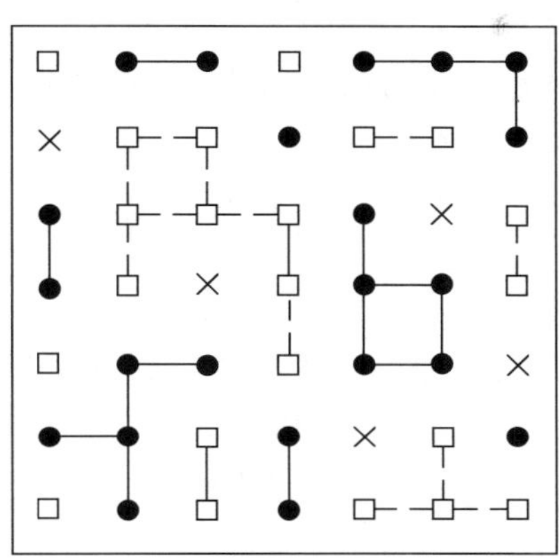

图 8-30　二维正方形点阵上的三色逾渗过程示意图

由表 8-2 得知，二维正方形点阵的座逾渗阈值 $p_c^{site}=0.593$，对比看来，三种粒子的浓度都不够大，因此没有一种能发生逾渗转变，体系中不存在无穷大集团。但假如点阵结构是在三维(或更高维)空间的点阵结构，情况会变得十分有趣。由于高维空间的座逾渗阈值 p_c^{site} 相对较小，于是可能会出现几种不同颜色的粒子同时发生逾渗转变，体系中有几个无穷大集团同时共存的状态。

例如，在三维简立方点阵结构中，由表 8-2 得知座逾渗阈值 $p_c^{site}=0.311$。对比图 8-30 的粒子浓度得知，“●”与“□”两种组元的浓度(已占座浓度 $p=0.45$)均大于逾渗阈值 p_c^{site}，因此均已发生逾渗转变，体系中形成两个扩展的、互相盘绕的无穷大集团并存的状态。例如，一块海绵中有几种不同颜色的海绵(无穷大集团)共存就是这种情形，或者想象在不同的层页之间同时有几个穿来穿去，互为交错的三维逾渗通路。高分子材料互穿网络体系(IPN)也属于多色逾渗的情形。两种高分子各自交联，形成各自交联的网络，同时两种高分子网络互相穿透，纠缠在一起，形成一种材料。这种材料会同时具备两种高分子的性能。

多色逾渗过程在二维点阵结构中不能发生，而在三维或更高维点阵结构中发生的事实，与点阵结构的微观连接性的高低有关。二维正方形点阵的配位数等于 4，微观连接性较低；三维简立方点阵的配位数等于 6，连接性较高。从表 8-2 得知，高连接性的体系具有较低的逾渗阈值，较易发生逾渗转变。因此可以说，一个点阵结构要有低逾渗阈值的基本前提是该点阵的微观结构具有高连接性。

为便于理解，举例说明多色逾渗过程。考察一个由三种单元组成的电阻网络，三种单元分别是：理想绝缘体、普通导体和超导体，其浓度分别为 p_0、p_1、p_∞。该宏观网络的物理性质究竟是绝缘的、导电的还是超导的，取决于这些浓度的值。假若 $p_\infty > p_c^{site}$，则无论 p_0 与 p_1 的值是多少，系统是超导的。假若 $p_1 > p_c^{site}$，同时 $p_\infty < p_c^{site}$，则系统是正常导体。倘若由导体和超导体单元组成的复合网络是逾渗的，而每一组元单独均不逾渗（$p_1 < p_c^{site}$，$p_\infty < p_c^{site}$，但 $p_1 + p_\infty > p_c^{site}$），则系统也是正常导电的。只有当导体单元与超导体单元联合起来也不能实现逾渗转变时（即 $p_1 + p_\infty < p_c^{site}$，或等价地 $p_0 > 1 - p_c^{site}$），宏观系统才是绝缘的。上述这些条件将成分场分成三个区，构成这一多色逾渗体系的相图。

2. 扩程逾渗过程

多色逾渗过程在标准的二维空间点阵的座逾渗过程中不可能发生，因为从表 8-2得知，几种常见的二维点阵结构的座逾渗阈值 p_c^{site} 均大于 0.5。对二维点阵结构，无界的黑海绵不可能与无界的白海绵共存。要实现二维空间的多色逾渗过程还有另一途径——扩程逾渗(extended percolation)。

还是从微观结构的连接性考虑。已知降低逾渗阈值的基本方法是提高系统微观结构的连接性。对于低维(二维)空间点阵，要提高连接性可以采用扩大成键范围的方法。去掉只有最近邻点才能成键的限制，允许次近邻点之间也能成键，使系统的微观连接性提高，逾渗阈值降低。使原本不能发生逾渗转变的组分，有可能形成无穷大集团，发生逾渗转变。这种逾渗过程称为扩程逾渗过程。

例如，图 8-31 的二维正方形点阵上有三色粒子(“●”、“□”和“×”)浓度分别为 45%、45%和 10%。三种粒子分别占据着不同的点阵座，但若只允许同色粒子最近邻点才能成键，则三种粒子都不能构成无穷大集团(阈值 $p_c^{site} = 0.593$)，体系

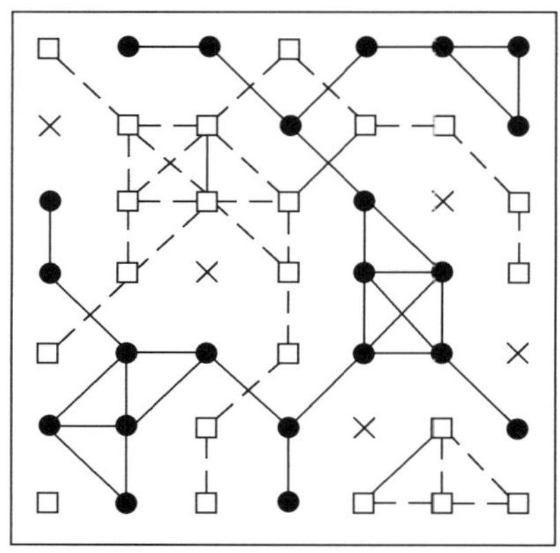

图 8-31　二维正方形点阵上的扩程逾渗过程示意图

成键范围扩大到次近邻座时，有两种颜色发生了逾渗

中未发生任何逾渗转变。但若扩大成键范围，令点阵座之间的成键性扩大到次近邻座，使每个点阵座的配位数 z 从 4 增大到 8，系统的微观连接性提高，座逾渗阈值降至 $p_c^{site}=0.41$。此时系统中有两种组分“●”和“□”的浓度（$p=0.45$）都超过阈值，发生逾渗转变，而且是一种多色逾渗过程，系统中同时存在两个前后左右贯通的大集团。

8.6　逾渗模型在高分子研究中的应用举例

8.6.1　橡胶增韧塑料中的逾渗现象

逾渗模型能够定量处理在庞大无序系统中因内部相互连接程度的变化所引起的逾渗转变（突变效应），并在大量的物理、化学、生物及社会现象中得到应用，必然也引起高分子科学家的兴趣。8.1 节中介绍的各种高分子非均质体系中，有许多属于类同的情形：在微观或介观层次体系具有杂乱无序和随机、复杂的几何结构或成分结构，但在内部结构或相互连接性变化到一定程度时，体系的某种物理、力学性能会发生突变，材料得到一种全新的性能。因此应用逾渗模型这一相对简单的直观模型来说明聚合物高性能化和功能化改性研究中的一些现象是有意义的。

从图 8-8 中看到，在橡胶增韧改性塑料时，随着弹性体添加份数的增多，塑料基体的抗冲击韧性会发生大幅变化。其中在脆-韧转变区（brittle-ductile transition，BDT），体系的韧性发生突变，这种变化具有逾渗转变的特点。

20 世纪 80 年代，Du Pont 公司的 Wu Souheng 首先应用逾渗模型半定量地分析了聚合物共混增韧改性中的脆-韧转变现象。研究的体系为橡胶增韧 PA66。Wu 假设混入塑料基体的橡胶颗粒以等直径的圆球状随机分布在基体中，圆球直径为 d。由于橡胶颗粒与塑料基体的模量、泊松比及膨胀系数不同，在冲击受力过程中橡胶粒子产生应力集中效应，在橡胶粒子的周围基体中会形成厚度为 $L_c/2$ 的平面应力体积球，如图 8-32 所示。L_c 称为临界基体层厚度，而平面应力体积球的直径为

$$S=d+L_c \tag{8-37}$$

共混的橡胶含量少时，平面应力体积球分散远离，相互不发生关联，如图 8-33(a)所示。橡胶含量逐渐增大，平面应力体积球相互靠近。Wu 认为，当橡胶填充量足够大时，使相邻的两个橡胶颗粒的平面应力体积球之间的距离 L 小于或等于临界基体层厚度 L_c（$L\leqslant L_c$），即相邻的应力体积球发生关联，塑料基体中将出现贯穿整个剪切屈服区域的逾渗通路，共混体系将发生脆-韧转变，体系的抗冲击强度发生突变，如图 8-33(d)所示。

设发生逾渗转变时平面应力体积球的体积分数为 ϕ_{sc}，则相应的橡胶颗粒的体

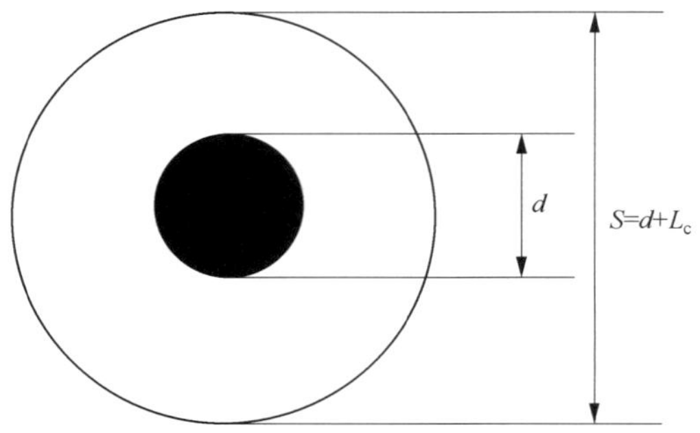

图 8-32　平面应力体积球示意图

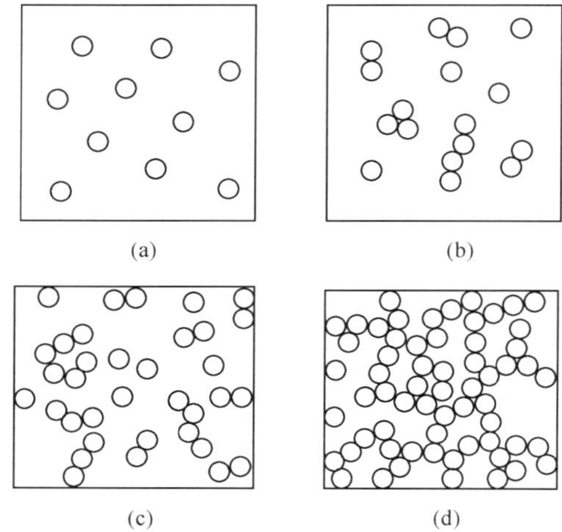

图 8-33　平面应力体积球形成逾渗通路示意图

积分数为 ϕ_{rc} 等于

$$\phi_{rc}=\phi_{sc}(d/S)^3=\phi_{sc}\left(\frac{d}{d+L_c}\right)^3 \tag{8-38}$$

式中，ϕ_{sc}、ϕ_{rc} 分别称为临界平面应力体积球体积分数和临界橡胶颗粒体积分数。若可以从实验求得发生逾渗转变时的 ϕ_{rc}，则临界平面应力体积球体积分数 ϕ_{sc} 可从式(8-38)求得。前提是橡胶颗粒的平均尺寸 d 和临界基体层厚度 L_c 必须已知，而影响这两个参数的因素相当多。影响临界基体层厚度 L_c 的因素除去前面提到的橡胶颗粒与塑料基体的模量、泊松比及膨胀系数以外，还与橡胶与基体的相容性，两相界面结合的强度，基体的结晶性、结晶度、结晶形态，形变的形式、温度、时间等有关。影响橡胶颗粒平均尺寸 d 的因素则可列举橡胶与基体的质量比、体积比及黏度差别，两相相容性以及共混工艺条件等。

Wu 假定橡胶颗粒为大小相同的球形，并以简单立方点阵的形式分布于基体中，给出一个计算临界基体层厚度 L_c 的公式

$$L_c = d_c\left[\left(\frac{\pi}{6\phi_{rc}}\right)^{1/3} - 1\right] \tag{8-39}$$

于是，只要从实验求得发生逾渗转变时的橡胶颗粒平均尺寸 d_c，就可得到临界基体层厚度 L_c。Wu 由此提出一个塑料基体发生脆-韧转变的 L_c 判据，认为只要分散的橡胶颗粒的中心距小于或等于 L_c，脆-韧转变即将发生。

如果橡胶增韧塑料的脆-韧转变行为确实是一种逾渗现象，则在逾渗阈值附近逾渗概率 P 和连通率 σ（这里应为材料的抗冲击强度 I_S）将符合一定的标度律，即抗冲击强度 I_S 在临界区将满足式(8-40)

$$I_S \propto (\phi_s - \phi_{sc})^g \tag{8-40}$$

式中，g 为临界指数。许多研究者都得到 $\ln I_S$ 与 $\ln(\phi_s - \phi_{sc})$ 的函数关系为一条直线，定性地符合以上公式。但是求出的临界指数 g 的值与表 8-4 的指数值不尽符合。

另外，L_c 判据虽有一定的道理，但 L_c 的计算却相当困难，因为式(8-39)中橡胶颗粒尺寸 d_c 的数据会比较分散。Wu 本人也认为实际发生脆-韧转变时的应力体积球分数 ϕ_{bc} 与临界平面应力体积球体积分数 ϕ_{sc} 之间存在着微小差值 δ，$\delta = \phi_{bc} - \phi_{sc}$。于是式(8-38)应修正为

$$\phi_{rc} = (\phi_{sc} + \delta)\left(\frac{d}{d + L_c}\right)^3 \tag{8-41}$$

若从另一种角度考虑，如果认定橡胶增韧塑料属于一种在三维空间的不规则几何结构的连续区上的逾渗现象，根据"临界体积分数 ϕ_c"与点阵结构的细节无关，是一个"近似维数不变量"这一结论，借用 Wu 提出的平面应力体积球体积分数的概念，我们可以设定"临界平面应力体积球分数 ϕ_{sc}"作为逾渗转变的判据。

根据逾渗模型得到在三维空间发生逾渗转变的 ϕ_{sc} 值，并从实验得到发生逾渗转变时的临界橡胶颗粒体积分数 ϕ_{rc}，可以求出临界基体层厚度 L_c 与临界橡胶颗粒尺寸 d_c 的比值：

$$\frac{L_c}{d_c} = \left(\frac{\phi_{sc}}{\phi_{rc}}\right)^{1/3} - 1 \tag{8-42}$$

作者曾长期从事橡胶增韧塑料和非弹性体增韧塑料的研究，体系为采用氯化聚乙烯(CPE)或 ABS 增韧改性硬质聚氯乙烯(R-PVC)。在 PVC/CPE 体系中，得到 CPE 添加的质量份数为 8 份时，体系的抗冲击强度开始明显增加。如果认为这是发生逾渗转变的阈值，则 $\phi_{rc} = 0.074$。由表 8-2 查得在三维空间发生逾渗转变的临界体积分数为 0.16±0.02，即 $\phi_{sc} = 0.16 \pm 0.02$，代入式(8-42)求出在该体系中 $L_c/d_c \approx 0.26$。

这表明在 PVC/CPE 体系开始发生明显增韧效果时，分散在 PVC 基体中的 CPE 粒子的中心距大约等于粒子直径的 1.26 倍。这时在 PVC 基体中由于 CPE 粒子的应力集中效应的叠加将出现贯穿整个基体的剪切屈服区域——逾渗通路，共混体系将发生脆韧转变，体系的抗冲击强度发生突变。

添加的 CPE 份数越多，粒子间形成的逾渗通路越丰满，增韧效果越显著，如图 8-8所示。图 8-34 是作者得到的 PVC/CPE＝100/10 体系中，CPE 在 PVC 基体中分散形态的电镜照片。此时 CPE 的用量已超过逾渗阈值，CPE 在 PVC 基体中形成一个分散良好的网络，如图 8-34(b)所示，体系的韧性明显提高。有趣的是 CPE 的分散状态与共混工艺有关，图中三张照片的差别是共混时间不同。可以看到，共混时间偏短或偏长，CPE 形成的网络不够好，结果影响到增韧效果。这些事实不能用逾渗模型来解释。

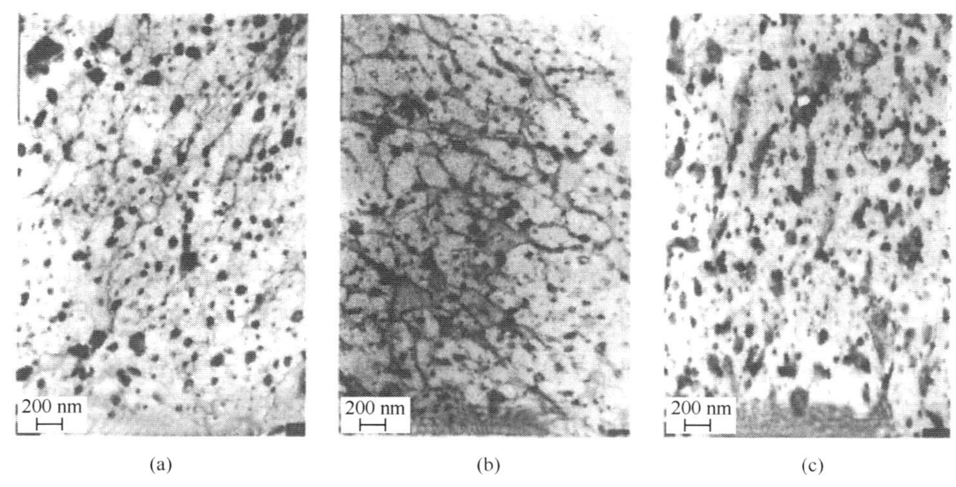

图 8-34　不同共混时间下，CPE 在 PVC 基体中的分散形态(TEM 照片)
PVC/CPE＝100/10，共混温度 170℃。
共混时间：(a) 10min；(b) 14min；(c) 18min

实际上通过研究可以体会到，橡胶增韧塑料中虽有逾渗现象发生，但它并非属于典型的逾渗问题。一是基体本身有一定的韧性，因此冲击强度的转变并非从无到有的转变。二是逾渗阈值应当是一个非常尖锐的转变点，但塑料基体的脆-韧转变点不是一个确定的点，而是一个小区域。三是影响橡胶增韧塑料的因素非常多，这些因素不可能全部用逾渗模型涵盖。逾渗模型毕竟只是一个唯象性的数学模型，它不能说明增韧过程中复杂的物理、化学、界面等问题。但是逾渗模型对于我们更好地理解塑料基体的脆-韧转变有所裨益。

最后指出，在橡胶增韧塑料的逾渗现象中，抗冲击强度 I_S 应当相当于逾渗函数中的连通率 $\sigma(p)$，而不是逾渗概率 $P(p)$。连通率与逾渗概率在发生逾渗转变时(临界区附近)的行为大不相同(参见 8.2.3 节)，其临界指数也完全不同。国内有些文章中对二者不加区分，读者应予以鉴别。

8.6.2　复合型导电高分子的逾渗现象

复合型导电高分子是指以绝缘的有机高分子材料为基体，与其他导电物质以均匀分散复合、层叠复合或形成表面导电膜等方式制得的有一定导电性能的功能性复合材料，具有成型简便、质量轻、可在大范围内根据需要调节电学和力学性能、成本低廉等优点，因而得以重视。

复合型导电高分子的基体有热固性和热塑性树脂(如环氧树脂、酚醛树脂、不饱和聚酯、聚烯烃等)，也有合成橡胶(如硅橡胶、乙丙橡胶)。常用的导电填料有碳类(石墨、炭黑、碳纤维、石墨纤维等)、金属类(金属粉末、箔片、丝、条或金属镀层的玻璃纤维、玻璃珠等)、金属氧化物(氧化铝、氧化锡等)以及本征性导电高分子粒子(ICP，如聚苯胺、聚吡咯等)。其中以导电炭黑(CB)填充最为广泛。

复合型导电高分子的导电机理是一个复杂问题，它涉及导电通路如何形成以及形成通路后如何导电两个问题，迄今尚无一种理论模型能够解释所有的实验事实。研究表明，当复合体系中导电填料的含量增加到一个临界值时，体系的电导率会突然上升，变化幅度达 10 个数量级左右，如图 8-12 所示。这说明在临界值点附近导电填料的分布开始形成导电通路，这一现象可以用逾渗模型予以说明。也有研究表明，除与填料相关外，材料电导率的变化尚与基体的自身特性、加工条件等因素有关；对微细粒子填充而言，组成逾渗网络的最小单位不是单个粒子，而是紧密堆积的聚集体。一些文献把电导率突变的现象称为临界(critical)现象、絮凝(flocculation)现象或离析(segregation)现象。

下面简单介绍几种描述复合型导电高分子电导率(或电阻率，二者互为倒数)变化的典型理论模型及相关问题。

1. 逾渗理论模型

经典的唯象逾渗模型

最早用于说明复合型导电高分子性能突变的逾渗模型是 Kirkpatrick、Zallen 等提出的经典模型。他们利用导电网络与高分子网络的相似性，借用 Flory 的凝胶理论描述导电网络的形成(参考 8.3.3 节)。设想在填料超过临界浓度之后，导电粒子聚集体展开，并像无规链一样偶联着，形成导电网络。根据经典逾渗模型，在临界点附近，电导率的变化符合标度公式

$$\sigma = \sigma_f(\phi - \phi_c)^x \tag{8-43}$$

式中，σ_f 为填料的电导率；ϕ 为填料的体积分数；ϕ_c 为发生逾渗转变的临界体积分数；x 为与空间维数相关的临界指数。

式(8-43)与表 8-4 中的第二行公式十分相似，只是以体积分数 ϕ 代替了原公式中的连接键百分率 p。临界指数也不同。这里的临界指数典型值，对二维体系(面)$x=1.3$、三维体系(体)$x=1.9$，均比表 8-4 中的值高。这说明以临界体积分数来考察逾渗转变时，电导率的增长速度比从连接键角度考察要快。

与经典理论相同，公式中的临界体积分数取 $\phi_c=0.16\pm0.02$(对三维体系，参见表 8-2)，这是一个与点阵结构无关的"近似维数不变量"。

Kirkpatrick、Zallen 等用上述模型描述无机导电粒子、金属粒子、CB 和 ICP 粒子填充高分子的电导率，与实验结果拟合较好。Gubbels 在研究炭黑填充 PE/ PS 体系时得到，当 CB 粒子分布在纯 PE 的无定形区域时(三维空间)，临界指数 $x=2.0$；当 CB 粒子分布在 PE/ PS 的界面时(二维空间)，$x=1.3$，基本与模型相符。但该唯象理论描述粒子的分布为不规则随机排列，与导电网络的图像不符，是一种完全基于拓扑学和经典统计学的模型。

如果认为导电粒子在基体中形成导电网络，则引入粒子之间"成键"的概念要比单纯采用填充份数更符合导电图像。Janzen 采用经典逾渗模型，考察导电粒子的平均接触数(平均成键数)，认为它是决定逾渗网络形成的关键。为此引入键逾渗的逾渗阈值 p_c^{bond} 和配位数 z，二者乘积 $z\cdot p_c^{\text{bond}}$ 为键逾渗的临界键数。已知临界键数也是与点阵结构无关的"近似维数不变量"，对于二维体系，$z\cdot p_c^{\text{bond}}=2.0\pm0.2$；对于三维体系，$z\cdot p_c^{\text{bond}}=1.55\pm0.1$。Janzen 提出，当三维体系中导电粒子的填充量达到某一临界值 v_c，使每个导电粒子的平均接触数(平均成键数)达到 1.5，即每个导电粒子平均形成一条半连接键，则导电网络形成，材料的电导率将发生突变。Janzen 由此给出计算 v_c 的公式

$$v_c=\frac{1}{1+0.67z.\rho.\varepsilon} \tag{8-44}$$

式中，z 为单位立方格子的配位数；ρ 为密度；ε 为粒子的孔隙体积分数。

该模型对许多金属粒子填充体系拟合较好。Gurland 研究银粉/酚醛树脂体系后发现，当平均成键数 $z\cdot p_c^{\text{bond}}=1$ 时，材料的电导率 σ 开始上升；$z\cdot p_c^{\text{bond}}=1.3\sim1.5$，$\sigma$ 发生突变。但该模型也没有考虑粒子与基体的种类、形状及尺寸、分散与分布等诸因素的影响。

2. 影响导电聚合物逾渗过程的主要因素

逾渗模型尽管可以定量地处理在庞大无序系统中因内部相互连接程度的变化所引起的突变效应，但总的来看它属于一种数学工具，对于在高分子改性中起重要作用的大量物理、化学及工程技术性问题，该模型并不能完全包括在内。另外，不

同类型的问题也需要采用不同种类的模型予以处理。例如，对于两相高分子共聚、共混改性，采用座逾渗和临界体积分数来处理较为恰当，而对于填充、复合改性，采用键逾渗和临界键数来处理更容易说明问题。

为了说明实际问题的复杂性，下面简单介绍影响导电高分子逾渗过程的一些因素及其规律。这些因素包括粒子的直径、形状以及不均匀分布；基体的种类；加工过程；粒子与基体的作用；结晶性；加工后的固化条件等。

1）粒子形状和尺寸

对于复合型导电高分子的逾渗过程，填充粒子的形状和尺寸对逾渗网络的形成有重要的影响。一般来说，球形粒子的临界体积分数要比纤维状粒子大很多，这与纤维状粒子更容易排列成键有关。粒子的长径比越大，形成网络的机会越高。同样，粒子的结构性越高，比表面积越大，也越容易形成导电网络。

粒子形状与尺寸有一定联系，若粒子的直径小到某一临界值，一般为纳米级，则体系的逾渗值主要依赖于粒子直径，而与形状关系不大。粒子直径很小时，逾渗阈值会大幅下降。逾渗阈值 v_c 和粒径 D 与临界粒子间距 δ_c 的比值的关系为

$$v_c = v_{c0}\left(\frac{D}{D+\delta_c}\right)^3 \tag{8-45}$$

式中，v_{c0} 为经典模型逾渗阈值。可以看出，当粒径 D 远大于粒子间距 δ_c 时，逾渗阈值 v_c 与 D 无关；当 D 很小时，v_c 值大幅下降。临界粒子间距 δ_c 的概念告诉我们，填料粒子形成导电网络，并非要求每个粒子头尾相连才能形成，粒子之间可以有不大于 δ_c 的间隙。这有点像橡胶增韧塑料中的临界基体层厚度 L_c，只有这样，高分子基体才能保有一定力学强度。

2）基体树脂和填料粒子的类型

设计复合型导电高分子时，正确选择“粒子-基体树脂对”非常重要，因为基体树脂与粒子间的界面作用能决定着逾渗网络的形成。

这种界面作用又分为粒子-粒子之间、粒子-基体树脂之间两部分。当粒子之间的相互作用超过粒子-树脂之间的相互作用时，粒子倾向于聚集成团状结构，而不是所期望的松散的链状絮凝结构，不易分散。反之，粒子-树脂之间的相互作用很大，粒子易被树脂分子包覆，形成绝缘层，粒子也不易聚集成链。极性树脂基体的导电性能有时反不如非极性树脂的原因就在于此。两种情形下都不易形成导电网络。

除界面能以外，基体树脂的黏度对逾渗网络的形成也有重要影响。以炭黑-高分子体系为例，在网络形成过程中，炭黑粒子间的树脂在炭黑接触过程中被排斥，排斥的速度显然与黏度（温度）和时间有关。一般基体树脂的黏度较高，若混合时间短，必定导致形成的网络结构不完善，造成电导率下降。如果在高于熔点或黏流温度下对其进行热处理，会发现在一定时间范围内体系电导率大幅上升，表明热处

理有利于产生逾渗转变。研究表明,逾渗转变发生的时间与基体树脂的零剪切黏度直接对应。也就是说,在逾渗转变过程中,体系的热力学性质和动力学性质之间存在一个微妙的平衡。

如果在一定的填充浓度下,记录体系在不同温度下电阻率随时间的变化规律,可以发现高温下电阻率下降得快,低温下下降得慢,如图 8-35 所示。对于聚苯乙烯/炭黑=100/8(质量分数)体系,在 220℃下加工,体系的电阻率在 1.5min 即下降 10 个数量级;而在 185℃下加工,这个过程需要 4.0min。根据图 8-35 的数据,还可以计算出逾渗过程的活化能,并以此判断逾渗网络的形成对温度的敏感程度。

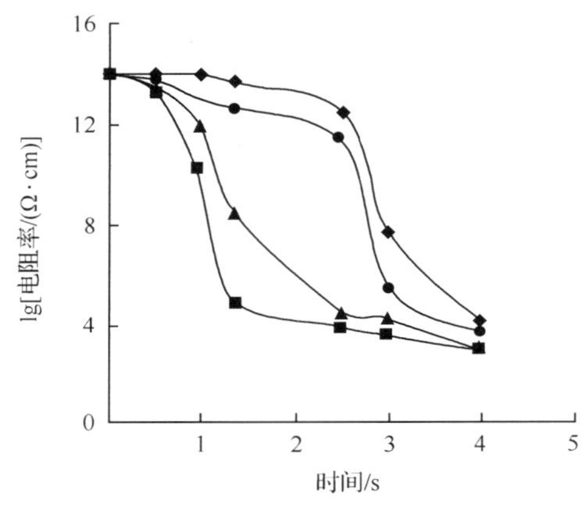

图 8-35 聚苯乙烯/炭黑=100/8(质量分数)体系在不同温度下的动态逾渗曲线

● 185℃; ◆ 200℃; ▲ 210℃; ■ 220℃

3) 加工成型工艺

在复合型导电高分子体系的研究中,发现加工与成型工艺的不同极大地影响材料的导电性能和物理机械性能。图 8-36 分别给出采用模压和注射工艺得到的 PS/炭黑复合体系的电阻率随炭黑百分率的变化曲线。可以看出不同工艺的逾渗阈值差别很大。采用注射工艺时,炭黑填充量为 5%时电阻率就有 12 个数量级的下降;相对而言,采用模压工艺时炭黑填充量需达到 15%以上,电阻率才有同样水平的下降。

形成这种差别的一个原因归结为不同工艺中,材料所受的剪切作用不同。一般认为,在高剪切场中,作用在粒子聚集体的剪切应力大,聚集体结构较易离解变小,特别对高结构的炭黑粒子更是如此。同时认为高剪切作用有可能加速网络的组成,并能细化网络结构,使逾渗阈值下降。由此可见,在制备复合型导电高分子时必须考虑加工工艺的影响,且不可将在某种设备和工艺下得到的配方和工艺(如实验室的结果)直接地推广到其他工艺中去。

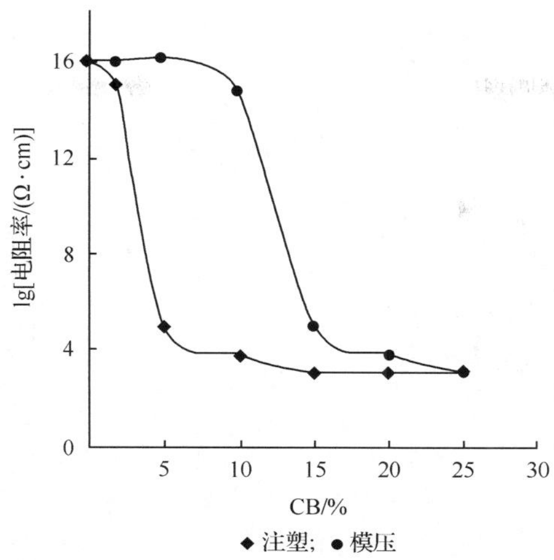

图 8-36　注射和模压工艺对聚苯乙烯/炭黑体系导电性的影响

物理量符号一览表

d	空间维数，Euclid 维数
d_T	拓扑维数
f	集团的分形维数
G	凝胶百分率
h_{rms}	均方根末端距
k_{ij}	键(i-j)的力常数
$l_{av}(p)$	集团的平均跨越长度
L_c	临界基体层厚度
M	相对分子质量
$n(s)$	集团分布函数
$n(p,N)$	支化聚合物的数量密度
N_w	溶胶的重均聚合度
p	连接键的百分率，[已]占座百分率
p_c	逾渗阈值
p_c^{bond}	键逾渗阈值
p_c^{site}	座逾渗阈值
$P(p)$	逾渗概率
$P_{gel}(p)$	凝胶分数
s	集团的大小
$s_{av}(p)$	集团平均大小

v	填充因子
$v \cdot p_c^{site} = \phi_c$	座逾渗的临界体积分数
z	配位数,官能度
$z \cdot p_c^{bond}$	键逾渗的临界键数
$\gamma, \nu, \beta, t, \tau$	临界指数
δ_c	临界粒子间距
ε	相对反应度
ξ	特征聚合物的尺寸,相关长度
$\sigma(p)$	连通率(或电导率等)

参考文献

[1] de Gennes P E. Scaling Concepts in Polymer Physics. New York:Cornell University Press,1985;中译本,高分子物理学中的标度概念．吴大诚,刘杰,朱谱新,等译．北京:化学工业出版社,2002

[2] Rubinstein M,Colby R H. Polymer Physics. Oxford:Oxford University Press,2003;中译本,高分子物理. 励杭泉译．北京:化学工业出版社,2007

[3] Stauffer D,Aharony A. Introduction to Percolation Theory. 2nd ed. London:Taylor and Francis Group,1992

[4] Utracki L A. Polymer Alloys and Blends-Thermodynamics and Rheology. Muenchen: Hanser Publishers, 1990

[5] Eisele U. Introduction to Polymer Physics. Berlin: Springer-Verlag,1990

[6] Paul D R,Bucknall C B. Polymer Blends: Formulation & Performance. New York: Wiley-Interscience, 2000;中译本,聚合物共混物: 组成与性能．殷敬华,韩艳春,安立佳,等译．北京: 科学出版社,2004

[7] Michler G H. Kunststoff-Mikromechanik. Muenchen: Carl Hanser Verlag,1992

[8] Deutcher G,Zallen R,Adler J. Percolation Structures and Processes. Bristol: Adam Hilger,1983

[9] Zallen R. The Physics of Amorphous Solids. New York: Wiley-Interscience,1983; 中译本,非晶态固体物理学．黄昀,戴道生,林宗涵,等译．北京:北京大学出版社,1988

[10] 冯端,金国钧．凝聚态物理学(上卷). 北京:高等教育出版社,2003

[11] 杨展如．分形物理学．上海: 上海科学技术出版社,1995

[12] 李言荣,恽正中．材料物理学概论．北京: 清华大学出版社,1998

[13] 吴其晔．高分子凝聚态物理及其进展．上海:华东理工大学出版社,2006

[14] Mandelbrot B B. Fractal Geometry of Nature. New York: Freeman,1983

[15] Vicsek T. Fractal Growth Phenomena. Singapore: World Scientific,1989

[16] Hsu W Y,Wu S H. Percolation behavior in morphology and modulus of polymer blends. Polym Eng & Sci,1993,33(5): 293-302

[17] Margolina A,Wu S H. Percolation model for brittle-tough transition in polymer blends. Polymer,1988, 29: 2170-2173

[18] Wu S H. Control of intrinsic brittleness and toughness of polymer and blends by chemical structure. Polym Int,1992,29(3):229-247

[19] Lux E. Models proposed to explain the electrical conductivity of mixtures made of conductive and insulating materials. J Mater Sci,1993,28:285-301

[20] Miyasaka K. Conductive mechanism of conductive polymer composites. International Polymer Science

and Technology, 1986, 13(6): 41-45

[21] Schueler R, Petermann J. Agglomeration and electrical percolation behavior of carbon black dispersed in epoxy resin. J Appl Polym Sci, 1997, 63: 1741-1746

[22] Chodak I, Krupa I. Percolation effect and mechanical behavior of carbon black filled polyethylene. J Mater Sci, 1999, 18: 1457-1459

[23] Barra G M O, Soares B G, et al. Electrically conductive, melt-processed polyaniline/EVA blends. J Appl Polym Sci, 2001, 82: 114-123

[24] Zhou L L, Wang X, Lin Y S, et al. Comparison of the toughening mechanisms of poly(vinyl chloride)/chlorinated polyethylene and poly(vinyl chloride)/ acrylonitrile-butadiene-styrene copolymer blends. J of Applied Polymer Science, 2003, 90(4): 916-924

[25] 吴其晔，周丽玲，杨静漪，等. 刚性有机粒子增韧硬 PVC 韧性体中的逾渗现象. 2001 年全国高分子学术论文报告会论文集(中册)，郑州，2001: 96-97

[26] Yang W J, Wu Q Y, Zhou L L. Styrene-co-acrylonitrile resin modifications of PVC/CPE blends. J Appl Polym Sci, 1997, 66: 1455-1460

重要物理常数

Avogadro 常量	$N_0=6.022169\times10^{23}\mathrm{mol}^{-1}$
Boltzmann 常量	$k=1.380622\times10^{-23}\mathrm{J}\cdot\mathrm{K}^{-1}$
Planck 常量	$h=6.626196\times10^{-34}\mathrm{J}\cdot\mathrm{s}$
	$h/2\pi=1.0545919\times10^{-34}\mathrm{J}\cdot\mathrm{s}$
常用对数的变换因子	$\log_e 10=2.30258509$
电子质量	$m_e=9.109558\times10^{-31}\mathrm{kg}$
电子磁矩	$\mu_e=9.284851\times10^{-24}\mathrm{J}\cdot\mathrm{T}^{-1}$
光速	$c=2.9979250\times10^{8}\mathrm{m}\cdot\mathrm{s}^{-1}$
基本电荷	$e=1.6021917\times10^{-19}\mathrm{C}$
理想气体标准状态摩尔体积	$V_0=2.24136\times10^{-2}\mathrm{m}^3\cdot\mathrm{mol}^{-1}$
摩尔气体常量	$R=8.31434\mathrm{J}\cdot\mathrm{mol}^{-1}\cdot\mathrm{K}^{-1}$
万有引力常数	$G=6.6732\times10^{-11}\mathrm{N}\cdot\mathrm{m}^2\cdot\mathrm{kg}^{-2}$
真空的介电常数	$\varepsilon_0=0.88541851\times10^{-11}\mathrm{C}\cdot\mathrm{V}^{-1}\cdot\mathrm{m}^{-1}$
自然对数的底	$\mathrm{e}=2.71828183$

单 位 换 算

长度	$1\mathrm{m}=10^2\mathrm{cm}=10^3\mathrm{mm}$
	1 英吋(in)＝25.4mm
	1 英呎(ft)＝30.479cm
面积	$1\mathrm{m}^2=10^4\mathrm{cm}^2=10^6\mathrm{mm}^2$
	1 平方英吋(sq. in)＝$6.452\cdot10^{-4}\mathrm{m}^2=6.452\mathrm{cm}^2=645\mathrm{mm}^2$
	1 平方英呎(sq. ft)＝$9.290\cdot10^{-2}\mathrm{m}^2=9.290\cdot10^2\mathrm{cm}^2=9.290\cdot10^4\mathrm{mm}^2$
质量	1kg＝1000g＝2.2046 磅(lb)
	1 磅(lb)＝453.59g
力	$1\mathrm{N}=1\mathrm{kg}\cdot\mathrm{ms}^{-2}=10^5$ 达因(dyn)
	1 千克力(kgf)＝9.80665 N≈10N
	1 磅力(lbf)＝4.448N

压力，应力，强度，模量

1 帕斯卡(Pa)＝$1\mathrm{Nm}^{-2}=10^{-6}$MPa(兆帕)

1 公斤压力($\mathrm{kgf}\cdot\mathrm{cm}^{-2}$)＝$9.81\cdot10^{-2}\ \mathrm{N}\cdot\mathrm{mm}^{-2}\approx0.1$(兆帕)

1 磅/平方英吋(lbf/sq. in)＝1psi＝$0.6895\cdot10^{-2}$(兆帕)＝68.947 毫巴(mbar)

1 巴(bar)＝1.0197($kgf\cdot cm^{-2}$)＝0.1(兆帕)

1 大气压＝0.101325(兆帕)＝1.03323$kgf\cdot cm^{-2}$＝1013.25mbar

$1dyn\cdot cm^{-2}=10^{-1}Pa$

密度　$1g\cdot cm^{-3}=10^3kg\cdot m^{-3}$

1 磅/立方英呎(lb/cu. ft)＝1.602 · 10$kg\cdot m^{-3}$＝1.602 · $10^{-2}g\cdot cm^{-3}$

1 磅/立方英吋(lb/cu. in)＝2.768 · $10^4\ kg\cdot m^{-3}$＝2.768 · 10$g\cdot cm^{-3}$

能，功，热量

$1J=1W\cdot s=1N\cdot m=1kg\cdot m^2\cdot s^{-2}$＝0.2388 卡(cal)

1 千卡(kcal)＝4.1868kJ≈4.2kJ

1 千瓦小时(kW · h)＝3.6 · 10^6J

1 马力小时(HP · h)＝2.684 · 10^6J

功率，热流

$1W=1\ J\cdot s^{-1}=1N\cdot m\cdot s^{-1}=1\ kg\cdot m^2\cdot s^{-3}$

$1kcal\cdot h^{-1}=4.1868kJ\cdot h^{-1}=1.163W$

1 马力(HP)≈746W＝746$J\cdot s^{-1}$

黏度单位　$1Pa\cdot s=1N\cdot s\cdot m^{-2}$

1 泊(P)＝$1dyn\cdot s\cdot cm^{-2}=10^{-1}Pa\cdot s$

温度　1 度＝1K

0℃＝273.15K

摄氏度(℃)＝$\frac{5}{9}$[华氏度(°F)－32]

导热系数　$1W\cdot m^{-1}\cdot K^{-1}=1J\cdot (s\cdot m\cdot K)^{-1}$

$1kcal\cdot (m\cdot h\cdot K)^{-1}=1.163W\cdot (m\cdot K)^{-1}$

电阻率　$1\Omega\cdot cm=10^{-2}\Omega\cdot m$

电导率　$1S\cdot cm^{-1}=1(\Omega\cdot cm)^{-1}=100S\cdot m^{-1}$

偶极矩　1 德拜(D)＝3.33564 · 10^{30}库仑 · 米(C · m)

索　引

半晶聚合物(semi-crystalline polymer) 136
包含化合物(inclusion compound) 274
标度律(scaling laws) 39
标度指数方程 452,455
波函数(wave function) 183
玻璃化转变(glass transition) 128,211
布里渊(Brillouin)区 369
不良溶剂(poor solvent) 49
侧链型高分子液晶(side-chain polymer liquid crystals) 326
层展现象(emergent phenomena) 4
插线板模型(switchboard model) 141
缠结浓度(entanglement concentration) 116
缠结网(entanglement network) 116
掺杂(doping) 363
长程缠结(long-range entanglement) 134
长程关联(long-range correlation) 107
长程连接性(long-range connectivity) 434
超分子化学(supermolecular chemistry) 272
超分子聚合物化学(supermolecular polymer chemistry) 290
超分子组装(supramolecular assembly) 285
持续长度(persistence length) 32
持续链(persistent chain) 32
畴壁形(domain wall) 380
初始凝胶(incipient gel) 219
初始网络(incipient network) 224
串滴链模型(blob model) 111,134
串晶(shish-kebab) 235
粗粒化(coarse granular)模型 30
脆-韧转变(brittle-ductile transition) 429,471
大分子胶束(macromolecular micelle) 299
大分子自组装(macromolecular self-assembly) 298
单晶(single crystal) 138
单链单晶(single-chain monocrystal) 62
单链凝聚态(single-chain condensed state) 62
胆甾相液晶(cholesteric liquid crystal) 318
导电高分子(conducting polymer) 362
电池(battery) 409
电导率(conductivity) 362
电荷密度波(charge density wave,CDW) 375
电致变色(electrochromism) 408
对称操作(symmetry operation) 187
对称群(symmetry group) 190
对称性(symmetry) 186
对称性破缺(symmetry breaking) 194,321
对偶关联函数(pair correlation function) 44,57,113
多尺度性(multi-scale) 11
多链凝聚态 7
多色逾渗(multi-colors percolation) 468
多体问题 201
二次电池(rechargeable battery) 409
二级相变(phase transition of second order) 198
范式(paradigm) 192,308

仿射变形假定(affine deformation) 156

非共价键合胶束(non-covalently connected micelles,NCCM) 304

非均质性(non-homogeneity) 423

非线性光学特性(non-linear optical properties,NLO) 295

非整数折叠链(non-integral folded chain,NIF) 236

费米动量(Fermi momentum) 368

费米能级(Fermi level) 368

分形(fractal) 34

分形维数(fractal dimension) 35,452

分子导线(molecular wire) 291

分子间配键(intermolecular coordination bond) 266

分子间作用力(intermolecular force) 259

分子开关(molecular switch) 292

分子链的扩张体积(pervaded volume) 48

分子器件(molecular device) 291

分子识别(molecular recognition) 275

复合型高分子液晶(composite polymer liquid crystals) 327

副片晶(subsidiary lamellae) 143,232

复杂流体(complex fluid) 12,203

高分子包含化合物(polymer inclusion compounds) 275

高分子材料(polymer materials) 7

高分子共混物(polymer blends) 230,428

高分子化合物(macromolecular compound) 6

高分子凝聚态(condensed state of polymer) 7

高分子填充材料 431

高分子液晶态(polymer liquid crystal) 314

高分子液晶网络(LCP network) 333

共轭高分子(conjugated polymer) 361

共聚物(copolymer) 424

构象(conformation) 21

构型(configuration) 15,17

孤子(soliton) 379

关联效应(correlative effect) 105

关联因子(correlation factor) 105

冠醚(crown ether,coronand) 276

管模型(tube model) 167

耗尽层(depletion layer) 231

环糊精(cyclodextrin,CD) 279

还原论(reductionism) 4

激发态(excited state) 361

极化子(polaron) 384

极浓溶液(highly concentrated solution) 119

奇-偶效应(even-odd effect) 340

极稀溶液(extremely dilute solution) 61

甲壳型高分子液晶(Mesogen-Jacketed LCP) 331

间隔段(the spacer) 335

简并性(degeneracy) 377

简化链(primitive chain) 167

键逾渗(bond percolation) 440

交联高分子网络(crosslinked network) 20

交联网络(crosslinked network) 150

胶束(micelles) 283

接触浓度(contact concentration) 60

结晶度(crystallinity) 136

结晶聚合物(crystalline polymer) 135

近晶相液晶(smectic liquid crystal) 317

静电相互作用(electrostatic interactions) 261

聚苯胺(polyaniline) 378

聚吡咯(polypyrrole) 377

聚对苯二甲酰对苯二胺,PPTA 314

聚噻吩(polythiophene) 377

聚乙炔(polyacetylene) 361

均方末端距(mean square end to end distance) 25
空间维数不变量(space dimension invariant) 452
扩程逾渗(extended percolation) 470
扩张因子(expansion factor)或溶胀因子 60
冷致凝聚(cooling condensation) 7,95
锂离子电池(lithium ion battery) 410
理想链(ideal chain) 21
理想橡胶(ideal rubber) 152
连接键的百分率(percent of linked bonds) 440
连接性转变(connectivity transition) 9
链滴(blob) 112
良溶剂(good solvent) 49
两亲性分子(amphiphilic molecule) 267,282
临界点(critical point) 248
临界键数(critical bond number) 461
临界体积分数(critical volume fraction) 461
临界现象(critical phenomenon) 193
临界指数(critical index) 451
硫化(vulcanization) 223
流体动力学相互作用(hydrodynamic interaction) 82
流体力学半径(hydrodynamic radius) 80
轮廓长度(contour length) 27
内聚能密度(cohesion energy density,CED) 268
内旋转异构体(rotational isomeric states) 22
能带(energy band) 370
能弹性(energy elasticity) 151
能级(energy level) 370
能致相变(energy induced phase transition) 7
黏流温度(flow temperature) 131
尿素(urea) 281
浓溶液(concentrated solution) 116
欧几里得群(Euclid group) 190
排除体积(excluded volume) 49
屏蔽效应(screening effect) 115,121
平均场近似(mean field approximation) 185,201,308
平头(crew cut)胶束 299
普适性(universality) 452
亲水基团(hydrophilic group) 267
亲水链段(hydrophilic segment) 299
氢键(hydrogen bond) 264
球晶(spherulite) 138
全高斯链浓度(full Gaussian concentration) 119
全氢化三联苯(PHTP) 281
热关联长度(thermic correlation length) 55
热致性液晶(thermotropic liquid crystal) 315
溶胶-凝胶转变(sol-gel transition) 9,215
溶解度参数(solubility parameter) 269
溶胀(swelling) 162
溶致凝聚(lyotropic condensation) 8,95
溶致性液晶(lyotropic liquid crystal) 315
熔融(melting) 146
柔性(flexibility) 21
蠕虫状分子链(wormlike chain) 32
蠕动模型(reptation model) 167
软物质(soft matter) 12,190,203
熵弹性(entropy elasticity) 150
熵致相变(entropy induced phase transition) 8,206
上临界共溶温度(upper critical solution temperature,UCST) 249

渗透压(osmotic pressure)　100
受限分子链(confined polymer chains)　230
疏水基(hydrophobic group)　267
双极化子(bipolaron)　389
双结点(binode)　246
双结点曲线(binodal curve)　227,248
顺磁-铁磁二级相转变(paramagnetic-ferromagnetic change)　198
隧道式复合物(tunnel composites)　281
塌缩线团(collapsed coil)　56
碳链(carbon chain)高分子　15
拓扑结构(topological architecture)　19
拓扑(topological)维数　35
微观连接性(microcosmic connectivity)　434,463
微泡体(vesicles)　283
无定形聚合物(amorphous polymer)　127
无规行走线团(random walk coil)模型　25
无机高分子(inorganic polymer)　15
无热溶剂(athermal solvent)　49
稀溶液(dilute solution)　47
下临界共溶温度(lower critical solution temperature,LCST)　249
线形链(linear chain)　11
相变(phase transition)　182
相分离(phase separation)　241
向列相液晶(nematic liquid crystal)　318
相容性(compatibility, miscibility)　241
相态(phase or state)　182
相图(phase diagram)　248
序参量(order parameter)　187
旋节点(spinode)　246
旋节点曲线(spinodal curve)　227
穴醚(cryptands)　277
亚浓溶液(semidilute solution)　59,99
亚稳定态(metastably state)　226
亚稳定性(metastability)　226
液晶的织态结构　344
液晶态(liquid crystal)　314
有序度(degree of order)　186
有序化过程(ordering process)　196
逾渗概率(percolation probability)　445
逾渗函数　445
逾渗模型(percolation model)　435
逾渗阈值(percolation limen)　438
逾渗转变(percolation transition)　441
元素有机高分子(elementorganic polymer)　15
杂链(heterogeneous chain)高分子　15
载流子(charge carrier)　363
占有体积(occupied volume)　48
涨落-耗散定理(fluctuation-dissipation theorem)　78
折叠链模型(chain-folded model)　140
真实单分子链(real chain)　47
整数折叠链(integral folded chain,IF)　236
支化(branched)　19
致晶基元(mesogen)　315
珠-簧模型(bend-spring model)　81
珠-链模型(bend-chain model)　81
主客体化学(或主宾化学,host-guest chemistry)　274
主链型高分子液晶(main-chain polymer liquid crystals)　326
主片晶(dominant lamellae)　143,232
浊点曲线(cloud point curve)　252
自回避行走线团(self-avoiding-walk coil, SAW)模型　54
自恰场近似(self consistency field)　185
自相似(self similarity)特性　30,40
自旋密度波(spin density wave,SDW)　376
自由连接链(free jointed chain)　25
自由体积理论(free volume theory)　128

自组装(self-assembly)　286
组装(assembly)　285
座-键逾渗(site-bond percolation)　440
座逾渗(site percolation)　440
Avrami 方程　143
Bethe 网格　456
Cantor 棒　34
Debye 函数　45
des Cloiseaux 定律　105
Doi-Edwards 模型　173
Edwards 关联长度　116
Einstein-Stocks 公式　80
Euclid 维数　35
Flory-Stockmayer 硫化理论　215
Flory 尺寸　53
Flory 特征比(characteristic ratio)　27
Fourier 变换　45,191
Gauss 链段(Gauss segment)　30
Hausdorff 维数　35
Janus 分子　286
Kratky-Porod 模型　32
Kuhn 链段(Kuhn segment)　26
Landau 的二级相变理论　198
Langevin 函数　44,160
Legendre(勒让德)多项式　321
Mark-Houwink 公式　83
Mayer f-函数　48
Mooney-Rivlin 方法　160
Nernst-Einstein　80
Onsager 理论　207
Peierls 相变　373
Rouse-Zimm 模型　83
schizophrenic 胶束　303
Schrödinger(薛定谔)方程　183
Sierpinski 毯　34
Thomson-Gibbs 方程　149
van der Waals 力　261
WLF 方程　129
Θ 状态　50